中国石油节能实践

《中国石油节能实践》编写组　编著

石油工业出版社

内 容 提 要

本书以展现中国石油天然气集团有限公司"十二五"节能工作成效为出发点，梳理和总结"十二五"以来节能工作的进展情况和取得的效果。全面总结了集团公司在节能基础管理、节能评估和考核、节能技术研发和应用、节能节水标准化和信息化等方面的进展和效果，是集团公司"十二五"以来节能工作的一次系统性总结和成果展示，可为石油石化企业更好地开展节能工作提供借鉴和帮助。

本书可供石油石化系统从事节能管理、设计和相关科技研究的技术人员使用，也可供石油高等院校相关专业师生参考。

图书在版编目（CIP）数据

中国石油节能实践/《中国石油节能实践》编写组编著．—北京：石油工业出版社，2018.5
 ISBN 978-7-5183-2492-7

Ⅰ．①中… Ⅱ．①中… Ⅲ．①石油工业－节能－中国 Ⅳ．① TE08

中国版本图书馆 CIP 数据核字（2018）第 049146 号

出版发行：石油工业出版社
　　　　　（北京安定门外安华里2区1号　100011）
　　　　　网　　址：www.petropub.com
　　　　　编辑部：（010）64523535　图书营销中心：（010）64523633
经　　销：全国新华书店
印　　刷：北京中石油彩色印刷有限责任公司

2018年5月第1版　2018年5月第1次印刷
787×1092毫米　开本：1/16　印张：27.75
字数：655千字

定价：180.00元
（如发现印装质量问题，我社图书营销中心负责调换）
版权所有，翻印必究

《中国石油节能实践》编委会

主　　　任：黄　飞
副　主　任：徐英俊　王学文
委　　　员：李武斌　于洪洲　吕正林　余绩庆　刘　博

《中国石油节能实践》编写组

主　　　编：王学文
副　主　编：余绩庆　李武斌　刘　博
成　　　员：（按姓氏笔画排序）

于型伟	于洪洲	王广河	王　东	王弘历
王如强	王　佐	吕正林	吕莉莉	吕毫龙
朱英如	刘富余	祁　滢	李向进	李宇龙
李克强	杨树林	陆育锋	陈由旺	陈衍飞
陈　雪	苗晓燕	林　冉	卓争辉	赵国星
赵金海	侯永强	顾利民	徐秀芬	徐　源
郭以东	郭　彦	黄明富	曹　莹	龚　燕
葛苏鞍	曾庆峰	曾丽花	游晓艳	解红军
廉守军	魏江东			

前　言

　　党的十八大指出，节约资源是保护生态环境的根本之策。要节约集约利用资源，推动资源利用方式根本转变，推动能源生产和消费革命，控制能源消费总量，加强节能降耗。《中华人民共和国国民经济和社会发展第十三个五年规划纲要》明确将"单位GDP能源消耗降低15%、单位GDP二氧化碳排放降低18%"作为"十三五"时期我国经济社会发展的约束性指标，并提出"能源消费总量控制在50亿吨标准煤以内"的总量控制目标。由此，随着我国经济社会发展形势和国内外能源供需形势的变化，以及国家对气候变化问题的高度重视和生态文明建设的不断推进，我国能源行业的发展路径已从原来的保供给转向控制消费总量和优化质量，持续改进能效水平已成为新形势下能源发展的必然选择。

　　作为国有重要骨干企业，多年来，中国石油天然气集团有限公司（以下简称集团公司）认真贯彻国家资源节约的各项方针政策，在发展油气生产、为国家提供更多油气资源的同时，始终坚持开发与节约并重、节约优先的方针，积极推进资源节约型企业建设，通过严格目标责任落实，加强技术研发和推广应用，实施节能重点工程，加强节能基础工作和精细化管理，节能降耗取得了显著成效。"十二五"期间，在生产规模持续扩大、经营业绩稳步发展的同时，能源消耗总量增长得到有效控制，能源实物消耗结构不断优化，主要能耗和用水单耗指标总体保持下降趋势，资源综合利用水平有了新的提高。累计实现节能613万吨标准煤、节水1.18亿立方米，超额完成了"十二五"节能节水目标任务，节能降耗对集团公司主营业务的发展起到了重要的支撑作用。

　　展望"十三五"，集团公司的节能工作依然面临着诸多困难和严峻挑战，特别是生产难度加大等结构性矛盾突出，带来节能挖潜难度日趋增大，如：在油气田业务领域，随着油气资源采出程度的提高，资源采出难度增大，多井低产矛盾较为突出；同时，新增储量多为品位低、丰度低，低产低渗透、稠油等，带来能耗的上升。炼化业务随着原油劣质化和油品质量的不断升级，装置能耗上升的压力也在逐步增大，对在现有基础上持续改进能效水平提出了新的更高的要求。如何在总结已有工作的基础上，分析面临的挑战和问题，明确今后的主攻方向是当前各级节能工作者面临的重要任务。

　　为此，中国石油质量安全环保部组织编写了《中国石油节能实践》一书。该书对"十二五"以来集团公司节能工作的主要措施和典型做法进行了系统总结和分析评估，以期为今后石油石化企业节能工作的有效开展提供指导和借鉴。全书共分11章，第一章至第四章重点介绍了节能管理工作中考核、监测、统计、能评的开展情况，第五章至第七章重点介绍了节能技术研究、推广应用以及节能重点工程的实施情况和示范案例，第八章、第九章、第十一章重点介绍了节能标准化、信息化、技术机构建设的进展情况,第十章为所属企业节能工作典型做法介绍,最后是节能工作大事记。本书在编写过程中参考了大量文献资料和研究报告,得到了所属企业和技术机构的大力支持,在此对所有付出辛勤劳动的同志一并表示衷心的感谢!

限于编者水平,书中不妥之处,敬请读者批评指正。

编 者

2017年9月

目　录

概述 ··· 1

第一章　考核管理 ··· 5
第一节　国家节能目标责任考核 ··· 5
第二节　集团公司节能节水考核 ··· 18

第二章　监测管理 ·· 65
第一节　概述 ·· 65
第二节　油气田企业监测 ·· 66
第三节　炼油化工企业监测 ··· 85
第四节　管道输送企业监测 ··· 95
第五节　工程技术企业监测 ··· 106

第三章　统计管理 ·· 132
第一节　组织机构 ·· 132
第二节　统计流程 ·· 132
第三节　统计体系 ·· 134
第四节　统计培训及表彰 ·· 151

第四章　能评管理 ·· 157
第一节　国家节能评估工作发展历程 ··· 157
第二节　集团公司节能评估相关要求及标准规范 ····································· 159
第三节　节能评估和节能篇（章）审查工作开展情况 ······························· 161

第五章　科技攻关 ·· 170
第一节　中国石油节能减排评价指标体系研究 ·· 170
第二节　节能节水关键技术研究与推广（一期） ····································· 171
第三节　节能节水关键技术研究与推广（二期） ····································· 172
第四节　炼化能量系统优化研究 ··· 174
第五节　炼化节水关键技术评价 ··· 179

第六章　典型技术及案例 ·· 181
第一节　概述 ·· 181
第二节　油气田节能节水技术及应用案例 ·· 183
第三节　炼油化工节能节水技术及应用案例 ··· 209
第四节　长输管道节能节水技术及应用案例 ··· 230
第五节　钻井节能节水技术及应用案例 ··· 234

第七章　示范工程·······238
第一节　油田系统调整与加热炉综合提效·······238
第二节　炼化能量系统优化技术推广·······242
第三节　管道压缩机组余热利用·······246
第四节　加油站综合节能·······247
第五节　钻井队综合降耗·······249
第六节　矿区业务综合降耗·······250
第七节　节能示范总体认识·······252

第八章　标准化建设·······253
第一节　国家与行业节能节水标准·······253
第二节　集团公司节能节水企业标准·······287

第九章　信息化建设·······308
第一节　集团公司节能节水管理系统建设·······308
第二节　集团公司能效管理信息系统建设·······345

第十章　经验交流·······362
第一节　提高能源管理水平·······362
第二节　推进节能技术进步·······374

第十一章　技术机构建设·······390
第一节　集团公司节能技术研究中心·······390
第二节　集团公司节能技术监测评价中心·······396
第三节　集团公司东北油田节能监测中心·······401
第四节　集团公司西北油田节能监测中心·······406
第五节　集团公司石油化工节能技术监测中心·······413
第六节　集团公司西北石化节能监测中心·······415
第七节　集团公司管道节能监测中心·······419
第八节　集团公司工程技术节能监测中心·······423

大事记·······427

参考文献·······434

概　　述

"十二五"以来，中国石油积极实施绿色低碳发展战略，坚持"以绿色的方式生产清洁能源"的理念，大力发展天然气业务，加快推进油品质量升级，努力为保障我国能源供应和能源安全、保护生态环境、改善能源结构做出更大贡献。在发展油气生产、为国家提供更多清洁能源的同时，作为国有重要骨干企业，中国石油认真贯彻国家资源节约的各项方针政策，始终坚持开发节约并重、节约优先的方针，积极推进资源节约型企业建设，通过健全制度标准体系、强化节能监督管理、推动节能技术进步，节能工作取得了显著进展。

"十二五"期间，中国石油在生产规模持续扩大、经营业绩稳步发展的同时，能源消耗总量增长得到有效控制。主要能耗和用水单耗指标总体保持下降趋势，与2010年相比，"十二五"末炼油综合能耗、炼油单位能量因数能耗、乙烯产品综合能耗、合成氨产品综合能耗分别下降了2.3%，15.2%，9.0%和12.1%，加工吨原油新水用量下降了18.5%，原油管道周转量综合能耗、成品油管道周转量综合能耗、天然气管道周转量综合能耗分别下降了49.0%，40.7%和46.4%，能源利用水平有了新的提高。

主要工作进展：

（1）健全节能规章制度，夯实节能工作基础。

在规章制度方面，中国石油发布实施了《集团公司节能节水管理办法》《集团公司节能节水统计管理规定》《集团公司节能节水监测管理规定》《集团公司节能节水先进评选办法》《集团公司固定资产投资项目节能评估和审查管理办法（试行）》等多项管理制度，统一规范了节能统计、监测、考核、能评等各项节能管理工作。

在标准体系方面，中国石油高度重视标准化在节能减排工作中的重要作用，在完成承担的石油天然气行业节能节水标准化工作任务的同时，不断加强自身企业节能标准化工作。成立了集团公司节能节水专业标准化技术委员会，负责制修订有关节能节水统计指标、计算方法、考核审计、工程设计和测试评价等方面的集团公司企业标准。"十二五"期间，制修订集团公司节能节水企业标准26项。同时，积极发挥在石油天然气行业标准制定中的主导作用，积极参与国家和行业标准制定工作，共完成5项国家标准、25项行业标准的编制。

在节能统计方面，中国石油建立了统一的耗能用水统计报表体系，发布了《节能节水统计指标术语及计算方法》等标准，统一指标和分析方法，统计制度逐步完善。设立专门的技术机构，负责能源消耗和用水、主要产品（工作量）单耗和利用状况等的统计分析工作。节能统计覆盖了近140家企事业单位，为节能节水管理提供了有效支撑。

同时，中国石油高度重视节能节水信息化建设，经过多年发展，建成了功能较全的公司统建系统"节能节水管理信息系统V1.0",并于2014年4月上线运行。

(2)强化能耗源头控制,实施项目能评制度。

中国石油认真执行国家能评管理的有关规定,落实工程建设项目的能评制度,将能评作为从源头上提升新建项目能效水平、调整优化结构、合理控制增量的重要措施及项目可行的前置条件。中国石油制定发布了《集团公司固定资产投资项目节能评估和审查管理办法(试行)》,发布实施了4项集团公司企业标准,即《油气管道固定资产投资项目节能评估报告编写规范》《炼油固定资产投资项目节能评估报告编写规范》《油田固定资产投资项目节能评估报告编写规范》和《气田固定资产投资项目节能评估报告编写规范》,规范并加强节能评估及审查工作。

"十二五"期间,对需要国家核准的46个建设项目和公司批复的30个油品质量升级项目进行了节能评估审查。通过能评从源头确保新建项目的能效水平。

(3)精细节能过程管理,促进能效持续提升。

中国石油积极推进能效对标工作,制定了能效对标指标体系,建立了能效对标数据库和最佳实践库。在油气田业务领域,按照类型分成高含水、浅层开发、气田运行、常规油田、稠油开发、低渗透开发、气田净化、煤层气开采等8个同类对标组进行横向对标,重点是对比指标、分析差距、制定措施。指标对比分层次、分系统进行,注重在生产状况相似可比条件下的数据比较;差距分析分专业、分难易进行,注重在管理技术相对可能条件下的原因查找;措施制定分效果、分步骤进行,注重在生产现场适度可行条件下的方案引导。在炼油化工业务领域,继续把包括能效指标在内的全面对标管理工作作为精细化管理的核心,在做好炼化企业自身纵向对标和炼化企业之间横向对标的同时,做好与国内同行业先进水平的横向对标,并加强与国际先进水平的对标,以国际化视野,找坐标、寻差距、设方向、定措施,持续提升炼化业务的竞争能力。在国务院国有资产监督管理委员会公布的中央企业能效对标结果中,宁夏石化、独山子石化等企业连续多次成为炼油、乙烯业务最佳实践标杆。

中国石油注重加强节能技术监测体系建设,形成了由集团公司节能技术研究中心(以下简称节能中心)、7家总部直属节能监测机构和9家地区公司级节能监测机构组成的节能技术研究和监测体系,节能监测业务覆盖了油气田勘探开发、炼油化工、油气输送管道、石油工程技术等主要业务领域。"十二五"期间,中国石油不断加大对重点耗能用水设备(系统)、装置的节能监测,组织总部直属节能监测机构共监测加热炉、输油泵等重点耗能设备23227余台(套),监督重点单位合理用能。

中国石油积极推进能耗在线监测工作,"十二五"期间,长庆油田、长庆石化、长城钻探和海洋工程公司等4家企业纳入国家发展和改革委员会首批试点并上线运行;锦州石化按照中华人民共和国工业和信息化部要求开展能源管理中心建设,预计可实现全厂能耗在线监控和公用工程的在线优化。

(4) 加强科技引领作用，推动节能技术进步。

"十二五"期间，中国石油通过开展科技攻关，持续开展重点业务领域节能减排技术研发和推广应用。

在油气田业务领域，开展了油气田加热炉及热力系统提效技术研究与应用。为解决油气田加热炉热效率低的问题，2013年，中国石油设立"油气田加热炉及热力系统提效技术研究与应用"课题，主要从新型加热炉研制、用热负荷整体优化、提效技术配套优选、科学经济运行等方面开展攻关研究。经过攻关，集成开发了一种高效燃烧器和4套新型加热炉样机，形成1项石油天然气行业标准《稠油热采湿蒸汽发生器监测规范》和《加热炉运行操作规范》等4项集团公司企业标准，建立了大庆油田和大港油田两个示范工程。同时，全面推进加热炉提效工程实施，组织各油田企业编制加热炉整体提效实施方案，落实"优化核减、设备更新、技术改造和运行管理"四大提效措施。"十二五"期间，上述4项措施累计实施近2万台次，实现节能27万吨标准煤。

在炼油化工业务领域，持续深入开展能量系统优化技术研究和推广应用，在所属炼化企业推广和示范应用炼油、乙烯、炼化一体化离线优化技术，开展企业级能源管控系统示范建设。"十二五"期间，在所属24家炼化企业开展了能量系统优化技术示范、推广和培训，建立过程模型297套，提出优化方案371项，建成能量系统优化软件应用平台和技术支持平台以及技术培训中心，培训技术骨干500多人次。针对企业实际技术需求，研究筛选出与能量系统优化配套紧密、先进成熟的炼化节能技术40余项。通过攻关和示范应用，全面建立了炼化企业能量系统优化技术体系，填补了中国石油在该领域技术、人才和软件工具等方面的空白，有力地促进了炼化企业节能科技进步，推动了炼化企业物料流、能量流、信息流的融合。通过应用能量系统优化技术，"十二五"期间累计实现节能24万吨标准煤。基于此项技术研究成果和推广应用实践，编写了国家标准《炼油生产过程能量系统优化实施指南》。

同时，在其他业务领域，中国石油重点开展了成熟适用节能技术的推广应用。

在销售业务领域，推广应用了空化热泵、油气回收、LED节能灯及太阳能发电等技术。

在管道运输业务领域，推广应用了燃气轮机烟气余热回收、放空天然气回收、"气代油"等技术。

在工程技术服务业务领域，推广应用了油改电、柴油远程计量、烟气余热回收利用等技术。

此外，"十二五"期间，中国石油设立"低碳关键技术研究"重大科技专项，针对低碳发展"低能耗、低污染、低排放"三大特点和公司低碳技术状况，结合业务重点，围绕节能与提效、碳减排与废物资源化、战略与标准三大领域开展技术攻关。经过油气田、炼油化工、长输管道、工程技术等领域的40多家研发单位联合攻关，形成了典型主力油气田节能节水、炼油化工节能节水、温室气体捕集与利用等 11 项成套技术体系，成功突破了数字化抽油机、不加热集输、过热蒸汽发生、原油降凝输送等 23 项关键技术和 44 项配套技术，注水效率等 4 项能效指标大幅提高，集输能耗等 4 项能耗指标明显下降。

（5）节能专项项目稳步推进，节能技措效果显著。

"十一五"以来，中国石油建立了节能专项投入机制，安排专项资金用于实施能量系统优化、提高设备能效、伴生气回收利用等十大节能工程。"十二五"期间，集团公司继续推进节能重点工程的实施，实施节能专项资金项目 421 项，并充分发挥节能专项工程在节能技术推广应用中的示范导向作用。

在油气田业务领域，节能专项投资项目重点投资方向为设备节能、工艺节能和系统优化等方面，其中：

设备节能包括节能机泵、节能控制箱、高效燃烧器、无功补偿等；

工艺节能包括单管环状集油、单管树状集油，配电网重构等；

系统优化包括油田系统优化、气田系统优化、机械采油系统节能技术集成、加热炉综合提效技术等项目。

在炼油化工业务领域，节能专项投资项目重点投资方向为系统优化、重点装置工艺改造、重点耗能设备节能改造等方面，其中：

系统优化包括低温热/余热利用、蒸汽系统优化、氢气系统优化、循环水系统优化等；

重点装置工艺改造包括催化装置 CRC 改造、乙烯装置原料适应性改造等；

重点耗能设备节能改造包括压缩机无级调速、加热炉空预器改造等。

（6）强化节能奖惩考核，实现节能目标监控。

加强节能减排考核奖惩体系建设。中国石油建立了节能减排考核奖惩制度，制定了《集团公司节能减排考核实施细则》《集团公司节能节水先进评选办法》和评比实施细则，将节能减排任务纳入所属企业主要负责人年度绩效考核中，严格考核。对未完成节能减排任务的，予以业绩扣分，同时开展先进企业、先进基层单位和先进个人的评选。通过每年的现场考核及评比，评选出集团公司节能节水先进企业 240 家、先进基层单位 435 个、先进个人 455 名。

此外，中国石油高度重视对万家企业的监督管理工作，全面落实国家万家企业节能低碳行动考核要求，先后十余次组织对所属万家企业的节能工作进行检查督导，对存在问题及风险的企业逐家研究制定解决措施，强化责任落实和过程监控。2015 年 12 月 30 日，国家发展和改革委员会正式发布公告（2015 第 34 号），公布了 2014 年万家企业节能目标责任考核结果。公司纳入国家"万家企业节能低碳行动"的企业全部完成了节能量考核目标。

第一章 考核管理

"十二五"期间,国家组织开展了万家企业节能低碳行动,强化节能目标责任制考核,定期通报节能目标考核结果,推动了重点用能单位加强节能工作,强化节能管理,提高能源利用效率。为了进一步提高节能工作管理水平,集团公司开展了节能评价指标体系研究,不断完善集团公司节能考核方法,制定集团公司节能节水目标任务并层层分解和落实,确保集团公司全面完成"十二五"节能节水考核任务。

第一节 国家节能目标责任考核

一、国家有关文件和要求

1. 万家企业节能低碳行动实施方案

为贯彻落实《中华人民共和国国民经济和社会发展第十二个五年规划纲要》,推动重点用能单位加强节能工作,强化节能管理,提高能源利用效率,根据《国务院关于印发"十二五"节能减排综合性工作方案的通知》(国发〔2011〕26号)要求,国家发展和改革委员会(简称国家发改委)、教育部、工业和信息化部、财政部、住房和城乡建设部、交通运输部、商务部、国务院国有资产监督管理委员会(简称国资委)、国家质检总局、国家统计局、银监会、国家能源局制定了《万家企业节能低碳行动实施方案》,于2011年12月7日下发了《关于印发万家企业节能低碳行动实施方案的通知》(发改环资〔2011〕2873号)文件,并随同文件下发了全国以及各省(地区)万家企业的节能量目标。

万家企业范围:是指年综合能源消费量1万吨标准煤以上以及有关部门指定的年综合能源消费量5000吨标准煤以上的重点用能单位。2010年全国共有17000家左右。万家企业能源消费量占全国能源消费总量的60%以上,是节能工作的重点对象。抓好万家企业节能管理工作,是实现"十二五"单位GDP能耗降低16%、单位GDP二氧化碳排放降低17%约束性指标的重要支撑和保证。

万家企业节能低碳行动指导思想:以科学发展观为指导,依法强化政府对重点用能单位的节能监管,推动万家企业加强节能管理,建立健全节能激励约束机制,加快节能技术改造和结构调整,大幅度提高能源利用效率,为实现"十二五"节能目标做出重要贡献。基本原则:企业为主,政府引导;统筹协调,属地管理;多措并举,务求实效。主要目标:万家企业节能管理水平显著提升,长效节能机制基本形成,能源利用效率大幅度提高,主要产品(工作量)单位能耗达到国内同行业先进水平,部分企业达到国际先进水平。"十二五"期间,万家企业实现节约能源2.5亿吨标准煤。主要工作要求:加强节能工作组织领导;强化节能目标责任制;建立能源管理体系;加强能源计量统计工作;开展能源审计和编制节能规划;加大节能技术改造力度;加快淘汰落后用能设备和生产工艺;开展能效达标对标工作;建立健全节能激励约束机制;开展节能宣传与培训。保障措施:

健全节能法规和标准体系；加强节能监督检查；加大节能财税金融政策支持；建立健全企业节能目标奖惩机制；加强节能能力建设；强化新闻宣传和舆论监督。

2. 万家企业节能低碳行动企业名单及节能量目标

根据《关于印发万家企业节能低碳行动实施方案的通知》（发改环资〔2011〕2873号）要求，全国各地区提出了"万家企业节能低碳行动"企业名单，并分解落实了节能量目标。国家发展和改革委员会组织对"万家企业节能低碳行动"企业名单及节能量目标进行了审核，并与各省、自治区、直辖市及新疆生产建设兵团节能主管部门进行了衔接确认，于2012年5月12日下发国家发展和改革委员会2012年第10号公告，确定了"万家企业节能低碳行动"企业名单及节能量目标。集团公司纳入万家企业节能低碳行动的企业为62家，承担的节能指标任务为424.70万吨标准煤，具体企业名单见表1-1。

表1-1 集团公司万家企业节能低碳行动名单及节能量目标

序号	单 位	节能量（万吨标准煤）
1	中国石油大庆油田	70
2	中国石油大庆油田呼伦贝尔分公司	0.1136
3	中国石油大庆油田钻探工程公司运输一分公司	0.16
4	中国石油辽河油田公司	26
5	中国石油长庆油田分公司	15.8
6	中国石油长庆石油勘探局	0.8589
7	中国石油长庆油田陇东指挥部	4.4811
8	中国石油塔里木油田公司	15.3776
9	中国石油新疆油田公司	21.3396
10	中国石油西南油气田公司	2.6
11	中国石油吉林油田公司	10
12	中国石油大港油田公司	4.5895
13	中国石油大港油田集团	1.1693
14	中国石油青海油田公司	10.785
15	中国石油华北油田公司	3.15
16	中国石油华北油田公司二连分公司	1.2805
17	中国石油吐哈油田公司	3.1208
18	中国石油冀东油田公司	2
19	中国石油玉门油田公司	6.2198
20	中国石油大庆石化公司	10
21	中国石油吉林石化公司	15.7

续表

序号	单 位	节能量（万吨标准煤）
22	吉林燃料乙醇公司	2
23	中国石油抚顺石化公司	10
24	中国石油辽阳石化公司	7
25	辽阳石油化纤公司亿方工业公司	0.6
26	中国石油兰州石化公司	48.1383
27	中国石油独山子石化公司	18.6065
28	中国石油乌鲁木齐石化公司	16.8519
29	中国石油宁夏石化公司	7.5
30	中国石油大连石化公司	10
31	大连西太平洋石油化工有限公司	8
32	中国石油锦州石化公司	10
33	中国石油锦州石化精细化工有限公司	0.3
34	中国石油锦西石化公司	5.3
35	中国石油大庆炼化公司	3
36	中国石油哈尔滨石化公司	1.8
37	中国石油大港石化公司	5.0556
38	中国石油华北石化公司	1.85
39	中国石油呼和浩特石化公司	4.0455
40	中国石油辽河石化公司	3.5
41	中国石油长庆石化公司	3.0687
42	克拉玛依石化公司	3.806
43	中国石油庆阳石化公司	2.6328
44	南充炼油化工总厂	2.961
45	秦皇岛中油石化有限公司	0.5387
46	江苏中油兴能沥青有限公司	0.79
47	温州中油燃料石化有限公司	1.85
48	佛山中油高富石油有限公司	4.2008
49	中国石油西部钻探工程有限公司	1.2834
50	中国石油长城钻探工程公司	2.9676
51	中国石油渤海钻探工程公司	3.2385
52	中国石油川庆钻探工程公司	1.919
53	中国石油测井有限公司	0.113

续表

序号	单 位	节能量（万吨标准煤）
54	中国石油海洋工程有限公司	0.2456
55	江苏德赛化纤有限公司	0.67
56	中国石油宝鸡石油机械有限责任公司	0.4691
57	咸阳宝石钢管钢绳有限公司	0.1473
58	中国石油宝鸡石油钢管有限责任公司	0.4475
59	中国石油济柴动力总厂	0.1
60	中国石油渤海石油装备制造有限公司	0.6049
61	广西东油沥青有限公司	4.2314
62	北京石油管理干部学院	0.1263

3. 万家企业节能目标责任考核实施方案

为深入推进万家企业节能低碳行动，确保实现万家企业"十二五"节能2.5亿吨标准煤的目标，根据《国务院批转节能减排统计监测及考核实施方案和办法的通知》（国发〔2007〕36号）、国家发改委等12个部门《关于印发万家企业节能低碳行动实施方案的通知》（发改环资〔2011〕2873号）要求，国家发展和改革委员会组织制定了《万家企业节能目标责任考核实施方案》，于2012年7月11日下发了《国家发展和改革委员会办公厅关于印发万家企业节能目标责任考核实施方案的通知》（发改办环资〔2012〕1923号）文件，并随同文件公布了节能目标责任评价考核指标及评分标准。

节能目标责任考核总体思路：按照《万家企业节能低碳行动实施方案》的要求，坚持指标完成与措施落实相结合，定量考核与工作评价相结合，统一标准与分类考核相结合，依法强化对万家企业的节能监管，通过开展节能评价考核，形成倒逼机制，促进万家企业落实各项节能政策措施，提高节能管理水平，建立节能长效管理机制，确保实现"十二五"节能目标。考核对象：国家发展和改革委员会公告的万家企业节能低碳行动企业名单内的用能单位。考核内容：包括节能目标完成情况和节能措施落实情况两个部分。节能目标完成情况是指"十二五"节能量目标进度完成情况；节能措施落实情况包括组织领导、节能目标责任制、节能管理、技术进步、节能法律法规标准落实等情况。考核方法：采用量化评价办法，根据万家企业节能低碳行动实施方案要求，针对不同领域的企业，相应设置节能目标完成情况指标和节能措施落实情况指标，满分为100分。节能目标完成情况为定量考核指标，以国家发展和改革委员会公告的"十二五"节能量目标为基准，根据企业每年完成节能量情况及进度要求进行评分，分值为40分，节能目标完成情况为否决性指标，未完成节能目标，考核结果即为未完成等级；节能目标完成超过进度要求的适当加分。节能措施落实情况为定性考核指标，根据企业落实各项节能政策措施情况进行评分，满分为60分，对开展创新性工作的，给予适当加分。具体的考核指标及评分标准见表1-2。

表 1-2 节能目标责任评价考核指标及评分标准

考核指标	序号	考核内容	分值	评分标准	评分细则	得分
节能目标（40分）	1	"十二五"节能量进度	40	完成节能量进度目标，40分	节能量进度目标按照每年完成"十二五"节能量目标的20%计算，即第一年实际完成节能量不低于"十二五"节能量目标的20%，第二年累计节能量目标的40%，第三年累计不低于60%，第四年累计不低于80%，第五年累计不低于100%。根据节能主管部门掌握的能耗数据，完成节能量，达到目标的，得40分，未达到的，每超过进度目标10个百分点加1分，最多加2分。本指标为否决性指标，未完成考核为否决性指标，未完成考核为未完成等级	
节能措施（60分）	2	组织领导	6	(1) 建立节能工作领导小组，2分 (2) 设立专门能源管理岗位，3分 (3) 企业能源管理负责人具备能源管理师资格，1分	成立以企业主要负责人为组长的节能工作领导小组，推动工作落实，得1分；定期研究部署企业节能工作，并相关会议纪要等 设立专门能源管理岗位，得1分；聘任能源管理负责人、明确工作职责和任务，并供查设立岗位能源管理文件、聘任文件、工作职责和工作总结等材料 开展能源管理师试点地区的企业能源管理负责人取得节能主管部门颁发的能源管理师证书，得1分。非试点地区，查看能源管理师证书	
	3	节能目标责任制	6	(1) 分解节能目标，2分 (2) 定期开展节能考核情况，2分 (3) 落实节能考核奖惩制度，2分	将节能目标分解到车间、分解到班组和岗位，得1分；核查分解落实节能目标的相关证明材料 制订考核实施办法，定期对节能目标完成情况进行考评，得1分；核查考核办法，考评实施情况纳入人员工资绩效考核范围，得1分；根据节能目标完成情况，得1分等材料 将节能绩效考核情况纳入人员工资绩效考核范围，得1分；实施奖励、处罚等明显，评价报告、运行和改进记录等相关材料	
	4	节能管理	25	(1) 建立企业能源管理体系，5分 (2) 组织参加能源管理师培训考试，1分 (3) 配备和管理能源计量器具，2分	按照《能源管理体系 要求》（GB/T 23331）要求实施运行，建立管理体系文件，得2分；按照节能主管部门认可的能源管理体系文件、认证证书，形成持续改进能源管理体系，通过管理体系认证或评价，效果明显，得1分。核查考核改进能源管理体系文件、认证证书、运行和改进记录等相关材料 有1人以上取得节能主管部门认可的能源管理师资格证书等，得1分；核查参加培训的文件，能源管理师资格证书等。非试点地区，本项不扣分 按照《用能单位能源计量器具配备和管理通则》（GB 17167）要求，建立能源计量器具配备制度和管理制度，得1分（仅有一项制度的，得0.5分；能源计量器具配备符合标准要求，得1分；核查企业能源计量器具配备的相关文件以及质检部门出具的相关材料	

续表

考核指标	序号	考核内容	分值	评分标准	评分细则	得分
节能措施（60分）	4	节能管理	25	(4) 实现能耗数据在线采集、实时监测，加1分	建设完成系统，加0.5分，系统正常运行，加0.5分。现场核查系统运行情况	
				(5) 建立并运行能源管控中心，加1分	建立能源管控中心，加0.5分，正常运行，加0.5分。现场核查能源管控中心情况	
				(6) 加强能源统计分析，3分	设立能源统计岗位，得1分；建立健全能源消费原始记录和统计台账，得1分；定期开展能耗数据分析，得1分。核查相关文件及统计分析报表等材料	
				(7) 执行能源利用状况报告制度，3分	安排专人填写能源利用状况报告并按时上报，得1分；能源利用状况报告符合要求，得2分。根据节能主管部门掌握的情况和现场核查结果确定	
				(8) 开能源审计，2分	按照《企业能源审计技术通则》（GB/T 17166），开展能源审计，得1分；落实能源审计整改措施，得1分。核查向节能主管部门报送的能源审计报告和落实整改措施的相关材料	
				(9) 编制实施"十二五"节能规划和年度计划，2分	编制"十二五"节能规划、年度节能计划，得1分；按规划和计划要求组织实施，得1分。核查节能规划、年度计划，实施项目的相关材料	
				(10) 开展能效对标活动，2分	制定能效对标方案，得1分；组织实施，得1分。核查对标方案和实施活动相关材料	
				(11) 建立健全节能激励约束机制，2分	建立健全节能激励约束制度，安排节能奖励资金，得1分；奖励在节能管理、节能挖潜降耗工作中取得优秀成绩的集体和个人，惩罚浪费能源的集体和个人，得1分。核查建立实施奖励和处罚的相关材料	
				(12) 开展节能宣传教育，1分	定期开展节能宣传教育活动，得1分。核查开展活动的相关材料	
				(13) 开展节能培训，2分	定期组织对能源计量、统计、管理和设备操作人员进行节能培训，得1分；主要耗能设备操作人员经过培训上岗，得1分。核查企业节能培训计划、考试记录、培训证书等材料	

续表

考核指标	序号	考核内容	分值	评分标准	评分细则	得分
节能措施(60分)	5	节能技术进步	15	(1) 安排专门资金用于节能技术进步等工作，3分	安排专门资金，开展技术研发和改造等工作，得3分。核查资金使用计划及实施项目等相关材料	
				(2) 制订实施年度节能技术改造计划，4分	制订年度节能技术改造计划，得2分；按时完成节能技术改造计划，得2分。核查企业技改计划等有关资料和项目实施情况	
				(3) 研发和应用节能技术、产品和工艺，4分	开发节能新技术研发和应用，得2分；采用节能主管部门重点推荐的节能技术、产品和工艺，得2分。核查研发和应用、费用凭证和采用推荐的相关材料	
				(4) 淘汰落后产能和落后用能设备、生产工艺，4分	按规定时间和要求淘汰落后产能，得2分；按规定，淘汰落后用能设备和生产工艺，得2分。企业没有需要淘汰的落后产能、落后用能设备和生产工艺，不扣分。核查节能主管部门公布的淘汰落后文件，现场检查企业淘汰情况	
				(5) 采用合同能源管理模式实施节能改造，加1分	采用合同能源管理模式实施节能改造，加1分。核查相关文件和项目	
	6	执行节能法律法规标准	8	(1) 执行节能法律法规，2分	认真贯彻执行节能法律法规，在当年节能执法监察中未发现节能违法违规行为，得2分。存在节能违法、违规行为不得分。通过节能执法及其他相关部门执法文书及企业现场核查打分	
				(2) 执行产品能耗限额标准，2分	执行产品能耗限额标准，按照从严标准打分，得2分。存在超能耗限额标准用能行为不得分。国家标准和地方标准限额值不一致时，按照从严标准打分。企业不适用产品能耗限额标准，不扣分。核查执法文书和相关部门的相关文件	
				(3) 执行节能评估审查制度，4分	固定资产投资项目按规定进行节能评估审查，得2分；按照节能评估审查意见建设，得2分。企业没有新建、改建、扩建项目，不扣分。核查有关主管部门公布的相关文件、节能评估审查意见	
合 计			100			

4. 国资委中央企业负责人任期节能考核要求

2012年12月29日,国资委下发了中央企业负责人经营业绩考核暂行办法(国务院国有资产监督管理委员会令第30号),为切实履行企业国有资产出资人职责,维护所有者权益,落实国有资产保值增值责任,建立有效的激励和约束机制,引导中央企业科学发展。国资委下达给集团公司中央企业负责人"第三任期"(2010—2012年)的节能目标为300万吨标准煤,"第四任期"(2013—2015年)的节能目标为270万吨标准煤。

二、集团公司组织落实情况

1. 国家节能考核政策研究

1)国资委节能考核方法研究

2011年3月,根据国资委对集团公司节能考核工作的要求,结合集团公司节能考核工作现状,研究节能考核方法,并给出国资委对集团公司节能考核的建议方案。同时,开展了油气田、炼油、化工等主要业务的节能潜力测算工作,为顺利完成国资委节能考核任务打下基础。

2)万家企业节能低碳行动对策研究

2012年7月,根据国家发改委《关于印发万家企业节能低碳行动实施方案的通知》(发改环资〔2011〕2873号)以及万家企业节能低碳行动"十二五"节能量目标等要求,集团公司所属企业有62家纳入万家企业节能低碳行动,按照不同省市、专业公司等研究各相关企业的节能指标现状、节能考核目标与核定方法,同时对比分析中国石化、中国海油相关节能目标,并对集团公司有关企业进行动态跟踪;结合集团公司下发的"十二五"节能目标以及"十一五"完成节能量等,与62家纳入考核的企业逐家进行对接,研究找出完成"十二五"节能目标存在困难的企业,并给出确保集团公司完成节能目标的应对措施。

2. 集团公司有关文件和要求

为了确保集团公司纳入万家企业节能低碳行动所属企业与地方政府签订节能考核指标的科学合理,2011年10月14日,集团公司安全环保与节能部下发了"关于与地方政府签订万家企业节能指标有关事项的通知"(安全〔2011〕545号),对所属重点企业与地方政府签订节能指标工作做出安排和部署,明确要求各所属企业要进一步分析本企业"十二五"期间的节能潜力,加强与地方政府节能主管部门的沟通协调,签订的节能考核指标确保完成。结合各地方政府研究确定所在地的万家企业节能考核指标的进展情况,2012年1月6日,集团公司安全环保与节能部下发了"关于落实万家企业节能指标的通知"(安全〔2012〕8号)文件,要求各专业分公司及时了解归口管理企业指标签订情况,督促进一步做好该项工作,明确计算方法和口径,并要求各所属企业与地方政府加强沟通协调,确保签订的指标经过努力能够完成。

2012年7月25日,集团公司安全环保与节能部下发了"关于转发'万家企业节能低碳行动实施方案'的通知"(安全〔2012〕365号)文件,"十二五"期间,国家组织开展万家企业节能低碳行动,加强政府对重点用能单位工作的监督力度,并每年公布考核结果,强化责任考核,落实奖惩机制。对未完成节能目标的企业强制开展能源审计,实行问责制,在经营业绩考核中实行降级降分，并与企业负责人薪酬紧密挂钩，要求有关企业落实完成好考核指标，确保"十二五"期间的节能减排工作继续走在中央企业前列。

3. 集团公司万家企业节能考核有关会议

1) 集团公司万家企业节能工作座谈会

2012年8月，在北京组织召开"万家企业节能工作座谈会"，安全环保与节能部、专业分公司以及集团公司部分万家企业节能工作主管领导共80余人参加会议。会议做了《扎实推进各项节能工作确保实现"万家企业"目标》的报告，主要分析了国家面临严峻的节能减排形势、集团公司"十一五"节能工作取得的成绩和"十二五"节能工作面临的艰巨任务，并对国家万家企业节能考核方案细则进行了讲解。会议进行了《集团公司节能统计知识》的培训，主要讲解了节能统计基础知识、集团公司节能统计体系和各业务节能量计算方法等内容。会议对石油行业标准《油气田节能量与节水量计算方法》进行了讲解。各参会代表就集团公司万家企业节能考核进展情况以及存在的主要问题进行了充分的研讨。

最后，会议进行了总结，并对集团公司纳入万家企业考核的企业提出具体要求：一是高度重视，坚定信心，将坚定不移地完成考核指标；二是地区公司、有关单位必须要进一步强化节能节水管理的基础工作，开展管理提升工作；三是进行对标分析，找出节能潜力，落实节能措施，提升能效水平；四是加强与地方政府、有关部门的沟通，争取理解与支持，解决问题；五是各万家企业要与各专业公司、总部保持沟通、联系，及时取得最大的支持。通过落实以上工作，确保完成集团公司、各级地方政府对万家企业的节能考核。

本次会议的召开，明确了集团公司万家企业节能工作所面临的严峻形势、任务，通过与各万家企业的座谈交流，及时掌握了各企业节能工作的最新动态、取得的成就以及面临的困难，并商榷了解决问题的途径，为各万家企业完成集团公司、各级地方政府的考核指标打下了基础。

2) 2012年四川地区万家企业节能工作座谈会

2012年9月20日，在四川省成都市召开四川地区万家企业节能工作座谈会，集团公司安全环保与节能部及节能中心专家听取了西南油气田、川庆钻探、四川石化等企业的汇报，讨论了万家企业指标执行情况及存在问题，并赴四川省经贸委对集团公司四川地区万家企业节能考核指标和计算口径等问题进行了协调。

3) 2013年万家企业节能工作座谈会

2013年6月4日，在乌鲁木齐市召开新疆地区节能工作座谈会，集团公司安全环保与节能部及节能中心专家听取了集团公司在该地区7家万家企业的汇报，了解节能考核指标等相关情况并讨论具体措施。6月9日，赴乌鲁木齐石化公司进行现场调研，开展指标完成对策研究工作。6月25日，向国家发改委资源节约和环境保护司递交了乌鲁木齐石化分公司2011—2012年度节能量完成情况的报告。

2013年6月27日，集团公司安全环保与节能部在北京组织召开了华北地区万家企业节能工作座谈会。大港油田、华北油田、冀东油田、大港石化、华北石化、呼和浩特石化、秦皇岛中油石化、长城钻探、渤海钻探、海洋工程、渤海装备和管理干部学院等12家企业的 18 名节能管理人员参加了会议。与会企业汇报了"十二五"节能考核任务完成进展情况，并针对存在的问题逐一进行了研讨，确保完成国家节能考核任务。

4）2014 年万家企业节能工作座谈会

2014 年 8 月 4 日至 9 月 25 日，辽河、东北、西北、新疆、华北 5 片区召开万家企业节能工作座谈会。

(1) 2014 年 8 月 4 日，辽宁地区节能工作座谈会在锦西石化召开。集团公司安全环保与节能部、规划总院，以及辽河油田、抚顺石化、辽阳石化、大连石化、大连西太、锦州石化、锦西石化、辽河石化等 8 家企业主管处长和有关人员参加了会议。

会议介绍了集团公司"十二五"节能面临的形势与任务，辽宁地区 8 家企业汇报了本单位"十二五"节能量指标完成情况及"万家企业"节能考核存在的问题，会议最后进行了总结，对辽河地区所属万家企业指标完成情况予以肯定。同时，就下一步工作提出几点要求：一是要确保"十二五"万家企业节能目标责任考核的完成，要关注累计进度、指标的均衡性和可持续性；二是要加强万元产值综合能耗指标的测算，确保完成；三是要加强能源消耗总量的控制；四是要做好"十三五"节能专项规划工作。会议要求各企业按照"万家企业"节能考核要求，对照"十二五"前三年节能量完成情况，确保"十二五"后两年节能目标的完成，通过开展"万家企业"节能考核，促进节能工作的提升，为集团公司节能工作做出贡献。

(2) 2014 年 8 月 13—14 日，东北地区节能工作座谈会在大庆油田召开。集团公司安全环保与节能部、规划总院，以及大庆油田、吉林油田、大庆石化、吉林石化、大庆炼化和哈尔滨石化等 6 家企业主管处长和岗位人员参加了会议。

会议从集团公司耗能用水现状、"十二五"节能面临的形势与挑战以及集团公司节能发展思路等三方面介绍了集团公司目前节能工作面临的形势与任务。东北地区 6 家企业汇报了本单位"十二五"节能量指标完成情况及"万家企业"节能考核存在的问题，会议最后进行了总结，同时，就下一步工作提出几点要求：一是万家企业节能目标一定要完成，强调节奏、比例和进度；二是和地方政府沟通的结果，一定要通过省政府和发改委进行确认；三是考核的结果一定要和省政府确认，保持一致；四是要加强万元产值综合能耗指标的测算；五是要进行能源消耗总量控制；六是要做好"十三五"节能专项规划工作。会议要求各企业继续做好"十二五"后两年指标考核工作，确保目标的完成。

(3) 2014 年 8 月 18—19 日，西北地区节能工作座谈会在长庆油田召开。集团公司安全环保与节能部、规划总院，以及长庆油田、西南油气田、青海油田、玉门油田、兰州石化、宁夏石化、长庆石化、庆阳石化、四川石化、川庆钻探、宝石机械、宝鸡钢管、中油测井等 13 家企业主管处长和岗位人员参加了会议。

会议介绍了集团公司"十二五"节能面临的形势与任务，西北地区 16 家万家企业汇报了节能目标责任考核完成情况及存在的问题。会议最后进行了总结，同时，就下一步工作提出几点要求：一是确保指标完成，作为刚性任务，继续走在央企前列；二是积极和地方政府进行沟通协调；三是考核的结果一定要和省政府确认，并报送发改委；四是要加强万元产值综合能耗指标的测算；五是要进行能源消耗总量控制；六是要做好"十三五"节能专项规划；七是要夯实各项基础管理工作。加强能源管控中心建设、能源管理体系建设、节能信息系统建设，强化能评、能源审计，淘汰低效高耗设备，加强 EMC 管理等。会议要求各企业继续做好"十二五"后两年指标考核工作，确保目标的完成。

(4) 2014 年 9 月 3 日，新疆地区节能工作座谈会在乌鲁木齐召开。集团公司安全环保与节能部、规划总院，以及塔里木油田、新疆油田、吐哈油田、独山子石化、乌鲁木齐石化、克拉玛依石化、西部钻探等 7 家企业主管处长和岗位人员参加了会议。

会议介绍了集团公司"十二五"节能面临的形势任务、工作思路和 2014 年重点工作。新疆地区所属 7 家万家企业汇报了节能目标责任考核完成情况及存在的问题。会议最后进行了总结，并就下一步工作提出四点要求：一是完成指标是硬要求，作为刚性任务，已经纳入业绩考核，和企业员工利益挂钩。二是要加强万元产值综合能耗指标的测算。企业面临结构调整余地小、产业单一的不利因素，要靠管理、技改要效益。三是要进行能源消耗总量控制。四是要做好"十三五"节能专项规划工作。会议要求各企业不能松懈，特别是要做好"十二五"后两年指标考核工作，确保目标的全面完成。

(5) 2014 年 9 月 25 日，华北等地区节能工作座谈会在北京召开。集团公司安全环保与节能部、勘探与生产分公司、炼油与化工分公司、销售分公司、海外勘探开发分公司、工程技术分公司、规划总院和大港油田等 18 家企业主管处长和岗位人员参加了会议。

会议介绍了集团公司"十二五"节能面临的形势和任务，华北等地区所属 18 家万家企业汇报了节能目标责任考核完成情况及存在的问题。最后会议进行了总结，并就下一步工作提出 5 点要求：一是发改委节能量累计完成进度是刚性考核任务，必须确保完成；二是计算方法要充分和地方政府沟通，达成一致；三是对于确实完成有困难的企业，可以采取"关停并转"的方式报地方政府备案；四是着手"十三五"节能规划编制工作，特别要关注能耗总量控制和万元产值综合能耗的测算；五是加强能源管理体系建设，鼓励提炼要素和 HSE 体系进行整合。

2014 年，集团公司组织的 5 大片区万家企业节能工作座谈会，极大地促动了各个专业公司、地区公司对确保完成节能考核指标的重要性认识，通过了解情况、查摆问题，为企业完成好考核任务积极出谋划策，为确保"十二五"后两年指标考核工作的全面完成，打下了坚实的基础。

5) 2015 年万家企业节能工作座谈会

2015 年 9 月 8 日至 10 月 30 日，集团公司在东北、西部、华北 3 片区组织召开 62 家万家企业节能工作座谈会。

(1) 2015 年 9 月 9 日，东北地区万家企业节能工作座谈会在抚顺石化召开。集团公司安全环保与节能部、炼油与化工分公司、节能中心相关人员以及大庆油田、抚顺石化等 15 家所属企业主管处长，共计 40 余人参加了会议。会议介绍了《集团公司节能工作面临的形势和任务》，来自 15 家企业的代表结合本单位 2014 年至 2015 年主要节能节水工作、面临的主要问题、"十二五"节能指标完成情况、下一步主要工作等内容进行了汇报。东北地区各万家企业全部完成了 2014 年度节能考核指标。最后，会议对今后的节能工作提出了三方面要求：一是确保全面完成万家企业节能考核任务，实现节能减排工作走在中央企业前列的目标坚定不移；二是实实在在做好节能的各项工作是确保完成万家企业考核任务的根本保证；三是加强和地方政府有关部门的深入沟通，争取地方政府的支持配合是确保完成万家企业考核任务的关键。

（2）2015年10月14日，西部地区万家企业节能考核工作座谈会在兰州石化召开。集团公司安全环保与节能部、勘探与生产分公司、炼油与化工分公司、装备制造分公司、节能中心相关人员以及长庆油田、兰州石化等20家所属企业主管处长，共计40余人参加了会议。会议介绍了《集团公司节能工作面临的形势和任务》，来自20家企业的代表结合本单位2014年至2015年主要节能节水工作、面临的主要问题、"十二五"节能指标完成情况、下一步主要工作等内容进行了汇报，西部地区万家企业全部完成2014年度节能考核指标。最后，会议对今后的节能工作提出了三方面要求：一是确保全面完成万家企业节能考核任务，实现节能减排工作走在中央企业前列的目标坚定不移；二是实实在在做好节能的各项工作是确保完成万家企业考核任务的根本保证；三是加强和地方政府有关部门的深入沟通，争取地方政府的支持配合是确保完成万家企业考核任务的关键。

（3）2015年10月30日，华北地区节能考核工作座谈会在北京召开。集团公司安全环保与节能部、勘探与生产分公司、炼油与化工分公司、销售分公司、海外勘探开发分公司、工程技术分公司、工程建设分公司、装备制造分公司、节能中心相关人员以及大港油田、大港石化等20家所属企业主管处长以及节能工作人员共计40余人参加了会议。会议上，来自20家企业的代表结合本单位2014年至2015年主要节能节水工作、面临的主要问题、"十二五"万家企业节能考核指标完成情况、下一步主要工作等内容进行了汇报，华北地区万家企业全部完成2014年度节能考核指标。会议对国家以及集团公司"十二五"以来节能工作形势以及进展情况进行了总结介绍，并对集团公司所属万家企业今后的节能工作提出了三方面要求：一是确保全面完成万家企业节能考核任务，实现节能减排工作走在中央企业前列的目标坚定不移；二是实实在在做好节能的各项工作是确保完成万家企业考核任务的根本保证；三是加强和地方政府有关部门的深入沟通，争取地方政府的支持配合是确保完成万家企业考核任务的关键。

"十二五"以来，集团公司高度重视万家企业节能目标责任考核工作，始终把确保完成考核节能量作为刚性指标，积极主动推进此项工作，通过督促各企业逐年落实，取得了良好成效。2013年度集团公司所属企业，全部完成或者超额完成万家企业节能考核目标。通过本次会议使华北地区各万家企业更加深刻认识到万家企业节能考核作为当前节能工作重中之重的意义，为各企业更加主动适应经济新常态，继续深入推进开源节流降本增效工作奠定了坚实基础。

三、集团公司节能目标完成情况

1. 中华人民共和国国家发展和改革委员会公告（2013年第44号）

2013年12月25日，国家发改委发布了2013年第44号公告，对2011—2012年万家企业节能目标责任考核结果进行了公布。

国家发改委公布的万家企业共16078家，2012年参加考核企业14542家；有1536家企业因重组、关停、搬迁、淘汰等原因未参加考核。参加考核企业中，3760家考核结果为

"超额完成"等级，占25.9%；7327家考核结果为"完成"等级，占50.4%；2078家考核结果为"基本完成"等级，占14.3%；1377家考核结果为"未完成"等级，占9.5%。2011—2012年，万家企业累计实现节能量1.7亿吨标准煤，完成"十二五"万家企业节能量目标的69%。

2012年，参加万家企业节能目标责任考核的中央企业和单位共1338家。其中，612家考核结果为"超额完成"等级，占45.7%；524家考核结果为"完成"等级，占39.2%；87家考核结果为"基本完成"等级，占6.5%；115家考核结果为"未完成"等级，占8.6%。

在此次公告中，公布了集团公司52家企业2011—2012年节能考核任务的完成情况，其中51家均按照进度要求完成了年度进度考核任务，仅乌鲁木齐石化（公告中备注：为保障民用气供应，停运一套化肥装置，设备低负荷运行，造成能耗上升）未完成年度进度考核任务。

2. 中华人民共和国国家发展和改革委员会公告（2014年第20号）

2014年12月3日，国家发改委发布了2014年第20号公告，对2013年万家企业节能目标责任考核结果进行了公布。

国家发改委公布的万家企业共16078家，2013年参加考核企业14119家；有1959家企业因重组、关停、搬迁、淘汰等原因未参加考核。参加考核企业中，3975家考核结果为"超额完成"等级，占28.15%；7117家考核结果为"完成"等级，占50.41%；1836家考核结果为"基本完成"等级，占13.00%；1191家考核结果为"未完成"等级，占8.44%。2011—2013年，万家企业累计实现节能量2.49亿吨标准煤，完成"十二五"万家企业节能量目标的97.72%。

2013年，参加万家企业节能目标责任考核的中央企业和单位共1414家。其中，631家考核结果为"超额完成"等级，占44.63%；551家考核结果为"完成"等级，占38.97%；88家考核结果为"基本完成"等级，占6.22%；144家考核结果为"未完成"等级，占10.18%。

在此次公告中，公布了集团公司54家企业2013年度节能考核任务的完成情况，54家企业均按照进度要求完成了年度进度考核任务。

3. 中华人民共和国国家发展和改革委员会公告（2015年第34号）

2015年12月30日，国家发改委发布了2015年第34号公告，对2014年万家企业节能目标责任考核结果进行了公布。

国家发改委公布的万家企业共16078家，2014年参加考核企业共13328家；有2750家企业因重组、关停、搬迁、淘汰等原因未参加考核。参加考核企业中，4126家考核结果为"超额完成"等级，占30.96%；6814家考核结果为"完成"等级，占51.13%；1440家考核结果为"基本完成"等级，占10.80%；948家考核结果为"未完成"等级，占7.11%。2011—2014年，万家企业累计实现节能量3.09亿吨标准煤，完成"十二五"万家企业节能量目标的121.13%。

2014年，参加万家企业节能目标责任考核的中央企业和单位共1403家。其中，696家考核结果为"超额完成"等级，占49.61%；517家考核结果为"完成"等级，占36.85%；

71家考核结果为"基本完成"等级,占5.13%;72家考核结果为"未完成"等级,占5.13%。

在此次公告中,公布了集团公司56家企业2014年度节能考核任务的完成情况,56家企业均按照进度要求完成了年度进度考核任务。

4. 国务院国资委"十二五""2010—2012年"和"2013—2015年"节能考核指标完成情况

集团公司全面完成了国务院国资委下达的"十二五""2010—2012年"和"2013—2015年"节能考核指标任务。其中,完成"十二五"节能考核目标的146%,完成"2010—2012年"节能考核目标的147%,完成"2013—2015年"节能考核目标的133%。

2011年5月,集团公司荣获国务院国资委授予的"'十一五'中央企业节能减排优秀企业"称号。2013年7月,集团公司荣获国务院国资委第三任期"节能减排优秀企业奖"。

第二节 集团公司节能节水考核

"十二五"期间,集团公司制定了总的节能量和节水量的任务目标,并纳入了集团公司人事业绩考核指标。集团公司节能量和节水量任务目标按照年度下达,并将其完成情况作为节能节水先进企业评比的重要依据。根据统计结果,"十二五"期间集团公司完成节能量任务目标的133%,完成节水量任务目标的118%,全面完成了集团公司"十二五"节能节水考核任务。

为进一步提高集团公司节能工作管理水平,结合国家"十二五"万家企业节能低碳行动以及国资委中央企业任期考核等相关要求,2011年集团公司组织开展了重大科技项目"中国石油低碳关键技术研究"的课题10——"中国石油节能减排评价指标体系研究"的研究工作,不断完善集团公司节能考核评价指标体系及与考核评价方法,为集团公司节能节水考核工作提供决策支持。

一、集团公司节能节水先进考核

1. 节能节水先进评选办法

2013年1月22日,为加强集团公司节能节水工作,建立健全节能节水工作激励约束机制,加快推进资源节约型企业建设,依据《中华人民共和国节约能源法》《万家企业节能目标责任考核实施方案》和《中国石油天然气集团公司节能节水管理办法》,集团公司下发了"关于印发《中国石油天然气集团公司节能节水先进评选办法》的通知"(中油安〔2013〕21号)文件。

该评选办法共5章29条,对集团公司节能节水先进企业、先进基层单位(站、队、车间等)、先进个人的评选办法作出了明确的规定。集团公司节能节水先进评选每年度进行一次,质量安全环保部负责制订年度节能节水考核评比计划,并会同总部有关部门、专业分公司共同组织节能节水先进企业的考核评比和先进基层单位、先进个人的评选工作。专业分公司负责归口管理企业考核评比工作的具体组织实施,包括对企业自评考核报告的审核确认、组织现场考核、进行综合评价,以及对企业推荐的先进基层单位和先进个人材料进行初审等。所属企业负责组织对下属单位的考核，提交企业自评考核报告，推荐先进基层单位和个人。

1）先进企业考核评比

（1）考核评比主要内容。包括节能节水指标完成情况和节能节水措施落实情况。指标完成情况包括集团公司下达给所属企业的年度节能节水目标完成情况以及对集团公司当年实现的节能量和节水量的贡献大小情况。措施落实情况包括节能节水工作组织领导、节能节水目标责任制、节能节水技术进步、执行节能节水法律法规、节能节水管理等。

（2）考核评比打分方法。考核评比采用量化评价办法，满分为100分，其中：指标完成情况根据所属企业节能节水目标完成情况以及对集团公司当年实现的节能量和节水量的贡献大小进行评分，分值为60分。未完成集团公司下达的年度考核目标的，该项不得分。

措施落实情况根据所属企业落实各项节能节水政策措施情况进行评分，分值为40分。

所属企业在推行合同能源管理等方面取得成效的，给予适当加分，加分不超过3分。

（3）考核评比具体流程。集团公司质量安全环保部会同总部有关部门、专业分公司于每年年初确定所属企业的年度节能量和节水量考核指标。集团公司质量安全环保部于每年10月下达考核评比计划，对考核评比工作做出安排部署。所属企业根据集团公司质量安全环保部下达的考核评比计划和要求，对本企业下属单位进行检查考核，并在此基础上编写本企业的自评考核报告，于每年11月中旬将自评考核报告（电子版）报送归口管理专业分公司。自评考核报告主要内容包括：自评考核情况、节能节水目标（含国家、地方政府下达的目标）完成情况、存在的主要问题和整改措施、典型经验、加分申请说明材料等。

专业分公司在对归口管理企业自评考核报告进行初审的基础上，有针对性地选取部分企业进行现场抽查，重点对企业自评考核报告中的内容进行核实、确认。专业分公司对归口管理企业节能节水措施落实情况做出评价，将企业自评考核报告、现场抽查总结报告报送集团公司质量安全环保部。

集团公司质量安全环保部会同专业分公司根据年终节能量和节水量统计审核结果和年度考核目标对各企业节能节水指标完成情况进行量化评分，并与其他项得分进行汇总，根据企业综合得分由高到低的排名顺序，提出节能节水先进企业推荐名单。

集团公司主管领导主持召开由总部有关部门、各专业分公司参加的评审会议，对推荐的先进企业名单进行审定、批准，授予"中国石油天然气集团公司节能节水先进企业"称号。

2）先进基层单位和先进个人考核评比

从2012年开始，在集团公司先进企业评选的同时，增加了先进基层单位和先进个人的评比内容。节能节水先进基层单位和个人的评选坚持公开、公正、公平的原则，采取自下而上、层层把关、逐级评审的方式。评选实行限额申报或推荐，具体名额由集团公司质量安全环保部会同总部有关部门、专业分公司根据考核办法有关要求确定。

所属企业根据集团公司节能节水先进评选计划的安排，自下而上推选节能节水先进基层单位和个人。集团公司质量安全环保部会同各专业分公司对所属企业推荐的节能节水先进基层单位和个人材料进行初审。节能节水先进基层单位和个人推荐材料初审通过名单报集团公司主管领导审批。

随着E7系统的建设，从2013年起，年度评选材料开始通过集团公司节能节水管理信息系统（E7系统）进行网上登陆审核上报。各企业负责通过系统向所属专业公司上报先进企业考核自评报告（含考核评分表）、节能节水先进基层单位推荐表、先进个人推荐表，以及加盖企业公章的先进基层单位、先进个人推荐表扫描件。各专业公司经审核后负责通过系统向集团公司节能主管部门提供以下电子版材料：(1)自评报告，企业自评报告由专业公司收集后，统一通过系统报送；(2)现场抽查总结报告，由各专业公司通过系统收集各考核组总结报告后统一报送；(3)各企业节能节水措施落实情况打分评价表；(4)各企业节能节水先进基层单位、个人推荐表；(5)节能节水先进基层单位和个人汇总表、先进基层单位一览表、先进个人信息一览表。

二、集团公司先进企业、基层单位和个人名单（排名不分先后）

1."十一五"

1)"十一五"节能节水先进企业名单（共17家）

序号	企业名称	序号	企业名称
1	大庆油田有限责任公司	10	独山子石化分公司
2	辽河油田分公司	11	大连石化分公司
3	长庆油田分公司	12	哈尔滨石化分公司
4	新疆油田分公司	13	克拉玛依石化分公司
5	吉林油田分公司	14	四川销售分公司
6	大庆石化分公司	15	管道分公司
7	吉林石化分公司	16	长城钻探工程有限公司
8	抚顺石化分公司	17	宝鸡石油机械有限责任公司
9	兰州石化分公司		

2)"十一五"节能节水先进基层单位名单（共100个）

序号	先进基层单位	
	所属企业	基层单位名称
1	大庆油田有限责任公司	第一采油厂第七油矿南八采油队
2		第二采油厂第五作业区南二联合站
3		第五采油厂第二油矿十区三队
4		第四采油厂第四油矿西二队
5		大庆钻探工程公司钻井一公司70163钻井队
6		矿区服务事业部物业管理三公司火炬燃煤锅炉房
7	辽河油田分公司	特种油开发公司热注作业二区大十八站
8		曙光采油厂采油作业五区81号站
9		欢喜岭采油厂集输大队欢二联合站
10	长庆油田分公司	第一采油厂王南采油作业区南08井区

续表

序号	先进基层单位	
	所属企业	基层单位名称
11	长庆油田分公司	第一采气厂第一净化厂
12		水电厂靖边燃气发电厂
13	塔里木油田分公司	塔西南勘探开发公司电力工程部发电车间
14		开发事业部哈得作业区运行一部
15	新疆油田分公司	重油开发公司供汽二联合站
16		克拉玛依电厂生产运行部
17		百口泉采油厂注输联合站
18	西南油气田分公司	重庆天然气净化总厂忠县分厂
19	吉林油田分公司	新木采油厂采油三队
20	大港油田分公司	天然气公司天然气处理站
21	青海油田分公司	采油一厂尕斯联合站
22	华北油田分公司	第三采油厂电力管理中心
23		第五采油厂辛集采油作业区
24	吐哈油田分公司	井下公司特车三队
25	冀东油田分公司	陆上油田作业区采油七区
26	玉门油田分公司	水电厂生产运行部
27	大庆石化分公司	炼油厂重油催化二车间
28		化肥厂合成车间
29		热电厂锅炉车间
30	吉林石化分公司	炼油厂催化一车间
31		乙烯厂乙烯车间
32		有机合成厂丁苯橡胶车间
33	抚顺石化分公司	石油一厂东蒸馏车间
34		乙烯化工厂环氧乙烷乙二醇车间
35		洗涤剂化工厂生产分厂
36	辽阳石化分公司	烯烃厂裂解车间
37		芳烃厂PTA二车间
38	兰州石化分公司	炼油厂常减压联合车间
39		乙烯厂乙烯车间
40		11万吨/年聚丙烯装置
41	独山子石化分公司	炼油厂第一联合车间
42		乙烯厂乙烯车间
43	乌鲁木齐石化分公司	炼油厂二车间

续表

序号	先进基层单位	
	所属企业	基层单位名称
44	宁夏石化分公司	水汽部
45	大连石化分公司	350万吨/年重油催化裂化装置
46		生产新区加氢裂化装置
47		热电联合车间
48	锦州石化分公司	三催化装置
49	锦西石化分公司	重整车间
50	大庆炼化分公司	炼油二厂二套ARGG车间
51		聚合物一厂丙烯腈车间
52	哈尔滨石化分公司	常减压车间
53		二催化车间
54	大港石化分公司	第三联合车间
55	华北石化分公司	生产运行处一联合工区
56	呼和浩特石化分公司	催化裂化联合车间
57	辽河石化分公司	制氢车间
58	长庆石化分公司	运行一部
59		运行三部
60	克拉玛依石化分公司	炼油第一联合车间
61		延迟焦化车间
62	庆阳石化分公司	一联合运行部
63	润滑油分公司	兰州润滑油厂
64	辽宁销售分公司	东梁油库
65	四川销售分公司	104油库
66	内蒙古销售分公司	通辽油库
67	北京销售分公司	安燕加油站
68	山东销售分公司	兖州油库
69	江苏销售分公司	金坛油库
70	甘肃销售分公司	成县分输库
71	河南销售分公司	第二十九加油站
72	湖南销售分公司	湘潭油库
73	广西销售分公司	金福加油站
74	大连销售分公司	台山油库
75	青海销售分公司	格尔木油库
76	管道分公司	锦州输油气分公司葫芦岛输油站

续表

序号	先进基层单位	
	所属企业	基层单位名称
77	管道分公司	兰州输油气分公司兰州输油站
78	西气东输管道分公司	宁陕管理处靖边压气站
79	中石油北京天然气管道有限公司	板中北板中南储气库
80	西部管道分公司	新疆输油分公司鄯善原油首站
81	中国石油集团西部钻探工程有限公司	吐哈钻井公司50638钻井队
82	中国石油集团长城钻探工程有限公司	钻井一公司长庆项目一部40503钻井队
83	中国石油集团渤海钻探工程有限公司	第四钻井分公司40686钻井队
84	中国石油集团川庆钻探工程有限公司	长庆钻井总公司30693钻井队
85	中国石油集团东方地球物理勘探有限责任公司	矿区事业部唐官屯基地管理处物业管理中心动力站
86	中国石油天然气管道局	管道矿区廊坊服务中心热力二处
87	中国石油工程建设公司	第七建设公司金属结构厂综合车间
88	中国寰球工程公司	第六建设公司矿区服务部物业公司水电计量班
89	宝鸡石油机械有限责任公司	铸造分厂
90	宝鸡石油钢管厂	动力分厂
91	中国石油集团济柴动力总厂	动力服务部
92	中国石油集团渤海石油装备制造有限公司	华油钢管公司二车间
93	中国石油天然气运输公司	塔里木运输公司
94	集团公司节能技术机构	集团公司节能技术研究中心
95		集团公司节能技术监测评价中心
96		集团公司西北油田节能监测中心
97		集团公司东北油田节能监测中心
98		集团公司石油化工节能技术监测中心
99		集团公司西北石化节能监测中心
100		集团公司管道节能监测中心

3)"十一五"节能节水先进个人名单（共200名）

序号	所属单位	姓　名
1	大庆油田有限责任公司	孙英杰　毛国成　刘国文　董仁义　林庆泽 徐光焰　梁志武　王冠军　万　江
2	辽河油田分公司	胡　伟　王　东　陈秀梅　杨明生
3	长庆油田分公司	常振武　马　勇　刘丰宁　王林平
4	塔里木油田分公司	王　冲　樊　川　张丽娜
5	新疆油田分公司	衣怀峰　刘卫东　王玉新　张　犁

续表

序号	所属单位	姓　名
6	西南油气田分公司	戴　忠　陈华勇　陈　燕
7	吉林油田分公司	姜　一　邰维国　薛国锋
8	大港油田分公司	梁惠勋　陈琳伟　孟双龙
9	青海油田分公司	刘　全　钟富萍
10	华北油田分公司	刘越强　朱　健　王树义
11	吐哈油田分公司	侯祥东　孙思平
12	冀东油田分公司	郭景芳　贾海文
13	玉门油田分公司	秦建荣　陈　勇
14	大庆石化分公司	杜永贵　贲　涛　张向东
15	吉林石化分公司	金彦江　赵朝文　赵　伟
16	抚顺石化分公司	张忠洋　景　侠　白　玮
17	辽阳石化分公司	刘廷卫　王　兵　翟长军
18	兰州石化分公司	刘　辉　杨　林　周启慧
19	独山子石化分公司	梁玉勤　窦全江　刘　军
20	乌鲁木齐石化分公司	陈　鑫　吴雪梅
21	宁夏石化分公司	吴占永　徐发淮
22	大连石化分公司	姚　庆　苏战国　李凤岭
23	大连西太平洋石油化工有限公司	孙玉祥
24	锦州石化分公司	隋　昊　刘春杰
25	锦西石化分公司	王　辉　付德贵
26	大庆炼化分公司	马　刚　贾鸣春　袁金财
27	哈尔滨石化分公司	林光仁　张振秀　张典元
28	大港石化分公司	姚丹郁　李建忠
29	华北石化分公司	解忠喜　李一平
30	呼和浩特石化分公司	周凤芹　王爱兵
31	辽河石化分公司	李为民　孙书文
32	长庆石化分公司	李　兵　李　亮
33	克拉玛依石化分公司	吴思东　刘建新
34	庆阳石化分公司	周向忠
35	吉林燃料乙醇有限责任公司	邢建玲
36	中油燃料油股份有限公司	刘玮婧
37	润滑油分公司	孙　竞
38	辽宁销售分公司	李兴伟
39	四川销售分公司	李　坚

续表

序号	所属单位	姓　　名
40	内蒙古销售分公司	李生进
41	北京销售分公司	主志宇
42	黑龙江销售分公司	宋　硕
43	山东销售分公司	刘东平
44	江苏销售分公司	杨　桦
45	甘肃销售分公司	刘永存
46	河南销售分公司	余建忠
47	湖北销售分公司	孙成家
48	湖南销售分公司	赵建航
49	广西销售分公司	张　南
50	大连销售分公司	孙宝松
51	青海销售分公司	丁德文
52	北京油气调控中心	张　鹏　张志军　刘　冰
53	管道分公司	冯雅玲　杨景丽　黄金萍
54	西气东输管道分公司	郑宏伟　朱金辉
55	中石油北京天然气管道有限公司	张旭东　陶卫方
56	西部管道分公司	蒲镇东　周　伟
57	中国石油集团西部钻探工程有限公司	倪　昌　郭　华
58	中国石油集团长城钻探工程有限公司	杨　勇　周先鹏
59	中国石油集团渤海钻探工程有限公司	王凤臣　许立华
60	中国石油集团川庆钻探工程有限公司	唐桂琴　谢海涛
61	中国石油集团东方地球物理勘探有限责任公司	王志华
62	中国石油集团测井有限公司	安小龙
63	中国石油集团海洋工程有限公司	刘颖斌
64	中国石油天然气管道局	那　晶
65	中国石油工程建设公司	李　珊
66	中国寰球工程公司	彭　蕾
67	中国石油集团东北炼化工程有限公司	张少双
68	宝鸡石油机械有限责任公司	梁晓辉
69	宝鸡石油钢管厂	张瑞敏
70	中国石油集团济柴动力总厂	王晓华
71	中国石油集团渤海石油装备制造有限公司	高会菊
72	中国石油天然气运输公司	施新景

续表

序号	所属单位	姓名
73	集团公司节能技术研究中心	王广河 解红军 龚燕林 冉 王露
74	集团公司节能技术监测评价中心	梁士军 郑钢锐 廉守军 周胜利
75	集团公司东北油田节能监测中心	王润英 关天势
76	集团公司西北油田节能监测中心	来现林 赵立新
77	集团公司石油化工节能技术监测中心	王 佐 夏阳生
78	集团公司西北石化节能监测中心	吕 刚 张 玫
79	集团公司管道节能监测中心	许 铁 刘国豪
80	集团公司工程技术节能监测中心	李克强
81	集团公司节能节水专业标准化技术委员会	余绩庆 刘 博
82	《石油石化节能》编辑部	齐子刚 杜丽华
83	勘探与生产分公司	穆 剑 马建国 吕家滨
84	炼油与化工分公司	章龙江 杨 砾 杨 波
85	销售分公司	李金国 窦宝文
86	天然气与管道分公司	谷海威
87	工程技术分公司	王计平 郭世超
88	工程建设分公司	陶 涛
89	装备制造分公司	李自荣
90	规划计划部	马昌峰 梅 巍 邵 阳 韩百琨
91	财务资产部	付辉平
92	财务部	李 柯
93	人事部	李 林 闫好强
94	预算管理办公室	黄 鸿
95	安全环保部	卢明霞 岳留强
96	质量管理与节能部	王学文 孙德刚 李武斌 于洪洲 吕正林
97	科技管理部	刘志红 罗 凯
98	信息管理部	高允升
99	矿区服务工作部	陈玉荣
100	思想政治工作部	施迎春

4)"十一五"节能节水优秀项目名单（共20项）

序号	项目名称	承担单位	主要完成人
1	机采系统节能降耗工程	大庆油田有限责任公司	孙英杰 王 林 李士奎 王群嶷 李俊峰 卢东风 宋 涛 王 帅 单红宇 殷 雷 罗世俊 魏显峰 王永强 黄晶阳 宋福昌

续表

序号	项目名称	承担单位	主要完成人
2	热注锅炉节能降耗工程	辽河油田分公司	田彦华 穆 剑 马建国 胡 伟 杨书会 陈秀梅 文松柏 张 宏 赵万君 徐明芳
3	放空天然气回收综合利用	塔里木油田分公司	李循迹 魏云峰 徐宏新 王福焕 陈东凤 何新兴 王福善 王 冲 何中凯 何建萍
4	稠油污水处理回用节水工程	新疆油田分公司	关泉生 胡学雷 王卓飞 吴 平 刘国良 王济新 姜传方 朱泽民 魏正国 江兴家
5	降低油气损耗节能工程	吉林油田分公司	姜鹏飞 尹 旭 张宝忠 吕向东 王柏静 王亚林 石少敏 姜 一 薛国锋 才松林 徐艳秋 栾 军 刘忠兴 李翰勇 卢玉峰
6	供用电系统节能改造工程	华北油田分公司	董 范 周荣学 文 浩 刘占国 王北龙 刘越强 朱 健 张焕录 牟蔡生 蒋宜春
7	乙烷裂解炉及急冷油减黏系统改造	大庆石化分公司	黄成义 章龙江 王一民 姜兴才 祝 亮 隋元春 刘文智 韩月辉 魏 殁 梁忠超
8	炼油污水深度处理及综合利用	兰州石化分公司	姚 殁 朱家义 王永康 李鸿莉 田艳荣 赵保全 党 彬 万维光
9	老区乙烯装置节能改造	独山子石化分公司	肖 江 王 文 吕小刚 孙万春 赵文志 郝庆君 梁玉勤 叶 琳 陈 静 张平林 刘 军
10	二蒸馏加热炉改造	大连石化分公司	范云龙 王永长 阎雪峰 姚 庆 史 刚 傅德威 刘寅方 邹浩洋 傅志毅 王致斌
11	1#常减压与1#ARGG能量优化改造	大庆炼化分公司	李克岭 王志国 马 刚 张建民 王 波 王治峰 张力民 刘宗强 栗文波 张 鹏
12	全厂节电技术改造	哈尔滨石化分公司	郭洪明 宋大勇 王志文 刘晓峰 陈剑虹 张 禹 赵爱志 祖锦帆 周春海 范景彩
13	加氢裂化低分气优化利用	长庆石化分公司	杨 军 魏宏斌 王 允 刘黎民 张爱斌 王正魁 梁金龙 高 威 张继昌
14	全厂生产装置热联合优化改造	克拉玛依石化分公司	许立甲 吴思东 邝 煜 陈 杰 张华东 常新炜 艾里江 刘建新 张 扬 赵 凯
15	加油站供暖节能改造	北京销售分公司	韩 钊 鲁京湘 主志宇 刘新颖 张铁伦 韩国宏

续表

序号	项目名称	承担单位	主要完成人
16	庆铁老线节电技术改造	管道分公司	王春荣 苏建峰 张建军 刘杰 关东 杜宏 高明 张新民 王亮 王领
17	节油装置与自动计量远程监控系统	中国石油集团川庆钻探工程有限公司	王汝华 李满江 任桂英 李克强 李仰东 吴彤 张德 陈云峰 李江 郑晓鹏
18	钻机"油改电"	中国石油集团西部钻探工程有限公司	喻著成 穆辉亮 杨大平 梁子留 赵晨 王文智 朱根春 叶生莫 石怀祥 鲁运来
19	能效改进系统及节能项目评价	集团公司节能技术研究中心	余绩庆 王广河 解红军 陈由旺 刘博 龚燕 朱英如 顾利民 林冉 刘富余 王露 李宇龙 杨树林 王如强 魏江东
20	低效高耗设备更新淘汰监测评价	集团公司节能技术监测评价中心等	梁士军 郑钢锐 曲志君 王佐 李仁成 葛苏安 王东 赵国星 张玫

2.2011 年度

2011 年度节能节水型先进企业名单（共 50 家）。

序号	企业名称	序号	企业名称
1	大庆油田有限责任公司	17	锦州石化分公司
2	辽河油田分公司	18	锦西石化分公司
3	长庆油田分公司	19	大庆炼化分公司
4	塔里木油田分公司	20	哈尔滨石化分公司
5	新疆油田分公司	21	广西石化分公司
6	西南油气田分公司	22	大港石化分公司
7	吉林油田分公司	23	华北石化分公司
8	大港油田分公司	24	长庆石化分公司
9	华北油田分公司	25	克拉玛依石化分公司
10	吐哈油田分公司	26	辽河石化分公司
11	冀东油田分公司	27	庆阳石化分公司
12	大庆石化分公司	28	北京销售分公司
13	吉林石化分公司	29	四川销售分公司
14	辽阳石化分公司	30	黑龙江销售分公司
15	兰州石化分公司	31	大连销售分公司
16	独山子石化分公司	32	内蒙古销售分公司

续表

序号	企业名称	序号	企业名称
33	青海销售分公司	42	中国石油集团西部钻探工程有限公司
34	润滑油分公司	43	中国石油集团长城钻探工程有限公司
35	河北销售分公司	44	中国石油集团渤海钻探工程有限公司
36	山东销售分公司	45	中国石油集团川庆钻探工程有限公司
37	中石油燃料油有限责任公司	46	中国石油集团东方地球物理勘探有限责任公司
38	管道分公司	47	中国石油集团工程设计有限责任公司
39	西气东输管道分公司	48	宝鸡石油钢管厂
40	中石油北京天然气管道有限公司	49	宝鸡石油机械有限责任公司
41	西部管道分公司	50	中国石油天然气运输公司

3.2012 年度

1）2012 年度节能节水型先进企业名单（共 45 家）

序号	企业名称	序号	企业名称
1	大庆油田有限责任公司	21	辽阳石化分公司
2	新疆油田分公司	22	吉林石化分公司
3	塔里木油田分公司	23	大港石化分公司
4	辽河油田分公司	24	大庆石化分公司
5	吉林油田分公司	25	华北石化分公司
6	长庆油田分公司	26	乌鲁木齐石化分公司
7	吐哈油田分公司	27	锦西石化分公司
8	大港油田分公司	28	独山子石化分公司
9	华北油田分公司	29	中国石油四川石化有限责任公司
10	西南油气田分公司	30	兰州石化分公司
11	冀东油田分公司	31	大庆炼化分公司
12	玉门油田分公司	32	四川销售分公司
13	青海油田分公司	33	北京销售分公司
14	广西石化分公司	34	大连海运分公司
15	抚顺石化分公司	35	云南销售分公司
16	大连西太平洋石油化工有限公司	36	贵州销售分公司
17	庆阳石化分公司	37	中石油燃料油有限责任公司
18	大连石化分公司	38	西部管道分公司
19	哈尔滨石化分公司	39	西气东输管道分公司
20	锦州石化分公司	40	管道分公司

续表

序号	企业名称	序号	企业名称
41	中国石油集团川庆钻探工程有限公司	44	中国石油集团长城钻探工程有限公司
42	中国石油集团渤海钻探工程有限公司	45	宝鸡石油钢管厂
43	中国石油集团西部钻探工程有限公司		

2）2012年度节能节水先进基层单位名单（共100个）

序号	先进基层单位	
	所属企业	基层单位名称
1	大庆油田有限责任公司	第一采油厂第四油矿北十一采油队
2		第二采油厂第二作业区采油四区五队
3		第三采油厂第三油矿北二十联合站
4		第四采油厂第三油矿杏三联合站
5		第五采油厂第二油矿十区三队
6		第七采油厂敖包塔作业区敖包塔联合站
7		第十采油厂第四油矿朝六联合站
8		钻探工程公司钻井一公司70168钻井队
9		矿区服务事业部物业管理二公司八百垧燃煤锅炉房
10		电力集团宏伟热电厂运行五值
11	辽河油田分公司	曙光采油厂采油作业三区31号站
12		金马油田开发公司热注作业区热注三队注汽五站
13	长庆油田分公司	第三采油厂油房庄采油作业区
14		第一采气厂第一净化厂
15	塔里木油田分公司	油气生产技术部发电队
16	新疆油田分公司	准东采油厂沙南作业区沙采一队
17		重油开发公司供汽三联合站
18	西南油气田分公司	重庆气矿梁平采输气作业区天东29#脱水站
19	吉林油田分公司	松原采气厂采油二队
20	大港油田分公司	第四采油厂采油二队
21	青海油田分公司	采油二厂乌南采油作业区
22	华北油田分公司	第五采油厂深西采油站
23	吐哈油田分公司	鄯善采油厂轻烃工区
24	冀东油田分公司	陆上油田作业区采油四区
25	玉门油田分公司	老君庙油田作业区联合站
26	大庆石化分公司	化工一厂裂解车间
27		炼油厂加氢二车间

续表

序号	先进基层单位	
	所属企业	基层单位名称
28	吉林石化分公司	乙烯厂乙烯车间
29		炼油厂催化裂化三车间
30	抚顺石化分公司	石油二厂酮苯车间
31	辽阳石化分公司	烯烃厂乙二醇车间
32		动力厂管网车间
33	兰州石化分公司	炼油厂催化二联合车间
34		乙烯厂乙烯车间
35	独山子石化分公司	炼油厂加氢联合车间
36		乙烯厂乙烯联合车间
37	乌鲁木齐石化分公司	化肥厂一合成车间
38	宁夏石化分公司	化肥一厂
39	大连石化分公司	生产新区
40		热电联合车间
41	大连西太平洋石油化工有限公司	生产一区
42	锦州石化分公司	重整车间
43	锦西石化分公司	污水处理车间
44	大庆炼化分公司	炼油二厂二套 ARGG 车间
45		动力一厂循环水车间
46	哈尔滨石化分公司	三催化车间
47	广西石化分公司	动力部动力车间
48		生产二部
49	中国石油四川石化有限责任公司	南充炼油厂二车间
50	大港石化分公司	第一联合车间
51		第三联合车间
52	华北石化分公司	一联合工区
53	呼和浩特石化分公司	动力车间
54	辽河石化分公司	催化车间
55	长庆石化分公司	运行二部除盐水站
56	克拉玛依石化分公司	炼油第一联合车间
57	庆阳石化分公司	动力运行部
58	西北销售分公司	咸阳油库
59	广东销售分公司	广州白云龙归加油站
60	吉林销售分公司	长春油库

续表

序号	先进基层单位	
	所属企业	基层单位名称
61	黑龙江销售分公司	宝清油库
62	大连销售分公司	台山油库
63	山西销售分公司	侯马油库
64	陕西销售分公司	王家河油库
65	青海销售分公司	西宁城南经营部
66	新疆销售分公司	伊梨特昭片区洪纳海加油站
67	重庆销售分公司	永川油库
68	贵州销售分公司	毕节销售分公司
69	西藏销售分公司	山南分公司
70	江苏销售分公司	苏州龙桥加油站
71	福建销售分公司	中油油品仓储有限公司
72	江西销售分公司	新余油库
73	河南销售分公司	洛阳第十一加油站
74	湖南销售分公司	常德油库
75	广西销售分公司	贺州销售分公司
76	海南销售分公司	海口龙桥西加油站
77	中石油燃料油有限责任公司	佛山高富中石油燃料沥青有限责任公司蒸馏车间
78	管道分公司	沈阳输油气分公司铁岭输油站
79	西气东输管道分公司	宁陕管理处中卫压气站
80	中石油北京天然气管道有限公司	陕西输气管理处榆林压气站
81	西部管道分公司	库尔勒作业区
82	中石油昆仑燃气有限公司	华北分公司顺义储配库
83	中国石油集团西部钻探工程有限公司	准东钻井公司 70034 队
84	中国石油集团长城钻探工程有限公司	钻井一公司 30559 队
85	中国石油集团渤海钻探工程有限公司	第三钻井分公司 70152 队
86	中国石油集团川庆钻探工程有限公司	长庆钻井总公司 30109 钻井队
87	中国石油集团东方地球物理勘探有限责任公司	矿区服务事业部正定基地管理处物业管理中心
88	中国石油集团测井有限公司	基地服务部产业化基地服务站
89	中国石油集团海洋工程有限公司	中油海 222 船
90	中国石油天然气管道局	特种设备二车间
91	中国石油工程建设公司	中国石油天然气第一建设公司第六工程分公司
92	中国石油集团工程设计有限责任公司	风城稠油外输管道工程焊接设备节能项目部

续表

序号	先进基层单位	
	所属企业	基层单位名称
93	中国寰球工程公司	中国石油天然气第六建设公司第四分公司铆401队
94	中国昆仑工程公司	江苏德赛化纤有限公司聚酯部
95	中国石油集团东北炼化工程有限公司	吉林机械分公司机械动力部
96	宝鸡石油机械有限责任公司	动力公司老区水、气、热工区
97	宝鸡石油钢管厂	中油宝世顺（秦皇岛）钢管有限公司直缝工厂
98	中国石油集团济柴动力总厂	成都压缩机厂钻采设备维修中心
99	中国石油集团渤海石油装备制造有限公司	新世纪公司生产保障中心
100	中国石油天然气运输公司	一公司特种设备维修中心

3）2012年度节能节水先进个人名单（共100名）

序号	所属单位	姓　名
1	大庆油田有限责任公司	孙英杰　王世贵　康　凯　范成勇　刘洪军
2	辽河油田分公司	陈秀梅　田连雨
3	长庆油田分公司	常振武　雷　钧
4	塔里木油田分公司	何中凯　杨　勇
5	新疆油田分公司	杜文军　吴　平
6	西南油气田分公司	王以朗
7	吉林油田分公司	李翰勇　毛允华
8	大港油田分公司	姬　瑞
9	青海油田分公司	刘　全
10	华北油田分公司	蒋宜春
11	吐哈油田分公司	何先俊
12	冀东油田分公司	满春志
13	玉门油田分公司	陈　勇
14	浙江油田分公司	王希友
15	中石油煤层气有限责任公司	曲浩添
16	南方石油勘探开发有限责任公司	刘浩成
17	大庆石化分公司	李振国　高　芳
18	吉林石化分公司	张春宇　赵　欣
19	抚顺石化分公司	刘景峰　李　涛
20	辽阳石化分公司	杨　丽
21	兰州石化分公司	汪治淳　康　军
22	独山子石化分公司	梁玉勤　叶　琳

续表

序号	所属单位	姓名
23	乌鲁木齐石化分公司	黄 智　张崇祥
24	宁夏石化分公司	冯晓滨
25	大连石化分公司	姚 庆　任永锋
26	大连西太平洋石油化工有限公司	骆立栋
27	锦州石化分公司	王东东　金东生
28	锦西石化分公司	许凤斌
29	大庆炼化分公司	宋佳旺
30	哈尔滨石化分公司	林光仁
31	广西石化分公司	张玉廷　张 磊
32	中国石油四川石化有限责任公司	王劲松
33	大港石化分公司	韩长虹
34	华北石化分公司	李明正
35	呼和浩特石化分公司	王建军
36	辽河石化分公司	李为民
37	长庆石化分公司	初建林
38	克拉玛依石化分公司	陈 杰
39	庆阳石化分公司	张 鸿
40	东北销售分公司	刘丽艳
41	北京销售分公司	主志宇
42	上海销售分公司	黄万宏
43	湖北销售分公司	梅 涛
44	广东销售分公司	李 静
45	云南销售分公司	史漾萍
46	辽宁销售分公司	康秉华
47	黑龙江销售分公司	宋 硕
48	大连销售分公司	孙宝松
49	天津销售分公司	姚 磊
50	河北销售分公司	杨 军
51	内蒙古销售分公司	林 合
52	甘肃销售分公司	方 红
53	宁夏销售分公司	张国庆
54	四川销售分公司	刘玉琳
55	浙江销售分公司	牟 睿
56	安徽销售分公司	张佳莉

续表

序号	所属单位	姓　名
57	山东销售分公司	刘东平
58	润滑油分公司	兰克俭
59	大连海运分公司	姜伟东
60	北京油气调控中心	刘　冰
61	管道分公司	宋旭光
62	西气东输管道分公司	周　韬
63	中石油北京天然气管道有限公司	张旭东
64	西部管道分公司	王付京
65	中国石油集团西部钻探工程有限公司	王文智
66	中国石油集团长城钻探工程有限公司	杨国瑜
67	中国石油集团渤海钻探工程有限公司	汪义成
68	中国石油集团川庆钻探工程有限公司	刘　石
69	中国石油集团东方地球物理勘探有限责任公司	白　凤
70	中国石油集团测井有限公司	安小龙
71	中国石油集团海洋工程有限公司	魏忠华
72	中国石油天然气管道局	那　晶
73	中国石油工程建设公司	荣　尧
74	中国石油集团工程设计有限责任公司	裴海华
75	中国寰球工程公司	乜宇伶
76	中国昆仑工程公司	种志林
77	中国石油集团东北炼化工程有限公司	张少双
78	宝鸡石油机械有限责任公司	张亚平
79	宝鸡石油钢管厂	李绥民
80	中国石油集团济柴动力总厂	夏　令
81	中国石油集团渤海石油装备制造有限公司	刘　阳
82	中国石油天然气运输公司	王新平

4.2013 年度

1) 2013 年度节能节水型先进企业名单（共 45 家）

序号	企业名称	序号	企业名称
1	大庆油田有限责任公司	4	塔里木油田分公司
2	辽河油田分公司	5	长庆油田分公司
3	新疆油田分公司	6	华北油田分公司

续表

序号	企业名称	序号	企业名称
7	吉林油田分公司	27	庆阳石化分公司
8	大港油田分公司	28	兰州石化分公司
9	吐哈油田分公司	29	辽河石化分公司
10	西南油气田分公司	30	哈尔滨石化分公司
11	冀东油田分公司	31	大庆炼化分公司
12	青海油田分公司	32	青海销售分公司
13	玉门油田分公司	33	辽宁销售分公司
14	吉林石化分公司	34	西部管道分公司
15	抚顺石化分公司	35	管道分公司
16	锦州石化分公司	36	西气东输管道分公司
17	独山子石化分公司	37	中石油北京天然气管道有限公司
18	宁夏石化分公司	38	西南管道分公司
19	呼和浩特石化分公司	39	中国石油集团川庆钻探工程有限公司
20	辽阳石化分公司	40	中国石油集团西部钻探工程有限公司
21	锦西石化分公司	41	中国石油集团渤海钻探工程有限公司
22	克拉玛依石化分公司	42	中国石油集团长城钻探工程有限公司
23	大连西太平洋石油化工有限公司	43	中国石油集团东方地球物理勘探有限责任公司
24	大庆石化分公司	44	宝鸡石油机械有限责任公司
25	大港石化分公司	45	中国石油集团渤海石油装备制造有限公司
26	广西石化分公司		

2）2013年度节能节水先进基层单位名单（共105个）

序号	先进基层单位	
	所属企业	基层单位名称
1	大庆油田有限责任公司	第三采油厂第一油矿206队
2		第四采油厂第五油矿杏北三元三队
3		大庆钻探工程公司钻井一公司50256钻井队
4		矿区服务事业部物业管理二公司银浪燃煤锅炉房
5	辽河油田分公司	曙光采油厂采油作业六区12#站
6		锦州采油厂采油作业四区405中心站82#站
7	长庆油田分公司	第二采气厂榆林天然气处理厂
8		油气工艺研究院节能技术研究室
9	塔里木油田分公司	天然气事业部英买作业区
10	新疆油田分公司	重油开发公司供汽一联合站

续表

序号	先进基层单位	
	所属企业	基层单位名称
11	西南油气田分公司	重庆天然气净化总厂大竹分厂
12	吉林油田分公司	新立采油厂油气处理站
13	大港油田分公司	第五采油厂输注作业区
14	青海油田分公司	天然气开发公司台南采气作业区
15	华北油田分公司	第二采油厂工程技术研究所
16	吐哈油田分公司	吐鲁番采油厂雁木西采油工区
17	冀东油田分公司	陆上油田作业区作业四区
18	玉门油田分公司	水电厂汽机工区
19	大庆石化分公司	化工三厂苯乙烯车间
20	吉林石化分公司	动力二厂锅炉车间
21	抚顺石化分公司	石油二厂重油催化车间
22	辽阳石化分公司	炼油厂公用车间
23	兰州石化分公司	乙烯厂乙烯车间
24	独山子石化分公司	乙烯厂乙烯联合车间
25	乌鲁木齐石化分公司	炼油厂芳烃车间
26	宁夏石化分公司	炼油厂水汽车间
27	大连石化分公司	第五联合车间
28	大连西太平洋石油化工有限公司	动力场
29	锦州石化分公司	焦化车间
30	锦西石化分公司	制氢加氢车间
31	大庆炼化分公司	外网车间
32	哈尔滨石化分公司	重整加氢联合装置车间
33	广西石化分公司	生产一部
34	中国石油四川石化有限责任公司	生产三部
35	大港石化分公司	第二联合车间
36	华北石化分公司	生产运行处系统工区
37	呼和浩特石化分公司	一联合车间
38	辽河石化分公司	供水车间
39	长庆石化分公司	运行二部
40	克拉玛依石化分公司	炼油第三联合车间
41	庆阳石化分公司	一联合运行部
42	东北销售分公司	大连新港商业储备库

续表

序号	先进基层单位	
	所属企业	基层单位名称
43	西北销售分公司	郑州油库
44	北京销售分公司	亦庄加油站
45	上海销售分公司	杨思加油站
46	湖北销售分公司	恩施利沙加油站
47	广东销售分公司	珠海烨宝加油站
48	云南销售分公司	昆明德发加油站
49	辽宁销售分公司	金山湾油库
50	吉林销售分公司	阿什油库
51	黑龙江销售分公司	黑河202国道加油站
52	大连销售分公司	台山油库
53	天津销售分公司	武清油库
54	河北销售分公司	内丘油库
55	山西销售分公司	港盛油库
56	内蒙古销售分公司	通辽油库
57	陕西销售分公司	宝鸡福临堡油库
58	甘肃销售分公司	白银油库
59	青海销售分公司	多巴油库
60	宁夏销售分公司	固原油库
61	新疆销售分公司	塔城上户加油站
62	重庆销售分公司	涪陵青龙加油站
63	四川销售分公司	麻柳湾加油站
64	贵州销售分公司	安顺安铁加油站
65	西藏销售分公司	那曲油库
66	江苏销售分公司	常州黄河加油站
67	浙江销售分公司	瑞安塘下加油站
68	安徽销售分公司	六安油库
69	福建销售分公司	泉州海洋加油站
70	江西销售分公司	九江庐峰路加油站
71	山东销售分公司	济南第十八加油站
72	河南销售分公司	郑州第九加油站
73	湖南销售分公司	长潭西加油站
74	广西销售分公司	梧州筋竹加油站
75	海南销售分公司	儋州官昌加油站

续表

序号	先进基层单位	
	所属企业	基层单位名称
76	润滑油分公司	辽河润滑油厂调合车间
77	中石油燃料油有限责任公司	温州中石油燃料沥青有限责任公司蒸馏车间
78	大连海运分公司	台州中油海运有限责任公司"昆仑油201"轮
79	管道分公司	大庆输油气分公司林源输油站
80	管道分公司	长春输油气分公司垂杨输油站
81	西气东输管道分公司	豫皖管理处洛宁压气站
82	西气东输管道分公司	宁陕管理处靖边压气站
83	中石油北京天然气管道有限公司	陕西输气管理处榆林压气站
84	中石油北京天然气管道有限公司	大港储气库分公司板中北板中南储气库
85	西部管道分公司	甘肃输油气分公司兰州作业区
86	西南管道分公司	兰州输油气分公司兰州站
87	中国石油集团西部钻探工程有限公司	国际钻井公司50068队
88	中国石油集团长城钻探工程有限公司	钻井二公司50106队
89	中国石油集团渤海钻探工程有限公司	第五钻井工程分公司70112钻井队
90	中国石油集团川庆钻探工程有限公司	塔里木工程公司90002钻井队
91	中国石油集团东方地球物理勘探有限责任公司	矿区服务事业部开封基地管理处动力站
92	中国石油集团测井有限公司	华北事业部基地服务站
93	中国石油集团海洋工程有限公司	中油海242船
94	中国石油天然气管道局	管道矿区廊坊服务中心热力三处
95	中国石油工程建设公司	中国石油天然气第一建设公司石油化工设备厂
96	中国石油集团工程设计有限责任公司	新疆石油工程建设有限责任公司路桥分公司
97	中国寰球工程公司	中国石油天然气第六建设公司第四分公司仪表队
98	中国昆仑工程公司	矿区服务管理部物业维修部
99	中国石油集团东北炼化工程有限公司	吉林机械分公司机械动力部
100	宝鸡石油机械有限责任公司	动力公司供电工区
101	宝鸡石油钢管厂	资阳钢管厂二分厂
102	中国石油集团济柴动力总厂	动力服务公司能源管理组
103	中国石油集团渤海石油装备制造有限公司	华油钢管公司生产保障中心
104	中国石油规划总院	集团公司节能技术研究中心炼油与化工节能节水研究室
105	中国石油天然气运输公司	沙漠运输公司环保公司

3) 2013 年度节能节水先进个人名单（共 110 名）

序号	所属单位	姓　　名
1	大庆油田有限责任公司	毛国成　郭慧彬　徐国民　李士奎　孟令尊
2	辽河油田分公司	柳庆新　关天势
3	长庆油田分公司	郭占春　梁海锋
4	塔里木油田分公司	何新兴　何建萍
5	新疆油田分公司	吴　平　夏　玮
6	西南油气田分公司	戴　忠
7	吉林油田分公司	姜　一　杨占山
8	大港油田分公司	李矿文
9	青海油田分公司	刚永恒
10	华北油田分公司	刘志勇
11	吐哈油田分公司	刘洪涛
12	冀东油田分公司	王铁刚
13	玉门油田分公司	秦建荣
14	浙江油田分公司	王仲达
15	中石油煤层气有限责任公司	罗　聪
16	南方石油勘探开发有限责任公司	葛建国
17	大庆石化分公司	刘龙庆　陈志国
18	吉林石化分公司	李志民　刘宏吉
19	抚顺石化分公司	李　涛　路　锋
20	辽阳石化分公司	徐淑媛
21	兰州石化分公司	路全能　许　琰
22	独山子石化分公司	梁玉勤　叶　琳
23	乌鲁木齐石化分公司	魏志强
24	宁夏石化分公司	刘金武
25	大连石化分公司	姚　庆
26	大连西太平洋石油化工有限公司	骆立栋
27	锦州石化分公司	冯乐章　孙光霁
28	锦西石化分公司	刘元圣
29	大庆炼化分公司	伏安林
30	哈尔滨石化分公司	李泓波
31	广西石化分公司	吴戒骄　赵静涛
32	中国石油四川石化有限责任公司	史永利
33	大港石化分公司	巩祥峰　王玉娟
34	华北石化分公司	陆爱斌

续表

序号	所属单位	姓名
35	呼和浩特石化分公司	夏建平
36	辽河石化分公司	李为民
37	长庆石化分公司	王允
38	克拉玛依石化分公司	艾里江
39	庆阳石化分公司	李晓宁 张振泰
40	东北销售分公司	刘丽艳
41	西北销售分公司	张培春
42	北京销售分公司	李至琳
43	上海销售分公司	侯晋
44	广东销售分公司	李静
45	云南销售分公司	袁睿
46	黑龙江销售分公司	刘天夫
47	大连销售分公司	孙宝松
48	天津销售分公司	李安
49	内蒙古销售分公司	戴冠伍
50	甘肃销售分公司	徐东升
51	宁夏销售分公司	叶瑛
52	重庆销售分公司	陶伟
53	四川销售分公司	李秋园
54	江苏销售分公司	张峻铭
55	安徽销售分公司	任冲
56	江西销售分公司	张立鹏
57	河南销售分公司	郭新平
58	广西销售分公司	刘珊珊
59	中石油燃料油有限责任公司	杨成柱
60	管道分公司	王春荣
61	西气东输管道分公司	魏娜
62	中石油北京天然气管道有限公司	聂金海
63	西部管道分公司	董林虎
64	西南管道分公司	孙杰
65	中石油大连液化天然气有限公司	王伟
66	中石油江苏液化天然气有限公司	王立国
67	中石油昆仑燃气有限公司	陈其彬
68	中国石油集团西部钻探工程有限公司	龚江川

续表

序号	所属单位	姓　名
69	中国石油集团长城钻探工程有限公司	杨　勇
70	中国石油集团渤海钻探工程有限公司	王　军
71	中国石油集团川庆钻探工程有限公司	吴　彤
73	中国石油集团东方地球物理勘探有限责任公司	陈　明
73	中国石油集团测井有限公司	安小龙
74	中国石油集团海洋工程有限公司	李文鹏
75	中国石油天然气管道局	易学军
76	中国石油工程建设公司	薛金保
77	中国石油集团工程设计有限责任公司	李　成
78	中国寰球工程公司	保增盈
79	中国昆仑工程公司	王　展
80	中国石油集团东北炼化工程有限公司	曹玉春
81	宝鸡石油机械有限责任公司	孙宏柱
82	宝鸡石油钢管厂	杨　鹰
83	中国石油集团济柴动力总厂	刘承涛
84	中国石油集团渤海石油装备制造有限公司	宋兴娜
85	中国石油天然气运输公司	刘世斌
86	勘探与生产分公司	马建国
87	炼油与化工分公司	张　彦
88	销售分公司	窦宝文
89	天然气与管道分公司	管维均
90	工程技术分公司	王计平
91	工程建设分公司	陈中民
92	装备制造分公司	刘　欣

5. 2014年度

1）2014年度节能节水型先进企业名单（共50家）

序号	企业名称	序号	企业名称
1	大庆油田有限责任公司	6	大港油田分公司
2	新疆油田分公司	7	吉林油田分公司
3	辽河油田分公司	8	西南油气田分公司
4	塔里木油田分公司	9	冀东油田分公司
5	长庆油田分公司	10	华北油田分公司

续表

序号	企业名称	序号	企业名称
11	吐哈油田分公司	31	克拉玛依石化分公司
12	玉门油田分公司	32	中石油燃料油有限责任公司
13	青海油田分公司	33	西北销售分公司
14	抚顺石化分公司	34	贵州销售分公司
15	吉林石化分公司	35	东北销售分公司
16	辽阳石化分公司	36	辽宁销售分公司
17	大庆石化分公司	37	管道分公司
18	乌鲁木齐石化分公司	38	西部管道分公司
19	宁夏石化分公司	39	西气东输管道分公司
20	锦州石化分公司	40	中石油北京天然气管道有限公司
21	兰州石化分公司	41	西南管道分公司
22	独山子石化分公司	42	中国石油集团渤海钻探工程有限公司
23	锦西石化分公司	43	中国石油集团长城钻探工程有限公司
24	大连石化分公司	44	中国石油集团川庆钻探工程有限公司
25	大连西太平洋石油化工有限公司	45	中国石油集团西部钻探工程有限公司
26	辽河石化分公司	46	中国石油集团东方地球物理勘探有限责任公司
27	长庆石化分公司	47	中国石油工程建设公司
28	庆阳石化分公司	48	宝鸡石油机械有限责任公司
29	大港石化分公司	49	中国石油集团渤海石油装备制造有限公司
30	大庆炼化分公司	50	中国石油天然气运输公司

2）2014年度节能节水先进基层单位名单（共115个）

序号	先进基层单位	
	所属企业	基层单位名称
1	大庆油田有限责任公司	储运分公司南三油库集输队
2		第六采油厂喇Ⅰ-1联合站
3		第七采油厂第二油矿714采油队
4		天然气分公司油气加工九大队红压深冷站
5	辽河油田分公司	曙光采油厂采油作业一区新2#站
6		高升采油厂集输大队高一联合站
7	长庆油田分公司	第一采油厂杏北采油作业区
8		第三采气厂苏里格第一天然气处理厂
9	塔里木油田分公司	天然气事业部克拉作业区
10	新疆油田分公司	采油二厂第六采油作业区
11	西南油气田分公司	重庆气矿垫江采输气作业区
12	吉林油田分公司	扶余采油厂采油四队

续表

序号	先进基层单位	
	所属企业	基层单位名称
13	吉林油田分公司	新民采油厂采油一队
14	大港油田分公司	第三采油厂集输作业区官一联合站
15	青海油田分公司	钻采工艺研究院节能监测中心
16	华北油田分公司	第二采油厂文西采油作业区
17	吐哈油田分公司	技术监测中心节能监测站
18	冀东油田分公司	陆上油田作业区采油四区
19	玉门油田分公司	炼油化工总厂气分 MTBE 车间
20	浙江油田分公司	苏北采油厂海安井区
21	中石油煤层气有限责任公司	忻州分公司第一采气作业区
22	南方石油勘探开发有限责任公司	福山油田采油厂作业一区
23	大庆石化分公司	塑料厂全密度二车间
24	吉林石化分公司	炼油厂常减压一车间
25	抚顺石化分公司	石油二厂供排水车间
26	辽阳石化分公司	烯烃厂裂解车间
27	兰州石化分公司	乙烯厂乙烯车间
28		炼油厂常减压联合车间
29	独山子石化分公司	乙烯厂净化水联合车间
30		炼油厂第一联合车间 1000 万吨/年蒸馏装置
31	乌鲁木齐石化分公司	炼油厂技术科
32	宁夏石化分公司	炼油厂一联合车间
33		化肥一厂生产运行科
34	大连石化分公司	热电联合车间
35		第二联合车间
36	大连西太平洋石油化工有限公司	运行一部
37		运行二部
38	锦州石化分公司	焦化车间
39	锦西石化分公司	催化气分车间
40	大庆炼化分公司	炼油一厂一套 ARGG 车间
41	哈尔滨石化分公司	第一联合车间
42	广西石化分公司	生产四部
43	中国石油四川石化有限责任公司	公用工程部
44	大港石化分公司	公用系统车间
45	华北石化分公司	三联合运行部

续表

序号	先进基层单位	
	所属企业	基层单位名称
46	呼和浩特石化分公司	储运车间
47	辽河石化分公司	第三联合运行部
48	长庆石化分公司	140万吨/年催化裂化装置
49	克拉玛依石化分公司	炼油第二联合车间
50	庆阳石化分公司	二联合运行部
51	东北销售分公司	南京分公司三江口油库
52	西北销售分公司	彭州油库
53	北京销售分公司	第三分公司潮海洋加油站
54	上海销售分公司	三新加油站
55	湖北销售分公司	黄石枫树坳加油站
56	广东销售分公司	肇庆中油油品仓储有限公司
57	云南销售分公司	开远锁蒙加油站
58	辽宁销售分公司	沈阳东陵油库
59	吉林销售分公司	溪洞油库
60	黑龙江销售分公司	伊春林城加油站
61	大连销售分公司	仓储分公司金州油库
62	天津销售分公司	中油畅通加油站
63	河北销售分公司	保定新五洲加油站
64	山西销售分公司	平旺油库
65	内蒙古销售分公司	通辽黄花山油库
66	陕西销售分公司	安康五里油库
67	甘肃销售分公司	柳园油库
68	青海销售分公司	海东中心加油站
69	宁夏销售分公司	固原油库
70	新疆销售分公司	克拉玛依兴达加油站
71	重庆销售分公司	万州陶家湾加油站
72	四川销售分公司	自贡贡井加油站
73	贵州销售分公司	铜仁顺意加油站
74	西藏销售分公司	昌都油库
75	江苏销售分公司	徐州珠江加油站
76	浙江销售分公司	诸暨长运加油站
77	安徽销售分公司	六安添益加油站
78	福建销售分公司	厦门油库

续表

序号	先进基层单位	
	所属企业	基层单位名称
79	江西销售分公司	九江甘露加油站
80	山东销售分公司	枣庄油库
81	河南销售分公司	许昌第一加油站
82	湖南销售分公司	郴州小塘加油站
83	广西销售分公司	贵港西江加油站
84	海南销售分公司	琼海兴海加油站
85	润滑油分公司	克拉玛依润滑油厂成品车间
86	中石油燃料油有限责任公司	佛山高富中石油燃料沥青有限责任公司沥青车间
87	大连海运分公司	大连中石油海运有限公司"辽油128"轮
88	管道分公司	丹东输油气分公司丹东输油站
89		长庆输油气分公司惠安堡输油站
90	西气东输管道分公司	南昌管理处抚州分输压气站
91		郑州管理处定远分输压气站
92	中石油北京天然气管道有限公司	榆林压气站
93	西部管道分公司	新疆输油气分公司鄯善作业区
94		独山子输油气分公司阿拉山口作业区
95	西南管道分公司	兰州输油气分公司临洮输油站
96		兰成渝输油分公司重庆输油站
97	中国石油集团西部钻探工程有限公司	准东钻井公司90001钻井队
98	中国石油集团长城钻探工程有限公司	钻井三公司12287队
99	中国石油集团渤海钻探工程有限公司	塔里木钻井公司80007钻井队
100	中国石油集团川庆钻探工司程有限公司	川东钻探公司50506钻井队
101	中国石油集团东方地球物理勘探有限责任公司	研究院库尔勒分院
102	中国石油集团测井有限公司	产业化基地服务站
103	中国石油集团海洋工程有限公司	中油海5平台
104	中国石油天然气管道局	第五工程公司储运机械分公司
105	中国石油工程建设公司	第七建设公司矿区服务事业部
106	中国石油集团工程设计有限责任公司	新疆石油工程建设有限责任公司路桥事业部
107	中国寰球工程公司	中国石油天然气第六建设公司上海西萨化工项目铆管152队
108	中国昆仑工程公司	矿区服务管理部房产物业组
109	中国石油集团东北炼化工程有限公司	吉林机械制造分公司机械动力部
110	宝鸡石油机械有限责任公司	动力公司生产技术室

续表

序号	先进基层单位	
	所属企业	基层单位名称
111	宝鸡石油钢管有限责任公司	石油专用管分公司生产运行科
112	中国石油集团济柴动力总厂	济南柴油机股份有限公司热处理分厂
113	中国石油集团渤海石油装备制造有限公司	第一机械厂生产保障中心
114	中国石油规划总院	集团公司节能技术研究中心油气田与管道节能节水研究室
115	中国石油天然气运输公司	一公司特种设备维修中心

3）2014年度节能节水先进个人名单（共120名）

序号	所属单位	姓　名
1	大庆油田有限责任公司	杨永华　姬生柱　孙庆友　张传绪　王　研
2	辽河油田分公司	王　东　田连雨　马　强
3	长庆油田分公司	吕晓俐　李　柯　濮新宏
4	塔里木油田分公司	阿不都热合木·托乎提　陈东风
5	新疆油田分公司	蔡贤明　黄　嵩
6	西南油气田分公司	李　洪　陈　漫
7	吉林油田分公司	王洪珊　薛国锋
8	大港油田分公司	向　军
9	青海油田分公司	张农林
10	华北油田分公司	胡宗军
11	吐哈油田分公司	陈丽英
12	冀东油田分公司	郭景芳
13	玉门油田分公司	王小华
14	浙江油田分公司	惠南南
15	中石油煤层气有限责任公司	侍小斌
16	南方石油勘探开发有限责任公司	张　润
17	大庆石化分公司	段少华　赵春晖
18	吉林石化分公司	刘　军　李　铁
19	抚顺石化分公司	鞠　猛
20	辽阳石化分公司	于　淼
21	兰州石化分公司	张　玫　徐京民
22	独山子石化分公司	窦全江　魏银桥
23	乌鲁木齐石化分公司	刘　超
24	宁夏石化分公司	张东清　焦玉香
25	大连石化分公司	姚　庆　朱有刚

续表

序号	所属单位	姓　　名
26	大连西太平洋石油化工有限公司	李庆宇　高学海
27	锦州石化分公司	吴彦辉　金东生
28	锦西石化分公司	王　勇　张家龙
29	大庆炼化分公司	李建国　朱险峰
30	哈尔滨石化分公司	谢孝文
31	广西石化分公司	刘亚洲　邓朝红
32	中国石油四川石化有限责任公司	孙　超
33	大港石化分公司	常新华
34	华北石化分公司	毕世虎
35	呼和浩特石化分公司	冯　彦
36	辽河石化分公司	应　东
37	长庆石化分公司	师　俊
38	克拉玛依石化分公司	李正斌
39	庆阳石化分公司	杨晓斌　王浩英
40	东北销售分公司	徐　君
41	西北销售分公司	万　军
42	北京销售分公司	李至琳
43	湖北销售分公司	倪明慧
44	云南销售分公司	邓永康
45	辽宁销售分公司	刘斯卓
46	吉林销售分公司	王林海
47	黑龙江销售分公司	刘天夫
48	大连销售分公司	孙宝松
49	天津销售分公司	陈金仿
50	青海销售分公司	杨小兰
51	新疆销售分公司	高松柏
52	四川销售分公司	周继涛
53	贵州销售分公司	车秀华
54	浙江销售分公司	周益民
55	安徽销售分公司	罗　军
56	山东销售分公司	刘　音
57	河南销售分公司	邢永厚
58	润滑油分公司	魏世伟
59	中石油燃料油有限责任公司	朱友明

续表

序号	所属单位	姓　名
60	北京油气调控中心	刁洪涛
61	管道分公司	杨景丽　宋苏珂
62	西气东输管道分公司	魏　娜
63	中石油北京天然气管道有限公司	聂金海　蒋方美
64	西部管道分公司	康　忠　张新岩
65	西南管道分公司	徐洪敏
66	中石油昆仑燃气有限公司	张坤斌
67	中国石油集团西部钻探工程有限公司	刘社荣
68	中国石油集团长城钻探工程有限公司	杨　勇
69	中国石油集团渤海钻探工程有限公司	王凤臣　肖军胜
70	中国石油集团川庆钻探工程有限公司	任桂英　谯国军
71	中国石油集团东方地球物理勘探有限责任公司	马捍东
73	中国石油集团测井有限公司	安小龙
73	中国石油集团海洋工程有限公司	贺　江
74	中国石油天然气管道局	王　威
75	中国石油工程建设公司	王荣青
76	中国石油集团工程设计有限责任公司	裴海华
77	中国寰球工程公司	王泉保
78	中国昆仑工程公司	梁增武
79	中国石油集团东北炼化工程有限公司	张少双
80	宝鸡石油机械有限责任公司	张亚平
81	宝鸡石油钢管有限责任公司	黄　永
82	中国石油集团济柴动力总厂	王　强
83	中国石油集团渤海石油装备制造有限公司	谢承华
84	中国石油天然气运输公司	郑德勇
85	勘探与生产分公司	马建国
86	炼油与化工分公司	张　彦
87	销售分公司	窦宝文
88	天然气与管道分公司	郭　凯
89	工程技术分公司	王增年
90	工程建设分公司	陈九安
91	装备制造分公司	王连才

6. 2015 年度

1) 2015 年度节能节水型先进企业名单（共49家）

序号	企业名称	序号	企业名称
1	大庆油田有限责任公司	26	呼和浩特石化分公司
2	辽河油田分公司	27	大庆石化分公司
3	新疆油田分公司	28	中石油克拉玛依石化有限责任公司
4	吉林油田分公司	29	锦西石化分公司
5	塔里木油田分公司	30	广西石化分公司
6	大港油田分公司	31	辽河石化分公司中石油燃料油有限责任公司
7	长庆油田分公司	32	青海销售分公司
8	吐哈油田分公司	33	大连海运分公司
9	华北油田分公司	34	山东销售分公司
10	冀东油田分公司	35	西部管道分公司
11	玉门油田分公司	36	西气东输管道分公司
12	西南油气田分公司	37	管道分公司
13	青海油田分公司	38	中石油北京天然气管道有限公司
14	中国石油四川石化有限责任公司	39	西南管道分公司
15	吉林石化分公司	40	中国石油集团长城钻探工程有限公司
16	辽阳石化分公司	41	中国石油集团西部钻探工程有限公司
17	独山子石化分公司	42	中国石油集团渤海钻探工程有限公司
18	大庆炼化分公司	43	中国石油集团川庆钻探工程有限公司
19	乌鲁木齐石化分公司	44	中国石油集团东方地球物理勘探有限责任公司
20	锦州石化分公司	45	中国石油天然气管道局
21	兰州石化分公司	46	中国石油工程建设公司
22	大连石化分公司	47	宝鸡石油机械有限责任公司
23	宁夏石化分公司	48	宝鸡石油钢管有限责任公司
24	华北石化分公司	49	中国石油天然气运输公司
25	哈尔滨石化分公司	50	

2) 2015 年度节能节水先进基层单位名单（共115个）

序号	先进基层单位	
	所属企业	基层单位名称
1	大庆油田有限责任公司	第九采油厂龙虎泡采油作业区龙一联合站
2		大庆头台油田开发有限公司输油大队头台联合站
3		油田热电厂运行三值
4		第八采油厂第三油矿宋二联合站

续表

序号	先进基层单位	
	所属企业	基层单位名称
5	辽河油田分公司	曙光采油厂热注作业一区冬梅女子注汽站
6		沈阳采油厂采油作业二区
7	长庆油田分公司	油气工艺研究院节能技术研究室
8		第二采油厂西峰采油三区
9	塔里木油田分公司	天然气事业部牙哈作业区
10	新疆油田分公司	实验检测研究院节能监测中心
11	西南油气田分公司	蜀南气矿隆昌采气作业区岳118井站
12	吉林油田分公司	新立采油厂油气处理站
13		红岗采油厂油气处理一站
14	大港油田分公司	第六采油厂采注三队
15	青海油田分公司	管道输油处甘森热泵站
16	华北油田分公司	技术监督检验处节能监测站（华北石油管理局节能监测站）
17	吐哈油田分公司	吐鲁番采油厂轻烃工区
18	冀东油田分公司	陆上油田作业区采油四区
19	玉门油田分公司	方圆物业管理有限责任公司供热站
20	浙江油田分公司	苏北采油厂海安井区
21	中石油煤层气有限责任公司	韩城分公司第一采气作业区
22	南方石油勘探开发有限责任公司	花场油气处理中心
23	大庆石化分公司	水气厂污水一车间
24	吉林石化分公司	合成树脂厂SAN车间
25	抚顺石化分公司	烯烃厂乙烯车间
26		石油二厂管网车间
27	辽阳石化分公司	热电厂锅炉车间
28		炼油厂加氢三车间
29	兰州石化分公司	炼油厂催化二联合车间
30		乙烯厂全密度聚乙烯车间
31	独山子石化分公司	乙烯厂公用工程联合车间
32		炼油厂二联合车间
33	乌鲁木齐石化分公司	炼油厂加氢裂化车间
34	宁夏石化分公司	炼油厂一联合车间
35	大连石化分公司	热电联合车间
36	大连西太平洋石油化工有限公司	运行二部
37	锦州石化分公司	二催化车间

续表

序号	先进基层单位	
	所属企业	基层单位名称
38	锦西石化分公司	蒸馏车间
39	大庆炼化分公司	炼油二厂二套气体分馏车间
40	哈尔滨石化分公司	第三联合车间
41	广西石化分公司	生产三部
42	中国石油四川石化有限责任公司	生产三部
43		生产四部
44	大港石化分公司	第二联合车间
45	华北石化分公司	一联合运行部
46	呼和浩特石化分公司	第一联合车间
47	辽河石化分公司	油品储运部
48	长庆石化分公司	运行四部
49	中石油克拉玛依石化有限责任公司	热电厂
50	庆阳石化分公司	二联合运行部
51	东北销售分公司	南沙油库
52	西北销售分公司	武汉油库
53	北京销售分公司	中博加油站
54	上海销售分公司	莘庄工业区加油站
55	湖北销售分公司	宜昌大桥东区加油站
56	广东销售分公司	汕头关埠油库
57	云南销售分公司	仓储分公司松林油库
58	辽宁销售分公司	抚顺矸子山油库
59		仓储分公司台山油库
60	吉林销售分公司	凯旋油库
61	黑龙江销售分公司	鹤岗富力加油站
62	天津销售分公司	静海静信加油站
63	河北销售分公司	石家庄第一加油站
64	山西销售分公司	侯马油库
65	内蒙古销售分公司	阿拉善胡杨加油站
66	陕西销售分公司	延安宝塔片区石圪塔加油站
67	甘肃销售分公司	仓储分公司白银油库
68	青海销售分公司	格尔木油库
69	宁夏销售分公司	石嘴山油库
70	中石油新疆销售有限公司	鄯善沙尔湖加油站

续表

序号	先进基层单位	
	所属企业	基层单位名称
71	重庆销售分公司	仓储分公司伏牛溪油库
72	四川销售分公司	宜宾分公司吊黄楼油库
73	贵州销售分公司	六盘水南城加油站
74	西藏销售分公司	拉萨中和加油站
75	江苏销售分公司	宿迁沭阳台州路加油站
76	浙江销售分公司	永嘉县上塘楠溪江加油站
77	安徽销售分公司	合肥锦绣大道加油站
78	福建销售分公司	仓储分公司大华油库
79	江西销售分公司	新余赛维大道加油站
80	山东销售分公司	德州油库
81	河南销售分公司	三门峡第一加油站
82	湖南销售分公司	株洲西环加油站
83	广西销售分公司	玉林容县服务区加油站
84	海南销售分公司	儋州东成加油站
85	润滑油分公司	大连润滑油厂调合装置
86	中石油燃料油有限责任公司	温州中石油燃料沥青有限责任公司储运车间
87	大连海运分公司	台州中油海运有限责任公司"昆仑油205"轮
88	管道分公司	山东输油有限公司日照输油站
89		中原输油气分公司泰安压气站
90	西气东输管道分公司	甘陕管理处高陵分输压气站
91		银川管理处中卫压气站
92	中石油北京天然气管道有限公司	大港储气库分公司板808/828储气库
93	西部管道分公司	兰州输气分公司涩北压气首站
94		乌鲁木齐输油气分公司王家沟作业区
95	西南管道分公司	南宁输油气分公司贵港输气站
96	中石油江苏液化天然气有限公司	江苏LNG接收站
97	中国石油集团西部钻探工程有限公司	吐哈钻井公司70139钻井队
98	中国石油集团长城钻探工程有限公司	对外合作项目部长北项目70136队
99	中国石油集团渤海钻探工程有限公司	第五钻井工程分公司40512钻井队
100	中国石油集团川庆钻探工程有限公司	钻井液技术服务公司综合服务中心
101	中国石油集团东方地球物理勘探有限责任公司	矿区服务事业部涿州基地管理处开发区动力维修服务中心
102	中国石油集团测井有限公司	基地服务部产业化基地服务站

续表

序号	先进基层单位	
	所属企业	基层单位名称
103	中国石油集团海洋工程有限公司	"中油海511"船
104	中国石油天然气管道局	廊坊服务中心热力二处
105	中国石油工程建设公司	中国石油天然气第一建设公司第一工程分公司
106	中国石油集团工程设计有限责任公司	新疆石油工程建设有限责任公司路桥事业部
107	中国寰球工程公司	中国石油天然气第六建设公司东明项目部
108	中国昆仑工程公司	江苏德赛化纤有限公司动力部
109	中国石油集团东北炼化工程有限公司	中油吉林化建工程有限公司机动部
110	宝鸡石油机械有限责任公司	动力公司生产设备室
111	宝鸡石油钢管有限责任公司	宝鸡石油输送管有限公司动力分厂
112	中国石油集团济柴动力总厂	济南柴油机股份有限公司铆焊分厂
113	中国石油集团渤海石油装备制造有限公司	承德石油机械公司铸造车间
114	中国石油规划总院	集团公司节能技术研究中心节能节水信息与政策研究室
115	中国石油天然气运输公司	准噶尔分公司油田客运一大队

3) 2015年度节能节水先进个人名单（共125名）

序号	所属单位	姓　名
1	大庆油田有限责任公司	宋吉水　龚松科　林庆泽　董仁义　李喜臣
2	辽河油田分公司	陈秀梅　付红雷　马　强
3	长庆油田分公司	王林平　梁海锋　常振武
4	塔里木油田分公司	范颂文　王小鹏
5	新疆油田分公司	习尚斌　黄伟强
6	西南油气田分公司	罗　杨　张　余
7	吉林油田分公司	范宝伟　李翰勇
8	大港油田分公司	姬　瑞
9	青海油田分公司	邱海涛
10	华北油田分公司	王君利
11	吐哈油田分公司	马晓鹏
12	冀东油田分公司	郭景芳
13	玉门油田分公司	旷军虎
14	浙江油田分公司	沈国龙
15	中石油煤层气有限责任公司	赵光强
16	南方石油勘探开发有限责任公司	刘瑞刚
17	大庆石化分公司	安润涛

续表

序号	所属单位	姓　　名
18	吉林石化分公司	佟伯峰　姜日元
19	抚顺石化分公司	秦玉华　李　涛
20	辽阳石化分公司	张　剑　王显东
21	兰州石化分公司	李先林　周　伟
22	独山子石化分公司	朱志浩　张学军
23	乌鲁木齐石化分公司	韩广明　陈　鑫
24	宁夏石化分公司	豆怀斌　冯晓滨
25	大连石化分公司	毕才平　姚　庆
26	大连西太平洋石油化工有限公司	孙玉祥
27	锦州石化分公司	吕　海　徐　磊
28	锦西石化分公司	王恩良
29	大庆炼化分公司	李庆龙　宁　超
30	哈尔滨石化分公司	陈　曦
31	广西石化分公司	孙　凯
32	中国石油四川石化有限责任公司	李建雷　马绍委
33	大港石化分公司	尹连军
34	华北石化分公司	程建峰　李占存
35	呼和浩特石化分公司	靳贵宏
36	辽河石化分公司	李为民
37	长庆石化分公司	关　磊
38	中石油克拉玛依石化有限责任公司	郭海燕
39	庆阳石化分公司	周向忠
40	东北销售分公司	邢　杰
41	西北销售分公司	宋宝斌
42	北京销售分公司	张　濛
43	上海销售分公司	侯　晋
44	湖北销售分公司	严　昭
45	广东销售分公司	李　静
46	云南销售分公司	王义贵
47	辽宁销售分公司	李拥军
48	黑龙江销售分公司	孙立尧
49	天津销售分公司	纪　凯
50	内蒙古销售分公司	曹文华
51	甘肃销售分公司	郑永龙

续表

序号	所属单位	姓名
52	重庆销售分公司	杨 松
53	四川销售分公司	陈志奎
54	江苏销售分公司	张峻铭
55	浙江销售分公司	牟 睿
56	福建销售分公司	王国良
57	山东销售分公司	王正文
58	河南销售分公司	赖琳琳
59	中石油燃料油有限责任公司	袁安民
60	北京油气调控中心	于 涛 郭永华
61	管道分公司	宋 飞 李智勇
62	西气东输管道分公司	吴 岩
63	中石油北京天然气管道有限公司	丁 媛 胡生顺
64	西部管道分公司	刘紫铖 张 杰
65	西南管道分公司	李 毅
66	中石油江苏液化天然气有限公司	王立国
67	中国石油集团西部钻探工程有限公司	张国斌
68	中国石油集团长城钻探工程有限公司	杨 勇
69	中国石油集团渤海钻探工程有限公司	范美玲 韩希柱
70	中国石油集团川庆钻探工程有限公司	谭昌兵 杨 洋
71	中国石油集团东方地球物理勘探有限责任公司	方大庆
72	中国石油集团测井有限公司	安小龙
73	中国石油集团海洋工程有限公司	魏忠华
74	中国石油天然气管道局	易学军
75	中国石油工程建设公司	刘晓杰
76	中国石油集团工程设计有限责任公司	陈 明
77	中国寰球工程公司	李启凤
78	中国昆仑工程公司	范熙烜
79	中国石油集团东北炼化工程有限公司	蔡志春
80	宝鸡石油机械有限责任公司	张亚平
81	宝鸡石油钢管有限责任公司	曹广权
82	中国石油集团济柴动力总厂	杨 鑫
83	中国石油集团渤海石油装备制造有限公司	李洪祥
84	中国石油天然气运输公司	刘世斌

续表

序号	所属单位	姓名
85	中国华油集团公司	盖 震
86	集团公司节能技术研究中心	刘 博 龚 燕
87	勘探与生产分公司	马 建
88	炼油与化工分公司	张 彦
89	销售分公司	陶 辉
90	天然气与管道分公司	管维均
91	工程技术分公司	杨 晖
92	工程建设分公司	陶 涛
93	装备制造分公司	刘 欣
94	安全环保与节能部	吕正林

7. 2016年度

1) 2016年度节能节水型先进企业名单（共50家）

序号	企业名称	序号	企业名称
1	大庆油田有限责任公司	21	兰州石化分公司
2	辽河油田分公司	22	大庆炼化分公司
3	长庆油田分公司	23	大庆石化分公司
4	新疆油田分公司	24	哈尔滨石化分公司
5	塔里木油田分公司	25	宁夏石化分公司
6	吉林油田分公司	26	抚顺石化分公司
7	大港油田分公司	27	锦西石化分公司
8	西南油气田分公司	28	大连西太平洋石油化工有限公司
9	华北油田分公司	29	呼和浩特石化分公司
10	青海油田分公司	30	广西石化分公司
11	吐哈油田分公司	31	大港石化分公司
12	玉门油田分公司	32	辽河石化分公司
13	冀东油田分公司	33	河北销售分公司
14	辽阳石化分公司	34	内蒙古销售分公司
15	独山子石化分公司	35	中石油燃料油有限责任公司
16	锦州石化分公司	36	东北销售分公司
17	乌鲁木齐石化分公司	37	西部管道分公司
18	吉林石化分公司	38	西气东输管道分公司
19	大连石化分公司	39	管道分公司
20	中国石油四川石化有限责任公司	40	中石油北京天然气管道有限公司

续表

序号	企业名称	序号	企业名称
41	西南管道分公司	46	中国石油集团东方地球物理勘探有限责任公司
42	中国石油集团川庆钻探工程有限公司	47	中国昆仑工程公司
43	中国石油集团西部钻探工程有限公司	48	宝鸡石油钢管有限责任公司
44	中国石油集团渤海钻探工程有限公司	49	宝鸡石油机械有限责任公司
45	中国石油集团长城钻探工程有限公司	50	中国石油集团渤海石油装备制造有限公司

2）2016年度节能节水先进基层单位名单（共113个）

序号	先进基层单位	
	所属企业	基层单位名称
1	大庆油田有限责任公司	第二采油厂第三作业区采油六区二队
2		第五采油厂第三油矿杏十三-1联合站
3		第六采油厂第二油矿采油204队
4	辽河油田分公司	沈阳采油厂采油作业二区205队
5		曙光采油厂采油作业六区新3号站
6	长庆油田分公司	第三采油厂技术监督中心
7		第一采气厂第一净化厂
8		技术监测中心节能监测站
9	塔里木油田分公司	开发事业部哈得作业区
10	新疆油田分公司	准东采油厂火烧山作业区
11	西南油气田分公司	重庆天然气净化总厂引进分厂
12	吉林油田分公司	扶余采油厂油水处理中心
13		新立采油厂采油三队
14	大港油田分公司	第六采油厂工艺研究所
15	青海油田分公司	昆北油田第二采油作业区
16	华北油田分公司	二连分公司宝力格采油作业区
17	吐哈油田分公司	鄯善采油厂轻烃工区
18	冀东油田分公司	南堡油田作业区采油五区
19	玉门油田分公司	节能监测站
20	浙江油田分公司	苏北采油厂采油作业区
21	中石油煤层气有限责任公司	忻州分公司第一采气作业区
22	南方石油勘探开发有限责任公司	采油厂花场油气处理中心
23	大庆石化分公司	化工一厂乙烯车间
24	吉林石化分公司	能源监测站
25	抚顺石化分公司	石油二厂生产运行部

续表

序号	先进基层单位	
	所属企业	基层单位名称
26	抚顺石化分公司	石油三厂芳烃车间
27	辽阳石化分公司	芳烃厂重整车间
28	兰州石化分公司	橡胶厂丁苯车间
29		炼油厂催化一联合车间
30	独山子石化分公司	炼油厂加氢联合车间
31		乙烯厂乙烯一联合车间
32	乌鲁木齐石化分公司	热电厂汽机车间
33	宁夏石化分公司	炼油厂水汽车间
34		水汽部
35	大连石化分公司	第一联合车间
36		第四联合车间
37	大连西太平洋石油化工有限公司	运行一部
38	锦州石化分公司	重整车间
39	锦西石化分公司	重油催化车间
40	大庆炼化分公司	聚合物一厂丙烯酰胺一车间
41	哈尔滨石化分公司	第二联合车间
42	广西石化分公司	生产四部
43	中国石油四川石化有限责任公司	生产五部
44	大港石化分公司	第二联合车间
45	华北石化分公司	一联合运行部
46	呼和浩特石化分公司	第二联合车间
47	辽河石化分公司	第一联合运行部
48	长庆石化分公司	运行一部生产运行组
49	中石油克拉玛依石化有限责任公司	炼油第四联合车间
50	庆阳石化分公司	动力运行部
51	东北销售分公司	大庆分公司龙凤油库
52	西北销售分公司	长沙分公司长沙油库
53	北京销售分公司	兴福加油站
54	上海销售分公司	中春路加油站
55	湖北销售分公司	襄阳襄林加油站
56	广东销售分公司	惠州黄埔加油站
57	云南销售分公司	仓储分公司清华洞油库
58	辽宁销售分公司	沈阳东陵油库

续表

序号	先进基层单位	
	所属企业	基层单位名称
59	吉林销售分公司	长春普庆加油站
60	黑龙江销售分公司	鸡西中心加油站
61	天津销售分公司	北辰普济桥加油站
62	河北销售分公司	石家庄大地（136）加油站
63	山西销售分公司	大同第十六加油站
64	内蒙古销售分公司	鄂尔多斯东胜油库
65	陕西销售分公司	西安环城北路加油站
66	甘肃销售分公司	临夏经济开发区加油站
67	青海销售分公司	果洛久治加油站
68	宁夏销售分公司	固原隆德西门加油站
69	中石油新疆销售有限公司	阿克苏沙雅光泉加油站
70	重庆销售分公司	仓储分公司永川油库
71	四川销售分公司	德阳城西加油站
72	贵州销售分公司	兴义金龙加油站
73	西藏销售分公司	日喀则南郊油库
74	江苏销售分公司	南通三里墩加油站
75	浙江销售分公司	嘉兴乍浦油库
76	安徽销售分公司	宣城宁国水东加油站
77	福建销售分公司	福州鹤林加油站
78	江西销售分公司	南昌卫东加油站
79	山东销售分公司	泰安湖屯油库
80	河南销售分公司	开封第六加油站
81	湖南销售分公司	常澧临澧服务区加油站
82	广西销售分公司	梧州莲花加油站
83	中石油海南销售有限公司	东方油库
84	润滑油分公司	大连润滑油厂生产技术部调合装置
85	中石油燃料油有限责任公司	佛山高富中石油燃料沥青有限责任公司动力车间
86	大连海运分公司	"辽油121"轮
87	管道分公司	沈阳输油气分公司铁岭输油站
88		锦州输油气分公司松山输油站
89	西气东输管道分公司	南昌管理处南昌分输压气站
90		山西管理处蒲县分输压气站
91	中石油北京天然气管道有限公司	陕西输气管理处榆林压气站

续表

序号	先进基层单位	
	所属企业	基层单位名称
92	西部管道分公司	甘肃输油气分公司古浪作业区
93	西南管道分公司	南宁输油气分公司固原输气站
94	中国石油集团西部钻探工程有限公司	青海钻井公司油田化学技术公司
95	中国石油集团长城钻探工程有限公司	西部钻探有限公司40603队
96	中国石油集团渤海钻探工程有限公司	第二钻井工程分公司50508钻井队
97	中国石油集团川庆钻探工程有限公司	长庆井下技术作业公司陇东项目部
98	中国石油集团东方地球物理勘探有限责任公司	新疆物探处278队
99	中国石油集团测井有限公司	基地服务部产业化基地服务站
100	中国石油集团海洋工程有限公司	海工事业部综合服务中心
101	中国石油天然气管道局	矿区廊坊服务中心热力一处
102	中国石油工程建设公司	中国石油天然气第七建设公司乌鲁木齐项目部
103	中国石油集团工程设计有限责任公司	新疆石油工程建设有限责任公司路桥事业部
104	中国寰球工程公司	矿区服务事业部工程部
105	中国昆仑工程公司	江苏德赛化纤有限公司短纤部
106	中国石油集团东北炼化工程有限公司	吉林机械分公司机械动力部
107	宝鸡石油机械有限责任公司	动力公司北厂水气热工区
108	宝鸡石油钢管有限责任公司	宝鸡石油输送管有限公司动力分厂
109	中国石油集团济柴动力总厂	济南柴油机股份有限公司大件一分厂
110	中国石油集团渤海石油装备制造有限公司	新世纪机械制造公司油套管制造厂
111	中国石油规划总院	集团公司节能技术研究中心炼油与化工节能节水研究室
112	中国石油天然气运输公司	沙运司放空天然气回收公司
113	中国华油集团公司	中油阳光物业管理有限公司北京分公司

3) 2016年度节能节水先进个人名单（共123名）

序号	所属单位	姓　名
1	大庆油田有限责任公司	王钦胜　张士奇　沈宝明　赵　静
2	辽河油田分公司	田连雨　马　强　佟松林
3	长庆油田分公司	雷　钧　李合远　梁海锋　魏立军
4	塔里木油田分公司	任永苍　孔　伟
5	新疆油田分公司	朱卫权　徐　阳
6	西南油气田分公司	邵天翔　赵　俊
7	吉林油田分公司	卢玉峰　张灵军

续表

序号	所属单位	姓　名
8	大港油田分公司	侯立泉
9	青海油田分公司	刚永恒
10	华北油田分公司	杨应桥
11	吐哈油田分公司	艾秋顺
12	冀东油田分公司	杨笑松
13	玉门油田分公司	康建红
14	浙江油田分公司	王仲达
15	中石油煤层气有限责任公司	廖　磊
16	南方石油勘探开发有限责任公司	王　扬
17	大庆石化分公司	陈玉龙　曹　鸿
18	吉林石化分公司	张瑞祥　王明臣
19	抚顺石化分公司	李　涛　刘凤茹
20	辽阳石化分公司	刘长军
21	兰州石化分公司	赵远林　王　巍
22	独山子石化分公司	刁　宇　蒋鹏飞
23	乌鲁木齐石化分公司	季　杨
24	宁夏石化分公司	冯晓滨　马政文
25	大连石化分公司	毕才平　姚　庆
26	大连西太平洋石油化工有限公司	孙凤志
27	锦州石化分公司	陈　镇　马晓成
28	锦西石化分公司	高明雷
29	大庆炼化分公司	李庆龙　步云峰
30	哈尔滨石化分公司	赵文祥
31	广西石化分公司	陈　斌
32	中国石油四川石化有限责任公司	舒正伟　薛永旭
33	大港石化分公司	彭建龙
34	华北石化分公司	魏　翔
35	呼和浩特石化分公司	蒋世杰　冯　彦
36	辽河石化分公司	韩宝顺　孙书文
37	长庆石化分公司	李晓东
38	中石油克拉玛依石化有限责任公司	陈　杰
39	庆阳石化分公司	李晓宁
40	东北销售分公司	毕建英
41	北京销售分公司	刘新颖

续表

序号	所属单位	姓　名
42	广东销售分公	李　静
43	云南销售分公司	李伟杰
44	吉林销售分公司	李　然
45	黑龙江销售分公司	刘天夫
46	河北销售分公司	王　洋
47	内蒙古销售分公司	梁永强
48	陕西销售分公司	高　超
49	甘肃销售分公司	隗　艺
50	青海销售分公司	杨　艳
51	宁夏销售分公司	张　强
52	中石油新疆销售有限公司	陈　宏
53	重庆销售分公司	汪　东
54	四川销售分公司	袁　莉
55	贵州销售分公司	苏远自
56	西藏销售分公司	全贵川
57	河南销售分公司	苏　斌
58	中石油燃料油有限责任公司	朱友明
59	大连海运分公司	杨　鹏
60	北京油气调控中心	杨　毅
61	管道分公司	范建全
62	西气东输管道分公司	禹　扬
63	中石油北京天然气管道有限公司	岳克敬
64	西部管道分公司	唐　煌　蔡　婷
65	西南管道分公司	吴承睿
66	昆仑能源有限公司	李占庆
67	中国石油集团西部钻探工程有限公司	胡　彪
68	中国石油集团长城钻探工程有限公司	杨　勇
69	中国石油集团渤海钻探工程有限公司	张惠军　陈素阁
70	中国石油集团川庆钻探工程有限公司	肖　波　代华高
71	中国石油集团东方地球物理勘探有限责任公司	易良坤
72	中国石油集团测井有限公司	安小龙
73	中国石油集团海洋工程有限公司	李富荣
74	中国石油天然气管道局	刘树兵

续表

序号	所属单位	姓　　名
75	中国石油工程建设公司	王　吉
76	中国石油集团工程设计有限责任公司	裴海华
77	中国寰球工程公司	苏秀芬
78	中国昆仑工程公司	汪　雄
79	中国石油集团东北炼化工程有限公司	张少双
80	宝鸡石油机械有限责任公司	董宗刚
81	宝鸡石油钢管有限责任公司	宋翰伟
82	中国石油集团济柴动力总厂	李勇刚
83	中国石油集团渤海石油装备制造有限公司	谢承华
84	中国石油天然气运输公司	王新平
85	中国华油集团公司	郭铭超
86	集团公司节能技术研究中心	王广河　解红军
87	勘探与生产分公司	马建国
88	炼油与化工分公司	张　彦
89	销售分公司	陶　辉
90	天然气与管道分公司	管维均
91	工程技术分公司	刘梅全
92	工程建设分公司	陈九安
93	装备制造分公司	牛宏飞
94	质量安全环保部	于洪洲　王　驰

第二章 监测管理

"十二五"期间,集团公司节能监测机构以"十二五"节能节水规划为指导,依据有关节能法律、法规和技术标准,根据年度监测计划,在集团公司勘探生产、炼油化工、管道输送、工程技术等重点耗能业务领域开展节能监测工作,对机泵、加热炉、锅炉等重点耗能设备和热力输送系统、企业供配电系统进行测试与评价,积累了大量的节能监测原始数据和资料。节能监测工作的开展,促进企业能源利用效率的不断提高,为企业加强节能管理,实施节能技术改造提供可靠依据,为集团公司完成"十二五"节能节水目标做出了贡献。

第一节 概 述

一、节能监测目的及意义

节能监测是指具有节能检测能力与资质的监测机构,经上级节能主管部门授权与委托,依据有关节能法律法规和技术标准,通过设备测试、能质检验、数据分析等技术手段,对用能单位的能源利用状况进行监督、检查、测试和评价,对浪费能源的行为提出整改和处理建议的技术活动。

通过节能监测,明确用能单位能源利用状况,检验和判断设备(系统、工艺)能效水平是否符合有关标准要求以及与国际先进水平的差距,这对加强能源管理、挖掘节能潜力、促进技术改造、降低能耗成本、提高经济效益具有重要意义。

二、节能监测范围

节能监测范围为:
(1) 对用能用水设备、装置、系统的用能用水状况进行测试、评价;
(2) 对节能节水技术措施项目实施效果进行测试、评价;
(3) 对节能节水新技术、新产品等的节能效果和经济效益进行测试、评价;
(4) 对固定资产投资项目的用能、用水指标进行测试、评价;
(5) 对企业及其内部各供(用)能单位的能源利用状况进行测试、评价。

三、节能监测组织机构

集团公司节能监测机构分集团公司和所属地区公司两个层级,集团公司这个层级共有7个监测中心,地区公司这个层级共有12个节能监测站(中心),详见表2-1。

表 2-1 集团公司节能监测机构一览表

序号	层级	监测机构名称	行政隶属机构
1	集团公司级	中国石油天然气集团有限公司节能技术监测评价中心	中国石油大庆油田公司技术监督中心
2		中国石油天然气集团有限公司东北油田节能监测中心	中国石油辽河油田公司安全环保技术监督中心

续表

序号	层级	监测机构名称	行政隶属机构
3	集团公司级	中国石油天然气集团有限公司西北油田节能监测中心	中国石油新疆油田公司实验检测研究院
4		中国石油天然气集团有限公司石油化工节能技术监测中心	中国石油辽阳石化公司生产监测部
5		中国石油天然气集团有限公司西北石化公司节能监测中心	中国石油兰州石化公司计量部
6		中国石油天然气集团有限公司管道节能监测中心	中国石油管道公司管道科技研究中心
7		中国石油天然气集团有限公司工程技术节能监测中心	中国石油川庆钻探工程公司安全环保质量监督检测研究院
1	地区公司级	中国石油吉林石油集团石油工程有限责任公司节能监测站	中国石油吉林油田公司勘察设计院
2		中国石油大港油田公司检测监督评价中心节能监测站	中国石油大港油田公司检测监督评价中心
3		中国石油华北油田公司节能监测站	中国石油华北油田公司技术监督检验处
4		中国石油冀东油田公司节能监测站	中国石油冀东油田公司开发技术公司
5		中国石油西南油气田公司环境节能监测技术研究所	中国石油西南油气田公司安全环保与技术监督研究院
6		中国石油西南油气田公司重庆环境节能监测中心	中国石油西南油气田公司重庆气矿
7		中国石油西南油气田公司川西北环境节能监测中心	中国石油西南油气田公司川西北气矿
8		中国石油长庆油田公司环境与节能监测评价中心	中国石油长庆油田公司技术监测中心
9		中国石油玉门油田公司节能监测站	中国石油玉门油田公司钻采工程研究院
10		中国石油青海油田公司节能监测中心	中国石油青海油田公司钻采工艺研究院
11		中国石油吐哈油田公司技术监测中心节能监测站	中国石油吐哈油田公司技术监测中心
12		中国石油吉林石化公司能源监测站	中国石油吉林石化公司检测中心

第二节　油气田企业监测

"十二五"期间，集团公司直属的节能技术监测评价中心、东北油田节能监测中心、西北油田节能监测中心等三个监测中心和吉林石油集团石油工程有限责任公司节能监测站、大港油田检测监督评价中心节能监测站等11个地区公司所属监测站（中心）共监测加热炉7404台、注水系统565套、输油泵1582台、抽油机53193台、螺杆泵及潜油电泵2555台、压缩机83台。

一、2011年监测工作

2011年抽测了15家油气田企业的加热炉1321台，完成计划监测量的100.8%。其中：集团公司东北油田节能监测中心监测426台，完成监测计划的103.6%；集团公司节能技术监测评价中心监测432台，完成监测计划的100.0%；集团公司西北节能监测中心监测计划463台，完成监测计划的99.1%。此外，各地区公司所属监测机构普测加热炉2556台，完成监测计划的100.6%。

1. 监测结果及评价分析

2011年共监测加热炉3877台,监测指标全部合格的有1818台,监测综合合格率为46.9%。在各监测评价指标中,炉体表面温度平均值为26.4℃,合格率为97.4%;排烟温度平均值为171.8℃,合格率为83.4%;空气系数平均值为2.2,合格率为64.9%;热效率平均值为80.0%,合格率为77.1%。

在监测的3877台加热炉中,有2329台为节能运行,占监测总数的60.0%(表2-2和表2-3)。

表2-2 2011年中国石油勘探与生产分公司15家油气田加热炉测试指标汇总

序号	单位	加热炉平均装机容量(兆瓦)	加热炉监测数量(台)	综合合格率(%)	炉体表面温度平均值(℃)	炉体表面温度合格率(%)	排烟温度平均值(℃)	排烟温度合格率(%)	空气系数平均值	空气系数合格率(%)	热效率平均值(%)	热效率合格率(%)	负荷率数量(台)	负荷率(%)	加热炉节能运行(台)
1	××油田	2.845	99	20.2	35.2	91.9	136.1	83.8	4.5	30.3	77.2	68.7	45	33.7	53
2	××油田	2.622	278	45.3	36.8	84.9	164.6	81.3	1.6	79.1	85.1	71.9	86	48.1	147
3	××油田	1.570	600	48.3	20.3	97.0	190.7	82.7	2.5	63.2	78.1	78.8	200	46.2	388
4	××油田	1.844	238	56.7	16.0	100.0	157.0	79.4	1.7	76.8	84.5	75.6	134	36.5	151
5	××油田	1.079	600	66.7	39.2	99.8	169.8	93.2	1.9	84.8	78.1	75.2	600	37.6	304
6	××油田	1.472	367	32.4	22.6	100.0	194.9	67.3	2.2	60.5	82.0	81.7	244	54.7	234
7	××油田	1.033	350	35.7	22.9	100.0	168.4	86.0	2.7	52.0	75.2	71.1	350	35.1	157
8	××油田	1.331	124	35.5	36.7	100.0	142.9	93.5	2.0	59.7	74.3	51.6	124	37.5	44
9	××油田	1.570	600	48.3	20.3	97.2	190.7	82.8	2.5	63.3	78.1	78.8	200	46.2	388
10	××油田	1.218	314	53.2	28.1	99.7	159.4	85.7	2.2	63.7	85.4	90.8	—	—	267
11	××油田	0.801	150	23.3	27.4	94.7	147.8	92.0	3.4	33.3	80.2	23.3	—	—	105
12	××油田	2.670	140	45.7	18.2	97.1	175.6	72.1	2.6	57.9	80.6	73.6	16	62.7	86
13	××油田	0.719	14	21.4	18.0	100.0	192.5	71.4	3.2	28.6	74.5	50.0	—	—	5
14	××油田	3.400	2	0.0	32.0	100.0	265.5	0.0	1.4	100.0	81.3	50.0	2	36.1	0
15	××油田	0.700	1	0.0	33.6	100.0	155.0	100.0	4.6	100.0	74.1	0.0	1	60.0	0
合计(平均)		1.481	3877	46.9	26.4	97.4	171.8	83.4	2.2	64.9	80.0	77.1	2002	41.5	2329

表2-3 2011年勘探与生产分公司不同额定负荷加热炉监测结果汇总

序号	额定容量C(兆瓦)	综合评价 监测数量(台)	综合评价 合格数量(台)	综合合格率(%)	排烟温度合格数量(台)	排烟温度平均值(℃)	空气系数合格数量(台)	空气系数平均值	炉体表面温度合格数量(台)	炉体表面温度平均值(℃)	热效率合格数量(台)	热效率平均值(%)
1	$C \leqslant 0.40$	1117	514	46.0	1007	173.9	616	2.9	1101	24.5	909	75.9
2	$0.40 < C \leqslant 0.63$	399	187	46.9	350	158.7	235	2.4	389	27.3	337	81.7

续表

序号	额定容量 C (兆瓦)	综合评价			监测项目及指标						
		监测数量(台)	合格数量(台)	综合合格率(%)	排烟温度		空气系数		炉体表面温度		热效率	
					合格数量(台)	平均值(℃)	合格数量(台)	平均值	合格数量(台)	平均值(℃)	合格数量(台)	平均值(%)
3	0.63 < C ≤ 1.25	645	357	55.3	543	173.7	485	2.1	635	30.9	516	80.7
4	1.25 < C ≤ 2.00	804	462	57.5	667	169.4	634	1.8	794	27.6	628	82.3
5	2.00 < C ≤ 2.50	509	255	50.1	400	172.2	395	1.7	500	27.7	371	83.1
6	2.50 < C ≤ 3.15	158	50	31.6	107	182.2	104	1.7	141	30.4	89	82.0
7	C > 3.15	241	99	41.1	158	177.1	169	1.7	232	28.0	149	84.9
8	其他	10	2	20.0	7	230.0	5	3.1	10	20.5	9	80.5

（1）炉体表面温度指标情况。

所测试的加热炉炉体平均温度为 26.4℃，有 7 家企业的炉体温度在平均值以下，8 家企业在平均值以上。炉体平均温度最低的为 16.0℃，最高的达到了 39.2℃。

（2）排烟温度指标情况。

所测试的加热炉平均排烟温度为 171.8℃，有 9 家企业的排烟温度在平均值以下，6 家企业在平均值以上。平均排烟温度最低的为 136.1℃，最高的达到了 265.5℃。

（3）空气系数指标情况。

所测试的加热炉平均空气系数为 2.2，有 7 家企业的空气系数在平均值以下，8 家企业在平均值以上。空气系数最低的为 1.4，最高的达到了 4.6。

（4）热效率指标情况。

所测试的加热炉热效率平均值为 80.0%，有 7 家企业热效率在平均值以上，8 家企业在平均值以下。热效率最高的为 85.4%，最低的为 74.1%。

加热炉热效率不仅与运行工况有关，也与额定容量关系密切。所测试的加热炉运行负荷率平均为 41.5%（表 2-4）。

表 2-4 不同运行负荷时加热炉监测结果

序号	运行负荷率范围(%)	测试数量(台)	平均额定容量(兆瓦)	平均负荷率(%)	平均热效率		
					平均值(℃)	合格数量(台)	合格率(%)
1	D ≤ 10	9	0.769	8.1	45.9	1	11.1
2	10 < D ≤ 20	49	0.854	16.3	68.8	27	55.1
3	20 < D ≤ 30	83	1.295	25.3	77.3	58	69.9
4	30 < D ≤ 40	76	1.383	34.8	81.0	61	80.3
5	40 < D ≤ 50	49	1.414	45.1	83.1	45	91.8
6	50 < D ≤ 60	55	1.41	54.7	83.3	49	89.1

续表

序号	运行负荷率范围（%）	测试数量（台）	平均额定容量（兆瓦）	平均负荷率（%）	平均热效率 平均值（℃）	平均热效率 合格数量（台）	平均热效率 合格率（%）
7	$60 < D \leqslant 70$	30	1.358	64.2	84.0	27	90.0
8	$70 < D \leqslant 80$	25	1.509	74.4	83.6	22	88.0
9	$80 < D \leqslant 90$	30	1.307	85.1	86.0	29	96.7
10	$90 < D \leqslant 100$	26	1.444	94.8	82.1	18	69.2
合计 / 平均		432	1.304	45.5	79.5	337	78.0

（5）综合指标合格情况。

2011 年监测的 3877 台加热炉综合合格率为 46.9%，其中，有 5 家企业综合合格率在平均值以上，10 家企业综合合格率在平均值以下，综合合格率最高的为 66.7%。

2. 存在的问题

（1）空气系数超标。

过剩空气系数总体合格率仅为 64.9%。造成超标的主要原因：一是加热炉操作人员没能根据负荷、气候及燃烧情况的变化及时、合理地调节进风量，导致进风量过大；二是燃烧器老化或使用非智能配风燃烧器。

（2）运行负荷偏低。

在测试的 3877 台加热炉中，有 2002 台测试了运行负荷率。测试的加热炉平均负荷率为 41.5%，负荷率较低。

造成加热炉运行负荷低的主要原因：一方面是因为现场生产工艺要求，进入冬季外输液量少时，为了防止管线冻堵，加热炉由间歇输油改连续输油，再有伴液采暖加热炉未到冬季生产采取小火运行，从而造成了加热炉运行负荷较低。热负荷过低使加热炉火筒内温度低，不仅不利于燃料的充分燃烧，而且也使得排烟温度过低，会使烟气中的 CO_2 和 SO_2 等气体与烟气中的水蒸气结合形成具有很强腐蚀性的酸液，对加热炉造成严重的腐蚀，既影响加热炉的使用寿命，也影响被加热介质的吸热效率，使加热炉的运行效率大大降低。另一方面，由于设备陈旧，炉膛、炉管结垢，加热炉换热不好，无法达到额定负荷，造成排烟损失大、效率低。

（3）排烟温度超标。

排烟温度的超标将造成较高的排烟热损失，直接导致能耗增加，炉效降低。2011 年测试的加热炉排烟温度平均值为 171.8℃，合格率为 83.4%。排烟温度不合格的有 644 台，占测试总数的 16.6%。其中，加热炉排烟温度超过 400℃ 的有 42 台，平均排烟温度达 474.7℃。加热炉排烟温度超标的原因有：风量配比不合理，炉膛内换热不充分；炉膛、烟道积灰结垢严重，炉管换热效果较差；部分加热炉负荷匹配不合理。

（4）日常管理不够。

加热炉现场运行管理不合理，没有实现经济运行。日常监测管理工作不到位。现场测试过程中，发现好多加热炉烟道就没有测试孔；少数燃烧器调风板已生锈而无法调节；部分具有智能调风的燃烧器，现场人员不会使用。

二、2012年监测工作

2012年计划监测15家油气田企业516套注水系统，实际完成565套，计划完成率为109.50%。

1. 监测结果及评价分析

2012年共监测15家油气田企业的565套注水系统，含1022台注水机组。监测结果为：平均功率因数为0.8722，平均机组效率为74.28%，平均系统效率为47.06%，平均单位注水量电耗为6.06千瓦·时/立方米（表2–5）。

表2–5　中国石油勘探与生产分公司2012年注水系统监测数据统计表

序号	测试地点	泵数量（台）	系统测试数量（套）	平均功率因数	平均机组效率（%）	平均系统效率（%）	平均单位注水量电耗（千瓦·时/米³）
1	××油田	108	71	0.8452	77.34	45.83	5.28
2	××油田	78	55	0.9057	78.32	49.04	5.92
3	××油田	47	41	0.9445	74.98	46.12	6.80
4	××油田	94	27	0.9024	74.23	52.42	5.58
5	××油田	193	99	0.8466	75.97	49.83	6.80
6	××油田	4	4	0.7710	69.10	54.60	4.57
7	××油田	3	3	0.6500	67.60	61.00	3.66
8	××油田	56	36	0.8606	72.99	41.32	9.59
9	××油田	167	60	0.9045	76.78	45.99	7.56
10	××油田	11	7	0.9382	73.52	38.68	6.50
11	××油田	55	27	0.8596	67.94	39.62	2.74
12	××油田	57	57	0.8033	57.14	50.44	3.44
13	××油田	61	26	0.8573	80.65	54.73	6.97
14	××油田	16	8	0.8129	67.20	48.22	10.04
15	××油田	72	44	0.8876	70.88	39.21	5.93
合计/平均		1022	565	0.8872	74.28	47.06	6.06

按干线压力p分类统计，各油气田企业注水系统平均单位注水量电耗详见表2–6。

表2–6　2012年各油气田企业单位注水量电耗分类统计表

序号	测试地点	单位注水量电耗m_{JW}（千瓦·时/米³）				
		$p<15$兆帕	15兆帕$\leq p<20$兆帕	20兆帕$\leq p<25$兆帕	$p\geq 25$兆帕	平均
1	××油田	4.78	8.44	5.74	—	6.43
2	××油田	5.52	6.03	7.64	11.19	6.03
3	××油田	4.72	6.58	8.16		6.85
4	××油田	5.37	7.35	—		5.75

续表

序号	测试地点	单位注水量电耗 m_{JW}(千瓦·时/米³)				
		$p<15$兆帕	15兆帕$\leq p<20$兆帕	20兆帕$\leq p<25$兆帕	$p\geq 25$兆帕	平均
5	××油田	2.70	6.01	8.03	—	6.95
6	××油田	2.57	—	11.10	27.93	4.57
7	××油田	2.67	6.53	—	—	3.66
8	××油田	—	5.42	7.88	10.02	9.31
9	××油田	4.92	7.24	8.40	10.77	7.54
10	××油田	4.90	6.19	—	8.52	8.95
11	××油田	4.86	7.63	9.59	11.65	9.65
12	××油田	1.23	—	—	—	1.23
13	××油田	4.75	8.94	8.36	7.32	9.71
14	××油田	4.10	8.10	11.43	13.25	10.23
15	××油田	4.54	6.35	8.70	—	6.33
合计/平均		4.95	6.92	8.45	9.75	6.06

1) 注水机组评价分析

各油气田企业注水机组各项监测指标监测合格率情况详见表2-7。

表2-7　2012年注水机组监测结果整体统计表

序号	测试地点	机组数量(台)	功率因数		机组效率		机组综合	
			合格数量(台)	合格率(%)	合格数量(台)	合格率(%)	合格数量(台)	合格率(%)
1	××油田	108	69	63.89	87	80.56	61	56.48
2	××油田	78	66	84.62	65	83.33	53	67.95
3	××油田	47	43	91.49	37	78.72	30	63.83
4	××油田	94	84	89.36	78	82.98	65	69.15
5	××油田	193	128	66.32	158	81.87	90	46.63
6	××油田	4	2	50.00	2	50.00	1	25.00
7	××油田	3	0	0.00	1	33.33	0	0.00
8	××油田	56	38	67.86	39	69.64	27	48.21
9	××油田	167	144	86.23	133	79.64	125	74.85
10	××油田	11	9	81.82	7	63.64	7	63.64
11	××油田	55	38	69.09	21	38.18	16	29.09
12	××油田	57	22	38.60	25	43.86	22	38.60
13	××油田	61	41	67.21	56	91.80	40	65.57
14	××油田	16	5	31.25	10	62.50	3	18.75
15	××油田	72	63	87.50	49	68.06	44	61.11
合计/平均		1022	752	73.58	768	75.15	584	57.14

在监测的 1022 套注水机组中,功率因数合格的有 752 台,占监测总数的 75.38%;机组效率合格的有 768 台,占监测总数的 75.15%。根据 SY/T 6275—2007《油田生产系统节能监测规范》中关于监测结果评价要求,有 584 套注水机组评定为节能监测合格设备,占监测总数的 57.14%。

从功率因数监测情况来看,合格率超过 80% 的有 6 家企业,不足 50% 的有 3 家企业。功率因数较低的企业主要原因是:绝大多数井站未安装无功补偿装置,部分已安装无功补偿装置的也存在停用或损坏未修复的现象;此外,注水泵运行负荷偏低,也是造成功率因数合格率低的原因。

从机组效率监测情况来看,合格率超过 80% 的有 5 家企业,不足 50% 的有 3 家企业。造成机组效率低的主要原因:一是注水泵实际注水压力、流量等参数偏离设计工况;二是注水泵实际流量与额定流量偏差较大;三是注水泵电动机功率选择过大,电动机负载率过低,使电动机和泵在低效区工作。

从机组综合评价情况来看,合格率超过 70% 的只有 1 家企业,不足 50% 的有 7 家企业。

2)注水系统评价分析

各油气田企业注水系统监测合格率情况详见表 2-8。

表 2-8 2012 年注水系统监测结果整体评价表

序号	测试地点	系统测试数量(套)	注水系统 合格数量(套)	合格率(%)	达标数量(套)	达标率(%)
1	××油田	71	17	23.94	9	12.68
2	××油田	55	27	49.09	10	18.18
3	××油田	41	20	48.78	6	14.63
4	××油田	27	19	70.37	11	40.74
5	××油田	99	47	47.47	38	38.38
6	××油田	4	1	25.00	0	0.00
7	××油田	3	0	0.00	0	0.00
8	××油田	36	7	19.44	4	11.11
9	××油田	60	28	46.67	19	31.67
10	××油田	7	2	28.57	1	14.29
11	××油田	27	9	33.33	5	18.52
12	××油田	57	11	19.30	9	15.79
13	××油田	26	10	38.46	9	34.62
14	××油田	8	2	25.00	1	12.50
15	××油田	44	5	11.36	3	6.82
合计/平均		565	205	36.28	125	22.12

在监测的 565 套注水系统中,根据 SY/T 6275—2007《油田生产系统节能监测规范》

中关于对监测结果的评价要求，有 205 套注水系统达到了节能监测限定值，占监测总数的 36.28%；有 125 套注水系统达到了节能监测节能评价值，占监测总数的 22.12%。

系统效率合格率偏低的主要原因：一是因为节流损失大；二是未使用变频技术，仍采用回流控制排量，能耗损失大；三是对于大排量泵在小排量下运行时，由于会造成较大的温升，一般会被迫放回流进行降温，造成极大的能量损失。

2. 存在的问题

(1) 注水泵机组效率偏低。

一是部分注水泵机组未采用节能型高效电动机，仍使用国家有关部门明令淘汰的产品，电动机损耗大；二是部分小排量离心式注水泵的使用，导致注水泵机组效率偏低；三是部分注水机组腐蚀严重，密封不严，漏失大，机组效率低。

(2) 注水管网没有优化运行。

一是注水工艺措施难以兼顾所有具体需求。例如，为了提高少数井的注水量和部分井的注水压力，被迫将系统管网压力升高，而对注水压力要求低的井又不得不降压节流，导致系统总压差增大、能耗增高；二是注水管网布局不合理。一些注水系统的注水半径过大，有的超过 10 千米；三是部分油田由于系统相对孤立，且系统设计规模较小，对开发波动的适应较差，加上近年来扩边、加密、转注等开发调整，系统水量有所增加，导致注水干线水头损失超过标准，从而导致注水能耗增加。

(3) 各环节匹配不够合理。

注水泵偏离高效区运行，注水泵管网之间的匹配不合理，注水站、管网、阀门等配置不合理，从而导致注水系统效率较低；不同时期、不同开发阶段油田对注水量的变化要求，使开发预测注水参数与实际注水参数产生差异，导致注水泵配置不合理，而生产运行方案未及时调整，造成系统效率降低。

三、2013 年监测工作

2013 年对 12 家油气田企业 1582 台输油泵、83 台压缩机、54 台抽油机、7 台加热炉进行了监测。

1. 监测结果及评价分析

1) 输油泵机组

2013 年共监测 1582 台输油泵机组，合格率为 34.36%。其中：平均机组效率为 46.77%，合格率为 34.89%；平均功率因数为 0.8751，合格率为 75.35%；平均节流损失率为 4.8%，合格率为 90%。见表 2-9。

表 2-9　输油泵测试情况统计表（2013 年）

序号	被测单位	测试数量（台）	合格率（%）	机组效率（%）		功率因数		节流损失率（%）	
				平均值	合格率	平均值	合格率（%）	平均值	合格率
1	××油田	521	40.69	51.05	43.38	0.8580	76.97	5.40	91.94
2	××油田	118	5.9	43.92	7.63	0.977	77.97	—	—
3	××油田	351	31.05	43.27	37.89	0.9221	87.75	4.00	87.75

续表

序号	被测单位	测试数量（台）	合格率（%）	机组效率（%） 平均值	机组效率（%） 合格率	功率因数 平均值	功率因数 合格率（%）	节流损失率（%） 平均值	节流损失率（%） 合格率
4	××油田	79	40.51	43.11	41.77	0.8892	92.41	5.77	91.14
5	××油田	25	40.00	44.27	40	0.8560	76.00	6.91	84.00
6	××油田	121	11.57	41.68	21.49	0.8268	64.46	7.29	77.69
7	××油田	146	13.01	48.09	21.90	0.8201	55.48	0.58	97.24
8	××油田	64	29.69	47.98	35.94	0.8739	78.13	3.96	87.50
9	××油田	37	24.3	49.29	45.9	0.8160	51.35	2.79	97.30
10	××油田	11	27.27	43.02	27.27	0.9368	90.91	0.00	100.00
11	××油田	12	33.33	47.22	50.00	0.8880	75.00	2.41	100.00
12	××油田	97	15.46	46.49	35.05	0.8247	53.61	8.90	88.70
合计/平均		1582	34.36	46.77	34.89	0.8751	75.35	4.8	90.0

2）压缩机

2013年共监测83台压缩机，其中：燃气发动机驱动压缩机52台，平均机组效率为31.18%；燃气轮机驱动压缩机4台，平均机组效率为37.91%；电动机驱动压缩机27台，平均机组效率为64.34%。见表2—10。

表2—10 压缩机测试情况统计表（2013年）

序号	被测单位	测试数量（台）	机组效率（%）燃气发动机	机组效率（%）燃气轮机	机组效率（%）电动机	备注
1	××油田	10	—	—	65.43	含1台丙烷压缩机
2	××油田	2	33.75	—	—	含一台二氧化碳压缩机
3	××油田	5	—	—	61.97	—
4	××油田	2	—	—	60.83	—
5	××油田	2	—	37.40	—	—
6	××油田	5	—	38.41	67.84	—
7	××油田	10	26.47	—	—	—
8	××油田	10	24.53	—	59.54	—
9	××油田	5	27.79	—	81.23	—
10	××油田	2	29.96	—	—	—
11	××油田	2	—	—	64.28	—
12	××油田	17	41.95	—	—	—
13	××油田	11	23.44	—	—	—
合计/平均		83	31.18	37.91	64.34	

3）抽油机

2013年共监测54台抽油机，合格率为20.61%。其中：平均系统效率为21.86%，合格率为74.09%；平均功率因数为0.7327，合格率为96.41%；平衡度合格率为16.7%。见表2-11。

表2-11 抽油机测试情况统计表（2013年）

序号	被测单位	测试数量（台）	合格率（%）	系统效率（%）		功率因数		平衡度合格率（%）
				平均值	合格率	平均值	合格率（%）	
1	××油田	20	40.69	20.78	70.00	0.7340	100.00	45.00
2	××油田	34	8.80	22.50	76.50	0.7320	94.30	17.10
合计/平均		54	20.61	21.86	74.09	0.7327	96.41	16.7

4）加热炉

2013年共监测7台加热炉，合格率为14.29%。其中：平均热效率为74.7%，合格率为42.86%；平均排烟温度为131.67℃，合格率为100%；平均空气过剩系数为4.65，合格率为14.29%；炉体表面温度合格率为100%。见表2-12。

表2-12 加热炉测试情况统计表（2013年）

序号	被测单位	测试数量（台）	合格率（%）	热效率（%）		排烟温度		空气过剩系数		炉体表面温度合格率（%）
				平均值	合格率	平均值（℃）	合格率（%）	平均值	合格率（%）	
1	××油田	4	25.00	70.71	50.00	160.75	100.00	3.37	25.00	100.00
2	××油田	3	0.00	80.03	33.33	92.90	100.00	6.35	0.00	100.00
合计/平均		7	14.29	74.70	42.86	131.67	100.00	4.65	14.29	100.0

2. 存在的问题

一是现场能源计量器具配备不全，如：输油泵的高压电度表、原油流量计、压缩机的原料气与燃料气的在线流量计配备不齐，导致部分测试数据无法准确获取；二是现场员工对生产情况掌握不清，为现场的测试工作带来极大不便，例如，现场电工对现场的电路不了解、对高压电度表的倍率不清楚；三是部分油田计量器具未及时检定，数据准确度差；四是部分企业未及时对原料气和燃料气进行组分分析。

各油田输油泵的机组效率、电动机功率因数、节流损失率差异较大。因此，各企业应加强用能管理，配齐各项能源计量器具，并加强定期检定和维护保养工作，要对现场操作人员加强操作技能和节能知识培训。

四、2014年监测工作

2014年对15家油气田企业的53139台抽油机、1749台螺杆泵、806台潜油电泵进行监测，其中抽测设备8925台、普测设备48677台。

1. 监测结果及评价分析

1）抽油机井

2014 年共监测 53139 台抽油机，其中 569 口油井数据存在异常值，仅对 52570 口油井进行评价，合格率为 28.05%。在所评价的抽油机中，平均系统效率为 22.75%，达标率为 71.28%；平衡度达标率为 64.85%；电动机平均功率因数为 0.476，达标率为 59.86%。

表 2-13　抽油机测试情况统计表（2014 年）

序号	单位	测试数量（台）	评价数量（台）	合格率（%）	系统效率（%） 平均值	系统效率（%） 达标率	平衡度达标率（%）	功率因数 平均值	功率因数 达标率（%）
1	××油田	10257	10172	44.72	25.44	70.06	90.35	0.485	69.39
2	××油田	6568	6547	26.09	21.08	78.77	64.98	0.512	55.78
3	××油田	6970	6970	46.58	23.37	76.27	80.55	0.549	73.25
4	××油田	2358	2358	19.21	26.45	72.47	55.26	0.446	51.91
5	××油田	3934	3884	34.06	24.66	66.67	71.02	0.403	48.42
6	××油田	1699	1653	19.48	24.99	50.70	57.35	0.507	71.08
7	××油田	8504	8504	13.51	21.01	86.6	44.4	0.387	45.08
8	××油田	1855	1835	30.90	26.11	69.32	56.51	0.614	79.84
9	××油田	421	414	7.01	10.10	29.23	49.03	0.473	54.68
10	××油田	7378	7292	7.80	19.00	57.30	43.70	0.413	48.40
11	××油田	1833	1624	29.99	23.11	71.8	65.64	0.57	68.84
12	××油田	399	354	28.03	23.13	54.99	60.46	0.581	74.85
13	××油田	30	30	33.30	19.30	76.70	43.30	0.783	96.70
14	××油田	60	60	3.33	19.86	73.33	15	0.6562	85
15	××油田	23	23	0.00	12.50	39.13	8.70	0.382	52.17
16	××油田	850	850	27.41	23.37	42.71	60.57	0.719	99.18
	合计	53139	52570	28.05	22.75	71.28	64.85	0.476	59.86

2）螺杆泵井

2014 年共监测 1749 台螺杆泵，其中 7 口油井数据存在异常值，仅对 1742 口油井进行评价，合格率为 42.17%。在所评价的螺杆泵中，平均系统效率为 26.63%，达标率为 65.09%；电动机平均功率因数为 0.697，达标率为 58.77%。

表 2-14　螺杆泵井测试情况统计表（2014 年）

序号	单位	测试数量（台）	评价数量（台）	合格率（%）	系统效率（%） 平均值	系统效率（%） 达标率	功率因数 平均值	功率因数 达标率（%）
1	××油田	1011	1004	53.19	30.76	79.49	0.680	62.85
2	××油田	242	242	6.20	9.09	18.02	0.591	29.34
3	××油田	52	52	42.31	35.73	75.00	0.685	44.23

续表

序号	单位	测试数量（台）	评价数量（台）	合格率（%）	系统效率（%） 平均值	系统效率（%） 达标率	功率因数 平均值	功率因数 达标率（%）
4	××油田	258	258	41.67	26.96	63.99	0.806	63.89
5	××油田	83	83	53.01	36.66	83.13	0.749	66.26
6	××油田	7	7	28.57	18.67	28.57	0.648	71.43
7	××油田	96	96	10.42	13.74	17.71	0.811	77.08
合计		1749	1742	42.17	26.63	65.09	0.697	58.77

3）潜油电泵井

2014年共监测806台潜油电泵，其中1口油井数据存在异常值，仅对805口油井进行评价，合格率为55.12%。在所评价的潜油电泵中，平均系统效率为26.05%，达标率为64.03%；电动机平均功率因数为0.777，达标率为80.88%。

表2-15 潜油电泵井测试情况统计表（2014年）

序号	单位	测试数量（台）	评价数量（台）	合格率（%）	系统效率（%） 平均值	系统效率（%） 达标率	功率因数 平均值	功率因数 达标率（%）
1	××油田	232	231	76.73	33.64	88.31	0.759	86.15
2	××油田	9	9	100.00	41.92	100.00	0.749	77.80
3	××油田	226	226	59.29	24.57	69.33	0.790	81.86
4	××油田	21	21	42.86	26.61	76.19	0.710	57.14
5	××油田	318	318	36.00	21.10	40.80	0.785	78.00
合计		806	805	55.12	26.05	64.03	0.777	80.88

2. 存在的问题

2014年共监测抽油机井53139台，从大庆、吉林、大港、新疆、青海、吐哈、冀东、华北、长庆、辽河10家油田随机各抽选100口油井，共计1000口井进行汇总分析，抽选的原则是平均系统效率与该油田总体系统效率基本保持一致。发现以下问题：

(1) 大马拉小车的现象比较严重。

由于受油井参数、运行设备、现场管理等因素的影响，抽油机装机容量过大，大马拉小车的现象较为普遍，设备长期处于低效区域运行，影响了整体运行效率。

通过对抽取的1000口油井系统效率与电动机功率利用率进行对比分析，电动机功率利用率低的油井系统效率普遍偏低。电动机长期处于低负荷状态下运行，自身损耗将会增大，直接影响抽油机的系统效率。造成这种情况的主要原因在于：油井在开采的初期产液量较高，负荷较大，抽油机的设计容量都是满足于当时的设计需要，而随着油田逐年开采，油井产液量呈逐年下降趋势，负荷也随之降低，当时的设计容量远远高于现在抽油机的运行功率，电动机的自身损耗也随之增大，直接导致抽油机的系统效率降低。

(2) 抽油机平衡状况差。

虽然各油田公司广泛推广应用了节能型抽油机，但没有根据油井负荷的变化，及时调整抽油机的平衡，致使仍有 36.1% 的抽油机平衡度没有达到标准要求。主要原因：

一是受油井产液量波动的影响，抽油机负荷变化较大，致使抽油机达不到平稳运行。同时，部分低产井产液量较低，需改间开恢复液面，对抽油机的上下行程电流也有影响。

二是部分油井在日常生产过程中管理不到位，没有建立一个合理的监测、调整、考核制度，不能结合油井的生产状态，及时调查、分析抽油机的运行状况并采取相应的措施进行调整。

三是部分企业由于生产形势紧张，且油井受油稠或出砂的影响，长时间停抽容易造成卡井，耽误生产，不能够对抽油机进行有效的调整。

如果抽油机长期处于不平衡的状态下运行，不仅增加了地面抽油机系统的能量损失，减少了系统的有效功率，也降低了抽油机井的系统效率。

(3) 抽油机功率因数偏低。

通过对抽油机系统的监测与调查，各油田企业整体功率因数的合格率为 60.48%，功率因数不合格的主要原因：

一是部分油井没有进行低压补偿或补偿器损坏。

二是变频器的损坏或工频运行。

三是部分抽油机系统虽然采取了无功补偿措施，但没有根据现场的具体情况，制订合理的补偿措施，出现过补现象，功率因数出现负值。而无功功率过补偿，将会导致无功电量倒送，抬高系统电压，致使变压器、电动机等铁芯易饱和，温升增加，加速电气设备老化。

3. 整改建议

通过对存在问题合理分析，要提高整个系统的运行效率，降低能耗，应做好以下几个方面工作：

一是根据抽油机系统的实际负荷，合理调整抽油机的装机容量，尽可能选择额定功率小、运行效率高的电动机，以降低电动机的自身损耗，提高抽油机井的系统效率。但在调整抽油机的装机容量时，不仅要满足抽油机的平均运行功率，也要满足抽油机在启动过程中所需的最大启动功率与平稳运行时的最大运行功率。

二是在抽油机井输入功率不变的条件下，尽可能提高抽油机系统的有效功率，而系统的有效功率与油井的产液量存在着直接关系。

三是对于负荷变化较大，工艺参数随时可能调整的油井，建议使用抽油机变频器。在满足生产需要的同时，通过变频器的调节降低电动机的转速，减少输出功率，达到节能的目的。

四是合理调整泵的沉没度。建议随时掌握抽油机井的运行状况，及时、准确地调整抽油机井的工艺参数，在泵深保持一定的条件下，始终保证油井的动液面在一个合理的范围，以此提高抽油机井的产液量与系统效率。此外，可以采取一定的管理措施，对于沉没度较浅的油井，可以降低冲次、减小冲程、降低套管压力、改间开运行恢复动液面等措施来提高油井沉没度；对于沉没度较深油井可以增加冲程、提高冲次、控制套管压力等措施来降低油井沉没度。

五是积极开展抽油机的普查活动，发现不平衡的抽油机及时进行调整。

六是对功率因数低、未进行无功补偿的抽油机安装就地或集中无功补偿装置，并加强无功补偿装置的管理维护工作，对不能正常运行或已经损坏的无功补偿装置进行更换或维修，合理调整无功补偿容量，进一步提高抽油机电动机的功率因数及效率。

七是对于负荷率较高、系统效率较好的油井，可以通过调整抽油机的平衡，加强无功补偿等措施，进一步改善抽油机的运行状况，提高抽油机的系统效率，降低系统的能耗水平。

八是结合生产实际，有计划、分批次采用节能型电动机逐步更换国家明令淘汰或正在淘汰的高耗低效电动机。

九是积极引进先进的节能设备、节能技术，提高系统整体运行效率。

五、2015年监测工作

2015年对15家油气田企业加热炉进行节能监测，并由集团公司东北油田节能监测中心对加热炉监测结果进行汇总。

1. 监测结果及评价分析

2015年计划监测加热炉3374台，实际监测3520台，完成率为104.3%，总考核合格2709台，考核合格率为77.0%。平均热效率为85.2%，平均排烟温度为168.2℃，平均空气系数为1.7，炉体外表面平均温度为20.6℃。

在实际监测的3520台加热炉中，热效率达到节能监测限定值的有3358台，合格率为95.4%，其中达到节能监测节能评价值有2394台，占总合格台数的71.3%；排烟温度达到节能监测限定值的有3195台，合格率为90.8%；空气系数达到节能监测限定值的有3045台，合格率为86.5%；炉体外表面温度达到节能监测限定值的有3507台，合格率为99.6%。

2015年监测的3520台设备有2709台达到节能监测合格设备，有2394台达到节能监测节能运行设备，见表2-16和表2-17。

表2-16　2015年各油田公司监测结果统计表

序号	被测单位	计划监测数量（台）	实际监测数量（台）	实际监测完成率（%）	合格数量（台）	合格率（%）
1	××油田	780	780	100	663	85.0
2	××油田	210	270	129	92	34.1
3	××油田	1006	1006	100	937	93.1
4	××油田	203	215	106	102	47.4
5	××油田	107	107	100	59	55.1
6	××油田	56	66	118	48	72.7
7	××油田	580	580	100	444	76.6
8	××油田	44	50	114	25	50.0

续表

序号	被测单位	计划监测数量（台）	实际监测数量（台）	实际监测完成率（%）	合格数量（台）	合格率（%）
9	××油田	8	8	100	7	87.5
10	××油田	98	147	150	84	57.1
11	××油田	120	121	101	100	82.6
12	××油田	49	53	108	44	83.0
13	××油田	105	109	104	102	93.6
14	××油田	6	6	100	0	0.0
15	××油田	2	2	100	2	100.0
合计/平均		3374	3520	104	2709	77.0

表2–17 各油田公司考核结果统计表（2015年）

序号	被测单位	排烟温度 平均值（℃）	排烟温度 合格率（%）	空气系数 平均值	空气系数 合格率（%）	炉体外表面温度 平均值（℃）	炉体外表面温度 合格率（%）	热效率 平均值（℃）	热效率 合格率（%）	监测结果评价 节能运行设备（台）
1	××油田	183.2	88.8	1.5	96.0	15.6	100.0	85.5	96.9	476
2	××油田	163.9	82.2	1.9	50.7	19.3	100.0	86.1	77.8	68
3	××油田	165.9	98.9	2.0	95.1	25.1	99.2	85.0	98.5	922
4	××油田	184.3	68.8	1.7	78.1	19.5	100.0	85.4	97.7	92
5	××油田	158.7	83.2	1.6	72.9	18.8	100.0	85.2	84.1	50
6	××油田	151.2	92.4	1.4	83.3	15.4	100.0	86.1	86.4	44
7	××油田	178.2	88.6	1.6	87.6	21.8	100.0	85.5	99.7	427
8	××油田	122.2	98.0	2.5	52.0	23.5	100.0	83.7	100.0	22
9	××油田	143.4	100.0	1.4	87.5	15.0	100.0	86.4	100.0	6
10	××油田	128.8	95.2	2.2	62.6	13.8	100.0	82.3	92.5	63
11	××油田	159.8	91.7	1.6	91.7	29.3	100.0	85.8	91.7	95
12	××油田	150.6	94.3	1.7	86.8	17.4	98.1	84.6	96.2	40
13	××油田	138.0	98.2	1.4	100.0	18.1	99.1	85.8	94.5	83
14	××油田	171.8	100.0	3.4	0.0	46.7	50.0	73.2	83.3	4
15	××油田	106.2	100.0	1.6	100.0	26.7	100.0	87.1	100.0	2
合计/平均		168.2	90.8	1.7	86.5	20.6	99.6	85.2	95.4	2394

表 2-18　不同额定容量综合考核合格情况（2015 年）

额定容量（MW）			$D \leq 0.40$	$0.40 < D \leq 0.63$	$0.63 < D \leq 1.25$	$1.25 < D \leq 2.00$	$2.00 < D \leq 2.50$	$2.50 < D \leq 3.15$	$D > 3.15$
综合评价	监测数量（台）		856	325	714	795	522	136	172
	合格数量（台）		719	264	577	617	413	58	75
	综合合格率（%）		84.0	81.2	80.8	77.6	79.1	42.6	43.6
监测项目及指标	排烟温度	合格数量（台）	835	305	653	699	468	111	122
		合格率（%）	97.5	93.8	91.5	87.9	89.7	81.6	70.9
		平均值（℃）	168.2	168.1	169.0	175.1	164.7	156.1	162.2
	空气系数	合格数量（台）	744	283	636	706	463	83	134
		合格率（%）	86.9	87.1	89.1	88.8	88.7	61.0	77.9
		平均值	1.8	1.7	1.6	1.5	1.5	1.7	1.6
	炉体表面温度	合格数量（台）	847	324	711	795	522	136	172
		合格率（%）	98.9	99.7	99.6	100.0	100.0	100.0	100.0
		平均值（℃）	24.0	24.3	22.1	17.6	17.9	19.5	20.5
	热效率	合格数量（台）	846	320	702	764	499	106	118
		合格率（%）	98.8	98.5	98.3	96.1	95.6	77.9	68.6
		平均值（%）	83.2	85.3	85.5	85.4	86.1	86.2	86.7

由表 2-19 可以看出，2015 年监测的加热炉 80% 具有自动调节燃烧器，其空气系数平均值明显低于手动调节燃烧器的加热炉。

表 2-19　不同类型燃烧器考核情况汇总表（2015 年）

燃烧器类型	综合评价			监测项目及指标									
	监测数量（台）	合格数量（台）	综合合格率（%）	排烟温度			空气系数			炉体表面温度			热效率		
				合格数量（台）	合格率（%）	平均值（℃）	合格数量（台）	合格率（%）	平均值	合格数量（台）	合格率（%）	平均值（℃）	合格数量（台）	合格率（%）	平均值（%）
手动调节	690	573	83.0	660	95.7	161.3	609	88.3	1.8	680	98.6	29.1	689	99.9	84.9
自动调节	2830	2055	72.6	2506	88.6	152.6	2405	85.0	1.6	2799	98.9	20.3	2655	93.8	85.3

从表 2-20 以加热炉结构来看，相变式和管式加热炉运行热效率较高，平均热效率为 86.2%，水套式和火筒式加热炉运行热效率相对较低，平均热效率为 84.5%。这是因为水套式、火筒式加热炉受自身结构设计因素影响，且使用年限较长，绝大部分使用年限超过 5 年，因此换热效率低。相变式加热炉为新型高效加热炉，本身设计效率高，且使用年限也短。

表 2-20　不同类型加热炉考核情况汇总表（2015 年）

加热炉类型		水套式	相变式	火筒式	管式
综合评价	监测数量（台）	1371	1217	631	301
	合格数量（台）	1044	881	529	174
	综合合格率（%）	76.1	72.4	83.8	57.8
监测项目及指标	排烟温度 合格数量（台）	1293	1091	565	217
	排烟温度 合格率（%）	94.3	89.6	89.5	72.1
	排烟温度 平均值（℃）	148.6	160.2	175.4	184.9
	空气系数 合格数量（台）	1150	1014	593	257
	空气系数 合格率（%）	83.9	83.3	94.0	85.4
	空气系数 平均值	1.8	1.6	1.5	1.5
	炉体表面温度 合格数量（台）	1334	1215	629	301
	炉体表面温度 合格率（%）	97.3	99.8	99.7	100.0
	炉体表面温度 平均值（℃）	24.4	21.0	20.5	19.3
	热效率 合格数量（台）	1341	1118	615	270
	热效率 合格率（%）	97.8	91.9	97.5	89.7
	热效率 平均值（%）	84.5	86.3	84.5	86.1

2. 典型做法

2015 年，油气田企业从工艺优化核减加热炉、设备更新、技术改造和运行管理四大方面入手，有效提高了加热炉运行效率。典型做法如下：

（1）实施加热炉运行参数优化，动态调整加热炉运行参数。

××油田针对开发后期高含水问题，采取了优化地面工艺流程，改造三管伴热工艺为掺水或冷输工艺，提高在用加热炉运行负荷等措施。根据 2015 年测试数据显示，平均运行负荷率达到了 62.9%。××油田对台南气田 12 号站、13 号站、14 号站和 15 号站的 47 台加热炉进行燃烧系统更换，将负压燃烧器更换为全自动比例式燃烧器，机械式温控系统更换为 PLC 控制系统，提高了自动化程度，降低了工人的劳动强度，在加热炉负荷变化的情况下，始终保持恒温燃烧。改造后，加热炉平均热效率由原来的 70.2% 提高到 82.5%。此外，新疆、大庆、大港、吐哈和辽河等油气田公司也根据生产情况和季节变化，加强加热炉运行管理，及时调节加热炉空气系数、出口温度和烟道挡板开度，确保加热炉各项运行参数处于合理范围，提高了加热炉运行效率，并形成了加热炉使用维护规范，严格按章操作。

（2）加强成熟技术的配套应用，整体提升加热炉运行状态。

××油田通过对加热炉自控技术、节能燃烧器技术、新型保温技术、加热炉清洗除垢技术及余热利用技术进行分析评价，筛选出技术成熟、效益良好的技术应用在负荷率较高、使用年限较短（5 年以内）的加热炉上，并同步评价其综合应用效果，进而制定出加热炉提效技术措施指导标准。

（3）强化日常管理维护，保证加热炉高效运行。

××油田加强加热炉的清污和清洗除垢等维护工作，安排专业队伍对加热炉进行清淤，水驱火筒式加热炉每年清污一次、高浓度聚合物驱加热炉每年清污两次、三元驱加热炉每年清污三次，有效地提高了加热炉的运行效率。

（4）加大节能监测力度，为加热炉提效提供有力支持。

××油田各单位高度重视监测工作，安排一名技术人员全程配合监测单位开展现场监测工作，以处理好现场测试环节协调及资料收集，促进节能监测工作向生产工艺节能的需求延伸，确保各重点耗能设备能源消耗数据准确、可靠，为各系统用能情况、运行状况、数据分析、问题诊断等提供技术依据，做到"节能监测有用"。××油田公司在用加热炉共426台，2015年监测203台，监测覆盖率达48%。

（5）实施新型高效加热炉研究，弥补设计上的"先天不足"。

××油田针对目前加热炉使用中存在的问题，研制不同应用范围的壳程长效相变加热炉、高效盘管式相变加热炉等新型高效加热炉，设计热效率达到90%以上；××油田研制了适用于原油输送的冷凝式高效加热炉，设计排烟温度可降到50℃，设计热效率为93%；××油田针对井口加热炉的问题，研制出了额定热功率80千瓦反烧厂站加热炉，设计热效率为87%。

3. 存在的问题及建议

虽然各油田公司在节能管理，特别是加热炉管理方面采取了很多措施，做了大量的工作。但通过对现场监测及数据分析情况来看，仍然存在以下几个方面的问题：

（1）排烟温度超标。

2015年监测的加热炉排烟温度合格的有3195台，合格率为90.8%，仍有325台不合格，其平均温度超出总的监测结果平均值71.8℃，主要原因：一是燃烧器参数调整不合理，使配风量过大，热量未充分交换既被带出炉膛，造成换热效率低，排烟温度过高；二是炉膛、烟道有积灰、结焦现象，导致加热炉受热面导热系数降低，影响传热效果；三是油田用加热炉盘管内壁结垢严重，影响传热系数和使用寿命；四是部分加热炉负荷匹配不合理。

针对以上问题，提出以下工作建议：一是加强现场加热炉的维修保养，及时对加热炉的炉膛和烟道进行清灰工作，提高加热炉的换热效率，降低排烟温度；二是及时使用化学药剂对盘管内壁结垢进行清理；三是加强现场监测，及时调整加热炉燃烧器运行参数，降低排烟温度，减少热损失，提高热效率；四是对排烟温度高的加热炉可采取余热回收工艺，对高余温进行再次利用，提高热效率；五是对部分结构设计不合理的加热炉进行技术改造，提高换热效率，降低排烟温度。

（2）空气系数超标。

2015年监测的加热炉空气系数合格的有3045台，合格率为86.5%，仍有475台不合格，其平均空气系数超出总的监测结果平均值0.9，主要原因：一是燃烧器参数调整不合理，使配风量过大，空气与可燃气体混合不充分，造成空气系数过高；二是部分加热炉使用年限较长，存在着进风调节板、烟囱档板锈蚀与损坏现象，使加热炉配风无法正常调节，燃烧不充分,进而导致空气系数较高,热效率较低;三是井口加热炉多采用老式燃烧器,缺乏自动调节功能,加热炉运行参数调节不及时,导致空气系数较高。

针对以上问题,提出以下工作建议:一是加强燃烧器的现场维护,使燃烧器始终处于良好状态;二是加强现场管理,提高加热炉监测率并根据监测结果合理调整燃烧器参数;三是有计划、有针对性地推广全自动燃烧器、在线节能监测系统等节能产品和技术,提高加热炉整体热效率。

(3)炉体外表面温度超标。

2015年监测的加热炉炉体外表面温度合格的有3507台,合格率为99.6%,仍有13台不合格,其炉体外表面平均温度超出总的监测结果限定值5℃,主要原因是部分加热炉炉体外表面保温层破损严重,造成炉体表面散热过大。因此,建议加强对加热炉炉体保温层的维护工作。

(4)热效率。

2015年监测的加热炉热效率合格的有3358台,合格率为95.4%,仍有162台不合格,其平均热效率低于总的监测结果平均值3.0%,主要原因:一是由于油田的持续开采,产能逐年下降,原有加热炉设计容量已超出现有产能,使加热炉运行热负荷较低,加热炉处于低效运行状态,造成热效率低;二是因井口加热炉其燃料以油井自产气为主,燃料组分复杂多变,造成对加热炉燃烧状态的调整频率高,不能保证加热炉实时处于高效区运行;三是部分地区出现多台加热炉对同种加热介质进行加热的现象,使加热炉运行热负荷降低。

针对以上问题,提出以下工作建议:一是在生产工艺允许的情况下,对站内有多台加热炉且被加热介质为同一种类型的情况,建议合理减少加热炉的使用数量,实行集中加热,以增加热负荷,提高热效率;二是在条件允许的情况下,合理搭配加热炉容量,避免热负荷过低的现象出现;三是在条件允许的情况下,加强更新改造,大力推广使用新型节能高效型加热炉,提升加热炉的热效率。

(5)热负荷偏低。

2015年测试的3000多台加热炉中,有2002台测试了运行负荷,其平均运行负荷为41.5%。造成加热炉热负荷低的主要原因:因为现场生产工艺要求,进入冬季外输液量少时,为了防止管线冻堵,加热炉由间歇输油改连续输油,再有伴液采暖加热炉未到冬季生产采取小火运行,从而造成了加热炉运行负荷较低。一方面,热负荷过低,使加热炉火筒内温度低,不利于燃料的充分燃烧;另一方面,加热炉热负荷偏低,使得排烟温度过低,会使烟气中的CO_2和SO_2等气体与烟气中的水蒸气结合形成具有很强腐蚀性的酸液,对加热炉造成严重的腐蚀,既影响加热炉的使用寿命,也影响被加热介质的吸热效率,使加热炉的运行效率大大降低;另外,由于设备陈旧,炉膛、炉管结垢,加热炉换热不好,无法达到额定负荷,造成排烟损失大、效率低。

建议:应强化生产过程的精细管理,按照生产工艺要求合理安排加热炉的运行;根据加热炉运行负荷的变化及季节的变化,及时合理地调节加热炉生产运行参数;加大节能投入力度,逐步更新陈旧的高耗能设备;认真落实设备日常的监测工作,以指导设备合理经济运行。

(6) 日常管理不够。

加热炉现场运行管理不合理，没有实现经济运行。日常监测管理工作不到位。现场测试过程中，发现好多加热炉烟道就没有测试孔；少数燃烧器调风板已生锈而无法调节；部分具有智能调风的燃烧器，现场人员不会使用。

建议，应加强设备的日常维护和管理，并注重上岗人员的专业能力培训，进一步提高现场操作人员的业务技术水平。

第三节　炼油化工企业监测

"十二五"期间，集团公司炼化企业节能监测工作主要由集团公司石油化工节能技术监测中心和集团公司西北石化节能监测中心承担，吉林石化分公司能源监测站也承担了部分监测任务。2011—2015 年间主要在加热炉、压缩机、泵机组等重点耗能设备和管线保温、疏水阀方面开展了节能监测工作。

一、2011 年度监测工作完成情况

集团公司石油化工节能技术监测中心、集团公司西北石化节能监测中心、吉林石化节能监测站于 2011 年 6—11 月先后对大庆石化等共计 20 家地区分公司的重点耗能设备进行了节能监测，计划完成情况见表 2-21。

表 2-21　2011 年度节能监测计划完成情况统计表

监测类别	计划数量（台（条）[项]）	实测数量（台（条）[项]）	监测完成率（%）	综合合格率（%）
工艺加热炉	118	125	105.9	45.6
热力管线	(28)	(30)	107.1	83.3
压缩机	38	43	113.2	—
机泵	39	44	112.8	53.8
疏水阀	3253	3269	100.5	96.2
节能项目效益评价	[19]	[13]	68.4	—

从表 2-21 看出，2011 年超额完成了工艺加热炉、热力管线、压缩机、机泵和疏水阀的节能监测计划；节能项目效益评价未完成计划，其主要原因是部分项目合并或项目已施工但还没有投用，未完成的项目可以等项目施工结束投用以后再进行评价工作。

1. 工艺加热炉节能监测

2011 年，三家石化节能监测机构对 20 家地区公司共计 125 台工艺加热炉节进行了节能监测，监测结果统计见表 2-22。

由表 2-22 看出，工艺加热炉节能监测综合考核合格率仅为 45.6%，较往年有所降低。主要原因是，随着股份公司红旗炉评比活动的结束，各家公司对工艺加热炉的节能技术改造热情有所消退，对日常管理有所放松。

表 2-22　2011年度工艺加热炉监测项目合格率　　　　　　　　　　　　　单位：%

监测项目	排烟温度	CO含量	炉表面温度	空气系数	热效率
合 格 率	67.2	95.2	82.4	76.0	70.4
综合考核合格率 （5项指标均合格）	45.6					

2. 其他监测项目

（1）蒸汽管线节能监测。2011年共对30条蒸汽管线进行了保温效果监测，结果统计见表2-23。

表 2-23　2011年度蒸汽管线监测结果统计评价一览表

监测项目	监测数量（条）	合格率（%）		
^	^	检查项目	表面温升	综合评价
结果	30	23.3	86.7	83.3

（2）蒸汽疏水阀完好率监测。2011年共监测蒸汽疏水阀3269台，结果统计见表2-24。

表 2-24　2011年度蒸汽疏水阀监测结果统计表

被测单位	数量（台）				不合格数（台）	合格率（%）
^	机械式	动力式	静力式	总数	^	^
××石化公司	64			64	4	93.7
××石化公司	37	241	57	335	17	94.9
××石化公司	2067			2067	59	97.1
××石化公司			40	40	3	92.5
××石化公司	1	19		20	5	75.0
西部地区炼化企业	516	195	32	743	35	95.3
总计（平均）	2685	455	129	3269	123	96.2

（3）泵机组效率节能监测。根据标准GB/T 16666—1996《泵类及液体输送系统节能监测方法》，2011年总共对8家地区公司泵机组进行了监测，结果统计见表2-25。

表 2-25　2011年度泵机组监测结果统计表

序号	被测单位	数量（台）	电动机负载率		泵效率	
^	^	^	合格数（台）	合格率（%）	合格数（台）	合格率（%）
1	××石化公司	6	6	100	6	100
2	××石化公司	5	5	100	5	100
3	××石化公司	4	4	100	4	100
4	××石化公司	6	6	100	5	83.3

续表

序号	被测单位	数量（台）	电动机负载率 合格数（台）	电动机负载率 合格率（%）	泵效率 合格数（台）	泵效率 合格率（%）
5	××石化公司	6	6	100	4	66.7
6	××石化公司	6	6	100	2	33.3
7	××石化公司	6	6	100	4	66.7
8	××石化公司	4	4	100	3	75

所监测检查的以上设备及蒸汽管线运行状况良好，各地区公司对耗能设备的管理比较重视。分别通过优化大型机组运行、加强蒸汽管线保温管理、科学地进行疏水阀的选型安装以及在日常管理中加大检查力度等措施，达到了提高机组运行效率、减少蒸汽损失的目的。

从节能管理工作总体要求相比还存在以下问题：一是虽然各泵机组的电机负载率和泵效率基本都达到要求值，但由于部分泵效率较低，离理想值75%相差较大，导致部分泵机组整体效率不合格。二是有的蒸汽管线虽然保温状况良好，但蒸汽管线上安装的蒸汽疏水阀不规范，数量明显不够。有的管线多处用截止阀代替疏水阀，造成管线中的冷凝水不能及时排放，使蒸汽中含水量增大，从而降低了蒸汽的品质。另外，多数蒸汽管线弯头部位保温不好，外铁皮或内材料脱落较多、表面温度明显增高，散热损失大。三是监测不合格的疏水阀泄漏率大多在50%以上。个别疏水阀阀内冷凝水排水不畅，造成阀内积水，影响到疏水阀的正常工作；一些蒸汽疏水阀由于选型和安装不规范，虽安装时间不长，却存在泄漏蒸汽现象；还有的蒸汽疏水阀使用年限较长，内部结构发生变化，造成漏汽现象。为了节约能源，发挥机组的高效能作用和提高蒸汽用能效率，针对所存在的问题，建议相关分公司加强对大机组、蒸汽管网和疏水阀的日常管理、检查和维护，并做好整改工作，达到节约能源的目的。

二、2012年度监测工作完成情况

2012年共完成18个地区公司的工艺加热炉（包括裂解炉、高压蒸汽锅炉）、压缩机组、泵机组、疏水阀等耗能设备的节能监测，还完成1项节能技术改造项目评估测试。计划完成情况见表2-26。

表2-26 2012年度节能监测计划完成情况统计表

监测类别	计划数量[台（条）]	实测数量[台（条）]	监测完成率（%）	综合合格率（%）
工艺加热炉	174	174	100	58.1
热力管线	27	32	118.5	28.1
压缩机	39	39	100	—
泵机组	76	77	101.3	71.4
疏水阀	2268	2572	113.4	93.2

1. 加热炉节能监测

2012年共对18家地区公司共计167台加热炉节进行了节能监测，其中综合考核合格率较2011的45.6%提高了12.5个百分点，监测结果统计见表2—27。

表2—27 2012年度工艺加热炉监测项目合格率　　　　　　　　　　　　　单位：%

监测项目	排烟温度	CO含量	炉表面温度	空气系数	热效率
合格率	71.8	95.8	71.9	77.8	78.4
综合考核合格率 （5项指标均合格）	58.1					

2012年工艺加热炉综合考核合格率比2011年有所提升，主要原因是各地区公司对加热炉的运行管理重视，积极配合开展节能监测。同时在监测中发现加热炉主要存在以下问题：

一是加热炉外表面温度偏高、局部保温不好。一些加热炉局部存在保温材料脱落现象；有的炉子由于投用的时间比较久，炉内炉墙技术改造很少；个别炉子炉底无保温衬底。

二是加热炉局部存在漏风现象。对流段端头箱封板密封不严；空气预热器腐蚀严重；主烟道挡板锈死不能调节；余热回收装置密封不好、个别烟道软连接处老化变质。

三是在线氧化锆分析仪配备不完善、维修校验管理差。

一些企业对烟气氧化锆分析仪配备不完善、维护管理不够，使得氧化锆探头到期失效不更换，仪表闲置成摆设；察觉仪表指示有误差不及时校准；到期不检定；发现探头附近的工况恶化不及时采取保护措施。

四是排烟温度偏高、排烟损失大。

加热炉对流段炉管结垢、积灰，或是对流换热面积不够造成热交换能力降低使排烟温度升高。另外，加热炉"三门一板"的控制不好、自动吹灰系统故障、快开风门失灵等都可使排烟温度偏高。个别加热炉还存在没有安装余热回收系统、高温烟气直接排放现象。

五是没有配备便携式监测仪器。

一些企业没有配备便携式监测仪器，缺乏日常监督管理手段。仅靠一年一次的专业监测机构监测检查，不能及时发现和有效整改加热炉存在的问题。

2. 其他监测项目

（1）蒸汽管线节能监测。2012年共对32条蒸汽管线进行了保温效果监测，结果统计见表2—28。

表2—28 2012年度保温管线监测结果统计评价一览表

监测项目	监测数量（条）	合格率（%）		
^	^	检查项目	表面温升	综合评价
结果	32	31.3	40.6	28.1

（2）蒸汽疏水阀完好率监测。2012年共监测蒸汽疏水阀2572台，结果统计见表2—29。

表 2-29　2012 年度蒸汽疏水阀监测结果统计表

被测单位	数量（台）				不合格数（台）	合格率（%）
	机械式	动力式	静力式	总数		
××石化公司	70			70	8	87.1
××石化公司	4	13		17	2	88.2
××石化公司	76	7	77	160	32	80
××石化公司	70	1010	1017	2097	120	94.3
××石化公司			30	30	0	100
××石化公司		25		25	5	80
西部地区炼化企业	72	86	15	173	7	96.0
总计/平均	292	1141	1139	2572	174	93.2

（3）泵机组效率监测。根据标准 GB/T 16666—1996《泵类及液体输送系统节能监测方法》，2012 年共对 77 套泵机组进行了监测，结果统计见表 2-30。

表 2-30　2012 年度泵机组监测结果统计表

序号	被测单位	数量（台）	合格数（台）	合格率（%）
1	××石化公司	6	6	100
2	××石化公司	6	3	50.0
3	××石化公司	4	1	25.0
4	××石化公司	6	5	83.3
5	××石化公司	4	3	75.0
6	××石化公司	8	2	25.0
7	××石化公司	5	4	80.0
8	××石化公司	6	6	100
9	××石化公司	6	4	66.7
10	西部地区炼化企业	26	21	80.8
合计		77	55	71.4

三、2013 年度监测工作完成情况

根据 2013 年的节能监测计划安排，共完成 21 个地区公司的工艺加热炉、压缩机组、疏水阀等耗能设备的节能监测工作。计划完成情况见表 2-31。

表 2-31　2013 年度节能监测计划完成情况统计表

监测类别	计划数量 [台（条）]	实测数量 [台（米）]	监测完成率（%）	综合合格率（%）
工艺加热炉	134	134	100	62.7
热力管线	29	29	100	58.6

续表

监测类别	计划数量[台（条）]	实测数量[台（米）]	监测完成率(%)	综合合格率(%)
压缩机	41	41	100	—
泵机组	62	62	100	75.8
疏水阀	4048	4093	101.1	93.9

从表 2-31 看出，2013 年超额完成了疏水阀的节能监测计划，按计划完成了工艺加热炉、蒸汽管线、压缩机和泵机组的监测任务。

1. 工艺加热炉节能监测

2013 年共对 21 家地区公司共计 134 台工艺加热炉节进行了节能监测，其中综合考核合格率较 2012 的 58.1% 提高了 4.6 个百分点，监测结果统计见表 2-32。

表 2-32 2013 年度工艺加热炉监测项目合格率   单位：%

监测项目	排烟温度	CO 含量	炉表面温度	空气系数	热效率
合格率	82.1	96.3	70.1	84.3	79.1
综合考核合格率（5 项指标均合格）	62.7					

2013 年工艺加热炉综合考核合格率比 2012 年有所提升，主要原因是各地区公司对工艺加热炉的运行管理重视，积极配合开展节能监测。说明通过开展工艺加热炉节能监测，促进了各分公司对工艺加热炉的管理和技术改造，使工艺加热炉运行水平整体得到提高。

2. 其他监测项目

（1）蒸汽管线节能监测。2013 年共对 29 条蒸汽管线进行了保温效果监测，结果统计见表 2-33。

表 2-33 2013 年度保温管线监测结果统计评价一览表

监测项目	监测数量（条）	合格率（%）		
^	^	检查项目	表面温升	综合评价
结果	29	58.6	62.1	58.6

（2）蒸汽疏水阀完好率监测。2013 年共监测蒸汽疏水阀 4093 台，结果统计见表 2-34。

表 2-34 2013 年度蒸汽疏水阀监测结果统计表

序号	被测单位	监测数量（台）		合格数（台）	合格率（%）	评价结论
^	^	计划	实测	^	^	^
1	××石化公司	45	64	55	85.9	不合格
2	××石化公司	50	51	40	78.4	不合格
3	××石化公司	30	20	8	40.0	不合格

续表

序号	被测单位	监测数量（台）计划	监测数量（台）实测	合格数（台）	合格率（%）	评价结论
4	××石化公司	3000	3068	2901	94.6	合格
5	××石化公司	60	47	40	85.1	不合格
6	××石化公司	8	9	1	11.1	不合格
7	××石化公司	20	—	—	—	—
8	××石化公司	15	43	40	93.0	合格
9	××石化公司	60	31	24	77.4	不合格
10	西部地区炼化企业	760	760	734	95.9	合格
11	总计/平均	4048	4093	3843	93.9	合格

（3）泵机组效率监测。根据标准 GB/T 16666—2012《泵类及液体输送系统节能监测》，2013 年共对 62 套泵机组进行了监测，结果统计见表 2-35。

表 2-35 2013 年度泵机组监测结果统计表

序号	被测单位	监测数量（台）	合格数（台）	合格率（%）
1	××石化公司	4	4	100
2	××石化公司	5	4	80.0
3	××石化公司	5	4	80.0
4	××石化公司	6	2	33.3
5	××石化公司	5	3	60.0
6	××石化公司	6	3	50.0
7	××石化公司	6	5	83.3
8	西部地区炼化企业	25	22	88.0
	合计	62	47	75.8

四、2014 年度监测工作完成情况

2014 年完成 23 个地区公司的工艺加热炉、压缩机组、疏水阀等耗能设备的节能监测工作。计划完成情况见表 2-36。

表 2-36 2014 年度节能监测计划完成情况统计表

监测类别	计划数量[台（条）]	实测数量[台（米）]	监测完成率（%）	综合合格率（%）
工艺加热炉	170	170	100	50.0
热力管线	34	34	100	
压缩机	36	37	102.3	

续表

监测类别	计划数量[台（条）]	实测数量[台（米）]	监测完成率（%）	综合合格率（%）
泵机组	63	63	100	
疏水阀	2018	2238	110.9	

从表2-36看出，2014年超额完成了压缩机组、疏水阀的节能监测计划，按计划完成了工艺加热炉、蒸汽管线和泵机组的监测任务。

1. 加热炉节能监测

2014年共对23家地区公司共计170台工艺加热炉节进行了节能监测，其中综合考核合格率较2013的58.1%降低了8.1个百分点，监测结果统计见表2-37。

表2-37 年度工艺加热炉监测项目合格率　　　　　　　　单位：%

监测项目	排烟温度	CO含量	炉表面温度	空气系数	热效率
合格率	88.8	88.8	74.7	82.9	81.8
综合考核合格率（5项指标均合格）	50.0					

从表2-37分析，2014年工艺加热炉综合考核合格率比2013年降低8.1个百分点，说明2014年工艺加热炉运行管理和优化操作整体有所下滑。主要原因：一是四川石化和广西石化等工艺加热炉开工运行时间不长，从未监测检查过，在操作调整中存在一些问题，管理不够到位；二是其他地区公司的一些工艺加热炉投运时间长，未及时根据前几年的监测情况对存在的问题进行治理和改造，使工艺加热炉热效率降低。

工艺加热炉主要存在以下问题：一是一些工艺加热炉局部存在漏风现象，对流段端头箱封板密封不严、空气预热器腐蚀严重、个别烟道软连接处老化变质；二是个别工艺加热炉"三门一板"调节不及时准确；三是个别加热炉在线氧化锆分析仪配备、维护不到位，影响到操作的准确调节；四是一些工艺加热炉外表面温度偏高、局部存在保温材料脱落现象；有的炉子由于投用的时间比较久，炉内炉墙技术改造很少等。

2. 其他监测项目

（1）蒸汽管线节能监测。2014年共对34条蒸汽管线进行了保温效果监测，结果统计见表2-38。

表2-38 2014年度保温管线监测结果统计评价一览表

监测项目	监测数量（条）	合格率（%）		
^	^	检查项目	表面温升	综合评价
结果	34	32.3	55.9	32.3

（2）蒸汽疏水阀完好率监测。2014年共监测蒸汽疏水阀2238台，结果统计见表2-39。

表 2-39 2014年度蒸汽疏水阀监测结果统计表

序号	被测单位	监测数量（台） 计划	监测数量（台） 实测	合格数（台）	合格率（%）	评价结论
1	××石化公司	30	31	21	67.7	不合格
2	××石化公司	50	48	27	56.3	不合格
3	××石化公司	60	87	57	65.5	不合格
4	××石化公司	1500	1503	1467	97.6	合格
5	××石化公司	40	50	47	94.0	合格
6	××石化公司	30	286	214	74.8	不合格
7	××石化公司	20	25	25	100	合格
8	××石化公司	10	—	—	—	—
9	××石化公司	60	50	40	80.0	不合格
10	西部地区炼化企业	158	158	145	91.9	不合格
11	总计/平均	2018	2238	2043	91.3	不合格

（3）泵机组效率监测。根据标准 GB/T 16666—2012《泵类及液体输送系统节能监测》，2014年共对63套泵机组进行了监测，结果统计见表 2-40。

表 2-40 2014年度泵机组监测结果统计表

序号	被测单位	监测数量（台）	合格数（台）	合格率（%）
1	××石化公司	4	1	25.0
2	××石化公司	4	0	0
3	××石化公司	4	0	0
4	××石化公司	4	2	50.0
5	××石化公司	4	0	0
6	××石化公司	4	0	0
7	××石化公司	4	2	50.0
8	××石化公司	4	3	75.0
9	××石化公司	4	0	0
10	西部地区炼化企业	27	3	11.1
	合计	63	11	17.5

五、2015年度监测工作完成情况

2015年，节能监测机构先后对辽河石化、华北石化、哈尔滨石化和锦西石化等5家地区公司进行了节能监测。具体监测情况见表 2-41。

表 2–41　2015 节能节水监测情况表

序号	地区公司	监测内容	数量（台）	备注
1	××石化公司	加热炉	32	1月、11月先后两次对全公司加热炉进行测试
		压缩机	12	全公司压缩机组
		烟机	2	
2	××石化公司	工艺加热炉	26	全公司在运工艺加热炉
3	××石化公司	疏水阀	283	
4	××石化公司	加热炉	3	技术改造后
5	××石化公司	加热炉	10	公司重点关注
合计			工艺加热炉71台；压缩机12台；疏水阀283台；烟机2台	

1. 工艺加热炉监测方面

（1）监测过程中发现，部分被监测工艺加热炉烟气含氧量存在控制室 DCS 数据与监测数据偏差较大，甚至控制室 DCS 数据已经失真的问题；针对这种情况，监测人员积极与被监测地区公司的仪表部门联系，现场进行工艺加热炉在线氧化锆的校准工作，取得了很好的效果。

（2）监测过程中发现，部分被监测工艺加热炉存在烟气含氧量偏高和一氧化碳也偏高的问题；针对这种现象，简单的风门和烟道挡板调节已经不能解决问题的产生，通过分析，监测人员提出了根据火焰燃烧情况，进行单个工艺加热炉燃烧器调节的办法，实施后很好地解决了该项问题。

（3）监测过程中发现，部分被监测工艺加热炉存在烟气排烟温度过低的问题，监测人员根据工艺加热炉燃料的组成计算出了烟气的露点温度，然后给出了合理的排烟温度，车间操作人员通过风门和烟道挡板的调节很好地解决了该项问题。

2. 压缩机和烟机监测方面

监测过程中发现，部分被监测压缩机和烟机主要存在计量仪表不完善、基础档案缺失等问题；针对这种情况，监测人员积极与被监测公司沟通，建议被监测公司及时完善压缩机和烟机计量仪表和补充基础档案。

3. 疏水阀监测方面

监测过程中发现，部分被监测疏水阀蒸汽泄漏量较大；监测人员积极与被监测装置管理人员进行了沟通与交流，装置管理人员对存在问题的疏水阀进行了更换，很好地解决了疏水阀蒸汽泄漏的问题。

六、"十二五"期间监测工作汇总

"十二五"期间，集团公司炼化节能监测机构，完成的工作汇总情况见表2–42。

"十二五"期间，两家炼化企业节能监测中心为了适应集团公司的生产发展需要，通过夯实基础工作、完善监测手段、提升技术水平等措施，把监测中心建设成为技术硬、服务好、装备齐全的一流的监测技术机构。顺利地通过了国家资质认定（计量认证）复审，通过了全国节能监测管理中心《节能监测证书》的复审，确保了监测中心的合法地位。

表 2-42 "十二五"节能监测计划完成情况统计表

监测类别	计划数量 (台(条)[项])	实测数量 (台(条)[项])	监测完成率 (%)
工艺加热炉	597	671	112.4
热力管线	(119)	(126)	105.6
压缩机	154	172	111.7
泵机组	240	246	102.5
疏水阀	12170	13017	106.9
节能项目效益评价	[24]	[20]	83.3

(1) 开展工艺加热炉的节能监测。

"十二五"期间，监测中心根据节能监测计划安排，对23个地区分公司的671台工艺加热炉开展了节能监测。

5年中，各地区分公司通过加强对工艺加热炉的综合管理，并有重点地实施了一些整改措施，使工艺加热炉的整体运行水平有所提高，监测的整体情况好于前几年，监测平均合格率逐年提高。通过对各地区分公司工艺加热炉的节能监测（包括复查测试），基本上掌握了各炉的用能水平，也找出了存在的问题：一是加热炉外表面温度偏高、局部保温不好；二是工艺加热炉局部存在漏风现象；三是在线氧化锆分析仪配备不完善、维修校验管理差；四是排烟温度偏高、排烟损失大；五是没有配备便携式监测仪器，不能及时发现和有效整改工艺加热炉存在的问题。

(2) 开展大型机组、疏水阀、蒸汽管网散热损失节能监测。

"十二五"期间，监测中心共完成23个地区公司172套压缩机组、246套泵机组、13017台蒸汽疏水阀、126条蒸汽管网的节能监测。从5年的监测检查情况来看，耗能设备的监测合格率都在逐年提高，设备及蒸汽管线运行状况良好，各地区公司对耗能设备的管理比较重视。分别通过优化大型机组运行、加强蒸汽管线保温管理、科学地进行疏水阀的选型安装以及在日常管理中加大检查力度等措施，达到了提高机组运行效率，减少蒸汽损失的目的。

第四节 管道输送企业监测

"十二五"期间，按照节能监测计划，中国石油天然气集团公司管道节能监测中心监测输油泵567台、工艺加热炉220台、锅炉110台、压缩机组413台，计划共1310台。实际完成输油泵638台、工艺加热炉238台、锅炉97台、压缩机组432台，实际共完成1406台，圆满完成了天然气与管道分公司下达的监测任务。

一、监测设备的数量

监测设备的数量逐年增加，"十二五"总体任务量较"十一五"增长120%，2011年至

2015年，监测设备的数量逐年增加，主要原因：一是上级领导对节能减排工作的重视程度增强；二是管线的里程逐年增加；三是地区公司节能工作积极性增强。具体完成情况见图 2—1。

	2011年	2012年	2013年	2014年	2015年
计划测试数量（台）	240	245	280	277	268
实际测试数量（台）	264	247	290	300	305

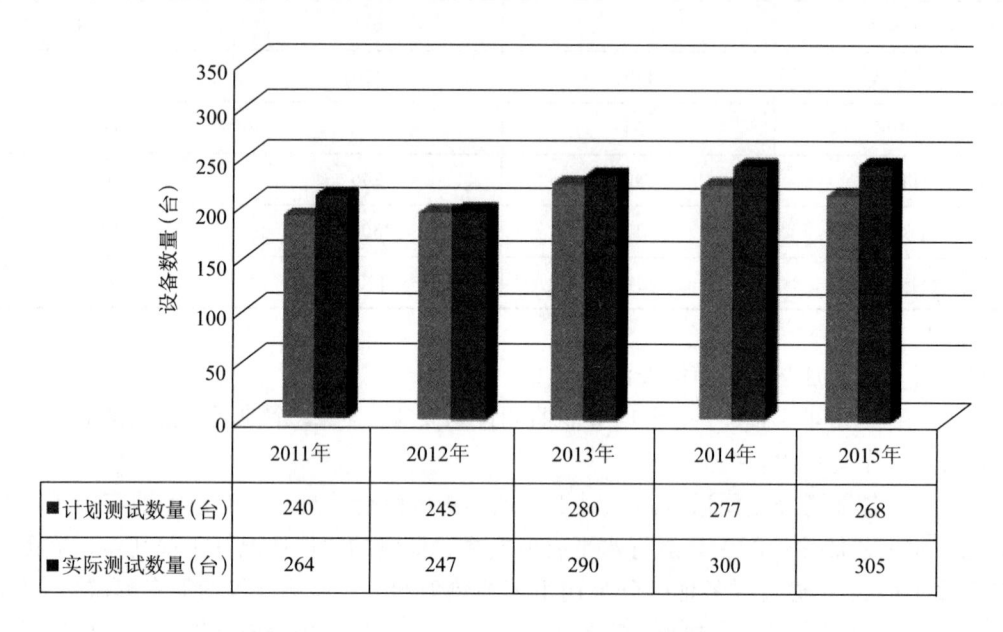

图 2—1 "十二五"历年测试设备完成情况

二、输油泵机组能效监测现状与分析

1. 输油泵机组设备现状

国内长输管道系统使用的输油泵均为离心式输油泵，原动机均为三相异步电动机。电动机厂家，国外的主要选用西门子（中国）有限公司和 ABB（中国）有限公司；国内的电动机厂家种类较多，主要有南阳防爆集团股份有限公司、佳木斯电机股份有限责任公司等。输油泵厂家主要有国外的苏州苏尔寿泵业有限公司、德国鲁尔泵股份有限公司、美梯森泵业有限公司；国内方面，随着国产化进展，国内泵生产厂家增加，技术实力显著增强，主要有湖南天一科技股份公司、上海凯泉泵业有限公司、上海阿波罗泵业有限公司、湖南天一奥星泵业有限公司等。国内长输管道低输量情况近几年比较普遍，输油泵机组效率下降，为了提高设备效率，进行了技术节能改造，拆级、更换小叶轮及加装变频调速装置，变频器主要为西门子（中国）有限公司和 ABB（中国）有限公司两家国外厂家，长庆惠银线、东北部分管线等安装了国电南京自动化股份有限公司的变频器，数据显示齐全、准确，2015 年管道分公司进行了国内外变频器性能对比测试，测试结果初步说明国内设备的性能已经达到或接近国外先进水平。

站场能耗数据计量方面，随着自动化程度的提高，大部分站场已安装单台能耗计量分析装置，初步分析单台电动机的耗电情况和燃料消耗情况。下一步应进一步集能耗统计、分析、诊断、预测为一体的软件，提高站场能耗工作水平。

2. 输油泵机组节能监测依据标准

GB/T 12497—2006《三相异步电动机经济运行》。

GB/T 16666—2012《泵机组液体输送系统节能监测》。

SY/T 6837—2011《油气输送管道系统节能监测规范》。

3. 输油泵机组能效测试现状

5年来，输油泵机组共测试638台，其中原油泵424台、成品油泵214台。其中原油泵424台，合格160台，合格率为37.74%。在各分项评价中，机组效率合格206台，合格率48.58%；节流率合格236台，合格率为55.66%；

其中，成品油泵214台，合格102台，合格率为47.66%。在各分项评价中，功率因数合格167台，合格率为78.04%；机组效率合格143台，合格率为66.82%；节流率合格186台，合格率为86.92%。其中主要评价指标机组效率变化曲线分析如图2-2所示。

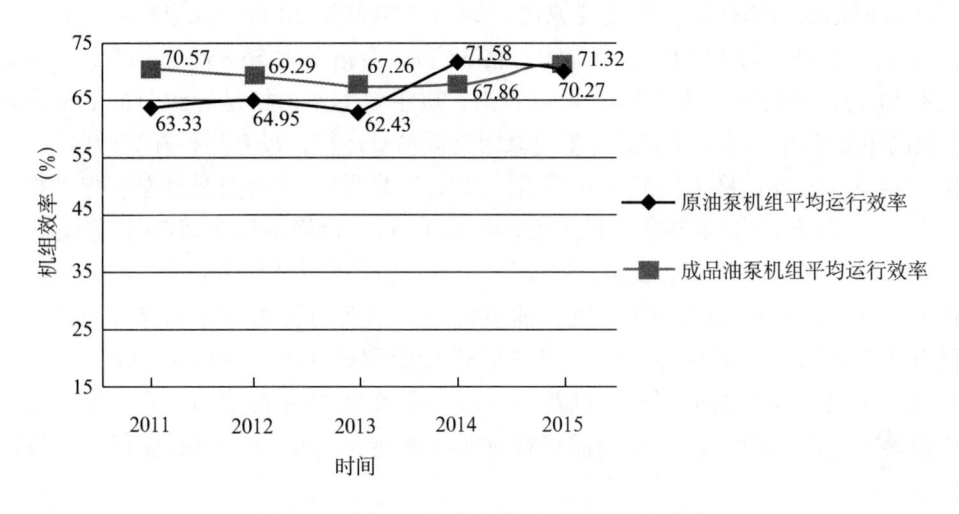

图2-2 "十二五"期间输油泵机组效率趋势

从图2-2中可以看出，原油泵机组效率呈小幅提高的趋势，2011年原油泵机组效率为63.33%，2015年提高到70.27%，提高了6个百分点。成品油泵机组效率基本保持在70%～71%较高的运行水平不变。

4. 输油泵机组能效测试分析

输油泵机组存在的主要问题：

(1) 实际流量长期比额定流量小，导致输油泵运行在低效区；

(2) 电动机侧的就地功率因数补偿不到位，电动机功率因数偏低；

(3) 管道输油量偏低导致定速泵靠出口阀节流，造成大量的能量损失。

建议采取的措施：

(1) 技术改造时，优先选用变频调速装置，使泵机组在高效率区运行，节流损失降为0，大大降低电能浪费；

(2) 电动机无功就地补偿柜安装且投入到位，并定期检查更新。

5. 输油泵机组效率趋势分析

从测试结果看出，2013年原油泵平均运行效率较低，2013年和2014年的成品油泵平均运行效率较低。

2013年原油泵平均运行效率下降的主要原因：一是管线未达到设计输量，输油泵在低输量、低效区运行；二是为了满足输油工艺的要求，输油泵在低流量下须使用调节阀控制出站压力，致使节流率的合格率偏低。

2013年成品油泵平均运行效率下降的主要原因是××输油气分公司庆阳站1#和2#以及长庆站3#和4#共4台输油泵在多个测试工况下的节流损失率均高于50%，实际所需扬程远小于额定工况所能达到的扬程，导致机组效率偏低。

6. 输油泵机组合格率趋势分析

从统计结果看，2013年原油泵和成品油泵合格率均较低。

2013年原油泵合格率较低的主要原因：2013年共测试68台原油泵机组，其中机组效率合格27台，合格率为39.71%；节流率合格38台，合格率为55.88%；综合评价节能监测合格设备14台，合格率为20.59%。可以看出，机组效率不合格是导致节能监测合格设备合格率低的主要原因。机组效率低的主要原因是低输量运行，没有运行在高效区。

2013年成品油泵合格率低的主要原因：2013年共测试33台成品油泵。电动机功率因数合格26台，合格率为78.78%；机组效率合格19台，合格率为57.57%；节流率合格27台，合格率81.81%。达到节能监测合格设备17台，合格率为51.51%。

其中××管道公司测试10台成品油泵机组，偏低的机组效率合格率（30%）致使机组仅有2台合格，合格率为20%；其中管道公司测试4台，合格率为0。主要原因是××输油气分公司庆阳站1#和2#以及××站3#和4#共4台输油泵在多个测试工况下的节流损失率均高于50%，实际所需扬程远小于额定工况所能达到的扬程，导致机组效率不合格。

××管道测试19台成品油泵，合格15台，运行较好。其中重庆站6#、7#和8#三台机组均进行了5个工况测试。在大部分测试工况下节流损失较多，功率因数和机组效率偏低；实际所需扬程远小于泵所能达到的扬程，且该泵长期运行于较低输量状态下。

三、加热设备能效监测现状与分析

管道系统使用的加热设备主要有加热炉、锅炉。分别分析如下：

1. 加热炉设备现状

管道系统使用的直接炉均为燃油、燃气加热炉或燃油燃气两用加热炉，燃煤加热炉已经淘汰。燃油（气）加热炉额定功率从2000～9000千瓦分为不同的级别。加热炉按照给介质加热的方式分为直接炉和热媒炉。长输管道系统中使用的加热炉主要以廊坊中油管道机械厂生产的为主，其他有常州新区能源设备厂等厂家。

2. 加热设备监测依据标准

SY/T 6381—2008《加热炉热工测定》。

SY/T 6837—2011《油气输送管道系统节能监测规范》。

3. 加热设备能效测试现状

1）直接炉

共测试直接炉143台，节能监测合格设备75台，合格率52.45%。在各分项评价中，热效率合格90台，合格率62.94%；排烟温度合格104台，合格率72.73%；空气系数合格111台，合格率77.63%；表面温度合格126台，合格率88.11%。直接炉热效率趋势见图2—3。

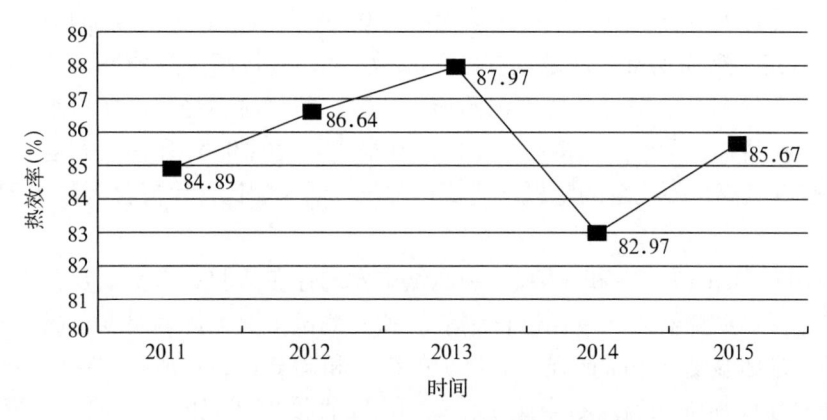

图2—3 "十二五"期间直接炉热效率趋势

从图2—3中可以看出，直接炉热效率呈前三年逐年上升、后两年下降后继续回归的趋势；可以看出，从2011年的84.89%到2015年的85.67%，效率提高了1个百分点；2014年和2015年的合格率偏低。

2014年共计测试15台直接炉，均为管道公司设备。其中综合评价全部达标的5台，节能运行仅为1台。在各分项评价中，热效率达标的有5台，排烟温度达标的有9台，空气系数达标的有15台，表面温度达标的有13台。2014年平均运行热效率为82.97%，2013年平均热效率为87.97%。2014年测试的××公司10台仅有2台合格。热效率偏低是合格率低的主要原因，渠口站、滚全站4台直接炉为大修后测试，热效率、排烟温度两项重要指标不达标，大修效果不好，烟道内积灰偏重，建议增强清灰工作；景泰站2台直接炉运行中存在如下问题：（1）自动燃烧负荷下调节过于频繁，工况不稳；（2）小负荷下配风比偏大；（3）烟道积灰偏重。建议：（1）燃烧器的自动调节参数进行重新设定；（2）小负荷下燃烧器的配风比进行重新调节；（3）增强清灰工作。石空站2#和4#直接炉运行中存在排烟温度超标严重、烟道内积灰偏重等问题，建议增强清灰工作，降低排烟温度。

××管道永吉站1#和2#直接炉均为热工监测，两台炉子运行状况都不好，热效率的合格率为0，过剩空气系数的合格率是100%（但是助燃风量偏低），排烟温度合格率为0，表面温度合格率为0，综合评价合格率为0。在今后运行中的建议：（1）定期检修燃烧器，适当调节助燃风的配比，使烟气含氧量在合理范围内，提高雾化燃烧效率；（2）在大负荷运行时排烟温度均超标，排烟热损失较大；（3）炉体内保温层的保温效果已趋于恶化，表面平均温度普遍超出限定值要求。

2015年测试直接炉共计31台,其中综合评价全部达标的有12台,节能运行仅为6台。在各分项评价中,热效率达标的有19台,排烟温度达标的有25台,空气系数达标的有22台,表面温度达标的有31台。

××公司鄂托克旗站1#直接炉现场的氧化锆显示数值为19.3%,测试机构仪器显示数值为4.35%,现场氧化锆存在数值失真,建议进行校对和维修。鄂托克旗站2#直接炉测试发现氧含量从0.8%到12.3%一直在变化,工况无法稳定,按照最大的氧含量时相关组分数据进行计算。在最大氧含量时,一氧化碳含量为0.63%,远远超过一般加热炉的最大数值,存在严重的不完全燃烧现象,这是过剩空气系数(2.24)过高、热效率(77.58%)偏低的主要原因。氧含量测试数据与站场氧化锆显示一致,建议对燃烧器进行检查,查找相关原因,使燃烧器在某个工况下能保持运行稳定。在最小氧含量0.8%附近,很容易存在空气不够的问题,也存在燃烧不完全的隐患。建议合理设置油风配比,保持含氧量在2%~3%的最佳区间。

××公司景泰站1#,2#和3#直接炉测试中发现存在问题:(1)低负荷工况下,空气系数过高,建议对燃烧器的配风比进行调节;(2)测试工况下排烟温度过高,建议炉膛进行清灰,降低排烟温度,平时加强对加热炉的维护和调试;(3)加热炉对流换热器部分区域温度过高,建议加强保温。石空站1#,2#和4#直接炉烟道内积灰偏重,影响热效率,建议增强清灰工作。

××公司双阳站1#直接炉为大修前测试,在燃气运行状态测试工况下炉的热效率不能满足SY/T 6837—2011《油气输送管道系统节能监测规范》中节能监测项目相应限定值指标的要求,且在高负荷运行时,其排烟温度已接近限定值上限。由于该炉的设计额定热效率为≥85%,其本身就达不到相应的限定值指标。运行中存在问题:(1)在高负荷运行时其排烟温度较高;(2)原油入炉温度等部分在线仪表显示数值与远传监控数据不一致;(3)无燃气流量计,不便于单台设备燃气消耗量的计量。整改建议:(1)定期进行吹灰操作;(2)增设燃气流量计,方便计量单台加热设备的燃气消耗量。

××公司双阳站2#直接炉运行中存在如下问题:(1)较小负荷运行时燃烧器的配风比例不当,燃烧不够充分,燃烧效率不高;(2)测试过程中该加热炉的运行负荷不够稳定;(3)氧化锆有故障,烟气含氧量监控参数显示值固定为12.5%不变;(4)原油入炉、出炉温度等部分远传数据不准确,与在线仪表显示数不一致,经测量发现甲乙两管有偏流现象(相差约9m³/h),并且两管出炉温度相差2℃;(5)因无燃气流量计,不便于单台加热炉燃气消耗量的计量。整改建议:(1)检修氧化锆,以便于实时监控烟气含氧量;(2)合理调节燃烧器的配风比例,改善其雾化燃烧效果;(3)配置独立的燃气流量计,以便于计量单台设备的燃气消耗量;(4)检查两个炉管进出炉控制阀,排除偏流现象。由于该炉的设计额定热效率为≥85%,其本身就达不到相应的限定值指标。

2)热媒炉

共测试热媒炉96台,节能监测合格设备57台,合格率59.38%。在各单项评价中,热效率合格91台,合格率94.79%;排烟温度合格90台,合格率93.75%;空气系数合格74台,合格率77.08%;表面温度合格91台,合格率94.79%。热媒炉热效率趋势见图2-4。

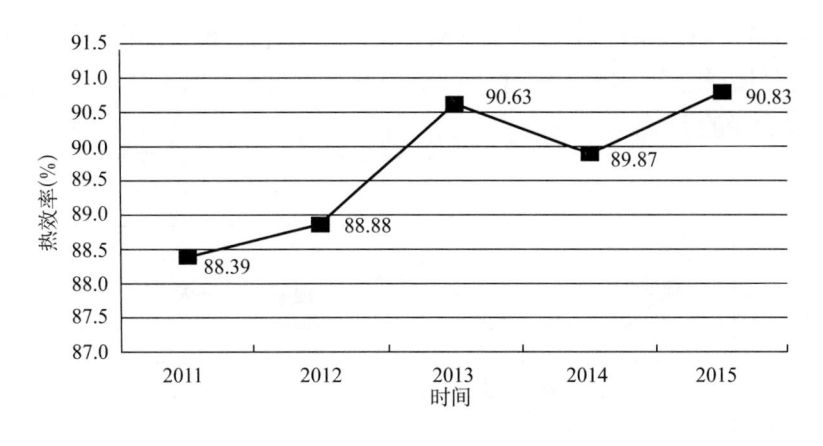

图 2-4 "十二五"期间热媒炉热效率趋势

从图 2-4 中可以看出，热媒炉平均运行热效率在 88% 以上，缓慢上升到 2015 年的 90.83%。

从统计结果来看，2014 年合格率小幅下降。2014 年测试 19 台，其中 10 台为大修后测试，其余为热工监测，总体合格 13 台。造成部分热媒炉综合评价不合格的主要原因是：(1) 燃烧器的配风比例调节不当，雾化燃烧效果不好，过剩空气系数超标；(2) 个别设备在大负荷运行时排烟温度较高以致超标；(3) 部分热媒炉的炉体保温效果不好，表面平均温度超出限定值要求。

其中，梨树站 301# 和 302# 热媒炉运行存在如下问题：(1) 炉体前后墙及两侧面多处区域表面温度超高；(2) 大负荷运行时助燃风量偏低，烟气含氧量较低。建议：(1) 在以后维修时加强炉体内的保温性能，改善保温效果；(2) 在不同负荷下适当调节燃烧器的风量配比，保持良好的燃烧效果。

昌图站 301# 和 303# 热媒炉运行存在如下问题：(1) 排烟处烟气含氧量比出炉处高近 4 个百分点，可以推断空气/烟气换热器存在泄漏现象；(2) 炉体表面平均温度超高，可见其整体保温性能恶化。建议：(1) 加强炉体保温性能；(2) 检修空气/烟气换热器，加强密封效果，排除空气泄漏现象。

铁岭站 304# 热媒炉在测试负荷下排烟温度超高；负荷提不上去。

3) 锅炉

5 年来，共测试锅炉 97 台，节能监测合格设备 41 台，合格率 42.27%。在各分项评价中，热效率合格 50 台，合格率 51.55%；排烟温度合格 75 台，合格率 77.32%；空气系数合格 80 台，合格率 82.47%；表面温度合格 90 台，合格率 92.78%。锅炉热效率趋势见图 2-5。

从图 2-5 可以看出，热效率从 2011 年的 87.65%，维持在 87% 左右到 2015 年的 87.6%，没有变化。

从统计结果来看，2012 年和 2015 年锅炉节能监测合格设备合格率偏低。

2012 年锅炉节能监测合格率低的原因：大修前的锅炉表面温度均超标，导致合格率低；锅炉 16 台（其中热水锅炉 11 台，蒸汽锅炉 5 台），综合评价全部合格的 5 台，节能运行的 3 台。在各分项评价中，热效率合格的 8 台，排烟温度合格的 13 台，空气系数合格的 13 台、表面温度合格的 14 台。

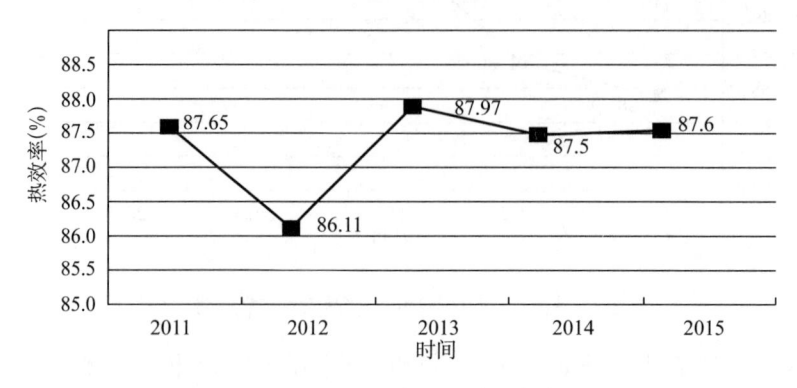

图 2-5 "十二五"期间锅炉热效率趋势

××公司锅炉运行热效率普遍偏低，9 台中有 6 台不合格。

林源站、秦皇岛站、丹东站的锅炉外侧表面温度接近 50℃，鸭绿江站 2 台锅炉表面平均温度已超过 50℃，炉体保温效果不理想。

2015 年锅炉节能监测合格率低的原因：共计 29 台（包括 15 台蒸汽锅炉，14 台热水锅炉）综合评价全部达标的 6 台。在各分项评价中，热效率达标的 7 台，排烟温度达标的 24 台，空气系数达标的 22 台，表面温度达标的 26 台。热效率偏低是导致设备合格率低的主要原因。

锅炉运行中存在的主要问题：(1) 个别进口燃烧器的配风比例调节不当，锅炉因助燃风量过大或不足，气体不完全燃烧热损失较大；(2) 部分锅炉的排烟温度超高，排烟热损失较大，从而导致热效率不能达标；(3) 锅炉前后墙区域的表面温度较高。在今后运行中的建议：(1) 对于进口燃烧器，应定期调节其油风配比，使助燃风量保持适量；(2) 改进应用省煤器，提高余热利用率，并定期清除炉膛及烟道内的积灰与积垢，降低排烟温度；(3) 改进炉体前后墙区域的保温措施，提高保温性能。

四、天然气压缩机组能效监测现状与分析

天然气压缩机组按照运行方式不同，分为长输管道压缩机组、城市燃气压缩机组，分别进行分析。

1. 长输管道压缩机组设备现状

长输天然气管道口径大，单台天然气压缩机的功率非常大。西气东输干线使用的压缩机组原动机分为燃气轮机和电动机，压缩机均为离心式压缩机。生产厂家为美国的通用电气公司和英国的罗尔斯—罗伊斯公司以及美国索拉透平公司，均为整机进口，单台燃气轮机的额定功率在 30 兆瓦左右，单台电驱机组额定功率在 20 兆瓦左右。

2. 长输管道压缩机组测试依据标准

SY/T 6637—2012《天然气输送管道系统能耗测试和计算方法》。

SY/T 6837—2011《油气输送管道系统节能监测规范》。

3. 长输管道压缩机组能效测试现状

5 年来，共测试各类天然气压缩机组 432 台次。其中，长输天然气管道站场燃气轮机驱动压缩机组 170 台，电驱离心式压缩机组 95 台，储气库燃气发动机驱动压缩机组 45 台。城市燃气电驱往复式压缩机组 122 台。

1）燃气轮机驱动离心式压缩机组

5 年来，共测试燃气轮机驱动离心式压缩机组 170 台，合格 167 台，合格率 98.24%。机组平均运行效率趋势见图 2-6。

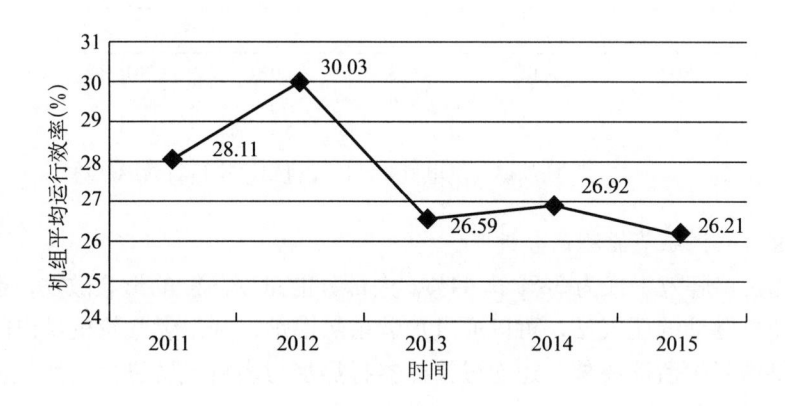

图 2-6 "十二五"期间燃气轮机驱动压缩机组平均运行效率趋势

2）电机驱动压缩机组

5 年来，共测试管道站场电驱离心式压缩机组 95 台，合格 87 台，合格率 91.58%。机组平均运行效率趋势见图 2-7。

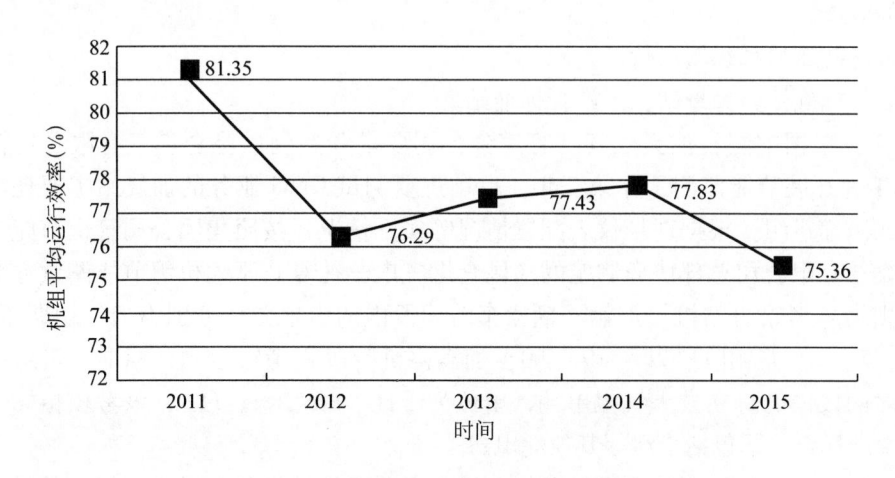

图 2-7 "十二五"期间电驱压缩机组平均运行效率趋势

3）储气库燃气发动机驱动压缩机组

5 年来，共测试储气库燃气发动机驱动压缩机组 45 台，合格 39 台，合格率 86.67%。

机组平均运行效率趋势见图 2-8。

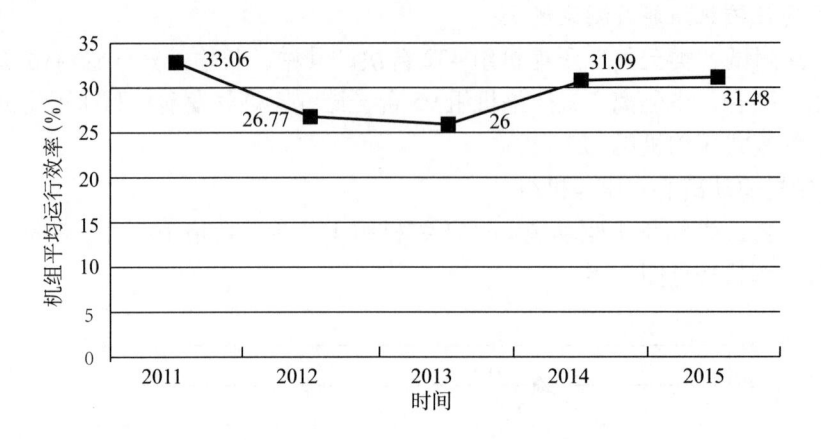

图 2-8 "十二五"期间燃气发电机驱动压缩机组平均运行效率趋势

4. 长输管道压缩机组节能测试分析

目前，压缩机铭牌效率仅为 38%～44%，大部分能量以热能的形式散发，造成能源的浪费。各燃气轮机驱动的压气站，可以通过加装余热锅炉，利用燃气轮机排出的高温烟气加热水，除提供站场生活需要外，还通过换热器将热水与燃料气橇进口天然气换热，加热燃料气，减少站场运行能耗。

对较大规模的燃气轮机驱动站场，开展余热发电可行性研究和试点应用，利用燃机尾气通过余热锅炉产生高温蒸汽，通过蒸汽轮机发电机组发电，提高燃机整体的能源利用效率。目前，中国石油已经在霍尔果斯压气站、定远压气站、榆林压气站开展余热发电，每年在节电上亿千瓦时的同时还减少了数十万吨的二氧化碳排放，在节能和减排两方面都取得了良好的效果。

5. 城市燃气压缩机组测试情况

城市燃气加气站分为母站、子站、标准站。

2013 年，根据中国石油天然气与管道分公司要求开始测试昆仑燃气有限公司耗能设备，2015 年为开展节能监测工作第三年，目前主要测试 CNG 业务的加气站主要耗能设备电驱往复式压缩机组。根据现场仪表配置情况等实际情况，按照集团公司管道节能监测中心与昆仑燃气有限公司总部协商制定的《昆仑燃气电驱往复式压缩机组节能测试方案》暂定考核原则为：考察母站机组加满一辆槽车时间段内的电单耗，分别为加气初期压力—7 兆帕阶段、7～19 兆帕阶段以及 19 兆帕至加满停机阶段；考察子站、标准站机组累积某一代表性时间段内的每立方米气电单耗，单位为千瓦·时/米^3。（注：该考核指标仅针对压缩机组生产耗电，不包括生活等其他耗电。）

目前没有合适的指标和标准进行评价，因此主要工作是将各台设备加气电单耗测试结果列出，提出相应能耗建议。管道节能监测中心根据业务需求，向节能专标委提出的起草行业标准《天然气加气站能耗测试和计算方法》的前期研究已经在 2015 年 9 月份年会上获得通过，下一步将进行标准的起草工作，规范和统一城市燃气业务的节能测试工作，支持天然气加气站节能降耗工作。

"十二五"期间，城市燃气加气站共测试电驱往复式压缩机组122台。各类站场平均电单耗数据见表2-43，趋势见图2-9。

表2-43　各类站场平均电单耗数据　　　　　　　　　　　　单位：千瓦·时/米³

时间	母站	子站	标准站
2013	0.0704	—	0.1497
2014	0.0813	0.0599	0.1624
2015	0.0432	—	0.166

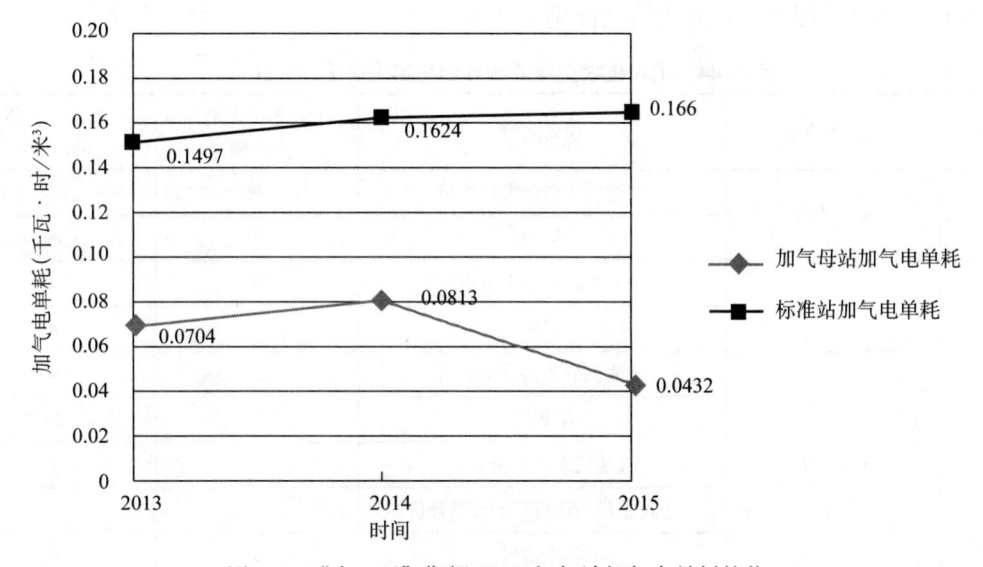

图2-9　"十二五"期间CNG加气站加气电单耗趋势

CNG加气站能耗方面存在的共性问题：(1) 电动机侧实际功率因数低，距离额定功率因数较远，电能没有充分做有用功；(2) 单台电动机均没有安装单独的电表，无法实现单台能耗计量和统计分析；(3) 部分机型老旧、排量小加气时间长，存在能耗高的问题；(4) 进站压力对加气电单耗的影响很大，进站压力高，最高能节省一半的耗电，一般节电20%～30%。

今后运行中的建议：(1) 加强无功功率就地补偿，提高功率因数，减少耗电。(2) 按照GB/T 20901—2007《石油石化行业能源计量器具配备和管理要求》，从加强能耗管理的角度，为压缩机组加装单台电计量表；(3) 在资金可行的前提下，更换新型排气量大的压缩机，减少电耗；(4) 新建母站和长输管道高压分输站相连，可以直接利用长输管道分输站高压管线压力给槽车充气至平压后再启动压缩机加压；对已经运行的站场在设计允许的情况下加装旁通管路，直接利用长输管道分输站高压管线压力给槽车充气，减少耗电。

第五节 工程技术企业监测

一、2011年监测情况

根据集团公司工程技术分公司〔2011〕46号文件《关于下达2011年工程技术业务节能节水监测计划的通知》的精神，集团公司工程技术节能监测中心先后对中国石油长城钻探工程公司（简称长城钻探）、中国石油集团西部钻探工程有限公司（简称西部钻探）、中国石油川庆钻探工程公司（简称川庆钻探）、中国石油渤海钻探工程公司（简称渤海钻探）、中国石油海洋工程有限公司（简称海洋工程公司）和中国石油集团东方地球物理勘探有限责任公司（简称东方物探）等6家企业的柴油机或柴油发电机组、钻井泵、电焊机、空压机、物探钻机、锅炉等耗能设备以及企业水电平衡、柴油机尾气余热利用装置等进行了监测和评价，具体监测计划和完成情况详见表2-44。

表2-44 工程技术企业监测计划与实施情况（2011年）

序号	被监测企业	设备名称	计划工作量（台/套）	实际工作量（台/套）
1	××公司	柴油机或柴油发电机组	20	20
		钻井泵	10	10
2	××公司	柴油机或柴油发电机组	10	10
		钻井泵	8	8
3	××公司	柴油机或柴油发电机组	24	24
		电焊机	25	25
		柴油机余热利用评价	1	1
		山地钻机空压机节能改造评价	2	2
		物探钻机	6	6
4	××公司	柴油机或柴油发电机组	10	10
		钻井泵	8	8
5	××公司	柴油机或柴油发电机组	2	2
		钻井泵	2	2
6	××公司	水平衡	2	2
		电平衡	2	2
		锅炉	3	4
		变压器	3	17
合计		—	138	153

1. 柴油机及发电机组

对长城钻探、西部钻探、川庆钻探、渤海钻探和海洋工程公司等5家企业的66台柴油机或柴油发电机组进行了监测和评价（其中柴油机 35 台，柴油发电机组 31 台），监测结果详见表 2-45。

表 2-45 柴油机及柴油发电机组监测结果（2011 年）

序号	被监测企业	监测数量（台）	平均燃油消耗率[克/（千瓦·时）]	平均运行效率（%）	合格数量（台）	合格率（%）
1	××公司	20	215.8	38.5	19	95.0
2	××公司	10	210.3	39.7	10	100
3	××公司	24	221.3	37.6	24	100
4	××公司	10	218.9	37.9	10	100
5	××公司	2	208.5	40.1	2	100
	平均值	—	216.8	38.4	—	
	合 计	66	—	—	65	98.5

注：评价依据 SY/T 5030《石油天然气工业用柴油机》和 JB/T 10303《工频柴油发电机组技术条件》标准要求。

此次监测的 66 台柴油机及发电机总的合格率为 98.5%（发电机合格率大于柴油机），在运行效率方面，××公司相对较高，平均运行效率为 40.1%；而××公司最低，平均运行效率为 37.6%。

2. 物探钻机

对××公司在达州施工作业的 6 台物探钻机进行了能效监测和评价，监测结果详见表 2-46。

表 2-46 物探钻机监测结果（2011 年）

序号	钻机编号	井 号	钻机型号	单位进尺燃油消耗量（升/米）	每米进尺耗时（分钟/米）
1	2005027	S5021-1402	WTY-30	0.47	13.33
2	2005021	S5019-1401	WTY-30	0.62	24.20
3	2005011	S5012-1272	WTY-30	0.58	22.27
4	2005013	S5012-1405	WTY-30	0.56	22.25
5	2005001	S5009-1104	WTY-30	0.63	24.44
6	2005003	S5013-1186	WTY-30	0.54	21.70
	平均值			0.57	21.37

此次监测的 6 台物探钻机型号均为 WTY-30 型，平均单位进尺燃油消耗量为 0.57 升/米，平均每米进尺耗时为 21.37 分钟/米。从监测数据分析来看，物探钻机燃油消耗量的变化规律与单位进尺所耗时间基本保持一致，说明物探钻机的燃油消耗量受钻进速度影响较大。

3. 电焊设备

对××公司的 25 台电焊设备电能利用率进行了监测和评价，监测结果详见表 2-47。

表2-47 电焊设备监测结果（2011年）

序号	被监测单位	电能利用率(%)	监测数量(台)	合格数量(台)	合格率(%)
1	××项目部	75.9	13	13	100
2	××项目部	71.5	12	12	100
	平均值	73.8	—	—	100
	合 计		25	25	—

注：依据GB/T 16667《电焊设备节能监测方法》评价。

从表2-47来看，此次监测的25台电焊设备平均电能利用率为73.8%，合格率为100%。其中，重庆项目部电焊设备电能利用率相对较高。

4. 锅炉

对××公司的4台冬季供暖锅炉进行了监测和评价（其中：燃煤热水锅炉2台，燃气蒸汽锅炉2台），监测结果详见表2-48。

表2-48 锅炉监测结果（2011年）

被监测单位	燃料类型	监测数量(台)	热效率(%)	炉渣含碳量(%)	CO含量(%)	排烟温度(℃)	过剩空气系数	侧面温度(℃)	炉顶温度(℃)	结论
××公司	燃煤	2	71.9	6.50	—	256.6	3.05	27.8	36.1	不合格
	燃气	2	90.0	—	0.0035	180.5	1.18	46.1	—	不合格
平均值	—	—	81.0			218.5	2.12	37.0		
合 计	—	4								

注：按GB/T 17954《工业锅炉经济运行》评价。

此次监测的4台供暖锅炉，均存在某一个或几个监测单项指标不合格的情况，从而导致4台锅炉总体评价均为不合格。

5. 钻井泵

对4家企业的28台钻井泵进行了监测和评价，监测结果详见表2-49。

表2-49 钻井泵监测结果（2011年）

序号	被监测单位	监测台数(台)	平均输入功率(千瓦)	平均运行效率(%)
1	××公司	10	251.0	68.7
2	××公司	8	382.9	73.0
3	××公司	8	440.0	64.5
4	××公司	2	671.9	76.6
	平均值		436.5	70.7
	合 计	28	—	

注：参照GB/T 16666《泵机组液体输送系统节能监测方法》标准要求评价。

此次监测的 28 台钻井泵平均运行效率为 70.7%，其中 ×× 公司钻井泵平均运行效率最高，其值为 76.6%，×× 公司钻井泵平均运行效率相对较低，其值为 64.5%。

6. 变压器

对 ×× 公司的 17 台变压器进行了监测和评价，监测结果详见表 2-50。

表 2-50　变压器监测结果（2011 年）

被监测单位	监测数量（台）	功率因数 平均值	功率因数 合格率（%）	负载率 平均值（%）	负载率 合格率（%）	综合合格率（%）
×× 公司	17	0.930	82.4	19.8	17.6	17.6

注：依据 SY/T 6275《油田生产系统节能监测规范》评价。

此次监测的 17 台变压器，平均功率因数为 0.930，合格率为 82.4%；平均负载率为 19.8%，合格率为 17.6%。所测变压器综合合格率为 17.6%，变压器负载率普遍偏低是造成综合合格率较低的主要原因。

7. 电平衡

对 ×× 公司涿州基地管理处学园小区和城区的两个电力网进行了监测和评价，网损率监测结果详见表 2-51。

表 2-51　网损率监测结果（2011 年）

序号	被监测单位	电网名称	网损率（%）	结论
1	×× 公司基地处	学园小区电网	0.73	合格
2		城区电网	1.77	合格

注：依据 SY/T 6275《油田生产系统节能监测规范》评价。

从表 2-51 可以看到，监测的两个电力网网损率均符合电力系统网损率要求。

8. 水平衡

对 ×× 公司涿州基地管理处学园小区和城区的两个供用水管网进行了监测和评价，监测结果详见表 2-52。

表 2-52　水平衡监测结果（2011 年）

序号	被监测单位	水管网名称	配备率（%）		计量率（%）		漏损率（%）
1	涿州基地管理处	学园小区	主要单位	100	总取水	100	26.9
			次级单位	100	主要单元	100	
2		城区	主要单位	100	总取水	100	34.8
			次级单位	84.2	主要单元	97.6	

注：依据 GB/T 7119《节水型企业评价导则》和 Q/SY 1125《供用水管网漏损评定》评价。

从表 2-52 来看，基地学园小区和城区的供用水管网漏损率均高于最大允许值 25%，不符合集团公司对企业供用水管网漏损率的考核要求。同时，城区次级用水单位的水表配备率也低于国家标准 95% 的要求。

二、2012年监测情况

根据集团公司工程技术分公司〔2012〕32号文件《关于下达2012年工程技术分公司节能节水监测计划的通知》的精神,集团公司工程技术节能监测中心先后对长城钻探、西部钻探、川庆钻探、渤海钻探、海洋工程公司和东方物探等6家企业的柴油机或柴油发电机组、钻井泵、压缩机、物探钻机、锅炉等耗能设备以及企业水、电平衡等进行了监测和评价,具体监测计划和完成情况详见表2-53。

表2-53 工程技术企业监测计划与实施情况（2012年）

序号	被监测企业	设备名称	计划工作量（台/套）	实际工作量（台/套）
1	××公司	柴油机或柴油发电机组	24	24
		钻井泵	12	12
2	××公司	柴油机或柴油发电机组	12	13
		钻井泵	12	12
3	××公司	柴油机或柴油发电机组	22	23
		物探钻机	6	6
		锅炉	2	2
		钻井泵	12	12
		压缩机	2	2
4	××公司	柴油机或柴油发电机组	12	12
		钻井泵	12	12
5	××公司	柴油机或柴油发电机组	4	4
		钻井泵	4	4
		锅炉	3	3
6	××公司	水平衡	2	4
		电平衡	2	2
		锅炉	4	2013年监测
		变压器	4	4
合计		—	151	151

1. 柴油机及发电机组

对长城钻探、西部钻探、川庆钻探、渤海钻探和海洋工程公司等5家企业的76台柴油机或柴油发电机组进行了监测和评价（其中柴油机52台，柴油发电机组24台），监测结果详见表2-54。

此次监测的76台柴油机及发电机总的合格率为86%（发电机合格率大于柴油机），其中：××公司共监测了24台，合格率为79.2%；××公司共监测了13台，合格率为84.6%；××公司共监测了23台，合格率为91.3%；××公司共监测了12台，合格率为

100%；××公司共监测了4台，合格率为75%。燃油消耗率的高低是影响柴油机及发电机合格率大小的主要因素。

表 2-54 柴油机及柴油发电机组监测结果（2012 年）

序号	被监测企业	监测数量（台）	平均燃油消耗率［克/（千瓦·时）］	平均运行效率（%）	合格数量（台）	合格率（%）
1	××公司	24	225.9	36.9	19	79.2
2	××公司	13	222.3	36.7	11	84.6
3	××公司	23	218.1	38.0	21	91.3
4	××公司	12	223.8	37.2	12	100.0
5	××公司	4	228	36.8	3	75.0
	平均值	—	223.6	37.1	—	—
	合　计	76	—	—	66	86.0

注：评价依据 SY/T 5030《石油天然气工业用柴油机》和 JB/T 10303《工频柴油发电机组技术条件》标准要求。

2. 钻井泵

对长城钻探、渤海钻探、西部钻探和海洋工程公司等企业的钻井泵进行了监测和评价，监测结果详见表 2-55。

表 2-55 钻井泵监测结果（2012 年）

序号	被监测单位	监测台数（台）	平均输入功率（千瓦）	平均运行效率（%）
1	××公司	12	396.4	71.5
2	××公司	12	368.3	73.5
3	××公司	12	357.0	72.4
4	××公司	12	405.3	67.0
5	××公司	4	178.7	64.9
	平均值	—	341.1	69.9
	合　计	52	—	—

此次监测的 52 台钻井泵平均运行效率为 69.9%，其中××公司钻井泵平均运行效率最高，其值为 73.5%，××公司钻井泵平均运行效率相对较低，其值为 64.9%。

3. 物探钻机

对××公司物探公司在丰都和梁平施工作业的 6 台物探钻机进行了监测和评价，监测结果详见表 2-56。

此次监测的 6 台物探钻机，4 台型号为 WTY-30 型，其余两台型号分别为 TSP-40A 和 WTY-30A，平均单位进尺燃油消耗量为 1.39 升/米，平均每米进尺耗时为 18.26 分钟/米。

表2-56 物探钻机监测结果（2012年）

序号	钻机编号	井号	钻机型号	单位进尺燃油消耗量（升/米）	每米进尺耗时（分钟/米）
1	231–2008230	S5015–1099	TSP–40A	4.33	13.33
2	231–2009849	S5018–702.5	WTY–30A	1.12	24.20
3	213–2010185	S5014–1056	WTY–30	0.63	22.27
4	213–2008259	S5010–1034	WTY–30	0.86	22.25
5	213–2009087	S5014–1016	WTY–30	0.74	24.44
6	213–2010232	S5021–1060	WTY–30	0.65	21.70
平均值			—	1.39	18.26

4. 锅炉

对两家企业的5台锅炉进行了监测和评价，监测结果详见表2-57。

表2-57 锅炉监测结果（2012年）

序号	被监测单位	燃料类型	设备编号	热效率(%)	炉渣含碳量(%)	排烟温度(℃)	过剩空气系数	侧面温度(℃)	炉顶温度(℃)	经济运行级别
1	××公司	燃煤	1号锅炉	74.4	12	221	1.321	43.2	56.8	一级运行
			2号锅炉	68.3	16	242	1.579	46.9	58.3	二级运行
			平均值	71.4	14	232	1.450	45.0	57.6	—
2	××公司	燃油	2006y090号锅炉	88.0	—	140	1.762	38.7	58.2	三级运行
			H9069号锅炉	84.4	—	158	1.799	36.8	54.4	三级运行
			1号锅炉	87.5	—	156	1.943	37.1	56.3	三级运行
			平均值	86.6	—	151	1.835	37.5	56.3	
合计				80.5		183.4	1.6808	40.54	56.8	

注：按GB/T 17954《工业锅炉经济运行》评价。

此次监测的5台锅炉的排烟温度和炉体外表面温度（侧面、顶部）情况比较理想，合格率均为100%。××公司的2号燃煤锅炉排烟温度、过剩空气系数和炉渣含碳量等指标都达到了相关标准要求，其中1号炉达到一级运行标准。××公司的3台燃油锅炉过剩空气系数偏高，全部不达标，而排烟温度都达到了标准要求，3台锅炉均处于三级运行标准。

5. 水平衡

对××公司涿州基地管理处6号～9号院区的供用水管网进行了监测和评价，监测结果详见表2-58。

从表2-58来看，6号～9号院区的供用水管网漏损率为8.1%，低于最大允许值25%，符合集团公司对企业供用水管网漏损率的考核要求，但是主要用水单元的水表计量率仅为90.2%，刚好达到GB/T 7119—2006《节水型企业评价导则》标准要求。

表 2-58　水平衡监测结果（2012 年）

被监测单位	水管网名称	配备率（%）		计量率（%）		漏损率（%）
涿州基地处	6号、7号、8号、9号院区	主要单位	100	总取水	100	8.1
		次级单位	100	主要单元	90.2	

注：依据 GB/T 7119《节水型企业评价导则》和 Q/SY 1125《供用水管网漏损评定》评价。

三、2013 年监测情况

根据集团公司工程技术分公司〔2013〕22 号文件《关于下达 2013 年工程技术分公司节能节水监测计划的通知》的精神，集团公司工程技术节能监测中心先后对长城钻探、西部钻探、川庆钻探、渤海钻探、海洋工程公司和东方物探等 6 家企业的柴油机或柴油发电机组、钻井泵、压缩机、变压器、钻机、锅炉等耗能设备以及企业水、电平衡等进行了监测和评价，具体监测计划和完成情况详见表 2-59。

表 2-59　工程技术企业监测计划与实施情况（2013 年）

序号	被监测企业	设备名称	计划工作量（台/套）	实际工作量（台/套）	备注
1	××公司	柴油机或柴油发电机组	20	20	
		钻井泵	18	18	
2	××公司	柴油机或柴油发电机组	34	50	
		钻井泵	20	29	
		变压器	0	3	
3	××公司	柴油机或柴油发电机组	18	16	
		钻井泵	18	8	
4	××公司	柴油机或柴油发电机组	22	22	
		物探钻机	6	6	
		钻井泵	16	16	
		压缩机	2	2	
		变压器	0	2	
		电平衡	1	1	
		水平衡	1	1	
5	××公司	柴油机或柴油发电机组	6	6	
		钻井泵	6	5	
		锅炉	1	2	
6	××公司	水平衡	2	6	
		电平衡	2	4	
		锅炉	4	8	
		变压器	4	36	
合计		—	201	261	

1. 柴油机及发电机组

对长城钻探、西部钻探、川庆钻探、渤海钻探和海洋工程公司等5家钻探企业共计114台柴油机或柴油发电机组进行了监测和评价（其中包括柴油机68台，柴油发电机组46台），具体的监测结果见表2-60。

表2-60 柴油机及柴油发电机组监测结果汇总表（2013年）

序号	被监测企业	监测数量（台）	平均燃油消耗率［克/（千瓦·时）］	平均运行效率（%）	合格数量（台）	合格率（%）
1	××公司	50	221.4	37.8	42	84.0
2	××公司	16	225.4	37.2	16	100.0
3	××公司	22	220.4	37.8	22	100.0
4	××公司	20	225.5	36.9	20	100.0
5	××公司	6	225.7	37.0	6	100.0
平均值		—	223.7	37.3	—	93.0
合计		114	—	—	106	—

注：评价依据SY/T 5030《石油天然气工业用柴油机》和JB/T 10303《工频柴油发电机组技术条件》标准要求。

此次监测的114台柴油机及柴油发电机组总体合格率为93.0%（发电机合格率大于柴油机）。分析发现，燃油消耗率大小是影响柴油机及发电机组合格率高低的主要因素。

2. 钻井泵

对长城钻探、西部钻探、川庆钻探、渤海钻探和海洋工程公司等5家钻探企业共计76台钻井泵进行了监测和评价，具体监测结果见表2-61。

表2-61 钻井泵监测结果汇总表（2013年）

序号	被监测单位	监测台数（台）	平均运行效率（%）	合格数量（台）	合格率（%）
1	××公司	29	73.1	28	96.6
2	××公司	8	65.3	8	100.0
3	××公司	16	69.5	16	100.0
4	××公司	18	69.5	16	88.9
5	××公司	5	69.1	5	100.0
平均值		—	69.3	—	96.1
合计		76	—	73	—

注：参照GB/T 16666《泵机组液体输送系统节能监测方法》标准要求评价。

此次监测的76台钻井泵平均运行效率为69.3%，总体合格率为96.1%。其中，××公司钻井泵平均运行效率最高，其值为73.1%；而××公司钻井泵平均运行效率相对较低，其值为65.3%。

3. 锅炉

对东方物探和海洋工程公司等两家企业共计 10 台锅炉进行了监测和评价，具体的监测结果见表 2-62。

表 2-62 锅炉监测结果汇总表（2013 年）

单位名称		设备编号	燃料类型	热效率（%）	排烟温度（℃）	过剩空气系数	炉渣含碳量（%）	考核结果
××公司	正定基地	2	天然气	91.8	157.4	1.144	—	一级运行
		3	天然气	87.6	146.2	0.983	—	不合格
	固城基地	1	燃煤	85.5	192.0	2.565	11.2	不合格
	乌鲁木齐基地	6	天然气	91.2	145.2	1.138	—	一级运行
		5	天然气	93.4	154.8	1.186	—	一级运行
		8	天然气	92.1	154.2	1.106	—	一级运行
		7	天然气	91.8	131.6	1.127	—	一级运行
	报社基地	1	天然气	94.3	95.8	1.189	—	一级运行
××公司		1	天然气	90.3	143	1.139	—	二级运行
		2	天然气	90.5	150	1.086	—	二级运行

注：按 GB/T 17954《工业锅炉经济运行》评价。

此次监测的 10 台锅炉中，除固城基地的 1 号锅炉因排烟温度、过剩空气系数超标和正定基地的 3 号锅炉因热效率超标而未达到合格标准外，其余 8 台锅炉的运行情况均达到锅炉经济运行标准，合格率达到 80%。其中，××公司有 6 台锅炉达到一级经济运行标准，××公司有 2 台锅炉达到二级运行标准。

4. 压缩机

对 ××公司苏里格项目部在苏 5-6 站和桃 7-7 站施工作业的 2 台天然气压缩机机组进行了监测和评价，监测结果详见表 2-63。

表 2-63 天然气压缩机机组监测结果汇总表（2013 年）

序号	单位名称	站号	设备编号	燃料类型	压缩机效率（%）	燃气发动机效率（%）	压缩机机组效率（%）
1	××公司苏里格项目部	苏 5-6	2	天然气	85.57	19.02	16.28
2		桃 7-7	1	天然气	83.50	18.75	15.66
3		平均值			84.54	18.89	15.97

此次监测的 2 台压缩机的平均运行效率为 84.54%，燃气发动机的平均运行效率为 18.89%，压缩机机组的平均效率为 15.97%，燃气发动机效率偏低是造成压缩机机组效率低的主要原因。

5. 物探钻机

对 ××公司物探公司在成都市大邑县和崇州市施工作业的 6 台物探钻机进行了监测和

评价，监测结果详见表 2-64。

表 2-64 物探钻机监测结果汇总表（2013 年）

序号	钻机编号	井 号	钻机型号	单位进尺燃油消耗量（升/米）	每米进尺耗时（分钟/米）
1	ES8703305	W2S008-1076.5	TSP-40A	4.14	18.10
2	0005-1	W2S008-1077.5	TSP-40A	4.72	21.20
3	11279	W2S008-1116.5	TSP-40A	3.63	17.30
4	20060	W2S005-1346.5	TSP-40A	4.06	17.40
5	10097	W2S005-1348.5	TSP-40A	3.74	16.44
6	S8612296	W2S005-1345.5	TSP-40A	3.11	16.70
	平均值		—	3.90	17.86

此次监测的 6 台物探钻机全部为 TPS-40A 型，平均单位进尺燃油消耗量为 3.9 升/米，平均每米进尺耗时为 17.86 分钟/米。

6. 变压器

对三家企业共计 41 台变压器进行了监测和评价，具体监测结果见表 2-65。

表 2-65 变压器监测结果汇总表（2013 年）

序号	被监测单位名称	监测台数（台）	平均功率因数	平均负载率（%）	平均运行效率（%）	合格数量（台）	合格率（%）
1	××公司	3	0.950	59.6	99.0	3	100
2	××公司	2	0.843	14.0	97.2	0	0
3	××公司	36	0.945	17.3	95.3	6	16.7
	平均值	—	0.913	30.3	97.2	—	22.0
	合 计	41	—	—	—	9	—

注：依据 SY/T 6275《油田生产系统节能监测规范》评价。

此次监测的 41 台变压器中，××公司的 3 台变压器为现场钻井队使用，监测的各项指标均达到变压器经济运行标准，合格率为 100%；××公司和××公司的 38 台变压器为基地生活办公电网使用，由于大部分变压器负载率都偏低，导致总体合格率较低。

7. 电平衡

对两家企业共计 5 个院区的电力网进行了监测和评价，监测结果详见表 2-66。

表 2-66 电平衡监测结果汇总表（2013 年）

序号	被监测单位名称		网损率（%）	合格指标（%）	考核结果
1	××公司	钻采院第二办公区	8.74	<7.0	不合格
2	××公司	涿州石油报社	3.62	<7.0	合格
3		徐水基地	3.18	<5.5	合格

续表

序号	被监测单位名称		网损率（%）	合格指标（%）	考核结果
4	××公司	固城基地	3.20	<7.0	合格
5		涿州开发区	3.90	<7.0	合格

注：依据SY/T 6275《油田生产系统节能监测规范》评价。

此次监测的5个院区电网中，除××公司钻采院第二办公区电网网损率不达标外，其余4个电网的网损率均在限定值范围内，总体合格率为80%。

8. 水平衡

对两家企业共计7个供用水管网进行了监测和评价，监测结果详见表2-67。

表2-67 水平衡监测结果汇总表（2013年）

序号	被监测单位		配备率（%）		计量率（%）		漏损率（%）	考核结果
1	××公司	钻采院第二办公区	主要单位	100	总取水	100	10.7	合格
			次级单位	100	主要单元	100		
2		涿州石油报社	主要单位	100	总取水	100	0.1	合格
			次级单位	100	主要单元	100		
3		固城基地	主要单位	100	总取水	100	10.4	合格
			次级单位	100	主要单元	100		
4		涿州开发区	主要单位	100	总取水	100	31.8	不合格
			次级单位	100	主要单元	100		
5		徐水大院	主要单位	100	总取水	100	15.3	合格
			次级单位	100	主要单元	100		
6		徐水机械厂	主要单位	100	总取水	100	8.9	合格
			次级单位	100	主要单元	100		
7		徐水仪器厂	主要单位	100	总取水	100	5.7	合格
			次级单位	100	主要单元	100		

注：依据GB/T 7119《节水型企业评价导则》和Q/SY 1125《供水管网漏损评定》评价。

此次监测的7个院区供水管网中，除××公司涿州开发区供水管网漏损率不达标外，其余6个供水管网漏损率均在限定值范围内，总体合格率为85.7%。

四、2014年监测情况

根据集团公司工程技术分公司〔2014〕11号文件《关于下达2014年工程技术分公司节能节水监测计划的通知》的精神，集团公司工程技术节能监测中心先后对长城钻探、西部钻探、川庆钻探、渤海钻探、海洋工程公司和东方物探等6家企业的柴油机或柴油发电机组、钻井泵、物探钻机等耗能设备以及小区供水管网泄漏情况进行了监测和评价，具体监测计划和完成情况详见表2-68。

表 2-68　工程技术企业监测计划与实施情况（2014 年）

序号	被监测企业	设备名称	计划工作量（台/套）	实际工作量（台/套）	备注
1	××公司	柴油机或柴油发电机组	22	22	
		钻井泵	20	20	
2	××公司	柴油机或柴油发电机组	38	46	
		钻井泵	24	30	
3	××公司	柴油机或柴油发电机组	22	22	
		钻井泵	20	20	
4	××公司	柴油机或柴油发电机组	22	22	
		钻井泵	16	16	
		物探钻机	6	6	
		液氮增压泵、水泵机组	14	14	
		车载柴油机	8	0	条件不具备
5	××公司	柴油机或柴油发电机组	7	7	
		钻井泵	7	7	
		锅炉	1	1	
6	××公司	锅炉	16	16	
		小区供水管网漏点测试	2	2	
合计		—	245	251	

1. 柴油机及发电机组

对长城钻探、西部钻探、川庆钻探、渤海钻探和海洋工程公司等 5 家钻探企业共计 119 台柴油机或柴油发电机组进行了监测和评价（其中包括柴油机 86 台，柴油发电机组 33 台），具体的监测结果见表 2-69 所示。

表 2-69　柴油机及柴油发电机组监测结果汇总表（2014 年）

序号	被监测企业	监测数量（台）	平均燃油消耗率[克/（千瓦·时）]	平均运行效率（%）	合格数量（台）	合格率（%）
1	××公司	46	214.7	38.4	46	100.0
2	××公司	22	210.3	39.5	22	100.0
3	××公司	22	210.3	39.8	22	100.0
4	××公司	22	221.3	37.7	22	100.0
5	××公司	7	213.2	39.0	7	100.0
平均值		—	214.0	38.9	—	100.0
合计		119	—	—	119	—

注：评价依据 SY/T 5030《石油天然气工业用柴油机》和 JB/T 10303《工频柴油发电机组技术条件》标准要求。

此次监测的119台柴油机及柴油发电机组总体合格率为100%，情况比较理想。

2. 钻井泵

对长城钻探、西部钻探、川庆钻探、渤海钻探和海洋工程公司等5家钻探企业共计93台钻井泵进行了监测和评价，具体监测结果见表2-70。

表2-70 钻井泵监测结果汇总表（2014年）

序号	被监测单位	监测数量（台）	平均运行效率（%）	合格数量（台）	合格率（%）
1	××公司	30	72	30	100.0
2	××公司	20	73.6	20	100.0
3	××公司	16	73.7	16	100.0
4	××公司	20	72.2	20	100.0
5	××公司	7	78.5	7	100.0
平均值		—	74.0	—	100.0
合计		93	—	93	—

注：参照GB/T 16666《泵机组液体输送系统节能监测方法》标准要求评价。

此次监测的93台钻井泵平均运行效率为74.0%，总体合格率为100.0%。

3. 物探钻机

对××公司物探公司在龙岗东川东地区五百梯—大猫萍构造二维地震勘探施工作业的6台物探钻机进行了监测和评价，监测结果详见表2-71。

表2-71 物探钻机监测结果汇总表（2014年）

序号	钻机编号	井号	钻机型号	每米进尺燃油消耗量（升/米）	每米进尺耗时（分钟/米）	备注
1	S-0175	1524.5	WTY-30	0.10	4.23	页岩/水钻
2	S-0167	2021.5	WTY-30	0.37	17.21	砂岩/水钻
3	S-0188	2459.5	WTY-30	0.30	12.89	砂岩/水钻
4	S-0155	2249.5	WTY-30	0.37	16.17	砂岩/水钻
5	S-0184	2176.5	WTY-30	0.34	13.33	砂岩/水钻
平均值			—	0.30	12.77	—
6	—	1236.5	SKZ-30	5.37	14.26	砂岩/空钻

注：（1）设计井深为15m。
（2）SKZ-30型钻机使用汽油，不参与此次对比。

此次监测的6台物探钻机，5台为WTY-30型，1台为SKZ-30型。WTY-30型钻机平均单位进尺燃油消耗量为0.30升/米，平均每米进尺耗时为12.77分钟/米；SKZ-30型钻机单位进尺燃油消耗量为5.37升/米，每米进尺耗时为14.26分钟/米。从监测结果来看，地质条件和人员的操作水平对钻机的燃油消耗率影响较大。

4. 液氮增压泵

对××公司长庆井下技术公司靖边项目部的 8 台液氮增压泵进行了监测和评价,具体的监测结果见表 2-72。

表 2-72 液氮增压泵监测结果汇总表(2014 年)

序号	车辆号牌	额定功率 (千瓦)	泵压 (兆帕)	输出功率 (千瓦)	运行效率 (%)	结论
1	陕A×××××	1118.6	58.9	349.6	79.8	合格
2	陕A×××××	1118.6	54.2	214.3	73.2	合格
3	陕A×××××	1118.6	47.3	140.0	69.3	合格
4	陕A×××××	1118.6	51.7	170.3	69.7	合格
5	甘M×××××	894.8	55.1	190.4	73.8	合格
6	甘M×××××	894.8	49.7	147.0	71.9	合格
7	甘M×××××	894.8	56.9	168.6	72.8	合格
8	甘M×××××	894.8	51.3	168.7	73.0	合格
平均值			53.1	193.6	72.9	—

由表 2-72 可以看出,此次监测的 8 台液氮增压泵,其平均运行效率为 72.9%,单台设备运行效率均高于指标下限值 65%,综合评价合格率为 100%。

5. 离心泵及电动试压泵

2014 年,对××公司的 6 台离心泵或电动试压泵进行了监测和评价,具体的监测结果见表 2-73。

表 2-73 离心泵或电动试压泵监测结果汇总表(2014 年)

序号	设备编号	泵型号	作业部名称	泵运行效率(%)	电动机运行效率(%)	吨百米耗电量[千瓦·时/(吨·百米)]	结论
1	121004	DG46-50×10	江纳线作业部	55.9	—	—	合格
2	131020	D46-50×10	江纳线作业部	56.5	—	—	合格
3	自1	D85-67×7	江纳线作业部	55.9	—	—	合格
4	11-170	3DY-7500/15	川东北作业部	58.8	90.7	0.51	合格
5	11-065	3DY-1150/15	川东北作业部	61.0	86.7	0.51	合格
6	自2	3DY-7500/22	川东北作业部	57.0	92.3	0.52	合格
平均值				57.5	89.9	0.51	—

注:序号 1~3 的泵机组使用柴油发动机带动,故不计算"电动机运行效率"和"吨百米耗电量",只计算"泵运行效率"。

由表 2-73 可以看出,此次监测的 6 台泵机组(其中序号 1~3 为柴油机带动的离心泵,4~6 为电动机带动的电动试压泵),平均泵运行效率为 57.5%,3 台电动试压泵的平均电动机运行效率为89.9%；平均吨百米耗电量为0.51千瓦·时/（吨·百米）。各泵机组泵运行效率和电动机运行效率均高于合格指标，吨百米耗电量均低于合格指标，故合格率为100%。

6. 供水管网泄漏探测

对××公司涿州小区2号院区和4号院区的供水管网泄漏情况进行了测试，测试结果详见表2-74。

表2-74 漏水点情况一览表（2014年）

序号	漏点位置	区域
1	14号楼西南侧	2号院区
2	14号楼内男洗手间	
3	东门西南侧	
4	98号楼东北侧	
5	95号楼西南侧	
6	29号楼北侧	4号院区

此次测试工作范围包括涿州小区2号院区和4号院区，共检测出漏水点6处，其中：2号院区检测到漏水点5处，4号院区检测到漏水点1处。

7. 锅炉

对东方物探、海洋公司等两家企业共计17台锅炉进行了监测和评价，具体的监测结果见表2-75。

表2-75 锅炉监测结果汇总表（2014年）

单位名称	燃料类型	热效率（%）	排烟温度（℃）	过剩空气系数	炉渣含碳量（%）	考核结果
××公司	煤	83.34	122.3	1.596	8.8	一级运行
	煤	83.28	138.7	1.572	8.8	一级运行
	煤	78.82	156	1.782	10.0	二级运行
	煤	77.34	145.2	1.712	10.0	一级运行
	煤	81.21	147	1.633	10.1	一级运行
	煤	77.86	148.3	1.571	11.0	一级运行
	煤	79.23	147.2	1.826	9.8	二级运行
	煤	75.66	137.6	1.802	9.8	二级运行
	煤	76.88	166.3	1.940	11.3	二级运行
	煤	76.02	168.2	1.959	11.3	二级运行
	天然气	92.6	130.3	1.173	—	一级运行
	天然气	93.2	128.3	1.100	—	一级运行
	天然气	91.7	143	1.180	—	一级运行

续表

单位名称	燃料类型	热效率(%)	排烟温度(℃)	过剩空气系数	炉渣含碳量(%)	考核结果
××公司	天然气	90.9	158	1.190	—	一级运行
	天然气	91.5	147.2	1.187	—	一级运行
	天然气	91.1	152.8	1.188	—	一级运行
××公司	天然气	90.4	64.8	1.000	—	二级运行

注：按GB/T 17954《工业锅炉经济运行》评价。

此次监测的17台锅炉，均达到了经济运行标准，但部分锅炉过剩空气系数偏高。

五、2015年监测情况

根据集团公司工程技术分公司〔2015〕22号文件《关于下达2015年工程技术分公司节能节水监测计划的通知》的精神，集团公司工程技术节能监测中心先后对长城钻探、西部钻探、川庆钻探、渤海钻探、海洋工程公司和东方物探等6家企业的柴油机或柴油发电机组、钻井泵、物探钻机等耗能设备以及小区供水管网泄漏情况进行了监测和评价，具体监测计划和实施情况详见表2–76。

表2–76 工程技术企业监测计划与实施情况（2015年）

序号	被监测企业	设备名称	计划工作量（台/套）	实际工作量（台/套）	备注
1	××公司	柴油机或柴油发电机组	22	23	
		钻井泵	20	21	
2	××公司	柴油机或柴油发电机组	22	20	
		钻井泵	20	18	
3	××公司	柴油机或柴油发电机组	22	23	
		钻井泵	20	20	
4	××公司	柴油机或柴油发电机组	22	22	
		物探钻机	6	6	
		钻井泵	16	16	
5	××公司	柴油机或柴油发电机组	6	6	
		钻井泵	4	4	
6	××公司	小区供水管网漏点测试	4	5	
合计		—	184	184	

1. 柴油机及发电机组

对长城钻探、西部钻探、川庆钻探、渤海钻探和海洋工程公司等5家钻探企业共计94台柴油机或柴油发电机组进行了监测和评价（其中包括柴油机43台，柴油发电机组51台），具体的监测结果见表2–77。

表 2-77 柴油机及柴油发电机组监测结果汇总表（2015 年）

序号	被监测企业	监测数量（台）	平均燃油消耗率 [克/（千瓦·时）]	平均运行效率（%）	合格数量（台）	合格率（%）
1	××公司	20	220.5	37.7	19	95.0
2	××公司	23	216.2	38.5	23	100.0
3	××公司	22	209.8	39.7	22	100.0
4	××公司	23	225.7	36.7	22	95.7
5	××公司	6	229.3	36.4	6	100.0
	平均值	—	220.3	37.8	—	97.9
	合 计	94	—	—	92	—

注：评价依据 SY/T 5030《石油天然气工业用柴油机》和 JB/T 10303《工频柴油发电机组技术条件》标准要求。

此次监测的 94 台柴油机及柴油发电机组总体合格率为 97.9%（发电机合格率大于柴油机）。分析发现，燃油消耗率是影响柴油机及发电机组合格率高低的主要因素。

2. 钻井泵

对长城钻探、西部钻探、川庆钻探、渤海钻探和海洋工程公司等 5 家钻探企业共计 79 台钻井泥浆泵进行了监测和评价，具体监测结果见表 2-78。

表 2-78 钻井泵监测结果汇总表（2015 年）

序号	被监测单位	监测台数（台）	平均运行效率（%）	合格数量（台）	合格率（%）
1	××公司	18	73.1	18	100.0
2	××公司	20	79.7	20	100.0
3	××公司	16	72.3	16	100.0
4	××公司	21	78.2	21	100.0
5	××公司	4	76.7	4	100.0
	平均值	—	76.0	—	100.0
	合 计	79	—	79	—

注：参照 GB/T 16666《泵机组液体输送系统节能监测方法》标准要求评价。

此次监测的 79 台钻井泵平均运行效率为 76.0%，总体合格率为 100.0%。

3. 物探钻机

对 ××公司在荣县施工作业的 6 台物探钻机进行了监测和评价，监测结果详见表 2-79。

此次监测的 6 台物探钻机均为 WTY-30 型，其平均单位进尺燃油消耗量为 0.43 升/米，平均每米进尺耗时为 11.3 分钟/米。从监测结果来看，在地质条件相似的同型号物探钻机作业时，单位进尺燃油消耗量也较大，这说明人员的操作水平和设备维护保养情况对燃油消耗影响较大。

表 2-79 物探钻机监测结果汇总表（2015 年）

序号	钻机编号	井　号	钻机型号	每米进尺燃油消耗量（升/米）	每米进尺耗时（分钟/米）	备注
1	S-707	S5024-1164	WTY-30	0.47	12.0	泥岩
2	S-636	S7118-1099	WTY-30	0.42	11.0	泥岩
3	S-660	S5037-1202	WTY-30	0.38	9.8	泥岩
4	S-640	S5021-1192	WTY-30	0.43	11.6	泥岩
5	S-705	S5022-1192	WTY-30	0.51	12.8	泥岩
6	S-631	S5019-1164	WTY-30	0.38	10.6	泥岩
平均值				—	0.43	11.3	—

注：设计井深均为 15 米；WTY 系列水钻使用柴油驱动。

4. 供水管网泄漏探测

对××公司涿州开发区 6 号院、8 号院、B 院和 D 院和固城基地处等共计 5 个院区的供水管网泄漏情况进行了检测和评价，检测结果详见表 2-80。

表 2-80 漏水点情况一览表（2015 年）

序号	漏点位置	漏点情况	区域
1	7 号楼二单元	自来水管道漏水	固城基地处
2	7 号楼五单元	自来水管道漏水	固城基地处
3	煤场西门	自来水管道漏水	固城基地处
4	地调五处 05-041 单身公寓楼北侧	暖气管道阀门漏水	固城基地处
5	12 号楼四单元东侧	自来水管道漏水	固城基地处
6	4 号楼三单元	自来水管道漏水	固城基地处
7	8 号楼四单元	自来水管道漏水	固城基地处
8	62 号院西南侧	自来水阀门漏水	涿州 8 号院
9	63 号院北侧	绿化阀门关闭不严	涿州 8 号院
10	6 号楼物探中心辅楼西侧	冷凝水管漏水	涿州 8 号院
11	惠友超市内	消防管道漏水	涿州 6 号院
12	新利香面包房楼梯间内	自来水管道漏水	涿州 6 号院
13	201 号楼五单元	暖气进水管道漏水	涿州 6 号院
14	205 号楼北侧	绿化带阀门关闭不严	涿州 6 号院
15	国际部公寓楼北侧	自来水管道阀门漏水	涿州 6 号院
16	6 号院 3 号泵房内	单流阀失效	涿州 6 号院
17	196 号楼北侧	阀门漏水	涿州 6 号院
18	V128-V129 中间	绿化阀门关闭不严	涿州 B 院

续表

序号	漏点位置	漏点情况	区域
19	V155 东北侧	绿化阀门关闭不严	涿州 B 院
20	V111 东北侧	绿化阀门关闭不严	
21	V170–V169 中间	绿化阀门关闭不严	
22	238 号东北侧	消火栓小水嘴漏水	
23	客运车队与市政连接处	单流阀失效	
24	D 院与市政供水连接处	阀门关闭不严	涿州 D 院
25	15 号楼北侧	绿化带阀门关闭不严	

此次共检测出漏水点 25 处，其中：固城基地处检测到漏水点 7 处，涿州 6 号院检测到 7 处、8 号院检测到 3 处、B 院检测到 6 处、D 院检测到 2 处。从现场情况来看，管线使用年限较长而老化是造成泄漏点多的主要原因。

六、"十二五"期间重点耗能设备监测情况汇总

在"十二五"期间，对工程技术板块各企业监测的柴油机或柴油发电机组、钻井泵、锅炉等重点耗能设备数量如图 2-10 所示。

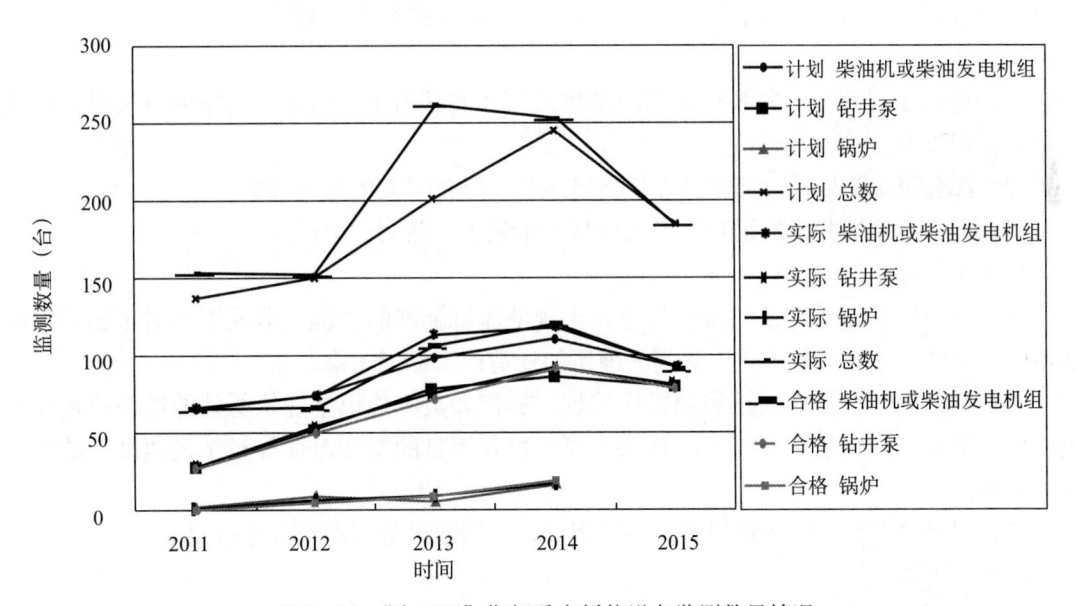

图 2-10 "十二五"期间重点耗能设备监测数量情况

由图 2-10 来看，"十二五"前三年总的监测数量呈上升趋势，2014 年后，监测数量开展逐步递减，其中 2015 年减少最为明显。

在监测设备合格数量方面，钻井泵的情况较为理想，合格率较高，这与没有专用的评价标准，评价时参照的相应标准规定值较低的原因有关。

七、"十二五"期间通过监测发现的主要问题

1. 柴油机及发电机组

（1）大部分井队没有为单台柴油发动机和发电机组安装油料消耗计量装置，这不利于井队对设备实时运行状态油耗的监控，也不利于设备的维护保养、优化配置和考核。

（2）部分柴油机进气阀门调节不够合理，其空气供给量偏大，烟气中氧气含量较高，或是空气供给量不足，烟气中一氧化碳含量较高，从而造成烟气热损失较大。

（3）部分柴油机及发电机计量装置不够准确或不能正常显示（如温度、压力、电参数等计量仪表），没有按有关要求进行检定或校准，从而造成测试值与显示值相差较大。

（4）部分柴油发电机发电输出功率因数偏低，无功损耗较大，导致设备带负载能力较差，有时不得不增加发电机工作数量。

（5）部分钻井队对柴油机或发电机没有严格按照操作规程进行维护保养，或虽然进行了维护保养，但质量不高，造成燃油消耗率偏高，或出现柴油从机身外部溅出的情况，不但增加了耗油量，也存在一定的安全隐患。

（6）部分柴油机或发电机运行负荷不大，负载率低于50%；或是由于井队用电量时高时低，所配置的发电机额定功率偏大，造成发电机组在某些情况下负荷较小，使柴油机或发电机在非高效经济区运行，从而造成较大的油料浪费。

（7）个别新组建的钻井队所用设备为从其他队抽调而来，设备较为陈旧，且无总体运行时间可查，现场勘察发现柴油机排烟颜色较深，说明燃烧性能较差。

2. 钻井泵

（1）现场发现部分钻井泵存在高压液体从泵体底部溢出的情况，液体的漏失对泵造成一定的容积损失。

（2）部分泵负荷较低，使其在非经济区运行，降低了泵的运行效率。

（3）部分电动钻井泵机组功率因数偏低，不利于有效利用电能。

3. 物探钻机

（1）部分钻机缺乏有效的维护保养，出现液压缸漏油的情况，造成工作时不能正常施加钻压，这样不仅增加了能耗，漏失的液压油还造成了环境污染。

（2）钻机操作人员缺乏正规的操作培训。操作人员不能根据井位所处的地理位置和地质结构选取恰当的钻机固定方式和钻头类型，以及不良的操作习惯等对钻进速度、油耗有较大影响。

（3）现场没有设备的运转记录和油耗记录，不利于设备管理和节能管理。

4. 电焊设备

（1）少数电焊设备在空载时输入端（原方）有功功率偏大，超出一般电焊设备空载时输入端（原方）有功功率的一倍以上，若长时间开启会导致电量损失增加。

（2）少数电焊设备电能利用率偏低，对节能降耗有不利影响。

（3）少数电焊设备输入端（原方）功率因数较低，远低于其铭牌功率因数，造成无功损失增大。

5. 锅炉

(1) 部分锅炉排烟温度偏高，远远超出标准限定值，这直接造成了排烟热损失增大，进而降低了锅炉的运行效率。

(2) 部分锅炉运行时配风不够合理，或设备密封不严，造成供气量偏大，这主要表现在烟气中的氧含量较高，从而造成过剩空气系数超标，排烟热损失较大，降低了锅炉的运行效率，且在一定程度上也使引风机、鼓风机的耗电量增加，从而降低了整个供热系统的能源利用效率。

(3) 部分锅炉外表面保温效果不够理想，主要表现在锅炉的后部或顶部温度超标，这在一定程度上增加了锅炉的表面散热损失，降低了能源利用率。

(4) 计量器具的配备存在较大问题。从现场情况来看，各锅炉缺少二级计量，或计量仪表损坏、未检定，且有部分计量仪表准确度等级没有达到 GB 17167《用能单位能源计量器具配备和管理通则》及 GB/T 20901《石油石化行业能源计量器具配备和管理要求》等标准要求。

(5) 部分燃气锅炉无调压、调流量装置，燃气进气管线走向变化较大，供气流量及压力不稳定，从而影响了锅炉的稳定运行。

(6) 燃气锅炉控制系统桌面显示数据比较单一，不能通过软件对锅炉进行操控；所有运行参数不能由操作人员手动调节，不便于管理人员了解锅炉运行情况，也不便于现场人员调节锅炉运行工况。

(7) 部分锅炉烟气中一氧化碳含量超标，氧气含量几乎没有，说明空气供给量严重偏低，现场测试时可闻到刺鼻气味，燃料利用率较低，不利于锅炉经济、安全运行。

(8) 部分地方原水中含有各种杂质及结垢物质，由于结垢导致热阻增大，锅炉出力下降，燃料消耗量增加，这不但降低了锅炉的运行效率，而且使锅炉管壁温度升高，影响锅炉安全经济运行。

(9) 部分操作人员业务技能不高。在监测中发现，部分操作人员不知如何合理调节风量，不知所记录数据是否正确，对错误数据不分析、不上报，只是机械记录，不利于设备的高效、安全运行。

6. 变压器

(1) 大部分变压器容量配置不够合理，造成其负载率偏低，没有达到标准要求，使变压器工作偏离经济运行区间。

(2) 部分变压器功率因数偏低。原因是部分小区用电量不大，以生活用电为主，变压器有功输出较小。

(3) 部分计量仪表读数显示不准确，或没有按期进行检定。

(4) 部分变压器电容过补，造成功率因数为负。主要原因是补偿器置于自动档，实际并未投入补偿，当手动开一组补偿时出现过补现象，说明补偿电容配置偏大；或是补偿电容异常、损坏，造成补偿柜输出线路功率因数达不到要求。

7. 压缩机

(1) 天然气压缩机排出的天然气温度偏高，都在 90℃ 以上，会对正常的计量和生产带来一定的影响，对压缩机运行效率的提高也有不利影响。

（2）部分天然气压缩机运行负荷偏低，造成压缩机运行在非经济区，降低了其能源利用效率。

（3）燃气发动机排烟温度较高，造成大量的散热损失，降低了燃气发动机的运行效率。

8. 电平衡

（1）电网中部分线路采用铝芯电缆，铝芯电缆的导线电阻率是铜芯电缆的1.6倍，导致其在相同电流下产生更大的电能损失。且铝芯电缆氧化速度较快，增加了线路电阻，导致线损功率较大，线损率较高，在环境温度较高和用电量较大时，会产生更大的热量，将缩短绝缘层的使用寿命，存在安全隐患，可能导致电力安全事故。

（2）部分线路负荷较大、线路较长，但所选用的导线线径偏小，电阻较大，从而造成较大的功率损失。

（3）部分支路电流偏相。电网中的不平衡电流会增加线路及变压器的损耗，降低变压器的出力甚至会影响变压器的安全运行，也会造成三相电压不平衡而降低供电质量，甚至会影响电能表的准确计量而造成计量损失。

（4）少数配电柜计量仪表显示不准确，或没有按期进行检定。

9. 水平衡

（1）部分水表的安装位置和环境较为恶劣，安装于地表以下，存在被土埋或被水淹的情况，造成抄表困难，也不利于水表的正常工作和维护。

（2）个别水井漏水严重，井下水已从井盖缝隙处溢出地面；有的管网使用年限较长，管线老化严重，存在多处漏水点。

（3）绿化用水问题比较严重。一是勘查发现有的绿化水井的水表走表明显，但周围并没有进行绿化浇水，用水情况不明，存在私拉乱接或漏失情况；二是发现部分绿化水井用水痕迹明显，但未安装水表计量；三是发现部分绿化水龙头的阀门松弛，存在长流水情况。

（4）现场勘查发现个别水表因常年缺少维护，表盘已经污迹斑斑，以致于不能看清指针，无法计量；或水表安装错误，表针长期倒转。

（5）部分基层单位用水统计台账缺失，不利于统计分析和问题的查找。

（6）部分公用水表以无线传输方式连接进入远抄系统，传输装置与水表一起安装在井内，因潮湿原因导致传输信号不好的现象时有发生，准确性和可靠性也不高。

八、措施建议

1. 柴油机及发电机组

（1）加强对设备的日常维护、调试和保养工作，对有问题的部位及时更换其零部件，确保柴油机能安全、平稳地运行，并确保空气供给合理，减少排烟热损失。

（2）对现场在线仪表进行定期检查和检定，确保其计量准确。

（3）在现场供电条件允许的情况下，采用"油改电"技术，使用箱式变压器代替柴油发动机供电，一是可以降低柴油消耗，提高经济效益，二是可以降低废气排放和环境噪声，实现清洁生产。

（4）充分利用国家和集团公司节能投资政策，淘汰使用年限长、运行效率低的柴油机，选用高效节能产品，降低钻井单耗。

（5）"十三五"期间，集团公司节能工作的思路将是从能源节约向能源管控方向发展。因此，加强柴油发动机的单台计量，是集团公司建立能源管控的基础，也是国家节能减排发展的趋势所向。

（6）充分利用柴油发动机并车驱动泵、绞车后的余功，带动节能发电机发电，使柴油机在经济负荷下运转，从而达到节油的目的。

2. 钻井泵

（1）设备购进时应对其铭牌信息及时采用拍照等手段进行存档保存，使用过程中如发现有铭牌脱落的设备应及时整改，补贴铭牌信息。

（2）加强对设备的日常维护、调试和保养工作，对有问题的部位及时更换其零部件，确保钻井泵能安全、平稳地运行。

3. 物探钻机

（1）加强对设备的日常维护、调试和保养工作，对有问题的部位及时更换其零部件，确保钻机能正常、平稳地运行。

（2）加强技术培训，提高操作人员的操作技能和维护保养水平。尽量招收技术熟练人员，做到操作人员的相对稳定，以利于提高钻井速度，节约油料消耗。

（3）加强节能培训宣传，使员工充分认识到节能减排的重要性和必要性，在日常工作中养成节能的良好习惯。

（4）充分利用国家和集团公司节能投资政策，淘汰使用年限长、运行效率低的耗能设备，选用高效节能产品，降低钻井单耗。

（5）在不同地质岩层情况下，合理选择钻机类型、调节柴油机油门、控制柴油机转速，以减少每米进尺油耗。

4. 电焊设备

（1）对空载时输入端（原方）有功功率偏大的电焊设备建议加强维护保养，尽量减少其空载时间，从而降低空载电量的损耗，达到节能增效的目的。

（2）对于野外现场施工作业的电焊设备，应选取一个合理的供电电压范围，减小和避免对设备和线路的损害。

（3）对电能利用率偏低的电焊设备应加强维护保养，合理使用。对使用时间过长、电能利用率较低的设备应及时维护或更换，选用高效新产品替代。

（4）电焊设备工作时，应放置在通风、背光的地方，特别是夏季，应将电焊设备置于阴凉处或遮阳。

（5）电焊设备与焊接工件的距离不宜过远，距离在3米左右最佳，最远不超过10米，以减少线路电能损失，得到良好的节能效果。

（6）对于多台电焊设备在同一地点同时工作时，一般要装公用电焊设备接地线。

（7）电焊过程中应使用良好的夹具，以提高焊接效率，减少电能损耗。

（8）电焊设备使用的软铜线要保证载流的容量，防止因线径小发热而增大耗能，甚至发生危险（燃烧、火灾等）；导线尽量避免缠绕，以减少由此引起的损耗。

（9）多台电焊设备同时使用时应进行集中补偿，并要经常观察无功补偿的程度，随机地调整，使电网功率因数保持最佳状态。

（10）使用电焊设备空载自停装置和交流接触器无声运行等技术，降低电能损失，达到节能增效的目的。

5. 锅炉

（1）建议对损坏的计量仪表进行维修或更换，并加强现场在线仪表的配备、检查和检定工作，对计量不准或准确度等级达不到要求的仪表进行更换，以确保计量的准确、可靠；寻找、研究更为先进的计量仪表或计量方式，以减小环境因素对计量结果的影响。

（2）结合生产实际和锅炉运行状况，优化锅炉管理操作系统，根据负载与季节的变化跟踪监测，及时调整风量和燃料的配比，降低过剩空气系数，使锅炉的燃烧达到理想状态。

（3）加强对锅炉定期维护、保养，包括炉体的清灰、降低烟温、维护保温层和加强密封等，杜绝炉膛和烟道各处的漏风，以减少散热损失和排烟热损失，提高锅炉运行效率。

（4）根据工艺要求，合理调整锅炉运行台数，使锅炉在合理负荷条件下运行，提高锅炉运行效率，降低燃料消耗。

（5）增加热交换器，同时吸收污水和尾烟余热，提高供水温度，可节约能源，而且减少污染排放。

（6）加强对锅炉给水水质处理及冷凝液回收。提高冷凝液回收率，不但能减少锅炉补水量，减轻水处理系统的负荷，还能使锅炉给水温度提高，使锅炉安全经济运行。

（7）在锅炉上加装燃烧控制装置，根据烟气中的氧含量来调节空气与燃料的比例，使过量空气系数符合指标要求，并使排出的烟气中可燃成分降至最低。

（8）由于大部分燃气锅炉是刚刚改建安装完成，员工对设备未完全熟悉，操作熟练度还有待提高，应加强对员工节能意识及主要耗能设备操作技能的培训工作，以提高员工的节能意识和操作水平，实现设备的高效运行。

（9）加强对燃料煤的管理，合理存放燃料。建议在保障燃烧器安全的基础上，降低燃料煤的水分，减少烟气热损失，使锅炉经济运行。

（10）建议对购置年代已久的设备进行评估折旧，及时淘汰落后设备，在物尽其用的同时，购置新型节能设备，实现节能减排降耗的大提升。

6. 变压器

（1）根据用电负荷的特性和变化规律，正确选择和配置变压器容量，通过运行方式的择优，合理调整负荷，实现变压器经济运行。

（2）及时检查与负载相关的电器与设备，单相用电设备（如路灯）应均匀地接在三相电路上，避免偏相。

（3）应对计量仪表进行定期维护与检定，及时修理或更换故障仪表，保证电能计量的准确性。

（4）合理控制变压器电容补偿量。建议定期进行检查，在不同的用电时段和季节，针对不同用电量和功率因数，及时调节补偿大小，使其既不过补也不欠补。

（5）加强对变压器及其配套设备的维保维修工作。定期对变压器、配电柜进行检查、维护、维修和清洁，更换损坏部件，注意检查紧固部件有无松动发热，绕组绝缘表面有无龟裂、爬电和碳化痕迹，消除因接触不良、积尘所产生的热量无法散失而损坏绝缘材料的现象，以减少安全隐患和能量浪费。

7. 压缩机

（1）冬季启机过程中严格按照压缩机标准作业程序进行操作，对压缩机多次冲转暖机，使机组受热均匀后进行加载。

（2）加强压缩机机组的日常维护和保养工作，提高维修质量，确保机组安全、平稳、高效地运行。

（3）查找压缩机排气温度较高的原因，提高冷却系统的冷却效率，或因地制宜地采用一些特殊冷却措施以降低进气温度，达到降低排气温度、提高机组运行效率和安全生产的目的。

（4）对烟气余热利用进行可行性研究，回收利用高温烟气来产生热能、动能或电能。

（5）淘汰使用年限长、运行效率低的耗能设备，选用高效节能产品，降低能源消耗。

8. 电平衡

（1）建议采用铜芯电缆，以减少线路中的电能损失。

（2）建议对负荷较大而线径偏小的线路进行更换，或调整供电负荷，以减少线路损失，提高整个供配电系统效率。

（3）及时检查与负载相关的电器与设备，单相用电设备应均匀地接在三相电路上，避免偏相。

（4）应对计量仪表进行定期维护与检定，及时修理或更换故障仪表，保证电能计量准确性。

9. 水平衡

（1）进一步推广居民及商业用水远程集抄系统的管理模式，将公共用水点也纳入远程集抄管理系统，与相关单位联合研制针对公共用水点的数据采集和传输设备，使公共用水点的计量数据更为准确可靠，同时也可以减轻抄表工作人员的劳动强度。

（2）加强对供用水管网的日常巡检工作，以便在最短的时间内发现管网漏点，并进行及时维修，力争将供用水管网的漏失量降低到最小限度。

（3）对未安装水表的用水点，以及已经发现出现问题的计量点，应及时按照 GB 17167—2006《用能单位能源计量器具配备和管理通则》标准要求补装水表、更换新表，以提高管网的水表配备率与计量率。

（4）进一步加强用水统计资料管理，明确责任人，强化与水统计资料有关的收费核算、服务管理中心等单位的联系协作，夯实基础工作，提升管理水平。

（5）做好供用水管网计量设施的排水清洁等日常维护工作，确保计量设施正常工作，准确计量。

（6）为进一步加强用水管理，建议对重要水表（如总水表）和安装环境较恶劣的水表增加备用水表并缩短更换检定周期，以提高管网的监控力度和计量水平。

（7）跟踪调研国内外先进水资源计量方法和仪器，结合各公司的实际选择更好的计量器具，从装备上提升节能节水的效果；针对部分院区管理区域大计量器具多统计误差大的特点，深入开展统计误差、计量误差等方面的分析研究，从技术上提升节能节水水平。

第三章 统 计 管 理

集团公司实施节能节水统计管理制度，2010年12月发布了《中国石油天然气集团公司节能节水统计管理规定》（质量〔2010〕881号），建立了相应的统计指标体系并发布《节能节水统计指标及计算方法》（Q/SY 61-2011）等企业标准。集团公司质量安全环保部委托专门的技术研究机构，负责开展节能节水统计分析工作。

第一节 组 织 机 构

一、管理机构

集团公司节能节水工作实行统一领导、分级管理、分工负责体制。集团公司质量安全环保部是集团公司节能节水工作的归口主管部门，节能节水业务形成总部、专业分公司和企业三级节能节水管理结构，所属企业机关、二三级单位根据实际业务需求配备相应管理人员。

二、主要职责

集团公司质量安全环保部是集团公司节能节水统计工作的综合管理部门，履行以下主要职责：

（1）负责制订节能节水统计管理规章制度，并监督落实；
（2）负责发布节能节水统计信息；
（3）负责组织节能节水统计人员专业培训。

集团公司规划计划部负责组织制订节能节水指标体系并确定统计口径。

集团公司信息管理部负责建立节能节水统计信息系统。

专业分公司协同集团公司质量安全环保部负责本专业节能节水的统计分析工作。

所属企业负责组织开展本企业节能节水统计工作。

受集团公司质量安全环保部的委托，节能中心负责节能节水统计数据的收集、汇总、分析以及节能节水统计信息系统的使用和维护。

第二节 统 计 流 程

节能节水统计的主要范围包括了生产基础数据、能源实物消耗、用水消耗以及单耗指标等。报表上报日期除年报外均为次月8日前。企业每季度应上报统计分析报告，统计分析报告内容涵盖能源消耗实物量分析；能源消耗指标分析；节能节水措施实施情况分析；用水状况分析；用水水平指标分析；节能量和节能价值量分析；节水量和节水价值量分析；主要用能用水设备状况分析；主要炼化装置能耗状况分析；节能节水工作存在问题及潜力、措施建议等内容。

集团公司节能节水统计管理依托节能节水管理系统（以下简称E7系统）开展进行，统计数据采用逐层上报、审核、汇总的方式。例如，二级单位将报表上报到企业，企业上报到集团公司，通过审核后，集团公司对所有通过审核的报表进行汇总，形成汇总报表。具体流程见图3-1。

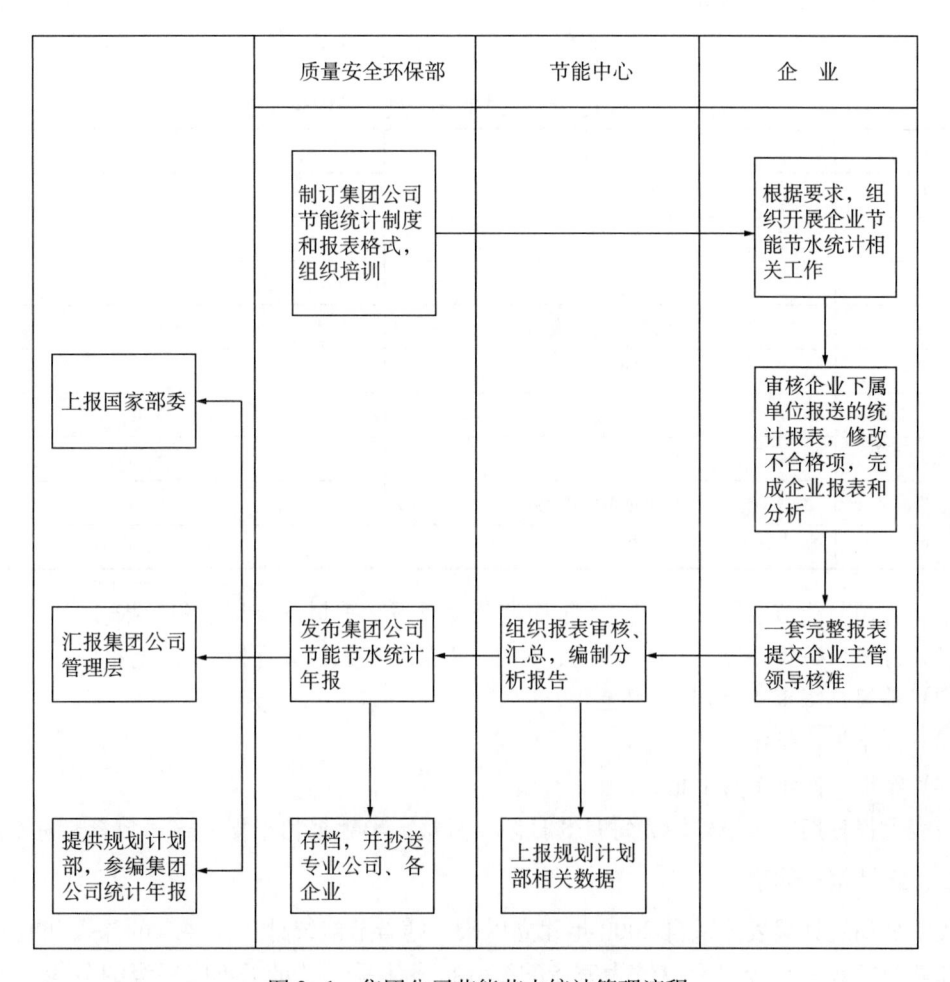

图 3-1 集团公司节能节水统计管理流程

所属企业负责收集、整理、汇总本企业节能节水统计信息，并编制统计报表和统计分析报告，并于次月8日前上报（年报根据安排时间另行确定）至集团公司节能节水管理系统。

节能中心负责所属企业报表的初审，并将发现的问题和意见及时反馈给所属企业，由所属企业修改后重新上传。

经审核通过后，所属企业应及时将纸质报表报送至节能中心。纸质报表须经企业主管节能节水的领导签字并加盖企业公章。

节能中心负责对所属企业报表进行统计汇总分析，编制集团公司节能节水统计月度报表以及季度、半年和年度统计分析报告，报送至集团公司质量安全环保部审核。

集团公司质量安全环保部组织对各企业年度节能节水统计报表进行统一集中审核汇总，集团公司定期公布节能节水统计信息。

第三节 统 计 体 系

一、统计范围及填报要求

目前,集团公司共计 139 家企业纳入集团公司节能节水统计范围,具体情况见表 3–1。

表 3–1 集团公司纳入节能节水统计范围企业数量

序号	名 称	企业数量(家)
1	勘探与生产	16
2	炼油与化工	31
3	销 售	36
4	天然气与管道	6
5	工程技术	7
6	工程建设	5
7	装备制造	5
8	其他企事业单位	33
9	合 计	139

集团公司节能节水统计报表的上报周期分为月报、季报、半年报和年报。
(1) 月报:每年 2 月、3 月、5 月、6 月、8 月、9 月、11 月和 12 月上报;
(2) 季报:每年 4 月和 10 月上报;
(3) 半年报:每年 7 月上报;
(4) 年报:次年 1 月上报。

报表上报日期除年报外均为每月 8 日前,月报、半年报和年报的报表数量略有不同。

二、统计报表体系

集团公司统计报表体系自 2000 年建立以来,随着节能统计工作要求的深入开展而进行了不断修改完善,至今已形成较为完备的统计报表体系,满足了不同层级的节能节水统计管理需求。集团公司统计报表体系可分为综合类、用能量和用水类三大类报表。

1. 综合类报表

综合类报表主要包括节能节水工作人员基本情况表,节能节水月报表,生产数据统计报表,能源购进、消费与库存情况统计表和节能量节水量报表等 5 类报表,是反映企业生产和耗能用水情况的综合性报表。表样具体样式见表 3–2 至表 3–7。

2. 用能类报表

用能类报表主要包括能源消耗报表、能源转换报表、能源单耗报表、主要耗能设备报表、主要炼油化工装置能耗统计表和节能措施报表等 6 大类,是反映企业总体和分业务耗能情况、能源加工转换情况、主要生产用能单耗指标、重点耗能设备用能情况、重点炼油生产装置能耗情况以及节能技措实施情况的报表。详细报表见表 3–8 至表 3–13。

表 3-2 节能节水工作人员基本情况表

企业名称				邮编		
万家企业				地址		
企业主管领导				办公电话		
邮箱				经理办传真		
报表填报人				报表审核人		
节能节水主管部门（名称）				部门传真		
类别	姓名	职务/职称	办公电话	手机号码	邮箱
部门主管领导					
节能节水管理人员					
节能节水统计部门（名称）			部门传真		
类别	姓名	职务/职称	办公电话	手机号码	邮箱
部门主管领导					
统计岗位人员					

表 3-3 节能节水月报

序号	能源名称	计量单位	本年累计			上年同期			折标煤系数
			合计	工业	非工业	合计	工业	非工业	
1	原煤	吨							
2	原油	吨							
3	天然气	10^4 米^3							
4	电	10^4 千瓦·时							
5	……								
6									
7									
8									
9									
10									
11									
12									

续表

序号	能源名称	计量单位	本年累计 合计	本年累计 工业	本年累计 非工业	上年同期 合计	上年同期 工业	上年同期 非工业	折标煤系数
13	能源消耗总量	吨标准煤							—
14	综合能源消费量	吨标准煤							—
15	新鲜水量	10^4 米^3							—
16	节能量	吨标准煤							—
17	节水量	10^4 米^3							—

填报人：　　　　　审核人：　　　　　日期：

表 3–4　生产数据统计报表

序号	名称	计量单位	本年累计	去年同期
1	原油产量	万吨		
2	天然气产量	10^4 米^3		
3	……			
4				
5				
6				
7				
8				
9				
10				
11				
12				
13				
14				
15				
16				
17	工业产值综合能耗	吨标准煤/万元		
	其中：工业综合能源消费量	吨标准煤		
	万元工业产值	万元		
18	企业增加值综合能耗	吨标准煤/万元		
	其中：综合能源消费量	吨标准煤		
	万元企业增加值	万元		

填报人：　　　　　审核人：　　　　　日期：

表 3-5 能源购进、消费与库存情况统计表（一）

能源名称	计量单位	代码	年初库存量	购进量 实物量	购进量 金额（万元）	消费量 合计	消费量 1.工业生产消费	消费量 用于原材料	消费量 2.非工业生产消费	消费量 合计中：运输工具消费	期末库存量	采用折标系数	参考折标系数
甲	乙	丙	1	2	3	4	5	6	7	8	9	10	11
原煤	吨	01											0.7143
其中：1.无烟煤	吨	02											0.9428
2.炼焦烟煤	吨	03											0.9000
3.一般烟煤	吨	04											0.7143
4.褐煤	吨	05											0.4286
洗精煤	吨	06											0.9000
其他洗煤	吨	07											0.4643
煤制品	吨	08											0.5286
焦炭	吨	09											0.9714
其他焦化产品	吨	10											1.1～1.5
焦炉煤气	10^4米^3	11											5.714～6.143
高炉煤气	10^4米^3	12											1.2860
转炉煤气	10^4米^3	13											2.7140
发生炉煤气	10^4米^3	14											1.7860
天然气（气态）	10^4米^3	15											11～13.3
液化天然气（液态）	吨	16											1.7572
煤层气（煤田）	10^4米^3	17											11
原油	吨	18											1.4286
汽油	吨	19											1.4714
煤油	吨	20											1.4714

续表

能源名称	计量单位	代码	年初库存量	购进量 实物量	购进量 金额(万元)	消费量 合计	消费量 1.工业生产消费	消费量 用于原材料	消费量 2.非工业生产消费	合计中:运输工具消费	期末库存量	采用折标系数	参考折标系数
甲	乙	丙	1	2	3	4	5	6	7	8	9	10	11
柴油	吨	21											1.4571
燃料油	吨	22											1.4286
液化石油气	吨	23											1.7143
炼厂干气	吨	24											1.5714
石脑油	吨	25											1.5
润滑油	吨	26											1.4143
石蜡	吨	27											1.3648
溶剂油	吨	28											1.4672
石油焦	吨	29											1.0918
石油沥青	吨	30											1.3307
其他石油制品	吨	31											1.4
热力	10⁶千焦	32											0.0341
电力	10⁴千瓦·时	33											1.229
煤矸石用于燃料	吨	34											0.2857
城市生活垃圾用于燃料	吨	35											0.2714
生物质废料用于燃料	吨	36											0.5
余热余压	10⁶千焦	37											0.0341
其他工业废料用于燃料	吨	38											0.4285
其他燃料	吨标准煤	39											1

续表

能源名称	计量单位	代码	年初库存量	购进量		消费量				期末库存量	采用折标系数	参考折标系数
				实物量	金额(万元)	合计	1.工业生产消费	用于原材料	2.非工业生产消费	合计中：运输工具消费			
甲	乙	丙	1	2	3	4	5	6	7	8	9	10	11
能源合计	吨标准煤	40											
综合能源消费量	吨标准煤	41											

填报人：　　　　　审核人：　　　　　日期：

表3-6 能源购进、消费与库存情况统计表（二）

能源名称	计量单位	代码	工业生产消费	加工转换投入合计	火力发电	供热	原煤入洗	炼焦	炼油	制气	天然气液化	加工煤制品	能源加工转换产出	回收利用
甲	乙	丙	1	2	3	4	5	6	7	8	9	10	11	12
原煤	吨	01												
其中：1.无烟煤	吨	02												
2.炼焦烟煤	吨	03												
3.一般烟煤	吨	04												
4.褐煤	吨	05												
洗精煤	吨	06												
其他洗煤	吨	07												
煤制品	吨	08												
焦炭	吨	09												
其他焦化产品	吨	10												
焦炉煤气	10^4米^3	11												

续表

能源名称	计量单位	代码	工业生产消费	加工转换投入合计	火力发电	供热	原煤入洗	炼焦	炼油	制气	天然气液化	加工煤制品	能源加工转换产出	回收利用
甲	乙	丙	1	2	3	4	5	6	7	8	9	10	11	12
高炉煤气	10⁴米³	12												
转炉煤气	10⁴米³	13												
发生炉煤气	10⁴米³	14												
天然气（气态）	10⁴米³	15												
液化天然气（液态）	吨	16												
煤层气（煤田）	10⁴米³	17												
原油	吨	18												
汽油	吨	19												
煤油	吨	20												
柴油	吨	21												
燃料油	吨	22												
液化石油气	吨	23												
炼厂干气	吨	24												
石脑油	吨	25												
润滑油	吨	26												
石蜡	吨	27												
溶剂油	吨	28												
石油焦	吨	29												
石油沥青	吨	30												
其他石油制品	吨	31												

续表

能源名称	计量单位	代码	工业生产消费	加工转换投入合计	火力发电	供热	原煤入洗	炼焦	炼油	制气	天然气液化	加工煤制品	能源加工转换产出	回收利用
甲	乙	丙	1	2	3	4	5	6	7	8	9	10	11	12
热力	10^6 千焦	32												
电力	10^4 千瓦·时	33												
煤矸石用于燃料	吨	34												
城市垃圾用于燃料	吨	35												
生物质废料用于燃料	吨	36												
余热余压	10^6 千焦	37												
其他工业废料用于燃料	吨	38												
其他燃料	吨标准煤	39												
能源合计	吨标准煤	40												

填报人：　　　　　　审核人：　　　　　　日期：

表 3-7 节能量节水量报表

序号	项目	节能量（吨标准煤）		节能价值量（万元）		节水量（10^4 米^3）		节水价值量（万元）		说明
		本年累计	上年同期	本年累计	上年同期	本年累计	上年同期	本年累计	上年同期	
1	油田									
2	气田									
3	……									
4										
5										
6										

续表

序号	项目	节能量(吨标准煤) 本年累计	节能量(吨标准煤) 上年同期	节能价值量(万元) 本年累计	节能价值量(万元) 上年同期	节水量(10⁴米³) 本年累计	节水量(10⁴米³) 上年同期	节水价值量(万元) 本年累计	节水价值量(万元) 上年同期	说明
7										
8										
9										
10										
11										
	上市部分									
	未上市部分									
	合 计									

填报人：　　　　　审核人：　　　　　日期：

表3-8 能源消耗报表

序号	能源名称	计量单位	本年累计 实物消耗量 合计	本年累计 实物消耗量 工业	本年累计 实物消耗量 非工业	上年同期 实物消耗量 合计	上年同期 实物消耗量 工业	上年同期 实物消耗量 非工业	本年累计能源消耗费用 单价(元/计算单位)	本年累计能源消耗费用 总值(万元)	折标准煤系数
甲	乙	丙	1	2	3	4	5	6	7	8	丁
1	原煤	吨									
2	原油	吨									
3	天然气	10⁴米³									
4	电	10⁴千瓦·时									
5	……										
6											
7											

续表

序号	能源名称	计量单位	本年累计实物消耗量			上年同期实物消耗量			本年累计能源消耗费用		折标准煤系数
			合计	工业	非工业	合计	工业	非工业	单价(元/计算单位)	总值(万元)	
甲	乙	丙	1	2	3	4	5	6	7	8	丁
8											
9											
10											
11											
12											
13											
14											
15											
16	能源消耗总量	吨标准煤									—

表3-9 能源转换报表

序号	能源名称	计量单位	投入量			产出量	
			合计	电力生产	热力生产	电力(10⁴千瓦·时)	热力(吨标准煤)
甲	乙	丙	1	2	3	4	5
1	原煤	吨					
2	原油	吨					
3	天然气	10⁴米³					
4	电	10⁴千瓦·时					
5	……						

续表

序号	能源名称	计量单位	投入量			产出量	
			合计	电力生产	热力生产	电 力 (10^4 千瓦·时)	热 力 (吨标准煤)
甲	乙	丙	1	2	3	4	5
6							
7							
8							
9							
10							
11							
12	合计	吨标准煤					

填报人：　　　　　审核人：　　　　　日期：

表 3–10　能源单耗报表

序号	指标名称	计算单位	本年累计	上年同期	本年累计		上年同期		备注
					子项	母项	子项	母项	
甲	乙	丙	1	2	3	4	5	6	丁
1	单位油气当量生产综合能耗	千克标准煤/吨							
2	单位油气当量液量生产综合能耗	千克标准煤/吨							
3	……								
4									
5									
6									
7									

续表

序号	指标名称	计算单位	本年累计	上年同期	本年累计		上年同期		备注
					子项	母项	子项	母项	
甲	乙	丙	1	2	3	4	5	6	丁
8									
9									
10									
11									
12									
13									
14									
15									
16									
17									
18									
19									
20									

注：平衡关系为宾栏1=宾栏3/宾栏4，宾栏2=宾栏5/宾栏6。

填报人：　　　　　审核人：　　　　　日期：

表3-11　主要耗能设备报表

设备名称	在用数量(台)	装机容量(千瓦)	更新/改造(台)	淘汰(台)	测试数量(台)	测试率(%)	测试合格数量(台)	测试合格率(%)	设备测试效率(%)		系统测试效率(%)		耗能量	
									报告期	上年同期	报告期	上年同期	计量单位	数量
甲	1	2	3	4	5	6	7	8	9	10	11	12	乙	13
1. 注水泵													10^4千瓦·时	
2. 输油泵													10^4千瓦·时	

续表

设备名称	在用数量(台)	装机容量(千瓦)	更新/改造(台)	淘汰(台)	测试数量(台)	测试率(%)	测试合格数量(台)	测试合格率(%)	设备测试效率(%) 报告期	设备测试效率(%) 上年同期	系统测试效率(%) 报告期	系统测试效率(%) 上年同期	耗能量 计量单位	耗能量 数量
甲	1	2	3	4	5	6	7	8	9	10	11	12	乙	13
3. 抽油机									—	—			10^4千瓦·时	
4. 电潜泵									—	—			10^4千瓦·时	
5. 风机													10^4千瓦·时	
6. 机泵														
7. 锅炉											—	—	吨标准煤	
其中：烧油											—	—	吨标准煤	
烧煤											—	—	吨标准煤	
烧气											—	—	吨标准煤	
混烧											—	—	吨标准煤	
8. 加热炉											—	—	吨标准煤	
其中：烧油											—	—	吨标准煤	
烧煤											—	—	吨标准煤	
烧气											—	—	吨标准煤	
混烧											—	—	吨标准煤	
9. 压缩机													吨标准煤	
其中：烧气													吨标准煤	
网电													10^4千瓦·时	
10. 钻机													吨标准煤	
其中：网电													10^4千瓦·时	

续表

设备名称	在用数量（台）	装机容量（千瓦）	更新/改造（台）	淘汰（台）	测试数量（台）	测试率（%）	测试合格数量（台）	测试合格率（%）	设备测试效率（%）		系统测试效率（%）		耗能量	
									报告期	上年同期	报告期	上年同期	计量单位	数量
	1	2	3	4	5	6	7	8	9	10	11	12	乙	13
甲		丙												
柴油									—	—	—	—	吨标准煤	
合 计									—	—	—	—	吨标准煤	

填报人： 审核人： 日期：

表 3-12 主要炼油化工装置能耗统计表

序号	装置名称	项目名称	实物消耗			统一能量换算系数（千克标准油/吨）	本期能量消耗			装置加工能力（万吨）	本期止累计能量消耗	
			计量单位	本期	本期止累计		能量消耗（千克标准油/吨）	子项（吨标准油）	母项（吨）		子项（吨标准油）	母项（吨）
甲	乙		丙	1	2	丁	3	4	5	6	7	8
1	装置加工能力		吨									
2	装置加工量		吨									
3	能耗合计		—									
4	水		吨									
	其中：新鲜水		吨									
	循环水		吨									
	软化水		吨									
	除盐水		吨									
	除氧水		吨									

续表

序号	装置名称		实物消耗		装置编号 统一能量换算系数 (千克标准油/吨)	本期能量消耗		装置加工能力（万吨）		本期止累计能量消耗	
		项目名称	计量单位	本期 本期止累计		能量消耗 (千克标准油/吨)	子项 (吨标准油)	能量消耗 (千克标准油/吨)	母项 (吨)	子项 (吨标准油)	母项 (吨)
甲	乙	乙	丙	1　2	丁	3	4	5	6	7	8
4		凝结水（透平）	吨								
		凝结水（加热）	吨								
5		电	千瓦·时								
6		蒸汽	吨								
		其中：10.0兆帕	吨								
		3.5兆帕	吨								
		1.0兆帕	吨								
		0.3兆帕	吨								
7		工艺炉燃料	吨								
		其中：燃料油	吨								
		燃料气	吨								
		天然气	吨								
		干馏瓦斯	吨								
8		催化烧焦	吨								
9		外输热量	吨								
10		氮气	米³								
11		风	米³								
		其中：工业风	米³								
		仪表风	米³								

注：平衡关系为宾栏3=宾栏4/宾栏5，宾栏6=宾栏7/宾栏8。

填报人：　　　　　　　　　审核人：　　　　　　　　　日期：

表 3-13 节能措施报表

序号	项目名称	是否为专项投资项目	投产日期	投资（万元）	预计节能能力 实物类	预计节能能力 实物量	预计节能能力 （吨标准煤/年）	预计节能能力 （万元/年）	本期实现节能 实物类	本期实现节能 实物量	本期实现节能 （吨标准煤）	本期实现节能 （万元）	静态投资回收期（年）
甲	乙	丙	丁	1	2	3	4	5	6	7	8	9	10
合计													

填报人：　　　　审核人：　　　　日期：

3. 用水类报表

用水报表主要包括用水量报表，用水单耗报表和节水技措报表三类，详情见表 3-14 至表 3-16。

表 3-14 用水状况报表

序号	指标名称	计量单位	本年累计 合计	本年累计 工业	本年累计 非工业	上年同期 合计	上年同期 工业	上年同期 非工业	本年累计用水消耗费用 单价（万元/计算单位）	本年累计用水消耗费用 总值（万元）	备注
甲	乙	丙	1	2	3	4	5	6	7	8	丁
1	新鲜水用量	10^4 米^3									
2	蒸汽消耗量	万吨									
3	化学水消耗量	万吨									
4	中水消耗量	10^4 米^3									
5	……	10^4 米^3									
6		10^4 米^3									
7		10^4 米^3									

续表

序号	指标名称	计量单位	本年累计 合计	本年累计 工业	本年累计 非工业	上年同期 合计	上年同期 工业	上年同期 非工业	本年累计用水消耗费用 单价（万元/计算单位）	本年累计用水消耗费用 总值（万元）	备注
甲	乙	丙	1	2	3	4	5	6	7	8	丁
8		10⁴米³									
9		10⁴米³									
10		10⁴米³									
11		10⁴米³									
12		10⁴米³									
13		10⁴米³									
14		10⁴米³									
15		10⁴米³									
16		10⁴米³									

注：平衡关系为宾栏1=宾栏2+宾栏3，宾栏4=宾栏5+宾栏6。　　填报人：　　审核人：　　日期：

表3-15　用水水平指标报表

序号	指标名称	计量单位	本年累计	上年同期	计算依据 本年累计 子项	计算依据 本年累计 母项	计算依据 上年同期 子项	计算依据 上年同期 母项	备注
甲	乙	丙	1	2	3	4	5	6	丁
1	单位油气当量生产新水量	米³/吨							
2	单位油气当量液量生产新水量	米³/吨							
3	……								
4									
5									
6									
7									
8									
9									
10									
11									
12									
13									
14									
15									

注：平衡关系为宾栏1=宾栏3/宾栏4，宾栏2=宾栏5/宾栏6。　　填报人：　　审核人：　　日期：

表 3-16　节水措施报表

序号	项目名称	是否为专项投资项目	投产日期	投资（万元）	预计节水能力				本期实现节水				静态投资回收期（年）
					实物类	实物量	(10⁴米³/年)	(万元/年)	实物类	实物量	(10⁴米³)	(万元)	
甲	乙	丙	丁	1	2	3	4	5	6	7	8	9	10
合计													

填报人：　　　　　　　　审核人：　　　　　　　　日期：

第四节　统计培训及表彰

自 2000 年以来，随着集团公司节能节水统计工作持续深入进行和节能节水统计体系的不断升级完善，集团公司质量安全环保部先后委托节能中心组织开展了 11 次统计培训班，具体情况见表 3-17。

表 3-17　2000 年以来统计培训一览表

时间	培训地点
2000 年	中国石油物探培训中心
2001 年	中国石油杭州培训中心
2002 年	中国石油广州培训中心
2005 年	中国石油物探培训中心
2006 年	中国石油南京培训中心
2007 年	长庆油田培训中心
2008 年	中国石油四川培训中心

续表

时间	培训地点
2010 年	中国石油广州培训中心
2012 年	中国石油大连培训中心
2014 年	中国石油江苏宜兴培训中心
2016 年	中国石油新疆培训中心

自 2008 年集团公司专业化重组以来，集团公司每两年举办一次节能节水统计培训班。"十二五"以来，集团公司分别于 2012 年 10 月、2014 年 9 月和 2016 年 10 月举办了三次节能节水统计培训班，详细情况简介如下。

一、2012 年集团公司节能节水统计培训工作

根据集团公司 2012 年人事培训计划，2012 年 10 月 22—26 日在中国石油大连培训中心举办了 2012 年度集团公司节能节水统计培训班。共有来自 103 家集团公司所属企业，160 余名节能节水统计及管理人员参加培训。

本次培训重点对集团公司目前节能节水统计管理、集团公司节能管理信息系统、节能节水统计报表和能效管理信息系统等内容进行了培训。此外，国务院国有资产监督管理委员会综合局有关领导应邀进行国家节能减排相关要求培训授课。培训班具体的培训内容为：国家对中央企业节能减排工作要求，重点是对节能统计方面工作要求；集团公司节能工作面临的形势和主要任务，"十二五"节能工作部署；"集团公司节能管理信息系统"建设情况以及主要功能介绍；最新修订的节能节水统计报表、统计指标及填报方法讲解；能效管理信息系统操作讲解及上机培训，最后统一进行了结业考试，并分三组就节能节水统计工作现存的问题、统计报表系统的不足以及节能节水统计工作今后开展的思路等方面进行了深入细致的讨论。

本次培训对集团公司 2011—2012 年度节能节水统计先进个人进行表彰，名单见表 3-18。

表 3-18 集团公司 2011—2012 年度节能节水统计先进工作者

序号	单 位	姓 名
1	中国石油大庆油田	王钦胜
2	中国石油辽河油田公司	陈秀梅
3	中国石油塔里木油田公司	何建萍
4	中国石油西南油气田公司	陈 漫
5	中国石油吉林油田公司	李翰勇
6	中国石油青海油田公司	刚永恒
7	中国石油冀东油田公司	郭景芳
8	中国石油玉门油田公司	秦玉珍
9	中国石油大庆石化公司	李振国

续表

序号	单 位	姓 名
10	中国石油吉林石化公司	穆庆峰
11	中国石油辽阳石化公司	杨 丽
12	中国石油独山子石化公司	初青柏
13	中国石油大连石化公司	王晓丽
14	中国石油锦州石化公司	王东东
15	中国石油大港石化公司	姚丹郁
16	中国石油长庆石化公司	王 允
17	中国石油克拉玛依石化公司	李正斌
18	中国石油庆阳石化公司	周向忠
19	中国石油东北销售公司	刘丽艳
20	中国石油北京销售公司	刘新颖
21	中国石油黑龙江销售公司	宋 硕
22	中国石油浙江销售公司	牟 睿
23	中国石油管道公司（管道销售公司）	杨景丽
24	中国石油西部管道公司	蒲镇东
25	中国石油集团西部钻探工程有限公司	龚江川
26	中国石油长城钻探工程公司	杨 勇
27	中国石油川庆钻探工程公司	吴 彤
28	中国石油集团东方地球物理勘探有限责任公司	白 凤
29	中国石油集团东北炼化工程有限公司	曹玉春
30	中国石油宝鸡石油机械有限责任公司	张亚平

二、2014年集团公司节能节水统计培训工作

根据集团公司2014年人事培训计划，2014年9月22日至9月25日在中国石油江苏宜兴培训中心举办了2014年度集团公司节能节水统计培训班。共有来自108家集团公司所属企业，170余名节能节水统计及管理人员参加会议。

本次培训重点对集团公司节能工作面临的形势与任务，节能工作发展思路；国家对固定资产投资项目节能评估的相关要求以及集团公司节能评估工作开展情况；国家合同能源管理相关要求以及集团公司合同能源管理项目开展情况；能源基础知识及先进节能技术；节能节水统计报表体系和报表填报过程中存在的主要问题；集团公司节能节水管理系统统计模块和管理员权限等进行培训，培训班组织学员进行了节能节水管理系统和管理员培训上机操作，最后根据此次培训的内容，统一进行了结业考试，培训班分三组就节能节水统计工作现存的问题、节能节水管理系统报表填报存在的问题以及节能节水统计工作今后开展的思路等方面进行了深入细致的讨论，对节能节水管理系统提出了较好的修改建议。

本次培训对集团公司2013—2014年度节能节水统计先进个人进行表彰，名单见表3-19。

表3-19 集团公司2013—2014年度节能节水统计先进工作者

序号	单 位	姓 名
1	中国石油大庆油田	王钦胜
2	中国石油辽河油田公司	陈秀梅
3	中国石油新疆油田公司	沈 娜
4	中国石油西南油气田公司	陈 漫
5	中国石油大港油田公司	李矿文
6	中国石油青海油田公司	刚永恒
7	中国石油吐哈油田公司	马晓鹏
8	中国石油吉林石化公司	穆庆峰
9	中国石油抚顺石化公司	李 涛
10	中国石油辽阳石化公司	杨 丽
11	中国石油兰州石化公司	杨志远
12	中国石油独山子石化公司	初青柏
13	中国石油宁夏石化公司	冯晓斌
14	中国石油哈尔滨石化公司	赵彦禹
15	中国石油辽河石化公司	郑嫦娥
16	中国石油东北销售公司	刘丽艳
17	中国石油四川销售公司	刘玉琳
18	中国石油福建销售公司	王国良
19	中国石油大连销售公司	孙宝松
20	中国石油天津销售公司	李 安
21	中国石油西气东输管道公司	魏 娜
22	中国石油西部管道公司	蔡 婷
23	中国石油集团西部钻探工程有限公司	龚江川
24	中国石油长城钻探工程公司	杨 勇
25	中国石油渤海钻探工程公司	王凤臣
26	中国石油川庆钻探工程公司	吴 彤
27	中国石油集团工程设计有限责任公司	裴海华
28	中国石油渤海石油装备制造有限公司	宋兴娜
29	中国石油规划总院	刘富余
30	中国石油规划总院	陈衍飞
31	中国石油天然气运输公司	汪 华

三、2016年集团公司节能节水统计培训工作

根据集团公司2016年人事培训计划，2016年10月24—27日在中国石油新疆培训中心举办了2016年度集团公司节能节水统计培训班。共有来自110家集团公司所属企业，170余名节能节水统计及管理人员参加培训。

本次培训重点对"十三五"期间集团公司节能工作面临的形势及任务、集团公司能源管控工作进展、集团公司"十二五"节能专项投资项目及示范工程以及集团公司节能节水统计体系等内容进行培训。培训课程结束后，组织开展了集团公司节能节水管理系统上机操作、考试和分组讨论等一系列活动。

本次培训对集团公司2015—2016年度节能节水统计先进个人进行表彰，名单见表3-20。

表3-20 集团公司2015—2016年度节能节水统计先进工作者

序号	单位	姓名
1	中国石油大庆油田	王钦胜
2	中国石油长庆油田分公司	吕晓俐
3	中国石油塔里木油田公司	何建萍
4	中国石油西南油气田公司	陈 漫
5	中国石油吉林油田公司	李翰勇
6	中国石油华北油田公司	杨应桥
7	中国石油冀东油田公司	郭景芳
8	中国石油玉门油田公司	王西翎
9	中国石油浙江油田公司	惠南南
10	中国石油吉林石化公司	穆庆峰
11	中国石油辽阳石化公司	杨 丽
12	中国石油独山子石化公司	初青柏
13	中国石油乌鲁木齐石化公司	陈 鑫
14	大连西太平洋石油化工有限公司	孙凤志
15	中国石油锦西石化公司	张家龙
16	中国石油大庆炼化公司	马 刚
17	中国石油广西石化公司	张玉廷
18	中国石油华北石化公司	魏 翔
19	中国石油呼和浩特石化公司	岳艳玲
20	中国石油庆阳石化公司	周向忠
21	中国石油湖北销售公司	倪明慧
22	中国石油广东销售公司	李 静
23	中国石油内蒙古销售公司	戴冠伍

续表

序号	单 位	姓 名
24	中国石油新疆销售公司	高松柏
25	中国石油贵州销售公司	曾 斌
26	中国石油西藏销售公司	徐春林
27	中国石油管道公司（管道销售公司）	王乾坤
28	中石油北京天然气管道有限公司	丁 媛
29	昆仑能源有限公司	陈其彬
30	中国石油长城钻探工程公司	杨 勇
31	中国石油渤海钻探工程公司	王凤臣
32	中国石油川庆钻探工程公司	吴 彤
33	中国石油集团东方地球物理勘探有限责任公司	白 凤
34	中国石油昆仑工程有限公司	范熙烜
35	中国石油宝鸡石油机械有限责任公司	张亚平
36	中国石油宝鸡石油钢管有限责任公司	黄 永
37	中国石油规划总院	刘富余
38	中国石油规划总院	陈衍飞
39	中国石油机关服务中心（北京华油服务总公司）	王丽军

第四章 能评管理

为加强固定资产投资项目节能管理，促进科学合理利用能源，从源头上杜绝能源浪费，提高能源利用效率，国家先后出台了《固定资产投资项目节能评估和审查暂行办法》和《固定资产投资项目节能审查办法》。集团公司制定了固定资产投资项目节能评估和审查管理办法以及节能篇（章）和节能评估文件编写规范等系列企业标准，用以指导集团公司各有关单位开展固定资产投资项目的节能评估和审查工作。

第一节 国家节能评估工作发展历程

一、理念探索阶段

20世纪90年代初至2005年，是节能评估理念从政策构想到力图融入项目前期工作的探索发展阶段。1986年发布的《节约能源管理暂行条例》，首次提出"工程项目的可行性研究和初步设计，必须有合理利用能源的专题论证"。1992年，国家计划委员会发布的《关于基本建设和技术改造工程项目可行性研究报告增列"节能篇（章）"的暂行规定》，明确要求在可行性研究报告中增列"节能篇（章）"，并与审批程序同时报批。1998年发布的《中华人民共和国节约能源法》要求"固定资产投资工程项目的可行性研究报告，应当包括合理用能的专题论证"，"固定资产投资工程项目的设计和建设，应当遵守合理用能标准和节能设计规范"，"达不到合理用能标准和节能设计规范要求的项目，依法审批的机关不得批准建设"，"项目建成后，达不到合理用能标准和节能设计规范要求的，不予验收"；同年，国家计划委员会、国家经贸委等联合发布的《关于固定资产投资工程项目可行性研究报告"节能篇（章）"编制的规定》要求："固定资产投资工程项目（包括新建、改建及扩建的基本建设项目和技术改造项目）可行性研究报告中必须包括节能篇（章）"，"节能篇（章）应经有资格的咨询机构评估"，"凡无节能篇（章）的可行性研究报告或未经评估，建设项目的主管部门不予受理"。

在此阶段，节能评估工作尚未单独设立，只是在可行性研究报告中单列节能篇（章）或合理用能专题论证，从属于项目可行性研究工作。主要内容是项目用能的有关介绍，以综述能耗指标、节能措施为主，最后说明项目的设计和建设是否符合有关用能标准和节能设计规范等，缺乏分析和评估。节能篇（章）的设立对于增强节能意识、重视节能工作起到了作用，但是，可行性研究主要目的是项目的可行性，咨询机构在编制节能篇（章）时，往往侧重于工艺路线选择、投资控制等，对用能工艺、用能设备以及节能措施等的重视不够，造成该部分报告内容质量普遍不高，难以真实客观全面反映项目实际用能情况，其编制要求、重点等与当前开展的节能评估差异较大。

二、制度形成阶段

2006—2010年,是能评制度初步形成,节能评估工作在地方快速发展的阶段。2006年,《国务院关于加强节能工作的决定》首次提出"建立固定资产投资项目节能评估和审查制度"。2007年,国家发展和改革委员会(简称国家发改委)下发《关于加强固定资产投资项目节能评估和审查工作的通知》,明确规定项目可行性研究报告或项目申请报告必须包括节能分析篇(章),并将此作为节能评估审查制度建立前的过渡措施。

《固定资产投资项目节能评估和审查指南(2006)》明确了实行节能评估审查可依据的相关法律法规、产业和技术政策、标准和设计规范等。2008年4月,新修订后实施的《中华人民共和国节约能源法》第十五条明确规定,国家实行固定资产投资项目节能评估和审查制度,标志着节能评估从单一的法规上升到国家法律,具有了普遍约束力。据统计,2006—2010年底,全国有22个省区市出台了能评办法,开展了包括节能评估报告、节能专项报告、独立的节能专篇等多种形式的节能评估工作。

在节能评估的制度形成阶段对项目用能工艺等技术层面的评估深度有所加强,普遍要求对工艺技术、节能措施、能耗指标等专门进行分析评估。另外,本阶段的评估内容有所拓展,增加了项目所在地能源供应条件,项目能源消耗种类、数量及能源使用分布情况等能源供需方面的评估内容。

三、深化发展阶段

自2011年起至今,是能评制度在我国深化发展的阶段。2010年9月,国家发改委发布《固定资产投资项目节能评估和审查暂行办法》(简称6号令),并于同年11月1日起施行,标志着节能评估工作进入深化发展阶段。在此阶段,国家层面能评制度初步建立,能评工作在全国范围逐步推开。国家发改委环资司和国家节能中心联合出版的《固定资产投资项目节能评估和审查工作指南》对节能评估工作的原则、程序、方法和重点等作了较为系统的解读,对节能评估工作进行规范,打造了具有鲜明特色的能评制度方法体系。虽然国办发〔2014〕59号文"国务院办公厅关于印发精简审批事项规范中介服务实行企业投资项目网上并联核准制度工作方案的通知"取消了节能评估作为前置审批的相应要求,与其他审批事项并联办理,但是,节能评估是政府对固定资产投资活动能源消费、能效水平、节能目标影响等进行把关的重要抓手,越来越受到重视。

在深化发展阶段对节能评估工作的要求不断加深,引导节能评估工作也不断深化。《固定资产投资项目节能评估和审查工作指南(2014年本)》要求项目对基础数据、基本参数的选择及推导过程进行分析评估,力图使节能评估更紧密地与项目建设实际相结合。同时,本阶段增加项目对所在地能源消费增量控制和完成节能目标影响等宏观方面分析评估内容,将节能评估工作与宏观调控进行了初步的衔接。

四、《固定资产投资项目节能审查办法》发布实施

结合2016年国家对《中华人民共和国节约能源法》修订以及"十二五"期间节能审查工作开展情况,国家发改委于2016年11月27日发布了《固定资产投资项目节能审查办法》(发改委44号令)(以下简称审查办法)替代6号令,并于2017年1月1日起实施。

44号令相比6号令有以下主要变化：

（1）下放了节能审查管理权限。

取消国家发改委节能评估和审查，由国家发改委核报国务院审批、核准或国家发改委审批、核准的固定资产投资项目，其节能审查交由地方负责。

（2）放宽了免于节能审查的范围。

按照6号令要求，所有的投资项目根据其用能情况，至少需要报送节能登记表、节能评估报告表、节能评估报告书中的一项。新的44号令取消了节能登记表，并取消部分节能潜力小的行业的项目节能审查，提高了需要审查的项目用能起点标准。

（3）着重增加了对能耗"双控"目标等的审查。

44号令在对建设单位的节能报告内容要求和节能审查机关的审查依据中，均增加了"项目的实施是否满足本地区能源消耗总量和强度'双控'管理要求"的相关内容。并要求建设单位报告项目对本地区煤炭减量替代目标的影响。

（4）弱化前置审批，强化了事中事后的监管。

44号令取消了"节能评估文件及其审查意见、节能登记表及其登记备案意见，作为项目审批、核准或开工建设的前置性条件"的说法，企业投资项目只要在开工建设前取得节能审查意见即可。增加了项目投产前对节能审查意见落实情况进行验收的要求，增加了节能审查纳入项目在线审批监管平台统一管理、实现审查过程、结果的可查询、可监督的要求，增加了对节能审查信息进行统计分析、强化事中事后监管的要求，增加了国家发改委对各地节能审查实施情况进行定期巡查、不定期抽查的要求。44号令发布后更加注重对节能审查意见的监督、检查，有效克服了过去节能审查"重审批，轻落实"的现象，切实将节能审查的作用、效果落到实处。

第二节　集团公司节能评估相关要求及标准规范

一、集团公司节能评估工作相关要求

在国家发改委2010年9月发布《固定资产投资项目节能评估和审查暂行办法》以后，集团公司发布了《关于做好固定资产投资项目节能评估和审查工作的通知》（质量〔2010〕879号），以加强固定资产投资项目节能管理工作。集团公司质量安全环保部组织制定了《中国石油天然气集团公司固定资产投资项目节能评估和审查管理办法（试行）》（安全〔2013〕63号）和相关节能节水篇（章）以及节能评估等企业标准制修订工作。目前，集团公司正针对国家发改委44号令最新要求开展节能审查管理办法修订工作，文中主要介绍"十二五"期间节能评估工作相关情况。

1. 节能评估工作分工

集团公司质量安全环保部是集团公司固定资产投资项目节能评估和审查归口管理部门，主要履行以下职责：

（1）负责组织制定集团公司固定资产投资项目节能评估和审查管理规章制度及技术规范；

（2）负责对相关节能评估机构的指导、监督和规范；

（3）负责组织《投资管理办法》中集团公司审批的一类和二类项目节能评估文件的审查或节能登记表备案，其中国家核准、备案项目的节能评估文件和节能登记表，只进行预审。

（4）负责报批国家核准或备案项目的节能评估文件；

（5）指导和监督建设单位固定资产投资项目节能评估和审查管理工作。

集团公司总部其他相关部门，按照各自职责分工负责固定资产投资项目节能评估和审查相关管理工作。

专业分公司负责业务归口企业固定资产投资项目节能评估和审查管理工作，主要履行以下职责：

（1）负责对固定资产投资项目节能评估和审查制度执行情况进行监督检查；

（2）负责组织《投资管理办法》中专业分公司审批的三类项目节能评估文件的审查或节能登记表备案；

（3）负责对地方政府核准、备案项目节能评估文件和节能登记表进行预审；

（4）负责在固定资产投资项目工程设计、工程施工建设、竣工验收、试生产审查和审批中，落实节能评估文件提出的节能措施和审查意见。

建设单位是固定资产投资项目节能评估工作的责任主体，主要履行以下职责：

（1）贯彻落实固定资产投资项目节能评估和审查法律法规和规章制度；

（2）负责组织《投资管理办法》中一类、二类及三类项目节能评估文件或节能登记表的编制和填写；

（3）负责所属企业审批的四类项目节能评估和审查的管理；

（4）负责报批地方政府核准或备案项目的节能评估文件或节能登记表；

（5）负责对节能评估机构以及工程设计、工程施工单位执行节能评估和审查管理制度情况进行监督检查；

（6）负责在工程设计、施工、验收过程中，落实节能评估文件提出的节能措施和审查意见。

2. 节能评估相关要求

固定资产投资项目节能审查按照项目审批管理权限实行分类管理，项目节能审查原则上应与项目总体审查同时进行，在项目主管部门组织对项目进行总体审查时，设置节能评估组，由相应节能主管部门负责组织对项目节能评估文件进行审查（或预审）。

节能评估文件编制完成后，同项目可行性研究报告一并由建设单位行文，按权限报项目主管部门审查（或预审），特殊情况下将节能评估文件报上级节能主管部门单独审查（预审）。

对于上报国家核准、备案的项目，集团公司质量安全环保部组织专家对节能评估文件预审后，由质量安全环保部将修改后的节能评估文件报送国家发改委。

对于地方政府要求核准、备案的项目，专业分公司节能主管部门组织对节能评估文件预审后，由建设单位将修改后的节能评估文件报送地方发改委。

对于国家或地方政府核准、备案以外的项目，节能评估审查后，审查意见纳入项目可行性研究批复中一并发文。

节能评估文件审查（或预审）时，项目建设单位应当就专家或评估机构提出的有关问题进行说明或补充材料，必要时应到项目现场勘查。

项目评估文件为节能评估报告书时，节能审查应采取会议评审方式；节能评估文件为节能评估报表时，节能审查可采取函审方式。

二、集团公司节能评估和节能篇（章）审查相关标准

集团公司目前节能节水篇（章）和节能评估标准见表4-1和表4-2。

表4-1 节能节水篇（章）相关企业标准一览表

序号	标准编号	标准名称	主编单位
1	Q/SY 1064—2010	固定资产投资工程项目可行性研究及初步设计节能节水篇（章）编写通则	大庆石化工程有限公司
2	Q/SY 1085—2010	炼油化工生产装置工程设计节能技术规定	大庆石化工程有限公司
3	Q/SY 1372—2011	油气管道固定资产投资项目初步设计节能篇（章）编写规范	中国石油天然气管道工程有限公司
4	Q/SY 1373—2011	炼油化工固定资产投资项目初步设计节能篇（章）编写规范	工程建设公司华东设计分公司
5	Q/SY 1467—2012	天然气处理固定资产投资项目初步设计节能节水篇（章）编写规范	西南油气田分公司
6	Q/SY 1579—2013	炼油化工固定资产投资项目初步设计节水篇（章）编写规范	工程建设公司华东设计分公司
7	Q/SY 1126—2014	炼油化工生产装置工程设计节水技术规定	大庆石化工程有限公司
8	Q/SY 1185—2014	油田地面工程项目初步设计节能节水篇（章）编写规范	大庆油田工程有限公司
9	Q/SY 1823—2015	炼油固定资产投资项目能量平衡方法	工程建设公司华东设计分公司

表4-2 节能评估相关企业标准一览表

序号	标准编号	标准名称	主编单位
1	Q/SY 1466—2012	油气管道固定资产投资项目节能评估报告编写规范	中国石油天然气管道工程有限公司
2	Q/SY 1577—2013	炼油固定资产投资项目节能评估报告编写规范	工程建设公司华东设计分公司
3	Q/SY 1822—2015	油田固定资产投资项目节能评估文件编写规范	集团公司节能技术研究中心
4	Q/SY 9002—2016	气田固定资产投资项目节能评估文件编写规范	集团公司节能技术研究中心

第三节 节能评估和节能篇（章）审查工作开展情况

根据项目管理权限，集团公司、专业分公司和地区公司分别对其职责范围内项目负责组织节能评估和节能篇（章）审查工作。2011年以来，集团公司共组织审查节能评估报告79项，可研报告节能篇（章）审查78项，累计提出审查意见近1000条，有力促进了节能

评估和节能篇（章）审查工作的顺利开展，确保了建设项目从源头设计阶段具有较高的能效水平，确保了项目顺利通过国家发改委和地方政府审核，本节主要对集团公司层面项目进行梳理总结。

一、节能评估情况

集团公司限上项目节能评估审查工作流程见图4-1。

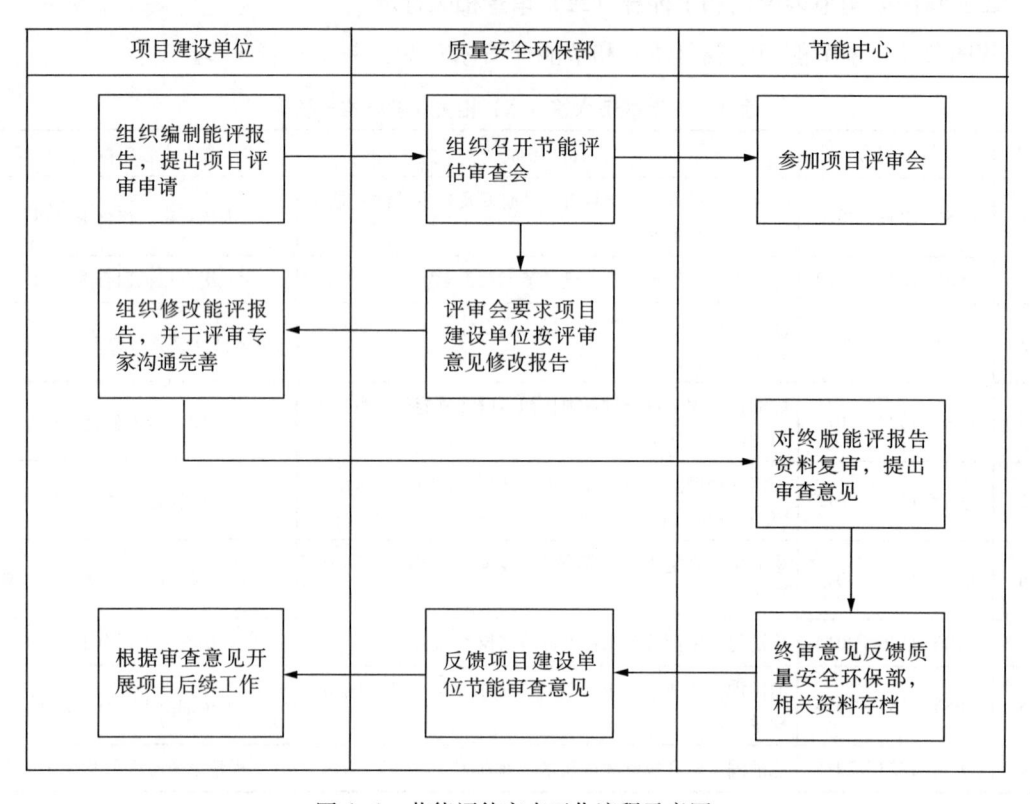

图4-1 节能评估审查工作流程示意图

节能中心对集团公司组织的节能评估审查项目安排专人进行跟踪管理，并把相关纸质材料进行存档，电子版资料录入集团公司节能节水管理系统。

2011年以来，集团公司组织审查项目79项，其中2011年13项、2012年5项、2013年28项、2014年10项、2015年20项，2016年2项，2017年1项，主要涉及油气田产能建设、油品质量升级和管道工程建设等方面，详细情况见表4-3。

表4-3 "十二五"节能评估项目一览表

序号	项目名称	时间
1	云南1000万吨/年炼油项目	2011年
2	长庆油田—呼和浩特石化原油管道工程	
3	中卫—贵阳联络线配套相国寺储气库工程	
4	中卫—贵阳联络线工程	

续表

序号	项目名称	时间
5	中缅油气管道工程（国内段）	2011年
6	西气东输三线天然气管道工程西段（霍尔果斯—中卫）	2011年
7	锦州—郑州成品油管道工程	2011年
8	宁夏石化成品油外输管道工程	2011年
9	西气东输二线管道工程香港支线	2011年
10	南疆天然气利民工程	2011年
11	西气东输三线天然气管道工程（吉安—福州段）	2011年
12	大庆—锦西原油管道工程（大庆—铁岭段）原油管道项目	2011年
13	中俄东方石化（天津）有限公司1300万吨/年炼油项目	2012年
14	克拉玛依石化公司超稠油加工技术改造及油品质量升级项目	2012年
15	江苏LNG项目二期工程	2012年
16	大连液化天然气项目二期工程	2012年
17	哈尔滨—沈阳输气管道工程项目	2012年
18	唐山液化天然气工程	2012年
19	川北高含硫铁山坡气田工程	2013年
20	西气东输三线中段（中卫—吉安）工程	2013年
21	西气东输三线中卫—靖边联络线工程	2013年
22	庆铁线改造工程	2013年
23	云南石化100万立方米原油商业储备库	2013年
24	永平油田地面工程建设项目	2013年
25	哈尔滨石化分公司100万吨/年柴油加氢装置项目	2013年
26	吉林石化公司炼油厂柴油质量升级项目	2013年
27	锦州石化公司280万吨/年柴油加氢改质装置	2013年
28	辽阳石化分公司柴油质量升级改造—循环氢脱硫等系统改造	2013年
29	塔西南勘探开发公司新建30万吨/年柴油加氢装置	2013年
30	大庆石化分公司炼油厂新建柴油加氢脱硫装置	2013年
31	玉门油田公司70万吨/年柴油加氢精制装置及外围配套工程	2013年
32	长庆石化公司140万吨/年柴油加氢及配套工程	2013年
33	大庆炼化柴油产品质量升级项目	2013年
34	乌鲁木齐石化公司炼油厂柴油加氢改质项目	2013年
35	永清—泰州联络线管道工程（南段）	2013年
36	如东—海门—崇明岛输气管道工程	2013年
37	陕京四线输气管道	2013年
38	深圳LNG应急调峰站	2013年

续表

序号	项目名称	时间
39	大连石化公司柴油质量升级项目	2013年
40	兰州石化柴油质量升级改造项目	
41	鄂尔多斯盆地东缘韩城南区块煤层气开发项目	
42	鄂尔多斯盆地东缘三交—碛口煤层气开发项目	
43	四川石化炼化一体化工程汽油质量升级项目	
44	天津港—华北石化原油管道	
45	大庆油田化工有限公司天然气制氢综合改造工程	
46	福建长汀催化剂项目	
47	西气东输三线福州—宁德支干线工程	2014年
48	四川石化炼化一体化工程汽油质量升级项目30万吨/年轻汽油醚化装置	
49	锦州石化100万吨催化汽油加氢脱硫装置改造	
50	锦州石化国V汽油质量升级——10万吨/年MTBE装置	
51	锦州石化新建60万吨/年连续重整装置	
52	大庆炼化7万吨/年石油磺酸盐项目	
53	广西石化汽油质量升级项目	
54	锦西石化车用汽油国V标准质量升级工程	
55	中俄原油管道二线工程	
56	辽阳石化俄罗斯原油加工优化增效改造	
57	中俄原油管道二线工程	2015年
58	西气东输平顶山盐穴储气库工程	
59	玉门油田酸性水汽提及硫黄回收装置环保隐患治理	
60	安岳气田磨溪区块龙王庙组气藏产能建设项目	
61	沁水盆地马必区块南区煤层气开发项目	
62	兰州石化180万吨/年汽油加氢装置国V质量升级改造及配套项目	
63	西气东输三线闽粤支干线工程	
64	兰州石化300万吨/年柴油加氢装置国V质量升级改造	
65	吉林石化炼油厂汽油国V质量升级项目	
66	独山子石化汽油产品质量升级改造——60万吨/年加氢裂化装置改造为100万吨/年催化原料预处理	
67	大庆炼化国V汽油质量升级40万吨/年催化轻汽油醚化	
68	青海油田格尔木炼厂国V汽油产品质量升级改造	
69	西气东输五线天然气管道工程（乌恰—鄯善段）	
70	四川石化汽油质量升级项目25万吨/年烷基化装置	
71	乌鲁木齐石化炼油厂新建20万吨/年烷基化装置	

续表

序号	项目名称	时间
72	大庆炼化30万吨/年烷基化项目	2015年
73	吉林石化动力一厂动力锅炉环保达标项目	
74	中俄东线天然气管道工程（黑河—长岭）	
75	塔里木油田凝析气轻烃深度回收工程	
76	锦州石化40万吨/年催化轻汽油醚化装置	
77	青海油田格尔木炼油厂5万吨/年烷基化项目节能评估	2016年
78	独山子石化热电厂新区动力站锅炉烟气环保提标改造项目节能评估	
79	中俄东线天然气管道工程（长岭—永清）节能评估	2017年

自开展固定资产投资项目节能评估报告审查和可行性研究报告节能篇（章）审查工作以来，集团公司先后组织油气田地面产能建设、长输管道、新建炼油厂和成品油质量升级等方面节能审查和节能篇（章）审查项目，典型项目工作开展情况简介如下。

1. 云南石化1000万吨/年炼油项目节能评估报告审查

该项目是集团公司自国家发改委6号令颁布实施以来组织审查的首个节能评估报告审查项目，项目建设在云南省昆明市安宁市，炼油厂加工规模为1000万吨/年，为单一的燃料型炼油厂。该项目是中缅油气管道的配套项目，进度与中缅油气管道同步建设，项目总投资200多亿元，项目建成后将有效缓解云南和贵州等地成品油短缺问题。2011年3月集团公司质量管理与节能部组织集团公司咨询中心、石油化工研究院、华东勘察设计院、中国石油规划总院和集团公司节能技术研究中心等单位代表组成的专家团队进行评审，评审专家从评估依据、能源供应、项目建设方案、项目能源消耗和能耗水平以及节能措施等方面进行评估，并提出了具体问题与改进建议。

2. 中缅油气管道工程（国内段）节能评估报告审查

中缅油气管道是国家"十二五"四大进口能源战略通道之一，项目建设对于合理利用国内外资源，提高国家能源安全，改善西南地区能源供应和工业格局，优化资源配置，带动地方经济发展具有重要意义。为确保项目顺利通过国家发改委审批，2011年6月集团公司安全环保与节能部组织中国石油规划总院、集团公司咨询中心、集团公司节能技术研究中心和中国石油大学（北京）等单位代表组成的专家团队对项目（国内段）节能评估报告进行审查。评审专家针对报告章节编制和具体内容等方面提出了修改建议。

3. 川东北高含硫铁山坡气田工程节能评估报告审查

川东北高含硫铁山坡气田是中国石油和尤尼克东海有限公司合作开发区块，项目建设规模为600万立方米/天气田内部集输工程和2列300万立方米/天脱硫、硫黄回收、尾气处理工艺装置，3列200万立方米/天脱水装置以及配套公用工程和辅助生产设施。2013年1月，集团公司安全环保与节能部组织集团公司咨询中心、中国石油规划总院、集团公司节能技术研究中心和中国石油管道工程公司等单位代表组成的专家团队对项目节能评估报告进行审查，对报告格式、内容以及技术比选等方面提出了修改建议。

4. 哈尔滨石化 100 万吨/年柴油加氢装置项目节能评估报告审查

"十二五"期间，国家全面实施车用汽柴油国Ⅳ标准，哈尔滨石化根据2014年底实施国四柴油质量要求，新建100万吨/年柴油加氢装置。2013年4月，集团公司安全环保与节能部组织中国石油规划总院和集团公司节能技术研究中心专家组成审查组对项目节能评估报告进行审查，评审专家组对项目摘要表、评估依据、项目概况、项目建设方案节能措施、能源利用状况及能源消费水平等方面提出审查意见。2013年6月，审查组对最终版节能评估报告提出审查意见。

二、节能篇（章）审查情况

固定资产投资项目节能篇（章）审查工作流程见图4-2。

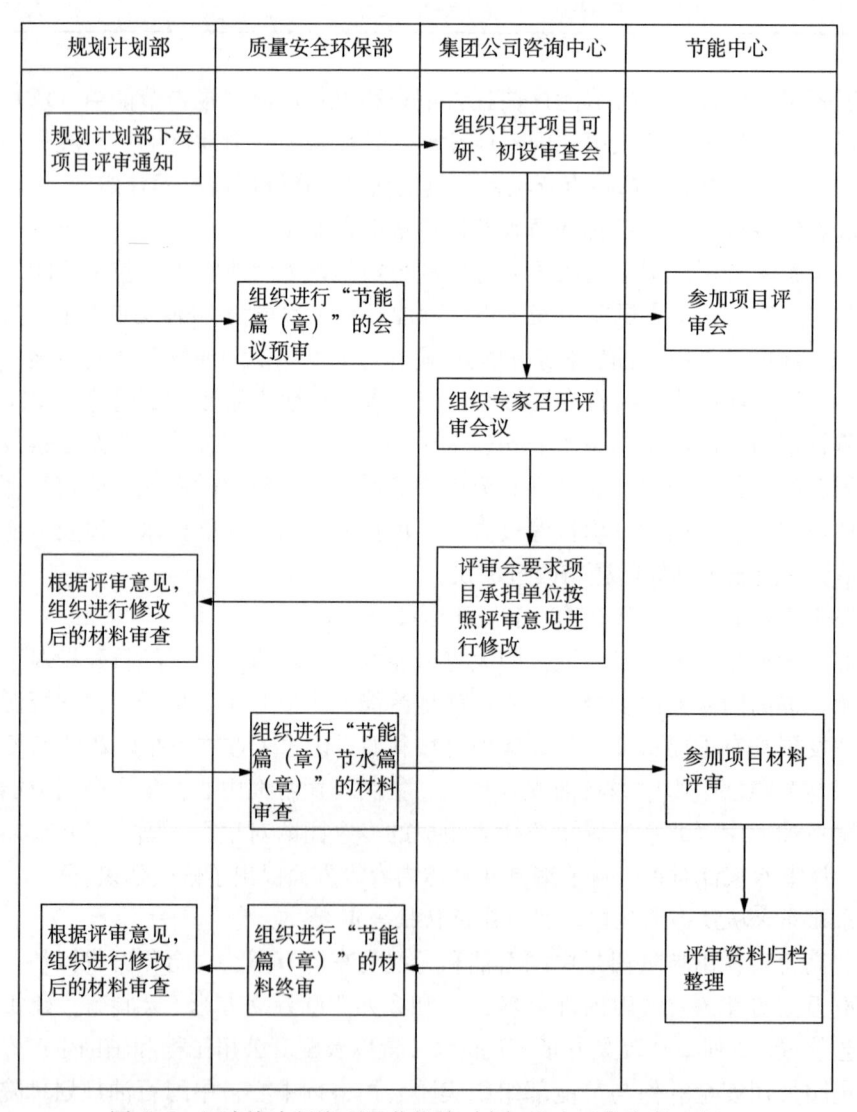

图4-2 固定资产投资项目节能篇（章）审查工作流程示意图

节能中心对集团公司组织的可研报告节能篇(章)审查项目安排专人进行跟踪管理,并把相关纸质材料进行存档,电子版资料录入集团公司节能节水管理系统。

2011年以来,集团公司组织审查项目78项,其中2011年13项、2012年17项、2013年22项、2014年8项、2015年11项、2016年7项,详细情况见表4-4。

表4-4 "十二五"以来节能篇(章)审查项目一览表

序号	项目名称	时间
1	大连—沈阳天然气管道工程	2011年
2	大港石化系统管网优化及照明节能改造工程	
3	山东销售分公司烟台油库新建项目	
4	锦西石化分公司汽、柴油质量升级工程	
5	华北石化公司确保北京市场汽油质量升级改造工程	
6	长庆石化60万吨/年柴油加氢精制装置	
7	克拉玛依石化分公司超稠油加工技术改造及油品质量升级项目	
8	广西石化含硫原油加工配套工程	
9	广西石化80万吨/年航煤加氢精制装置	
10	辽河石化公司40万吨/年汽油加氢装置及配套工程	
11	大庆炼化分公司汽油质量升级工程	
12	大庆石化分公司炼油厂新建汽油脱硫装置	
13	庆阳石化公司75万吨/年催化汽油加氢脱硫项目	
14	浙江东海炼化一体化合资项目	2012年
15	长庆石化公司60万吨/年汽油加氢装置	
16	抚顺石化公司120万吨/年汽油选择性加氢装置工程	
17	哈尔滨石化公司100万吨/年汽油精制装置建设项目	
18	宁夏石化公司120万吨/年催化汽油加氢脱硫项目	
19	玉门油田炼化总厂40万吨/年催化汽油加氢脱硫项目	
20	独山子石化汽油产品质量升级改造——新建催化汽油加氢项目	
21	青海油田格尔木炼厂国Ⅳ汽油产品质量升级改造项目	
22	呼和浩特石化公司120万吨/年催化汽油质量升级项目	
23	中委合资广东石化2000万吨/年重质原油加工工程	
24	兰州石化2万吨/年碳五加氢石油树脂装置	
25	西南化工销售重庆仓储中心项目	
26	吉林石化炼油优化增产丙烯及汽油质量升级项目	
27	中国石油阿克苏大化肥项目	
28	庆阳石化600万吨/年炼油升级改造项目	
29	大连石化长兴岛炼化项目炼油工程	
30	新疆昆玉化学新材料有限责任公司年产120万吨PTA项目	

续表

序号	项目名称	时间
31	中国石油普莱克斯空分项目	2013年
32	惠生能源32万立方米/小时POX石油焦制氢项目	
33	大庆炼化3.5万吨/年石油磺酸盐项目	
34	大港石化公司产品质量升级改造项目	
35	新加坡炼油厂清洁汽油及热电联产项目	
36	云南石化100万立方米原油商业储备库	
37	哈尔滨石化分公司100万吨/年柴油加氢装置项目	
38	吉林石化公司炼油厂柴油质量升级项目	
39	锦州石化公司280万吨/年柴油加氢改质装置	
40	辽阳石化分公司柴油质量升级改造—循环氢脱硫等系统改造	
41	塔西南勘探开发公司新建30万吨/年柴油加氢装置	
42	大庆石化分公司炼油厂新建柴油加氢脱硫装置	
43	青海油田格尔木炼厂国V柴油质量升级项目	
44	玉门油田公司70万吨/年柴油加氢精制装置及外围配套工程	
45	长庆石化公司140万吨/年柴油加氢及配套工程可行性研究报告	
46	大庆炼化分公司柴油产品质量升级项目可行性研究报告	
47	乌鲁木齐石化公司炼油厂柴油加氢改制项目可行性研究报告	
48	大连石化公司柴油质量升级项目可行性研究报告	
49	兰州石化柴油质量升级改造可行性研究	
50	四川石化有限责任公司炼化一体化工程汽油质量升级项目	
51	大庆油田化工有限公司天然气制氢综合改造工程	
52	福建长汀催化剂项目	
53	华北石化500万吨/年原油加工能力柴油质量升级	2014年
54	广西石化公司汽油质量升级项目	
55	四川石化炼化一体化工程汽油质量升级项目30万吨/年轻汽油醚化装置	
56	锦州石化国V标准汽油质量升级（100万吨/年催化汽油加氢脱硫装置改造+10万吨/年MTBE装置）	
57	锦州石化新建60万吨/年连续重整装置	
58	克拉玛依石化公司超稠油加工技术改造	
59	大庆炼化7万吨/年石油磺酸盐项目	
60	辽阳石化俄罗斯原油加工优化增效改造	
61	兰州石化公司180万吨/年汽油加氢装置国V质量升级改造及配套项目	2015年
62	吉林石化炼油厂汽油国V质量升级项目	
63	兰州石化公司300万吨/年柴油加氢装置国V质量升级改造项目	

续表

序号	项目名称	时间
64	独山子石化汽油产品质量升级改造——60万吨/年加氢裂化装置改造为100万吨/年催化原料预处理	2015年
65	大庆炼化国Ⅴ汽油质量升级40万吨/年催化轻汽油醚化	
66	青海油田格尔木炼油厂国Ⅴ汽油产品质量升级改造项目	
67	四川石化汽油质量升级项目25万吨/年烷基化装置	
68	乌鲁木齐石化炼油厂新建20万吨/年烷基化装置	
69	大庆炼化30万吨/年烷基化项目	
70	玉门炼化酸性水汽提及硫黄回收环保隐患治理项目	
71	锦州石化40万吨/年催化轻汽油醚化项目	
72	青海油田格尔木炼油厂5万吨/年烷基化项目	2016年
73	独山子石化热电厂新区动力站锅炉烟气环保提标改造项目	
74	青海油田格尔木炼油厂航煤生产配套完善改造项目	
75	大港石化公司完善航煤配套设施	
76	大港石化25万吨/年催化轻汽油醚化装置	
77	庆阳石化30万吨/年轻汽油醚化项目	
78	锦西石化分公司车用汽油国Ⅵ标准质量升级工程	

第五章　科技攻关

"十二五"期间，集团公司重点在能量系统优化、能效指标、技术推广应用、能耗预测方法、能耗定额等方面开展了一系列节能节水科技攻关。节能节水关键技术取得了突破性进展，特别是炼化能量系统优化研究项目培养了一支集团公司自身可独立进行炼化能量系统模拟和优化的专业技术队伍，迅速填补了技术和人才空白，缩小与国际先进水平之间的差距。科技攻关成果得到应用并转化为生产力，为生产提供技术支撑，较好地解决了实际生产中遇到的问题，使集团公司节能节水指标有了进一步的提升，为"十二五"节能目标任务的顺利完成以及企业实现降本增效起到了积极的作用。

第一节　中国石油节能减排评价指标体系研究

一、研究单位

牵头单位为中国石油规划总院，参加单位为中国石油安全环保技术研究院。

二、起止时间

2011年4月至2013年12月。

三、研究目标

通过研究，建立符合国家要求、以现有管理体系为基础的集团公司节能减排评价指标体系及评价方法，推进公司节能减排对标工作的深入开展，促进节能减排持续改进。

四、研究内容及取得的主要研究成果

项目完成了国内外相关政策法规以及国际大石油公司、集团公司内部企业节能减排评价指标体系和方法调研；研究完善了集团公司节能考核评价指标体系和方法；建立了油气田11套、炼化9套能效对标指标体系及数据库框架，形成能效对标平台，主要取得成果如下。

1. 国际大石油公司节能减排分析研究

通过对发达国家节能减排政策以及国际石油公司节能减排指标、污染物统计指标、节能减排评价指标体系等方面的调研，了解发达国家和国际石油公司节能减排评价与对标的认识。

2. 建立中国石油节能评价指标体系框架

对于集团公司油气田、炼油、化工、销售、管道等主要业务，通过主要耗能工艺、主要耗能设备、能耗影响因素以及指标统计数据可得性的分析，确定了各业务节能评价指标体系框架。

3. 中国石油节能考核指标体系及方法

通过研究确定了节能考核评价指标体系主要涵盖节能量指标、综合能源消费量指标、产值单耗指标、重点单耗指标和管理类指标5个方面。其中，节能量指标、综合能源消费

量指标、产值单耗指标和重点单耗指标为定量指标，管理类指标为定性指标。

4.中国石油能效对标指标体系及方法

根据集团公司业务特点，能效对标指标体系总体框架应包括油田、气田、炼油、化工、长输管道、工程技术、工程建设、装备制造等业务的能效对标指标体系。该项目主要针对重点耗能业务油气田和炼油化工建立了20套具体的能效对标指标体系，其中油田7套、气田4套、炼油7套、化工2套。

该项目编制发布《油气田企业节能量与节水量计算方法》1项行业标准，形成"中国石油节能考核评价方法""不同油田能效标杆筛选方法"等9项技术秘密。

第二节　节能节水关键技术研究与推广（一期）

一、研究单位

该项目包括3个课题，即"节能节水政策及关键技术研究与应用""矿区供热系统优化与控制技术应用研究""微波技术在油气集输系统中的应用可行性研究"。牵头单位为中国石油规划总院，参加单位为中国昆仑工程有限公司。

二、起止时间

2011年10月至2013年12月。

三、研究目标

通过对集团公司油田、矿区领域节能节水关键技术的科技攻关研究，重点在"节能节水政策及关键技术研究""矿区供热系统优化及控制研究""微波技术在油气集输系统中应用的可行性研究"等3个方面取得突破，形成油气田、矿区业务领域8项节能节水关键技术，并在生产中进行推广和应用，为集团公司"十二五"节能节水目标的实现提供技术支撑。

四、研究内容及取得的主要研究成果

项目主要开展了"节能节水政策及关键技术""矿区供热系统优化及控制""微波技术在油气集输系统中应用的可行性"等几方面的研究，提出了新形势下集团公司节能管理对策，形成了油气田节能潜力预测方法及油气田节能节水技术评价方法，构建了油气田节能节水技术及标准数据库，建立完善了集团公司节能节水标准体系，形成了矿区供热系统优化与控制技术，开展了微波用于原油破乳脱水与降黏可行性研究，解决了油气田节能潜力预测、节能节水技术筛选评价、节能节水标准体系完善、矿区供热单耗高等问题，为集团公司"十二五"节能节水目标的实现提供了技术支撑。

1.提出了新形势下集团公司节能管理对策

研究分析了万元产值单耗及能耗总量控制、万家企业节能行动、固定资产投资项目节能评估和审查办法、合同能源管理4项政策对集团公司的影响，并相应提出4项应对对策。

2.形成了油气田节能潜力预测方法和油气田节能节水技术评价方法

结合油气田用能特点及存在问题，研究提出了多因素综合油气田节能潜力预测方法；

研究构建了含有 6 个变量因素的节能技术评价指标体系以及 5 个变量因素的节水技术评价指标体系，形成节能节水技术多因素综合评价方法。

3. 建立了油气田节能节水技术数据库

建成油气田节能节水技术数据库，完成了油气田节能节水技术指南的编制，对解决同类生产问题的多项技术可进行综合对比，形成了以生产系统为脉络、链条式、由点到面、体系化的油气田节能技术应用指南。

4. 建立完善了节能节水标准体系

分析了现行节能节水标准体系现状及存在的问题，并对其进行完善，结合业务需要提出拟定标准 20 项，该体系能更好地适应国家对节能减排的需求及集团公司节能节水业务发展的需要。

5. 形成了矿区供热系统优化与控制技术

完善了供热系统检测与诊断方法，形成了供热系统优化方法，建立了供热控制集成应用平台。

6. 开展了微波用于原油破乳脱水与降黏可行性研究

建立了基于原油组成变化的微波辐射效果评价方法和原油大分子裂解重构降黏的数值计算方法，研制了 2 套微波实验装置，开展了微波用于原油降黏与破乳脱水试验研究。

完成了"油气田节能潜力测算软件 V1.0"和"油气田节能节水技术评价软件 V1.0" 2 项软件著作权和"油气田节能节水技术综合评价模型"和"油气田节能潜力预测方法"等 5 项技术秘密的申报，建立了"油气田节能节水技术数据库"和"节能节水标准数据库" 2 项数据库，编制了《集团公司固定资产投资项目节能评估和审查管理办法（试行）》和《集团公司节能节水先进评选办法》2 项集团公司管理办法，完成《石油企业耗能用水统计指标与计算方法》等 3 项标准规范的制修订工作，发表 4 篇论文。

第三节 节能节水关键技术研究与推广（二期）

一、研究单位

该项目包括 3 个课题，即"气田生产用能评价技术研究与应用""油气田能源管控技术研究与示范应用""公司上游业务节能关键技术优化与应用研究"。牵头单位为中国石油规划总院，参加单位为长庆油田和西南油气田。

二、起止时间

2014 年 1 月至 2015 年 12 月。

三、项目研究目标

通过项目攻关，重点在"气田用能评价、油气田能源管控、电动机提效、节能节水技术体系研究"等方面取得突破，配套形成 5 项上游节能节水技术系列，重点形成 9 项关键技术，为集团公司指导"十二五"后两年及"十三五"节能节水工作、实现"十二五"460 万吨标准煤节能目标提供强有力的技术支持。

四、项目研究内容及取得的主要成果

节能节水关键技术研究与推广项目二期在一期的基础上，围绕"气田生产用能评价技术研究与应用""油气田能源管控技术研究与示范应用""公司上游业务节能关键技术优化与应用研究"进一步开展攻关研究。项目研究形成了气田集输系统能耗综合评价方法、含硫天然气净化厂装置能耗计算方法和电动机提效技术评价方法；构建了电动机提效技术评价指标体系、含硫天然气净化厂能耗综合评价指标体系、电动机提效技术系列、公司上游节能节水技术体系、节能节水标准体系；建立了气田集输系统能耗综合评价模型、气田集输工艺流程仿真模型、含硫天然气净化厂工艺流程仿真模型；开发了油气田能源管控系统、电动机提效技术评价软件、气田集输系统用能评价软件；完成两台低效电动机高效再制造样机的研制工作并进行试点应用；完成了电动机提效示范工程方案编制、实施和评价。实施了长庆油田能源管控中心建设示范工程。

1. 形成气田集输系统用能评价技术

建立了气田集输系统能量平衡分析模型和能效计算模型和用能主要工艺流程仿真模型，建立了由目标层、准则层、指标层构成的三级天然气集输系统能耗综合评价指标体系，形成了集输系统能耗综合评价方法。选取西南油气田重庆气矿张家场、福成寨、文星片区集输系统进行用能评价。

2. 建立含硫天然气净化厂能耗综合评价技术

形成含硫天然气净化厂能耗综合评价方法，建立脱水、脱硫、硫黄回收装置工艺仿真模型，对磨溪净化一厂130万立方米装置2套独立运行的脱水装置、脱硫装置、硫黄回收和尾气处理装置建立工艺仿真模型。通过能耗模拟测算和理论分析，确定装置理论能耗，建立了能耗与操作参数的定量关系，为装置的调整改造和优化运行提供指导。

3. 研究油气田能源管控技术，建立示范工程

提出了油气田能源管控模式，编制油气田能源管控总体方案，并形成技术导则，开发了油气田企业能源管控系统软件，可实现能源供应、生产、消耗全过程的管理。在长庆油田盘古梁作业区、第一采气厂第一净化厂和第三作业区实施能源管控建设。

4. 建立电动机提效技术评价方法，形成电动机提效技术应用指南

建立由8项评价指标构成的评价指标体系，形成电动机提效技术多元综合评价方法；形成电动机高效再制造技术，并选取低效高耗的抽油机低压电动机和注水泵高压电动机各一套，分别进行电动机高效再制造试验；总结了14项电动机技术，筛选评价形成电动机提效技术应用指南。对杏北作业区251口井的抽油机电动机及杏河作业区100口井的抽油机电动机实施节能改造，建立电动机提效示范工程；编制集团公司电机提效实施方案。

5. 完善节能节水技术体系和标准体系

共梳理了174项节能节水技术，补充完善了节能节水技术体系；对现行节能节水标准进行调研，完善了节能节水标准体系，提出31项标准制修订建议。

申请"一种天然气净化厂能耗综合评价技术""一种三功率输出电机绕组切换方法与装置"等3项专利，"天然气集输能耗综合评价方法""气田增压站能耗综合评价方法"等8项技术秘密，以及"气田集输系统用能评价软件V1.0""油气田能源管控系统V1.0"等3

项软件著作权,编制了《油气田能源管控中心建设实施导则》(标准草案)和《天然气净化厂综合能耗评价规程》2项标准,发表论文7篇。

第四节 炼化能量系统优化研究

一、研究单位

该项目包含5个课题,即"炼化能量系统优化技术集成与开发研究""炼油厂能量系统优化示范工程""乙烯装置能量系统优化示范工程""炼化一体化企业公用工程能量系统优化示范工程"和"重点炼化企业能量系统优化方案研究"。项目牵头单位为中国石油规划总院、锦州石化、兰州石化、吉林石化、长庆石化、克拉玛依石化、东北炼化工程公司、大庆石化等。

二、起止时间

2008年6月至2011年12月。

三、研究目标

以"开发一批技术、树立一批标杆、培养一支队伍"和支撑"十一五"节能减排为目标,通过国际先进炼化能量模拟优化技术和工具的适度引进,建立具有自主知识产权的中国石油炼化能量系统优化技术体系,通过在不同类型的生产企业进行示范工程建设,在支持节能达标的同时,培养中国石油自身可独立进行炼化能量系统模拟和优化的专业技术队伍,以快速填补技术和人才空白,缩小与国际先进水平之间的差距,为中国石油在"十二五"以至更长时期内节能降耗,不断增强企业核心竞争力提供技术支撑。

四、研究内容及取得的主要研究成果

1. 课题一 "炼化能量系统优化技术集成与开发研究"

该课题通过炼化能量系统优化工作方法和平台集成开发、炼化能量系统优化分析诊断技术的创新开发、炼化能量系统优化专家队伍和培训基地的建设,建设形成了以软件工具为基础、以技术标准/系列导则为工作方法、以炼油生产装置节能增效分析专家系统为分析工具、以炼化能量系统优化工作平台为技术平台、以培训中心为人才培养基地的技术体系,形成一支炼化能量系统优化专业技术队伍。具体成果如下:

1)技术创新方面

(1)筛选、引进国际先进的炼油、化工过程模拟优化软件27个,实现了公司内部共享,为开展能量系统优化工作提供了有效基础工具。

(2)自主开发形成的炼化能量系统优化工作平台,实现了过程模拟优化软件集成应用,并具有模拟优化软件使用信息动态分析、模型信息分析、模型灵敏度分析、优化方案评估等多项功能,为中国石油开展炼化能量系统优化研究和实际工作提供了满足全过程需求的软件工具,形成软件著作权1项[《炼化过程模拟优化计算分析及能量优化系统》(登记号:2012SR021859)]。

(3)研究开发了"规则丰富、自动推理"的炼油重点装置节能增效分析专家系统,首

次采用人工智能方式将炼化过程专家经验、过程系统工程先进技术与能量系统优化技术相集成。该系统能够诊断分析装置的用能问题，通过人工智能推理自动产生对应装置的节能增效机会，为解决能量系统优化的复杂问题、加快能量系统优化技术推广提供了重要软件工具，获得发明专利1项[《一种炼化生产过程优化分析方法及系统》（授权号：ZL201110460828.1）]、软件著作权1项[《炼油生产装置节能增效分析专家系统》（登记号：2012SR073674）]。图5-1为炼化生产过程节能增效智能优化分析功能单元的关系图。

（4）研究建立了具有自主知识产权的炼油重点装置和公用工程系统的用能分析评价方法。该方法能够实现不同原料性质、工艺流程和产品控制指标要求下同类装置间科学、合理的能耗对标，以及关键节能潜力点的快速识别和量化，为开展炼化企业能量系统优化工作提供便捷、有效的基础评价依据。

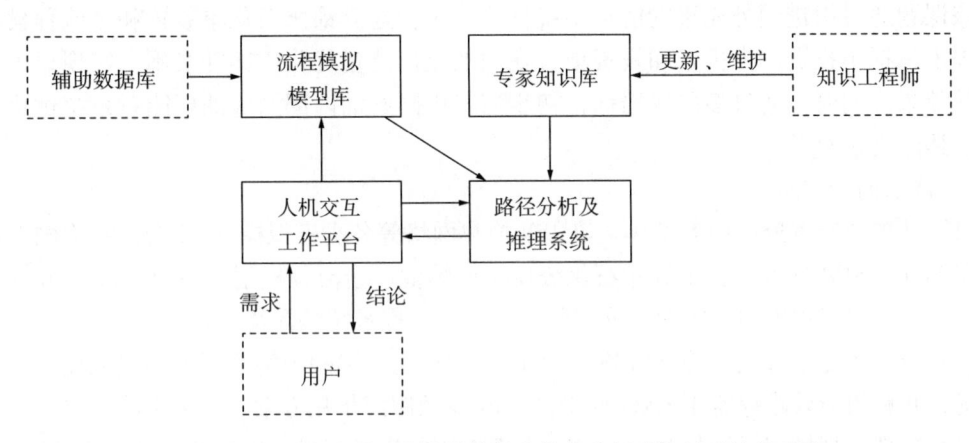

图 5-1 炼化生产过程节能增效智能优化分析功能单元的关系图

2）创新能力提升方面

（1）研究编制了炼化能量系统优化技术导则和企业标准，实现炼化能量系统优化工作步骤、主要内容和技术要求的有形化，可直接用于指导炼油、乙烯、公用工程能量系统优化技术的推广实施。

（2）建成中国石油首个能量系统优化技术培训中心，硬件设施一流、模拟优化及教学管理软件配备完善（图5-2）。集成开发培训考核及教学案例库系统，可直接进行模拟优化技能考核和案例教学。研究形成中国石油炼化能量系统优化长效机制。

（3）首次编制中国石油炼化能量系统优化技术培训教材及技术丛书，使学员能够掌握能量系统优化相关理论和工作内容，初步具备开展能量系统优化工作的能力，促进了我国炼化能量系统优化工作的技术进展。

（4）通过基础理论和模拟优化技能系统培训、示范工程培养、推广工程锻炼，在中国石油建立一支包括炼油、乙烯、公用工程三个专业的炼化能量系统优化技术骨干队伍。经基础理论考核、模拟实际能力考核、技能大赛、技术答辩与专家评选，专项共认定炼化能量系统优化高级专家25人、专家44人、岗位能手31人，为今后中国石油推广炼化能量系统优化技术奠定了人才基础。

图 5-2　中国石油能量系统优化技术培训中心

2. 课题二"炼油厂能量系统优化示范工程"

该课题通过引进国外先进的能量系统优化技术，建立锦州石化单装置和全流程模拟模型，提出包括不投资、少投资和投资项目在内的全厂能量优化方案并实施，实现显著的节能增效效果。同时，通过多层次培训，初步培养中国石油内部的炼油厂能量系统优化技术力量。具体成果如下：

1）技术创新方面

（1）共搭建装置反应动力学、全流程及换热网络等各类模拟模型 72 套。在中国石油首次利用 Petro-SIM 软件建立了锦州石化公司桌面炼油厂全流程模型，利用 Prosteam 软件建立了炼油厂公用工程模型，实现了炼油装置与公用工程系统整体优化。

（2）建立了能量管理系统（EMS），实时监测优化方案的现场数据及装置能耗数据的变化情况，并利用绩效跟踪器 Tracker 模型的 KPI 参数跟踪优化方案的后续实施效果。

（3）实现计划排产系统与 Petro-SIM 桌面炼厂的集成应用，提高了计划优化精度。

2）生产应用实效方面

（1）识别节能增效优化机会 94 项，制定优化方案 71 项，已实施 24 项，实现节能 3.79 千克标准油/吨原油，每桶原油加工增效 0.26 美元，相当于人民币 8201 万元/年，炼油综合能耗相比 2008 年降低 5.41%。

（2）节水方面，提出了 10 个节水优化方案，可实现节水量 470 吨/小时，相比 2008 年下降 34.5%。

3）创新能力提升方面

完成 50 余次技术培训，经过专项考核评定，培养高级专家 7 人，专家 9 人。

3. 课题三"乙烯装置能量系统优化示范工程"

1）专题 1——吉林石化 70 万吨/年乙烯装置能量系统优化示范工程

该专题利用国外先进的流程模拟技术及优化分析技术，建立吉林石化 70 万吨/年乙烯装置模型，实现了在线模拟和开环优化，为企业带来了显著的节能增效效果。同时，通过多层次培训，初步培养中国石油乙烯装置能量系统优化技术力量。具体成果如下：

（1）技术创新方面。第一，国内首次实现实时在线优化软件（ROMeo）和裂解炉专用软件（SPYRO）的在线集成，建立了吉林石化 70 万吨/年乙烯装置全流程模型；第二，国内首次在乙烯装置上建成了实时在线优化平台，实现了自动在线实时导入操作数据，执行数据整定和优化计算，生成优化操作参数用于指导装置实际操作，由操作人员进行现场调整，保证装置始终处于最佳运行状态；第三，自主开发了全密度聚乙烯装置的在线优化模型，首次在全密度聚乙烯装置上实现实时在线优化；第四，形成实用新型专利2项[《改进后的乙烯装置脱甲烷与脱乙烷系统》（授权号：ZL201120022696.X)、《一种改进的丙烯压缩机出口压力自动调控系统》（授权号：ZL201120050758.8)]。

(2) 生产应用实效方面。选取124个优化变量和57个约束变量实施在线优化，经考核，乙烯装置综合能耗较实施前降低了5.13%，增效60.84元/吨乙烯。提出了"1#—6#裂解炉辐射段衬里改造项目"等投资优化方案共15项，编制完成可行性研究报告4项并通过了专家审查，其中"急冷油系统节能改造项目"等3项已批复实施。

(3) 创新能力提升方面。组织完成了11次多层次与多角度的技术培训，经过专项考核评定，共培养高级专家4人、专家4人。

2) 专题2——兰州石化46万吨/年乙烯装置能量系统优化示范工程

该专题利用国外先进的流程模拟技术及优化分析技术，建立兰州石化46万吨/年乙烯装置，找出装置能量利用方面存在的主要问题，制订详细的能量优化方案并组织实施，为企业带来了显著的节能增效效果。同时，通过多层次培训，初步培养中国石油乙烯装置能量系统优化技术力量。具体成果如下：

(1) 技术创新方面。第一，建立了乙烯裂解炉裂解深度模型（简称ECU)、后处理系统Aspen Plus模型以及公用工程模型，针对模型的实用性进行了二次开发，通过数据接口集成为乙烯装置全流程模拟模型；第二，开发应用了裂解炉先进控制系统：创新开发了COT稳态控制、火焰诊断和人工智能热值分析等技术，该系统稳定可靠，抗干扰能力强，投运率达90%以上，经甘肃省科技厅鉴定该技术达到了国际先进水平，获得发明专利2项[《乙烯裂解炉的节能优化控制方法》（授权号：ZL201210055584.3)、《乙烯裂解炉成套优化控制方法》（授权号：ZL201210055595.1)]，软件著作权1项[《46万吨/年乙烯装置能量管理系统》（登记号：2012SR073665)]；第三，自主开发和应用了乙烯能量管理系统，建成了乙烯能量优化工作平台，实现能耗管理实时监测；第四，开发应用的乙烯原料近红外快速分析技术，具有分析项目全、精度高和快速等特点。

(2) 生产应用实效方面。共提出节能优化机会92项。利用夹点分析、流程模拟等技术确定可实施方案17项，其中不投资/少投资方案11项，投资方案6项。已实施节能优化机会12项，实现节能65.23千克标准油/吨乙烯，能耗降低9.63%，增效3403万元/年。通过乙烯裂解原料优化方案研究及工业应用，乙烯收率提高了0.89个百分点，丙烯收率提高了0.11个百分点，碳四收率提高了0.58个百分点。

(3) 创新能力提升方面。完成了20余次技术培训，经过专项考核评定，共培养高级专家5名、专家4名。

4. 课题四"炼化一体化企业公用工程能量系统优化示范工程"

1) 技术创新方面

(1) 建立模拟模型50套，在中国石油首次建立了炼化一体化蒸汽动力模型，实现炼油化工的整体优化。

（2）建立了兰州石化能量管理系统，实现了能量系统 KPI 实时监测、能耗统计分析、公用工程系统在线优化、节能项目绩效跟踪等功能，首次形成了炼化一体化能量系统管理平台。该系统集能量管理、重点耗能设备运行监控、系统在线优化、节能项目绩效跟踪等功能于一体，为炼化企业能量管理及节能工作提供了先进的管理工具和基础平台。

（3）获得实用新型专利 1 项 [《能量管理优化系统》（ZL201120228767.1）]，软件著作权 1 项 [《EMS 能量管理系统》（登记号：2012SR038109）]。

2）生产应用实效方面

识别节能机会 125 项，制定优化方案 29 项，已实施 21 项，实现节能 5.09 万吨标准煤/年，增效 5499.1 万元/年。

3）创新能力提升方面

完成 40 余次技术培训，经过专项考核评定，培养高级专家 4 人、专家 7 人。

5. 课题五"重点炼化企业能量系统优化方案研究"

本课题利用中国石油内部技术人员，研究制定长庆石化炼油厂、克拉玛依石化公用工程的能量系统优化方案并组织实施，为企业带来了显著的节能增效效果，同时，使技术骨干的项目实施能力得到有效提升。主要成果如下：

1）技术创新方面

（1）自主建立各类模拟模型 25 套，其中，开发了双提升管催化裂化、半再生重整和加氢裂化等装置的工艺模拟模型，为操作参数优化和方案设计提供了强有力的工具，为炼油厂全厂流程模拟模型建立突破了技术障碍；首次自主建立了炼油厂模拟模型，涵盖了自原油至最终产品调和的整个加工过程，将实际生产过程模型化为"桌面炼油厂"，为全局优化分析和方案设计提供了一个更加宽广、量化的工具，实现了能量的系统优化。

（2）应用 Total Site 技术，从全局角度开展炼油厂能量系统优化工作。

（3）成功应用 R－曲线、夹点分析、氢气网络夹点分析等技术开展能量系统优化研究，并进行集成开发，获得实用新型专利 2 项，软件著作权 2 项。

（4）对引进的软件进行二次开发，结合自主开发的上层监控展示平台，首次建设了具有对公用工程系统能耗监控、分析和在线优化功能的能量管理系统。

2）生产应用实效方面

（1）通过优化研究，为长庆石化识别了 59 项节能增效优化机会，制定优化方案 40 项，已实施 17 项，实现节能 4.32 千克标准油/吨原油，增效 5839 万元/年。

（2）通过优化研究，克拉玛依石化识别了 266 项节能增效优化机会，制定优化方案 62 项，已实施 25 项，实现公用工程系统节能 4888.3 吨标准煤/年，在 2009 年公用工程综合能耗基础上降低 3.15%；催化裂化装置节能 3.29 千克标准油/吨原料，在 2009 装置综合能耗基础上降低 6.96%；实现增效 1271 万元/年；EMS 在试运行期间形成公用工程操作优化方案 2 项，实现经济效益 1637.01 万元/年。

3）创新能力提升方面

完成 100 余次技术培训，经过专项考核评定，培养炼油专家 27 人、公用工程系统专家 17 人。

项目共形成《乙烯裂解炉的节能优化控制方法》等3项国家发明专利、《能量管理优化系统》等5项实用新型专利、39项中国石油技术秘密、《EMS能量管理系统》等13项软件和作品著作权，标准1项。

"炼化能量系统优化研究"项目于2014年获中国石油天然气集团公司科学技术进步奖一等奖；于2015年获中国石油和化学工业联合会科技进步二等奖。

第五节 炼化节水关键技术评价

一、研究单位

该项目是"中国石油低碳关键技术研究"重大科技专项课题四"炼油化工节能节水关键技术研究"下设的专题五。牵头单位为中国石油规划总院，参加单位为大庆石化分公司。

二、起止时间

2011年4月至2013年12月31日。

三、研究目标

针对制约炼化企业节水关键技术问题，重点突破节水关键技术评价技术，建立炼化节水技术数据库，提出节水技术应用指南，指导炼化企业开展节水技术改造工作，为炼化业务实现"十二五"节水目标提供技术支撑。

四、研究内容及取得的主要研究成果

1. 建立炼化节水技术评价方法

首次研究建立了基于客观赋权的灰色综合炼化节水技术评价方法（图5-3），并在评价中首次将熵值法、层次分析法和灰色关联度法联合使用。该方法消除了人为判断带来的主观性和随意性，并充分利用了企业提供的实际数据，使技术评价结果更加客观、合理；同时，研究提出的3级评价指标充分考虑了不同用水系统中节水技术的工作原理、技术要求和技术特点，使评价过程更加科学、有效。

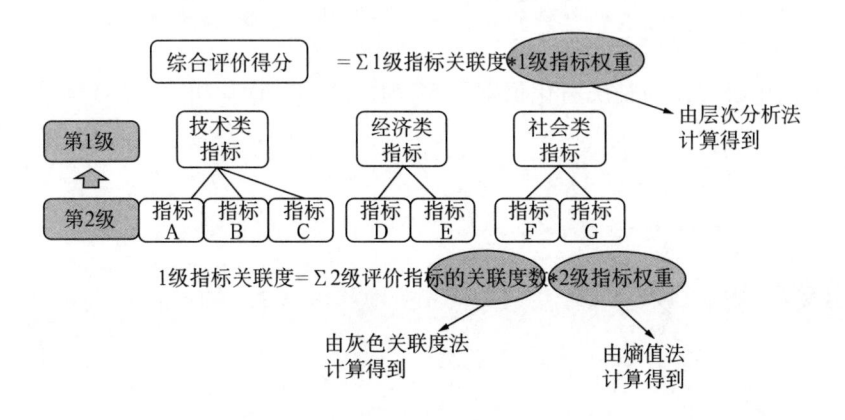

图5-3 炼化节水技术评价方法

2. 建立炼化主要用水及节水环节的技术评价模型并完成各环节技术评价研究

在深入分析炼化企业输水系统、化学水制水系统、循环水系统、凝结水回收处理系统和达标外排污水处理回用系统等 5 个主要用水和节水环节技术特点的基础上，研究提出 40 个详细评价指标；并在收集企业详细应用数据的基础上，应用研究提出的节水技术评价方法，建立了各环节技术评价模型，分别对 5 个环节的 20 余项成套节水技术进行了综合评价，获得了各技术综合得分以及 5 个环节节水技术的排序结果。

3. 完成炼化企业节水技术数据库建设

针对集团公司炼化企业和总部相关部门对节水技术数据库的主要需求，开展了数据库需求分析及功能设计，完成了数据库建设、测试修改，数据库使用手册编制和上线运行。进一步结合国内外炼化节水技术调研分析和技术评价结果，收录了各环节先进节水技术共 37 项、典型案例 26 个。

该项目申报"炼化企业化学水制水技术评价模型""炼化企业循环水系统技术评价模型"等 4 项技术秘密，发表论文 2 篇。

第六章 典型技术及案例

"十二五"以来，集团公司围绕油气田、炼化、管道、工程技术等重点耗能业务领域，积极推广应用节能技术，本章按照"成熟、先进、实施效果良好"的原则筛选出一批节能技术，并对其技术原理、特点、适用条件以及在现场的实际应用案例进行介绍。

第一节 概　　述

"十二五"期间，集团公司主营业务发展迅速，但同时也带来能耗总量上升的问题。集团公司围绕"节能减排指标总体达到国内同行业先进水平，重点企业接近或达到国外先进水平，节能减排工作走在中央企业前列"的发展目标，继续加大先进节能技术筛选、跟踪及实施力度，油气田业务围绕机采系统、集输系统、注水系统、供配电系统、热力系统五大系统，长输管道围绕输油泵、压缩机、加热炉能耗及优化运行，炼化业务重点围绕能量系统优化、装置提效、加热炉提效、供热系统优化、电动机及电力系统优化、氢气系统优化等开展了大量先进节能节水技术应用，取得了显著的节能增效效果，钻井业务加大节能技术推广应用力度，总结形成了"10+5"节能节水典型技术，有力支持了集团公司节能目标的实现。

充分分析先进节能技术应用情况，结合集团公司实施的节能专项投资项目，围绕油气田、炼油化工、长输管道和工程技术业务筛选出了技术先进、实施效果良好的节能技术47项，见表6-1。

表6-1 "十二五"主要采用的先进节能节水技术列表

序号	所属业务领域	技术应用领域/技术类别	技术名称
1	油气田	机采系统	塔架式长冲程抽油机
2			直驱螺杆泵
3			多功率电动机
4			丛式井组数字化集中控制
5			无杆采油往复泵
6		集输系统	不加热集输技术
7			井下节流技术
8			超音速旋流分离器
9		注水系统	水力调压泵技术
10			斩波内馈调速技术
11			管网除垢技术
12			注水泵带载启动稳压注水技术
13			注水系统仿真优化技术

续表

序号	所属业务领域	技术应用领域/技术类别	技术名称
14	油气田	供配电系统	磁性滤波器
15			馈线自动调压器
16		热力系统	加热炉远红外涂料
17			热管换热技术
18			智能燃烧控制技术
19			半冷凝式烟气余热回收技术
20			热泵余热利用技术
21	炼油化工	能量系统优化	装置间热联合/热进料技术
22			换热网络夹点优化技术
23			低温热系统优化技术
24			蒸汽动力系统在线优化技术
25		装置提效	催化裂化装置冷催化剂循环技术
26			催化裂化沉降器快分和汽提技术
27			液相加氢技术
28		加热炉提效	扰流子与水热媒组合式空气预热器
29			陶瓷纳米纤维保温技术
30			保温特种涂料
31			加热炉理论配比燃烧技术
32		余能回收利用	螺杆泵回收余压技术
33			除氧器乏汽回收技术
34		机泵节电	变频技术
35			永磁调速技术
36			往复压缩机无级气量调节技术
37			循环水塔水轮机（水动风机冷却塔）
38		氢气系统优化	氢气 PSA 回收技术
39			氢气膜回收技术
40		水系统优化技术	
41	长输管道		燃气压缩机组余热发电
42			天然气在线排污改造
43			压缩机在线分析诊断及视情维护系统
44	钻井		油料远程自动计量技术
45			燃料替代技术
46			钻机专用无功补偿系统
47			烟气余热利用技术

"炼化能量系统优化研究"重大科技专项的成功攻关，使集团公司形成了具有自主知识产权的炼化能量系统优化成套技术，为先进节能技术推广和节能项目实施提供了纲领性指引和量化分析手段。"十三五"期间，集团公司将继续开展炼化能量系统优化技术升级与推广应用，同时推进油气田地面工程能量系统优化技术研发与示范，进一步增强能量系统优化对先进节能技术的引领作用。

随着"中国石油节能节水管理系统"的上线，其中的"节能节水技术管理"模块为中国石油跟踪先进节能技术实施情况，共享技术内容及实施案例提供了工具。

第二节　油气田节能节水技术及应用案例

一、塔架式长冲程抽油机

1. 技术背景及原理

塔架式长冲程抽油机在整体结构上取消了普通游梁抽油机的所有机械传动部分，采用电动机直接驱动的方式，并在智能变频控制器的控制下实现抽油杆的上下往复运动，是一种结构简单、能耗较低的新型油田抽油设备。电动机一般置于塔架顶部，电动机两端的皮带轮通过皮带连接抽油杆和配重箱。当电动机受智能化变频柜控制做往复转动时，抽油杆和配重箱则会做方向相反的上下往复直线运动，即完成了抽油杆的抽油动作。

塔架式抽油机的电动机有复式永磁电动机、开关磁阻电动机等多种形式，如图6-1所示。

图6-1　复式永磁电动机抽油机和开关磁阻电动机抽油机

2. 技术特点

采用长冲程抽油方式，抽油泵柱塞实际冲程长度损失的比率较小，提高了抽油泵的排量系数和充满系数，提高了采油效率，节能效果好。

冲次低，换向冲击小，排量稳定，抽油机动载荷较小，皮带运转平稳，能够提高抽油机和抽油系统的使用寿命，延长油井免修期。

平衡方式为直接平衡，具有较精确的平衡效果，平衡率可达95%以上。

结构比较简单，零部件较少，机械传动效率较高，故障少，维修方便，维护费用低。

3. 技术适用条件与范围

塔架式长冲程抽油机既可用于满足小泵深抽采油工艺要求又能满足大泵提液工艺要求，适用于深抽、大排量、长冲程、原油黏稠度高及高含水原油的开采，特别适用于水平井。

4. 现场应用情况与典型案例

1）大庆油田

大庆油田塔架式长冲程抽油机利用复式永磁电动机作为动力，将抽油机设计为塔式结构，并把复式永磁电动机安装在塔顶的平台上。复式永磁电动机作为抽油机的核心部分，它的整个结构形式与现有的永磁电动机完全不同，它在普通电动机一个电枢的基础上，又加上两个盘式电枢，构成了三维合力的特种永磁同步电动机，与现在的各种低速大力矩盘式永磁电动机相比，在同样体积下，力矩可显著提高。不需要无功励磁电流，功率因数高，无功功率小，铜铁损几乎为零，电动机效率高；启动电流小，启动转速低，启动转矩大，启动电流从0安到运行电流，没有电流冲击，为变频柔性启动，可以降低配套变压器的装机容量，如普通的14型游梁式抽油机，单井适配电动机的功率为75千瓦，变压器要适配100～120千伏·安，而相应的复式永磁电动机抽油机电动机功率为20千瓦，适配变压器容量只需20千伏·安即可。

大庆油田在喇12—22井上进行了现场试验，试验后运行平稳，免修期已达840天以上。该井原采用游梁式抽油机，试验后冲程由3米变为7.4米，冲次由5次/分钟变为2.5次/分钟。试验初期，有功节电率为35.2%，综合节电率为40.91%，系统效率提高19.67个百分点；试验两年后，有功节电率为3.38%，综合节电率为22.32%，系统效率提高18.57个百分点，节能效果较好。

2）冀东油田

冀东油田采用开关磁阻调速电动机换向，驱动减速机构，通过传动链，进而带动油杆上升、下降的方式来抽汲油液。电动机的启动转矩大、启动电流小，启动电流仅为额定电流的30%，启动转矩为额定转矩的150%，极其适于频繁起制动和正反转，并且功率因数高，接近于1，电动机空载电流小，约为满载电流的1%，综合节电效果好，对电网无污染，不需无功补偿；转子无绕组，结构简单，可靠性高。适合于高黏度、低渗透油藏的采油井。

在冀东油田，与1台14型游梁式抽油机在同一口井做对比试验和数据采集，试验前后电动机装机功率由50千瓦降低为30千瓦，最大冲程由4.8米提高到7.3米。功率因数由0.884提高到0.993，有功节电率达到39.19%，无功节电率达到86.32%，综合节电率为40.64%。

二、直驱螺杆泵

1. 技术背景及原理

原螺杆泵采油工艺地面驱动部分由电动机、皮带、减速器组成，动力由电动机输出到杆，虽然提高了油井采收率，但是该工艺减速系统消耗约占总能耗的20%，因此，螺杆泵采油工艺还有降低能耗的空间。同时，由于电动机高架偏置于井口一侧，大参数运行时井口振动大；皮带减速器齿轮磨损快，影响安全运行。

螺杆泵地面直接驱动技术能够有效解决上述问题，直驱螺杆泵地面系统（图6-2）由智能控制器和交流永磁同步电动机组成，改变了常规螺杆泵驱动头使用减速器和皮带的传动方式，新设计为永磁力矩电动机直接驱动，电动机驱动控制器通过指令输入进行设置，实现了电动机速度预设置、适时速度调节、驱动转矩调节、软启动、软停机等功能，从而实现对螺杆泵负载的直接驱动。

2. 技术特点

该技术与普通螺杆泵相比，具有以下优点：螺杆泵交流永磁地面直驱装置减少了减速中间环节，减少了系统内耗，传动效率高，有较好的节能效果；装置安装重

图6-2 直驱螺杆泵地面系统

量对称，减少了井口的振动，提高了运行稳定性；防反转电磁制动柔和、平稳、无冲击，减少了杆管问题发生；永磁地面直驱电动机为多极低速永磁电动机，电动机的启动力矩大，能很好地满足螺杆泵启动高扭矩的特性要求，同时可以相应地降低装机功率；螺杆泵交流永磁地面直驱装置可靠性高，便于现场管理。中间环节的减少节省了更换皮带等维护性费用，降低了螺杆泵直驱采油的运行成本，同时减少了维护性工作量，并且现场噪声很小，有很高的现场应用价值和较好的社会效益。螺杆泵地面直驱应该是螺杆泵的配置方向。

3. 技术适用条件与范围

该技术即适用于普通螺杆泵井改造为地面直驱螺杆泵井，也适用于常规抽油机井改造为直驱螺杆泵井，但井深一般要求不超过2000米。

4. 现场应用情况与典型案例

大庆油田采油四厂应用直驱螺杆泵381台，年节电730.21×10^4千瓦·时，节约电费434.18万元。减少设备维护费用368.52万元，减少一次性投资成本3330万元，减少人员成本356.21万元，年获经济效益4488.91万元。大庆萨北油田应用200台，运行状况良好，节电率达到47.9%，单井日节电91千瓦·时。

三、多功率电动机

1. 技术背景及原理

多功率节能电动机技术由高效多功率节能电动机和全自动智能控制柜两部分构成，当抽油机起动时，智能控制柜自动将电动机接入到大功率模式运行，在抽油机启动后电动机负载变轻，电流下降，通过电流传感器实时将电动机的负载电流变化有关数据传送到控制器，控制器将电流传感器送来的数据与人为设定的数据进行对比、并做出判断将电动机接入到小功率运行。多功率电动机可由普通电动机进行改造，方法是在不改变原有电动机结构的前提下，将原定子线圈去除，对定子绕组进行重新设计，重新绕制，在单槽内下入单组线实施抽头，形成一个有抽头的绕组，一个串联绕组，电动机极数不变。比如37千瓦的

电动机,可以将定子绕组设计成一个为37千瓦,另一个为22千瓦。改造后的电动机需要配置专用电控箱,组合成"一体化"拖动装置。

2. 技术特点

运行效率高:多功率电动机的功率可以自行调整,与抽油机达到最佳匹配,启动时处于高功率运行,启动后根据抽油机实际负载切换小功率运行,确保抽油机随时处于高负载率运行状态,电动机运行效率高,综合节电率可达10%～20%。

运行功率因数高:多功率电动机在额定负载率时运行功率因数可达0.78～0.88,当负载减轻时,由于自动切换至小功率运行,仍旧保持较高的负载率,因而运行功率仍然较高。通过提高功率利用率及功率因数,达到节能目的,节电效果好。

3. 技术适用条件与范围

该技术适用于抽油机井电动机为普通Y系列非节能电动机(高压电动机除外)的电动机改造,并且配用的电控箱为普通功能电控箱,不具备调压、调频、星—角转换等功能。双功率电动机用在泵况正常,电动机功率利用率小于30%的抽油机井,效果较好。

4. 现场应用情况与典型案例

大庆油田采油四厂实施双功率电动机改造100台,统计86口井效果,综合节电率为11.93%,节电效果显著。在应用过程中发现,平衡效果好的井,节电效果好,部分不平衡井由于上下电流相差较大,最大电流高于设置的额定电流,无法转换到低功率运行,因此应及时跟踪调整设备运行状态,确保电动机处于最佳运行状态。

长庆油田杏北作业区将251口抽油机井的普通电动机更换为高效多功率节能电动机,实施后,平均单井功率利用率提高至40%,单井日耗电量降低20%,吨液百米耗电量降低10%,平均无功功率降低38%,综合节电率达24%,合计年节电量为143.37×10^4千瓦·时,静态投资回收期2.91年。

四、丛式井组数字化集中控制节能装置

1. 技术背景及原理

丛式井组数字化集中控制节能装置以低产丛式井组生产参数为基础,依据影响机采井系统效率的主要因素,集成应用了共直流母线、无级变频调参、软启动、动态功率因数补偿、动态调功等5项节能技术,实现对油井生产参数的优化,达到了集中控制、综合节能的目的。

用集中控制技术的软启动功能将会使启动电流远远低于额定电流,不但减少了电动机启动对电网的冲击,而且能延长设备使用寿命及维修周期,减少设备维修费用,并且减轻了电网及变压器的负担,降低了线损。

动态功率因数补偿技术采用全矢量控制型变频器,内置直流电抗器和外加装改善功率因数交流电抗器,根据电动机的运行特性动态的改变输出,使功率因数达到0.9以上。

直流母线技术能够收集抽油机下冲程运行时所发电能,多台抽油机的控制变频器共用一台整流器,将其直流母线并联在一起,一个或多个电动机产生的再生能量就可以被其他的电动机以电动的方式消耗与吸收,即将下冲程运行的抽油机所发出来的电能提供给丛式井中其他上冲程运行的抽油机,即使有多个部位的电动机处于发电状态,也不用再去考虑

其他的处理再生能量的方式，这样不仅消除了电动机所做的负功，减少了对电网的污染，而且还提高了电动机的运行效率。直流母线技术原理见图6-3。

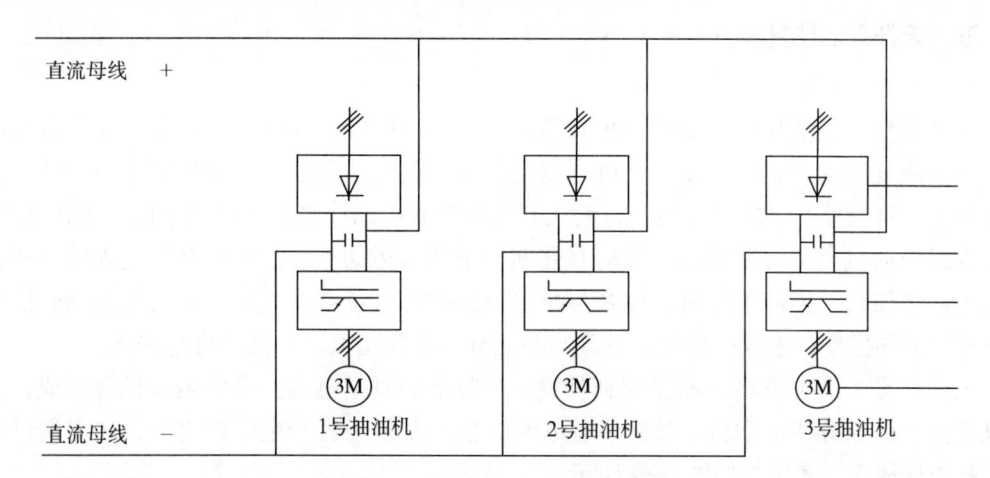

图6-3　直流母线技术原理示意图

无极变频调参技术可分别设定抽油机的上、下冲程的速度，同时可根据动液面的情况来调整抽油机的最佳运行整体冲次，以适应液面的变化。降低抽油机下冲程速度可提高液体在泵内的充盈系数，提高上冲程速度可减少提升过程中液体在泵内的漏失系数，从而实现了提高单位时间的产液量，提高泵效。

动态调功功能，设计以5000次/秒的自适应抽油机电动机的载荷，自动改变加在电动机上的端电压，保证电动机在最小功率状态下运行。即负载轻电流小时，加在三相交流异步电动机定子绕组上面的端电压就小；负载重电流大时，加在三相交流异步电动机定子绕组上面的端电压就大。

2. 技术特点

具有油井生产参数自动采集、远程传输、上下位机数据同步更新显视等功能，并通过场站数字化控制平台，实现抽油机远程起、停控制和无级智能调参等数字化管理功能，适应"远程监控、智能管理"的数字化油田建设需要，不再需要停机就能实现无级调参，方便了员工的操作，降低了劳动强度。

该技术不但能降低抽油机运行时的无功损耗、减少抽油机启动过程中的机械冲击，而且还能提高电动机的功率因数、延长设备的使用寿命、提高电网的经济运行效率，实现了电网的"增容"改造，从而实现油田节能、增效的自动化运行。

3. 技术适用条件与范围

适用于低产丛式井组。

4. 现场应用情况与典型案例

长庆油田在中石油率先应用丛式井组数字化集中控制技术，安装集中控制节能装置后，功率因数从0.4提高到0.9以上，井场原有的100千伏·安的供电变压器降至75千伏·安或50千伏·安的变压器，就可满足现场需求。对于新建丛式井组经济效益更加明显，以新投产井组（3口井）安装CQ-YQY节能装置为例，通过降低变压器容量，节约变压器购置费用 12000 元，丛式井组节能装置替代抽油机控制箱，可节约投资 21000 元，同时，每年还节约变压器容量费 12000 元，每年节约电费 5850 元，技术投资回收期约 1.3 年。

五、无杆采油往复泵

1. 技术背景及原理

无杆采油往复泵是电潜泵的一种新型技术，利用旋转电动机工作原理，研制直线电动机作上下往复运动，利用直线电动机往复运动与整筒管式抽油泵，泵柱塞上下运动方向一致的特点，将数控往复式潜油电泵，潜入到油井套管内油层底部，以直线电动机作动力源，通过直线电动机上下往复运动，推动泵柱塞上下往复运动，将油液举升到地面管道中。柱塞泵为动泵筒式，推杆下行时，柱塞与泵筒环形控制系统空间减小，井液克服油管液柱压力顶开上部阀排出，推杆上行时，柱塞与泵筒环形空间增大，井液从底部吸入。

无杆往复采油泵主要由地面控制装置、往复潜油泵、电缆、直线电动机等组成，其中往复潜油泵包括直线电动机、筛管和柱塞泵，柱塞泵位于直线电动机之上，二者通过永磁动子和连杆相连。其结构如图 6-4 所示。

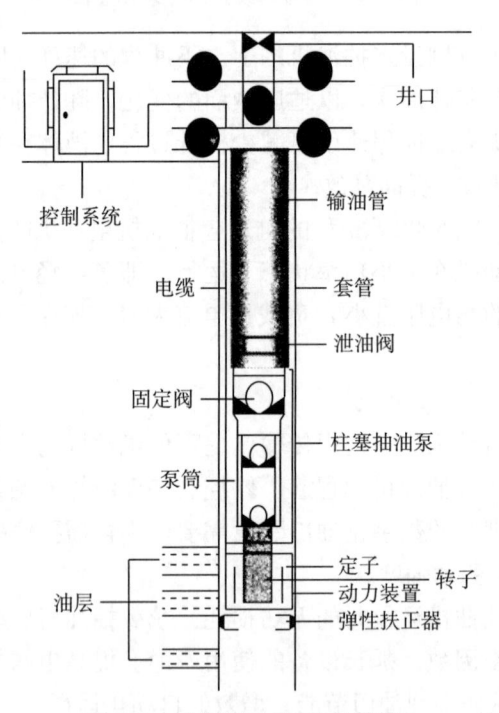

图 6-4 无杆采油往复泵结构图

2. 技术特点

无杆采油往复泵与传统游梁式抽油机相比节约电能 30%～50%，提高泵效达到 80% 以上，检泵周期为 1 年以上，使用寿命为 10 年以上，且能很好地解决油井偏磨问题。

3. 技术适用条件与范围

无杆采油往复泵无需利用抽油杆将地面能量传输到井底，适用于定向井、深井和低产低效井,对控液生产、偏磨等大部分非稠油开采的抽油机井也有较好的推广价值。

4.现场应用情况与典型案例

新疆油田抽油井系统效率分别由游梁式抽油机的20.46%～22.64%提高到潜油电泵系统的40.90%～48.46%。

长庆油田采油一厂应用无杆采油往复泵节电率达到41%,具体情况对比见表6-2。

表6-2 无杆采油往复泵与常规抽油机能耗对比

对比项目	抽油设备		差值
	6型抽油机	潜油往复泵	
有功功率(千瓦)	4.2	2.66	-1.54
无功功率(千瓦)	11.1	0.4	-10.7
功率因数	0.345	0.989	0.644
日综合耗电(千瓦·时)	108.79	64.13	-44.66
综合节电率(%)			41.1
系统效率(%)	14.4	23.7	9.3
泵效(%)	18.4	83.5	65.1

六、不加热集输技术

1.技术背景及原理

对于含蜡高、凝点高、黏度高的原油,为保证原油正常集输,普遍采用原油加热集输流程。但随着油田开发进入中后期高含水开采阶段,原油黏度随着含水率上升而逐渐下降,如果继续采用加热集输流程,将导致能耗大幅度上升,原油不加热集输技术是油田进入高含水开发期后节能的重要手段之一,可以实现节气、节电的双重效果。

不加热集油主要包括4种集油方式,即全年冷输、季节性停掺、常温集油、降温集油。

全年不掺水冷输集油:可全年冷输集油的油井一般单井产量大,井口出油温度高,可全年单管出油或双管出油,无需掺水,冷输过程既不耗电也不耗气。

季节性停掺集油:可季节性停掺的油井井口出油温度较高,环境温度高时,可单管出油;环境温度低时,需启动掺水管道掺水集油。

常温集油:利用"转相点"原理,给井口送常温水(即不经过掺水炉加热的循环水),使管道中介质达到"水包油"或"水漂油"状态,安全集油。常温集油过程只启动掺水泵,只耗电不耗气。

降温集油:降温集油是在已建集油系统基础上,对掺水量及掺水温度进行优化,以降低高温集油过程中由于温差大所带来的管道散热无功损耗的一种集油方式。该类井产量小,井口出油温度低,需常年掺水,但随季节及产量变化,应适时优化掺水系统运行参数,降低能耗节约成本。该种集油方式即耗电又耗气。

实际生产中,各油田区块根据原油凝固点、环境温度、产液量、含水率、转相点等参数选择不同的不加热集油方式。不加热集油是一个大的系统工程,采用不加热集油之后,将面临井口回压上升速度快、低温脱水、低温污水处理、低温破乳剂选取、计量间采暖温度下降等诸多问题，各区块具体生产环境不同，面临的问题不同，且每个区块所取得的经验及认识并不适合完全套用。但对于高含水油田来说，不加热集油是必然的趋势，其节能的规模效益非常可观，需要在生产实践中不断摸索总结经验，形成并不断完善各区块自己的"不加热集油制度"。

2. 技术特点

该技术投资小，节能效果好，无需增加投资，通过合理控制掺水量及掺水温度即可获得巨大的经济效益。

3. 技术适用条件与范围

适用油田开发后期的高含水稀油油田。

4. 现场应用情况与典型案例

萨北油田在原集油工艺基础上，根据各区块不同的产液、含水情况，在不同季节制订相应的单井掺水量，同时对满足条件的油井实施双管出油，降低集输温度，降低能耗。在夏季，掺水炉全部停运，满足条件的井停止掺水，不满足条件的井掺常温水。在冬季，降低掺水温度，减量掺水。萨北油田掺水炉常温集输前运行87台，夏季全部停运，冬季运行36台；掺水泵常温集输前运行61台，常温集输后夏季运行24台，冬季运行39台。形成年节气880万立方米，节电 400×10^4 千瓦·时的节能效果。

七、井下节流技术

1. 技术背景及原理

该工艺将井下节流器安装于油管的适当位置，把节流降压的过程放到井下，在实现井筒节流降压的同时，充分利用地温对节流后的天然气流加热，使节流后气流温度高于该压力条件下的水合物形成温度，从而降低地面管线压力，防止水合物生成，取消地面保温装置，简化井场地面流程，降低生产电耗、气耗和注入甲醇的成本，达到节能减排的目的。

井下节流器大致分为两种：活动型和固定型。

井下节流工艺是把井下油嘴及其配套工具通过绳索作业或油管带的方式坐放在油管中设计位置。井下油嘴跟井口油嘴功能相似，都是通过节流降低气体的压力和温度，只是它可安装在油管内某一深度，在油管内还要完成坐封功能，所以井下油嘴结构比较复杂，投入和捞出需要一些配套工具。

活动型井下节流器可根据需要下入任意井段位置，投捞作业方便可靠，特别适合需节流的老井。

固定型节流器下入位置由井下工作筒位置确定，投捞作业简单可靠，密封效果好，适合在新投产井中使用。

为防止水合物形成，节流后气流温度须高于节流后压力条件下的水合物形成初始温度。节流后气流温度与井下节流器位置的井温有关。根据井下节流原理，井下油气嘴下入越深，其节流后在保持井口压力不变的情况下，井口温度越高，但同时对井下工具承压、耐温性能要求更高。节流器的下入深度一般通过软件理论计算公式和现场试验结果相结合，节流嘴直径根据节流前后压差进行计算。

2. 技术特点

优点：井下节流工艺技术大大降低了地面管线运行压力，有效消除了水合物的生成，减少了注醇量，提高了单井产量，实现了中低压集气，达到简化井场地面流程，降低加热炉负荷或取消加热炉的目的。缺点：井下节流对于泡沫排液效果产生影响，对于积液严重的井，存在节流器泡沫剪切消泡现象。一般而言，气井产能越高，积液高度及积液面与节流器相距越小，则泡沫排液效果越好。

3. 技术适用条件与范围

适用于含硫量较低、压力较高的井。

4. 现场应用情况与典型案例

井下节流技术作为一项成熟的节能技术，已在西南油气田、长庆油田应用。

长庆油田苏里格气田采用井下节流工艺约有天然气井980余口，年节约天然气量达1411万~1764万立方米，天然气价格按照0.73元/立方米计算，则可降低生产成本并增加天然气产值1030万~1287万元，年降低甲醇用量24500吨，甲醇价格按照900元/吨计算，则可降低生产成本2205万元。

西南油气田应用活动式节流器72口井，在川渝地区应用固定式节流器173口井，利用井下节流技术，取消水套加热炉及配套设备245口，平均单价为25万元/套，可节约投资约6125万元。

采用井下节流工艺生产后，井口压力大大降低，地面工艺流程可以随之优化，由单井分离后集输改为多井集中输送，72口气井中气水同产井47口取消气液分离器及配套设备，平均单价为28万元，可节约投资1316万元。

水套加热炉燃气耗量为20立方米/小时。采用井下节流工艺生产，单井每天可节约水套炉加热用气480立方米/日，水套炉按一年使用330天计，每个水套炉每年可节约加热用气15.84万立方米左右，1立方米气单价目前按0.97元计，单井站每年可节约燃料气15.36万元左右，245个单井站每年可节约3763.2万元。

根据统计，西南油气田在145口井用于井下节流技术，替换地面水套炉节流保温，年节气27万立方米/井，年节约费用35万元/井，投资回收期2.3年。

八、超音速旋流分离器

1. 技术背景及原理

超音速旋流分离技术（简称3S技术）是一种集低温制冷及气液分离于一体的新技术。超音速旋流分离器由旋流器、超音速喷管、工作段、气液两相分离器、扩散器和导向叶片组成。天然气首先进入旋流器旋转，产生很高的加速度，该旋流在超音速喷管入口表面的切线方向产生一个或多个气体射流，并在喷管内膨胀降压、降温和增速。由于天然气温度降低，其中的游离水和NGL凝结成液滴，在旋转产生的切向速度和离心力的作用下被"甩"到管壁上，从而实现气液分离。由于在喷管后半部经过扩散器的减速、增压、升温作用，天然气经3S装置喷管损失的压力能大部分得以恢复，从而大大减少了天然气的压力损失。因此，与传统的 J—T 阀和膨胀机制冷设备相比，在相同压差情况下，3S 装置可使天然气产生更大的温降。天然气在设备内停留时间很短，因此，在 3S 装置内部不会生成天然气水合物。设备如图 6-5 所示。

图 6-5　超音速旋流分离器应用图

2. 技术特点

超音速旋流分离器是一种集成低温制冷及气液分离的新技术，相对于传统制冷设备，其优势非常明显。

（1）效率高。发生在超音速喷管中的膨胀降压、降温、增速过程以及发生在扩散器中的减速、升压、升温过程，均为气体的内部能量转换过程，经过全面优化设计，使得能量损失降低到最低限度。

（2）能耗低。与低温法丙烷制冷相比，在凝液收率相同的情况下，3S 装置可减少制冷压缩机电耗 50%～70%；而 3S 装置代替膨胀机，在凝液收率相同的情况下，可多回收 15%～20% 的压缩功率。

（3）无转动部件、属静设备，因此运行更加安全可靠。

（4）工艺过程和设备简单，投资省。

（5）本身无消耗，无需水、电、仪表风的支持，除了温度和压力的监控，不依赖控制系统，运行成本低。

（6）体积小，占地和占据的空间小。

3. 技术适用条件与范围

采用超音速旋流分离器，可用于深度脱水脱油，可以提高商品天然气的品质，并可增加凝液产量。

4. 现场应用情况与典型案例

塔里木油田公司牙哈作业区凝析气处理厂从国外引进超音速旋流分离器并投产成功。超音速旋流分离器全长3米，重850千克，气相入口、液相出口、气相出口公称直径均为150毫米，均通过法兰与相应管道连接，设计处理量为180万立方米/日，最大工作压力为16兆帕。目前，原料天然气流量为380万立方米/日，温度为49℃、压力为10.5兆帕。投用3S装置后，低温分离器总的凝液量比运行J－T阀时（J－T阀后制冷温度为-17℃）有较大幅度增加，在进行统计计算的24小时内，总的液相流量增加了127立方米，即61吨；同时，由于3S装置分液的效果好，干气的水露点由J－T阀运行时的-20℃大幅降至-41℃，效果非常明显。

九、水力调压泵技术

1. 技术背景及原理

低渗透油田注水开发的注入压力会随着开发年限逐年增加，由于受到注水泵、地面条件的限制，不可能大幅度或大面积地提压增注。目前的增压增注主要采用三柱塞增注泵，单泵排量较小，在需要多井增注时会受到限制。水力自动调压泵可以对吸水不同的注水井实现自动调压实施增注，能够满足多口井提压注水的需求，减少能耗损失，实现节能注水。

水力自动调压泵通过双作用液力缸的作用，把低压井损失的压力转移到高压井上去，实现增压增注。注水管网中的高压水在液路转换器的控制下推动双作用液力缸中的活塞上下往复运动，高压腔的水注入高压井中，低压腔的水注入低压井中。只需简单左右旋转液路转换系统中的无级变速器调节手轮就可实现排量的无级调参。通过调节节流阀开口的大小来改变液力缸冲次的快慢，从而调节总流量。通过更换不同直径的连杆可以改变高低压腔横截面积的比值，从而改变高低压井对不同排量的需求。通过调节节流阀开口的大小可改变液力缸冲次的快慢，从而调节总排量，水力调压泵原理见图6-6。

根据动力缸和换向阀管路连接的不同，来水压力、增高压力和低压压力的关系满足如下关系：

$$p_{高}=p_{来}(A+a)/A-p_{低}a/A$$

式中：$p_{高}$为增高后压力；$p_{来}$为来水压力；$p_{低}$为低压压力；A为缸内界面面积；a为连杆截面积。通过更换不同直径的连杆可改变高低压腔横截面积的比值，从而可改变高低压井对不同排量的需求。

2. 技术特点

水力调压泵在注水管网压力不匹配的单井或多井应用，具有如下的性能特点：（1）不需电力，采用液力驱动，大大减少建站投资；（2）对吸水压力不同的注水井可以实现自动调压注水；（3）不需要变频装置就可进行无级调节排量；（4）可对单口或多口井进行调压增注；（5）高效节能，与三柱塞增注泵相比，节能可达30%~60%；（6）水力调压泵一般不会出现憋泵爆管事故，安全可靠；（7）工作过程中噪声低，无外泄液；（8）工作冲次低，使用寿命长。

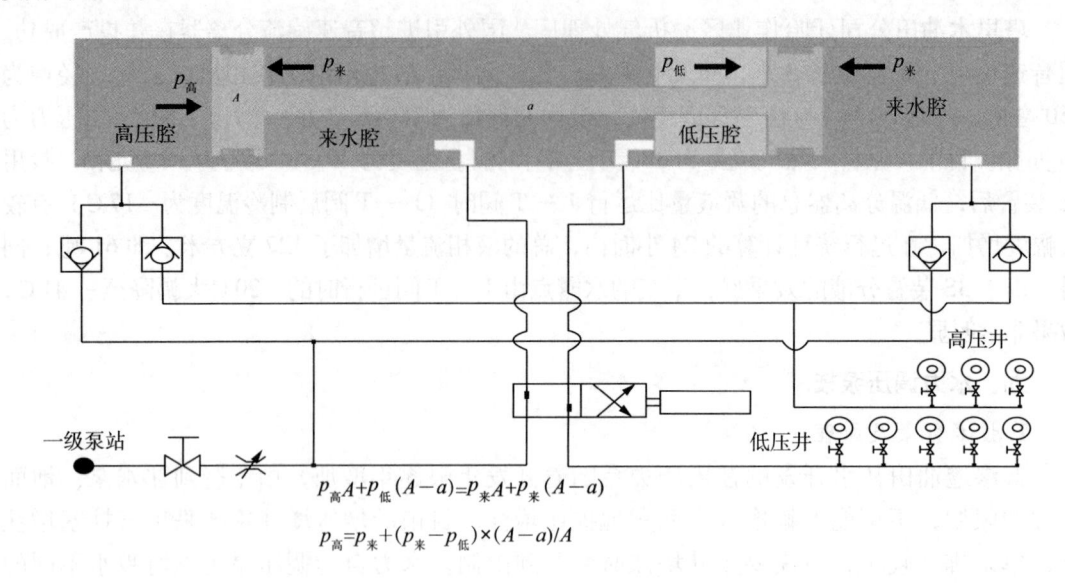

图 6-6 水力调压泵原理示意图

3. 技术适用条件与范围

要求安装水力调压泵的井组，同时具有低压井及高压井，适用于欠注井比较集中的井组；可对单口或多口井进行调压增注，对吸水压力不同的注水井可自动实现自动调压注水，而增压柱塞泵只能满足高压井注水要求。

4. 现场应用情况与典型案例

吉林新立油田受油层低渗透影响，注水压力高，欠注井较多，有的欠注井集中在一个井组，导致本区域注水井无法实现方案注水，而降压增注有效期短，高压柱塞泵单耗高，只能解决单一欠注井，而无法大面积解决欠注问题，适合应用水力自动调压泵。

新立油田 13＃配水间有注水井 14 口，在安装水力调压泵前，当泵压为 13 兆帕时，有 5 口注水井欠注、2 口注水井注不进水。该配水间内的注水井压力满足安装水力调压泵的试验条件，即该配水间内必须有油压低的注水井。为了解决 7 口注水井的欠注问题，在该配水间进行了水力调压泵技术试验。新立油田 13＃配水间试验安装了 TYB-D180/85-35 型水力调压泵 1 台，带入低压井吉 12-12 以及其他 7 口欠注水井。开一台 2.2 千瓦的电动机，为压力蓄能器增加液压油的压力。水力调压泵调试成功后，7 口欠注水井均达配注要求，实现日增加注水量 113 立方米。

水力自动调压泵仅用一台 2.2 千瓦的电动机，为压力蓄能器增加液压油的压力，日耗电量 13.2 千瓦·时。与单机单泵对比，三柱塞泵电动机功率 11 千瓦，全天耗电 264 千瓦·时，相比之下水力调压泵节电 250.8 千瓦·时，节电 95.0%，应用水力调压泵年节电 200.4×10^4 千瓦·时，创效 100.2 万元。节电效果对比见表 6-3。

表 6-3 水力调压泵与三柱塞泵节电效果对比表

项目	数量（台）	控制井数（口）	单台日耗电（千瓦·时）	日耗电（千瓦·时）	年耗量（千瓦·时）	备注
水力调压泵	4	21	13.2	52.8	19272	一机多井
三柱塞泵	21	21	264	5544	2023560	单机单泵
对比	−17	0	−250.8	−5491.2	−2004288	

如通过联合站系统提压保证欠注井注水，需要泵压提高至 14.3 兆帕，系统排量提高 40 立方米/时，与应用水力调压泵对比，年节电约 162.3×10^4 千瓦·时。节电效果对比见表 6-4。

表 6-4 水力调压泵与系统提压节电效果对比表

项目	原泵压（兆帕）	应提高泵压（兆帕）	提高压力（兆帕）	日耗电（千瓦·时）	年耗量（千瓦·时）
水力调压泵	13.7	14.3	0.6	180.8	65992
系统提压	13.7	14.3	0.6	4628	1689220
对比				−4447.2	−1623228

十、斩波内馈调速技术

1. 技术背景及原理

该技术利用内馈电动机的内馈绕组的发电功能，将调速电动机的部分转子功率（即电转差功率）移出来，以电能的形式反馈给电动机内部的一种调速方式。由于转子的部分功率被移出，使转化的机械功率减小，导致电动机转速下降，移出的电能，通过升压、变频、移相回馈到定子侧，从而达到节能目的。技术原理示意图如图 6-7 所示，如果忽略损耗，反馈绕组所获得的功率与转子被移出的功率相等，表现在图中，为转子功率圆部分面积与反馈绕组功率圆面积相等。

斩波内馈调速将内馈电动机与斩波控制技术有机结合起来，通过转子侧变频调速实现恒磁通（即恒转矩）的高效率的无级调速。通过交流控制装置的反馈功率越多，电动机的输出功率越少，转速就越低，从电网输入的电能越少；反之，反馈功率越少，电动机输出的机械功能越多，转速就越高，从电网输入的电能越多。

斩波内馈调速技术中的斩波器件通常采用晶闸管斩波，系统控制方式采用继电器控制。转子的电能取出是通过斩波器件的高频开关实现的，其稳定性是斩波装置可靠运行的关键。传统的斩波内馈调速装置采用晶闸管斩波，晶闸管属于半控器件，结构复杂，不够稳定。IGBT 斩波器属于全控器件，大大简化了电路，节省了空间，使可靠性有很大提高，同时具有斩波频率高、调速范围宽、噪声低、结构简单的优点。

2.技术特点

（1）可任选调速范围，操作简单，使用方便。斩波内馈调速装置采用专用绕线式电动机，具有40%~100%的调速范围，不同于普通鼠笼式电动机，具有转矩大、调速范围宽的特点。调速范围由所选用的斩波内馈调速系统决定。

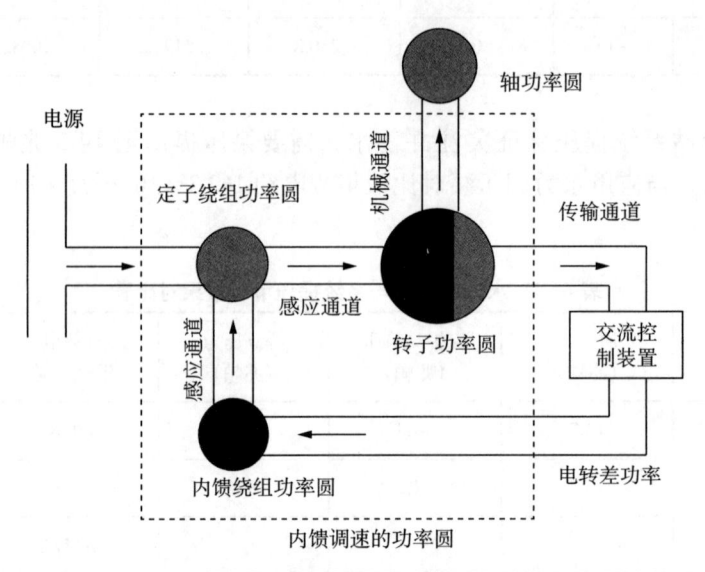

图6-7　斩波内馈调速控制原理示意图

（2）自动旁路及软启动功能，设备启动时对电网无冲击，旁路式安装，设备维修不影响主回路运行。斩波内馈调速控制部分与主接线为并联关系，当调速系统出现故障时，可在线切除调速控制部分，高压电动机可继续全速运行，对生产连续运行影响小，故障兼容性好。

（3）调节速度从高到低，实现中压控制高压电动机调速。斩波内馈调速系统采取全速启动电动机，再根据生产情况调节转速降低到给定的工艺参数。由于电动机转子及调速系统与电源系统完全物理隔离，调速过程中对电网的谐波污染较小。另外，调速系统工作电压等级为1000伏，设备操作及维护维修相对安全、方便。能适应恶劣的应用环境，对应用环境无特殊要求。

3.技术适用条件与范围

斩波内馈调速技术近年来发展迅速，使其更加稳定，适应更加复杂的工况，尤其适应油田注水泵高转速、大功率电动机工况，具有较好的节能效果，其经济性、稳定性优于高压变频调速技术。设备投资相对较低，适应能力强，适合在新建站实施。

4.现场应用情况与典型案例

大庆油田某注水站有注水泵5台，1号和2号注水泵为普通水注入，4号和5号注水泵为三元水注入，3号注水泵为公共备用，普通水与三元水之间有连通。设计三元注水能力1.2万立方米/日，根据开发预测，该区块三元注入井注水量为0.57万~1.06万立方米/日，波动较大，各开发阶段注入压力呈逐年上升趋势。目前，三元水注入量为0.51万立方米/

日。在未采取措施前,由于采用关闭连通、阀门截流方式调节水量,注水单耗较高,达到6.2千瓦·时/立方米,且长期运行对设备损害大,只能采取打开连通、阀门截流方式进行调节。因此,三元驱注水泵需要一个有效的调速技术,降低系统能耗。现场应用斩波内馈技术,可实现1850~2960转/分钟范围内的无级调速。技术应用前,注水站5号机组输出水量为5100立方米/日,泵压为15.56兆帕,泵水单耗平均6.2千瓦·时/立方米。应用后,将注水泵压设置为14.8兆帕,电动机转速控制在2700转/分钟左右,水量为5100立方米/日左右,泵水单耗在5.4~5.5千瓦·时/立方米之间波动。

该技术实施后,扣除新增冷却风机年耗电量$6.28×10^4$千瓦·时,可实现年节电$202.19×10^4$千瓦·时,扣除年维护费用10万元,实现年效益110.7万元,投资回收期1.82年。

十一、管网除垢技术

注水管道如果水质较差,矿化度高,很容易造成管道结垢。管道结垢严重会导致沿程压力损失大,管道末点压力低,造成注水井欠注、系统无功损耗增加,同时对回注污水水质形成二次污染,影响油田注水开发。常用的除垢技术主要包括注水管道通球清管除垢技术、化学清洗除垢技术、"射流"(物理清洗)除垢技术。

1.技术背景及原理

(1)通球清管除垢技术。聚氨酯软体清管器是由优质进口聚氨酯原料和独特的发泡工艺制造而成。对于垢质较硬的管线,可在软体清管器的基础上,加上带有高强度的钢钉组成加强型软体除垢器(图6-8),清管除垢过程中,清管器在压力的作用下,在需除垢的管线内运行,对管线内壁的垢进行刮削,达到除垢的目的,此种方法简单易行,安全环保,投资低。

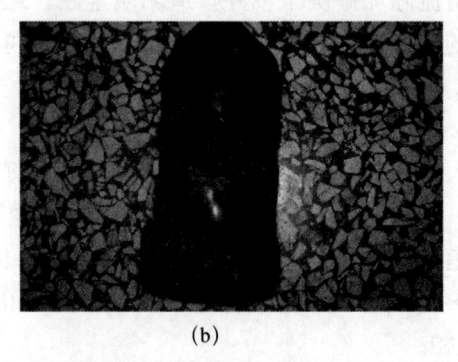

图6-8 加强型软体清管器(a)和普通型软体清管器(b)

(2)化学清洗除垢技术。化学清洗液主要由有机络合物(母本载体)和水系统运行除垢清洗液组成。根据配位场化学最新理论,首先选用能使Ca^{2+}和Mg^{2+} d轨道发生能级分裂,且有π分子轨道的化合物作为π接受配位体,当这些化合物与钙、镁水垢作用时,可与Ca^{2+}和Mg^{2+}形成稳定的化合物,将垢中含Ca^{2+}和Mg^{2+}的物质溶解,其次选用油污清洗剂可以溶解各种油污、灰泥等污垢。

(3)射流除垢技术。清洗仪器上设计安装了内振系统和射流喷嘴,将清洗仪器投入管道中,在水力的推动下旋转行进,水流自尾翼压入内振系统,猛烈收缩又急剧膨胀,生成无数空泡，汇入喷嘴后，在清洗仪器周围形成爆破性冲击射流，击打前方的管垢，然后与冲击清洗下来的碎垢一道汇聚成湍流，向前窜动，直达排污口。射流除垢能有效解决之前物理通球方法极易卡堵和化学清洗技术产生大量有害气体的问题，而且经过先期试验除垢实际效果较好。一旦清洗仪器卡阻，采取的措施是：用泵车反打水，一般情况下清洗仪器能顺利退出。

2. 技术特点

清管器的技术特点：通过能力强，可通过 1.0D（D 为弯头直径）弯头，用于结垢较厚，结垢不规则的管线，其最大变形不小于 50%，当卡阻时，可通过提高输送压力将其涨碎而不会堵塞管线。利用清管器除垢，其配套的收发球工艺安装方便，通球过程中容易控制，操作简便、安全，可实现白天通球晚上继续注水的间断方式，不影响正常注水。

化学清洗的技术特点：溶解垢、油污彻底、不燃不爆、无毒、无腐蚀，对于垢质坚硬，通球无法解决的管道，该技术可轻易解决，适于所有结垢管道。在清洗施工过程中，化学反应产生 H_2S 气体造成的安全隐患，利用酸碱中和原理及活性碳吸收特性，改进 H_2S 气体处理设备，可以将排放气体指标控制在安全允许范围之内。

射流除垢的技术特点：物理清洗，施工过程中不产生任何有毒气体，安全可靠。操作简便，通过能力强，可通过 1.0D 弯头。管道除垢较彻底，除垢率达 90% 以上。

3. 技术适用条件与范围

通球技术用于注水管网干线及垢质较软，结垢厚度不大的单井注水管线。

化学清洗除垢用于结垢异常严重，通球技术不能解决的单井管道实施清洗除垢。

射流除垢解决了单井管道垢质坚硬，结垢严重无法实施通球除垢的问题，同时解决了传统的化学除垢对金属管道的腐蚀问题，可用于结垢异常严重，通球技术不能解决的单井管线。

4. 现场应用情况与典型案例

大港南部油田回注污水水质较差，矿化度高（20000～40000 毫克/升）、温度高（55～70℃），造成注水管道结垢严重。经现场调查统计，目前在用的 100 条注水系统干线管道中压损超过 3.0 兆帕的有 19 条，总长度 26.2 千米，平均压损达到 4 兆帕；在用的 484 条注水井单井注水管道中压损大于 3.0 兆帕的 68 条，总长度 38.86 千米，平均压损 5.8 兆帕。

采用通球技术总计完成了 29 条系统干线除垢，全部成功，平均压损由 3.5 兆帕降至 1.1 兆帕，净降压损 2.4 兆帕；完成了 25 条单井注水管道除垢，全部成功，平均压损由 4.0 兆帕降至 1.2 兆帕，净降压损 2.8 兆帕。有 4 个注水站因除垢而实现降压运行，实现年节电 157.2×10^4 千瓦·时。共停运两台增压泵，有 16 台在用增注泵因进口压力升高而实现降低增注压力，实现年节电 338.7×10^4 千瓦·时。注水管道除垢后因末点压力升高，注水井实现正常配注，从而取消了上 12 台增注泵的计划，实现年间接节电 326.9×10^4 千瓦·时。注水系统通球除垢年节电 822.8×10^4 千瓦·时，投资 246.5 万元，投入产出比为 1∶2.6，投资回收期为 4.6 个月。共计解决欠注井 28 口，增加注水量 870 立方米/日。

对于结垢异常严重，通球技术不能解决的单井管道实施清洗除垢，总计对29条单井注水管道实施了化学清洗除垢，平均压损由5.9兆帕降至0.8兆帕，净降压损5.1兆帕。单井注水管道化学清洗除垢年节电194.6×10⁴千瓦·时，投资121万元，投入产出比为1∶1.25，投资回收期为9.6个月。

对81条单井注水管线和18条注水干线实施"射流"除垢，取得良好效果，除垢后管道平均压损由除垢前的2.7兆帕降至0.7兆帕，净降压损2.0兆帕。注水管道实施"射流"除垢年节电82×10⁴千瓦·时，投资180万元，投入产出比为1∶0.36，投资回收期为2.8年。除垢效果对比见表6-5。

表6-5 除垢效果表

序号	项目名称	日节电 （千瓦·时）	年节电 （10⁴千瓦·时）	投资回收期 （年）
1	通球除垢	22542.3	822.8	0.38
2	化学清洗除垢	5331.5	194.6	0.8
3	"射流"除垢	2246.4	82.0	2.8
合计		30120.2	1099.4	

十二、注水泵带载启动稳压注水技术

1. 技术背景及原理

该技术应用FOC矢量控制原理，通过坐标变换可以把异步电动机等效为直流电动机，模仿直流电动机的控制方法，求得直流电动机的控制量，经过坐标反变换，就能控制异步电动机，使交流变频调速系统的静态、动态性能达到直流调速系统性能，即启动转矩大、过载能力强、调速范围宽。

将注水压力信号传至变频柜的控制器，将实时压力值与目标值进行闭环PID计算处理，将压力差值转换成频率命令，实现变频器对注水泵自动调节，保证注水泵自动稳压注水，系统示意图见图6-9。

2. 技术特点

该技术可实现注水泵等重负荷设备直接带载启动，消除启动过程回流；实现注水泵自动稳压注水，消除运行过程回流，节能效果好；对普通电动机改造，提高了电动机与调速控制系统的匹配性，降低了电动机温升及故障率；简化高压注水泵的操作流程，提升注水站精细化、数字化管理及自控水平，降低现场操作人员的劳动强度及风险；实现注水泵带载启动自动稳压，减少注水站各种闸阀的损耗，节约维护成本。

3. 技术适用条件与范围

该技术适用于油田注水泵、输油泵等带负载运行设备，可以消除站内的回流损失及闸阀的节流损失，达到节能降耗的目的。但由于采用矢量变频控制技术，该技术对电动机参数依赖性大，需要现场调试。

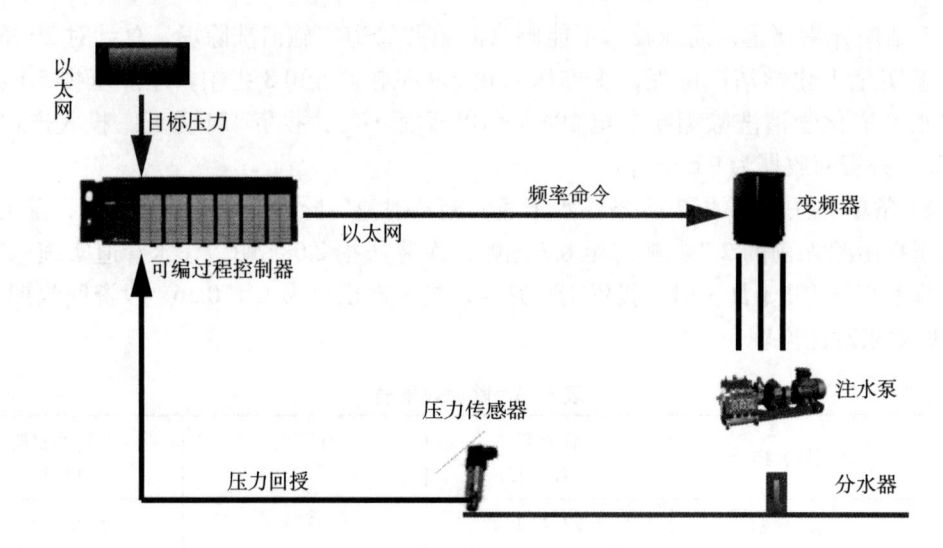

图 6-9　系统闭环控制示意图

4. 现场应用情况与典型案例

目前，该技术在长庆油田采油三厂的铁一联、吴二联、吴一供、靖一注和油六转等 5 个站点进行进行应用。该技术在铁一联 1 号注水泵应用后，当 16.8 兆帕压力启动时最大电流为 300 安，仅为额定电流的 0.9 倍；且消除回流，有功节电率达 22.48%，年节约电费约 16 万元；简化启泵操作流程，减少人员进入高压区频次，年减少注水闸阀更换 5 个，节约维护成本约 4 万元；注水泵压力、电能数据实现与 SCADA 系统连接，可进行注水泵能耗在线监测与自动注水；低速电动机温升低于 80℃，故障大大减少。

十三、注水系统仿真优化技术

1. 技术背景及原理

油田注水系统仿真优化技术是在预先建立了管网结构模型和系统仿真模型、确定了仿真算法的前提下，通过计算机按照现场实际井、站的生产负荷情况以及管线的连接情况，提取当日注水井和注水站的生产数据，模拟计算出注水管网各段的管线压力损失、各节点处的压力和流量，并实现系统的模拟运行。利用仿真计算获得的结果，指导油田注水生产，从而提高油田注水生产的经济效益。因此，油田注水生产过程仿真系统，既是油田注水生产的需要，也是提高油田生产管理技术水平的要求。

该技术可以通过对当前注水系统生产数据的模拟仿真，找到当前管网中存在的一些问题，分析管网压降损失、井口泵压与油管压力差值是否较大，并将管网出现的问题（如注水管网压力损失、管线流速）以图表方式展现出来，供管理者直观了解并进行分析，并对管网中存在的不合理部分提出改造建议。还可以制定注水系统优化运行方案，以注水系统单耗最小为目标，以注水站供水量、注水泵最大与最小排量、注水井的配注压力和流量为约束条件，在现有的管网情况下，应用优化理论和方法进行站排量优化以及开泵方案和运行参数的优化，实现注水系统的优化运行。

2. 技术特点

仿真优化技术具有智能化、可视化的优势，可以实现压力、流量高度匹配，实现系统运行能效水平最优。但建模工作量大，技术要求高，投入高，推广应用难度略大，且随着注水方案的调整，模型修改难度大。

3. 技术适用条件及范围

适用于整装油田注水系统的计算分析及仿真运行能够为设计和生产运行管理提供技术支持，提高注水系统的智能化水平。

4. 现场应用情况与典型案例

吉林油田扶余油田有3座注水站，分别为中心处理站注水站、1号放水站和2号放水站，3座注水站联网运行。其中中心处理站注水站设计规模为16800立方米/日，井口最大注入压力8.0兆帕，所辖注水间94座，辖注水井628口；1号放水站设计注水能力12400立方米/日，井口最大注入压力8.0兆帕，所辖注水间80座，辖注水井376口；2号放水站设计注水能力13440立方米/日，井口最大注入压力8.0兆帕，所辖注水间84座，辖注水井717口。

通过仿真优化，对注水系统进行能效水平评价，分析了注水系统存在的问题：(1) 管网结构不合理，管网运行效率低，系统效率低。扶余油田注水管网效率为51%，注水系统效率36.47%，分析主要原因为注水管网结构不合理，造成系统效率降低。(2) 注水半径分布不合理，中心处理站和2号放水站注水半径较大，遍布了管网的大部分区域。(3) 为满足少数高压井，整个系统运行压力升高，造成管网及系统效率降低，能耗大。高压的注水井一般实注压力均为8.0兆帕，高压注水井主要集中在2号放水站的附近，而其他的井压力分布都比较均匀。(4) 2号放水站至端点井的压力损失大，管网结垢严重。扶余中心站和1号放水站至端点井泵压的最大损失比较合理，而2号放水站的损失过大，已经达到1.62兆帕，超过了注水系统经济运行要求的1兆帕。(5) 泵管压差大。目前，扶余3座注水站内泵管压差普遍超过1兆帕，远远大于企业标准规定的0.5兆帕，说明系统存在高耗能点，需要采取措施来遏制能耗的上升。(6) 自动化程度低，注水泵参数调节不及时且范围有限。扶余油田注水站一直采用每两个小时人工录取数据资料和设备巡检制度，信息反馈速度慢，造成不能根据生产变化对运行参数进行随时调整，使机组未能处于最佳运行状态。由于设备无调节手段，只能通过改变出口阀的开度来调节注水泵参数，调整结果不理想，而且能耗损失大。

吉林油田针对存在问题制定了专项措施，如更新清洗管线；针对部分高压单井实施局部增压，整体降压；优化注水泵开泵方案实现系统优化运行；采用泵控泵变频调速技术等。应用仿真优化技术并加以改造后，注水系统效率由36.47%提高到39.46%，提高2.99个百分点，注水管网效率由50.56%提高到53.64%，提高3.08个百分点；注水系统单耗由3.59千瓦·时/立方米降低到3.49千瓦·时/立方米，降低0.1千瓦·时/立方米，节约系统耗电量3000千瓦·时/日。

十四、磁性滤波器

1. 技术背景及原理

变频器的大量使用容易导致油田配电系统出现较重的谐波污染，低压无功补偿装置由于电压高、三相不平衡和常规分组投切等原因，导致无法投运或大面积损坏。

变频器特征谐波以 5 次、7 次、11 次、13 次为主，谐波电流含有率高，电压畸变率大。变频设备固有功率因数很高，理论值 $\cos\phi =0.955$。变频系统配电回路功率因数低，一般为 0.70～0.86。

采用电抗器能有效治理由变频器产生的谐波。通过对常规电抗器铁芯结构（将常规的叠片式改为辐射式）、绕阻接线方式（单相改为多相线圈移相接法）及三相电抗器排列方式（原"一"字形改为"品"字结构）的改进，得到了滤波新方法，即磁性滤波技术。

磁性滤波技术是利用电磁转换原理和移相技术，将谐波电能转换为磁能。谐波电流产生的磁场在磁性滤波器特殊"品"字形磁路结构中，被分解为方向相反的磁通，在铁芯磁路中相互抵消，从而达到对电能谐波滤除的目的。磁性滤波不存在电容器补偿，不涉及过补问题。属于无源滤波，本身不消耗能量。磁性滤波技术是在谐波没有做功之前被消除，同时提高功率因数、抑制浪涌和改善三相不平衡。

2. 技术特点

磁性滤波是在磁场中解决电路问题，属于无源滤波，不消耗电能；磁性滤波不存在无功补偿，对自身功率因数较高的变频器不会造成破坏；磁性滤波器直接串联于变频回路中，可实时消除谐波，无时间差，属预防式谐波治理方法，同时提高功率因数；设备结构简单，无电子元件，其可靠性高，维护量小。

3. 技术适用条件与范围

磁性滤波器适用于变频调速类的电动机、风机、泵类，配电机房等领域。

4. 现场应用情况与典型案例

大庆采油三厂在北 II −2 联合站的供水岗、游离水岗和外输岗，萨北 19 转油放水站外输岗、17−1 注入站注入泵共安装磁性滤波器 13 台，磁性滤波应用效果如下：(1) 原变频器配电回路电压总畸变率在 5.7% 左右，母线电压总畸变率在 5.4% 左右，均超出了国家标准规范。治理后，变频器配电回路电压总畸变率降到了 2% 以下，母线电压总谐波畸变率降到了 2.2% 左右。(2) 变频器配电回路 5 次谐波滤除率在 70% 左右，7 次谐波滤除率在 87% 左右；母线 5 次谐波滤除率为 54%，7 次谐波滤除率为 65%。(3) 变频器配电回路的功率因数由 0.68 提到了 0.9 以上；母线功率因数由 0.85 提高到了 0.9 以上。(4) 变频器配电回路总有效电流值降低了 25%，母线总有效电流降低了 6%，三相电流不平衡度降低 65% 左右。总的来说，各站场治理后耗电量降低 24%，项目投资回收期 1.3 年。

十五、馈线自动调压器

1. 技术背景及原理

电网供电线路较长，电压损耗会比较大，容易造成末端电压不足，供电质量下降。使用常规无功补偿、变电站主变调节电压和对线路进行改造等方法，不能从根本上解决超长线路末端电压低的问题。

新建变电站造价太高；无功补偿最终以解决线损为主，提高电压的能力很有限；采用粗截面，减少阻抗是电压调整的有效途径之一，但材料消耗和建设成本较高。SVR 馈线自动调压器是一种可以自动调节变比而保证恒定输出电压的三相自耦式变压器，它可以在 20%的范围内进行自动调节电压。设备安装在距线路首端 1/2 处或 2/3 处，可以使线路的电压质量得到保证，对于主变不具备有载调压的变电站，也可以将自动调压器安装在变电站主变出线侧，实现有载调压。

2. 技术特点

馈线自动调压技术能够改善末端电压质量，降低线路损耗。

整个装置容量大、损耗低、体积小、便于安装维护；装设一台调压设备仅需架设两个电杆或搭一个水泥底座，设备费用和安装费用低，而且工时短，可以立即见到效果。现场应用图如图 6-10 所示。

3. 技术适用条件与范围

馈线自动调压器适合安装在馈电线路的中部或线路电压较低的地方，在较大范围内对线路电压进行调整，保证用户的供电电压稳定，减少网络线损。这种装置特别适用于负荷较大或供电路径较长的线路，在线路中端加装自动调压器也可以改善整条线路的电压质量。此外，也可安装在变电站变压器出线侧，用于主变不具备调压功能的变电站。

图 6-10 馈线自动调压器

SVR 能调节线路电压，但不能解决无功补偿问题；无功补偿装置能有效补偿无功，但对负荷重、电压低的长线路，调压效果很小，仅 200～300 伏；SVR 与 10 千伏柱上无功自动补偿装置配合使用则有效地解决电压与无功补偿问题，其效果相当于一个简易柱上变电站，而造价仅为变电站的 1/10～1/6。

4. 现场应用情况与典型案例

长庆油田第五采油厂在超长、负荷较重、电压损耗大的线路上应用该技术，末端电压最大提高了 20%，设备单台投资 30 万元，年节电费用 18.6 万元，设备投资回收期 1.6 年。

十六、加热炉远红外涂料

1. 技术背景及原理

在各种锅炉、加热炉中，燃烧物质通过传导、对流和辐射输出热量，其中传导和对流要通过一定状态下的介质传热，而热辐射是主要的热传输方式。在加热炉内部涂刷节能涂料（多种物质组合而成），发射热射线，将热能转换成远红外辐射能，直接辐射到被加热物体上，引起被辐射物质（被加热物质）分子的激烈运动，迅速升温，从而达到提高加热速度，节约能源消耗的目的（图 6-11）。

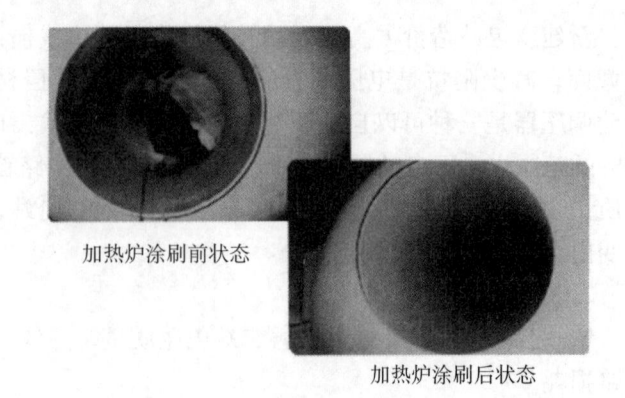

图 6-11 涂刷远红外涂层后的加热炉

2. 技术特点

该技术有以下特点：一是耐高温。用于非金属表面，可耐高温 1500℃ 以上；用于金属表面，可耐高温 700℃。二是耐腐蚀。涂料的耐酸度较高，物理化学性质稳定，对锅炉部件无腐蚀。燃烧时产生的硫化物无法直接依附在金属表面，避免了对加热炉的腐蚀，可延长锅炉使用寿命 1~2 年。三是热辐射效率高，提高加热炉的热效率 3% 以上。四是黏结牢固，降低加热炉的结焦强度和烟垢生成速度。五是抗热冲击性能好，金属表面从 700℃ 降至室温反复 15 次，涂层不变化。

3. 技术适用条件与范围

适宜在加热炉结垢严重的热洗或掺水热洗两用二合一加热炉中应用。

4. 现场应用情况与典型案例

长庆油田第三采油厂加热炉应用远红外线涂层技术 19 台。经现场测试验证，加热炉涂刷远红外涂层后，改造前排烟温度为 158℃，空气系数为 2.8，热效率为 74%。改造后排烟温度为 100℃，空气系数为 1.6，热效率为 79%，加热炉炉效平均可提高 5% 以上，节气率平均 6% 以上。单台投资 5 万元，投资回收期为 2 年。

十七、热管换热技术

1. 技术背景及原理

加热炉和锅炉排烟热损失是各项损失中最大的一项，约占总的热损失的 90% 以上，根据监测，加热炉每降低排烟温度 20℃ 左右，热效率可提高 1%。由若干根热管组成的空气预热器，安装在加热炉及锅炉排烟口，将烟气中的热量吸收并高速传导至另一端，使排烟温度降低至高于露点而减少热量排放损失。

热管（图 6-12）是一个内部抽成高度真空并有适量高纯度工质的密封管。工作时，管内工质吸热蒸发气化，至冷端冷却放出热量而凝结。热管是以工质相变方式传递热量，因传热性能极好，是现代传热效率较高的传热元件。热管换热器由于其高温端与低温端分属不同区间，不存在低温腐蚀，因此从根本上解决了换热器的使用寿命问题。

图 6-12　热管换热器

2. 技术特点

用热管组装而成的热管式换热器，具有结构紧凑、传热性能好、流体阻力小、适用范围广、不易积灰腐蚀、运行可靠、寿命长等特点，是目前一种新型节能设备。

3. 技术适用条件与范围

适用于排烟温度较高的注汽锅炉和加热炉。

4. 现场应用情况与典型案例

新疆油田使用 SGR-ⅡK 热管换热器，有效利用了烟气余热加热空气，冬季提高了进炉膛空气温度 40~50℃，提高了锅炉燃烧效率，还节省了用于加热空气的蒸汽，目前共实施 110 台，节气量约 1700 万立方米/年，平均投资回收期 2 年。

辽河油田老旧燃油注汽锅炉排烟温度一般为 290~350℃。热管空气预热器累计在曙光采油厂安装 20 余台、锦州采油厂安装 6 台、欢喜岭采油厂安装 3 台、特种油开发公司安装 3 台，现场使用效果良好，每吨蒸汽可节省燃油 1.8 千克。

十八、智能燃烧控制技术

1. 技术背景及原理

智能燃烧控制技术采用电子比例式控制系统，含有点火程序、数字式输出比例调节、炉温 PID 自动控制、风机变频控制、氧含量监测及氧含量优化控制。燃料与配风分别独立控制，对风机增加了变频控制，以上控制部分均采用数字化控制，精度高。同时，对燃烧尾气进行氧含量监测，并实时把测量值反馈给控制器，控制器实时根据测量结果与理想燃烧曲线进行对比，根据对比的结果进行实时优化空气/燃料的输出配比，对影响燃烧的各种因素进行有效补偿。

2. 技术特点

优点：实现对空气系数的精确控制和动态调整，避免燃料气压力波动而影响配比控制。

缺点：氧化锆探头运行 3~5 年后需要更换及校准。

3. 技术适用条件与范围

适合于水套炉、火筒炉、相变炉、管式炉。

4. 现场应用情况与典型案例

该技术在各油田加热炉上大量应用，热效率约提升 4.4%，静态投资回收期 1.6 年左右，万元投资节能量约 6.7 吨标准煤（包括燃烧器），有效使用年限 3~5 年。

十九、半冷凝式烟气余热回收技术

1. 技术背景及原理

半冷凝式烟气余热回收器（图 6-13）采用引进国外先进的烟气余热回收技术，该产品安装在加热炉尾部烟道上，回收烟气显热及部分潜热，加热原油、天然气、水等工质，将排烟温度降至 90℃ 以下，提高加热炉效率。关键技术：采用特殊的流场设计，低阻力结构，不需要另外增加引风机等辅机，不需要增加额外的能耗。

2. 技术优缺点

优点：回收烟气显热和部分潜热，能耗降低 7%~10%；排烟温度降低至 90℃ 以下；低阻力结构，不需要另外增加引风机等辅机，不需要增加额外的能耗；设备安装简单，仅需在加热炉烟道上接入即可。

缺点：需增设烟囱与烟箱防腐措施，并考虑冷凝液的排放和处理。

3. 技术适用条件与范围

适用于油田加热炉、注汽炉等。冷凝水需收集送至污水处理装置集中处理。

图 6-13 半冷凝式烟气余热回收装置

4. 现场应用情况与典型案例

应用此技术后，热效率约提升 9%，静态投资回收期 2.4 年左右，万元投资节能量约 2.8 吨标准煤/万元，有效使用年限 10 年左右。长庆油田从 2010 年开始了高效冷凝炉的研发工作，并于当年在现场使用了 5 台冷凝炉，热效率达到 90%~91%，与同类加热炉相比，热效率提高了约 8%；排烟温度为 95.3~120℃，与传统加热炉相比，降低排烟温度约 80℃，各项指标均达到并高于国家相关节能数据，总体性能领先。以 600 千瓦高效冷凝炉为例，单台炉每年可节约燃气约 28368 立方米。

二十、污水余热水源热泵技术

1. 技术背景及原理

水源热泵主要由制冷压缩机、冷凝器、蒸发器、膨胀阀等组成制冷剂回路，在制冷回路内充注制冷剂。压缩机通入三相交流电高速旋转，将低温低压制冷剂气体变成高温高压制冷剂气体，该气体经冷凝器被冷却水冷却后（即采暖循环水吸收制冷剂的热量），变成中温中压制冷剂液体，制冷剂液体经过膨胀阀节流减压后送入蒸发器进一步大量蒸发。制冷剂的蒸发过程，也就是制冷剂的吸热过程（吸收浅层地下水的低温热量），从而达到了供暖要求。地能水源热泵采暖供热系统原理见图 6-14。

水源热泵空调系统中有 8 只转换阀门，利用它可以将制热系统转换成制冷系统。冷凝器放热端组成的采暖回路被转换阀门移至蒸发器吸热端；原蒸发器吸热端组成的换热、消防水池内的清水换热系统被转换阀门移至冷凝器放热端，制冷剂回路保持原状态不变。当机组制冷时,压缩机将吸热端吸入的低温低压制冷剂气体经压缩后变成高温高压制冷剂气体,进入冷凝器后被接在冷凝器侧换热、消防水池内的清水系冷却变成中温中压制冷剂液体,制冷剂液体通过膨胀阀节流减压后,进入蒸发器进一步膨胀蒸发吸热(吸收风机盘管回路中负荷,即空调房间的热量),从而达到了制冷目的。地能水源热泵制冷系统原理见图 6-15。

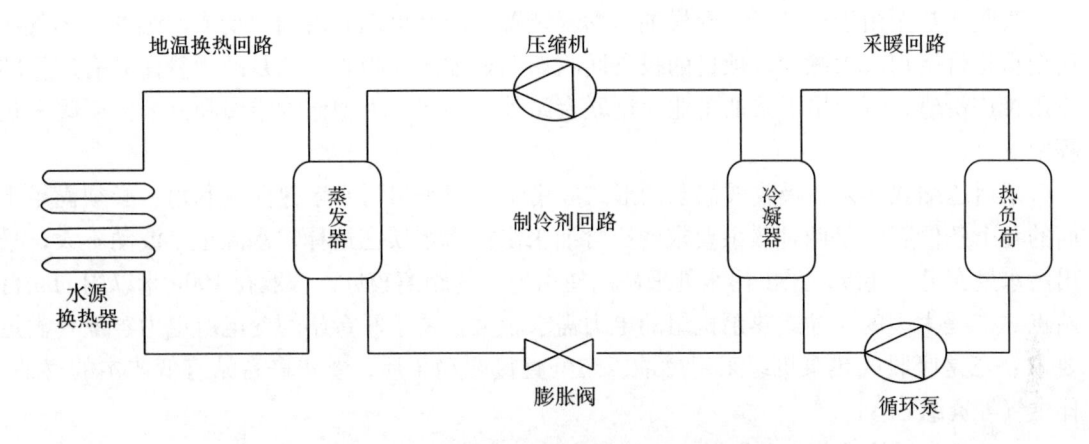

图 6-14 地能水源热泵采暖供热系统原理图

2. 技术特点

油田应用水源热泵技术代替常规加热技术,具有水源温度较高、水源稳定的优点,从处理工艺及尽可能不影响生产运行的角度出发,水源热泵热源可引入处理末端的注水站低温污水。

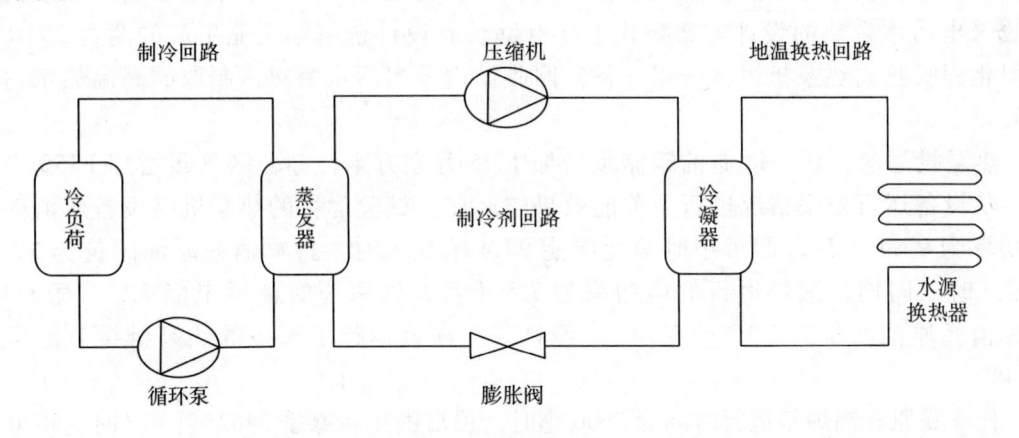

图 6-15 水源热泵制冷系统原理图

热泵采暖是一种高效节能、经济环保、安全稳定、冷暖两用、运行灵活的新型节能技术。

该技术是可再生能源利用技术,具有提高机组效率和降低系统运行费用的优点;机组还具备运行可靠、维护费用低、自动化控制程度高、使用寿命长等特点。

3. 技术适用条件与范围

压缩式热泵机组要利用电能等高品位能量压缩机驱动工质，运行成本很高，同时需要考虑电力增容等。受上述原因的影响，即使在节能效果很好的情况下，其经济性也会因为使用条件的不同而有很大的不同。一般油田采油企业将压缩式热泵应用于单井井口加热、小型储油罐维温、外输加热和小型站点办公采暖等。

吸收式热泵由于增加了一套燃油、燃气装置，使其可以利用油田低成本燃油、燃气从而使得运行费用大大减少，项目的投资回收期明显缩短。吸收式热泵的优势使其有广泛的应用推广价值，可应用于采油企业大型联合站外输加热、大型储罐维温和办公区采暖等过程中。

采用压缩式热泵和吸收式热泵的形式应用于油田采出污水余热回收利用，必须满足下面的几个条件：一是两种热泵要求油田含油采出污水水质应达标，水温全年波动不大，采出污水量充足、连续，采出污水处理站离使用地点的距离较近，一般在1000米以内的联合站点；二是大型的压缩式热泵机组的电力需求较大，要求联合站的变电所电力容量要满足要求；三是吸收式热泵机组采用燃油、燃气直接驱动工质，要求联合站有低成本的燃油、伴生气等资源。

4. 现场应用情况与典型案例

华北油田第一采油厂任一联是目前华北油田最大的联合站之一，由于原油蜡含量高，工艺处理量大，站内原采用4台4吨/时燃油锅炉（燃油电机7.5千瓦）以满足站内设施、装置的加热、保温及办公采暖等。

任一联采出污水量为12000立方米/日，采出污水水温正常保持在约60℃，根据采出污水温度稳定以及伴生气资源充足、均衡的条件，确定了采用吸收式热泵机组回收采出污水余热的设计方案替代了原有锅炉。设计选用某企业生产的两台2910千瓦溴化锂吸收式热泵机组（一用一备）回收站内采出污水余热，制取的高温热水达到85℃以上。

热泵投运时，任一联储油罐储量增加17.5万立方米，办公区采暖增加1350平方米。从设备运行效率情况进行了节能效果的对比。试验运行的热泵机组设备所消耗的电功率为97.4千瓦，即每小时消耗电能97.4千瓦·时，折算消耗原油的量为27.56千克/时。同期，锅炉运行的电功率为7.5千瓦，即每小时消耗电能7.5千瓦·时，折算消耗原油的量为2.12千克/时。经计算，在该运行工况下的热泵机组节能率为34.4%。

任一联原有锅炉年运行时间为8000小时，正常供热：寒季24628兆焦/时（5820千瓦），暖季9851兆焦/时（2326千瓦）。以锅炉热效率85%为估算值，锅炉年运行燃油消耗量折合原油3294吨，按照热泵机组34.4%的节能率计算，年节约原油为1133吨。按照年节约原油为1133吨，原油的市场价格按3000元/吨计算，节省原油产生的经济效益为340万元/年。华北油田任一联热泵技术应用中设备和工程费用总计1120万元。因此，按照静态投入产出比计算，该项目的资金收回约为3年。考虑到机组运行与维护成本、财务税收成本以及配套工程增加的间接投入等，根据投资估算和财务评价，其投资回收期不超过5年，具有较好的经济效益。

第三节 炼油化工节能节水技术及应用案例

一、装置间热联合/热进料技术

1. 技术原理

装置间热联合就是打破装置/单元界区局限，依据运行安全、温位合适、热负荷匹配、便于布置的原则，将装置的过剩热送给相邻热量欠缺的装置，从而减少供热装置的冷却负荷或提高它的能量使用等级，同时降低需热装置的外部能量供入。热进料指的是上游装置的产品物流不经过冷却、中间罐储存再用泵送到下游装置，而是直接或经过一个热缓冲罐进入下游装置作为进料。

2. 技术特点

炼油装置由于工艺不同，内部热平衡有所区别。有的装置如常减压和气分装置需要大量的外部供热，表现为热量欠缺；有的装置如催化裂化可以对外输出蒸汽、低温热，表现为热量盈余。热联合包括直接热联合与间接热联合两种形式，直接与间接热联合的区别在于装置间的热量使用有无经过中间媒体（如热媒水或热载体）的传送。热联合将两套或多套装置作为一个整体，在大系统内进行"高热高用、低热低用"匹配，达到能量综合优化利用的目的。

装置间以及装置与系统单元之间的供料关系，在炼油过程中广泛存在，如罐区原油送到常减压装置、常减压装置蜡油送到加氢裂化装置、常减压装置蜡油和渣油送到催化裂化装置、常减压装置渣油送到延迟焦化装置或溶剂脱沥青装置、延迟焦化和催化裂化装置柴油送到柴油加氢精制装置等。采用热进料工艺，由于它省去了中间物料的冷却—储存—加热流程，节约了中间罐的维温、中间泵的功耗及冷却和加热过程能量消耗，可用较低温位的热量置换出较高温位的热量，用于更有价值的地方，如顶替加热炉燃料等，因此具有明显的节能效果。优化目标就是通过上、下游装置的整体能量优化，结合其工艺特征并确定其优化的热进料温度，来推进加工过程的能量系统优化。

3. 技术适用条件与范围

适用于新建企业装置间热联合/热进料设计或已有企业装置间热联合/热进料改造。

4. 总体应用情况与典型应用案例

装置间热联合/热进料技术在国内外炼化企业得到广泛应用，效益显著。

抚顺石化常减压、催化裂化、延迟焦化和加氢裂化装置，物料采用热进料技术后，增产低压蒸汽3.1万吨/年、中压蒸汽2.94万吨/年，节约燃料4460吨/年，节约循环水491.4万吨/年，投资回收期少于6个月。

二、换热网络夹点分析及优化技术

1. 技术背景及原理

夹点技术（Pinch Technology）是以热力学为基础，运用拓扑学的概念和方法，对过程系统作出直观、形象的描述与处理，从客观的角度分析过程系统能量流沿温度的分布，从中发现系统用能的"瓶颈"，并给以解"瓶颈"的一种方法。

2. 技术特点

炼油化工生产过程中，原料、分馏塔进料等物流需要加热，反应产物、产品等物流需要冷却，利用冷、热物流进行换热，由此构成换热网络。夹点技术利用某些规则和方法对换热网络进行优化，减少冷、热公用工程的消耗。

夹点位置可以利用复合曲线或者问题表格法来确定。复合曲线确定夹点的方法是将所有热物流集成为一条热复合曲线，将所有冷物流集成为一条冷复合曲线，两条曲线一起展现在一张温焓图上，固定热复合曲线下冷复合曲线向左平移，冷、热复合曲线最先接触的点即为夹点位置。问题表格法确定夹点位置的方法是首先以冷、热物流的平均温度为标尺划分温度区间，再计算每个温区内的热平衡，以确定各温区所需的加热量和冷却量，然后进行热级联计算，温区之间的热通量为零处即为夹点。

夹点是冷、热复合曲线传热温差最小的地方，热通量为零。夹点将换热网络分为两个部分，夹点之上是热端，只有换热和热公用工程，夹点之下是冷端，只有换热和冷公用工程，热端和冷端之间没有换热。因此夹点设计原则为：（1）夹点之上不应设置任何公用工程冷却器；（2）夹点之下不应设置任何公用工程加热器；（3）不应有跨夹点的传热。

夹点温差即换热网络最小传热温差的大小是一个关键因素，最小传热温差越小，回收热量越多，所需换热面积越大，但冷、热公用工程越少；最小传热温差越大，回收热量越少，所需换热面积越小，但冷、热公用工程越多。最小传热温差取决于换热器等设备投资费用与冷、热公用工程能耗成本的权衡。

夹点技术利用图论的方法描述作为对象的过程系统，例如利用问题表格、复合线、总复合线及网格图等描述换热网络，用下游途径方法分析干扰在换热网络中的传递，强调工程师对问题和目标的理解，所有的决定由工程师自己作出，工程师始终了解所发生的事情，并且处于主动状态。

夹点技术从最初的用于换热网络的设计和优化，逐步应用到蒸汽动力系统子系统，形成全局集成技术（Total Site），可用于公用工程系统的合理配置与优化以及热机和热泵的合理设置。

3. 技术适用条件与范围

夹点技术适用于新建企业换热网络的设计，也可应用于已有企业换热网络的改造。

4. 总体应用情况与典型应用案例

夹点技术已经在国内外上千套装置换热网络及相关配套公用工程的设计和优化方面进行应用，节能效果显著。

长庆石化500万吨/年常减压装置利用夹点技术优化后，原油换热终温由282.9℃提高至297℃，节省燃料消耗5107.1吨标准煤，投资回收期不到3年。

三、低温热系统优化技术

1. 技术背景及原理

通常将未被工艺过程直接利用,但在当前技术经济条件下仍可被工艺或其他过程利用的高于环境温度的较低温位的热量称为低温热。低温热综合利用技术是指利用系统优化的方法和思路优化低温热系统,首先优化生产过程操作和换热网络从源头上减少低温热的产生,再利用热媒水等介质集中回收低温热,用于低温位的原料、生水、除盐水、塔底再沸器加热、装置、罐区伴热等平级利用,或者利用热泵技术提升低温热的温位、低温热制冷技术产生冷冻水等升级利用,然后优化相关公用工程系统。

2. 技术特点

低温热的综合利用属于能量回收环节,其与能量转化环节和能量利用环节息息相关,低温热的利用不能单从低温热本身的角度来考虑,其处在能量系统优化中的一个环节,与其他部分的能量优化联系甚密。从生产过程操作优化和换热网络优化来减少低温热的产生是低温热综合利用的首要任务,例如,通过减少回流比、优化分馏塔取热、热进料,利用夹点技术优化换热网络等来减少低温热的产生。低温热综合利用后,低压或低低压蒸汽的消耗量将大幅减少,需要同步优化蒸汽动力系统,保证全局节能效果。

低温热系统取热流程和用户配置均要做到"温度对口,梯级利用"。低温热系统包括取热和用热两套换热网络及连接两者的辅助系统,两套换热网络之间的耦合性非常强,因此一般换热网络合成技术很难直接应用,但可参照夹点思想,首先确定热媒水的上水和回水温度,再在此条件下分别合成取热和用热两个网络。

3. 技术适用条件与范围

低温热综合利用技术适用于新建企业低温热系统的设计及已有企业低温热系统的改造。

4. 总体应用情况与典型应用案例

低温热综合利用技术在国内炼化企业得到广泛利用,效益显著。

辽阳石化 70 万吨 / 年的芳烃联合装置采用低温热综合利用技术后,节约蒸汽 72.41 万吨 / 年、电 1615.78×10^4 千瓦·时 / 年,投资回收期约 2 年。

四、蒸汽动力系统在线优化技术

1. 技术原理

炼化企业蒸汽动力系统是企业生产所需的蒸汽、电力等耗能工质的提供方,将外购和自产的燃料和水等一次能源转换后供给工艺方使用,是企业降低能源消耗和提高能源利用效率的重点环节。如何从系统角度进行整个蒸汽动力系统的优化,实时监测重点耗能设备运行状况,根据季节、生产方案等变化导致的工艺方面耗能工质需求量的不同,高效、低费地维持蒸汽动力系统运行,是蒸汽动力系统节能的重要内容。

根据流程模拟的思想,将蒸汽动力系统所涉及的水、蒸汽、电、燃料等作为组分,采用简单的热力学方法处理,同时考虑重点用能设备所涉及的能源消耗或产出与其效率的关联式,从而能够建立整个公用工程系统的数学模型。目前,国际上部分流程模拟软件公司如 AspenTech 和 YOKOGAWA 等公司基于该方法，开发了专门的公用工程系统模拟优化软件 Aspen Utilities Planner 和 Visual MESA 等，软件提供了友好界面和大量模块，只需通过界面拖放模块和输入较少参数即可完成模型搭建，软件根据用户绘制的流程图和输入数据自动产生数学模型并进行求解，再将结果显示到流程图上。基于所建立的公用工程系统模型，同时通过对历史数据的回归分析来预测工艺装置的公用工程用量，将其和公用工程设备现状及蒸汽、电力和燃料的买卖合同等作为约束条件，利用系统的效益、能耗等作为优化目标，软件自动生成 MILP（Mixed Integrated Linear Programming）或 MINLP（Mixed Integrated Non-linear Programming）优化模型并求解，从而为用户提供在当前约束条件下的最佳运行状态，供操作人员参考运行。此种方式为离线优化。

Aspen Utilities Planner 和 Visual MESA 等软件自行或通过配套软件能够从实时数据库中获取数据，自动传递到模型中，这样模型可以根据用户设定的优化周期（目前已应用的最短周期为 15 分钟）进行实时优化。在自动控制系统配备较好的企业，在一定条件下还可以将优化结果直接通过自动控制系统反馈到实际系统中，实现在线闭环优化，从而使公用工程系统始终处于最佳运行状态，设备效率、蒸汽产供、电力产供最优化，燃料和电力消耗最小化，从而实现经济和能耗的最佳化。

要开展公用工程系统在线优化，必须具备以下各点的计量：锅炉蒸汽产量、减温减压阀流量、放空量、汽轮机的进汽量、排汽量和发电量、燃气轮机的发汽量等，若其余点无法计量时，可以通过模型利用"虚拟仪表"来估算。具体的最少计量方案根据企业需求会有所不同。

2. 技术特点

该技术实施充分利用了信息化建设形成的实时生产数据，通过数学模型实现实时优化并提出优化建议，能够实现蒸汽动力系统的全局优化，系统性强，节能增效效果显著，风险小。

3. 技术适用条件与范围

该技术可应用于任何炼化企业，在工艺系统优化完成后更加适合，需要炼化企业具备较好的数据计量基础，仪表完善、在线率高。首先可采用开环优化方式，根据企业公用工程系统计量仪表、实时数据库建设情况，建立在线开环优化，从而提供良好的建议。当控制系统达到要求后，再实现闭环优化，从而能够取得良好的效果和减少操作人员工作量，获得最佳收益。

4. 总体应用情况与典型应用案例

目前，Exxon Mobil、Shell、Chevron、BP、Rohm & Haas 和 Valero 等国际大中型石化企业已结合自身条件，实现了公用工程系统在线闭环优化。中国石油和中国石化部分炼化企业近年也实施了蒸汽动力系统在线优化。

美国 Valero 位于休斯顿的炼厂 2003 年采用 Aspen Utilities Planner 软件开展公用工程在线闭环优化，通过模型开发、运行测试，对公用工程系统的总成本以及燃料、电力和蒸汽的消耗进行评估和优化，运行 4 个月后就获得了 50 万美元的效益，年效益约为 200 万美元，而且公司管理水平大幅提升。

中国石油克拉玛依石化以 Aspen Utilities Planner 软件为基础，围绕公用工程买卖、蒸汽动力设备操作和蒸汽、电消耗等一系列业务流程进行优化管理，实施了蒸汽动力系统在线开环优化。自 2012 年 4 月，离线优化已为企业生产计划优化提供支持；在线优化系统每 15 分钟运行一次，根据当前工艺装置对蒸汽动力的需求和公用工程价格，为操作人员如何用最低成本、最佳配置来运行公用工程系统提供在线建议。优化建议以报告形式展示或在模型中实时展示。系统运行后节能和增效效果显著，仅统计提出的两项优化方案，已实现节能量超过 8000 吨标准煤/年，增效超过 1600 万元/年。

五、催化裂化装置冷催化剂循环技术

1. 技术原理

近年来，国内围绕催化裂化"低温接触、大剂油比、高催化剂活性"反应的理念，开发了一种冷再生催化剂循环技术。通过在再生管线上设置催化剂取热器，灵活控制再生催化剂外取热器取热量，降低进入反应器的再生催化剂温度，可以使剂油比、反应温度、原料预热温度成为独立的操作变量，即可以在保证足够高的再生温度和良好再生效果的前提下，提高原料油预热温度，改善原料油雾化效果，实现"低温接触、大剂油比、高催化剂活性"催化裂化反应，同时为噻吩硫化物向 H_2S 转移的氢转移反应提供更有利的条件，改善产品分布，降低焦炭和干气产率，提高液体收率，改善汽油产品质量，提高了装置经济效益。

2. 技术特点

该技术能够显著提高装置液收，增加外输蒸汽量，降低装置能耗，而且使再生操作灵活。

3. 技术适用条件与范围

该技术一般适用于单段再生催化裂化装置，针对两段再生催化裂化装置开展适用性分析再实施。

4. 总体应用情况与典型应用案例

目前，该技术已在大港石化公司和大庆炼化公司等企业应用，取得了较好的应用效果。

大港石化公司 140 万吨/年重油催化裂化装置采用两段再生工艺，主要加工大港原油的减压蜡油、减压渣油和焦化蜡油。为进一步提高液收，实现反应温度和剂油比的灵活调节，2012 年 6 月采用催化裂化冷再生催化剂循环技术进行了改造。改造主要内容包括将原脱气罐拆除、在原脱气罐位置新增一台再生剂冷却器；拆除原一中原料换热器，新增 2 台原料蒸汽换热器。采用 CRC 改造后，剂油比增加 0.91，汽油收率增加 6.62 个百分点，柴油收率降低 6.31 个百分点，液化气收率增加 1.68 个百分点，干气收率降低 1.07 个百分点，油浆收率降低 0.93 个百分点，生焦率基本持平，轻油收率增加 0.31 个百分点，总液收增加 1.99 个百分点，投资回收期约 3 个月。

六、新型催化裂化沉降器快分和汽提技术

1. 技术原理

带隔流筒旋流快分系统（SVQS）由旋流快分头、隔流筒、封闭外罩等部件组成。油气

和催化剂混合物从旋流快分头喷出后,在隔流筒等部件约束下沿封闭罩内壁形成旋转流动而实现气固快速分离。

组合式汽提器（MSCS）包括两部分,即上部的锥盘结构和下部的气固环流部分。锥盘结构通过优化挡板上的开孔尺寸、挡板角度等参数实现气固高效错流接触；气固环流部分通过设置一圆形隔流板,将流化床分隔为内外环两个区,使催化剂在两个区内形成环流流动,进而实现催化剂多次汽提及油气连续快速引出的目的。

2. 技术特点

SVQS 技术分离效率高。汽提器结构简单,汽提效率高,操作弹性好,催化剂及汽提蒸汽分布较为均匀,避免了沟流现象的产生,解决了局部丧失流态化、死角过多等问题。

3. 技术适用条件与范围

该技术适用于各催化裂化装置。

4. 总体应用情况及典型应用案例

该技术目前在中国石油大庆石化公司和中国石化燕山石化公司、扬子石化公司等多套催化裂化装置应用,应用效果显著。

中国石油大庆石化公司 140 万吨/年催化裂化装置设内提升管反应器,提升管出口原设置粗旋快分,汽提段原为传统的锥盘结构,主要加工来自二次加工装置的蜡油及减压渣油。自 2000 年装置投产后,沉降器内多次发生结焦、焦块脱落而导致流化中断、跑剂等异常现象,严重时甚至造成非正常停工。2015 年采用带隔流筒旋流快分系统（SVQS）和组合式汽提器（MSCS）技术对装置进行了改造。改造后,干气产率降低 0.58 个百分点,焦炭收率降低 0.9 个百分点,待生剂氢碳比降低 20.62%。

七、液相加氢技术

1. 技术背景及原理

广泛应用的滴流床加氢工艺需要借用循环氢系统维持较高的氢油体积比。因此,寻找一种更加简捷的、可实现循环氢上述作用的加氢工艺,就可以取消循环氢系统,从而达到降低装置投资及节省能耗的目的。

液相循环加氢技术的理论基础如下：(1) 加氢反应是在液相中而不是在气相中进行的,液相环境有利于加氢反应的进行；(2) 只要气相能保证一定的氢分压,则维系了加氢反应的核心条件。同时,工程计算表明,较少的循环氢就能建立起较高的氢分压。

液相加氢工艺较滴流床加氢工艺,反应压力基本不变,反应温度略高,需采用专门催化剂。

液相循环加氢技术主要包括：杜邦公司的 IsoTherming 技术、中国石化洛阳设计研究院和抚顺石油化工研究院共同开发的 SRH 技术、中国石化工程建设有限公司和石油化工科学研究院共同开发的 SLHT 技术。

2. 技术特点

IsoTherming 工艺原则流程图如图 6-16 所示。

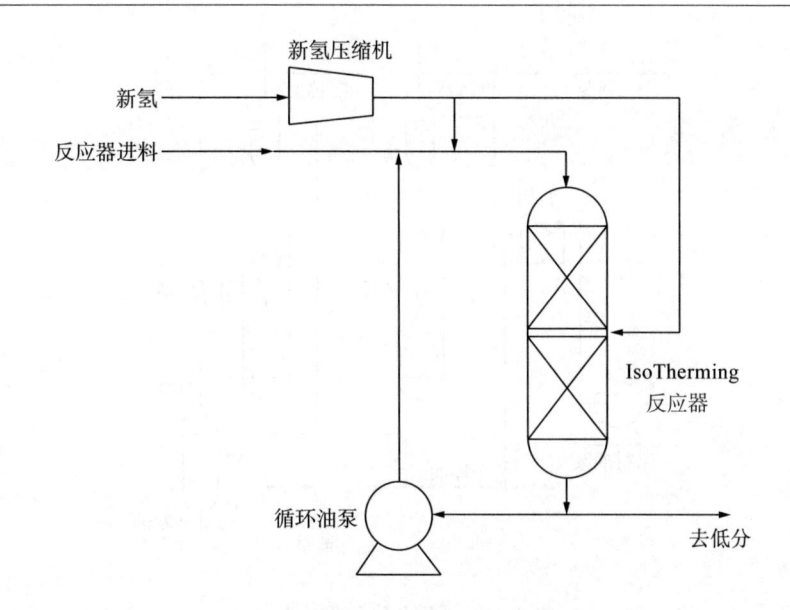

图 6-16 IsoTherming 工艺原则流程图

IsoTherming 技术特点：(1) 氢气通过油循环来提供，不需要氢气循环系统；(2) 催化剂床层完全湿润，提高催化剂活性中心利用率；(3) 反应放热被大量循环油吸收，反应器温升比传统工艺低，反应器趋于向等温操作；(4) 能耗低，比传统滴流床工艺装置能耗低 50% 左右。

SRH 工艺流程如图 6-17 所示。

SRH 技术除具备 IsoTherming 技术特点外，还具有以下特点：(1) 两路循环；(2) 采用反应器顶部排气和反应器出口流量控制液位的控制系统；(3) 在反应器上部设置特殊内构件和排气设施。

SLHT 工艺原则流程图如图 6-18 所示。

SLHT 技术除具备 IsoTherming 技术特点外，还具有以下特点：(1) 上流式反应器；(2) 反应生成油不经高压换热冷却直接进入热高压分离器。

3. 技术适用条件与范围

新建柴油加氢、航煤加氢、蜡油加氢及催化裂化装置进料加氢预处理、缓和加氢裂化等装置，以及现有柴油加氢、航煤加氢装置扩能改造。

4. 总体应用情况与典型应用案例

初步统计来看，国内外液相循环加氢技术实施装置近 30 套，IsoTherming 技术 18 套以上，SRH 技术 6 套以上，SLHT 技术 3 套。新建或改造柴油加氢装置综合能耗设计值低于 6 千克标准油/吨。

长庆石化公司 140 万吨/年柴油加氢装置和哈尔滨石化公司 100 万吨/年柴油加氢装置分别采用了 SRH 技术和 SLHT 技术。长庆石化公司 140 万吨/年柴油加氢装置设计能耗 5.22 千克标准油/吨，2015 年实际能耗为 7.22 千克标准油/吨。

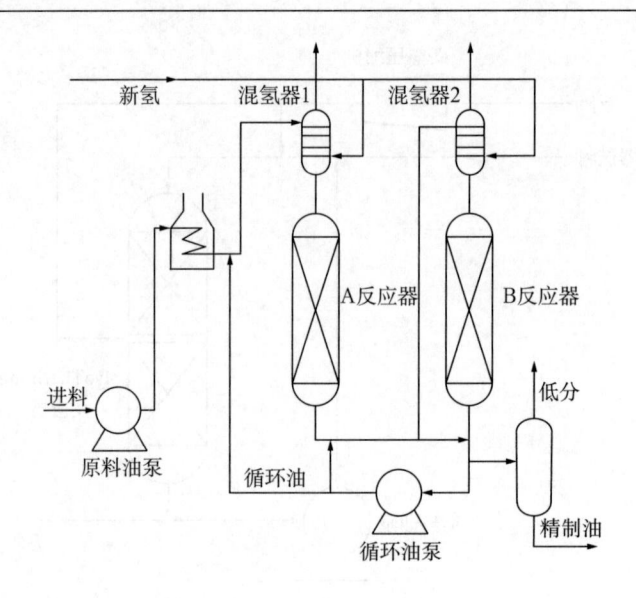

图 6-17　SRH 工艺流程图

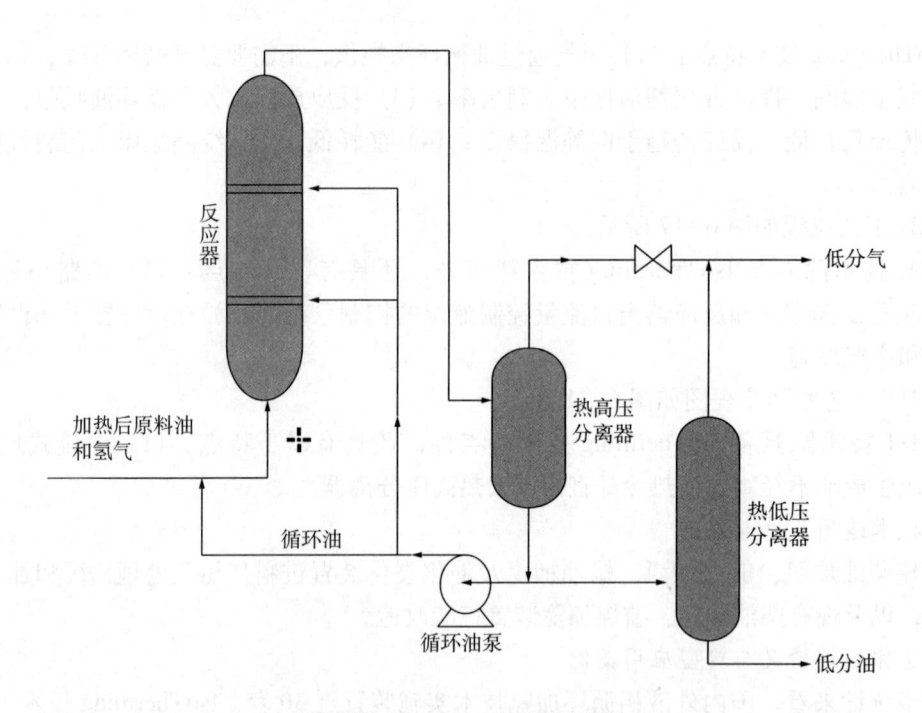

图 6-18　SLHT 工艺原则流程图

八、扰流子与水热媒组合式空气预热器

1. 技术原理

该项技术由扰流子空气预热器和水热媒空气预热器构成。扰流子空气预热器安装在高温段,不存在低温露点腐蚀,使用寿命长。扰流子空气预热器一般水平布置换热管,

管内走空气，管内布置扰流子，增加管内流动扰动，提高管内换热系数；壳侧走烟气，便于清灰。水热媒空气预热器在低温段，主要由烟气换热器、空气换热器、两台热水循环泵（一开一备）及相应的循环水管道等组成，利用带压除氧水作为热媒体，建立一个闭式循环系统，吸收高温烟气中的余热，加热入炉空气。1.8～2.2兆帕的热媒水经热水循环泵加压后进入烟气换热器，吸收烟气的高温余热，升温至195℃左右后进入空气换热器，加热入炉空气，经换热后的热媒水返回热水循环泵入口，如此循环将烟气中的热量传递给加热炉的入炉空气。

为了防止烟气换热器发生低温露点腐蚀，在空气换热器热媒水进、出口之间设置了一套旁通截止阀，用于控制空气换热器换热量，保证进烟气换热器热媒水的温度高于露点温度，即烟气换热器的最低壁温高于酸露点。

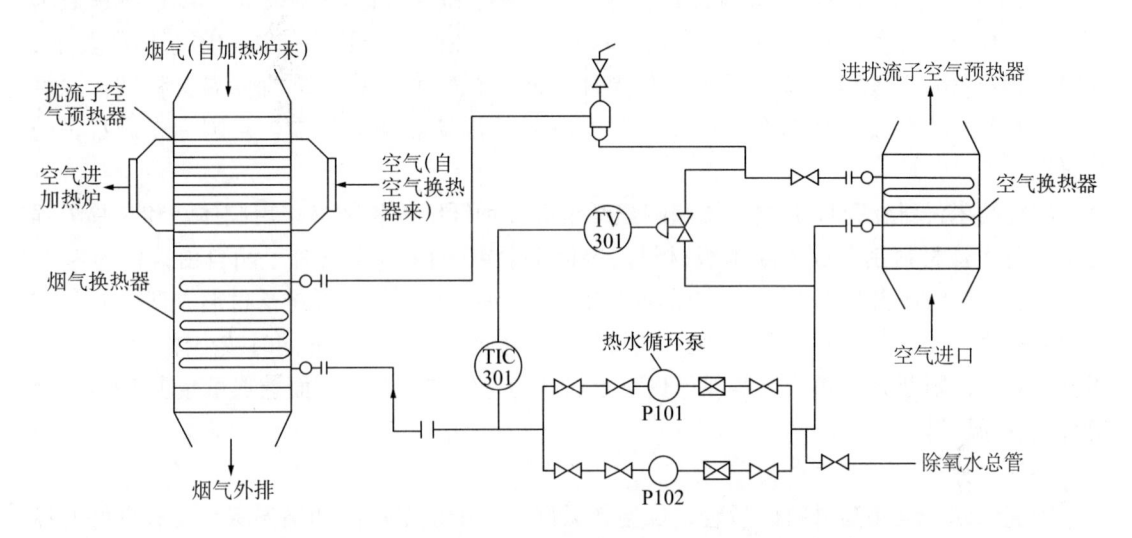

图6-19 扰流子与水热媒组合式空气预热器原理示意图

2. 技术特点

水热媒空气预热器布置灵活方便，能够适应燃料的变化，可以通过旁路调节系统，将烟气换热器的最低管壁温度控制在露点温度以上，防止低温腐蚀。此外，水热媒空气预热器采用高压锅炉管为换热元件，全部对接焊缝100%拍片，可以保证6年以上的使用寿命而无须更换换热元件，使用寿命长。而且清灰容易。

水热媒空气预热器系统技术流程较长、操作相对复杂，对于热负荷较小的加热炉投资增加较多，而且占地面积较大。

3. 技术适用条件与范围

该技术一般适用于各类炼化工艺加热炉。

4. 总体应用情况与典型应用案例

目前，该项技术已经在中国石油、中国石化、中国海油部分炼化企业加热炉上应用，取得了较好的效果。投资回收期一般少于2.5年。

中国石油宁夏石化公司150万吨/年常压装置加热炉自2007年采用组合式水热媒技术后，烟气出口温度下降40℃，空气进炉温度提高了100℃，年节约燃油220吨，投资回收期2.5年。中国海油沥青股份有限公司某装置加热炉采用该项技术后，预热后的空气温度提高了120℃，加热炉效率提高了3%以上，加热炉燃料油消耗量由加工每吨原油消耗11.7千克下降到11千克。

九、陶瓷纳米纤维保温技术

1. 技术背景及原理

传统保温材料是靠隔绝空气来隔热，其导热系数大于空气的导热系数。工业生产中被保温体体积巨大，形状复杂，温度变化幅度更大（−162～1700℃）。现有保温材料多为隔热材料，主要有超细玻璃棉毡、陶瓷纤维毯和复合硅酸盐板等。其导热系数为0.11～0.15瓦/（米·开）（热表面温度600℃），散热强度一般不能达到国家标准要求；保温层经济厚度为150～250毫米，保温体表面面积较大；由于现有保温材料结构强度方面存在缺陷，保温性能每年衰减5%～10%；保温体表面散热损失是国际先进水平的2.5倍。

陶瓷纳米纤维毯是以玻璃纤维和陶瓷纤维等多种纤维为骨架，采用胶体法和超临界强化工艺将陶瓷材料制备成为纳米级材料，粒径小于40纳米（空气分子团自由行程约为70纳米）的陶瓷粉体占98%以上。在微观结构中，超细纳米粉体与纤维基材形成直径小于50纳米的孔隙，孔隙率为1.8毫升/克；使材料在保持足够机械强度的同时减小体积密度，减弱空气对流，阻断分子间传热实现了真空绝热结构，使被保温体表面散热量减少50%以上（较传统保温材料）。

2. 技术特点

陶瓷纳米纤维保温材料质量轻，保温效果好，对于低温保冷和高温保温具有良好的经济性。

3. 技术适用条件与范围

适用于−170～5℃保冷绝热工程和180～850℃保温绝热工程。

4. 总体应用情况与典型应用案例

目前该项技术实现石化行业高温管线部位及加热炉的工业化应用。如：柴油加氢精制中压蒸汽管线保温节能改造项目、催化装置三旋至烟机烟气管线保温改造项目、制氢转化炉管线保温等，投资回收期小于3年。

中国石油长庆石化公司140万吨/年催化装置三旋至烟机进口管线，烟气温度650～680℃，原保温采用憎水型陶瓷纤维毯，表面平均温度与环境温度差大于85℃；采用70毫米厚陶瓷纳米纤维毯保温结构后，保温体表面平均温度与环境温度差小于30℃。由于烟机效率提高，每年多发电336×10^4千瓦·时，折合412.8吨标准煤/年，投资回收期6个月。

中国石油燕山石化公司柴油加氢装置中压蒸汽管线原保温结构为250mm厚硅酸铝棉－镀锌铁皮，使用50毫米厚陶瓷纳米纤维毯保温结构替换后，节约蒸汽8288吨/年，折合

926吨标准煤/年，回收期2.8年。

十、保温特种涂料

1. 技术背景及原理

保温特种涂料通过涂料中低传导率的中空陶瓷微粒降低热量或冷量的传导速率，以减少热、冷量损失。此外，它还具有较低的热辐射率（约25%），可减少设备表面的热辐射能损失，从而起到保温效果。通常在介质温度为100℃的钢制储罐表面，喷涂1～2毫米保温涂料，就可使表面温度降至55℃左右，散热强度下降50%以上。显微镜下的陶瓷微粒结构如图6-20所示。

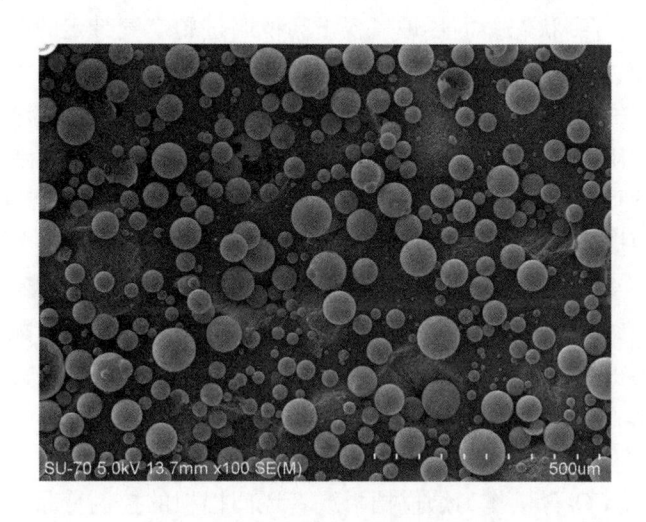

图6-20 显微镜下的陶瓷微粒结构

2. 技术特点

该涂料导热系数小于0.04，保温性能突出。防腐性优于目前使用防腐材料，与酸碱不发生反应，有效防腐期大于10年（约为设备使用寿命）。涂料与水泥黏结强度高达0.5兆帕，与碳钢、铝板、玻璃等物品黏结强度大于0.35兆帕。涂料延展性从15%～200%可调，抗弯曲、不变形、不断裂，并适用于异型设备保温。该技术实施后，相比普通保温材料能够减少结构重量，便于设备检修并且无毒、无害、无刺激，喷涂高温设备后能够防止人员接触性烫伤，为阻燃型保温涂料。涂料涂层的有效保温期达8年以上，能够支持设备的长周期运行。

3. 技术适用条件与范围

适用于各种需要进行保温保冷的大型炼化装置设备，如原油罐（浮顶罐、立式罐、卧式罐等）、重油罐、焦化炉、裂解炉、反应釜及各类蒸汽、原料、水系统管道。

4. 总体应用情况与典型应用案例

该技术已在中国石油和中国石化的多个炼化企业的加热炉、原油储罐等应用，节能效果显著。投资回收期小于2年。

中国石油大港石化焦化加热炉外壁进行节能保温技术改造，喷涂2毫米厚的保温特种涂料，辐射室平均热流密度下降66.9%，对流室平均热流密度下降49.3%，外表面平均温度下降18.4%（夏季表面温度不超过65℃，冬季表面温度不超过47℃）。经标定，焦化加热炉年节约标准煤2220吨，按照每年设备运转8000小时，年效益达388.6万元，投资回收期为3.3月。

十一、加热炉理论配比燃烧技术

1. 技术背景及原理

炼油企业加热炉的燃烧过程控制普遍采用 O_2 含量控制技术，通过控制烟气中的氧含量，控制过剩空气系数，近似实现燃料的充分燃烧。目前国内加热炉的氧含量多数控制在2%~4%，空气处于过剩状态。加热炉氧含量高说明过剩空气带走的热量损失多，因而会降低加热炉的热效率。

O_2 含量控制技术的不足包括：测量不能充分反映加热炉每个燃烧器的燃烧情况，氧化锆探头只能检测探头范围的氧含量，没有代表性；反应速度相对缓慢，控制策略调整也相对缓慢；O_2 含量设定值通常会由于防止操作过程中一些意外情况（例如燃料和燃烧速率的改变、燃料供应的波动）而提高；空气泄漏和燃烧器配风不合适可能会显示一个错误的信号。

理论配比燃烧是实现燃料和空气的理论配比，使加热炉达到最佳燃烧状态的一种方法。该技术通过将烟气中的CO控制在微量水平，实现燃料和空气的理论配比，使燃烧处于不完全燃烧和完全燃烧的临界状态。加热炉在理论配比燃烧状态下，从源头上节省燃料，在降低过剩空气量和提高热效率方面效果明显。

2. 技术特点

该技术采用烟气CO含量作为烟道挡板或者风门挡板的控制变量，把CO控制在微量的状态，使实际燃烧接近理论配比，同时，O_2 的轻微缺乏使得 NO_x 排放量快速下降；分析仪光束横向穿过烟气测量CO，测量数据更准确；分析仪响应时间小于0.5秒，燃料热值波动或者燃烧率发生变化时，能够立刻响应；对过程波动具有高灵敏度，能够将CO控制在比较安全的区域。

3. 技术适用条件与范围

适用于常减压、焦化、重整、加氢裂化、加氢精制和PX等装置的大型工艺加热炉。

4. 总体应用情况与典型应用案例

该技术已在美国和加拿大等国家的炼油厂多台加热炉安全运行，节能效果显著。国内已经在中国石油锦州石化公司常减压装置和中国石化沧州石化公司焦化装置、镇海炼化芳烃装置进行了应用。投资回收期小于2年。

中国石油锦州石化一套常减压装置常压炉设计热负荷42.43兆瓦，2014年投用后出现炉火燃烧不稳定造成烟囱冒黑烟，炉膛含氧量偏高的问题。2016年，实施加热炉理论配比燃烧技术改造，在一套常减压装置常压炉烟气出口新增CO监测系统，并与鼓风机形成控制回路，优化改造燃烧控制系统。系统实施后，经标定，烟气含氧量降至1.5%左右、排烟温度115~125℃，燃料气消耗量降低约4%，静态投资回收期为1.63年。

十二、螺杆泵回收余压技术

1. 技术背景及原理

石化企业蒸汽系统多数存在高等级蒸汽直接减温减压至低等级蒸汽，例如 3.5 兆帕中压蒸汽减压至 1.0 兆帕，大量压差能白白浪费。使用螺杆膨胀动力机，将高等级蒸汽减压至低等级蒸汽，一方面，替代原减压阀完成减温减压任务；另一方面，在保持原工艺要求的蒸汽压力、温度及流量都不变的前提下，将原工艺的压差能转换为动力做功，螺杆膨胀动力机替代循环水泵的驱动电动机并将其原消耗电力全部节省下来，从而产生可观的节能效益。

螺杆膨胀动力机是一种既可实现减温减压又能同时输出动力的先进设备，基本构造由一对阴阳转子（双螺杆）、支撑轴承、推力轴承、冷却水套、机械密封和机壳体组成，其工作原理是：做功介质进入螺杆齿槽，压力推动阴阳螺杆转动，齿槽容积增加，流体降压膨胀做功，功率从阳转子或阴转子输出，实现能量转换，具体为：蒸汽介质先进入螺杆膨胀机内螺杆齿槽A，推动转子旋转，随着螺杆转子的转动，齿槽从A到B、C、D逐渐加长，容积不断增加，蒸汽降压降温膨胀（或闪蒸）做功，最后从齿槽E排出气体，从主轴阳螺杆转子输出功率，驱动发电机发电或驱动负载节电，详见图6-21。

图 6-21 膨胀机转子和工作原理示意图

2. 技术特点

与汽轮机不同，螺杆机的效率对工质参数及负荷变化不敏感，运行平稳安全可靠，可适应生产用热、用电负荷、余热、余压参数以及工质品质的变化，并维持稳定的高效率；螺杆膨胀动力机的启动及正常运行，不暖机、不盘车、不飞车，操作简单、维修方便，机组运转平稳、安全、可靠、低噪声、微振动，可实现全自动无人值守、远距离监控、长期无大修（螺杆粗大结实，转速小于3000转/分钟）；转子刚度大，壳体与转子、转子与转子之间间隙小，有自洁污能力；主轴阳转子的转速可根据被驱动机械的要求设计，能达到直接驱动、平稳运转、设备振动小、噪声低的效果。

3. 技术适用条件与范围

螺杆膨胀机利用蒸汽、高温热水、气液两相流体等介质为动力，将热能、压力能转化为动力并驱动机械设备,能够替代汽轮机、电动机等动力机械,取代减温减压器等设备。

4. 总体应用情况与典型应用案例

目前,该技术已经在国内中国石化和中国石油等20余家企业推广应用,取得了较好的节能效果。投资回收期小于3年,万元投资节能量大于2.1吨标准煤/万元。

中国石油锦西石化公司第一循环水场增设双螺杆膨胀动力机,替代电动机驱动水泵,避免3.5兆帕蒸汽通过减温减压的方式补入1.0兆帕蒸汽管网,从而达到回收压力能、高效节能的目的。该项目将来自全厂3.5兆帕蒸汽管网的中压蒸汽通过减温减压器将压力减至1.9兆帕左右,温度降至280℃左右,减温减压后的蒸汽进入蒸汽螺杆机做功,由其驱动循环水泵运行(功率450千瓦、流量2045立方米/时),螺杆机出口蒸汽进入全厂低压蒸汽管网再利用。投用后代替一台450千瓦机泵一台,节电378×10^{4}千瓦·时,减少16吨/时中压蒸汽减温减压量,年减少13.44万吨,投资回收期为2.85年。

十三、喷射式乏汽回收技术

1. 技术背景及原理

目前,锅炉给水除氧方式大多采用热力式除氧,热力除氧器用蒸汽将脱盐水加热到104℃的除氧器运行温度,从而降低脱盐水中的含氧量,脱盐水中的氧气由除氧器的排氧口排出,在排氧的同时大量的乏汽随着氧气排到大气中,乏汽的外排浪费大量的热能。这些乏汽含有大量的热能,其热量占除氧器所用蒸汽的5%~10%,且乏汽排放时带走一定量的脱盐水,造成水资源的浪费。此外,除氧器乏汽的排放,冬天易在设备框架附近形成"冰挂",夏天可能发生烫伤事故,存在一定的安全隐患。同时,二次蒸汽夹带水滴附着在周围的设备和管道上,加重了金属设备的锈蚀,缩短设备的使用寿命。

除氧器乏汽回收,能够解决造成能源浪费和环境热污染问题,对炼化企业安全、经济运行具有重要意义。常用的乏汽回收装置包括风冷式换热器、表面式换热器、容积式换热器等。

喷射式乏汽回收装置是新型乏汽回收设施,从除盐水管线引入常温除盐水作为工作水,经动力抽吸与除氧器除氧头来的乏汽混合,采用乏汽与工作水直接混合换热的方式,换热后汽水混合物经动力头进入气液分离罐内进行气液分离,不凝气(O_2、CO_2、N_2)经罐顶除沫层后由自动排气阀进入大气,气液分离罐底液体水经升压泵,返回到进水母管中进行回收。该装置具有体积小、回收效率高、无噪声振动、结构紧凑精巧、技术先进等特点。装置示意图如图6-22所示。

2. 技术特点

喷射式乏汽回收技术直接换热效率高,能够回收低压或无压乏汽热能,同时排出乏汽及水中的不凝气体;采用吸射式进汽(气)方法,不影响工艺正常排放;设计流速高,最大可能避免水垢形成;无需泵供给高压水管道,不另外消耗电力;结构紧凑占用空间小,与除氧器系统连接方便。

3. 技术适用条件与范围

该技术适用于各类热力除氧器排汽回收。

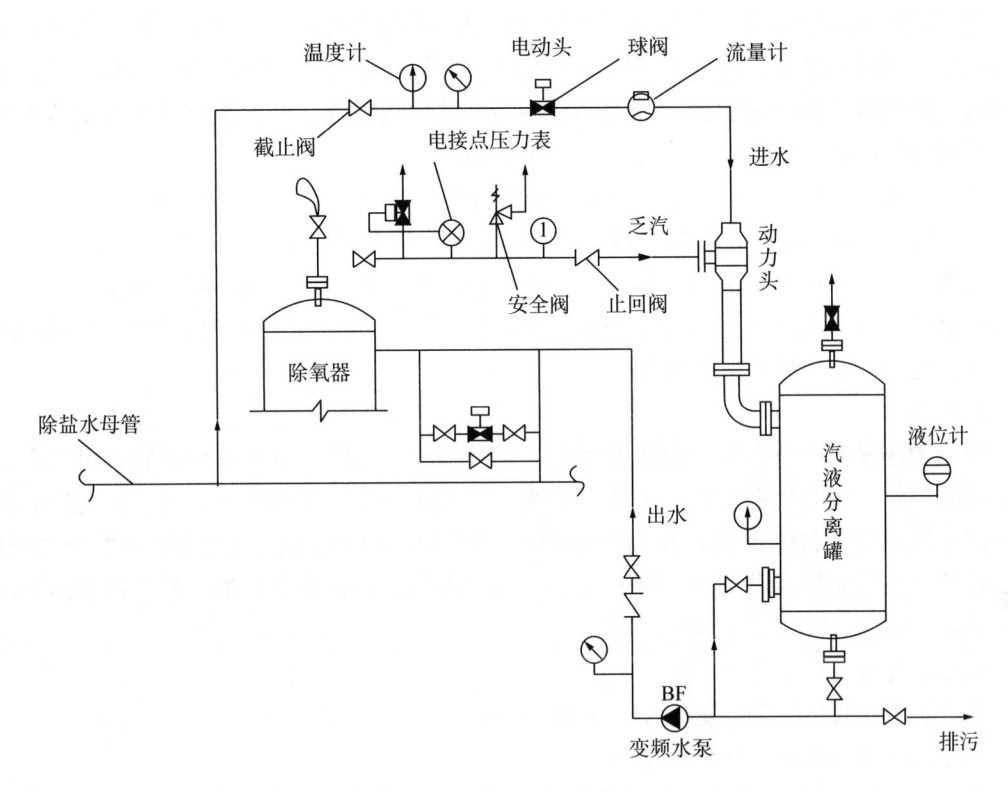

图 6-22 喷射式乏汽回收装置示意图

4. 总体应用情况与典型应用案例

目前，该乏汽回收技术已在中国石油和中国石化多家企业应用。投资回收期小于 2 年。万元投资节能量大于 5 吨标准煤/万元。

中国石油锦西石化公司在其热电公司、催化装置、重整装置、苯乙烯装置共应用了 5 套乏汽回收装置。项目实施后，实现年回收热量 8400 吨标准煤，节水 10.5 万吨。静态投资回收期 1.5 年。

十四、电动机变频调速技术

1. 技术背景及原理

为保证生产的安全稳定，生产机械在设计配用动力驱动时，都留有一定的富余量，当电动机不能在满负荷下运行时，除满足动力驱动要求外，多余的力矩增加了有功功率的消耗，造成电能的浪费。风机、泵类等设备传统的调速方法是通过调节入口或出口的挡板、阀门开度来调节给风量和给水量，其输入功率大，且大量的能源消耗在挡板、阀门的截流过程中，造成了不必要的能源浪费。

变频调速技术基本原理是根据转速与工作电源输入频率成正比的关系：

$$n=60f(1-s)/p$$

其中，n，f，s 和 p 分别表示转速、输入频率、电动机转差率，电动机磁级对数。

通过对变频器输出频率的控制，实现交流电动机的调速，最终达到对传动负载的精确定量控制。风机类水泵类负载由流体力学可知，功率＝流量×压力，所以当所要求的流量减少时，可调节变频器输出频率使电动机转速 n 按比例降低，转速控制方式在低速小流量时，仍可使泵机高效率运行，从而达到节电的目的。

其次，使用变频调速装置后，由于变频器内部滤波电容的作用，从而降低了无功功率，减少了线损和设备的发热，提高了设备的使用效率，从而增加了电网的有功功率。

再者，变频调速的软启动功能可使启动电流从零开始，最大值不超过额定电流，避免了电动机硬启动对电网的严重冲击和对供电容量的要求，同时减少了启动时对挡板和阀门的损害，延长了设备和管路使用寿命。

2. 技术特点

变频调速器调速效率高，调速范围大，无极调速可连续，节电效果明显；可以采用微电脑智能控制，自动化程度高，无需人工调整；可实现软启动和停止，减少了硬启动对电网的波动以及对设备的损害；使用变频技术，可减少电动机发热及运动部件的磨损程度，有效延长电动机使用寿命，降低维修成本；结构简单，运行安全可靠，保养维修简单，可用于易燃、易爆、腐蚀等环境中。

3. 技术适用条件与范围

适用于驱动的负载流量变化较频繁的电动机。

4. 总体应用情况与典型应用案例

该技术万元投资节能量约3吨标准煤/万元以上，投资回收期为2～3年。

中国石油辽阳石化公司热电厂2号炉的4台鼓风机和引风机原流量调节为挡板式调节，挡板节流产生压力损失，能量损失大，电耗高，而且电动机故障率高，调整不方便。加装变频调速装置后，不仅解决了风机在工频下运行导致锅炉负荷不高的难题，有力地保障了正常生产，而且实现节电20%以上（$468×10^4$千瓦·时/年），取得了较好的经济效益。

中国石油长庆石化公司通过对加氢裂化装置高压空冷风机、制氢装置空冷风机、气体分馏装置凉水塔风机、常压加热炉引风机、制氢转化炉引风机等14台运行功率变化较大的电机使用变频技术进行节电改造，项目完成后实现节电 $180×10^4$ 千瓦·时/年，投资回收期为2.88年。

十五、永磁调速技术

1. 技术原理

永磁调速器一般由3个部分组成：一是和电机连接的导磁体；二是与负载连接的永磁体，这两个转动体之间有一定的空气间隙；三是执行器，执行器包括手动控制和信号电控两种。通过执行器调节两个转体之间空气间隙的大小，通过负载扭矩的调节实现负载输出速度的控制。

当永磁调速器接到一个控制信号后，如压力、流量、液面高度等信号传到执行器，执行器对信号进行识别和转换后，调节导磁体与永磁体之间的间隙大小，从而根据适时的负载输入扭矩的要求，调节永磁调速器输入端的扭矩大小，来最终改变电动机输出功率大小，实现电动机节能和提高电动机工作效率。

2. 技术特点

永磁调速设备结构简单，安装调试过程简单，维护工作量小，维护费用极低；使用永磁设备增加了电动机过载保护功能，提高了整个电动机驱动系统的可靠性；节能效果显著，节电率可达到 25%～66%；设备寿命长，稳定期寿命可达 25 年；该技术适应各种恶劣环境，对环境友好，无污染物，不产生谐波。

3. 技术适用条件与范围

输出功率为 10～2500 千瓦，转速 0～3600 转/分钟，可应用于电网电压波动大、谐波含量高，易燃易爆，潮湿粉尘量高等场所等恶劣工作环境。

4. 总体应用情况与典型应用案例

该技术万元投资节能量约 2 吨标准煤/万元，投资回收期为 2～3 年。

中国石油长庆石化公司采用永磁调速技术对 1 台塔底重沸炉泵、1 台柴油管输泵、1 台汽油外输泵、1 台循环水凉水塔风机、1 台 AO 池离心风机进行节能改造，改造完成后节电 10×10^4 千瓦·时/年。

十六、往复压缩机无级气量调节技术

1. 技术原理

往复式压缩机一般情况下是根据用气装置的最大容积流量来设计的，而实际生产过程中由于加工方案和操作运行的变化等，往复式压缩机有可能长期处在低于设计排量的工况下进行，富余的气体只能排放或者回流，导致能源的浪费。为使得压缩机排气量适应实际的耗气量，需要对压缩机进行气量调节，同时保持工艺管网的压力稳定。目前应用最广泛的气量调节方法是旁通调节，该调节方法对原设备改造简单、方便，虽然可以达到气量调节的目的，但是压缩机始终处于满负荷状态下运行，不具有节能效果，经济性较差。进气完毕后，当活塞开始压缩气体时，由于无级气量调节的作用，进气阀被卸荷器强制顶开并保持开启状态，此时原吸入气缸的气体经过气阀回流到储气罐而不被压缩，待活塞运行到特定位置后，进气阀由于失去强制外力而关闭，气缸内剩余气体才开始被压缩，采用此调节方法就是利用了"回流省功"的原理。

2. 技术特点

该技术可实现压缩机流量 0～100% 的无级可调；降低能源消耗量，减少级间冷却水量；能够提高压缩机的可靠性，延长压缩机使用寿命。

3. 技术适用条件与范围

该技术适用于负荷变化较大的大型压缩机。

4. 总体应用情况与典型应用案例

该技术万元投资节能量约 3 吨标准煤/万元，投资回收期为 1～3 年。

中国石油锦州石化公司加氢、制氢等装置的氢气压缩机在实际生产过程中所需气量仅为设计负荷的 60%～70%，采用旁路调节的方式进行调节，压缩机约 30% 的有用功率被浪费，为确保氢气压缩机安全平稳运行，进一步节能降耗，对往复式压缩机进行气量无级调节改造。2014 年完成了汽油加氢、制氢、加氢裂化等装置的 5 台氢气压缩机无级调节改造，解决了往复式压缩机大量做无用功的问题，实现节电 1000×10^4 千瓦·时/年。

中国石油辽河石化公司 2015 年在重整装置现有的 3 台增压机的其中一台上安装了无级气量调节系统，同时在新氢压缩机安装一套无级气量调节系统，项目实施后实现节电 854.49×10^4 千瓦·时/年。

中国石油大连石化公司 300 万吨/年渣油加氢脱硫装置新氢压缩机共 3 台，由于装置催化剂运行周期内耗氢量不同，初期至末期耗氢量逐渐增加，新氢机的运行状态在逐渐变化，由单台机 50% 逐渐提至 100%，再至两台机一台满负荷、另一台 50%，最后两台满负荷运行，在此种工况下每周期会导致至少 25% 负荷的高压氢气从四返一回流线返回至新氢压缩机入口，造成极大的浪费，结合现场装置及压缩机组的实际运行情况，在一台新氢压缩机上增设一套无级气量调节系统。经过改造后利用无级气量调节系统可以实现 20%～100% 负荷的自动和手动无级调节，并可以根据工艺操作要求对压缩机进行流量控制，实现节电 964×10^4 千瓦·时/年。

十七、循环水塔水轮机

1. 技术背景及原理

冷却塔有多种形式和种类，机械通风冷却塔是其中应用较为广泛的一种。机械通风冷却塔所用的风机一般由电动机带动，这些电动机的电耗数量十分巨大。

水轮机是利用循环水的压力回水驱动，有压水流通过水轮机进入水流道作用在转轮叶片上，驱动转轮旋转，再通过主轴驱动风机。在此过程中，水轮机在不增加水泵负荷的前提下，充分利用水泵出水的富余动能，转化成机械能，从而代替电动机驱动风机，最大限度节约凉水塔风机电耗。

2. 技术特点

该技术充分利用循环水系统的回水压力转换为机械能，采用外置式水轮机取代电动机驱动，节能 100%，而且降低机械噪声和振动，消除了电动机、电控和漏电烧毁损坏的故障隐患，为安全持续运行提供了保障，可在任何需防爆的环境下安全运行。

3. 技术适用条件与范围

该技术适用于各循环水冷却塔。

4. 总体应用情况与典型应用案例

该技术万元投资节能量为 1.5 吨标准煤/万元，投资回收期约 4 年。

中国石油吉林石化公司 2014 年对循环水场的 10 台风机的电动机进行了水轮机更换改造，运行后节电 464.75×10^4 千瓦·时/年。

中国石油哈尔滨石化公司用水轮机替代第三循环水场的 2 台电动机驱动风机，并更换塔内喷头、填料等内件，运行后节电 259.2×10^4 千瓦·时/年。

中国石化某炼化企业对循环水场的 4 台凉水塔风机进行了水轮机改造，运行后节能效果明显，2013 年 4 台水轮机累计运行 17894 小时，节约电量约 50×10^4 千瓦·时/年，节约成本 35 万元/年。

十八、氢气 PSA 回收技术

1. 技术背景及原理

在炼油和化工生产中，氢气是一种重要的原料。近年来，随着原油重质化、劣质化和环保要求的不断提高，油品向深度精制、无害化加工的趋势发展，氢气作为原料的消耗量大幅增长。我国现阶段氢气的来源主要有三大类：一类是传统的电解水法。这种方法由于能耗高，现在已很少应用；另一类是采用煤或天然气等造气、烃类转化、重油裂解等方法得到含氢气源，再从含氢气源中分离提纯氢气；另外，一些工业废气，如氨厂驰放气、甲醇尾气、二烯尾气等，均含有一定量的氢气，从这些气体中提纯氢气，也是目前工业上制取氢气的一条有效途径。对后两类提纯路线，均有一个含氢气源的分离过程。为得到各种品质合格的氢气，必须选择合适的分离提纯技术。虽然气体分离的方法很多，如：深冷分离法、变压吸附法（PSA）、膜分离法、化学吸附法等，但变压吸附法在能耗、操作难易程度、产品氢纯度、投资等方面都比其他方法有较大优越性，得到了越来越广泛的应用，已逐渐成为主要的首选的分离方法。

氢气 PSA 回收技术原理是利用吸附剂对被吸附物质的选择性和吸附容量随压力变化而有差异的特性，在高压下吸附原料中的杂质组分，在低压下脱附这些杂质而使吸附剂获得再生。

2. 技术特点

氢气 PSA 回收技术工艺简单，能耗低，投资少，操作方便。该技术的工业应用领域迅速扩大，装置也进一步向大型化发展。

与其他分离技术相比，氢气 PSA 回收技术具有以下优点：（1）能耗低。PSA 工艺所要求的压力一般为 0.1～2.5 兆帕，允许压力变化范围比较宽，PSA 装置压力损失很小，一般不超过 0.05 兆帕。PSA 在常温下操作，可以省去加热或冷却的能耗。（2）产品纯度高且可灵活调节。在 PSA 制氢装置上，产品纯度最高可达 99.999%，并可根据工艺条件的需要随意调节氢的纯度。（3）工艺流程简单。可实现多种气体的分离，对水、硫化物、氨、烃类等杂质有较强的承受能力，无需复杂的预处理工序。（4）装置由计算机控制，自动化程度高，操作方便。开停车简单迅速，开车半小时左右即可得到合格产品。（5）装置调节能力强，操作弹性大，PSA 装置稍加调节就可改变生产能力，可适应原料气的杂质含量和压力等工艺条件的较大变化。（6）投资小，维护简单，检修时间少。（7）装置可靠性高。变压吸附装置通常只有程序控制阀是运动部件，而目前国内外的程序控制阀均属专利产品，寿命长，故障率极低，装置可靠性很高，而且由于计算机专家诊断系统的开发应用，具有故障自动诊断，吸附塔自动切换等功能，使装置的可靠性进一步提高。（8）环境效益好，除因原料气的特性外，PSA 装置的运行不会造成新的环境污染，几乎无"三废"产生。

该技术不足之处包括：（1）占地面积大。（2）PSA 解吸气的压力很低，一般只能作为专用低压火嘴的炉子的燃料，不适合回收烃类副产品。（3）原料气只能有微量重烃类组分，当浓度增加后，由于吸附于吸附剂上的重烃类难以脱附，会降低氢回收率。（4）长周期运行后，吸附剂的效果会有所下降。

3. 技术适用条件与范围

适用于各种规模，原料氢纯度为 20%～90%，回收率为 70%～95%，产品氢纯度为 99%～99.9999%。一般要求原料温度在 30℃左右为宜，不含水。

4. 总体应用情况与典型应用案例

目前，炼油厂制氢装置中变气提纯绝大部分采用的都是 PSA 提纯氢气技术。而且炼油厂、化工厂中的很多富氢气体（如加氢裂化低分气、甲醇厂驰放气、苯乙烯尾气等）都使用 PSA 装置直接提纯氢气。原料气中氢含量的多少和要求的产品氢纯度的高低，直接影响到 PSA 提纯氢气技术的经济性。对于炼化企业，变压吸附适合于提纯含氢量 70% 以上的原料气。

中国石油大港石化公司新建一套规模为 11000 标准立方米/时的 PSA 装置，对原来排入瓦斯管网的加氢裂化低分气（氢气纯度约为 87%）、重整氢气（氢气纯度约为 90%）等富氢气体进行氢气提纯，提纯后氢气纯度不小于 99.9%，供给加氢裂化装置回收利用。初步测算，制氢装置将减少 22% 的负荷，每小时节省约 2 吨的天然气，项目投资回收期（含建设期一年）约 4.95 年。

十九、氢气膜回收技术

1. 技术背景与原理

膜分离技术是近十几年来发展较快的一种较新的气体分离方法。该工艺是利用了混合气体通过高分子聚合物膜时的选择性渗透原理。不同的组分有不同的渗透率。气体组分透过膜的推动力是膜两侧的压力差。根据各组分渗透率的差异，具有较高渗透率的气体如氢气富集在膜的渗透侧，而具有较低渗透性的气体则富集在未渗透侧，从而达到分离混合气体的目的。随着有较多的气体渗透过膜，较低渗透性的组分相对增多。因此，要求的氢纯度较高时回收率就降低，氢纯度较低时回收率就较高。膜分离系统的产品氢纯度对氢回收率的影响比变压吸附或深冷工艺更明显。要求的氢回收率越高，在原料组分和系统压力一定的条件下，所需的膜面积也越大，且面积随氢回收率的增加以指数关系增加。对于特定的膜系统和原料组分，氢回收率主要取决于原料和渗透侧之间的压力比，而与两者的绝对压差的关系较小。压比越大，氢回收率就越高。但压比越大，压缩原料所需的压缩功就越大。因此需要综合考虑。

现代工业上用于氢提纯的膜有两种类型：不对称型和复合型。不对称膜是由两层单一的聚合物组成，密的一层进行分离，微孔的一层提供支撑。因此，此类膜的应用受到限制。复合膜是由两种不同的聚合物组成，具有很强的机械性能，因而使复合膜得到广泛的应用。

2. 技术特点

氢气膜回收技术优点包括：(1) 投资小，重量轻，体积小，占地面积小。(2) 适合中小规模的氢气提纯回收。(3) 要求原料具有较高的压力，以膜两侧的分压差作为膜分离的推动力。因为膜分离工艺压力高，一般尾气可以直接作为燃料气或者其他装置的原料。(4) 对原料气中氢气的含量要求比较低，可适合于提纯低含氢量的原料气，含氢量可低至 30%。(5) 可以去除原料气中的重烃类组分，但是较高的浓度会提高非渗透物的露点。(6) 操作简单，操作弹性大，适应性强，易于扩建。(7) 回收率相对较低，操作压力要求较高。

(8)一般在较温和的温度下操作。膜分离系统的开工率高,控制部件及易损件极少,故障维修费用低,开工率可达100%。(9)环境效益好,除因原料气的特性外,装置的运行不会造成新的环境污染,几乎无"三废"产生。

该技术不足点包括:(1)氢气回收率相对较低,一般为70%～85%。(2)为了保证较高的氢气回收率,经过分液的原料气,还必须再加热至80～90℃,才能进入膜系统,一般原料气的过热程度主要取决于原料气的性质以及氢气的回收率和纯度。(3)操作压力大,当原料气压力低时,需配制很大的压缩机,会额外增加投资、劳动强度和维护、维修成本。(4)膜的使用成本相对较高。

3. 技术适用条件与范围

适用于中小规模,较适合提纯氢含量较低的原料气,原料氢纯度在30%～70%均可。

4. 总体应用情况与典型应用案例

氢气膜回收技术常用于氢含量较低原料气中氢的回收。由于氢气需求的不断增大,氢气膜回收技术的应用范围也在逐渐扩大。炼油厂中常用于回收催化干气、加氢裂化干气等压力高、氢含量相对较低的富氢气体中的氢气,对于降低氢气资源作为燃料消耗,减少氢气资源的浪费,具有很好的效果。投资回收期在5年以内。

2014年,中国石油大连石化公司实施了富氢气体回收项目,主要是利用氢气膜回收技术,回收三苯脱氢尾气、220万吨/年连续重整PSA解吸气、润滑油异构脱蜡低分气、老区80万吨/年柴油加氢装置高分尾气、老区80万吨/年柴油加氢低分尾气、老区80万吨/年柴油加氢富气尾气及三、四催化干气等富氢气体,经过标定,每小时回收纯度为97.93%的氢气约11000标准立方米,投资回收期为2.4年。

二十、水系统优化技术

1. 技术背景与原理

水系统集成就是把整个用水系统作为一个整体来对待,考虑如何分配各用水单元的水量和水质,使水的重复利用率达到最大,同时废水排放量达到最小。水系统集成属于过程集成的一种,主要研究企业用水网络,使企业新鲜水消耗和废水排放达到最小。

水系统集成分析优化技术的核心思想是水夹点技术,水夹点技术是水网络集成技术的一个分支,其采用负荷与浓度的关系对水系统进行分析和优化。用水系统的极限复合曲线与最小供水线的重合点就是所谓的"水夹点"。水夹点对于用水网络的设计具有重要的指导意义。

一般来说,从一个用水单元出来的废水如果在浓度、腐蚀性等方面满足另一个单元的进口要求,则可为其所用,从而达到节约新鲜水的目的。这种废水的重复利用是节水工作的主要着眼点。

2. 技术特点

水系统集成优化分析技术可使企业水源利用效果达到最优,消除企业高水低用现象,将企业新鲜水用量和污水排放量降到最低,并且该技术所优化出的节水方案无较大的设备投资,优化改造成本小。

该技术的缺陷在于要求用于回用的水源水质及水量稳定,为保证装置安全生产,原有用水管线还需要保留。

3. 技术适用条件与范围

适用于企业回用水水质及水量稳定的水系统节水。

4. 总体应用情况与典型应用案例

英国孟山都公司于 1995 年对 7 套生产装置进行了水夹点分析与应用，取得了节水 30%，减少污水处理量 75%，减少投资费用 1150 万美元的效果。

中国石化从 2004 年就开始自上而下地，分期、分批、系统地推广应用水夹点技术，并优化生产工艺以达到节能节水的目的。如对含硫污水进行串级使用，将催化裂化分馏塔含硫污水直接作为富气洗涤水，减少水耗和排污；对汽提净化水进行二次利用，用于电脱盐注水和空冷注水、富气注水等，可大量节省生产装置的新鲜水用量、循环水量和蒸汽量，并减少装置污水排放量。中国石化将含硫污水汽提净化水的串级使用经验推广到台塑石化炼油厂，使该企业每天可节省新鲜水使用量 3888 吨，年节省新鲜水量达 136 万吨。

中国石油克拉玛依石化和大庆石化采用水系统集成优化技术，得出各项节水优化改造方案 80 余项，获得年节水量数百万立方米。

第四节　长输管道节能节水技术及应用案例

一、燃气压缩机组余热发电

1. 技术背景及原理

天然气长距离输送时需要每隔 150～200 千米设置压气站，对天然气进行加压。压气站的核心设备是压缩机组，通常由燃气发动机、燃气轮机或电力驱动。燃驱压缩机约 30% 的能量随烟气排出，压气站可以利用这部分余热进行发电，发电的形式有两种：一种是蒸汽循环发电；另一种是有机朗肯循环发电。

燃驱机组联合循环余热利用（图 6-23）原理：燃烧产物经燃气涡轮进入余热锅炉，将液态水转化为高压蒸汽，从余热锅炉排放出来的蒸汽进入蒸汽涡轮驱动压气机或发电机，蒸汽涡轮排出的废蒸汽经冷凝器冷凝后，经循环水泵重新进入余热锅炉。

有机朗肯循环余热回收技术（图 6-24）采用有机工质作为热力循环的工质与低温余热换热，有机工质吸热后产生高压蒸气，推动汽轮机或其他膨胀动力机带动发电机发电或做功。

2. 技术特点和适用范围

对于燃驱电驱混驱站场，利用燃气轮机余热发电，发出的电能供应给电驱压缩机使用；如果只有燃驱机组而没有电驱机组，发电后需要上网外输供电。

蒸汽循环发电，技术成熟投资低，但是需要大量的水，热源温度要求在 350℃ 以上，有机朗肯循环发电烟气温度大于 100℃ 以上即可使用，发电几乎不需要水，适用于水资源匮乏地区。

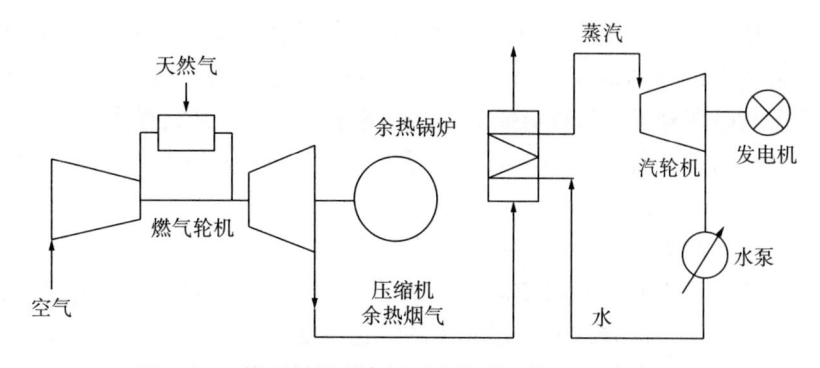

图 6-23 燃驱机组联合循环余热利用技术原理示意图

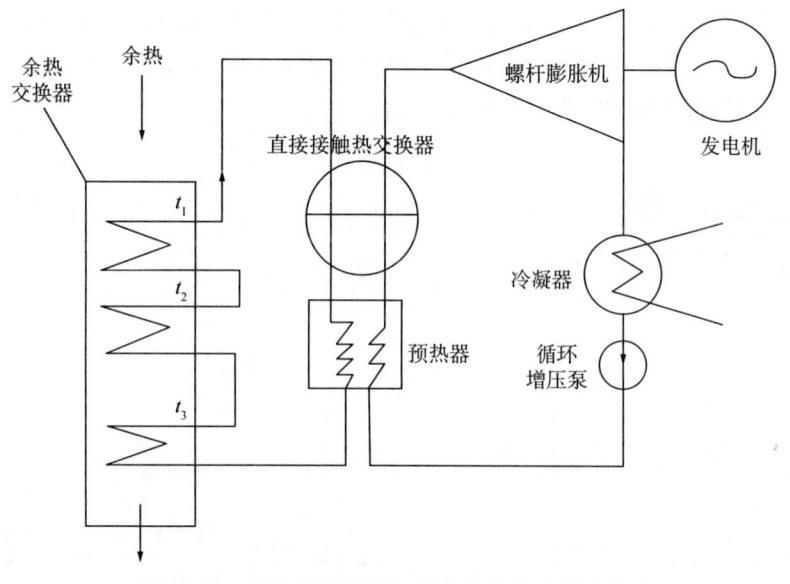

图 6-24 有机朗肯循环余热回收技术原理示意图

3. 现场应用情况与典型案例

西部管道公司在霍尔果斯站建成中石油首座余热发电项目。西二线霍尔果斯站余热发电项目 2011 年底开工，站场共 4 台（三用一备）30 兆瓦级 PGT25+ 燃气轮机，设计一台装机容量 25 兆瓦蒸汽余热锅炉发电机组。2013 年 6 月在霍尔果斯站余热发电装置投用，2013 年发电量为 3694.78×10^4 千瓦·时。2014 年累计发电量为 6600×10^4 千瓦·时。

西气东输在定远压气站实施天然气压缩机余热发电项目，设计规模为 1×（45 吨/时 + 12 吨/时）双压余热锅炉 1×12 兆瓦补汽凝汽式汽轮发电机组，项目用地 35 亩，总投资 1.06 亿元。项目建设期为 8 个月，于 2013 年 3 月 18 日开工建设，2014 年 3 月全部工程竣工投产，项目年发电约 4000×10^8 千瓦·时。

二、天然气在线排污改造

1. 技术背景及原理

为了确保管道安全生产，每座站场要定期对过滤分离器和旋风分离器进行排污，以往站场采用的排污模式均为离线降压方式,排污前必须关闭分离区各路的进出口阀门,然后打开放空阀将装置内的压力放空至 0.5 兆帕,然后打开排污阀门进行排污。每一路从开始放空到最后排污完后恢复工艺流程需要对 11～18 个阀门进行开关操作,至少需要 15 分钟才能完成。这种排污方式每次排污不但工作量大,而且每次排污都会造成大量天然气排放到大气中,既污染了环境又浪费了大量的天然气。

高压在线排污装置构成很简单,主要由孔板两个、球阀(以前排污系统的球阀)、排污阀、压力表、取样阀等组成。利用流体在流动过程中经过多级降压孔板时多次、逐级降压的过程,这样迫使流体节流并使其通过收缩的流道,而流体每经过一个减压孔板就起到一级的降压目的。在这个过程中,降低了压力能,流速提高,达到降压限流的效果。

其原理图如图 6-25 所示,排污时排污罐的压力主要取决于排污罐放空管线到放空汇管之间的压力损失,排污时为了保证排污过程中排污罐的压力不超过排污罐的工作压力,就要必须控制进入排污罐中的气体的流量,使该流量下放空管线压力损失低于排污罐工作压力,这样就能保证高压在线排污装置的可行性。

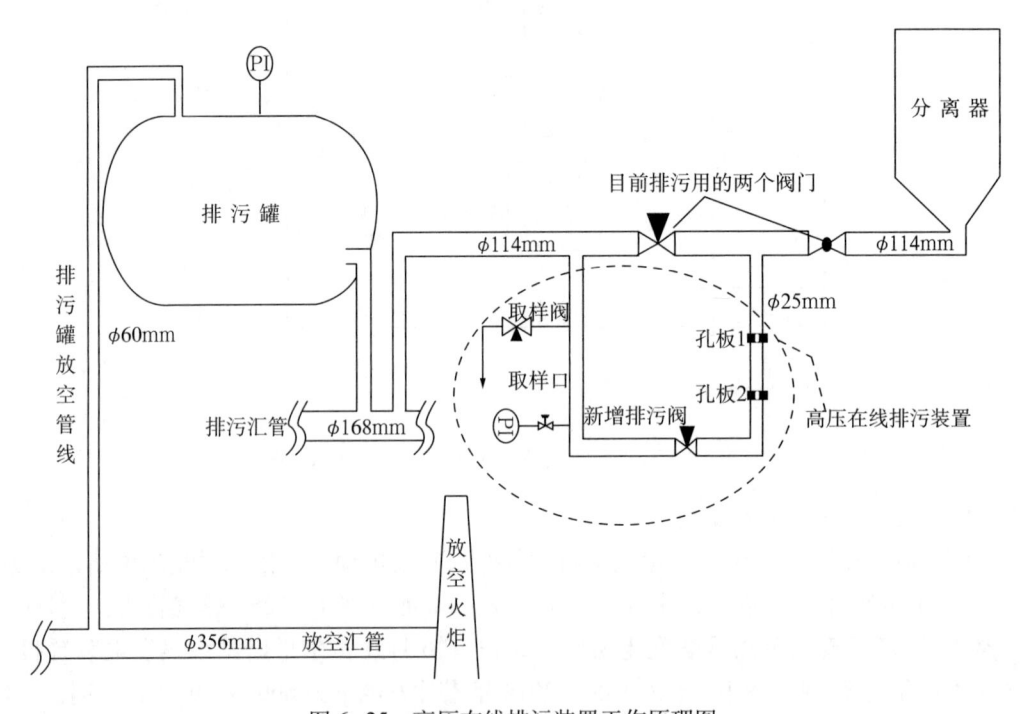

图 6-25 高压在线排污装置工作原理图

2. 技术特点和适用范围

(1) 排污系统的改造既提高了排污操作的工作效率,又减少了排污放空量,节能环保,符合当前国际社会提倡的低碳环保理念。

(2) 在线排污不用担心过滤器前后球阀由于频繁开关导致内漏的风险。

(3) 在线排污相比离线排污整个排污过程(过滤器前后截断、放空、排污、充压、恢复流程)所需操作时间更短。

3. 现场应用情况与典型案例

该技术单座站场改造只需要 4 万元左右，年节约放空气约 11000 立方米，经过"十二五"期间推广实施改造，目前中国石油管道公司、西气东输管道公司、西部管道公司各站场基本全部改造完毕，年节约放空气 400 亿立方米/年。

三、压缩机在线分析诊断及视情维护系统

1. 技术背景及原理

随着管道企业压缩机运行维护经验的不断积累，压缩机组故障停机次数趋于稳定，如何进一步提高压缩机组管理水平，是需要解决的问题。压缩机在线分析诊断及视情维护系统（CEHM 系统）跟踪机组健康状况，实现机组低故障安全运行向高效经济运行的转变，取得了巨大的经济效益。CEHM 系统可实现机组数据采集、实施监控、运行工况在线分析诊断等功能，其功能示意图如图 6-26 所示。

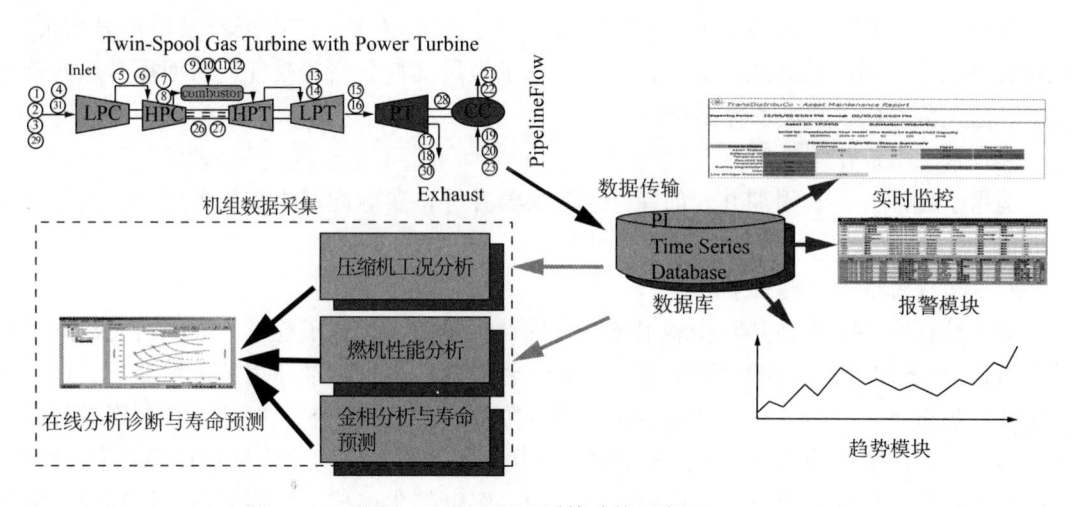

图 6-26　CEHM 系统功能示意图

2. 技术特点及适用范围

该技术可以实时监控压缩机运行状况，发现异常及时处理，保持压缩机长期高效运行。适用于长输管道燃驱、电驱压缩机。

3. 现场应用情况与典型案例

西气东输管道公司通过 CEHM 系统监控压缩机效率、动力涡轮效率，发现叶轮结垢，及时安排水洗，每年节约燃料消耗 250 万立方米；通过监控压缩机组排气温度变化，调整压缩机运行，避免压缩机转速波动，提高关键部件疲劳寿命，挽回提前大修损失 1000 余万元。如通过监控盐池站燃气轮机单机和双机运行规律，发现单机运行时，燃气轮机的负荷较高，但离心压缩机的效率却很低，约 72% 左右，双机运行时压缩机效率较高，但燃气轮机负荷率低，平均热功耗高，无法实现燃气轮机与离心压缩机的良好匹配。针对这一问题，对其中一台机组实施改造，更换为大流量机芯后，减少了开双机开机时间，提高单机运行效率，年节约天然气消耗 750 万立方米。

第五节 钻井节能节水技术及应用案例

一、油料远程自动计量技术

1. 技术背景及原理

大部分柴油钻井队采用油罐液面标尺计量或称重计量,对钻井生产过程用油并无计量,一方面井队存在油料流失的可能;另一方面井队柴油定额及定额修订缺乏科学依据。实行精细化柴油管理是节能的重要途径。钻井队柴油计量系统可以实现计量数据的自动采集、实时传输、库存低线及消耗异常报警、远程监控管理、同区域井队油耗对比、单井每米进尺油耗分析等功能。该系统主要构成包括:固定式质量流量计、固定式磁致伸缩液位计、井队监控电脑和监控管理系统。

2. 技术特点

油料远程监控可以实现计量数据的自动采集、实时传输、库存低线及消耗异常报警、远程管理监控、同区域井队油耗对比、单井每米进尺油耗分析等功能,从而提升能源管理水平。远程自动计量监控系统投资较大。

3. 技术适用条件与范围

适用于偏远井、长周期井,如探井及深层气井等,实际应用中需要考虑经济因素等综合效益。

4. 现场应用情况及典型案例

川庆钻探在141个钻井队安装了柴油远程计量系统,实现了连续、不间断的数据采集及分析,公司、二级单位的两级管理部门通过管理软件进行柴油使用的远程监控管理。由于钻井现场偏远、井位分散、油料管理人员有限等客观条件限制,以往很难做到对所有井队经常性检查,掌握井队每天实际耗油量。使用该系统以后,可全天候监控井队用油情况,提高了对井队的用油管理水平,同时节省人力、车辆等生产成本。通过该系统远程掌握钻井队任意时间段的钻井进尺、耗油量及存油量,合理确定送油时间及送油量;杜绝了井队非生产油料流失,节油量可达到1.7%~5%。截至2014年7月,川庆钻探川东钻探共安装柴油计量系统37套;安装柴油集中监控系统35套。

二、燃油替代技术

1. 技术特点

由于钻井井位偏远、网电覆盖不到位,电动化钻机不足等原因,目前钻井多以燃油驱动为主。推广应用工业电网钻井是降低钻井综合能耗的主要方向,其相对柴油钻井具有以下优势:一是节省柴油,降低钻井综合能耗,降低钻井成本;二是节省柴油运费,节省设备运行时数,节省设备维护费用,节省柴油发电机组三滤等成本费用;三是绿色环保,无噪声无污染;四是计量准确,方便管理,不存在非生产流失。总的来说,柴油钻井改为工业电网钻井后,综合节能率可达50%以上,钻井时间越长,采用网电钻井节能与节约成本优势越明显。

2. 现场应用情况及典型案例

"十二五"期间钻机"电代油"推进工作有了较大发展，网电钻井进尺占总进尺的比例上升到了3.4%。但是这一比例仍然很小，还有较大的节能空间。

川庆钻探在川渝、新疆地区分别实施全钻机"电代油"、MCC（钻机控制中心）"电代油"，2014年1—5月在24井次实施全钻机电代油，在23井次实施MCC"电代油"，累计使用网电$4707×10^4$千瓦·时，替代柴油8000吨。

川庆钻探川东钻探分公司7003YC钻井队承钻的磨溪41井实施"电代油"。该钻机为全电动钻机，利用两台容量为1600千伏·安的变压器将10千伏的电网电源变为0.6千伏接入钻机VFD房为井场动力及生活用电提供电源，原钻机配套的4台CAT发电机组作为设备或线路故障时备用动力。可根据井场负荷需要自主选择变压器单台或并车运行。系统配置补偿滤波装置，补偿容量2100千伏·安，根据负荷情况自动投切，功率因数控制在0.9以上。从2014年2月2日开钻到6月2日8时，共用电$184.15×10^4$千瓦·时，电费193万元；预计使用柴油发电，油耗大概在480吨，费用在355万元左右；扣除临时发电实际消耗柴油58吨，费用43万元，共节约费用119万元，折算节约柴油160吨左右。

西部钻探为积极响应集团公司节能减排提出的钻机"电代油"，先后在吐哈油田和玉门油田推广应用油改电钻机11套，实施了电动钻机以及生活井场"电代油"。5年来，累计完成进尺39.85万米，外购电力$1.37×10^8$千瓦·时，替代柴油3.15万吨，节能2.9万吨标准煤，节约成本创效1.42亿元。

三、钻机专用无功补偿系统

1. 技术原理

电力系统中的发电厂向电网供给两部分能量，一部分用于负载做功而被消耗掉，为"有功功率"；另一部分是用于负载中的电感或电容负荷进行磁场能量交换。这部分能量只是在电源与负载之间往复交换，并没有消耗掉，被称为"无功功率"。无功功率对供电系统和负载的运行都是十分重要的，是保证电能质量不可缺少的部分。在电力系统中应保持无功平衡，否则，将会使系统电压降低、设备损坏，增加线路损耗。严重时，会引起电压崩溃。如果电网中所需无功功率都要由发电机提供并长距离传送是不合理的，通常也是不可能的，合理的方法是在需要消耗无功功率的地方产生无功功率，这就是无功补偿。无功功率补偿的基本原理是把具有容性功率负荷的装置与感性功率负荷并联接在同一电路，当容性负荷释放能量时，感性负荷吸收能量；而感性负荷释放能量时，容性负荷却在吸收能量，能量在两种负荷之间互相交换。这样，感性负荷所吸收的无功功率可由容性负荷输出的无功功率中得到补偿。

2. 技术特点

钻井队的无功补偿装置通过对无功功率进行就地动态补偿，提高功率因数，减少柴油发电机组总发电量，降低柴油消耗。

3. 现场应用情况及典型案例

西部钻探近3年来累计推广应用25套，使用298台月，每台套月节约柴油15吨，累计节约柴油4466吨，节约成本3400万元。

四、烟气余热利用技术

1. 技术背景及原理

柴油机烟气余热回收利用是利用热管换热方式回收柴油机废气余热。柴油机余热回收装置主要包括：热交换器、水箱泵橇、电器控制系统及温度计、压力表、管阀配件等。热管换热器传热效率高，可有效避免冷、热流体串流，有效防止露点腐蚀，防止积灰；且运行及维护费用低，具有很好的消声降噪功能。该技术适用于使用柴油机的场合，利用废气余热产生热水对设备进行保温。在川庆钻探、渤海钻探等钻井现场得到了较好的应用。

柴油机、柴油发电机组在发出功的同时，约占燃油低热值35%的热能被排除的废气带走，15%的热能被冷却水消耗掉，而用于做功的热能仅为36%～39%，排烟温度一般在450℃以上，具有较高的回收利用价值。

2. 技术适用条件与范围

由于南方地区普遍冬季温度偏高，烟气余热利用在诸如四川，重庆等地区经济性较差，而在高寒地带保温效果又差强人意，因此该技术在高温高寒地区节能优势并不明显。柴油机尾气利用装置属季节性产品，利用率不高，且橇装式余热利用装置属于压力容器，每年需报检。此外，柴油机的可用余热受柴油机负荷影响大，柴油机的负荷较小时保温需求量反而更大，柴油机在停机工况下仍需与电加热配合加以弥补。因此，该技术在钻井队适用需加强技术经济论证。

3. 现场应用情况与典型案例

川庆钻探在长庆地区22支钻井队配备柴油机余热回收装置，一个保温期可回收利用余热400吨标准煤，余热回收率达83.23%，与使用电保温的钻井队相比，节能率达41.4%。西部钻探通过柴油机尾气回收装置回收尾气加热水罐，然后利用热水对零号柴油罐加热保温，使罐内油温达到10～30℃，实现冬季零号柴油替代负35号柴油。川庆钻探节能专项"余热回收利用装置"项目实现节约柴油184吨，折合268吨标准煤，项目投资回收期1.07年，万元投资节能量为2.09吨标准煤/万元。

渤海钻探根据柴油机组现场运行情况，研发了柴油机尾气余热蒸汽发生器，利用柴油机工作时所产生的300～500℃尾气中的余热，通过换热产生高温蒸汽，从而取代电加热或燃煤蒸汽锅炉，解决钻井队冬季冻防保温、清洗设备所需蒸汽、热水的问题，降低运行成本。采用卧式管壳式蒸汽换热器结构，高温尾气经换热器水平烟管管束流过，与管壳内的水进行对流换热，将水加热为温度125～152℃、压力0.2～0.4兆帕的蒸汽，蒸汽经主汽阀排出，去分汽包或直接通往其他用汽设备使用。为保证蒸汽发生器安全可靠运行，设备上装有电控水位计及压力控制器，水位计及压力控制器将运行时的参数提供给微电脑控制仪，根据水位信号控制补水泵自动补水，根据压力控制器信号控制压力，当压力超过上限压力时，电磁阀打开将蒸汽通入水柜，防止超压。渤海钻探经过前期先导试验，于2010年12月在冀东50620队实际使用，安装2台蒸汽发生器，经过近1个小时40分钟加热（冬季加热时间稍长），水温达到115℃左右，蒸汽压力0.12兆帕。又经过近1小时加热，水温达到145℃左右，蒸汽压力0.25兆帕。烟气进口温度在340～370℃，出口温度在180～200℃，环境温度为5℃。根据现场实际情况，渤海钻探在2011年对产品进行了完善：将装置设为两种工作模式，即热水模式和蒸汽模式，通过转换开关直接实现切换。将自动控制箱及水泵改为防爆形式。增加了软化水处理装置，防止蒸汽发生器结垢。将设备进行了模块化设计，方便现场安装和运输。现已在40616钻井队、50620钻井队、40615钻井队、50505钻井队、50648钻井队和50522钻井队等应用。经计算经济效益，当年投入产出比为1∶1.42或1∶1.79。

第七章 示范工程

节能示范是搞好节能工作的有力推手，通过以点带面的典型建设，指导企业开展节能降耗工作，是过去、现在、将来持续搞好节能工作有效的做法。针对不同发展时期出现的新情况，通过开展节能示范研究，推动节能示范工程，形成适应新时期的节能新模式，从而有效促进节能工作再上新台阶。

"十二五"节能示范工程是在关注国家节能政策新动向、围绕"十二五"集团公司各主营业务节能工作主体思路的基础上，与企业深入沟通，立足现状纵观全局，深入分析了各业务领域主要用能环节的能耗现状及存在问题，突出节能技术路线，注重节能管理创新，体现了"十二五"节能工作成效。本章主要从油田系统调整及重点耗能设备提效，炼化能量系统优化技术推广应用，管道压缩机组余热余压利用，加油站、钻井队与矿区业务综合降耗等方面进行介绍。

第一节 油田系统调整与加热炉综合提效

中国石油油气田开发已近60年，随着开发生产时间延长、地面工程建设规模不断扩大，已建设施布局不合理、系统效率低、设备腐蚀老化等问题更加严重。"十二五"初期，油气田共有加热炉22387台，锅炉2565台，能耗占油气田总能耗的57%，炉效仅80%，油气田加热炉平均效率与国内外及其他业务加热炉效率存在一定差距，有较大的挖潜空间。因此，"十二五"期间油气田业务节能示范确定为油田系统调整及加热炉综合提效。

一、油田系统调整

1. 高含水油田系统调整

高含水油田系统优化调整节能示范项目为大港油田板桥高含水油田优化改造节能示范工程。

1）节能技术应用

该项目共应用节能技术9项：工艺管网优化技术、单管常温输送技术、油井生产信息采集技术、井口在线远传计量技术、油井计量校核技术、注水井远程调控技术、多功能恒流配水器、恒流控制阀、变频技术。

2）节能示范建设

建设现状：板桥油田于1974年开发，现有油井152口，注水井54口，日产油750吨，日产液6770立方米，综合含水90%。建有联合站1座、接转站10座、计量站24座、注水站14座、配水间11座。集油工艺为单管加热集输。

主要问题：井少站多、耗能设备多、能耗高。集输、注水等主要耗能设备448台，各种加热炉391台，注水单耗7.3千瓦·时/立方米，吨液耗气7.38吨/立方米。

改造方案：停运9座接转站，停运140口井场加热炉，对152口油井实施标准化井口改造，关停计量站 24 座、接转站集油阀组 9 座。实施标准化井口改造、油井生产信息采集设施 152 套，橇装计量校核装置 21 套，配套校核车 3 台，在 28 个井场安装视频监控及红外报警装置。停运配水间 11 座，建注水井远程调控装置 54 套，对注水站高低压分离注水改造 1 座。

实施效果：该项目总投资 2100 万元，集输、注水系统优化调整后，年节电 349×10^4 千瓦·时，节约天然气 708 万立方米，节能 9845.3 吨标准煤，万元投资节能量 4.69 吨标准煤/万元。

3）项目特点及经验启示

该项目通过布局优化、流程简化及系统优化，以较少的投资解决了设施腐蚀老化及能耗高问题，将长流程低效的复杂耗能系统，改造为短流程高效的生产管理体系，是地面工程系统优化示范的成功案例。

2. 油田立体化节能

油田立体化节能示范为大庆萨中油田南一区高含水降耗节能示范工程及杏十二区纯油区控水降耗立体节能示范工程。

1）技术应用

本项目油藏、采油、地面工程共应用各种节能技术 35 项。

油藏工程：周期注水，周期采油，衡油控液调参，优化注采结构，细分注水，深浅调剖，高含水井堵水，全井停聚或层段停聚优化停聚，补孔压裂。

采油工程：机型大换小，泵径大换小，下调冲程，下调冲次，下调转速，抽油机节能电动机，电泵减级，电泵变频器，螺杆泵直驱，电泵井转螺杆泵井，抽油机井转螺杆泵井，螺杆泵变频器，节能控制箱，机采井免清蜡，调平衡，密封装置、皮带松紧度。

地面工程：低温集输及季节性停掺，油井集中热洗，高压变频技术，高耗能变压器更新，无功自动跟踪补偿，优化电网运行，优化注水泵开泵台数，停运注水泵，优化加热炉运行。

2）节能示范建设

建设现状：南一区共有油水井 2272 口，其中油井 1403 口、注水井 869 口，日产液 84629 吨，日产油 7116 吨，综合含水率 91.6%。杏十二区共有油水井 451 口，其中油井 288 口，注水井 163 口，日产液 4900 吨，日产油量 411 吨，综合含水率 91.6%。

主要问题：综合含水率高，高含水井比例高，低产低效井比例逐年增加，控水挖潜难度大，无效循环突出，层间矛盾突出，连续吸水动用比例低。地面设施腐蚀老化严重，系统效率低，线路功率因数偏低，线路损耗大，设备效率低。

改造方案：南一区应用注水井综合方案调整，注水井深浅调剖，高含水井堵水，转注措施 1148 口；抽油机节能电动机，螺杆泵直驱，电泵变频 185 台套；高耗能变压器更新，6kV 线路无功补偿，机采井免清蜡技术 555 口。杏十二区抽油机井堵水 7 口，压裂 5 口，补孔 4 口，对电泵井堵水加改抽油机 7 口，注水井采取酸化 55 口，浅调剖 10 口，压裂 2 口，更新 8 口；更换节能电机 64 台，节能控制箱更新 57 台，高压无功补偿 110 套，高耗能变压器更新 22 台等。

实施效果：南一区总投资 5638 万元，共节电 7848×10^4 千瓦·时，节气 3480 万立方米共节能 7.25 万吨标准煤。杏十二区总投资 1080 万元，共节电 2628×10^4 千瓦·时，节气 163 万立方米，节能 1.09 万吨标准煤。本项目万元投资节能量为 4.41 吨标准煤/万元。

3）项目特点及经验启示

本项目实践了立体化节能技术，取得了较高的投资回报率。地面地下立体化节能是以油藏精细研究为基础，采取综合调整措施，控制注水量和采出量。由地质、机采、地面多个相关部门共同协作，从生产源头控制综合含水，减少无效低效循环，减少地面设施处理量，降低生产能耗。

3. 系统调整取得的主要认识

高含水油田应大力推动立体化节能，应控制无效低效循环，降低综合含水，少注水、注好水，从而降低地面设施负荷，降低生产运行能耗，从源头上控制能耗增长速度。节能方案应与开发安排及老油田调整改造相结合，应按照 10 年产量预测，重新核实系统负荷，优化布局，调整改造。节能改造方案应优化方案比选，加强项目前期论证，从设计源头上提高项目的技术经济性，提高节能改造投资效益。

二、加热炉综合提效

1. 建设现状

集团公司油气田生产所用加热炉数量大、能耗高。"十二五"期间，油气田在用加热炉以水套式加热炉、相变式加热炉、火筒式加热炉和管式加热炉为主，其中水套式加热炉和火筒式加热炉总功率最大、消耗燃料最多。不同类型加热炉基本情况统计见表 7-1。

表 7-1 不同类型加热炉基本情况统计表

加热炉类型	水套式加热炉	相变式加热炉	火筒式加热炉	管式加热炉	其他
数量（台）	13641	3494	2497	1663	1092
总功率（兆瓦）	4065	3000	3385	1414	809
平均单体功率（兆瓦）	0.298	0.859	1.356	0.850	0.741
新度系数	0.45	0.61	0.46	0.54	0.53

其中井口加热炉 12592 台，占总数的 56.2%，总功率 1208 兆瓦，约占总数的 10%。站场加热炉 9795 台，占总数的 43.8%，其中有 6859 台设置在接转站，占站场加热炉总数的 71%；计量站有 1712 台，占站场加热炉总数的 17%，联合站有 1224 台，占站场加热炉总数的 12%。

2. 主要问题

（1）油田被加热介质成分复杂，加热炉结垢问题突出。

部分在用加热炉换热面结垢严重，尤其是被加热介质成分复杂的加热炉热效率下降速度远高于加热清水等洁净介质的加热炉。设备内部易出现大量淤积物，淤积物沉积在火筒式加热炉的烟火管外壁上降低了运行热效率，严重者造成火管变形、鼓包甚至穿孔等事故发生；对于结垢严重的加热炉，清淤除垢后炉效可提高 5% 左右。另外，部分加热炉使用年限长，老化严重。集团公司油气田在用加热炉年限统计情况见表7-2。

表7-2 集团公司油气田在用加热炉年限统计表

使用年限	20年以上	15～20年	10～15年	5～10年	5年以下
数量（台）	1908	1915	4006	7283	7275
所占百分比（%）	8.5	8.6	17.9	32.5	32.5

（2）单体功率小且负荷率偏低。

油气田在用加热炉单体功率偏低，0.4兆瓦以下的多达16559台，占总数的74.0%。尤其是井口加热炉，平均功率在150千瓦左右，设计炉效一般为40%～60%，直接影响了集团公司加热炉平均热效率。油气田在用加热炉功率分布情况见表7-3。

表7-3 油气田在用加热炉功率分布情况表

加热炉功率（兆瓦）	0.4以下	0.4～1.25	1.25～2.5	2.5以上
数量（台）	16559	2556	2797	475
所占百分比（%）	74.0	11.4	12.5	2.1

另一方面，加热炉平均负荷率偏低（41.5%）。加热炉的负荷率越低则热效率越低。造成油气田加热炉负荷率偏低的主要原因有三：一是油气田供热需求季节性波动较大，即冬季高春秋低，夏季部分加热炉停运；二是井口产液量波动较大，造成井口加热炉运行负荷波动较大；三是加热炉的配备一般按生产的最大负荷设计，同时兼顾滚动开发，随着生产运行时间的延长，区域性产量递减，部分加热炉无法达到设计负荷，加热炉"大马拉小车"问题严重。

（3）燃烧器燃烧效率低，自控水平低。

2002年以前，油田所用燃烧器多为老式普通燃烧器。普通燃烧器因热负荷可调节性差、用气量与热负荷不匹配，天然气与空气达不到完全混合等原因，造成燃烧不充分，燃烧效率低，燃料消耗量大。近年来，各种高效燃烧器发展速度较快，但部分油田仍有一定数量的普通燃烧器，如大庆油田尚有355台加热炉采用普通燃烧器。另外，油田加热炉的自控水平较低，目前主要通过手动调节合风开度、烟道挡板等，不能较好地适应油田实际运行工况的动态变化。

（4）加热炉排烟热损失未得到有效控制。

油田加热炉的热损失主要为排烟热损失、燃烧不完全热损失和散热损失，排烟损失在加热炉的热损失中占比较大，一般情况下，当加热炉的热效率较高（如90%）时，排烟损失占总损失的70%～80%；当加热炉的热效率较低（如70%）时，排烟损失占总损失的90%左右。通过控制排烟温度，可有效控制排烟热损失，而排烟温度随季节、热负荷等变化均会发生变化，当前多数油田加热炉无烟气余热回收系统，排烟热损失未得到有效控制。

3. 节能技术应用情况

至2015年底，加热炉共梳理相关节能技术8类共48项，具体情况见表7-4。

表 7-4　油气田加热炉提效技术汇总表

技术类别	技术名称
烟气余热回收技术	热管空气预热器　水—气销钉管式换热器　板式空气预热器　被加热介质预热式热管余热回收冷凝式加热炉
高效燃烧技术	全自动燃烧器　脉动燃烧器　组合燃烧器　膜法富氧燃烧　同室同时油气混烧燃烧器
高效换热技术	真空相变炉　超导热管传热　引射式辐射管　远红外线涂层　烟管扰流片　烟管结构改造　波形火筒螺纹烟管
阻垢除垢技术	超声波除防垢　电磁除防垢　易机械清洗列管式换热器　机械自动除垢装置　空穴射流清洗　阻垢药剂　阻垢涂层　物理过滤阻垢　化学药剂除垢　高压水射流除垢　可抽式烟火管盘管改造
自动优化控制技术	空燃比在线智能调控装置　负压智能控制技术　PLC炉温自动控制技术　排烟温度检测控制系统　空燃比自动调控装置　烟气含氧量检测控制系统
吹灰清灰技术	激波吹灰器　声波吹灰器　烟管清洗
炉体保温技术	复合结构保温材料　隔热保温涂料　隔热内衬
烟道防腐技术	金属柔性搪瓷　不锈钢防腐材料

自 2013 年以来，勘探与生产分公司一方面依托"油气田加热炉及热力系统提效"科研专项进行技术筛选及评价等工作，用于指导加热炉节能改造；另一方面编制了所属 13 家油气田企业加热炉提效整体实施方案，分步实施。2013—2015 年，中国石油有 13 家油气田企业陆续开展了加热炉整体提效实施方案，至 2015 年底，共实现节能量 27.46 万吨标准煤，油气田加热炉平均热效率达到 85.3%。

4. 经验及启示

通过加热炉综合提效研究，形成技术集成，发布技术目录，推广应用节能技术，制定并实施整体提效方案，取得了显著的节能效果。

对于主要耗能设备更换，应重新核算优选规格。如加热炉更新改造，通过优化运行参数，在重新核算热负荷的基础上，选择节能炉型并降低装机功率。油气田加热炉综合提效，通过系统优化共核减加热炉 1526 台。

应推动形成节能技术集成配套目录。应现场实践跟踪节能技术集成配套使用效果，形成推荐目录，以指导其他油田在应用节能技术时，创造"1+1 > 2"的实施效果。

第二节　炼化能量系统优化技术推广

炼化业务是集团公司重点耗能业务，2011 年总能耗占集团公司总能耗的 47.6%，且炼油、乙烯和合成氨的综合能耗与国内同行业及国际先进水平相比还有明显的差距。针对单套生产装置、单台用能设备的常规节能技术和局部能量优化技术在部分先进节能企业已得到较为普遍应用，只有通过深入的系统挖潜才能突破传统节能技术瓶颈。

为此，集团公司于 2008 年专门设立了"炼化能量系统优化研究"重大科技专项，2012 年通过验收，通过专项引进了 Petro-SIM 和 Aspen Plus 等一系列具有国际领先水平的模拟优化软件，并研究建立了工作平台、专家系统等配套软件。对于炼油重点装置，能够通过离线模拟优化技术建立典型工况模拟模型，并结合专家经验，利用案例分析形成了多项能量系统优化方案；对于乙烯装置，能够通过在线开环优化技术提出优化方案，并按照受控程序在 DCS 手动实施方案。该专项一期已在兰州石化公司、吉林石化公司、锦州石化公司、长庆石化公司、克拉玛依石化公司 5 家企业示范推广，取得了良好的节能增效成果，二期的推广应用研究已于 2013 年启动进行。

以下重点介绍锦州石化公司炼油离线能量系统优化、吉林石化公司乙烯在线能量系统优化、兰州石化公司乙烯离线能量系统优化、兰州石化公司炼化一体化公用工程能量系统优化等 4 个节能示范项目。

一、锦州石化公司炼油离线能量系统优化

1. 现状及问题

随着节能工作要求的不断深入，锦州石化公司的节能工作面临许多新的问题：由于老装置过多，在建设和改造生产装置时，无法与现有系统的热集成匹配，形成装置规模小数量多、流程复杂、待回收低温热越来越多的局面；老厂区的公用工程系统与不断增多的装置，在能量上未达到最佳匹配。

2. 节能示范建设情况

通过对蒸馏、催化裂化等 22 套装置的数据收集及现场调研，掌握全厂及各装置能量利用状况、瓶颈及存在问题，确定了优化工作的基础工况。根据各装置典型生产工况和标定报告数据，搭建了锦州石化公司单装置、全流程及公用工程系统模拟模型共 72 套，利用基础月数据、全厂标定数据及装置日常生产数据对模型进行多次校正。

通过模拟计算与优化分析，提出了优化装置操作条件、优化中间物料流向、提高高附加值产品和轻油收率的优化机会共 94 项。在投资优化机会方面，共识别出包括催化热进料、全厂低温热利用等投资优化机会 11 项；通过对水系统进行调研，提出了节水优化机会 10 项。

3. 实施效果

项目验收前，实施了连续重整装置提高装置液体收率等 24 项优化方案，经过现场标定，加工每吨原油可节能 3.79 千克标准油，炼油综合能耗相比 2008 年下降了 5.41%，实现增效 8201 万元/年。

二、吉林石化公司乙烯在线能量系统优化

1. 现状及问题

吉林石化公司 70 万吨/年乙烯装置经过二次扩能改造后，受加工负荷、原料结构、老裂解炉改造后热效率下降等多因素的影响，综合能耗指标有所上升，与国内先进水平、本企业历史最佳水平均存在较大差距。

2. 节能示范建设情况

通过现场调研，完成设计数据、设备数据、PHD 数据、LIMS 数据、经营数据、DCS 截图、工艺流程图以及结构信息等数据和资料的采集。利用实时在线优化软件 ROMeo 和

裂解炉专用软件 SPYRO 搭建了裂解炉离线模型、乙烯装置全流程在线优化计算模型等 8 套模型。进一步建设形成了吉林石化公司乙烯装置全流程模拟平台，先后完成乙烯装置 ROMeo 在线优化系统的现场安装、ROMeo 系统测试、SSD 系数调试、系统开环调试、检查优化结构、模型修改等工作。通过两个月系统开环测试和 48 小时的密集性测试，验证了模型的准确性。

在装置操作稳定的情况下，实时优化系统通过以下步骤产生在线优化方案：(1) 导入并筛选模型整定所需要的数据；(2) 运行数据整定模式下排队任务的宏；(3) 运行一个数据整定案例，使模型结果与工厂数据匹配；(4) 运行数据整定结果审查程序，以确保数据整定所得到的目标函数低于项目投运所设定的最大允许值；(5) 更新优化模型的基础值；(6) 切换到优化计算模式；(7) 运行优化模式下的排队任务的宏；(8) 运行优化计算，寻找最佳操作条件；(9) 输出计算结果，被调关键参数储存到 Excel 表格中。

3. 实施效果

自在线优化系统上线后，系统运行稳定，平稳率在 90% 以上，每天生成优化报表为生产提供指导。项目组认真研究需要调整的关键参数及其调整的步幅，从中筛选出一批重要的、安全性和可操作性强的参数作为优化方案进行实施。经在线优化考核，实现了乙烯装置综合能耗降低 5.13%，增效 60.84 元 / 吨乙烯。

三、兰州石化公司乙烯离线能量系统优化

1. 现状及问题

2007 年，兰州石化公司 46 万吨 / 年乙烯装置综合能耗偏高，在国内乙烯装置中处于中下游水平，有待提高，其主要问题包括：裂解原料需要进一步优化、蒸汽消耗偏高、实际生产工况与设计工况偏离较大等。

2. 节能示范建设情况

在引进软件、消化吸收的基础上，二次开发了乙烯裂解炉裂解深度模型（ECU），自主开发了后处理系统 Aspen Plus 模型以及公用工程模型，集成开发了乙烯装置全流程模拟平台；开发应用了裂解炉先进控制系统，创新开发了 COT 稳态控制、火焰诊断和人工智能热值分析等技术；自主开发和应用了乙烯能量管理系统（EMS），建成了乙烯能量优化工作平台，实现能耗管理实时监测。

开展装置现场能耗调研，完成了乙烯装置裂解系统、后分离系统、蒸汽系统等 8 个系统重点装置和设备的现场条件确认和操作数据收集工作，提出了节能机会 92 项。

3. 实施效果

通过可行性评价确定可实施优化方案 17 项，预计节能 118.7 千克标准油 / 吨乙烯。已实施不投资、少投资方案 9 项、投资优化方案 3 项，乙烯装置综合能耗比项目实施前降低 9.63%，实现节能 65.23 千克标准油 / 吨乙烯、增效 3403 万元 / 年。

四、兰州石化公司炼化一体化公用工程能量系统优化

1. 现状及问题

兰州石化公司近年来生产规模增长迅速，但在新装置不断投产的同时，公用工程系统

基本依托于原系统，未做大的投入。随着公司生产格局的变化，原有的能源平衡数据指导性弱化，存在产汽系统效率不高、蒸汽系统季节性不平衡、低温余热利用率低等多项问题。

2. 节能示范建设情况

深入炼油厂、化肥厂、动力厂、石化厂和橡胶厂，完成 71 个车间、190 套重点装置的现场调研和数据收集，全面掌握装置的设计参数、实际运行状况、存在的操作和技术瓶颈。针对重点用能设备及蒸汽、电力、燃料、氢气、低温热等系统，详细分析用能现状，首次完整绘制兰州石化公司炼化一体化公用工程蒸汽系统的流程平衡图。以生产数据为基础、不同生产方案标定数据为依据，建立炼化一体化蒸汽动力系统模型、300 万吨/年重油催化装置模型、氢气和燃料气系统模型等模拟模型共 50 套。

建立了兰州石化公司能量管理系统（EMS），实现了能量系统 KPI 实时监测、能耗统计分析、公用工程系统在线优化、节能项目绩效跟踪等功能。兰州石化公司 EMS 在线优化模型涵盖了全公司的蒸汽、电力、除盐水、燃料、氢气系统，根据生产需求，每 40 分钟自动运行 1 次，以成本最小化为目标函数，计算出最优的蒸汽生产运行方案。

结合模拟计算，运用咨询公司的能量评价技术 BT、R- 曲线、管理评价矩阵等方法进行能效评价后，分析差距，提出节能机会 125 项，经多方反复论证，确定可实施优化方案 29 项。

3. 实施效果

截至 2012 年底，实施不投资优化方案 13 项、投资优化方案 8 项，经标定计算，共实现节能量和经济效益 5.09 万吨标准煤/年和 5499 万元/年，公司公用工程能耗下降 15.1%，重油催化装置能耗下降 7.3%。另外 8 个投资项目已批复并即将实施，预计节能量和经济效益分别为 2.3 万吨标准煤/年、1892 万元/年。

五、经验及启示

1. 炼化企业开展能量系统优化技术推广过程中要做好"五个结合"

一是优化机会与节能项目相结合。研究提出的投资优化方案可申报节能专项投资项目。

二是节能效果和绩效考核相结合。将节能效果与相关单位的绩效考核工作相结合，有助于优化方案的高效执行。

三是节能和增效相结合。能量系统优化研究要兼顾节能和增效两个目标。

四是研究人员与企业人员相结合。企业管理人员熟悉生产装置，研究人员擅长寻找单个装置及联合装置的优化机会并制订优化方案，双方取长补短、相互学习，共同实现目标。

五是流程模拟与 APS 和 MES 系统相结合。如装置模拟模型与 APS 相集成，将使计划数据更加贴近装置实际，大幅提高准确性。

2. 加强技术攻关

能量系统优化技术是一项复杂的技术体系，随着国内外大型石油公司和科研机构对其持续应用研发，能量系统优化技术的应用范围逐步扩大、应用效果不断增强，已从定期的能量系统优化分析向与装置操作实时优化、生产计划精细化管理相结合的方向发展。应紧跟国际能量系统优化技术的发展，抓紧对闭环实时优化技术、能源管控技术等新技术的示范研究，为应对严峻的节能减排形势提供持续高效的技术保障。

3. 加大推广力度

能量系统优化技术已在多家炼化企业应用并取得了良好的示范效果，但仍有部分炼化企业存在不同程度的系统用能问题。应紧密结合重大科技专项研究成果，依托已有的人才队伍和技术体系基础，加大在集团公司各炼化企业的推广应用。

4. 重视效果维持

能量系统优化技术的效果需要专业技术人员维持，面对集团公司 26 家炼化企业，目前技术队伍的数量明显不足，优化能力和优化经验还需进一步提升。应加强对炼化企业节能业务归口管理部门主要领导、企业主要装置技术人员的相关培训，建立能量系统优化人才培养的长效机制，并在企业设立优化岗位，完善考核与激励机制，以实现能量系统优化的持续化和常态化。

第三节　管道压缩机组余热利用

中国石油管道输送业务的天然气实物消耗量占总能耗的 75%，已投运燃驱压缩机组 132 台套，总功率 2679 兆瓦，余热未得到有效利用，节能示范确定为燃气轮机烟气余热利用工程。

一、技术应用现状

压气站的核心设备是压缩机组，通常由燃气发动机、燃气轮机或电力驱动。燃驱压缩机约 30% 的能量随烟气排出，压气站可利用这部分余热进行发电，发电的形式有两种，一是蒸汽循环发电，二是有机朗肯循环发电。

蒸汽循环发电为燃烧产物经燃气涡轮进入余热锅炉，将液态水转化为高压蒸汽，从余热锅炉排放出来的蒸汽进入蒸汽涡轮驱动压气机或发电机，蒸汽涡轮排出的废蒸汽经冷凝器冷凝后，经循环水泵重新进入废热锅炉。有机朗肯循环余热回收技术采用有机工质作为热力循环的工质与低温余热换热，有机工质吸热后产生高压蒸气，推动汽轮机或其他膨胀动力机带动发电机发电或做功。蒸汽循环发电技术成熟投资低，但需要大量的水，热源温度要求在 350℃ 以上；有机朗肯循环发电几乎不需要水，适用于水资源匮乏地区。

对于燃驱电驱混驱站场，利用燃气轮机余热发电，发出的电能供应给电驱压缩机使用；如只有燃驱机组而无电驱机组，发电后需上网外输。

二、节能示范建设情况

西气东输、北京天然气及西部管道公司所属燃驱压缩机排烟温度均较高，各公司采用合同能源管理的方式和多家企业合作开展了压气站余热发电项目，至 2015 年底已投产运行的有西部管道霍尔果斯站、西气东输定远压气站、北京天然气管道榆林站。

霍尔果斯站采用蒸汽循环发电技术，于 2011 年底开工，2013 年 6 月 16 日投产运行，站场共设 4 台（用 3 备 1）30 兆瓦级燃气轮机，设计 1 台装机容量 25 兆瓦蒸汽余热锅炉发电机组。

定远站采用蒸汽循环发电技术，设计规模为 1 套（45 吨/时 +12 吨/时）双压余热锅炉和 1 台 12 兆瓦补汽凝汽式汽轮发电机组，项目用地 35 亩，总投资 1.06 亿元。项目建设期为 8 个月，2013 年 3 月 18 日开工建设，2014 年 3 月全部工程竣工投产。

榆林压气站设置 30 兆瓦燃驱压缩机组 3 台，设计 1 套（70 吨 / 时 +20 吨 / 时）双压余热锅炉和 1 台 18 兆瓦补汽凝汽式汽轮发电机组，所发电力通过 10 千伏内部电网向陕京二线电驱动压缩机供电。项目于 2013 年开工建设，2015 年 6 月 14 日建成投产。

三、节能示范实施效果

霍尔果期站 2014 年全年发电量 6000×10^4 千瓦·时，年节能 1.98 万吨标准煤。定远站 2014 年全年发电量 2000×10^4 千瓦·时，年节能 0.66 万吨标准煤。北京天然气管道，年发电量为 10000×10^4 千瓦·时，年节能 3.3 万吨标准煤，经济效益 4500 万元 / 年。

四、经验及启示

各管道企业通过实施合同能源管理利用压缩机余热进行发电，创造了良好的社会效益，企业获得了一定经济效益；未来站场实施范围的确定需要结合管线输量规划、燃驱压缩机组运行方案进一步论证，确保发电机组的开机时间。

第四节　加油站综合节能

加油站是销售企业的基层单位，分布零散，点多面广。加油站能耗主要为采暖锅炉能耗、灯具和加油枪电耗以及油气损耗。其中加油站采暖锅炉能耗占比最高，占加油站能耗的 44%；油气损耗占加油站能耗的 29%；电耗占加油站能耗的 15%。"十二五"以来，由于节能工作的不断深入，加油站吨油综合能耗持续下降，但节能挖潜难度也越来越大，主要存在以下问题：

（1）加油站采暖以燃煤锅炉和燃油锅炉为主，锅炉效率偏低，污染排放严重。国家发改委等六部委联合印发的《京津冀及周边地区落实大气污染防治行动计划实施细则》要求至 2015 年底京津冀及周边地区地级及以上城市建成区全部淘汰每小时 10 蒸吨及以下燃煤锅炉。

（2）加油站照明灯具以金卤灯为主，金卤灯为热光源，工作时发热量大，效率低，且光色纯度不好，灯泡亮度衰减较快。

（3）油品挥发损耗大，加油站在油罐车装卸及给汽车加注汽油时的油气挥发不仅浪费资源，且污染环境。

一、京津冀及周边地区加油站空化热泵节能示范

1. 现状及问题

根据北京市及天津市地方政府文件要求，北京市城八区内不得使用燃煤锅炉，天津市在市区、旅游区及环境保护区域取消燃煤锅炉。销售分公司有部分已建加油站应按政策要求进行改造。

2. 空化热泵技术简介

空化系统供热原理：在空化装置的作用下，水体产生高速旋转，并形成若干真空负压

"穴",此时"穴"周围的水产生沸腾,形成许多低压小水泡,小水泡在周围水的压力作用下,迅速破灭,并把电热偶带给自身的热量快速地释放出去,从而使水温升高,此时传热介质由液态水变成微小气泡体,从而也使沸点降低,达到速热效果。该技术具有节能安全环保的特点,是目前电热转换率最高的一种形式,热效率达 90% 以上;另外,空化热泵不属于高压容器,无火灾安全隐患,电控产品设有自动保护装置;空化热泵相比于使用燃油锅炉,平均每天可减排二氧化碳 105.2 千克。

3. 实施情况及效果

集团公司"十二五"期间,在北京销售分公司、天津销售分公司、大连销售分公司、河北销售分公司、山东销售分公司等共投资 3060 万元,采用空化热泵技术改造 209 座加油站。据实施前后能耗对比统计,空化热泵相比于燃煤锅炉可节能 70% ~ 90%,相比于燃油锅炉可节能 40% ~ 70%,替代电锅炉可节能 30% 左右。

其中燃油锅炉改为空化热泵后年均每平方米供暖费用可降低 35.6%;电锅炉改造为空化热泵后年均每平方米供暖费用可降低 31.7%;燃煤锅炉改为空化热泵采暖后经济效益不明显,但改造后增强了安全运行系数,减少了维护费用,实现了污染物零排放,达到了地方政府的环保要求。

二、内蒙古销售分公司 LED 节能灯应用示范

1. 现状及问题

内蒙古销售分公司加油站现场工作照明、广告标识灯箱照明灯主要以金卤灯和日光灯为主,光源启动工作电流大、透光效率差且维护费用高,金卤灯实际寿命在 2 ~ 3 年,每年用于更换灯泡、镇流器等零部件的费用平均为 50 元/盏左右。

2. 实施方案

LED 灯与金卤灯相比,具有耗电量小、启动快、稳定性好等优点,且使用寿命相对长,可在一定程度上减少灯具维修或更换次数,节省运行成本且规避高空作业风险。

"十二五"期间,内蒙古销售分公司与节能技术服务公司合作,采用节能效益分享型,由节能服务有限公司出资金、人员、灯具,为内蒙古销售分公司免费更换 LED 灯,合同期内对方负责免费维修更换灯具,改造后获得的节电效益双方按一定比例分成,合同结束后,LED 灯归内蒙古销售分公司所有。

2012 年对包头及鄂尔多斯销售分公司共 20 座加油站 100 盏罩棚灯,采用 140 瓦的 LED 灯更换了原有的 400 瓦金卤灯,通过单独测取罩棚灯用电量进行能耗对比,计算平均节电率达 65%,且改造后照度增加 12% ~ 24%。

3. 实施效果

2014—2015 年,内蒙古销售分公司共完成 310 座加油站改造工作。2015 年实施改造完成后,内蒙古销售分公司年可节电 386.5×10^4 千瓦·时,年节约电费 123.3 万元,节约维护费用 7.7 万元。

三、经验及启示

合同能源管理符合国家政策要求,在不增加投资的同时引入了节能技术,既节约了能

源又获得了经济效益，且产品厂家提供售后服务，减少了维修作业，应适时开拓渠道推广。

空化热泵是节能、环保、高效的供暖方式，运行安全可靠，减少了人员用工，具有良好的节能效益和经济效益，满足国家和地方政府的环保要求，可用于取代小型燃煤、燃油及电锅炉。

第五节　钻井队综合降耗

一、钻井节能技术

"十一五"末"十二五"初，中国石油工程技术板块制订了钻井工程"10+5"节能节水技术推广目录，10项节能技术包括：油料远程自动计量、燃油替代、无功补偿及谐波抑制、燃气余热利用、节油装置及添加剂、照明节能改造、电机软启动、节能发电机、高效传动装置、新能源利用；5项节水技术包括：污水处理循环利用、泥浆回收再利用、连续混配压裂技术、防漏打桩、水袋节水及冷凝水回收。工程技术板块号召各钻探工程公司加大节能节水技术推广应用力度，着力提升节能节水能力。

二、钻井节能存在的主要问题

1. 钻井总能耗高，柴油消耗占比大

"十二五"初期，中国石油油气田业务开发规模不断增大，在稳油增气的大形势下，平均每年新增各种井15000口以上，同时，定向井、水平井及深层气井数量大幅度增加，造成钻井总能耗上升。工程技术业务总能耗中柴油消耗量占工程技术业务能源消耗量的79%，占集团公司柴油消耗总量的60%。

2. 影响钻井能耗的因素多

由于工程技术板块自身的业务特点，钻井队完成钻井工作时间因地质条件、油藏深度、周边环境等诸多因素差异较大，少则数日，多则数年；且钻井完成后在没有接到任务的情况下，需要原地驻扎待命，另外钻井队搬家也耗时较长，这些不稳定因素都在一定程度上影响钻井能耗。

3. 部分节能技术有区域局限性

烟气余热利用在川庆钻探和渤海钻探等现场应用中发现，目前余热利用装置只针对地面储油罐进行加热保温，未对高架储油罐进行加热，其主要原因为现场所用高架储油罐在制造时未设计罐内换热管，无法实现罐内介质热交换。由于柴油发动机的直接供油来源为高架储油罐，如高架储油罐无法得到有效保温，热油从地面储油罐抽至高架储油罐内后温度会迅速下降。此外，烟气余热回收在诸如四川省和重庆市等温度较高的南方地区经济性较差。

西部钻探先后在吐哈油田和玉门油田推广应用油改电钻机11套，累计完成进尺39.85万米，外购电力$1.37×10^8$千瓦·时，替代柴油3.15万吨，节能2.9万吨标准煤，创效1.42亿元。但是由于网电覆盖不到位、电动化钻机数量不足等原因，在很大程度上制约了网电钻井的推广力度。

另外，油料远程监控可实现计量数据的自动采集、实时传输、库存低线及消耗异常报警、远程管理监控、同区域井队油耗对比、单井每米进尺油耗分析等功能,从而提升能源管理水平,但由于投资紧张仅少数钻井分公司进行了安装。

三、节能示范建设情况

结合川庆钻探《钻井节能减排指标体系及示范队评价方法研究》,钻井队节能示范确定了电动钻机代表长庆钻探 50671 钻井队、柴油机械钻机代表川西钻探 70542 钻井队。

电动钻机示范队:50671 钻井队以网电或柴油发电机发电为动力驱动钻机作业,主要耗能设备包括变压器 2 台、柴油发电机 3～4 台。主要应用节能技术有节油装置、LED 灯、余热回收利用、太阳能、电磁炉、软启动及无功补偿;50671 钻井队以钻 5000 米井为例可节能 114 吨标准煤。

70542 钻井队以柴油发动机驱动钻机作业,主要耗能设备包括 4 台柴油发电机。主要应用节能技术有节油装置、LED 灯、电磁炉、无功补偿及软启动。70542 钻井队以钻 7000 米井为例可节能 129 吨标准煤。

四、经验及启示

钻井队应因地制宜选用成熟高效适用的节能技术,由于各区块地质条件、气候条件、当地政策、当地用能用水条件等具有较大差异,钻井过程的不可复制性较大,各公司的用能管理方式也有较大差别。钻井节能技术有其适应性,在不同的钻井区域,针对不同的季节,不同的硬件配置等,需因地制宜选择合适的技术。

钻井队节能工作是一项复杂的系统工程,需要从技术和管理两方面同时着手。技术上应充分考虑钻井队的安全性、可靠性、经济性等,管理上应强化节能意识,整合节能资源,建立能源管理体系。从而全面整体的推进节能工作进一步发展。

第六节 矿区业务综合降耗

集团公司矿区住宅自 20 世纪 50 年代开始建设,2006 年以前建设的不节能住宅面积约占总面积的 78.8%,外墙面、屋面、门窗等围护结构热工性能差,传热系数达不到国家节能标准,平均能耗较节能建筑高 30% 以上;大型用电设备如循环水泵、风机等,未安装变频控制的约占 30% 以上;管线老化破损严重、输热效率低;管线腐蚀渗漏、系统补水量大;燃煤锅炉效率低、燃气锅炉排烟温度较高,采暖分户控制水平低;部分小区供热半径长,供热流量不足,供热区域冷热不均,这些都导致供热系统效率低。另外,多数锅炉、换热站内控制手段落后,计量、调控手段缺乏,无法实现自动控制,不能根据气候变化和实际热负荷需求自动调节热源的供热负荷。

一、节能示范建设情况

矿区在"十二五"通过开展"矿区供热系统优化与控制技术应用研究",完善了供热系统节能检测与诊断方法,提出了矿区供热系统节能改造工程方案优化方法,建立了控制集成系统应用模型,编制了矿区供热系统节能改造工程技术导则,在长庆油田泾渭苑、泾欣苑、龙凤园、礼泉学林小区、燕鸽湖基地等 6 个小区改造项目中应用了研究成果。矿区节能示范确定为"长庆油田泾渭苑供热系统优化与控制"。

1. 现状及问题

长庆油田泾渭苑总建筑面积94.7万平方米，安装4台14兆瓦低温燃煤热水锅炉，主要存在以下问题：热源供热能力不足，设计供热能力为80万平方米，而实际供热面积为94.7万平方米；锅炉平均供热效率约为67.8%，比国家标准规定的14兆瓦热水锅炉最低额定效率76%低8.2%；部分住户散热器长期达不到设计温度，末端不热住户的比例约占20%，冬季室内温度为12～16℃；另外，户内供热不平衡，锅炉房内监控仪表设置不全，控制手段落后，调节能力差等。以上问题导致系统煤耗较高，电耗高，补水量大。

2. 节能方案

热源优化：小区热源由燃煤锅炉房自供热调整为大唐热电厂供热，供热方式由热源直接供热调整为市政热源换热后间接供热，供热温度提高到110℃，供水压力1.0兆帕；增建换热站1座，实现双热源联网供热。

热网优化：经水力平衡计算，将主要干管改为环状运行方式，实现环状供热，并对部分分支管路进行改造，减少供热管网末端盲点，改善了管线水力平衡状况。另更换部分腐蚀漏损及保温破损管线，更换换热站内循环水泵并设置变频装置。

热用户优化：增设自力式流量控制调节阀，对部分用户供暖系统进行改造，重新核算采暖负荷，调整室内的供热管路，包括管道走向、立管、管径和散热器类型、片数，以适应房间热负荷实际需求，并将散热器由暗装改为明装。

控制优化：在换热站配置DCS及负荷控制和配套软件，可根据天气情况自动调整换热站的出力，以减少不必要的能源消耗。在小区内设置典型用户室内温度测点，将数据以GPRS方式远传至DCS控制室，安装修正软件辅助负荷自动跟踪软件运行。

3. 实施效果

泾渭苑小区供热系统优化改造项目投资900万元，改造后彻底解决了供热主干管网的水力、热力失调现象，用户室内温度全部达标，住户满意程度高。供热能耗大大降低，系统补水量下降，单位能耗由改造前24.8千克/平方米下降到18千克/平方米，下降27.4%；采暖期补水量由4.6万立方米减为0.95万立方米，下降79.3%，节能节水效果明显。自动化控制水平提高，用工人数由65人减为26人。改造后小区每个采暖期可节约成本1027万元，改造当年收回投资。同时减少了污染物排放，使居住区和周围的环境条件明显好转。

二、经验及启示

(1) 系统的节能检测与诊断是保证供热系统安全经济运行的重要手段。

用全面、系统的方法对包括建筑热工性能、热源、管网、设备、控制在内的供热系统进行综合分析，诊断问题研究原因，有助于系统改造方案与建议的提出。

(2) 节能示范工程经验有形化，可有效指导生产。

要促进节能改造项目科学管理，提高项目建设和管理水平，需系统总结节能检测与诊断方法、系统优化与控制方法，从矿区供热系统的建筑、热源、输送、用户、控制等环节，从节能检测、节能诊断、优化改造、施工验收、效果评价等方面提出具有可操作性的技术方法、改造措施及体系标准。形成了《矿区供热系统节能改造工程技术导则》，用于指导矿区供热系统节能改造和优化。

第七节 节能示范总体认识

（1）系统优化是深入挖掘节能潜力的重要手段。

随着节能工作的深入，系统优化是深入挖潜，尤其是解决网络化的用能系统的重要手段。油气田加热炉综合提效，通过系统优化，核减加热炉 1526 台；炼化能量系统优化已成为各炼化企业优化控制，降本增效的重要抓手；矿区节能通过对供热系统诊断与优化，寻找可操作性的技术改造措施，建立体系标准。系统优化作为具有鲜明的时代特点，并融合各种跨界技术的综合性管理方法，是未来系统挖潜的主要手段。

（2）合同能源管理是节能改造投资的有益补充。

采用合同能源管理方式，积极吸收社会资金，是"十二五"节能管理机制的重大突破。"十二五"期间，油气田、炼化、管道、销售及钻井 5 大业务的节能工作均在合同能源管理方面有所突破，合作方独立建设运营生产设施并承担相应的安全责任。另外，国家及集团公司均推进矿区服务社会化及市场化，钻井业务开展了项目总承包，实施工厂化作业。

（3）标准化管理制度化建设是提高管理水平的重要途径。

随着管理水平的提高，标准化建设、制度化管理，规范的工作程序，是管理体系完善的重要标志。随着节能示范工程的建设，油气田加热炉制定 6 项相关标准，炼化能量系统优化制定了 1 项国家标准和 1 项企业标准，矿区编制了《矿区供热系统节能改造工程技术导则》，钻井业务针对合理利用网电、钻井队节能降耗等编制了管理办法；标准化、制度化建设进一步推进。

（4）能源管控是提高能源利用效率和管理水平的发展方向。

信息化时代和互联网时代的来临，企业管理的智能化建设水平提高。"十二五"期间，炼化、钻探、矿区、油田业务均在一定程度上提高了数字化管理水平。当前国家要求重点耗能企业实现能耗数据在线采集、实时监测，建立能源管控中心，企业采用先进的数字化管理手段进行节能管理是大势所趋，部分自控设施已逐步促进产生管理节能效果，应跟踪研究应用，确保利用自控设施持续产生节能效果，服务于生产及节能管理。

第八章 标准化建设

"十二五"期间,根据节能节水工作需求,集团公司先后开展了节能节水标准体系研究及修订工作,完善了标准体系的结构和布局,同时制修订了一系列国家标准、行业标准和企业标准,特别是在过程系统优化、节能基础与管理、固定资产投资项目节能评估、节能测试、节能监测、能源审计等领域的标准化工作取得了重大的技术进步,对生产业务新技术的推广应用以及重要节能管理制度的实施提供了有力支撑,实现了"标准支撑技术、技术实施标准"的有效融合。

第一节 国家与行业节能节水标准

石油天然气工业上游节能节水国家标准和行业标准主要由全国石油天然气标准化技术委员会油气田节能节水分技术委员会(SAC/TC355/SC11)暨石油工业节能节水专业标准化技术委员会(TC24,简称"节能专标委")负责组织制修订和归口管理,全国能源基础与管理标准化技术委员会(SAC/TC20)负责其中部分国家标准的制修订工作。"十二五"期间,根据石油工业节能节水工作需求,节能专标委组织对石油工业节能节水标准体系进行了两次修订,进一步完善了标准体系的结构和布局。目前,标准体系中共有39项石油天然气国家和行业节能节水标准,涵盖了节能节水工程节能设计、测试、监测与评价、经济运行、能源综合利用管理等方面,为油气田及油气输送管道领域开展节能节水工作提供了技术保障,有力地促进了石油天然气行业节能节水工作的深入开展。

一、节能专业标准化技术委员会介绍

1. SAC/TC355/SC11,TC24

全国石油天然气标准化技术委员会油气田节能节水分技术委员会(SAC/TC355/SC11)暨石油工业节能节水专业标准化技术委员会(TC24)是承担石油天然气工业上游领域节能节水国家标准和石油天然气行业标准制修订工作和管理工作的技术组织。

石油工业节能节水专业标准化技术委员会原名为石油工业节能专业标准化技术委员会,成立于1997年10月,2003年经石油工业标准化技术委员会批准,更名为石油工业节能节水专业标准化技术委员会。2001年5月24日,经石油工业标准化技术委员会批准,换届组成第二届节能专标委。2005年10月31日,经石油工业标准化技术委员会批准,换届组成第三届节能专标委。2014年10月24日,经石油工业标准化技术委员会批准,换届组成第四届节能专标委。

2013年12月27日,国家标准化管理委员会批复(标委办综合〔2013〕181号)成立第一届全国石油天然气标准化技术委员会油气田节能节水分技术委员会。

在组织机构上,全国石油天然气标准化技术委员会油气田节能节水分技术委员会与石油工业节能节水专业标准化技术委员会实行"一个机构,两块牌子"的工作模式,即两个

委员会的委员相同，秘书处统一设置，有关标准化活动合并进行。

节能专标委自成立以来，负责制修订国家标准3项、石油天然气行业标准78项次。其中，"十二五"期间制定国家标准3项、石油天然气行业标准23项；复审标准29项，复审周期控制在5年以内。

1) 节能专标委组织机构和委员名单

第一届全国石油天然气标准化技术委员会油气田节能节水分技术委员会暨第四届石油工业节能节水专业标准化技术委员会由57名委员、9名观察员和4名顾问组成。委员会设主任委员1名、副主任委员2名，秘书长1名、副秘书长3名，组织机构如下：

主　任　委　员：黄　飞

副主任委员：李联五　魏文普

顾　　　问：俞伯炎　李克明　吴照云　李爱仙

秘　书　长：李武斌

常务副秘书长：徐秀芬

副　秘　书　长：黄金山　朱生凤

秘　书　处：东北石油大学

联　络　秘　书：孙淑华　曹莹

通信地址：黑龙江省大庆市开发区东北石油大学机械科学与工程学院节能中心。

节能专标委委员、顾问及观察员情况见表8-1、表8-2和表8-3（注：统计截止时间为2016年12月31日）。节能专标委历年组织机构及委员人数情况见表8-4。

表8-1　节能专标委委员

序号	姓名	委员会职务	工作单位	职务/职称	加入委员会时间
1	黄飞	主任委员	中国石油天然气集团公司质量安全环保部	副总经理/教授级高级工程师	1999年
2	李联五	副主任委员	中国石油化工股份有限公司油田勘探开发事业部	党委书记/教授级高级工程师	2014年
3	魏文普	副主任委员	中国海洋石油总公司质量健康安全环保部	副总经理/教授级高级工程师	2015年
4	李武斌	秘书长	中国石油天然气集团公司质量安全环保部节能节水处	副处长/高级工程师	2007年
5	徐秀芬	副秘书长（常务）	东北石油大学	教授	2011年
6	黄金山	副秘书长	中国石油化工股份有限公司油田勘探开发事业部安全环保处	处长/高级工程师	2014年
7	朱生凤	副秘书长	中国海洋石油总公司质量健康安全环保部环保和节能减排处	处长/高级工程师	2015年
8	曹天生	委员	中国石化中原油田技术监督处	副处长/高级工程师	2014年
9	常振武	委员	中国石油天然气股份有限公司长庆油田分公司质量管理与节能处	科长/高级工程师	2005年

续表

序号	姓名	委员会职务	工作单位	职务/职称	加入委员会时间
10	陈广卫	委员	中国石化股份有限公司能源与环境保护部节能节水处	处长/高级工程师	2014年
11	陈贵军	委员	大连理工大学新能源与节能中心	副主任/副教授	2005年
12	陈丽英	委员	中国石油天然气股份有限公司吐哈油田分公司质量安全环保处	科长/高级工程师	2014年
13	陈由旺	委员	中国石油节能技术研究中心	教授级高级工程师	2013年
14	陈运强	委员	中国石油集团工程设计有限责任公司西南分公司	副总工程师/教授级高级工程师	2009年
15	程星萍	委员	中国石油天然气股份有限公司华北油田分公司生产运行处	科长/高级工程师	2015年
16	段玉波	委员	东北石油大学	教授、博导	1997年
17	葛苏鞍	委员	中国石油天然气集团公司西北油田节能监测中心	常务副主任/高级工程师	2012年
18	郭景芳	委员	中国石油天然气股份有限公司冀东油田分公司质量安全环保处	科长/高级工程师	2014年
19	姬瑞	委员	中国石油天然气股份有限公司大港油田分公司质量安全环保处	高级主管/工程师	2015年
20	姬忠礼	委员	中国石油大学（北京）	教授	2014年
21	姜一	委员	中国石油天然气股份有限公司吉林油田分公司质量节能处	科长/高级工程师	2015年
22	寇明富	委员	中国石油天然气股份有限公司玉门油田分公司钻采工程研究院	副院长/高级工程师	2014年
23	李克强	委员	中国石油天然气集团公司工程技术节能监测中心	常务副主任/高级工程师	2002—2004年，2012年
24	李忠涛	委员	中海油研究总院工程研究设计院	安全节能总师/高级工程师	2012年
25	梁士军	委员	中国石油大庆油田技术监督中心	技术专家/高级工程师	2009年
26	刘全	委员	中国石油天然气股份有限公司青海油田分公司质量安全环保处	副处长/高级工程师	2014年
27	刘松	委员	中国石油天然气股份有限公司北京油气调控中心技术处	处长/高级工程师	2014年
28	刘欣	委员	中国石油天然气集团公司装备制造分公司质量安全环保处	副处长/高级经济师	2014年
29	刘艳武	委员	中国海洋石油总公司节能减排监测中心	副总工程师/高级工程师	2012年
30	马建国	委员	中国石油天然气股份有限公司勘探与生产分公司装备处	高级主管/高级工程师	2014年
31	毛国成	委员	中国石油大庆油田有限责任公司质量节能部	副处长/高级工程师	2003年
32	蒲镇东	委员	中国石油西部管道分公司生产运行处	科长/经济师	2014年

续表

序号	姓　名	委员会职务	工作单位	职务/职称	加入委员会时间
33	曲江涛	委员	中国石油天然气股份有限公司新疆油田分公司质量设备节能处	副处长/高级工程师	2016年
34	石　健	委员	中国石化江苏油田分公司技术监督处	处长/高级经济师	2014年
35	宋　鑫	委员	中国石化胜利石油管理局技术监督处	副处长/高级工程师	2014年
36	谭　宁	委员	中国石油化工股份有限公司油田勘探开发事业部安全环保处	业务主管/高级工程师	2007年
37	谭海涛	委员	中国海洋石油总公司质量健康安全环保部环保和节能减排处	副处长/高级工程师	2016年
38	王　斌	委员	中国石化华北分公司生产运行处	处长/高级工程师	2011年
39	王　东	委员	中国石油天然气集团公司东北油田节能监测中心	副主任/高级工程师	2012年
40	王贵生	委员	中国石化节能监测中心	站长/高级工程师	2013年
41	王海东	委员	中国石油天然气股份有限公司管道分公司生产运行处	科长/高级工程师	2016年
42	王计平	委员	中国石油天然气集团公司工程技术分公司质量安全环保处	副处长/高级工程师	2011年
43	王鹏飞	委员	中国石油天然气股份有限公司天然气与管道分公司油气调运处	副处长/高级经济师	2014年
44	王学文	委员	中国石油天然气集团公司质量安全环保部	副总工程师/副教授	2002年
45	魏云峰	委员	中国石油天然气股份有限公司塔里木油田分公司	安全副总监/教授级高级工程师	2011年
46	吴　戎	委员	中国石油天然气股份有限公司西南油气田分公司质量安全环保处	科长/高级工程师	2015年
47	吴振东	委员	中国石化西北油田分公司生产运行处	副处长/高级工程师	2014年
48	武俊宪	委员	中国石油天然气股份有限公司辽河油田分公司质量节能管理部	处长/教授级高级工程师	2011年
49	鄢明雄	委员	中国石化江汉油田分公司总调度室	副处长/高级工程师	2011年
50	杨春明	委员	中国石油大庆油田工程有限公司	总设计师/教授级高级工程师	2009年
51	杨明乾	委员	中国石化河南石油勘探局生产协调处	副处长/高级工程师	2013年
52	余绩庆	委员	中国石油规划总院节能与标准研究中心	主任/教授级高级工程师	2003年
53	张俊峰	委员	中国海洋石油总公司质量健康安全环保部环保和节能减排处	节能高级主管/高级工程师	2016年
54	张彦虎	委员	中国石化西南油气分公司生产运行处	科长/工程师	2011年
55	张益民	委员	中国石油化工股份有限公司科技部技术监督处	处长/高级工程师	2005年
56	赵国星	委员	中国石油天然气股份有限公司管道科技研究中心	所长/高级工程师	2002年
57	郑宏伟	委员	中国石油西气东输管道公司生产运行处	副处长/高级工程师	2014年

表 8-2 节能专标委顾问

序号	姓名	委员会职务	聘任时间	工作单位	职务/职称	备注
1	俞伯炎	顾问	2014	原中国石油天然气集团公司质量安全与环保部	教授级高级工程师	1997—2000年任节能专标委主任委员
2	李克明	顾问	2014	原中国石油化工股份有限公司油田勘探开发事业部	教授级高级工程师	2001—2004年任节能专标委副主任委员
3	吴照云	顾问	2014	东北石油大学	研究员	1997—2012年任节能专标委副主任委员兼秘书长
4	李爱仙	顾问	2014	中国标准化研究院	副院长/总工程师/研究员	2006—2013年任节能专标委委员

表 8-3 节能专标委观察员

序号	姓名	委员会职务	工作单位	职务/职称	加入委员会时间
1	陈勇	观察员	中国石油天然气股份有限公司玉门油田分公司规划计划处	主管/高级经济师	2015年
2	蒋宜春	观察员	中国石油天然气股份有限公司华北油田分公司生产运行处	高级工程师	2013年
3	雷钧	观察员	中国石油天然气股份有限公司长庆油田分公司技术监测中心	站长/高级工程师	2011年
4	李晨亮	观察员	北京时代博诚能源科技有限公司	董事长/高级工程师	2013年
5	廉守军	观察员	中国石油天然气集团公司节能技术监测评价中心	主任/高级工程师	2013年
6	王晞	观察员	中国石油天然气股份有限公司大港油田分公司节能监测站	站长/高级工程师	1998年
7	王林平	观察员	中国石油天然气股份有限公司长庆油田分公司油气工艺研究院节能室	主任/高级工程师	2011年
8	赵凯	观察员	中国循环经济协会	副会长兼秘书长/高级工程师	1998年
9	赵东红	观察员	深圳市吉庆电子有限公司	董事长	2012年

2）节能专标委突出贡献专家介绍

（1）俞伯炎教授级高级工程师介绍。

俞伯炎于1996年至1997年9月任石油工业节能专业标准化工作组组长，1997年10月至2001年5月任石油工业节能专业标准化技术委员会第一届委员会主任委员，是石油工业节能标准化工作的奠基人之一，主要贡献如下：

①组织制定了首个石油工业节能标准化体系表，使节能标准化工作纳入正规渠道。

表 8-4 节能专标委历年组织机构及委员人数

年份	主任委员	副主任委员	秘书长	副秘书长	委员人数
1997	俞伯炎（1997.10 任职）	吴照云（1997.10 任职）、刘元虎（1997.10 任职）	吴照云（1997.10 任职）	孙德刚（1997.10 任职）	34
1998	俞伯炎	吴照云、刘元虎	吴照云	孙德刚	34
1999	俞伯炎	吴照云、刘元虎	吴照云	孙德刚	34
2000	俞伯炎	吴照云、刘元虎	吴照云	孙德刚	34
2001	俞伯炎（任职至 2001.5）、周抚生（2001.5 任职）	吴照云、刘元虎（任职至 2001.5）、黄飞（2001.5 任职）、李克明（2001.5 任职）、刘喜传（2001.5 任职）	吴照云	孙德刚、王学文（2001.5 任职）、隋新华（2001.5 任职）	41
2002	周抚生	吴照云、黄飞、李克明、刘喜传	吴照云	孙德刚、王学文、隋新华	41
2003	周抚生	吴照云、黄飞、李克明、刘喜传	吴照云	孙德刚、王学文、隋新华	44
2004	周抚生	吴照云、黄飞、李克明、刘喜传（任职至 2004.10）、左柯庆（2004.10 任职）	吴照云	孙德刚、王学文、隋新华	44
2005	周抚生（任职至 2005.10）、杨果（2005.10 任职）	吴照云、黄飞、李克明、左柯庆（任职至 2005.10）、石兴春（2005.10 任职）、董伟良（2005.10 任职）	吴照云	孙德刚、王学文、隋新华（任职至 2005.10）、姚江（2005.10 任职）、邢公（2005.10 任职）	45
2006	杨果	吴照云、黄飞、石兴春、董伟良	吴照云	孙德刚、王学文、姚江、邢公	45

续表

年份	主任委员	副主任委员	秘书长	副秘书长	委员人数
2007	杨果（任职至2007.9）、黄飞（2007.9任职）	吴照云、黄飞（任职至2007.9）、石兴春、董伟良	吴照云	孙德刚（任职至2007.9）、王学文（任职至2007.9）、姚江、李武斌（2007.9任职）、邢公、陈玲（2007.9任职）	45
2008	黄飞	吴照云、石兴春、董伟良	吴照云	李武斌、陈玲、邢公	45
2009	黄飞	吴照云、石兴春、董伟良	吴照云	李武斌、陈玲、邢公	45
2010	黄飞	吴照云、石兴春、董伟良	吴照云	李武斌、陈玲、邢公	45
2011	黄飞	吴照云、石兴春、董伟良	吴照云	李武斌、陈玲、邢公	45
2012	黄飞	吴照云、石兴春、董伟良、刘道安（任职至2012.2）、刘喜传（2012.2—2012.10任职）	吴照云	李武斌、陈玲、邢公（任职至2012.2）、杨勇（2012.2任职）、徐秀芬（2012.10任职）	49
2013	黄飞	吴照云、石兴春、刘喜传	吴照云（任职至2013.11）、李武斌（2013.11任职）	李武斌（任职至2013.11）、陈玲、徐秀芬	51
2014	黄飞	吴照云（任职至2014.10）、石兴春、刘喜传、李联玉（2014.11任职）	李武斌	陈玲（任职至2014.10）、徐秀芬、杨勇、黄金山（2014.10任职）	57
2015	黄飞	李联玉、刘喜传（任职至2015.8）、魏文普（2015.8任职）	李武斌	徐秀芬（任职至2015.8）、黄金山、杨勇（任职至2015.8）、朱生凤（2015.8任职）	57
2016	黄飞	李联玉、魏文普	李武斌	徐秀芬、黄金山、朱生凤	57

20世纪80年代到90年代初期,石油工业尚无专业的节能专业标准化组织,当时主要是依靠有关的专标委协助开展工作。随着节能工作的逐步深入,在节能管理、节能设计、节能监测等领域越来越需要节能标准的支持,迫切需要改变零打碎敲的局面,把节能标准制修订工作纳入正规渠道,加大节能标准的制修订力度。1995年,时任中国石油天然气总公司节能处处长的俞伯炎根据石油工业标准化委员会部署,负责编制石油工业标准体系中节能标准体系部分。通过组织油田和有关院校认真研讨,从节能工作的实际出发,制定了由节能基础管理、节能设计、节能监测、节能经济评价等4个门类24项标准构成的石油工业节能标准体系表,并成为《石油工业标准体系(第三版)》的一个组成部分。这是石油工业节能标准第一个体系表,使节能标准的制修订工作步入了统筹考虑,有计划实施的状态。后来节能标准体系几经修订,但基本框架一直沿用至今。

②组织建立节能专业标准化工作组,扭转了节能标准制修订工作的被动局面。

原来依靠相关专标委制定节能标准的做法已经远远不能适应节能工作深入开展对节能标准的需求,在主管部门的支持下,经过提出申请和石油工业标准化技术委员会批准,于1996年成立石油工业节能专业标准化工作组(简称"节能工作组"),承担石油天然气工业上游领域(油气田和油气输送管道)节能行业标准的制修订工作,由俞伯炎任节能工作组组长,节能工作组办事机构设在当时中国石油天然气总公司技术监督与安全环保局节能处。

节能工作组成立后,首先归口管理了原来依附于相关专标委的行业节能标准,包括:油田集输系统、油田注水地面系统、机械采油井系统效率测试和计算方法,油田原油损耗测试方法,气田地面工程、油田地面工程节能设计规定和加热炉热工测定等8项节能测试和节能设计标准;同时,按照节能标准体系的全面规划,发挥节能工作组的主观能动作用,积极组织节能标准的起草、修订、审查、申报和宣贯等一系列的工作,在节能工作组成立后的1年多时间里就组织完成了6项节能标准的制修订任务。节能标准化工作有了明显的起色。

③组织成立节能专业标准化技术委员会,初步建立石油工业节能标准体系。

由于节能标准化工作量大,节能工作组的组织形式也不能适应节能标准化工作发展的需要,经提出申请,石油工业标准化技术委员会批准,并通过一系列筹备工作,于1997年10月成立石油工业节能专业标准化技术委员会(简称"节能专标委")。这是石油工业节能标准化工作史上的一件大事。

俞伯炎被选为第一届节能专标委主任,刘元虎、吴照云为副主任,吴照云兼任秘书长,孙德刚为副秘书长。秘书处设在中国石油天然气总公司石油工程节能技术研究开发中心(该中心设在大庆石油学院)。

节能专标委成立后,紧接着组织对节能专标委委员和有关人员共40多人进行了节能标准化知识的培训,颁发了证书,为节能标准的制修订工作打下良好基础。

节能专标委的成立,理顺了节能标准化的工作关系,发挥了节能主管部门和有关单位的积极性,通过委员加强了与各石油企业的联系,节能行业标准的制修订工作走上了快车道。通过秘书处和有关人员的努力,到2000年底,由石油工业节能专标委归口的标准已达19项,其中节能基础管理标准4项,节能设计标准3项,节能测试、监测标准10项,节能经济运行标准2项。初步建立起石油工业节能标准体系，这些标准的贯彻实施为节能工作的深入开展提供了有力的技术保障和促进作用。

为了适应石油节能工作发展的需要，进一步提高石油工业节能标准化水平，节能专标委组织节能中心和有关专家开展了国内外节能标准调研，对照美国、日本、俄罗斯和欧盟的节能（能效）标准和我国的节能标准进行分析，对下一步提升石油工业节能标准化工作水平提出了建议。

④发挥余能，继续关心和支持石油工业节能标准化工作。

因为年龄关系，2001年5月换届成立第二届石油工业节能专标委后俞伯炎不再担任节能专标委领导工作，但一直应邀参加节能专标委的有关活动，包括标准制修订技术问题的研讨、标准的审查等。俞伯炎对每一个标准的"征求意见稿"都仔细审阅，提出修改意见；每次标准审查会几乎都担任组长工作，认真总结归纳大家的意见，努力取得共识；在标准化工作发展方面，提出了整合测试标准和经济运行标准、加强标准前期研究、提高标准科学性、实用性方面的建议，都得到了采纳和实施。与此同时，俞伯炎还代表节能专标委参与国家能源标准的研究和编制，主要有GB/T 14909—2005《能量系统 分析技术导则》、GB/T 23331—2009《能源管理体系 要求》等，扩大了节能专标委的影响，赢得了声誉。

由于健康的原因，为不给组织上带来麻烦，2014年初俞伯炎主动提出辞去所有工作，不再参加有关会议、活动。经节能专标委挽留，俞伯炎仍然接受节能专标委聘请其为"顾问专家"，继续为节能专标委献计献策。

俞伯炎在石油工业节能标准化方面所做的开创性工作，为石油工业节能专标委的成长奠定了良好基础。俞伯炎长期对节能专标委工作的关心、支持也为石油工业节能专标委的发展增添了智慧和力量。

（2）吴照云研究员介绍。

吴照云研究员参与了石油工业节能专业标准化技术委员会（现名石油工业节能节水专业标准化技术委员会）（以下简称"节能专标委"）的筹建，节能专标委成立后任第一届、第二届和第三届副主任委员兼秘书长。任职期间主要做了以下方面的工作：

①石油工业节能节水标准体系的建立修改与完善。组织参与石油天然气行业节能节水标准体系的编制，按照国家发展清洁、绿色、低碳和循环经济，建设节约型社会的总体要求，紧密围绕石油天然气行业的节能节水工作，持续修改完善节能节水标准体系，使之结构和布局比较合理，体系表归口管理的节能节水标准项目覆盖了油气田及油气长输管道节能节水领域的主要方面，基本满足了石油天然气行业节能节水工作的需求。

②节能节水标准发展计划的编制。参与由国家标准化管理委员会组织的《2005—2007年资源节约与综合利用标准发展规划》《2008—2010年资源节约与综合利用标准发展计划》的编制工作；组织参与《石油天然气行业节能节水标准化"十二五"发展计划》的编制。通过编制具有前瞻性、导向性、针对性、可操作性为主要特征的石油天然气行业节能节水标准化计划，更好地服务于石油企业的节能节水工作，为促进石油天然气行业的低碳生产与节能减排、提高资源利用率、增强市场竞争力，建设节约型企业提供了技术保障。

③节能节水标准的制定、复审与修订。根据石油天然气行业节能节水工作需求，组织

开展制修订标准的前期研究，将成熟适用的研究成果转化为标准；及时组织复审达到标龄的标准46项；组织参与完成《石油工业用加热炉能效限定值及能效等级》《石油企业耗能用水统计指标与计算方法》《油田生产系统节能监测规范》《油气田企业节能量与节水量计算方法》等节能节水国家和行业标准制修订项目67项。这些标准的内容涵盖了节能节水基础、设计节能与节水、节能节水量计算与评价、节能测试与节能监测、生产系统与主要耗能设备的经济运行等各个方面，与石油天然气生产经营业务关系密切，为深入开展石油天然气行业节能节水工作起到了重要的基础保障作用。

④标准编写人员的培训。为提高标准起草人员编写标准的能力，结合标准制修订过程中经常遇到的实际问题，编写 GB/1.1 和标准制修订程序的培训教材，多次组织标准起草人员和审查人员的标准化培训，使培训人员对标准起草的标准化知识运用有更加深入的理解，标准编写与审查水平得到提升，为保证节能专标委归口管理标准的质量打下基础。

⑤石油企业节能节水标准化工作的参与。利用节能专标委在节能节水标准化方面的信息优势，协助中国石油、中国石化和中国海油等石油企业开展节能节水标准化工作，除了节能标准化的培训，还参与了集团公司和中国海洋石油总公司的节能标准体系研究、节能标准体系表的编制，参与了《炼油化工生产装置工程设计节水技术规定》《能源消耗统计指标与计算方法》节能节水标准的编制与审查。

3）节能专标委工作机制

自 1997 年成立以来，节能专标委认真贯彻落实石油工业标准化技术委员会（以下简称油标委）的工作部署和要求，结合我国石油天然气工业节能节水工作需要，按照"积极稳健、严谨务实、民主高效"的工作方针，开展各项标准化活动，圆满完成了各项工作任务，取得了明显成效，对促进我国石油天然气工业绿色、低碳、可持续发展发挥了重要作用。

节能专标委作为油标委的下属专业标准化组织，严格按照《石油工业标准化技术委员会章程》《石油工业标准化技术委员会专业标准化技术委员会工作规则》等规定，开展标准化活动，并在此基础上不断完善，形成适合节能节水工作特点的工作机制。

一是坚持委员动态调整制。节能专标委坚持对委员进行动态调整。针对各石油企业由于机构改革和重组整合，一些委员的工作发生变动，或者离开节能节水工作岗位，或者有些委员由于各种原因不能正常履行委员义务等情况，节能专标委及时向有关方面提出调整委员的建议，及时吸纳热爱、关心、支持和从事节能标准化工作，又具有丰富专业知识的工程技术人员和管理人员成为节能专标委委员。2010—2015 年间，共调整委员 110 人次。通过委员的动态调整，节能专标委及时补充了新的技术力量，为节能节水标准化工作的有效开展奠定了良好基础。

二是坚持年会轮流承办制。自成立以来，节能专标委坚持每年召开一次年会。在年会上审查一批标准项目提案（包括标准的前期研究项目），表决一批标准，举办一期讲座，调整部分委员。从 2010 年开始，节能专标委年会由各石油企业轮流承办。2010—2015 年，中国石油大庆油田、长庆油田和辽河油田以及中国海油天津分公司、中国石化华北油气分公司分别承办了年会。期间，委员们参观了大庆油田采油三厂提捞式抽油机、螺杆泵采油区，长庆油田采气二厂、集气站风力发电装置，辽河油田水平井蒸汽辅助重力泄油

(SAGD)试验区，塘沽海洋石油工程制造基地和中国海洋石油总公司节能减排监测中心，中国石化地热资源综合利用项目等。通过参观学习，使委员们开阔了视野，了解了节能新技术、新理念，达到了互相交流学习，共同提高的目的。

三是建立了标准立项的前期研究机制。为保证标准质量，在标准项目立项前，要求项目承担单位对项目进行前期研究，并把前期研究成果在年会上向各位委员汇报，请委员审查立项申请，通过委员表决的方式确定是否予以立项。

四是坚持标准计划项目审查制。每年油标委复审和标准制修订计划下达后，节能专标委都要组织召开一次标准复审和制修订会议，对纳入油标委复审计划的标准项目进行会议复审，及时把复审结论上报油标委，并根据复审结果准备下一年的计划申报工作；对纳入制修订计划的标准，由标准起草工作组和有关方面的专家一起进行认真研讨，确定标准框架、基本技术路线和方向，从而保证了标准的质量和进度。同时，对于拟申报立项的标准项目，请专家研讨，严把立项源头关。

五是坚持标准专家技术审查制。为确保标准编制的质量和水平，节能专标委坚持对所有标准送审稿的技术审查采取专家会议的形式来进行。对于一些重要的标准，在征求意见阶段，根据需要进行专家会议讨论，即做一次初审，待完成送审稿后，再进行专家技术审查。在条件允许的情况下，重要的标准还采用会议的形式征求意见。

近几年来，节能专标委通过不断完善工作机制，进一步规范了工作程序，提高了工作效率，保证了标准的编写质量和技术水平。

4）获奖和表彰情况

自1997年成立以来，节能专标委多次获得油标委的表彰。

节能专标委被评为"十二五"期间先进专业标准化技术委员会。

自2002年油标委开始评选先进专标委秘书处以来，节能专标委秘书处已连续13年被评为先进专标委秘书处。

邓晓辉、谭宁、陈由旺和徐秀芬4位委员被授予"十二五"期间先进标准化工作者称号。

常振武、李忠涛、杨春明和余绩庆4位委员被授予石油天然气标准化工作突出贡献者称号。

SY/T 6331—2013《气田地面工程设计节能技术规范》、SY/T 6838—2011《油气田企业节能量与节水量计算方法》等两项标准被授予"十二五"期间石油工业优秀标准称号。

SY/T 6331—2013《气田地面工程设计节能技术规范》标准起草单位为：中国石油集团工程设计有限责任公司西南分公司、西安长庆科技工程有限责任公司、中油辽河工程有限公司、中国石化胜利油田设计院。

主要起草人为：肖秋涛、汤晓勇、刘家洪、沈泽民、陈玉梅、陈运强、童富良、黄静、谌天兵、傅贺平、刘文伟、郑欣、陆永康、卢任务、李巧、刘棋、陈静、李爽、王登海。

SY/T 6838—2011《油气田企业节能量与节水量计算方法》起草单位为：中国石油天然气集团公司节能技术研究中心、中国石油天然气集团公司质量管理与节能部、中国石油化工股份有限公司油田勘探开发事业部、中国海洋石油总公司计划部、中国石油大庆油田有限责任公司、中国石油天然气股份有限公司辽河油田分公司、中国石油化工股份有限公司胜利油田分公司、中国石油天然气股份有限公司西南油气田分公司、中国石油新疆油田分公司、中国石油化工股份有限公司河南油田分公司。

主要起草人为：余绩庆、林冉、黄飞、谭宁、杨勇、陈由旺、刘博、穆剑、毛国成、胡伟、张强、戴忠、衣怀峰、于传聚。

2014年，节能专标委对突出贡献专家、优秀专标委委员、观察员、优秀标准起草人、优秀标准等进行了表彰。

突出贡献专家（共2人）：

俞伯炎　吴照云

优秀委员（共12人）：

王　东　王春荣　毛国成　邓晓辉　刘艳武　李克强　陆克山　陈由旺
梁士军　梁惠勳　葛苏鞍　谭　宁

优秀观察员（共3人）：

王林平　赵　凯　廉守军

优秀标准起草人（共15人）：

叶德丰　成庆林　江　丽　汤晓勇　孙德刚　杨良杰　杨春明　肖秋涛
何绍军　余绩庆　林　冉　宫德河　徐秀芬　梁士军　廉守军

优秀标准（共6项）：

SY/T 5264—2012《油田生产系统能耗测试和计算方法》

SY/T 6275—2007《油田生产系统节能监测规范》

SY/T 6331—2013《气田地面工程设计节能技术规范》

SY/T 6393—2008《输油管道工程设计节能技术规范》

SY/T 6768—2009《油气田地面工程项目可行性研究及初步设计节能节水篇（章）编写通则》

SY/T 6838—2011《油气田企业节能量与节水量计算方法》

2. SAC/TC20

全国能源基础与管理标准化技术委员会（SAC/TC20）是从事全国节能和通用性、基础性、综合性能源标准化的技术工作组织，是全国专业标准化技术委员会（SAC）在能源基础与管理方面的专业标准化技术委员会。

全国能源基础与管理标准化技术委员会（以下简称"全国能标委"）成立于1981年5月，主要负责节能以及能源方面的通用性、综合性的基础和管理等专业领域标准的制修订及标准化技术归口工作，全国能标委的秘书处设于中国标准化研究院。全国能标委的委员主要来自政府能源管理部门、行业协会、科研院所、高等院校、生产企业及其他相关单位。全国能标委共下设8个分技术委员会：能源管理（SAC/TC20/SC3）、合理用电（SAC/TC20/SC4）、省能材料应用技术（SAC/TC20/SC5）、新能源和可再生能源（SAC/TC20/SC6）、林业能源管理（SAC/TC20/SC7）、节能技术与信息（SAC/TC20/SC8）、节能检测（SAC/TC20/SC9）、建材行业能源管理（SAC/TC20/SC10）。

全国能标委自成立以来，共组织制修订了200余项国家标准，主要包括强制性终端用能产品能效标准、强制性单位产品能耗限额标准以及节能监测、经济运行、能源计量器具配备和管理、节能量计算等方面的标准。其中，能源基础、管理及节能标准130余项，覆盖了几乎所有的节能和能源工作领域，基本建立起了节能与综合性能源标准化体系的框架，为全面提高中国的能源科学管理水平、促进全社会节能降耗、提高经济效益和环保效益发挥了重要作用。

二、石油工业节能节水标准

1. 石油工业节能节水标准体系（2016年版）

标准体系表包括编制说明、标准体系结构图、标准明细表和标准统计表。

1）编制说明

石油工业节能节水专业标准体系表按照GB/T 13016《标准体系表编制原则和要求》编制。纳入标准体系表的标准39项，36项为石油工业节能节水专业标准化技术委员会归口，3项为全国能源基础与管理标准化技术委员会（SAC/TC20）与石油工业节能节水专业标准化技术委员会共同归口管理。这些标准主要覆盖了石油工业节能节水通用基础、节能节水设计、节能节水测试、节能监测、经济运行、节能节水综合管理等方面。

目前，石油工业节能节水标准体系的结构和布局比较合理，标准覆盖了油气田及油气输送管道节能节水领域的主要方面，基本能够满足石油天然气行业节能节水工作的需求，标准子体系之间以及标准之间的覆盖范围、适用范围相互之间没有交叉重复现象，基本是协调的。其中：

（1）节能节水设计标准涵盖了油田、气田、输油管道、输气管道和地下储气库等方面，对这些领域工程设计过程中的节能节水作了要求和规定，为从源头抓好节能节水工作提供了技术支撑；

（2）节能节水测试标准涵盖了油气田生产和油气管道输送的主要耗能和用水系统或设备的测试和计算，为规范和指导石油工业上游领域生产系统的节能节水测试和计算提供了技术保障；

（3）节能节水监测标准涵盖了油气田生产和油气输送管道系统与主要用能设备的节能监测与评价；

（4）经济运行标准涵盖了油田注水、机械采油、天然气、天然气输送管道、输油管道、油气田电网等生产系统的节能运行管理；

（5）节能节水综合管理标准涵盖了石油企业合理用能、节能项目经济评价、油田生产能耗定额编制、石油企业耗能用水统计与计算等方面的方法、规定与要求。

2）标准体系结构

节能节水标准体系整体分为两个层次。

第一层次：通用基础标准（1项）和专业门类标准（5个门类：节能节水设计、节能节水测试、节能监测、经济运行、节能节水综合管理）。

第二层次：相关技术标准。

具体的标准体系结构图如图 8-1 所示。

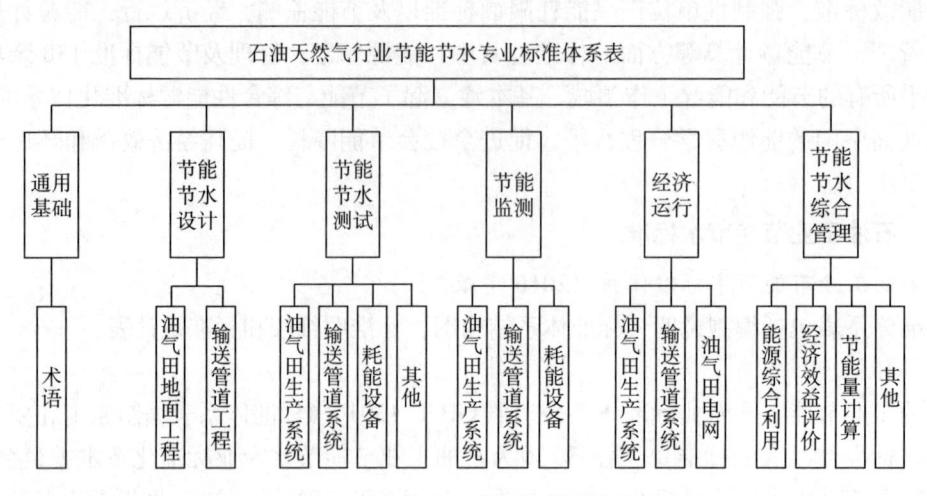

图 8-1 节能节水专业标准体系结构图

3）标准明细表

2016 年版石油工业节能节水专业标准体系表见表 8-5。

表 8-5 2016 年版石油工业节能节水专业标准体系表

门类	序号	标准编号	标准名称	第一起草单位	所归口的标准化技术委员	历次版本发布情况
通用基础	1	SY/T 6269—2010	石油企业常用节能节水词汇	东北石油大学	节能专标委	SY/T 6269—1996 SY/T 6269—2004 SY/T 6269—2010
节能节水设计	2	SY/T 6420—2016	油田地面工程设计节能技术规范	大庆油田工程有限公司	节能专标委	SYJ 44—1990 SY/T 6420—1999 SY/T 6420—2008 SY/T 6420—2016
节能节水设计	3	SY/T 6331—2013	气田地面工程设计节能技术规范	中国石油集团工程设计有限责任公司西南分公司	节能专标委	SYJ 34—1990 SY/T 6331—1997 SY/T 6331—2007 SY/T 6331—2013
节能节水设计	4	SY/T 6393—2016	输油管道工程设计节能技术规范	中国石油天然气管道工程有限公司	节能专标委	SYJ 35—1990 SY/T 6393—1999 SY/T 6393—2008 SY/T 6393—2016
节能节水设计	5	SY/T 6638—2012	天然气输送管道和地下储气库工程设计节能技术规范	中国石油天然气管道工程有限公司天津分公司	节能专标委	SY/T 6638—2005 SY/T 6638—2012
节能节水设计	6	SY/T 6768—2009	油气田地面工程项目可行性研究及初步设计节能节水篇（章）编写通则	大庆油田工程有限公司	节能专标委	SY/T 6768—2009

续表

门类	序号	标准编号	标准名称	第一起草单位	所归口的标准化技术委员	历次版本发布情况
节能节水测试	7	GB/T 33653—2017	油田生产系统能耗测试和计算方法	东北石油大学	全国能源基础与管理标准化技术委员会、节能专标委	
	8	GB/T 33754—2017	气田生产系统能耗测试和计算方法	中国石油化工股份有限公司中原油田分公司技术监测中心	全国能源基础与管理标准化技术委员会、节能专标委	
	9	SY/T 6066—2012	原油输送管道系统能耗测试和计算方法	中国石油管道分公司管道科技研究中心	节能专标委	SY/T 6066—1994 SY/T 6066—2003 SY/T 6066—2012
	10	SY/T 6637—2012	天然气输送管道系统能耗测试和计算方法	中国石油管道分公司管道科技研究中心	节能专标委	SY/T 6637—2005 SY/T 6637—2012
	11	SY/T 5268—2012	油气田电网线损率测试和计算方法	东北石油大学	节能专标委	SY/T 5268—1991 SY/T 5268—1996 SY/T 5268—2006 SY/T 5268—2012
	12	SY/T 6381—2016	石油工业用加热炉热工测定	中国石油天然气集团公司节能技术监测评价中心	节能专标委	SY 7505—1987 SY/T 6381—1998 SY/T 6381—2008 SY/T 6381—2016
	13		加气站（CNG、LNG）耗能设备能耗测试与计算方法（尚未制定）	中国石油管道分公司管道科技研究中心	节能专标委	
	14	SY/T 6834—2017	石油企业用变频调速拖动系统节能测试方法与评价指标	中国石油天然气集团公司西北油田节能监测中心	节能专标委	SY/T 6834—2011 SY/T 6834—2017
	15	SY/T 6422—2016	石油企业用节能产品节能效果测定	中国石油天然气集团公司节能技术监测评价中心	节能专标委	SY/T 6422—1999 SY/T 6422—2008 SY/T 6422—2016
	16	SY/T 6767—2016	石油企业余热资源量测试与计算规范	东北石油大学	节能专标委	SY/T 6767—2009 SY/T 6767—2016
	17	SY/T 6234—2010	埋地输油管道总传热系数的测定	中国石油管道分公司管道科技研究中心	节能专标委	SY/T 6234—1996 SY/T 6234—2003 SY/T 6234—2010
	18	SY/T 5267—2009	油田原油损耗的测定	大庆油田工程有限公司	节能专标委	SY/T 5267—1991 SY/T 5267—2000 SY/T 5267—2009
	19	GB/T 31457—2015	油田生产系统水平衡测试和计算方法	中国石油天然气集团公司西北油田节能监测中心	节能专标委	GB/T 31457—2015

续表

门类	序号	标准编号	标准名称	第一起草单位	所归口的标准化技术委员	历次版本发布情况
节能监测	20	GB/T 31453—2015	油田生产系统节能监测规范	中国石油天然气集团公司节能技术监测评价中心	节能专标委	GB/T 31453—2015
	21	SY/T 7319—2016	气田生产系统节能监测规范	中国石油化工股份有限公司中原油田分公司技术监测中心	节能专标委	SY/T7319—2016
	22	SY/T 6953—2013	海上油气田节能监测规范	中国海洋石油总公司节能减排监测中心	节能专标委	SY/T 6953—2013
	23	GB/T 34165—2017	油气输送管道系统节能监测规范	中国石油管道分公司管道科技研究中心	节能专标委	
	24	SY/T 6835—2017	油田热采注汽系统节能监测规范	中国石油天然气股份有限公司油田节能监测中心	节能专标委	SY/T 6835—2011 SY/T 6835—2017
经济运行	25	SY/T 6569—2017	油气田生产系统经济运行规范 注水系统	东北石油大学	节能专标委	SY/T 6569—2003 SY/T 6569—2010 SY/T 6569—2017
	26	SY/T 6374—2016	机械采油系统经济运行规范	东北石油大学	节能专标委	SY/T 6374—1998 SY/T 6374—2008 SY/T 6374—2016
	27	SY/T 6836—2011	天然气净化装置经济运行规范	中国石油天然气股份有限公司西南油气田分公司	节能专标委	SY/T 6836—2011
	28	SY/T 6723—2014	输油管道系统经济运行规范	中国石油天然气股份有限公司管道分公司	节能专标委	SY/T 6723—2008 SY/T 6723—2014
	29	SY/T 6567—2016	天然气输送管道系统经济运行规范	中国石油天然气股份有限公司北京油气调控中心	节能专标委	SY/T 6567—2003 SY/T 6567—2010 SY/T 6567—2016
	30	SY/T 6373—2016	油气田电网经济运行规范	东北石油大学	节能专标委	SY/T 6373—1998 SY/T 6373—2008 SY/T 6373—2016
	31	SY/T 6833—2011	CNG加气站经济运行规范	中国石油天然气股份有限公司西南油气田分公司	节能专标委	SY/T 6833—2011
节能节水综合管理	32	SY/T 6375—2014	油气田与油气输送管道企业能源综合利用技术导则	东北石油大学	节能专标委	SY/T 6375—1998 SY/T 6375—2008 SY/T 6375—2014

续表

门类	序号	标准编号	标准名称	第一起草单位	所归口的标准化技术委员	历次版本发布情况
节能节水综合管理	33	SY/T 6473—2009	石油企业节能技措项目经济效益评价方法	中国石油天然气股份有限公司规划总院	节能专标委	SY/T 6473—2000 SY/T 6473—2009
	34	SY/T 6472—2010	油田生产主要能耗定额编制方法	中国石油天然气股份有限公司节能技术研究中心	节能专标委	SY/T 6472—2000 SY/T 6472—2010
	35	SY/T 6722—2016	石油企业耗能用水统计指标与计算方法	中国石油天然气集团公司规划总院	节能专标委	SY/T 6722—2008 SY/T 6722—2016
	36	GB 35578—2017	油田企业节能量计算方法	中国石油天然气集团公司规划总院	全国能源基础与管理标准化技术委员会、节能专标委	
	37	SY/T 6838—2011	油气田企业节能量与节水量计算方法	中国石油天然气集团公司节能技术研究中心	节能专标委	SY/T 6838—2011
	38	SY/T 7066—2016	气田节能量计算方法	中国石油天然气股份有限公司西南油气田分公司	节能专标委	SY/T 7066—2016
	39	SY/T 7371—2017	石油钻井合理利用网电技术导则	中国石油化工股份有限公司西南油气分公司	节能专标委	SY/T 7371—2017

4）标准统计表

2016年版石油工业节能节水专业标准统计表见表8-6。

表8-6　2016年版石油工业节能节水专业标准统计表

标准类别	应有标准数	现有标准数	标准覆盖率（现有/应有）(%)
国家标准	6	5	83.3
行业标准	33	32	97.0
共计	39	37	94.9
基础通用标准	1	1	100
方法标准	38	36	94.7
共计	39	37	94.9

2. 现行标准目录

石油工业现行节能节水标准列于表8-7。

表 8-7　石油工业现行节能节水标准

门类	序号	标准编号	标准名称	所归口的标准化技术委员
通用基础	1	SY/T 6269—2010	石油企业常用节能节水词汇	节能专标委
节能节水设计	2	SY/T 6420—2016	油田地面工程设计节能技术规范	节能专标委
	3	SY/T 6331—2013	气田地面工程设计节能技术规范	节能专标委
	4	SY/T 6393—2016	输油管道工程设计节能技术规范	节能专标委
	5	SY/T 6638—2012	天然气输送管道和地下储气库工程设计节能技术规范	节能专标委
	6	SY/T 6768—2009	油气田地面工程项目可行性研究及初步设计节能节水篇（章）编写通则	节能专标委
节能节水测试	7	SY/T 6066—2012	原油输送管道系统能耗测试和计算方法	节能专标委
	8	SY/T 6637—2012	天然气输送管道系统能耗测试和计算方法	节能专标委
	9	SY/T 5268—2012	油气田电网线损率测试和计算方法	节能专标委
	10	SY/T 6381—2016	石油工业用加热炉热工测定	节能专标委
	11	SY/T 6834—2017	石油企业用变频调速拖动系统节能测试方法与评价指标	节能专标委
	12	SY/T 6422—2016	石油企业用节能产品节能效果测定	节能专标委
	13	SY/T 6767—2016	石油企业余热资源量测试与计算规范	节能专标委
	14	SY/T 6234—2010	埋地输油管道总传热系数的测定	节能专标委
	15	SY/T 5267—2009	油田原油损耗的测定	节能专标委
	16	GB/T 31457—2015	油田生产系统水平衡测试和计算方法	节能专标委
	17	GB/T 33653—2017	油田生产系统能耗测试和计算方法	全国能源基础与管理标准化技术委员会、节能专标委
	18	GB/T 33754—2017	气田生产系统能耗测试和计算方法	全国能源基础与管理标准化技术委员会、节能专标委
节能监测	19	GB/T 31453—2015	油田生产系统节能监测规范	节能专标委
	20	GB/T 34165—2017	油气输送管道系统节能监测规范	节能专标委
	21	SY/T 7319—2016	气田生产系统节能监测规范	节能专标委
	22	SY/T 6953—2013	海上油气田节能监测规范	节能专标委
	23	SY/T 6835—2011	稠油热采蒸汽发生器节能监测规范	节能专标委
经济运行	24	SY/T 6569—2010	油田注水系统经济运行规范	节能专标委
	25	SY/T 6374—2016	机械采油系统经济运行规范	节能专标委
	26	SY/T 6836—2011	天然气净化装置经济运行规范	节能专标委
	27	SY/T 6723—2014	输油管道系统经济运行规范	节能专标委
	28	SY/T 6567—2016	天然气输送管道系统经济运行规范	节能专标委
	29	SY/T 6373—2016	油气田电网经济运行规范	节能专标委
	30	SY/T 6833—2011	CNG 加气站经济运行规范	节能专标委

续表

门类	序号	标准编号	标准名称	所归口的标准化技术委员
节能节水综合管理	31	SY/T 6375—2014	油气田与油气输送管道企业能源综合利用技术导则	节能专标委
	32	SY/T 6473—2009	石油企业节能技措项目经济效益评价方法	节能专标委
	33	SY/T 6472—2010	油田生产主要能耗定额编制方法	节能专标委
	34	SY/T 6722—2016	石油企业耗能用水统计指标与计算方法	节能专标委
	35	SY/T 6838—2011	油气田企业节能量与节水量计算方法	节能专标委
	36	SY/T 7066—2016	气田节能量计算方法	节能专标委
	37	SY/T 7371—2017	石油钻井合理利用网电技术导则	节能专标委

3. 重点标准介绍

1) SY/T 6269—2010《石油企业常用节能节水词汇》

该标准于 2010 年 8 月 27 日发布，2010 年 12 月 15 日实施。

标准界定了石油企业常用的节能节水术语及其定义。适用于油气田、油气长输管道及其他石油企业的节能节水管理。

该标准第 1 版于 1996 年发布。已经过两次修订（2004 年版、2010 年版）。与上一版本相比，主要技术内容变化如下：增加了 21 个、删去了 3 个节能术语和定义；增加了 22 个、删去了 1 个节水术语和定义；增加了有关石油企业节水综合管理的术语。

该标准起草单位：东北石油大学、中国石油天然气股份有限公司节能技术研究中心、中国石油天然气集团公司质量管理与节能部、中国石油化工股份有限公司油田勘探开发事业部、中国海洋石油总公司计划部、中国石油天然气股份有限公司勘探与生产分公司、中国石油天然气股份有限公司天然气与管道分公司、中国石油天然气股份有限公司北京油气调控中心。

该标准主要起草人：成庆林、李武斌、杨勇、马建国、余绩庆、谭宁、管维均、刘冰。

2) SY/T 6420—2016《油田地面工程设计节能技术规范》

该标准于 2016 年 1 月 7 日发布，2016 年 6 月 1 日实施。

该标准规定了陆上油田新建油气集输、注水、注汽、采出水处理和有关公用工程设计节能技术要求，包括降低能源消耗和减少油气损耗两个方面。该标准适用于陆上油田地面工程的新建工程。扩建工程、改建工程、滩海陆采油田、海上油田陆岸终端可参照执行。

该标准第 1 版于 1990 年发布，经过 3 次修订（1999 年版、2008 年版、2016 年版）。与上一版本相比，主要技术内容变化如下：增加了单管环状掺水集油工艺掺水控制、需要流量控制的机泵设置调速装置、对天然气为燃料的锅炉、导热油炉进行烟气余热回收等要求；修改了油气集输管道设计、加热炉采用自然通风的效率指标等要求。

该标准起草单位：大庆油田工程有限公司、中油辽河工程有限公司、中国石油天然气管道工程有限公司、中国石化石油工程设计有限公司、中国石油天然气股份有限公司北京油气调控中心。

该标准主要起草人：景志远、贾晨光、张菁、蒋新、宋成文、纪连强、赵雪峰、宫德河、杨清民、娄玉华、王愔、李刚、周立峰、刘金菊、何绍军、李德权、周长才、李敬、刘冰。

3）SY/T 6331—2013《气田地面工程设计节能技术规范》

该标准于 2013 年 11 月 28 日发布，2014 年 4 月 1 日实施。

该标准规定了陆上气田地面工程及海上气田陆上终端工程设计中采取的节能措施。该标准适用于新建、扩建和改建的陆上气田地面工程及海上气田陆上终端工程设计。

该标准第 1 版于 1990 年发布，经过 3 次修订（1997 年版、2007 年版、2013 年版）。与上一版本相比，主要技术内容变化如下：增加了集输部分相关内容，修改了处理、供电、供热、供水等部分的相关内容。

该标准起草单位：中国石油集团工程设计有限责任公司西南分公司、西安长庆科技工程有限责任公司、中油辽河工程有限公司、中国石化胜利油田设计院。

主要起草人为：肖秋涛、汤晓勇、刘家洪、沈泽民、陈玉梅、陈运强、童富良、黄静、谌天兵、傅贺平、刘文伟、郑欣、陆永康、卢任务、李巧、刘棋、陈静、李爽、王登海。

4）SY/T 6393—2016《输油管道工程设计节能技术规范》

该标准于 2016 年 1 月 7 日发布，2016 年 6 月 1 日实施。

该标准规定了输油管道工程设计的节能技术要求，包括降低能源消耗及减少油气损耗等内容。该标准适用于陆上新建、改（扩）建的原油、成品油输送管道工程。

该标准第 1 版于 1990 年发布，经过 3 次修订（1999 年版、2008 年版、2016 年版）。与上一版本相比，主要技术内容变化如下：增加了对锅炉热效率的规定、增加了能耗数据采集要求，修改了最大散热损失值等。

该标准起草单位：中国石油天然气管道工程有限公司、中油辽河工程有限公司、中国石油天然气股份有限公司北京油气调控中心、东北石油大学。

该标准主要起草人：何绍军、张文伟、高萃仙、郭磊、周长才、董昭旸、邓东花、杨德水、张春光、臧惠民、刘金菊、刘冰、成庆林、张璐莹。

5）SY/T 6638—2012《天然气输送管道和地下储气库工程设计节能技术规范》

该标准于 2012 年 8 月 23 日发布，2012 年 12 月 1 日实施。

该标准规定了天然气输送管道（以下简称"输气管道"）和地下储气库工程设计的节能技术要求。

该标准适用于天然气输送管道和地下储气库的新建、扩建和改建工程。

该标准第 1 版于 2005 年发布，经过 1 次修订（2012 年版）。与上一版本相比，主要技术变化如下：

将标准名称《天然气长输管道和地下储气库工程设计节能技术规范》改为《天然气输送管道和地下储气库工程设计节能技术规范》；增加了"输气管道和地下储气库能耗分析"一章；对输气管道和地下储气库能耗计算方法进行了规定；修改了"辅助和公用系统"，分别对供电、供水、建筑、供热、采暖通风系统的节能技术进行了规定。

该标准起草单位：中国石油天然气管道工程有限公司天津分公司、中国石油天然气股份有限公司西气东输管道分公司、北京天然气管道有限公司。

该标准主要起草人：孟凡彬、周学深、王峰、王凤田、张郁文、王东军、刘科慧、王振胜、王铁军、张志勇、齐德珍。

6）SY/T 6768—2009《油气田地面工程项目可行性研究及初步设计节能节水篇（章）编写通则》

该标准于 2009 年 12 月 31 日发布，2010 年 5 月 1 日实施。

该标准规定了陆上油气田地面工程项目可行性研究及初步设计节能节水篇（章）编写的主要内容及深度要求。

该标准适用于陆上油气田地面工程新建、改扩建项目可行性研究及初步设计节能、节水篇（章）的编写。

该标准起草单位：中国石油天然气股份有限公司大庆油田工程有限公司、中国石油集团工程设计有限责任公司西南分公司、中国石化集团中原石油勘探局勘察设计研究院。

该标准主要起草人：杨春明、宫德河、连洪江、李敏华、何玉辉、宋成文、李庆、胡静、杜树彬、李顺德、王磊、詹建东、黄巍。

7）SY/T 6066—2012《原油输送管道系统能耗测试和计算方法》

该标准于 2012 年 8 月 23 日发布，2012 年 12 月 1 日实施。

该标准规定了原油输送管道系统能耗测试和计算的要求与方法。

该标准适用于原油输送管道系统的能耗测试和计算。

该标准第 1 版于 1994 年发布，经过 2 次修订（2003 年版、2012 年版）。与上一版本相比，主要技术内容变化如下：

将标准名称《原油长输管道系统能耗测试和计算方法》改为《原油输送管道系统能耗测试和计算方法》；将术语"输油站能源效率"和"输油站平均能源效率"分别修改为"输油站能量利用率"和"输油站平均能量利用率"，并重新定义；将第 4 章"测前准备"改为"测试准备"，条文进行了补充完善；将第 6 章"测试参数及仪器设备"改为"测试项目及测试方法"，内容进行了补充完善；增加了原油输送管道系统主要耗能设备和输油站的测试项目；增加了燃料发热值和原油输送管道系统主要耗能设备的测试方法。

该标准起草单位：中国石油管道分公司管道科技研究中心、东北石油大学、中国石油管道分公司生产处、中国石油天然气股份有限公司北京油气调控中心。

该标准主要起草人：许铁、成庆林、赵国星、王春荣、赵丽英、徐秀芬、刘冰、刘国豪、许彦博、李建良、周彦霞。

8）SY/T 6637—2012《天然气输送管道系统能耗测试和计算方法》

该标准于 2012 年 8 月 23 日发布，2012 年 12 月 1 日实施。

该标准规定了天然气输送管道系统（输气管道系统）能耗测试和计算的要求与方法。

该标准适用于输气管道系统的能耗测试和计算。

该标准第 1 版于 2005 年发布，经过 1 次修订（2012 年版）。与上一版本相比，主要技术内容变化如下：

将标准名称《输气管道系统能耗测试和计算方法》改为《天然气输送管道系统能耗测

试和计算方法》；增加了"天然气输送管道系统""输气管道系统压气站平均能源利用率"和"压缩机机组效率"的定义；将压气站及压缩机组的进口温度和出口温度及各级的进口温度和出口温度的测量用仪器仪表准确度等级由"0.5"改为"0.2"；增加了"压缩比和多变指数"的计算方法；修改了"电驱动压缩机机组效率"的计算方法；删除了"压缩机组的特性曲线测试的要求"；删除了"天然气的定压比热容计算""天然气绝热指数""天然气气体常数"；删除了压气站效率计算；删除了系统效率的计算。

该标准起草单位：中国石油管道分公司管道科技研究中心、中国石油天然气股份有限公司西气东输管道（销售）公司、中国石油天然气股份有限公司北京油气调控中心。

该标准主要起草人：李建良、周书仲、刘冰、赵国星、许彦博、许铁、李睿、刘国豪、黄晓真、张鑫。

9）SY/T 5268—2012《油气田电网线损率测试和计算方法》

该标准于 2012 年 8 月 23 日发布，2012 年 12 月 1 日实施。

该标准规定了油气田电网线损率、功率因数、变压器功率损耗及负载系数测试和计算的要求与方法。

该标准适用于陆上油气田电网线损率、功率因数、变压器功率损耗及负载系数的测试和计算。

该标准不适用于油气田自备电厂、220 千伏线路的线损率测试和计算。

该标准第一版于 1991 年发布，经过 3 次修订（1996 年版、2006 年版、2012 年版）。与上一版本相比，主要技术内容变化如下：

修改了"测试方法"的部分内容；修改了"配电系统线损率的计算"；删除了"配电系统元件参数的计算"；增加了"油气田电网线损率的计算（不具备现场直接读表的配电系统）"；修改了"配电线路的导线等值电阻表（20℃）"的部分内容；增加了"油气田双绕组及三绕组变压器功率损耗的计算"；修改了"油气田电网线损率计算的软件参考框图"的部分内容。

该标准起草单位：东北石油大学、中国石油天然气集团公司节能技术监测评价中心、中国石油天然气集团公司西北油田节能监测中心、中国石油化工股份有限公司河南油田分公司。

该标准主要起草人：高丙坤、毕洪波、梁士军、王秀芳、来现林、于传聚、石元明。

10）SY/T 6381—2016《石油工业用加热炉热工测定》

该标准于 2016 年 1 月 7 日发布，2016 年 6 月 1 日实施。

该标准规定了油（气）田和油气输送管道系统加热炉热工测试方法及计算方法。

该标准适用于油（气）田和油气输送管道系统使用的以固体、液体或气体为燃料的加热炉。

该标准第 1 版于 1998 年发布，经过 2 次修订（2008 年版、2016 年版）。与上一版相比，主要技术内容变化如下：

将标准名称《加热炉热工测定》改为《石油工业用加热炉热工测定》；增加了原油在流量测量时的温度参数，并将原油在 15℃时的密度，改为原油在 20℃时的密度，与 GB/T 1885—1998《石油计量表》相统一；增加了加热炉分级测试的内容；修正了原油比热容计算公式；增加了燃料比热容、燃料物理热、加热燃料或外来热量的计算公式；对测试要求的内容进行了修改；修改了测试仪器仪表准确度要求；修改了散热损失的计算方法，规定了查表法的范围，增加了依据运行负荷计算加热炉散热损失公式。

该标准起草单位：中国石油天然气集团公司节能技术监测评价中心、东北石油大学、中国石化节能监测中心、中国海洋石油总公司节能减排监测中心、中国石油天然气集团公司西北油田节能监测中心、中国石油天然气集团公司东北油田节能监测中心、中国石油天然气集团公司管道节能监测中心。

该标准主要起草人：梁士军、廉守军、徐秀芬、杨军、葛苏鞍、王东、王贵生、李波、刘艳武、赵国星、曹莹、曲志军、刘贺飞、于鹏、张东阳。

11）SY/T 6834—2017《石油企业用变频调速拖动系统节能测试方法与评价指标》

该标准于2017年3月28日发布，2017年8月1日实施。

该标准规定了变频调速拖动系统的节能测试、评价指标和计算方法。该标准共分7章，包括范围、规范性引用文件、术语和定义、测试仪器、测试准备与要求、测试方法、评价指标与计算方法。

该标准适用于石油企业用交流电源电压10（6）千伏及以下的变频调速拖动系统的节能测试和评价。

该标准第1版于2011年发布，经过1次修订（2011年版）。与上一版本相比，主要技术内容变化如下：

将标准名称《变频调速拖动装置节能测试方法与评价指标》改为《石油企业用变频调速拖动系统节能测试方法与评价指标》；增加了术语"变频调速拖动系统""变频调速拖动系统运行效率"和"变频调速拖动系统节能率"及其定义；修改了术语"变频调速器"及其定义；删除了术语"电动机固定损耗"及其定义；修改了测点位置图；删除了电动机空载输入功率测试方法、定子电阻测试方法；增加了生产机械测试方法；将指标"功率因数"改为"变频器输入侧功率因数"；增加了"变频调速拖动系统运行效率"和"变频调速拖动系统节能率"两项评价指标及计算方法；修改了变频器效率、电动机效率、变频调速拖动装置效率的计算方法；删除了Y系列电动机有关数值；增加了变频调速拖动系统输出功率计算方法。

该标准起草单位：中国石油天然气集团公司西北油田节能监测中心、中国石化节能监测中心、东北石油大学、中国石油天然气集团公司节能技术监测评价中心、华北电力大学、中国石油天然气集团公司东北油田节能监测中心、中国海洋石油总公司节能减排监测中心、中国石油天然气股份有限公司西南油气田分公司。

该标准主要起草人：帕尔哈提·阿布都克里木、葛永广、李炜、曹莹、侯永强、廉守军、赵海森、徐秀芬、葛苏鞍、李鹏、张玉峰、刘艳武、陈燕、张雪松。

12）SY/T 6422—2016《石油企业用节能产品节能效果测定》

该标准于2016年1月7日发布，2016年6月1日实施。

该标准规定了油气田和输油（气）管道主要耗能系统（设备）应用的节能产品节能效果的测试、计算和评价方法。

该标准适用于油气田和输油（气）管道主要耗能系统（设备）应用的节能产品节能效果的测试、计算和评价。其他耗能系统（设备）应用的节能产品节能效果的测试、计算和评价可参照执行。

该标准第 1 版于 1999 年发布，经过 2 次修订（2008 年版、2016 年版）。与上一版本相比，主要技术内容变化如下：

将标准名称《石油企业节能产品节能效果测定》改为《石油企业用节能产品节能效果测定》；修改了石油企业节能产品的定义；节电率统一改为节能率；修改了机械采油系统节能产品的测试要求；增加了机械采油系统改变运行工况节能产品节能率的计算；修改了泵类系统节能产品的测试要求；增加了供配电系统变压器节能产品综合损耗下降率计算中无功经济当量的取值要求；增加了供配电系统变压器有功功率损耗、无功功率损耗的计算要求；修改了锅炉、加热炉节能产品的测试要求；"长输管道节能产品"修改为"输油（气）管道系统节能产品"；修改了输油（气）管道系统节能产品测试要求；增加了节能效果评价章节，并对评价的具体内容和方法进行了规定。

该标准起草单位：中国石油天然气集团公司节能技术监测评价中心、东北石油大学、中国石化节能监测中心、中国海洋石油总公司节能减排监测中心、中国石油天然气集团公司西北油田节能监测中心、中国石油天然气集团公司管道节能监测中心、中国石油天然气股份有限公司北京油气调控中心。

该标准主要起草人：梁士军、廉守军、徐秀芬、周胜利、李波、刘艳武、葛苏鞍、赵国星、刘冰、王业开、张强、曹莹、胡建国、张昌盛、孟欣、王兴东。

13）SY/T 6767—2016《石油企业余热资源量测试与计算规范》

该标准于 2016 年 1 月 7 日发布，2016 年 6 月 1 日实施。

该标准规定了石油企业余热资源的分类方法，余热资源量测试与计算的要求和方法。

该标准适用于有余热资源的油气生产、油气储运、工程技术等石油企业，其他石油企业可参照执行。

该标准第 1 版于 2009 年发布，经过 1 次修订（2016 年版）。与上一版本相比，主要技术内容变化如下：

根据载热体的产生来源及余热能量的属性特点将余热资源重新划分为烟气余热、产品余热、冷却介质余热及可燃废物余热等 4 类；将第 5 章"测试仪器"改为"余热资源量测试要求及方法"，条文进行了相应调整；按照重新划分的余热资源类别，修改了余热资源量的测试项目；修改了余热载体下限温度的确定方法；按照重新划分的余热资源类别，修改了余热资源量的计算公式。

该标准起草单位：东北石油大学、中国石油天然气集团公司节能技术监测评价中心、中国石油天然气集团公司东北油田节能监测中心、中国石化节能监测中心、中国石油天然气集团公司西北油田节能监测中心。

该标准主要起草人：成庆林、梁士军、王东、徐秀芬、张强、葛苏鞍、周彦霞。

14）SY/T 6234—2010《埋地输油管道总传热系数的测定》

该标准于 2010 年 8 月 27 日发布，2010 年 12 月 15 日实施。

该标准规定了测定站间、无旁路埋地输油管道总传热系数的热平衡法和导热系数法。

该标准适用于稳定运行工况下站间、无旁路埋地输油管道总传热系数的测定。

该标准第 1 版于 1996 年发布，经过 2 次修订（2003 年版、2010 年版）。与上一版本相比，主要技术内容变化如下：

对第 4 章、第 5 章的结构和内容进行了调整。修改了计算公式的表示形式，更正了公式中存在的错误；删除了附录 A 中调查项目表中的"初馏点""动力黏度"，改变了测定方法的引用标准。

该标准起草单位：中国石油天然气股份有限公司管道分公司管道科技研究中心、中国石油天然气股份有限公司管道分公司生产处。

该标准主要起草人：陈健、赵国星、李云杰、刘国豪、黄晓真、李健良、杨景丽、王立峰。

15）SY/T 5267—2009《油田原油损耗的测定》

该标准于 2009 年 12 月 31 日发布，2010 年 5 月 1 日实施。

该标准规定了油田原油损耗的定义、测试参数、测点位置、测试仪器及要求、油田气样品的选择以及测试分析方法和基本公式。

该标准适用于油田内原油损耗的测定。

该标准第 1 版于 1991 年发布，经过 2 次修订（2000 年版、2009 年版）。与上一版本相比，主要技术内容变化如下：

修改原油损耗的定义；修改测试仪器选定及准确度等级要求；增加了液面测试仪器；修改了油田气样品的采集取样方法；增加了放空气的采样方法以及污泥含油的分析方法。

该标准起草单位：中国石油大庆油田工程有限公司、中国石油规划总院节能技术研究中心、中国石油天然气集团公司西北节能监测中心、中国石化油田企业能源检测中心。

该标准主要起草人：李楠、李敬波、刘贺飞、余绩庆、葛苏鞍、戴剑飞。

16）GB/T 31457—2015《油田生产系统水平衡测试和计算方法》

该标准于 2015 年 5 月 15 日发布，2015 年 8 月 1 日实施。

该标准规定了油气田原油集输系统、注水系统、注汽系统、天然气集输系统等油气田生产系统水平衡测试和计算的方法。

该标准适用于油气田主要生产系统的水平衡测试和计算，其他生产系统可参照执行。

该标准起草单位：中国石油天然气集团公司西北油田节能监测中心、中国石油天然气集团公司管道节能监测中心、中国石油天然气集团公司节能技术监测评价中心、中国石化节能监测中心、东北石油大学、中国石油天然气股份有限公司西南油气田分公司。

该标准主要起草人：葛苏鞍、张建华、曹莹、杜文军、赵国星、梁士军、成庆林、张强、帕尔哈提·阿不都克里木、苟小静、罗丝露、王尧。

17）GB/T 33653—2017《油田生产系统能耗测试和计算方法》

该标准于 2017 年 5 月 12 日发布，2017 年 12 月 1 日实施。

该标准规定了油田生产系统中的机械采油系统、原油集输系统、注水系统、注聚合物系统、注汽系统的主要耗能设备、耗能单元以及系统的能耗测试和计算的要求及方法。该标准共分为12章，包括范围、规范性引用文件、术语和定义、测试准备、测试仪器要求、计算参数基准、机械采油系统的测试和计算、原油集输系统的测试和计算、注水系统的测试和计算、注聚系统的测试和计算、注汽系统的测试和计算、测试报告。

该标准适用于油田生产系统中的机械采油系统、原油集输系统、注水系统、注聚合物系统、注汽系统的主要耗能设备、耗能单元以及系统的能耗测试和计算。

该标准起草单位：东北石油大学、中国石油规划总院、中国石油天然气集团公司安全环保与节能部、中国石油化工股份有限公司油田勘探开发事业部、中国石油天然气股份有限公司勘探与生产分公司、中国石油天然气集团公司节能技术监测评价中心、中国石油天然气集团公司西北油田节能监测中心、中国石油天然气集团公司东北油田节能监测中心、中国石化节能监测中心、中国石油天然气股份有限公司长庆油田分公司、中国石油大庆油田有限责任公司。

该标准主要起草人：徐秀芬、余绩庆、王学文、郭占春、廉守军、梁士军、葛苏鞍、王东、王贵生、陈由旺、马建国、吴丽娜、魏立军、陈衍飞、徐源、张玉峰、谭宁、徐艳、李森、王林平、龚松科、成庆林、曹莹、侯永强、白晓彤。

18) GB/T 33754—2017《气田生产系统能耗测试和计算方法》

该标准于2017年5月12日发布，2017年12月1日实施。

该标准规定了天然气气田采气、集输、净化处理、气田水回注等生产系统的主要耗能设备、单元和系统的能耗测试和计算方法。

该标准共分为14章，包括范围、规范性引用文件、术语和定义、测试准备、测试仪器要求、测试要求、加热炉的测试和计算、天然气压缩机组的测试和计算、空冷器的测试和计算、采气系统的测试和计算、集输系统的测试和计算、净化处理系统的测试和计算、气田水回注系统的测试和计算、测试报告。

该标准适用于天然气气田采气、集输、净化处理、气田水回注等生产系统的主要耗能设备、单元和系统的能耗测试和计算。页岩气气田和煤层气气田集输、净化处理系统的能耗测试和计算可参照执行。

该标准起草单位：中国石油化工股份有限公司中原油田分公司技术监测中心、中国石油天然气股份有限公司长庆油田分公司油气工艺研究院、东北石油大学、中国石油天然气股份有限公司西南油气田分公司、中国石油天然气股份有限公司塔里木油田分公司。

该标准主要起草人：赵金献、郭占春、郭文军、杨良杰、严海芬、王林平、陈武宁、常振武、魏立军、曹莹、高红欣、戴忠、魏云峰。

19) GB/T 31453—2015《油田生产系统节能监测规范》

该标准于2015年5月15日发布，2015年8月1日实施。

该标准规定了油田机械采油系统、原油集输系统、注水系统、注聚系统、供配电系统、锅炉等油田生产系统及主要耗能设备的节能监测项目与指标要求、节能监测检查及测试方法和结果评价。

该标准适用于油田机械采油系统、原油集输系统、注水系统、注聚系统、供配电系统、锅炉等油田生产系统及主要耗能设备的节能监测。

该标准起草单位：中国石油天然气集团公司节能技术监测评价中心、中国石油天然气集团公司西北油田节能监测中心、中国石油天然气集团公司东北油田节能监测中心、中国石化节能监测中心、中国海洋石油总公司节能减排监测中心、东北石油大学、中国石油天然气股份有限公司长庆油田分公司油气工艺研究院。

该标准主要起草人：梁士军、廉守军、田春雨、葛苏鞍、王东、王贵生、刘艳武、徐秀芬、慕立俊、刘磊、杨军、李辉、成庆林、黄伟、甘庆明、魏立军。

20）GB/T 34165—2017《油气输送管道系统节能监测规范》

该标准于2017年9月7日发布，2018年4月1日实施。

该标准规定了燃油（气）加热炉、锅炉，以及原油泵机组、成品油泵机组、天然气压缩机组等油气输送管道系统中主要耗能设备和系统的节能监测项目与指标要求、节能监测检查及测试方法、监测结果评价和监测报告内容。

该标准适用于原油、成品油、天然气生产企业外输站库至用户接收站之间的油气输送管道系统的节能监测。

该标准起草单位：中国石油天然气股份有限公司管道分公司、中国石化集团管道储运有限公司、中国海洋石油总公司节能减排监测中心、中国石油天然气股份有限公司北京油气调控中心、东北石油大学、中国石油天然气股份有限公司天然气与管道分公司。

该标准主要起草人：刘国豪、赵国星、崔金山、刘艳武、杨景丽、刘松、张鑫、成庆林、管维均、姜勇、侯光祥、张轩、许彦博、曹莹、何振、吴丽娜。

21）SY/T 7319—2016《气田生产系统节能监测规范》

该标准于2016年12月5日发布，2017年5月1日实施。

该标准规定了天然气气田采气、天然气集输、天然气净化处理、气田水回注、供配电等生产系统及主要耗能设备的节能监测项目与指标要求、测试方法、监测结果评价等。该标准共分为6章，包括范围、规范性引用文件、术语和定义、监测项目与指标要求、测试方法、监测结果评价。

该标准适用于天然气气田采气、天然气集输、天然气净化处理、气田水回注、供配电等生产系统及主要耗能设备的节能监测与评价。煤层气气田和页岩气气田可参照执行。

该标准起草单位：中国石油化工股份有限公司中原油田分公司技术监测中心、中国石油天然气股份有限公司长庆油田分公司油气工艺研究院、中国石油天然气股份有限公司西南油气田分公司质量安全环保处、中国石油天然气集团公司西北油田节能监测中心。

该标准主要起草人：赵金献、薛建强、郭文军、杨良杰、王林平、陈武宁、严海芬、魏立军、杜志宏、张余、葛苏鞍。

22）SY/T 6953—2013《海上油气田节能监测规范》

该标准于2013年11月28日发布，2014年4月1日实施。

该标准规定了海上油气田节能监测的监测项目、指标要求、测试方法及评价要求。

该标准适用于全海式及半海半陆式海上油气生产系统的节能监测，该标准不适用于全陆式海上生产系统及陆地终端处理厂的节能监测。

该标准起草单位：中国海洋石油总公司节能减排监测中心、中国海洋石油总公司规划计划部、中海石油（中国）有限公司深圳分公司、东北石油大学。

该标准主要起草人：刘艳武、李波、杨勇、徐秀芬、邓晓辉、张阳、李达、胡永飞、薛刚、潘坚、王立三、马永涛、常雅坤、何红玉、田良巨、魏光耀。

23) SY/T 6835—2017《油田热采注汽系统节能监测规范》

该标准于 2017 年 3 月 28 日发布，2017 年 8 月 1 日实施。

该标准规定了油田燃油（气）热采注汽系统的节能监测项目、节能监测及评价方法。该标准共分 7 章，包括范围、规范性引用文件、术语和定义、节能监测项目、节能监测方法、节能监测评价分析、监测报告。

该标准适用于该标准适用于油田燃油（气）热采注汽系统的节能监测和评价。该标准第 1 版于 2011 年发布，经过 1 次修订（2017 年版）。与上一版本相比，主要技术内容变化如下：

将标准名称《稠油热采蒸汽发生器节能监测规范》改为《油田热采注汽系统节能监测规范》；增加了术语"油田热采注汽系统""环表温差"及其定义；增加了部分检查项目；增加了"炉体环表温差""蒸汽输送管道环表温差"和"注汽井口外表面温度"监测项目；增加了"蒸汽发生器""蒸汽输送管道"和"注汽系统"的有关计算方法；修改了蒸汽发生器的指标要求，增加了"蒸汽输送管道"的评价指标；修改了监测结果的评价分析方法。

该标准起草单位：中国石油天然气集团公司东北油田节能监测中心、东北石油大学、中国石油天然气集团公司西北油田节能监测中心、中国石化节能监测中心。

该标准主要起草人：张洪江、徐秀芬、葛苏鞍、曹莹、范荣霞、张玉峰、佟松林、付红雷、田连雨、王德军、于显永、马中山、王贵生、成庆林、刘立君。

24) SY/T 6569—2017《油气田生产系统经济运行规范 注水系统》

该标准于 2017 年 3 月 28 日发布，2017 年 8 月 1 日实施。

该标准规定了注水系统经济运行的技术要求、管理要求和评价方法。该标准共分为 6 章，包括范围、规范性引用文件、术语和定义、系统经济运行技术要求、系统经济运行管理要求、系统经济运行评价。

该标准适用于陆上油气田由电动机驱动注水泵的注水系统。海上油田可参照执行。

该标准第 1 版于 2003 年发布，经过 2 次修订（2010 年版、2017 年版）。与上一版本相比，主要技术内容变化如下：

将标准名称《油田注水系统经济运行》改为《油气田生产系统经济运行规范 注水系统》；删除了术语"油田注水系统""泵管压差"和"油田注水系统经济运行"及其定义；删除了术语"回流损失率""输差损失率""注水阀组损失率""注水管线损失率""单位注水量电耗"及其定义和计算方法；修改了术语"注水泵机组"的定义；增加了术语"注水系统经济运行""泵出口阀节流损失率"及其定义；根据电动机的类型细化了电动机额定效率的要求；删除了选配及更换电动机的要求、注水泵类型选择的推荐做法以及系统的管理与维护的相关要求；修改了往复泵额定效率的要求及系统经济运行的评价方法；增加了系统经济运行的管理要求。

该标准起草单位：东北石油大学、中国石油天然气集团公司节能技术监测评价中心、中国石油天然气股份有限公司长庆油田分公司、中国石化节能监测中心、中国石油天然气股份有限公司吐哈油田分公司、中国石油化工股份有限公司中原油田分公司、中国石油天然气股份有限公司大港油田分公司。

该标准主要起草人：徐秀芬、梁士军、廉守军、曹莹、王林平、魏立军、王晓东、成庆林、艾秋顺、马晓鹏、杨良杰、李鹏、侯永强、张雪松。

25）SY/T 6374—2016《机械采油系统经济运行规范》

该标准于 2016 年 1 月 7 日发布，2016 年 6 月 1 日实施。

该标准规定了机械采油系统经济运行的技术要求、判别和评价方法。

该标准适用于抽油机采油系统、电动潜油离心泵采油系统和地面驱动螺杆泵采油系统。其他机械采油系统可参照执行。

该标准第 1 版于 1998 年发布，经过 2 次修订（2008 年版、2016 年版）。与上一版本相比，主要技术内容变化如下：

删除了术语"电潜泵采油系统""螺杆泵采油系统""机械采油系统效率""排量系数"及其定义；增加了术语"电动潜油离心泵采油系统""地面驱动螺杆泵采油系统"及定义；增加了术语"平衡度"及定义，修改了"平衡度"的计算方法；修改了术语"机械采油系统电动机功率利用率"的定义及计算方法；删除了"排量系数"的计算方法，修改了机械采油系统设备运行和系统经济运行的计算判别和评价方法以及判别和评价指标，增加了电动潜油离心泵采油系统和地面驱动螺杆泵采油系统管理方面的内容。

该标准起草单位：东北石油大学、中国石油天然气集团公司节能技术监测评价中心、中国石化节能监测中心、中国海洋石油总公司节能减排监测中心、中国石油天然气集团公司东北油田节能监测中心、中国石油天然气集团公司西北油田节能监测中心、大庆油田有限责任公司开发部、中国石油化工股份有限公司胜利油田分公司采油工程处、中国石油天然气股份有限公司长庆油田分公司油气工艺研究院。

该标准主要起草人：徐秀芬、梁士军、廉守军、王贵生、刘艳武、葛苏鞍、王林、陈军、甘庆明、王林平、曹莹、魏立军、佟松林、张玉峰、付红雷。

26）SY/T 6836—2011《天然气净化装置经济运行规范》

该标准于 2011 年 7 月 1 日发布，2011 年 10 月 1 日实施。

该标准规定了天然气净化装置、辅助生产设施、公用工程经济运行的基本原则、管理要求、技术要求，以及天然气净化装置经济运行的判别与评价准则。

该标准适用于天然气净化装置、辅助生产设施及公用工程的运行管理。

该标准起草单位：中国石油天然气股份有限公司西南油气田分公司、中国石油集团工程设计有限责任公司西南分公司、中国石油天然气股份有限公司长庆油田分公司、中国石油天然气股份有限公司新疆油田分公司、中国石油化工股份有限公司中原油田普光分公司。

该标准主要起草人：胡超、穆剑、傅敬强、李静、戴忠、唐荣武、张廷洲、张余、胡晓敏、王国远、陈运强、关越、郭占春、王晓军、畅孝科、张黎、刘德青、崔吉宏、陈玉梅。

27）SY/T 6723—2014《输油管道系统经济运行规范》

该标准于 2014 年 10 月 15 日发布，2015 年 3 月 1 日实施。

该标准规定了输油管道工艺系统、配电系统、动力系统、热力系统经济运行的技术要求和管理措施。

该标准适用于陆上原油和成品油输送管道，油田集输管道及海上油田输油管道可参照该标准执行。

该标准第 1 版于 2008 年发布，经过 1 次修订（2014 年版）。与上一版本相比，主要技术内容变化如下：

将标准名称《原油输送管道经济运行规范》改为《输油管道系统经济运行规范》；增加了成品油输送管道经济运行的相关内容；增加了常温管道满输量运行要求；增加了输油管道调运计划优化运行要求；增加了成品油管道混油控制内容；完善了变（配）电所无功补偿的方法；改进了电压偏差达不到供电要求时的措施；提出了输量变化范围较大的系统应采用变频调速电动机；提出输油泵运行效率监测结论作为泵大修参考依据；增加了综合热处理工艺时的余热回收原则。

该标准起草单位：中国石油天然气股份有限公司管道分公司、中国石油天然气股份有限公司北京油气调控中心、中国石油天然气集团公司管道节能监测中心、中国石油天然气集团公司节能技术研究中心。

该标准主要起草人：陶江华、李智勇、张玉蛟、杨景丽、王乾坤、殷炳纲、王大鹏、许铁、陈由旺。

28）SY/T 6567—2016《天然气输送管道系统经济运行规范》

该标准于 2016 年 12 月 5 日发布，2017 年 5 月 1 日实施。

该标准规定了天然气输送管道系统经济运行的原则、措施及评价指标。该标准共分为 6 章，包括范围、规范性引用文件、术语和定义、原则、措施、指标。

该标准适用于天然气输送管道系统的经济运行管理。

该标准第 1 版于 2003 年发布，经过 2 次修订（2010 年版、2016 年版）。与上一版本相比，主要技术内容变化如下：

将术语"管道输送效率"修改为"管道输气效率"；增加了"并行管道""天然气管道生产单耗""天然气管道能耗率""天然气管道单位周转量生产能耗费用"和"压缩机组可靠性"5 条术语及其定义；增加了并行管道、经济运行分析评价指标、经济性监测分析、淘汰低效高耗能设备、利用新技术及利用可再生能源等方面的内容；删除了"加强管道和设备的维护管理，避免泄漏损失"的要求；删除了"宜进行管道最大能力或管道输送效率核算，及时分析管道输送效率下降的原因，提出改进方案"的要求；删除了"应根据管道建成时间、输送气质情况、仪表准确度等因素确定相应的管道输差控制指标"的规定；增加了压缩机组设备维护管理等方面的内容；增加了电驱压缩机组冷却系统技术要求；增加了燃气轮机效率、天然气压缩机组效率、加热炉效率及压缩机组可靠性等控制指标；修改了离心式压缩机效率推荐指标数值。

该标准起草单位：中国石油天然气股份有限公司北京油气调控中心、中国石油天然气股份有限公司西气东输管道分公司、中国石油天然气集团公司西部管道有限责任公司、中国石油天然气股份有限公司西南油气田分公司、中国石油天然气股份有限公司长庆油田分公司、中国石油化工股份有限公司天然气分公司。

该标准主要起草人：范莉、刘松、刁洪涛、姜勇、杨毅、蒋平、魏娜、蔡婷、沈大均、魏立军、刘社英。

29）SY/T 6373—2016《油气田电网经济运行规范》

该标准于 2016 年 1 月 7 日发布，2016 年 6 月 1 日实施。

该标准规定了陆上及海上油气田电网及变压器、线路的经济运行要求和评价指标。

该标准适用于陆上及海上油气田 110（66）千伏，35 千伏和 10（6）千伏电压系统。包括以下内容：

（1）110（66）千伏变压器，35 千伏变压器，10（6）千伏变压器；

（2）110（66）千伏线路，35 千伏线路，10（6）千伏线路；

（3）35 千伏电容器，10（6）千伏电容器。

该标准第 1 版于 1998 年发布，经过 2 次修订（2008 年版、2016 年版）。与上一版本相比，主要技术内容变化如下：

增加了"变压器选用与改造"；修改了"变压器经济运行基本要求""单台变压器经济运行""无功补偿要求与方式""高压线路的经济运行"的部分内容；增加了"多台变压器并列经济运行的条件""双绕组变压器经济运行""三绕组变压器经济运行""油气田电网运行方式优化方法"等内容；删除了"两台变压器经济运行"；删除了"高压线路的经济运行"的部分内容；修改了"油气田电网无功优化补偿方法"。

该标准起草单位：东北石油大学、中国石油天然气集团公司节能技术监测评价中心、中国石化节能监测中心、中国海洋石油总公司节能减排监测中心、中海石油（中国）有限公司深圳分公司、中国石油大庆油田有限责任公司、中国石油化工股份有限公司河南油田分公司。

该标准主要起草人：高丙坤、王秀芳、毕洪波、梁士军、闫敬东、王立三、邓晓辉、毛国成、吴晓东。

30）SY/T 6833—2011《CNG 加气站经济运行规范》

该标准于 2011 年 7 月 1 日发布，2011 年 10 月 1 日实施。

该标准规定了压缩天然气加气站（CNG 加气站）经济运行的要求、判别与评价方法。

该标准适用于电动机驱动的 CNG 加气站运行管理。

该标准起草单位：中国石油天然气股份有限公司西南油气田分公司、中国石油集团工程设计有限责任公司西南分公司、中国石油天然气股份有限公司玉门油田分公司。

该标准主要起草人：张西川、戴忠、张余、马建国、石昀、梅庆钢、熊剑、王建荣、陈岚、莫正平。

31）SY/T 6375—2014《油气田与油气输送管道企业能源综合利用技术导则》

该标准于 2014 年 10 月 15 日发布，2015 年 3 月 1 日实施。

该标准规定了油气田与油气输送管道能源综合利用的一般原则及其主要生产系统能源综合利用的技术要求。

该标准适用于油气田与油气输送管道企业。

该标准第 1 版于 1998 年发布，经过 2 次修订（2008 年版、2014 年版）。与上一版本相比，主要技术内容变化如下：

将标准的名称由《石油企业能源综合利用技术导则》改为《油气田与油气输送管道企业能源综合利用技术导则》；增加了关于企业节能评估中应考虑能源综合利用的一般原则；增加了关于企业配备能源计量器具的一般原则；增加了关于选用节能生产工艺和产品的一般原则；增加了关于降低建筑物能耗的一般原则；增加了关于有效节电、电能合理转换的一般原则；增加了关于全面提升电机能效水平的一般原则；增加了关于减少企业原油和天然气损耗的一般原则；增加了钻井系统能源综合利用的技术要求；增加了机械采油系统能源综合利用的技术要求；增加了注水系统关于注水泵流量应与实际所需注水量相匹配的内容；增加了原油集输系统关于采用密闭流程、选择单管不加热工艺、减少沉降脱水中间提升环节及机、泵应与电动机匹配的内容；增加了天然气集输系统关于凝液回收利用的内容；增加了天然气净化处理系统能源综合利用的技术要求；增加了输油管道系统关于输油泵机组余热回收、加热炉余热资源回收、经济运行及节能监测的内容；增加了天然气管道输送系统关于压缩机原动机选型、优化注气系统工艺流程及利用 LNG 接收站冷能的内容；增加了供配电系统关于接线、变压器配置、导体材料选择及导体截面选择的内容；增加了供水系统能源综合利用的技术要求；增加了供热系统关于保温结构确定、伴热介质选择、锅炉选型配备、烟气余热利用及蒸汽凝结水回收利用的内容。

该标准起草单位：东北石油大学、中国海洋石油总公司规划计划部、中国石油化工股份有限公司油田勘探开发事业部、国际铜业协会（中国）、中国石油天然气集团公司节能技术研究中心、中国石化节能监测中心、中国石油天然气股份有限公司北京油气调控中心、中国石油天然气股份有限公司长庆油田分公司油气工艺研究院。

该标准主要起草人：成庆林、杨勇、谭宁、赵凯、张凌宇、余绩庆、杜红勇、徐秀芬、赵万春、刘冰、魏立军。

32）SY/T 6473—2009《石油企业节能技措项目经济效益评价方法》

该标准于 2009 年 12 月 31 日发布，2010 年 5 月 1 日实施。

该标准规定了节能技措项目经济评价方法的原则、步骤、指标及其计算方法。

该标准适用于石油企业节能技措项目经济效益的评价。其他企业节能技措项目可参照执行。

该标准第 1 版于 2000 年发布，经过 1 次修订（2009 年版）。与上一版本相比，主要技术内容变化如下：

修改了范围、术语和定义，进一步界定了技措项目的分类；根据国家发展和改革委员会、建设部颁布的《建设项目方法与参数》（第 3 版），修改了技措项目经济评价的方法和指标体系，规范了指标的计算公式和含义；根据石油企业的最新规定，规范了项目总投资的概念和内容；根据中华人民共和国财政部颁布的《企业会计准则》，规范了成本要素的概念和构成。

该标准起草单位：中国石油天然气股份有限公司规划总院、中国石油集团工程设计有限责任公司西南分公司。

该标准主要起草人：孙春芬、许红、赵连增、朱伟、郑帆。

33）SY/T 6472—2010《油田生产主要能耗定额编制方法》

该标准于 2010 年 8 月 27 日发布，2010 年 12 月 15 日实施。

该标准规定了油田生产主要能耗定额的分类与编制方法。

该标准适用于油田企业编制用能单位、生产系统和耗能设备的能耗定额。气田企业可参照执行。

该标准第 1 版本于 2000 年发布，经过 1 次修订（2010 年版）。与上一版相比，主要技术内容变动如下：将标准的名称由《油田生产主要能耗定额的分类编制方法》改为《油田生产主要能耗定额编制方法》；修改了范围、术语和定义；删除了第 5 章和第 6 章；删除了附录 A、附录 B 和附录 C；增加了"油田生产主要能耗定额指标"的附录。

该标准起草单位：中国石油天然气股份有限公司节能技术研究中心、中国石油大港油田分公司、中国石油大庆油田有限责任公司、中国石油集团渤海钻探工程有限公司、中国石化东北油气分公司。

该标准主要起草人：陈由旺、余绩庆、梁惠勋、林冉、毛国成、王钦胜、崔保生、于克海。

34）SY/T 6722—2016《石油企业耗能用水统计指标与计算方法》

该标准于 2016 年 1 月 7 日发布，2016 年 6 月 1 日实施。

该标准规定了石油企业生产经营活动中耗能和用水统计指标与计算方法。

该标准适用于石油企业耗能用水管理。

该标准第 1 版于 2008 年发布，经过 1 次修订（2016 年版）。与上一版本相比，主要技术内容变化如下：

增加了 15 个术语和定义，删除了 2008 年版的全部 5 个术语和定义；增加了油田和气田业务耗能用水指标的计算方法；修改了能源实物低位发热量及折算标准煤系数。

该标准起草单位：中国石油天然气集团公司规划总院、中国石油天然气集团公司安全环保与节能部、中国石油化工股份有限公司油田勘探开发事业部、中国海洋石油总公司规划计划部、东北石油大学、中国石油天然气股份有限公司北京油气调控中心。

该标准主要起草人：刘博、解红军、陈衍飞、谭宁、杨勇、黄飞、王学文、余绩庆、于洪洲、靳辛、吕莉莉、林冉、陈玲、刘富余、陈雪、魏江东、吕毫龙、成庆林、刘冰。

35）SY/T 6838—2011《油气田企业节能量与节水量计算方法》

该标准于 2011 年 7 月 1 日发布，2011 年 10 月 1 日实施。

该标准规定了油气田企业节能量和节水量计算的基本原则、计算方法。

该标准适用于油气田企业油气生产、工程技术、工程建设、装备制造等业务节能量和节水量的计算。

该标准起草单位：中国石油天然气集团公司节能技术研究中心、中国石油天然气集团公司质量管理与节能部、中国石油化工股份有限公司油田勘探开发事业部、中国海洋石油总公司计划部、中国石油大庆油田有限责任公司、中国石油天然气股份有限公司辽河油田分公司、中国石油化工股份有限公司胜利油田分公司、中国石油天然气股份有限公司西南油气田分公司、中国石油新疆油田分公司、中国石油化工股份有限公司河南油田分公司。

该标准主要起草人：余绩庆、林冉、黄飞、谭宁、杨勇、陈由旺、刘博、穆剑、毛国成、胡伟、张强、戴忠、衣怀峰、于传聚。

36）SY/T 7066—2016《气田节能量计算方法》

该标准于 2016 年 1 月 7 日发布，2016 年 6 月 1 日实施。

该标准规定了油气田企业气田节能量计算的基本原则和计算方法。

该标准适用于油气田企业气田节能量的计算。

该标准起草单位：中国石油天然气股份有限公司西南油气田分公司、中国石油天然气集团公司安全环保与节能部、中国石油化工股份有限公司油田勘探开发事业部、中国海洋石油总公司规划计划部、中国石油天然气集团公司节能技术研究中心、中国海洋石油总公司节能减排监测中心、中国石油化工股份有限公司中原油田分公司、中国石油天然气股份有限公司塔里木油田分公司、中国石油天然气股份有限公司长庆油田分公司。

该标准主要起草人：江丽、黄飞、谭宁、杨勇、戴忠、余绩庆、刘艳武、杨良杰、魏立军、王冲、王尧、廖婧、何力、朱斌。

37）SY/T 7371—2017《石油钻井合理利用网电技术导则》

该标准于 2017 年 3 月 28 日发布，2017 年 8 月 1 日实施。

该标准规定了石油钻井中合理利用网电的一般原则、技术条件、要求和措施以及利用网电的经济性评价方法。该标准共分为 7 章，包括范围、规范性引用文件、术语和定义、一般原则、电网条件、钻机网电设备技术要求、网电经济性评价。

该标准适用于石油钻井中的网电应用及经济性评价。其他钻井作业可参照执行。

该标准起草单位：中国石油化工股份有限公司西南油气分公司、中国石油天然气集团公司工程技术节能监测中心、中国石油大庆油田有限责任公司大庆钻探工程公司、中国石油集团西部钻探工程有限公司、中国石油集团渤海钻探工程有限公司、中国石油集团长城钻探工程有限公司。

该标准主要起草人：刘方炼、林诚源、王明华、张彦虎、张健、李克强、刘恒军、倪昌、王凤臣、杨勇。

4. 标准宣贯

"十二五"期间（2011—2015 年），举办了 5 期节能节水标准宣贯培训班，宣贯节能节水国家标准和行业标准 12 项次，具体情况见表 8-8。

中国石油、中国石化和中国海油各企业的 350 余名从事节能节水管理和技术工作的人员参加了宣贯学习。通过标准的宣贯培训，使参加培训人员不仅学习和掌握了宣贯的节能节水标准，而且学到很多节能节水方面的标准化知识，促进了节能节水标准的贯彻实施，同时也推进了石油企业节能节水工作的深入开展。

表 8-8 "十二五"期间节能专标委标准宣贯培训班统计

时间	地点	参加人数	宣贯标准名称
2011.10.19—22	浙江省杭州市	94	（1）SY/T 6838—2011《油气田企业节能量与节水量计算方法》； （2）SY/T 6835—2011《稠油热采蒸汽发生器节能监测规范》； （3）SY/T 6834—2011《变频调速拖动装置节能测试方法与评价指标》； （4）SY/T 6837—2011《油气输送管道系统节能监测规范》； （5）SY/T 6569—2010《油田注水系统经济运行规范》

续表

时间	地点	参加人数	宣贯标准名称
2012.9.18—19	山东省威海市	90	(1) GB/T 13234—2009《企业节能量计算方法》； (2) SY/T 6838—2011《油气田企业节能量与节水量计算方法》
2013.10.12	上海市	80	SY/T 5264—2012《油田生产系统能耗测试和计算方法》
2014.10.28—29	河北省廊坊市	40	(1) SY/T 6066—2012《原油输送管道系统能耗测试和计算方法》； (2) SY/T 6637—2012《天然气输送管道系统能耗测试和计算方法》
2015.9.17—18	陕西省西安市	50	(1) SY/T 6838—2011《油气田企业节能量与节水量计算方法》； (2) SY/T 7066—2016《气田节能量计算方法》

第二节 集团公司节能节水企业标准

"十二五"期间，中国石油天然气集团公司共发布 20 项节能节水标准。截至 2016 年底，现行有效的节能节水标准共 34 项。

一、集团公司节能节水专业标准化技术委员会

集团公司标准化委员会节能节水专业标准化技术委员会（以下简称"节能节水企标委"）归口负责集团公司节能节水标准的制修订管理工作。"十二五"期间，节能节水企标委积极开展标准化研究工作，完善集团公司节能节水企业标准体系（2015 版），组织制定标准 14 项、修订标准 12 项、复审标准 29 项，复审周期维持在 3 年以内。目前，节能节水企标委归口管理的现行企业标准 34 项，涉及集团公司生产经营过程中有关节能统计指标、节能计算方法、节能监测与评价、节能评估、节能节水篇（章）、节能节水技术和能源审计等 7 个方面。

1. 组织机构及委员名单

中国石油天然气集团公司标准化委员会节能节水专业标准化技术委员会于 2008 年 8 月成立。主要负责制修订中国石油集团油气田、管道、炼化、销售和工程技术服务、矿区服务业务等生产经营过程中有关节能节水的统计指标、计算方法、消耗定额、能效限值、考核审计、工程设计和测试评价等方面的标准及归口管理。秘书处设在中国石油天然气集团公司规划总院节能与标准研究中心。

2008 年，节能节水企标委成立时，委员总数 44 人，委员来自油气田、炼化、销售、管道等企业的节能管理部门，以及设计单位、节能技术机构、节能监测机构和总部机关、专业分公司等相关部门。结合节能节水标准化工作的需要，以及委员所在单位工作岗位变动等情况，节能节水企标委先后于 2009 年、2010 年、2013 年和 2015 年，根据集团公司标准化委员会关于委员调整的批复，进行了 4 次组成人员的调整。到 2016 年底，委员总数为 49 人，包括主任委员 1 名、副主任委员 2 名、秘书长和副秘书长各 1 名，顾问 2 名，名单见表 8-9。

表 8-9 节能节水专业标准化技术委员会组成人员名单

序号	姓 名	专标委职务	所在单位及职务/职称
1	黄 飞	主任委员	集团公司质量安全环保部副总经理
2	徐英俊	副主任委员	中国石油规划总院副院长
3	王学文	副主任委员	集团公司质量安全环保部副总工程师、节能节水处处长
4	余绩庆	秘书长	集团公司节能技术研究中心主任
5	李武斌	副秘书长	集团公司质量安全环保部节能节水处副处长
6	梅 巍	委 员	集团公司规划计划部综合统计与分析处高级主管
7	刘志红	委 员	集团公司科技管理部成果与知识产权处副处长
8	岳云平	委 员	矿区服务工作部安全环保与质量节能处处长
9	于博生	委 员	勘探与生产分公司装备处处长
10	马建国	委 员	勘探与生产分公司装备处高级主管
11	章龙江	委 员	炼油与化工分公司生产技术处处长
12	陶 辉	委 员	销售分公司安全环保处处长
13	王鹏飞	委 员	天然气与管道分公司油气调运处副处长
14	王计平	委 员	工程技术分公司质量安全环保副处长
15	陶 涛	委 员	工程建设分公司质量安全环保处副处长
16	刘 欣	委 员	装备制造分公司质量安全环保处副处长
17	毛国成	委 员	大庆油田有限责任公司质量节能部副主任
18	梁士军	委 员	大庆油田有限责任公司技术监督中心专家
19	武俊宪	委 员	辽河油田分公司质量节能管理部主任
20	郭占春	委 员	长庆油田分公司质量管理与节能处处长
21	王林平	委 员	长庆油田分公司油气工艺研究院节能室主任
22	冉蜀勇	委 员	新疆油田分公司质量管理与节能处处长
23	吴 戎	委 员	西南油气田分公司质量安全环保处科长
24	王 岩	委 员	大庆石化分公司计划处副处长
25	赵朝文	委 员	吉林石化分公司安全环保节能副处长
26	刘廷卫	委 员	辽阳石化分公司生产运行处副处长
27	许永莉	委 员	兰州石化分公司生产技术处副处长
28	梁玉勤	委 员	独山子石化分公司生产运行处主任工程师
29	姚 庆	委 员	大连石化分公司科技管理处科长
30	刘丽艳	委 员	东北销售分公司质量安全处高级主管
31	李至琳	委 员	北京销售分公司质量安全环保处工程师
32	刘 松	委 员	北京油气调控中心技术处处长
33	杨景丽	委 员	管道分公司生产处科长
34	田 惠	委 员	中国石油工程建设公司华东设计分公司副总工程师

续表

序号	姓 名	专标委职务	所在单位及职务/职称
35	张志贵	委员	中国石油工程设计有限公司华北分公司油气工艺室副主任
36	李 森	委员	中国寰球工程公司安全副总监、QHSE管理部主任
37	李学志	委员	中国昆仑工程公司公用工程部给排水专业总工程师
38	张惠玲	委员	中国昆仑工程公司大庆分公司副总工程师
39	杨春明	委员	大庆油田工程建设有限公司总设计师
40	李 爽	委员	中油辽河工程有限公司总工程师
41	朱坤锋	委员	中国石油天然气管道工程有限公司副总工程师
42	王广河	委员	中国石油规划总院高级工程师
43	廉守军	委员	集团公司节能技术监测评价中心常务副主任
44	王 东	委员	集团公司东北油田节能监测中心副主任
45	葛苏鞍	委员	集团公司西北油田节能监测中心常务副主任
46	王 佐	委员	集团公司石油化工节能技术监测中心节能监测室主任
47	张 玫	委员	集团公司西北石化节能监测中心副主任
48	赵国星	委员	集团公司管道节能监测中心主任
49	李克强	委员	集团公司工程技术节能监测中心常务副主任
50	俞伯炎	顾问	原集团公司质量安全环保部教授级高级工程师
51	吴照云	顾问	原石油工业节能节水专业标准化技术委员会副主任委员
52	吕正林	秘书	集团公司质量安全环保部节能节水处高级主管
53	刘 博	秘书	集团公司节能技术研究中心副主任

2. 获奖及表彰情况

1) 获奖情况

2016年3月，中国石油天然气集团公司授予节能节水企标委"十二五"期间"优秀质量计量标准化技术机构"荣誉称号；节能节水企标委负责组织制定的《油气田企业节能量与节水量计算方法》(SY/T 6838—2011)、《油气田企业能源审计规范》(Q/SY 1208—2009)、《炼油化工企业能源审计规范》(Q/SY 1207—2009)、《炼化能量系统优化技术导则》(Q/SY 1468—2012)先后荣获中国石油天然气集团公司优秀标准二等奖；《石油化工绝热工程节能监测与评价》(Q/SY 193—2013)荣获中国石油集团天然气公司优秀标准三等奖。

2) 表彰情况

为表彰在"十二五"期间集团公司节能节水标准化工作中的突出贡献，在2016年10月召开的年会上，节能节水企标委对15位委员、20位标准起草人和8项节能节水企业标准项目予以表彰。

（1）优秀委员（15位，按照姓氏笔画排序）：

王 东　王广河　毛国成　田 慧　刘廷卫　李克强　杨春明　吴照云　张 玫
张慧玲　武俊宪　赵朝文　俞伯炎　郭占春　梁玉勤

(2) 优秀标准起草人（20 位，按照姓氏笔画排序）：
王 佐　王 毅　王川甲子　王广河　田 慧　吕莉莉　刘 博　孙宏伟　李仁成
何绍军　杨春明　余绩庆　张崇伟　张惠玲　张德元　赵 靓　段 伟　袁 丁
顾利民　廉守军

(3) 优秀标准：

① Q/SY 1207—2009《炼油化工企业能源审计规范》(2014 年确认)。

标准起草单位：中国石油天然气股份有限公司节能技术研究中心、中国石油天然气集团公司石油化工节能技术监测中心。

主要起草人：王广河、汤杰、顾利民、袁丁、余绩庆、段伟、李宇龙。

② Q/SY 1208—2009《油气田企业能源审计规范》(2014 年确认)。

标准起草单位：中国石油天然气股份有限公司规划总院、中国石油天然气股份有限公司油田节能监测中心。

主要起草人：顾利民、王广河、余绩庆、王润英、段伟、刘博林、冉严明、王东。

③ Q/SY 1064—2010《固定资产投资工程项目可行性研究及初步设计节能节水篇（章）编写通则》。

标准起草单位：中国昆仑工程公司大庆石化工程有限公司、中国石油工程建设公司华东设计分公司、大庆油田工程有限公司。

主要起草人：张惠玲、黄祥谦、樊奉瑭、蔡玉颖、田慧、连洪江、连家莲、韩红琪、张敬敏。

④ Q/SY 1066—2010《石油化工工艺加热炉节能监测方法》。

标准起草单位：中国石油天然气集团公司石油化工节能技术监测中心、中国石油天然气股份有限公司西北石化节能监测站、中国石油天然气股份有限公司辽阳石化分公司。

主要起草人：孙宏伟、王佐、袁丁、吴照云、张玫。

⑤ Q/SY 1466—2012《油气管道固定资产投资项目节能评估报告编写规范》。

标准起草单位：中国石油天然气管道工程有限公司、中国石油天然气集团公司节能技术研究中心。

主要起草人：何绍军、高萃仙、董昭旸、王彦、朱坤锋、周长才、刘伍三、杨峥、刘扬龙、王洪波、范艳萍、陈诚、顾利民、林冉、魏江东。

⑥ Q/SY 1468—2012《炼化能量系统优化技术导则》。

标准起草单位：中国石油天然气集团公司规划总院、中国石油天然气股份有限公司大庆石化分公司、东北炼化工程有限公司。

主要起草人：段伟、黄明富、游晓艳、赵艳微、杨树林、闫庆、贺纪晔、张莹莹。

⑦ Q/SY 1577—2013《炼油固定资产投资项目节能评估报告编写规范》。

标准起草单位：中国石油工程建设公司华东设计分公司、中国石油天然气集团公司节能技术研究中心、中国昆仑工程公司大庆石化工程有限公司。

主要起草人：张崇伟、田慧、王禹、王志刚、张晓光、龚燕、李宇龙、杨树林、张惠玲、郭彦、刘维康、于型伟。

⑧ Q/SY 1185—2014《油田地面工程项目初步设计节能节水篇（章）编写规范》。

标准起草单位：大庆油田工程有限公司、中国石油天然气股份有限公司规划总院、中油辽河工程有限公司。

主要起草人：杨春明、曹万岩、于力、刘博、李效姝、纪汉亮、王金龙、杜树彬、解红军、康国仁、臧秀萍、赵兴罡、魏江东、赵立合、那忠庆、张维娜。

二、集团公司节能节水企业标准体系（2015版）

节能节水企标委按照集团公司标准化委员会下发的《关于开展集团公司企业标准体系修订工作的通知》（标准委办〔2015〕9号）文件要求，根据近年来节能节水有关国家标准、行业标准、企业标准的制修订情况和集团公司未来节能节水业务的发展需要，对集团公司节能节水企业标准体系（2009版）进行了修改、补充和完善。

节能节水企业标准体系的修订工作结合集团公司重大科技项目"节能节水关键技术研究与推广"的研究成果，在梳理现行的节能节水相关国家标准、行业标准并进行查新确保现行有效性的基础上，完成了集团公司所属100余家企业节能节水标准执行和采用情况的调研，开展了节能节水标准的需求以及适应性分析，完善了节能节水企业标准体系的门类划分，提出了"十三五"计划制定的标准项目，最终形成了修订后的节能节水企业标准体系（2015版）。

节能节水企业标准体系（2015版）为集团公司标准体系下面的子体系，划分为10个门类，具体为：节能节水通用基础标准，节能节水设计标准，节能经济运行标准，计量、统计与计算标准，节能节水技术与评价标准，节能节水测试与评价标准，节能节水监测标准，能源审计与节能评估标准，能效和耗能用水限额标准和其他节能节水标准等。覆盖了有关节能节水的国家标准127项、行业标准57项、企业标准47项，共计231项。标准体系表结构图如图8-2所示。

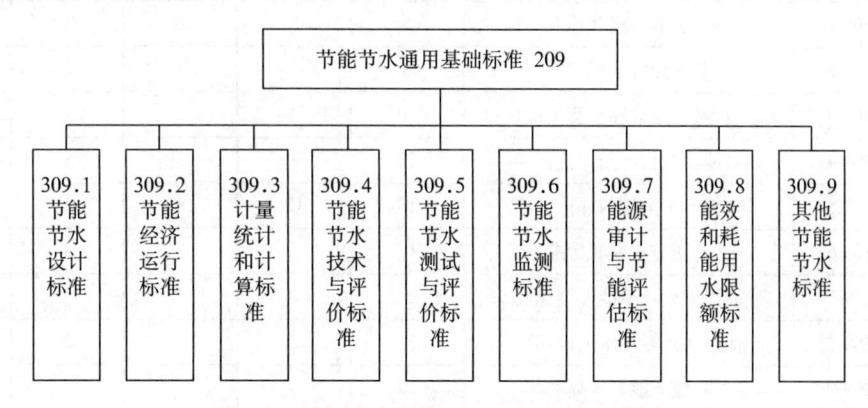

图8-2 集团公司节能节水标准体系表结构图

（1）节能节水通用基础标准。

包括：术语、分类、图形符号和文字代号等方面的基础类标准。

（2）节能节水设计标准。

包括：设计方面的节能、节水标准。

(3) 节能经济运行标准。

包括：用能设备和系统经济运行方面的标准。

(4) 计量、统计和计算标准。

包括：耗能用水统计、计量器具配备等方面的标准。

(5) 节能节水技术与评价标准。

包括：节能节水技术条件、技术导则、技术评定评价等方面的标准。

(6) 节能节水测试与评价标准。

包括：节能节水测试、计算、评价等方面的标准。

(7) 节能节水监测标准。

包括：耗能用水监测方面的标准。

(8) 能源审计与节能评估标准。

包括：能源审计、节能评估、节能节水考核等方面的标准。

(9) 能效和耗能用水限额标准。

包括：单位产品能耗限额、工业设备能效、工业企业取水限额等方面的标准。

(10) 其他节能节水标准。

包括：未纳入上述门类的有关节能节水标准。

表 8-10 为节能节水专业标准体系各门类所用标准统计表。

表 8-10 节能节水专业标准体系各门类所用标准统计表

单位：项

序号	标准体系编号	门类	现行标准 国家标准	现行标准 行业标准	现行标准 企业标准	拟定标准	合计
1	209	节能节水通用基础标准	9	3			12
2	309.1	节能节水设计标准	5	8	8	1	22
3	309.2	节能经济运行标准	8	7	1	1	17
4	309.3	计量、统计和计算标准	10	3	2	2	17
5	309.4	节能节水技术与评价标准	12	8	3	8	31
6	309.5	节能节水测试与评价标准	18	12	6	1	37
7	309.6	节能节水监测标准	17	2	7	3	29
8	309.7	能源审计与节能评估标准	5	2	7		14
9	309.8	能效和耗能用水限额标准	32	2		2	36
10	309.9	其他节能节水标准	10	5		1	16
		合计	126	52	34	19	231

结合集团公司节能节水工作发展方向和管理需求，提出"十三五"期间计划制定标准 16 项，其中行业标准《石化行业能源消耗统计指标及计算方法——合成氨》《变频调速拖动装置的节能效果评价》《钻井生产合理利用网电节能技术导则》《加气站（CNG、LNG

耗能设备能耗测试与计算方法》等4项；企业标准《油气集输系统用热技术导则》《节能投资项目单项技术及设备经济效益评价规定》《炼油化工泵机组输送系统节能监测方法》《气田固定资产投资项目可行性研究及初步设计节能篇（章）编写通则》《抽油机能效限定值及能效等级》《天然气发电机组节能经济运行规范》《油气田生产系统能源消耗限额》《炼化企业能源管控中心建设指南》《能源管控管理通则》《能源管控技术要求 油气田》《能源管控技术要求 炼化》《能源管控技术要求 工程技术》等12项，将有效指导集团公司"十三五"标准制定工作的有序开展。

三、现行节能节水企业标准

截至2017年底，节能节水企标委归口管理现行企业标准项目34项（具体见表8-11），包含节能统计指标、节能计算方法、节能监测与评价、节能评估、节能节水篇（章）、节能节水技术和能源审计等7个方面。

表8-11 节能节水专业标准化技术委员会归口管理的现行企业标准一览表

序号	标准编号	标准名称	主编单位	备注
1	Q/SY 1043—2009	供热系统经济运行	集团公司石油工程节能技术研究开发中心	
2	Q/SY 1207—2009	炼油化工企业能源审计规范	中国石油规划总院	
3	Q/SY 1208—2009	油气田企业能源审计规范	中国石油规划总院	
4	Q/SY 1209—2009	油气管道能耗测算方法	北京油气调控中心	
5	Q/SY 1210—2009	合成氨装置能耗计算方法	宁夏石化分公司	
6	Q/SY 1066—2010	石油化工工艺加热炉节能监测方法	集团公司石化节能技术监测中心	
7	Q/SY 1085—2010	炼油化工生产装置工程设计节能技术规定	大庆石化工程有限公司	
8	Q/SY 1347—2010	石油化工蒸汽透平式压缩机组节能监测方法	集团公司石化节能技术监测中心	
9	Q/SY 61—2011	节能节水统计指标及计算方法	中国石油规划总院	
10	Q/SY 1466—2012	油气管道固定资产投资项目节能评估报告编写规范	中国石油天然气管道工程有限公司	
11	Q/SY 1467—2012	天然气处理固定资产投资项目初步设计节能节水篇（章）编写规范	西南油气田分公司	列入2017年复审计划
12	Q/SY 1468—2012	炼化能量系统优化技术导则	中国石油规划总院	
13	Q/SY 193—2013	石油化工绝热工程节能监测与评价	集团公司石化节能技术监测中心	列入2017年复审计划
14	Q/SY 1577—2013	炼油固定资产投资项目节能评估报告编写规范	工程建设公司华东设计分公司	列入2017年复审计划
15	Q/SY 1579—2013	炼油化工固定资产投资项目初步设计节水篇（章）编写规范	工程建设公司华东设计分公司	列入2017年复审计划
16	Q/SY 1580—2013	石油钻井设备节能技术措施效果测试与计算方法	集团公司工程技术节能监测中心	列入2017年复审计划

续表

序号	标准编号	标准名称	主编单位	备注
17	Q/SY 1125—2014	供用水管网漏损评定	集团公司节能技术监测评价中心	
18	Q/SY 1126—2014	炼油化工生产装置工程设计节水技术规定	大庆石化工程有限公司	
19	Q/SY 1185—2014	油田地面工程项目初步设计节能节水篇（章）编写规范	大庆油田工程有限公司	
20	Q/SY 1820—2015	炼油化工水系统优化技术导则	克拉玛依石化分公司	
21	Q/SY 1821—2015	油气田用天然气压缩机组节能监测方法	西南油气田分公司	
22	Q/SY 1822—2015	油田固定资产投资项目节能评估文件编写规范	中国石油规划总院	
23	Q/SY 1823—2015	炼油固定资产投资项目能量平衡方法	工程建设公司华东设计分公司	
24	Q/SY 09001—2016	燃煤电站锅炉节能监测方法	集团公司石化节能技术监测中心	
25	Q/SY 09002—2016	气田固定资产投资项目节能评估文件编写规范	集团公司节能技术研究中心	
26	Q/SY 09062—2016	炼油化工装置节能监测方法	集团公司石化节能技术监测中心	
27	Q/SY 09064—2016	固定资产投资工程项目可行性研究及初步设计节能节水篇（章）编写通则	大庆石化工程有限公司	
28	Q/SY 09065—2016	天然气凝液回收装置能源消耗指标计算方法	大庆油田有限责任公司	
29	Q/SY 09003—2017	油气田用加热炉能效分级测试与评价	东北油田节能监测中心	
30	Q/SY 09101—2017	抽油机及辅助配套设备节能测试与评价方法	大庆油田有限责任公司	
31	Q/SY 09120—2017	蒸汽疏水阀节能监测方法	辽阳石化分公司	
32	Q/SY 09372—2017	油气管道固定资产投资项目初步设计节能篇（章）编写规范	中国石油管道局工程有限公司	
33	Q/SY 09373—2017	炼油化工固定资产投资项目初步设计节能篇（章）编写规范	中国石油工程建设有限公司华东设计分公司	
34	Q/SY 09578—2017	节能监测报告编写规范	集团公司石油化工节能技术监测中心	

四、重点制修订节能节水企业标准

1.《节能节水统计指标及计算方法》（Q/SY 61—2011）（2016年确认）

《节能节水统计指标及计算方法》（Q/SY 61—2011）代替《节能节水统计指标术语及计算方法》（Q/SY 61—2006），于2011年3月30日发布，2011年5月1日实施。该标准为节能基础类标准，界定了节能节水统计指标的定义，并给出了计算方法，适用于集团公司节能节水统计。

标准内容包括范围、规范性引用文件、术语和定义、计算方法、术语中文索引和英文索引等。

该标准规范了集团公司各级部门节能节水统计工作，使集团公司节能节水统计工作更加规范化、标准化,符合节能节水工作需要,使统计数据更准确,计算方法一致,促进了集团公司节能、节水管理以及标准化工作水平的整体提高。

与 Q/SY 61—2006 相比,增加了综合能源消费量有关的定义和计算方法;增加了部分油田的能耗指标的定义及计算方法;增加了成品油销售、工程技术、矿区等业务的能耗和用水指标的定义及计算方法;修改和完善了节能量节水量的计算方法等。

该标准编制单位:中国石油天然气股份有限公司节能技术研究中心、大庆油田有限责任公司、西南油气田分公司、吉林石化分公司和独山子石化分公司。

标准主要起草人为:刘博、余绩庆、陈由旺、王露、朱英如、刘富余、毛国成、戴忠、赵朝文、初青柏、于洪州、梅巍。

2.《油气管道固定资产投资项目节能评估报告编写规范》(Q/SY 1466—2012)

该标准于 2012 年 4 月 28 日发布,2012 年 7 月 1 日实施。

该标准规定了油气管道固定资产投资项目节能评估报告编写的一般规定、内容与要求,适用于建成达产后年综合能源消费量 3000 吨标准煤以上(含 3000 吨标准煤,电力折算系数按当量值),或年电力消费量超过(含)500×10^4 千瓦·时,或年石油消费量超过(含)1000 吨,或年天然气消费量超过(含)100 万立方米的新建或改扩建输油、输气管道工程项目节能评估报告的编写。

标准内容包括范围、规范性引用文件、术语和定义、一般规定、节能评估报告内容与要求等。

该标准编制单位:中国石油天然气管道工程有限公司、中国石油天然气集团公司节能技术研究中心。

标准主要起草人为:何绍军、高莘仙、董昭旸、王彦、朱坤锋、周长才、刘伍三、杨峥、刘扬龙、王洪波、范艳萍、陈诚、顾利民、林冉、魏江东。

管道输送过程中的主要输储设施及辅助设施均是管道输送过程中的主要耗能系统。该标准的实施,进一步加强了集团公司对油气管道固定资产投资项目的节能评估与审查工作,为集团公司从源头抓好节能节水工作,促进企业合理用能、提高能源利用效率起到了积极的作用。

3.《天然气处理固定资产投资项目初步设计节能节水篇(章)编写规范》(Q/SY 1467—2012)

该标准于 2012 年 4 月 28 日发布,2012 年 7 月 1 日实施。

该标准规定了编写天然气处理固定资产投资项目初步设计文件中节能节水篇(章)的一般规定、内容与要求,适用于天然气处理固定资产投资项目新建和改扩建工程项目的初步设计文件中节能节水篇(章)的编写。

标准内容包括范围、规范性引用文件、术语和定义、一般规定、内容与要求等。

该标准编制单位:中国石油天然气股份有限公司西南油气田分公司、中国石油集团工程设计有限责任公司西南分公司、中国石油天然气股份有限公司长庆油田分公司、中国石油天然气股份有限公司塔里木油田分公司。

标准主要起草人为:张德元、陈胜永、陈运强、戴忠、李映年、岑兆海、陆剑波、张余、谢军雄、卢任务、王征、万义秀、王冲、王玉富、张剑波。

4.《炼化能量系统优化技术导则》(Q/SY 1468—2012)

该标准于 2012 年 4 月 28 日发布，2012 年 7 月 1 日实施。

该标准规定了炼化能量系统优化的工作步骤、主要内容和技术要求，包括基本工作流程、现状调研与评估、数据收集、过程模拟、用能评价及节能潜力分析、优化方案制定、优化方案实施和实施效果评价等部分。

该标准适用于炼化企业生产过程能量系统优化工作的实施，新建和改扩建炼化项目的设计以及其他类似生产过程的能量系统优化可参照本标准执行。

标准内容包括范围、规范性引用文件、术语和定义、基本工作流程、现状调研与评估、数据收集、过程模拟、用能评价及节能潜力分析、优化方案制定、优化方案实施、实施效果评价等。

该标准编制单位：中国石油天然气股份有限公司规划总院、中国石油天然气股份有限公司大庆石化分公司、中国石油东北炼化工程有限公司。

标准主要起草人为：段伟、黄明富、游晓艳、赵艳微、杨树林、闫庆贺、纪晔、张莹莹。

该标准依托并总结了中国石油"炼化能量系统优化研究"重大科技专项在炼油、乙烯、炼化一体化公用工程能量系统优化示范工程和推广工程中的实施经验，借鉴了当前国内外炼化能量系统优化的技术方法，结合中国石油炼化业务自身特点凝炼、提升而成。该标准的实施，规范了集团公司炼化能量系统优化工作的步骤、方法、深度和技术要求，指导炼化企业生产过程的能量系统优化，促进能量系统优化技术的全面推广。

5.《石油化工绝热工程节能监测与评价》(Q/SY 193—2013)

《石油化工绝热工程节能监测与评价》(Q/SY 193—2013) 代替《石油化工绝热工程评价及监督管理方法》(Q/SY 193—2007)，于 2013 年 4 月 15 日发布，2013 年 6 月 1 日实施。

该标准规定了石油化工绝热工程节能监测与评价的内容及方法，适用于集团公司石油化工企业绝热工程的节能监测与评价。

标准内容包括范围、规范性引用文件、术语和定义、绝热工程节能监测、绝热工程质量监测、绝热工程绝热效果评价、监测报告等。

与 Q/SY 193—2007 相比，修改了标准名称为《石油化工绝热工程节能监测与评价》；对标准中的第 1 章 "适用范围" 进行了适当修改，细化了石油化工绝热工程节能监测与评价的适用范围；删除了冷损失量、憎水率定义；增加了绝热结构、绝热工程、保温结构表面温升定义；修改了标准的内容并对顺序进行了重新编排，删除绝热工程施工监督管理、绝热工程节能监测与评价；增加细化了绝热工程节能监测；增加了安全规定、测试仪器要求、测点布置、测试参数、测试方法、计算方法；增加细化了绝热工程质量监测；增加了绝热工程施工结束，应在正常运行时对绝热工程绝热效果测试、评价及质量分析；增加细化了绝热工程绝热效果评价；增加了保温效果评价、保冷效果评价和绝热工程评价；增加了规范性附录，设备及管道外表面换热系数的计算、热平衡计算方法、热流计法受表面发射率影响的修正方法、散热（冷）失温差法计算方法、保冷结构凝露表面冷损失量计算方法、热力管网及热设备浪费能源量计算方法；对标准中的内容、顺序进行了重新编排等。

该标准编制单位：中国石油天然气集团公司石油化工节能技术监测中心、中国石油天然气集团公司西北石化节能监测中心、中国石油天然气股份有限公司辽阳石化分公司、中国石油天然气股份有限公司兰州石化分公司。

标准主要起草人为：王毅、刘廷卫、王佐、吴春玲、张玫、赵纯革、杨振国、吕刚。

随着国家和其他行业对绝热工程标准和技术要求的不断更新，减少热（冷）损失、提高绝热工程保温（冷）效率、提高绝热工程的管理水平成为炼油化工企业的必然要求。该标准的修订，对提高企业绝热工程系统的能源利用效率，降低绝热工程的散热（冷）损失，起到了积极的作用。

6.《炼油固定资产投资项目节能评估报告编写规范》（Q/SY 1577—2013）

该标准于 2013 年 4 月 15 日发布，2013 年 6 月 1 日实施。

该标准规定了炼油固定资产投资项目节能评估报告编写的一般规定、内容与要求，适用于建成达产后年综合能源消费量超过（含）3000 吨标准煤（电力折算系数按当量值），或年电力消费量超过（含）$500×10^4$ 千瓦·时，或年石油消费量超过（含）1000 吨，或年天然气消费量超过（含）100 万立方米的新建或改扩建项目节能评估报告的编写。

标准内容包括范围、规范性引用文件、术语和定义、一般规定、节能评估报告内容与要求、节能评估报告格式与体例等。

该标准编制单位：中国石油工程建设公司华东设计分公司、中国石油天然气集团公司节能技术研究中心、中国昆仑工程公司大庆石化工程有限公司。

标准主要起草人为：张崇伟、田慧、王禹、王志刚、张晓光、龚燕、李宇龙、杨树林、张惠玲、郭彦、刘维康、于型伟。

该标准的实施，进一步加强了集团公司对炼油固定资产投资项目的节能评估与审查工作，为集团公司从源头抓好节能节水工作，促进企业合理用能、提高能源利用效率起到了积极的作用。

7.《炼油化工固定资产投资项目初步设计节水篇（章）编写规范》（Q/SY 1579—2013）

该标准于 2013 年 4 月 15 日发布，2013 年 6 月 1 日实施。

该标准规定了编写炼油化工固定资产投资项目初步设计节水篇（章）的一般规定、内容与要求，适用于新建和改扩建炼油化工固定资产投资项目初步设计文件中节水篇（章）的编写。

标准内容包括范围、规范性引用文件、一般规定、内容与要求等。

该标准编制单位：中国石油工程建设公司华东设计分公司、中国寰球工程公司、中国昆仑工程公司大庆分公司。

标准主要起草人为：田慧、蔡玉颖、张敬敏、孙继涛、韩红琪、张晓光、贾明、关菲、罗静仁、高全乐、张惠玲。

该标准对炼油化工固定资产投资项目初步设计节水篇（章）编制内容和具体技术要求进行了规定，为建设项目主管部门和节水部门对项目设计的节水审查和审批提供技术依据。

8.《石油钻井设备节能技术措施效果测试与计算方法》（Q/SY 1580—2013）

该标准于 2013 年 4 月 15 日发布，2013 年 6 月 1 日实施。

该标准规定了石油钻井设备节能技术措施效果测试与计算的基本原则、测试要求、测试准备、测试项目及测试方法、计算方法。该标准适用于石油钻井设备及附属设施的节能测试与计算。

标准内容包括范围、规范性引用文件、术语和定义、基本原则、测试要求、测试准备、测试项目及测试方法、计算方法、计算说明等。

该标准编制单位：中国石油天然气集团公司工程技术节能监测中心、中国石油天然气集团公司工程技术分公司、中国石油集团川庆钻探工程有限公司、中国石油集团西部钻探工程有限公司、中国石油集团长城钻探工程有限公司、中国石油集团渤海钻探工程有限公司、中国石油集团海洋工程有限公司、中国石油大庆钻探工程公司。

标准主要起草人为：李克强、王计平、吴彤、倪昌、杨勇、王凤臣、魏忠华、于德顺、张建、谯国军、冯玥、李江、魏星。

该标准的制定，有利于对钻井队现有的节能技术和产品进行科学、合理的监测评价，并为其推广应用奠定基础。

9.《供用水管网漏损评定》（Q/SY 1125—2014）

《供用水管网漏损评定》（Q/SY 1125—2014）代替《供用水管网漏损评定》（Q/SY 1125—2007），于2014年8月22日发布，2014年10月1日实施。

该标准规定了企业供用水管网漏损的评定指标要求、水量的统计要求及管网漏损率的计算方法，适用于中国石油天然气集团公司所属企业供用水管网漏损的检测与评定，不适用于循环水管网、油田注水管网漏损的检测与评定。

标准内容包括范围、规范性引用文件、术语和定义、管网漏损评定、水计量器具配备、水量统计、计算方法、管网漏水检测等。

与Q/SY 1125—2007相比，修改了标准的适用范围；增加了规范性引用文件；增加了术语"单位供用水量管长"；删除了企业分类；按集团公司业务分类规定了供用水管网漏损率指标；提高了矿区服务业务管网漏损评定的指标；增加了对水计量器具配备规定；增加了企业水平衡测试的规定；附录A增加了总则等。

该标准编制单位：中国石油天然气集团公司节能技术监测评价中心、中国石油天然气股份有限公司大庆石化分公司、中国石油天然气股份有限公司兰州石化分公司、大庆油田有限责任公司、中国石油天然气集团公司西北油田节能监测中心。

标准主要起草人为：廉守军、梁士军、杜永贵、毛国成、刘保迎、王业开、王宇、葛苏鞍、杨军。

该标准的实施，对集团公司内各企业供用水管网漏损控制起到了规范作用，促进了集团公司各企业节水工作的有效开展，提高了水资源利用效率。

10.《炼油化工生产装置工程设计节水技术规定》（Q/SY 1126—2014）

《炼油化工生产装置工程设计节水技术规定》（Q/SY 1126—2014）代替《石油化工装置工程设计节水技术规范》（Q/SY 1126—2007），于2014年8月22日发布，2014年10月1日实施。

该标准规定了炼油化工生产装置工程设计的节水技术要求，适用于新建、改建和扩建炼油化工生产装置的工程设计。

标准内容包括范围、规范性引用文件、术语和定义、通则、新鲜水、蒸汽、除盐水、循环水、污水回用等。

与 Q/SY 1126—2007 相比，修改了标准名称；更新并补充了规范性引用文件；修改了文件中部分用词，将"计量仪表"改为"计量器具"，将"脱盐水"改为"除盐水"；在术语和定义中，删除了部分术语和定义；增加了装置对全厂用水影响分析的规定；修改了配套建设节水设施的规定；修改了水计量器具配备及准确度等级的规定；修改了装置内附属生产用水的规定；补充了新鲜水主管道进行阴极保护的规定；增加了合理划分蒸汽等级的规定；修改了回收蒸汽凝结水热量的规定；增加了回收利用蒸汽凝结水的规定；增加了制备除盐水系统回收清洗水的规定；删除了循环水补充水源确定的规定；修改了循环水系统补充水的规定；删除了循环水系统排污水范畴的规定；增加了循环水系统保有水量与循环水量比值的规定；增加了循环水系统加药方式的规定；增加了循环水系统浓缩倍数取值的规定等。

该标准编制单位：大庆石化工程有限公司、中国石油工程建设公司华东设计分公司。

标准主要起草人为：张惠玲、樊奉瑭、黄祥谦、张代波、田慧、吴迎新。

该标准对炼油化工生产装置工程设计的主要节水技术要求进行了规定，在指导炼油化工工程的节水设计方面发挥了重要的技术保障作用，为规范石油化工生产工程设计节水，以及建设项目主管部门和节能节水部门对项目设计的节能节水审查和审批提供了技术依据，对促进从源头抓好节水工作起到了积极的促进作用。

11.《油田地面工程项目初步设计节能节水篇（章）编写规范》(Q/SY 1185—2014)

《油田地面工程项目初步设计节能节水篇（章）编写规范》(Q/SY 1185—2014) 代替《油田地面工程初步设计节能篇（章）编写通则》(Q/SY 1185—2009)，于 2014 年 8 月 22 日发布，2014 年 10 月 1 日实施。

该标准规定了陆上油田地面工程项目初步设计节能节水篇（章）编写的主要内容，适用于油田新增产能在 5 万吨 / 年以上，扩建和改建工程投资在 5000 万元以上或年耗能在 3000 吨标准煤以上的项目。

标准内容包括范围、规范性引用文件、术语和定义、基本要求、内容等。

与 Q/SY 1185—2009 相比，修改了标准名称；更新并补充了规范性引用文件；删除了术语"工程适用期"；修改了术语"设计综合能耗""设计单位产品（工作量）能耗"；增加了术语"采油污水回注率""工业污水回用率""重复利用率"；增加了"基本要求"；增加了"工程建设方案"；修改了耗能量计算，增加了用水量计算；修改了"节能节水技术措施"；修改了"节能节水效果和水平分析"；修改了"存在问题及建议"；增加了"附图"等。

该标准编制单位：大庆油田工程有限公司、中国石油天然气股份有限公司规划总院、中油辽河工程有限公司。

标准主要起草人为：杨春明、曹万岩、于力、刘博、李效姝、纪汉亮、王金龙、杜树彬、解红军、康国仁、臧秀萍、赵兴罡、魏江东、赵立合、那忠庆、张维娜。

12.《炼油化工水系统优化技术导则》(Q/SY 1820—2015)

该标准于 2015 年 8 月 4 日发布，2015 年 11 月 1 日实施。

该标准规定了炼油化工水系统优化技术的工作流程、主要内容和技术要求，包括应用原则、工作步骤、现状调查和水平衡测试、潜力分析以及优化方案的研究制定和实施等内容，适用于炼油化工企业水系统优化工作，其他企业可参照使用。

标准内容包括范围、规范性引用文件、术语和定义、应用原则、工作步骤、现状调查和水平衡测试、潜力分析及优化方案研究制定、优化方案实施等。

该标准编制单位：中国石油天然气股份有限公司克拉玛依石化分公司、中国石油天然气集团公司节能技术研究中心、中国石油天然气股份有限公司大庆石化分公司、中国石油大学（北京）。

标准主要起草人为：吴思东、冯霄、邓春、刘雪鹏、陈杰、赵艳微、李诚、吕秀荣、王燕、吴盛文、韦海鸥、杨友麒、闫庆贺、庄芹仙、王广河、龚燕、刘博、于型伟。

该标准的实施，对集团公司内各企业水系统优化起到规范作用，促进了集团公司各企业节水工作的有效开展，提高了水资源利用效率。

13.《油气田用天然气压缩机组节能监测方法》(Q/SY 1821—2015)

该标准于 2015 年 8 月 4 日发布，2015 年 11 月 1 日实施。

该标准规定了油气田用天然气压缩机组节能监测项目、方法、评价指标和结果评价，适用于油气田用往复式天然气压缩机组的节能监测。

标准内容包括范围、规范性引用文件、术语和定义、节能监测项目、节能监测方法、评价指标、结果评价等。

该标准编制单位：中国石油天然气股份有限公司西南油气田分公司、中国石油天然气集团公司节能技术监测评价中心、中国石油天然气集团公司西北油田节能监测中心、中国石油天然气股份有限公司长庆油田分公司、中国石油天然气股份有限公司青海油田分公司、中国石油天然气股份有限公司塔里木油田分公司。

标准主要起草人为：赵靓、银小兵、戴忠、廉守军、葛苏鞍、刘全、张余、何中凯、梁海锋、张农林、王立辉、陈志军、赵俊。

该标准的制定，有利于集团公司对油气田用天然气压缩机组进行节能管理，对企业的节能降耗、提高能源利用水平起到了积极的作用。标准的实施，不仅能够促进集团公司油气田用天然气压缩机组节能工作的不断深化，对提高其能源利用效率，降低生产成本和减少 CO_2 的排放起到重要的技术保障作用。

14.《油田固定资产投资项目节能评估文件编写规范》(Q/SY 1822—2015)

该标准于 2015 年 8 月 4 日发布，2015 年 11 月 1 日实施。

该标准规定了油田固定资产投资项目节能评估文件（含节能评估报告书、节能评估报告表）编写的一般规定、内容与要求，适用于新建和改扩建的油田地面工程固定资产投资项目节能评估文件的编写。

标准内容包括范围、规范性引用文件、术语和定义、一般规定、节能评估文件分类、节能评估报告书内容及要求、节能评估报告表内容及要求等。

该标准编制单位：中国石油天然气集团公司规划总院、大庆油田工程有限公司、中国石油天然气集团公司节能技术监测评价中心。

标准主要起草人为：顾利民、吕亳龙、王瑞泉、陈由旺、马建国、解红军、田晶、王宏明、吕莉莉、杨春明、朱英如、曲志君、王金龙。

15.《炼油固定资产投资项目能量平衡方法》(Q/SY 1822—2015)

该标准于 2015 年 8 月 4 日发布，2015 年 11 月 1 日实施。

该标准规定了炼油固定资产投资项目能量平衡的内容和方法，并给出了表格样式，适用于炼油固定资产投资项目能量平衡。

标准内容包括范围、规范性引用文件、一般规定、能量平衡模型、能量平衡分析、能量平衡表样式等。

该标准编制单位：中国石油工程建设公司华东设计分公司、中国石油天然气集团公司节能技术研究中心、中国昆仑工程公司大庆石化工程有限公司。

标准主要起草人为：田慧、张崇伟、刘娜娜、张敬敏、余绩庆、刘博、张惠玲、龚燕、黄明富。

该标准的实施，为建设项目主管部门和节能部门对项目设计的节能审查和审批提供了技术依据。

16.《燃煤电站锅炉节能监测方法》(Q/SY 09001—2016)

该标准于 2016 年 10 月 27 日发布，2017 年 1 月 1 日实施。

该标准规定了燃煤电站锅炉节能监测的检查项目、测试项目、测试方法、考核指标及监测结果评价方法。该标准适用于每小时蒸发量为 75 吨及以上、蒸汽出口压力大于 3.82 兆帕或蒸汽出口温度超过 400℃的燃煤电站锅炉的节能监测。

标准内容包括范围、规范性引用文件、检查项目、测试项目、测试方法、计算方法、监测评价指标、监测结果评价方法、监测报告等。

该标准编制单位：中国石油天然气集团公司石油化工节能技术监测中心、中国石油天然气集团公司节能技术研究中心、大庆油田有限责任公司、中国石油天然气股份有限公司辽阳石化分公司、中国石油天然气股份有限公司大庆石化分公司、中国石油天然气股份有限公司吉林石化分公司、东北电力科学研究院、东北电力大学能源动力学院、中国石油天然气集团公司西北石化节能监测中心。

标准主要起草人为：袁丁、许建选、吕时伟、王佐、张绍林、刘博、惠春、杨振国、王兵、毛国成、杜永贵、李向进、曾庆峰、冷杰、李勇、卓争辉。

17.《气田固定资产投资项目节能评估文件编写规范》(Q/SY 09002—2016)

该标准于 2016 年 10 月 27 日发布，2017 年 1 月 1 日实施。

该标准规定了气田固定资产投资项目节能评估文件（含节能评估报告书、节能评估报告表）编写的一般规定、内容及要求。该标准适用于气田新建和改扩建地面工程固定资产投资项目节能评估文件的编写。

标准内容包括范围、规范性引用文件、一般规定、节能评估文件分类及要求、节能评估报告书内容及要求、节能评估报告书格式与体例、节能评估报告表内容与格式、主要耗能设备一览表、项目能量平衡表等。

该标准编制单位：中国石油天然气集团公司规划总院、中国石油天然气股份有限公司西南油气田分公司、中国石油天然气股份有限公司长庆油田分公司。

标准主要起草人为：吕莉莉、吕亳龙、解红军、曹广仁、马建国、顾利民、魏江东、梁晶、徐源、戴忠、王林平。

18.《炼油化工装置节能监测方法》(Q/SY 09062—2016)

《炼油化工装置节能监测方法》(Q/SY 09062—2016) 代替了《炼油装置节能监测方法》(Q/SY 62—2007) 和《化工装置节能监测方法》(Q/SY 100—2007)，于 2016 年 10 月 27 日发布，2017 年 1 月 1 日实施。

该标准规定了炼油和化工装置节能监测的内容、方法和评价指标。适用于炼油和化工装置的节能监测。

标准内容包括范围、规范性引用文件、术语和定义、监测内容、监测方法、监测评价指标、监测结果分析与评价、监测报告等。

该标准以 Q/SY 62—2007 为主，整合了 Q/SY 100—2007 的部分内容，与 Q/SY 62—2007 相比，修改了规范性引用文件清单；修改了术语"重点耗能设备"；修改了对检查项目的要求；修改了对测试项目的要求；增加了对监测要求的规定；修改了对监测准备的要求；增加了对监测使用的在线仪表和便携式仪表要求的规定；删除了对重点耗能设备测试率的要求；修改了进行计算的一般规定；修改了计算公式；修改了对重点耗能设备合格指标的规定；修改了对单位产品综合能耗合格指标的规定；修改了对监测报告的要求；删除了附录 A、附录 B 和附录 C。

该标准编制单位：中国石油天然气集团公司石油化工节能技术监测中心、中国石油天然气集团公司节能技术研究中心、中国石油天然气股份有限公司辽阳石化分公司、中国石油天然气股份有限公司大庆石化分公司、中国石油天然气股份有限公司吉林石化分公司、中国石油天然气集团公司西北石化节能监测中心。

标准主要起草人为：袁丁、王广河、许建选、吕时伟、王佐、刘博、杨振国、郭彦、王弘历、于型伟、游晓艳、李仁成、杜永贵、刘军、卓争辉。

19.《固定资产投资工程项目可行性研究及初步设计节能节水篇（章）编写通则》(Q/SY 09064—2016)

《固定资产投资工程项目可行性研究及初步设计节能节水篇（章）编写通则》(Q/SY 09064—2016) 代替了《固定资产投资工程项目可行性研究及初步设计节能节水篇（章）编写通则》(Q/SY 1064—2010)，于 2016 年 10 月 27 日发布，2017 年 1 月 1 日实施。

该标准规定了编写固定资产投资工程项目可行性研究报告及初步设计文件中节能节水篇（章）的一般规定、内容与要求。该标准适用于油气田地面工程、输油输气管道工程、炼油化工工程、油气销售网络工程的新建和改扩建工程项目的可行性研究报告及初步设计（基础设计）文件中节能节水篇（章）的编写，其他工程项目可参照执行。

标准内容包括范围、规范性引用文件、术语和定义、一般规定、内容与要求等。

与 Q/SY 1064—2010 相比，修改了规范性引用文件清单；在"术语和定义"中，按照引用文件修改补充定义；删除了部分术语和定义；删除了"一般规定"中关于技术要求的规定；修改了节能节水部分不独立成册时可省略内容的范围；删除了关于对耗能用水状况进行计算的相关规定；删除了耗能用水指标计算分析时填写指标水平对照表的规定；删除了耗能用水指标计算分析附相关数据或数据表的规定；删除了"节能节水措施分析"中关于油气田地面工程及重点耗能设备能效等级的技术措施的相关规定；简化了"计量器具配备"的规定；删除了关于节能节水投资的相关规定；删除了"耗能量和耗能用水指标表格"等。

该标准编制单位：大庆石化工程有限公司、中国石油工程建设公司华东设计分公司、大庆油田工程有限公司。

标准主要起草人为：张惠玲、黄祥谦、樊奉瑭、田慧、李红岩、王宇。

20.《天然气凝液回收装置能源消耗指标计算方法》(Q/SY 09065—2016)

《天然气凝液回收装置能源消耗指标计算方法》(Q/SY 09065—2016)，代替了《天然气凝液回收装置能源消耗指标计算》(Q/SY 1065—2007)，于2016年10月27日发布，2017年1月1日实施。

该标准规定了天然气凝液回收装置能耗指标计算方法。适用于膨胀制冷和冷剂制冷等天然气凝液回收装置能耗指标的计算。

标准内容包括范围、规范性引用文件、基础数据、能量平衡模型和参数、装置能耗指标及计算方法、设备能耗指标及计算方法等。

与Q/SY 1065—2007相比，标准名称由原来的《天然气凝液回收装置能源消耗指标计算》改为《天然气凝液回收装置能源消耗指标计算方法》；修改了规范性引用文件清单；修改了式(18)装置凝液收率；增加了5.1节"装置能源消耗量"计算公式；修改了式(23)膨胀机组效率；删除了氨吸收制冷工艺相关内容；增加了冷剂制冷工艺计算方法；修改了锅炉热效率计算方法和泵机组效率计算方法等。

该标准编制单位：大庆油田有限责任公司、中国石油集团工程设计有限责任公司西南分公司、中国石油天然气股份有限公司吐哈油田分公司、中国石油天然气股份有限公司长庆油田分公司、中国石油天然气股份有限公司新疆油田分公司。

标准主要起草人为：王川甲子、关盛军、杜娟、吕刚、庄学武、徐洁、陈丽英、梁海峰、夏玮。

21.《油气田用加热炉能效分级测试与评价方法》(Q/SY 09003—2017)

该标准于2017年6月28日发布，2017年9月25日实施。

该标准规定了油气田用加热炉能效分级测试方法、管理的基本要求、能效评价方法。适用于油气田用燃气加热炉能效分级测试、能效评价。使用其他燃料的油气田用加热炉可参照执行。

标准内容包括范围、规范性引用文件、加热炉分级测试、加热炉管理的基本要求、加热炉能效评价、三级测试加热炉热效率计算方法、天然气各组分平均比定压热容和密度等。

该标准编制单位：中国石油天然气集团公司东北油田节能监测中心、东北石油大学、中国石油天然气集团公司节能技术监测评价中心、中国石油天然气集团公司西北油田节能监测中心、中国石油天然气股份有限公司辽河油田分公司、大庆油田有限责任公司。

标准主要起草人为：张洪江、徐秀芬、王东、曹莹、张玉峰、付红雷、佟松林、廉守军、曲志军、王玉石、马中山、张贺、马强、刘涛、龚松科。

22.《抽油机及辅助配套设备节能测试与评价方法》(Q/SY 09101—2017)

《抽油机及辅助配套设备节能测试与评价方法》(Q/SY 09101—2017) 代替了《抽油机及辅助配套设备节能测试与评价方法》(Q/SY 101—2011)，于 2017 年 6 月 28 日发布，2017 年 9 月 15 日实施。

该标准规定了抽油机及辅助配套设备节能效果的测试、计算和评价方法。适用于在水力模拟井上对抽油机及辅助配套设备节能效果的测试、计算和评价。

标准内容包括范围、规范性引用文件、术语和定义、测试评价内容、设备及测试仪器配置、测试要求及步骤、数据处理、计算方法、评价方法、测试报告等。

与 Q/SY 101—2011 相比，修改了适用范围；删除了抽油机井的有效功率；增加了参照机中机型、配电柜和电动机的定义；增加了压力计、扭矩扳手和功率分析仪作为主要测试仪器；增加了抽油机的皮带张紧力、盘根松紧度的测试要求；修改了平衡度的测试要求；修改了测试点的选择方案；增加了悬绳器位置一致性的测试要求；增加了改变运行工况下的测试要求；修改了测试步骤；修改了参照机中抽油机的选择；将测试报告修改为测试评价报告；将附录 C 和附录 D 修改为资料性附录等。

该标准编制单位：大庆油田有限责任公司采油工程研究院、大庆油田有限责任公司开发部、中国石油天然气集团公司节能技术监测评价中心、中国石油天然气集团公司西北油田节能监测中心。

标准主要起草人为：王林、王凤山、孙良伟、张乃元、王宏明、田春雨、帕尔哈提·阿布都克里木、李鹏、郑贵、李建阁、王鑫、常瑞清。

23.《蒸汽疏水阀节能监测方法》(Q/SY 09120—2017)

《蒸汽疏水阀节能监测方法》(Q/SY 09120—2017) 代替了《蒸汽疏水阀节能监测方法》(Q/SY 120—2011)，于 2017 年 6 月 28 日发布，2017 年 9 月 15 日实施。

该标准规定了蒸汽和凝结水回收系统中蒸汽疏水阀的节能监测项目、监测方法、考核指标和节能监测结果分析与评价。适用于蒸汽和凝结水回收系统中蒸汽疏水阀的监督检查、测试与评价。

标准内容包括范围、规范性引用文件、术语和定义、节能监测项目、节能监测方法、计算方法、节能监测指标、节能监测分析与评价、节能监测报告等。

与 Q/SY 120—2011 相比，修改了范围中的内容；增加了引用标准；修改了术语"开式安装""闭式安装"定义；增加了部分检查内容；修改了节能监测方法；增加了节能监测评价指标；修改了监测结果分析与评价；修改了节能监测报告；修改了检查记录表；删除了附录 B；对标准中的内容、顺序进行了重新编排等。

该标准编制单位：中国石油天然气股份有限公司辽阳石化分公司、中国石油天然气集团公司石油化工节能技术监测中心、中国石油天然气集团公司西北石化节能监测中心、中国石油天然气股份有限公司吉林石化分公司、中国石油天然气股份有限公司大庆石化分公司。

标准主要起草人为：王毅、杨宇周、卓争辉、张绍林、郭钢、李媛媛、于淼。

24.《油气管道固定资产投资项目初步设计节能篇（章）编写规范》(Q/SY 09372—2017)

《油气管道固定资产投资项目初步设计节能篇（章）编写规范》(Q/SY 09372—2017)代替了《油气管道固定资产投资项目初步设计节能篇（章）编写规范》(Q/SY 1372—2011)，于2017年6月28日发布，2017年9月15日实施。

该标准规定了编写输油输气管道工程项目初步设计节能篇（章）的一般规定、内容与要求。适用于新建和改扩建输油输气管道工程项目的初步设计文件中节能篇（章）的编写。

标准内容包括范围、规范性引用文件、术语和定义、一般规定、内容与要求等。

与 Q/SY 1372—2011 相比，修改了规范性引用文件清单；在"术语和定义"中，按照引用文件修改补充定义；增加了"一般规定"中关于对能评意见响应的规定；增加了"内容与要求"中关于主要耗能设备行业准入分析的规定；增加了"内容与要求"中关于能源计量器具配备的规定；增加了"内容与要求"中关于《节能评估报告》意见的采纳情况的规定；增加了"能耗数据采集和远传要求"等。

该标准编制单位：中国石油管道局工程有限公司、中国石油集团工程设计有限责任公司西南分公司。

标准主要起草人为：张文伟、高莘仙、何绍军、王彦、朱坤锋、李艳、杜庆山、周长才、章磊、李巧、李璞、杨朔。

25.《炼油化工固定资产投资项目初步设计节能篇（章）编写规范》(Q/SY 09373—2017)

《炼油化工固定资产投资项目初步设计节能篇（章）编写规范》(Q/SY 09373—2017)代替了《炼油化工固定资产投资项目初步设计节能篇（章）编写规范》(Q/SY 1373—2011)，于2017年6月28日发布，2017年9月15日实施。

该标准规定了编写炼油化工固定资产投资项目初步设计节能篇（章）的一般规定、内容与要求。适用于新建和改扩建炼油化工工程项目的初步设计文件中节能篇（章）的编写，其他工程项目可参照执行。

标准内容包括范围、规范性引用文件、一般规定、内容与要求等。

与 Q/SY 1373—2011 相比，修改了规范性引用文件清单；删除了"一般规定"中关于计算方法的规定；增加了"一般规定"中关于节能评估的要求；修改了"内容与要求"中工程概况的内容；增加了"内容与要求"中能耗计算分析关于工艺装置折标系数以及对照的标准；修改了"内容与要求"中能耗计算分析关于全厂炼油能量因素取值依据；修改了"内容与要求"中能耗计算分析关于全厂能耗水平的要求；增加了"内容与要求"中关于全厂能耗水平分析的重点内容；修改了"内容与要求"中工艺装置节能措施中优化工艺参数分析的内容；修改了"内容与要求"中公用工程与辅助系统节能措施的内容；增加了"内容与要求"中全厂性节能措施的"c) 全厂性能源管控优化方案"和"k) 循环水场压力匹配"内容；修改了"内容与要求"中节能效果、结论与建议的内容等。

该标准编制单位：中国石油工程建设有限公司华东设计分公司、中国寰球工程公司、大庆石化工程有限公司。

标准主要起草人为：田慧、张敬敏、贾明、张惠玲、王宇、张崇伟、谢崇亮、张晓光、王志刚、王禹。

26.《节能监测报告编写规范》(Q/SY 09578—2017)

《节能监测报告编写规范》(Q/SY 09578—2017)代替了《节能监测报告编写规范》(Q/SY 1578—2013)，于2017年6月28日发布，2017年9月15日实施。

该标准规定了节能监测报告编写的内容和编排格式。适用于中国石油天然气集团公司所属节能监测机构节能监测报告的编写。

标准内容包括范围、规范性引用文件、节能监测报告组成、封面、声明页、签署页、正文、尾页、打印装订等。

与Q/SY 1578—2013相比，修改了适用范围；修改了报告编号标识方法；增加了正文格式内容；删除了"9报告附件"章节；修改了规范性附录B；增加了规范性附录E等。

该标准编制单位：中国石油天然气集团公司石油化工节能技术监测中心、中国石油天然气集团公司节能技术监测评价中心、中国石油天然气集团公司西北油田节能监测中心、中国石油天然气集团公司西北石化节能监测中心、中国石油天然气股份有限公司辽阳石化分公司。

标准主要起草人为：李仁成、杨宇周、王佐、王毅、王宏明、王业开、葛苏鞍、卓争辉、杨振国。

五、节能节水企业标准的实施、宣贯和培训

1.《节能节水统计指标及计算方法》(Q/SY 61—2011)

该标准发布实施后，规范了集团公司节能节水统计工作，并在中国石油节能节水管理信息系统（以下简称"E7"）中得到了实施和应用。并结合集团公司2012年和2014年人事培训计划，先后举办了2期集团公司节能节水统计培训班，对该标准的有关内容集中进行了重点宣贯和讲解，每期均有集团公司所属110余家企业的节能节水统计及管理人参加培训。通过培训，各企业节能管理人员的节能节水统计工作的认识和水平有了提高和认识，更深刻理解和领会了节能节水有关统计指标、计算方法和相关基础知识，为集团公司规范节能节水统计工作、提高统计管理水平打下了坚实的基础。

2.《炼化能量系统优化技术导则》(Q/SY 1468—2012)

2013年3月，为加深集团公司各炼化企业对能量系统优化技术的认识、掌握和运用，组织召开炼化企业节能管理人员和技术人员的培训班，对企业标准《炼化能量系统优化技术导则》的主要内容进行了宣贯。通过此次集中培训，各炼化企业节能管理人员深入了解了当前集团公司节能工作面临的形势及工作重点，学习了国际炼化过程系统优化的先进技术，为今后在集团公司全面、持续开展炼化能量系统优化工作打下了良好的基础。在炼化生产过程能量系统优化技术推广应用的过程中，按照该标准对现状调研与评估、数据收集、过程模拟、用能评价及节能潜力分析、优化方案制定、优化方案实施和实施效果评价等的相关要求进行实施，取得了良好的效果，有力支撑了项目目标的实现。截至2016年6月，已开发模拟模型179套，制定优化方案261项，其中已实施或正在实施85项优化方案，预计可取得节能量12.4万吨标准煤以上、增效2.7亿元/年以上。

3.《节能监测报告编写规范》(Q/SY 1578—2013)

该标准发布实施后,规范了集团公司节能监测报告编写内容、格式等,并在 E7 系统中得到了实施和应用。先后于 2013 年 8 月和 2015 年 9 月,在集团公司节能监测培训班上,对集团公司节能监测机构开展了相关内容的培训和宣贯工作。通过培训以及 E7 系统的上线运行,该标准在集团公司范围内得到了较好的实施和应用,各企业节能监测管理人员工作水平有了新的提高和认识,更深刻理解和领会了节能监测以及报告编制等相关基础知识,为集团公司规范节能监测工作、提高节能监测管理水平打下了坚实的基础。

第九章 信息化建设

集团公司高度重视节能节水业务与信息化业务的融合工作，随着节能节水业务的持续推进，先后开发了节能统计报表系统、节能节水管理系统、能效改进管理系统和能效管理信息系统等。根据集团公司"十二五"信息技术总体规划的部署，完成了集团公司节能节水管理系统的建设工作，进一步提升了集团公司节能节水管理信息化水平。

第一节 集团公司节能节水管理系统建设

中国石油作为产能耗能大户，一直以来高度关注集团公司节能节水的整体有效管理。"十二五"期间，在既要增储上产，又要节能减排的双重压力下，为了有效把握集团公司能耗综合信息、了解企业能耗结构、构建节能节水业务的精细化管理、实现降本增效的目标，集团公司进一步加大了节能节水业务管理力度，以信息化手段促进节能降耗成为一种必然选择。在"十二五"信息技术总体规划中启动建设集团公司节能节水管理系统项目。

一、《集团公司节能节水管理系统》项目概述

随着国家对央企节能工作的越来越重视，节能工作的形势越来越严峻，中国石油信息化的迅速推进，中国石油建设适应业务发展的信息化系统的内外环境更加成熟，在集团公司质量安全环保部与信息管理部的共同推动下，拟建立《集团公司节能节水管理系统》项目。项目建设经历了前期方案研究、可行性研究、项目立项、现状调研及需求分析、详细设计、系统开发测试、试点实施、全面推广实施、双轨试运行、正式上线运行及运维等阶段。在项目各个阶段，业务部门与信息部门密切配合，为项目顺利推进打下了坚实基础。

1. 立项前研究

随着中国石油信息化建设的快速发展，集团公司质量安全环保部意识到信息化的高速发展有利于业务的规范化，信息化系统的建立有助于在宏观层面把控节能节水管理的现状及发展趋势，同时，通过信息化技术服务手段，能大大提升能源利用效率，促进和保障能源管理水平稳步提升，实现企业降本增效，因此建立集团公司节能节水管理系统刻不容缓。2009年10月，集团公司质量安全环保部与信息管理部商讨正式开展《节能节水管理系统建设方案研究》。信息管理部门在众多内部支持单位中甄选，确立以中国石油勘探开发研究院西北分院（以下简称西北分院）为主体研究单位开展方案研究。为了保证业务与信息的密切融合，西北分院和中国石油规划总院（以下简称规划总院）成立联合项目组，展开项目研究工作。研究过程中，通过实地调研、电话调研及问卷调研等多种调研方式，调研分析中国石油节能管理业务现状和现有相关系统，参考国内外节能系统最佳实践，结合国家及中国石油节能未来发展趋势和先进管理理念，研究制定了《中国石油节能管理系统建设方案》。该方案以促进节能管理规范化、标准化，实现节能管理资源共享，并为进一步提高集团公司节能管理决策水平、管理水平和公司的经济效益提供决策支持为目的，功能设计

满足集团公司节能业务管理需求,为系统正式立项建设打下了很好的基础。该研究项目于2010年9月10日通过了集团公司信息管理部组织的专家组验收。

在前期研究得到初步论证后,2010年10月8日,集团公司信息管理部发函正式委托中国石油勘探开发研究院西北分院编制《中国石油节能节水管理系统可行性研究报告》。从2010年10月开始,在前期研究成果的基础上,联合项目组正式展开节能节水管理系统可行性研究的研究论证工作。2010年11月11日,由信息管理部和质量安全环保部联合召开可行性研究项目启动会。随即联合项目组展开对集团公司所属企事业单位的大范围调研。通过多次走访,集团公司质量安全环保部、各专业分公司进一步确定管理层对系统的实际需求和期望,根据管理层意见有针对性地挑选重点企业实地调研、考察,同时通过大范围企业问卷调研,详细了解企业对系统的建设及应用需求。联合项目组为了保障系统的可行性方案达到国际先进,约集多家知名咨询商进行沟通、交流,吸取国内外先进理念及建设经验,使可行性方案加快落地。可行性研究方案进一步论证了建设系统的必要性,确定了项目的总体目标、各阶段目标、建设范围及试点单位,对项目需求进行了更为详实的分析,设计了满足业务需求的系统功能。

1)项目目标

项目的总体目标是"十二五"期间在整个中国石油部署完成节能节水信息管理系统,满足总部、专业分公司和企业三级用户的节能节水业务管理需求,探索重点耗能企业的能耗实时监控,建立标准的数据管理规范。在深入统计的基础上,增加系统的数据分析和挖掘能力,实现节能节水日常工作信息化管理,为各层级管理者提供决策支持。

试点阶段的目标是根据专业分公司的管理和业务需求,设计和开发出应用系统,并选择有代表性的企业完成系统的试点工作,验证系统满足管理和业务需求的能力。通过试点建设,逐步完善系统功能,以适应不同业务类别、不同管理模式的要求,并制订相关推广模板,保证系统可以在企业全面实施。

推广阶段的目标是完成119家企业节能节水管理系统的全面推广部署,通过宣贯和培训,建立科学、规范、合理的管理流程,规范各企业节能节水相关业务的制度及业务流程,总结推广过程中的有益经验,持续改进系统功能,为节能节水业务的管理提供支持。

2)建设范围

建设范围包括组织范围、业务范围、功能范围、接口范围。组织范围包括集团公司总部机关处室质量安全环保部,勘探与生产、炼油与化工、销售、天然气与管道、工程技术、工程建设、装备制造等7家专业分公司和隶属各专业分公司的企事业单位和所属基层节能节水数据录入单位,集团公司直属节能技术研究及监测机构。业务范围包括系统的设计及开发,建立集中的节能节水管理系统软硬件基础设施平台,系统的部署规划、投资估算、效益及风险分析,通过项目实施建立节能节水管理系统持续运营支持的技术服务团队。功能范围包括门户、节能统计管理、节能项目管理、节能监测管理、对标管理、能评管理、能源审计、节能考核管理、节能节水技术库、节能队伍管理、系统管理。接口范围是通过定义标准的接口规范,明确与现有相关统建信息系统的数据接口,其中主要考虑与A2油气水井生产数据管理系统、PPS管道生产管理系统、MES炼油与化工运行系统、ERP企业资源计划等系统的数据接口实现，并探索重点耗能设备和特定条件的 DCS、SCADA 设备实时数据采集接口的实现。

3）试点单位

根据业务特点及对企业现有环境要求，试点单位选择冀东油田分公司、新疆油田分公司、克拉玛依石化分公司、兰州石化分公司和西部管道分公司 5 家单位。

2011 年 7 月 27 日，集团公司节能节水管理系统可行性研究报告得到批复。批复文号：中油信〔2011〕328 号。2011 年 8 月 12 日，在北京召开了由信息管理部、安全环保与节能部、各专业分公司、5 家试点单位和项目承建单位共同参与的集团公司节能节水管理系统项目启动大会，标志着节能节水管理系统项目正式开始项目建设工作。在建设阶段初期，成立了由集团公司信息管理部、质量安全环保部、专业分公司及承建单位主管领导组成的项目指导委员会。西北分院和规划总院作为内部支持队伍在信息和业务方面高度融合，同时为了保障项目的先进性和顺利开展，通过招投标方式引入了国际知名咨询商 IBM 公司，新的联合项目组成立。项目组分为总体组、数据标准组、业务建模组、系统研发组、项目实施组、系统运维组等 6 个小组，确保了项目从需求调研、方案设计、系统开发、系统测试等各阶段的顺利、高效开展。组织机构框架图如图 9-1 所示。

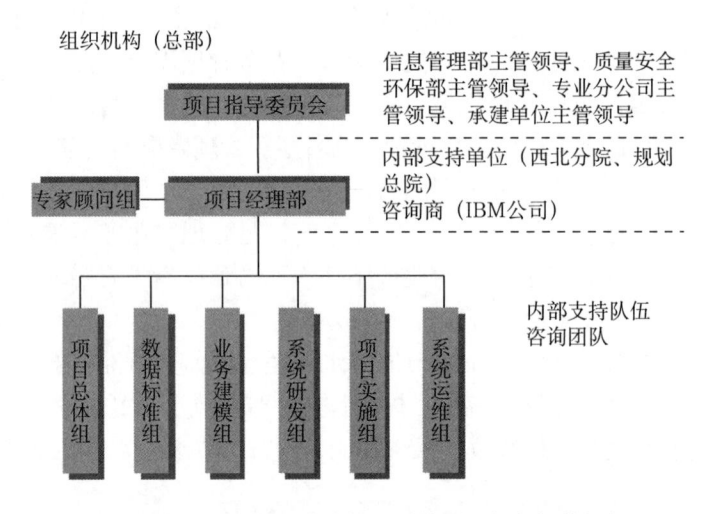

图 9-1　集团公司节能节水管理系统项目组织机构框架图

2. 需求分析

需求分析是软件开发项目中最重要的一个阶段。软件需求分析的质量对软件开发的影响是深远的、全局性的，高质量需求对软件开发往往起到事半功倍的效果，所谓"磨刀不误砍柴工"，在后续阶段改正需求分析阶段产生的错误将付出高昂的代价，因此项目组在 2012 年 2—8 月花了大量的时间和精力认真对待需求分析过程中的每一个环节。针对集团公司 7 大专业分公司的不同业务，项目组采取"试点+重点+问卷调研+集中调研+专题研讨+分析确认"的非常"6+1"工作方法，全面深入地梳理需求，为系统设计打下坚实的基础。

2012年2月下旬，项目组分3个小组进行5家试点单位的调研，涉及63个处室，204人次，全面覆盖节能统计、节能考核、节能监测、节能项目管理、节能对标管理、能源审计、能评管理、节能队伍管理、节能技术管理、重点耗能耗水设备管理业务等节能节水业务。

试点单位调研结束后，项目组对搜集到的资料进行分类总结、整理和分析，并确定了下一轮进行现场调研的13家企业。4月9—20日，项目组用2周时间，分5组对大庆油田、辽河油田分公司、长庆油田分公司、西南油气田分公司、大庆石化分公司、吉林石化分公司、辽阳石化分公司、四川石化分公司、管道分公司、中国石油北京天然气管道有限公司、川庆钻探、管道局工程有限公司、宝鸡石油机械有限责任公司等13家企业进行了现场需求调研。现场调研的同期，展开对其余124家企事业单位的问卷调研，搜集需求。

通过大面积的需求搜集及梳理，项目组发现了诸多业务上的异同，为了使系统设计更符合不同单位的业务需求，项目组于2012年4月24日和25日，在北京召开25家重点单位集中调研会议。项目组在主会场向与会单位汇报了项目的背景，调研情况和存在的主要问题，通过勘探、炼化、管道及综合等4个分会场听取并讨论各与会代表的不同需求。

通过近4个月的试点调研、现场调研、重点单位集中调研和问卷调研结果，项目组对集团公司的节能节水业务进行了全面的分析，并于2012年5月15日将项目调研成果向信息部门和业务部门进行汇报。业务部门针对调研结果指出还需要进一步组织专家分专题讨论，对现状和需求认真研究。2012年6月15—27日，由集团公司安全环保与节能部会同项目组分5个专题邀请各企事业单位资深专家进行专题研讨：6月15日节能监测业务专题研讨会、6月19日勘探与生产板块专题研讨会、6月20日炼油与化工板块专题研讨会、6月26日天然气与管道板块专题研讨会、6月27日销售板块专题研讨会。专题研讨会对于总体业务框架、统计业务模式、考核和对标等模块的方案达成了一致意见。另根据专题研讨会小组意见，对大连液化天然气、大连海运、昆仑燃气、润滑油公司等4家业务较为特殊的企业进行补充现场调研。按照项目计划，要求调研企业32家，实际试点加重点调研企业共计43家，占全部实施企业的35%。

在系统集成方面，为了充分发挥现有信息化成果的价值，同时也为了减少人工录入工作量，保证各口径数据的一致性，项目组对部分统建系统和业务相关系统进行了广泛的调研。已建的统建系统包括管道生产系统、天然气与管道ERP系统、油气水井生产数据管理系统、矿区服务系统、健康安全环保系统、炼油与化工运行系统和其他在用的业务相关系统，包括能效管理系统、炼化评价及分析系统、金森特综合管理系统等进行调研，进一步确定系统集成的可行性。通过对各系统现状及功能、数据的分析，最终确定与管道生产系统集成，取代能效管理系统及炼化评价及分析系统，能效管理系统和炼化评价及分析系统的历史数据将通过数据迁移导入节能节水管理系统，金森特综合管理系统数据将通过模板导入功能实现数据重用。

为了吸取国内外同行业先进经验教训，项目组通过多种渠道了解和调研国内外同类企业，探索针对中国石油节能节水管理系统的最佳建设方案。从国内外调研和专业咨询厂商交流访谈我们得知，尚未有与中国石油相当规模的同行业公司拥有涵盖石油化工企业上游、中游、下游全业务体系的节能节水管理系统的成功案例，但中国海洋石油的积极探索已为中国石油建设集团公司层面的节能节水管理系统建立了信心，同时其已经尝试上线的节能减排系统为中国石油的建设规划提供了很好的借鉴经验。首先从技术方面，系统提供修改维护功能，灵活地设置系统参数，以便根据业务需求，来更改数据的计算方式和汇总方式；从用户的角度上全面考虑报表设计方式，将报表定义按照业务和使用功能进行详细划分。比如：报表自动计算功能，输入某些数据项后，根据预先设置好的运算规则自动得出结果；灵活地展示数据，用户选择需要的数据项，就会生成相应的报表；系统提供全面的模板，用户根据需求自定义能耗和水耗的报表；为系统提供多种数据录入方式：如手工录入、自动采集等。为没有使用自动采集的企业，保留自动采集方式的接口，以备企业在自动采集条件成熟时，系统提供支持；建立企业级平衡表，完成对能源消耗的审计。根据不同的需求，可以自定义多样的平衡报表，以满足同行业不同企业之间存在的不同能源类型的能源消耗统计；从同行业、同类企业等多种角度做能耗指标对比分析。所属多企业之间做对标、汇总分析；报表自动生成和灵活地导入导出（Excel，PDF）功能；数据字典、指标的灵活定义；在汇总的报表中，能够通过高级查询直接查看汇总项目以及历年统计数据；自动导入去年同期数据，方便各数据项的比较分析。自动汇总下属单位的报表数据；灵活定义指标项：通过每个数据项定义的固定指标ID，可以检索到相应报表中的各项指标值；计量单位多样化支持，系统定义标准单位和换算指标，这样可以满足不同用户的使用习惯；提供了分级设置功能权限和数据权限的功能，可防止用户越权访问数据，同时提供了数据备份恢复机制，可确保企业能源数据的安全；建立知识库，可以把国家的政策法规、企业的规章制度等在系统中共享，方便业务人员随时查看；建立用户行为日志记录；对需要改良的领域提出预警；能灵活地与现有信息系统进行连接，并有效使用数据采集系统；系统能够生成多种报告，如审计报告、监测报告、能评报告；制定关键绩效指标（KPI）和能效报告，监测各层级节能节水业务绩效，对节能情况进行更为详尽的分析。管理方面着重解决共性需求，允许企业在共性基础上深入拓展开发；在开发系统时，制定相关配套制度和标准；在详细设计的需求调研中，主管业务部门积极参与、主动配合；集团公司可以监控到基层单位的数据并对此审核，对不能通过审核的数据提供反馈意见，保障数据的有效填报。通过文档管理可以查询历年考核结果；在实施推广方面，整体规划，分期实施，把握重点，尽快见效；软件开发尽量集成成熟软件，以减少开发量，缩短工期，降低成本和风险；通过最优实践，优化对现有设施的运营；指出优化改革方向，找到节能项目投资的机会；建立强有力的能源管理系统以支持能源利用的持续提升；寻找节能领域和节能机会，并对项目实施前后的关键绩效指标进行监控对比；对企业的能效持续改进工作进行监控和评级，全面掌握各企业的能源管理水平和能效改进力度。

需求分析阶段通过大面积的业务现状调研及需求分析，项目组共计梳理确认了9个业务模块、37个子业务模块、93个功能点，涉及14个节能节水管理流程。系统功能需求分析结果如下：

（1）统计管理。统计管理需求说明见表9–1。

表 9-1 统计管理需求说明

模块名称	二级模块	三级模块	功能需求说明	用户
统计管理	基础信息配置	填报人员维护	对组织与节水工作人员信息进行维护（增加、修改、删除）	节能中心、企业、二级单位、基层单位
		报表与组织人员关系维护	将各表报表分配给相应的组织/人员进行相关功能操作，定义各组织/人员需要填报、审核、复核哪些报表（包括统计报表、数据采集表）	节能中心、企业、二级单位、基层单位、运维中心
		报表参数维护	包括折标煤系数、折标油系数、可比价折算系数、装置能量因数等	节能中心、企业、二级单位、基层单位、运维中心
		数据采集表填报	提供人工数据录入、与其他模块系统接口导入、离线电子文档（如Excel）导入三种人员方式；在数据填报时表内数据项之间的逻辑关系校验，在数据填报时各表之间的逻辑关系校验，同一指标值的历史数据比对校验	企业、二级单位
	报表填报管理	数据采集表审核	对采集文报文的数据审核操作，支持单张报表与批量报表审核	企业、二级单位
		数据采集表平衡	对采集表中的数据进行手工平衡	企业、二级单位
		采集表综合查询管理	提供对采集表数据的综合查询功能	节能中心、企业、二级单位、基层单位
		企业统计表生成	在采集表数据全部填报并审核通过后，由系统自动根据数据采集表数据生成集团统计报表数据	企业
		企业统计表平衡	对采集表中的数据进行手工平衡调整后提交审核	企业
		企业统计表审核	对各类统计表企业上报的报表	节能中心
		企业统计表综合查询管理	提供对统计表数据的综合查询功能	总部、专业分公司、节能中心、企业
	统计分析应用	汇总表生成	按照集团公司、专业公司、二级单位统计汇总要求生成各类固定格式汇总报表	总部、专业分公司、节能中心、企业、二级单位
		汇总表综合查询管理	提供对汇总表数据的综合查询功能；按照月度进行能耗报表上传、下载，以及历史报表查询	总部、专业分公司、节能中心、企业、二级单位
		关键指标多维分析	针对关键指标进行分析管理，图表展现包括历史趋势图、各单位比较直方图、占比饼图、仪表盘、关联分析等	总部、专业分公司
		数据定制输出	根据集团内部其他部门（如规划计划部）、国家各部委节能方面的报表要求输出相应的统计数据	总部、企业

(2) 考核管理。考核管理需求说明见表 9-2。

表 9-2 考核管理需求说明

模块名称	二级模块	三级模块	功能需求说明	用 户
考核管理	企业内部考核	计划维护	对考核计划进行增删改查	企业、二级单位
		定量指标设定分解	针对下级单位设定分解考核指标	企业、二级单位
		计划下达	下达考核计划	企业、二级单位
		数据维护	合并统计数据采集模块实现	企业、二级单位
		考核指标监控	节能指标监控、预警	企业、二级单位
		指标评定	通过统计模块实现数据采集评定定量指标的考核结果，根据考核细则评定定性指标结果	企业、二级单位
		先进单位推荐	根据考核结果推荐先进基层单位	企业
	节能节水型企业考核	计划维护	对考核计划进行增删改查	总部、专业分公司、运维中心
		节能节水指标分解设定	针对下级单位设定分解考核指标	总部、专业分公司
		计划下达	下达考核计划	总部、专业分公司
		节能节水指标监控	节能指标监控、预警	总部、专业分公司、企业
		企业自评	根据考核评分细则对各项打分	企业
		现场考核	现场考核分值记录	总部、专业分公司
		板块评定	专业公司汇总现场考核情况，上报集团公司总部现场考核总体情况报告	专业分公司
		结果评定	由集团公司评定节能节水型先进企业和先进基层单位	总部
	指标库管理	指标维护	分级对指标库进行增删改查	总部、专业分公司、企业、运维中心
	能源需求预测	需求预测	选取指标和预测算法进行能源需求预测	总部、专业分公司、企业

(3) 监测管理。监测管理需求说明见表 9-3。

表 9-3 监测管理需求说明

模块名称	二级模块	三级模块	功能需求说明	用 户
监测管理	监测计划管理	监测需求上报	监测需求内容制定	二级单位、监测中心
		监测计划制定	监测计划内容制定和附件管理	专业分公司、企业
		监测计划跟踪	监测计划完成率统计	集团公司、专业分公司、企业、二级单位、监测中心
		委托测试	委托书管理和数量统计	企业、二级单位、监测中心

续表

模块名称	二级模块	三级模块	功能需求说明	用　户
监测管理	监测计划管理	复测推荐	上年度不合格设备复测推荐	企业、二级单位
	监测方案管理	监测方案维护	对监测方案进行文档管理	监测中心
	监测数据管理	合格指标配置	提供监测合格指标的配置功能，用户可以方便地对设备的合格指标值进行调整	监测中心
		监测数据计算	提供监测数据 Excel 导入功能；提供监测数据的在线录入、修改、删除的功能；提供源数据到结果数据的计算功能；依据监测指标计算监测设备的合格数量和合格率	监测中心
		监测数据导入	提供监测数据的导入功能	监测中心
		监测数据分析	提供监测计划完成率的统计分析	总部、专业分公司、企业、节能中心
			提供监测设备合格率的统计分析	总部、专业分公司、企业、节能中心
	监测报告管理	监测报告模板维护	提供监测报告模板上传、下载、查询功能	运维中心
		监测报告维护	提供监测报告的上传、下载、查询功能	总部、专业分公司、企业、二级单位、基层单位、监测中心
	整改跟踪管理	整改措施记录	记录整改活动所对应的具体措施	企业、二级单位
		整改报告管理	提供整改报告的上传、下载、查询功能	二级单位
	监测仪器管理	仪器台账管理	监测仪器基本信息的维护	监测中心
		仪器检定记录	对监测仪器的检定记录进行跟踪管理	监测中心
	监测人员资质管理	监测人员资质维护	监测人员基本信息的维护	总部、专业分公司、企业、二级单位、基层单位、节能中心、监测中心
		监测人员资质查询	监测人员基本信息的查询	总部、专业分公司、企业、二级单位、基层单位、节能中心、监测中心

（4）项目管理。项目管理需求说明见表 9-4。

表 9-4　项目管理需求说明

模块名称	二级模块	三级模块	功能需求说明	用　户
项目管理	项目需求库	项目需求维护	项目需求的增、删、改、查；立项状态维护	企业、二级单位
	节能项目库管理	节能项目基本信息维护	节能专项/自筹的分权限查看，审核，删除，修改等	节能中心、企业、运维中心

续表

模块名称	二级模块	三级模块	功能需求说明	用　户
项目管理	节能项目库管理	节能项目添加	节能专项/自筹的添加、子项的添加	节能中心、企业、运维中心
	节能项目过程管理	节能专项/自筹项目过程维护	未实施、可研与初设阶段、施工阶段、试运行阶段、验收完成阶段、后评价阶段相关信息录入和暂停项目、申请审核、月进展填报、变更信息记录等功能	企业、二级单位
	合同能源管理（EMC）	EMC项目信息维护	对EMC项目的增、删、改、查	企业、二级单位
		EMC项目过程维护	EMC项目的可研与初设维护、施工阶段维护、试运行阶段维护、验收完成阶段维护和合同运行阶段信息维护	企业、二级单位
	项目评定管理	项目评定维护	系统分板块根据节能量、节水量、静态投资回收期、技术成熟度、推广前景等指标对项目自动打分	节能中心、运维中心
			节能中心选取项目进入最佳项目库	节能中心
	项目检索统计	检索	多条件检索	总部、专业分公司、节能中心、企业、二级单位
		统计、汇总	多维度汇总项目，输出图表	总部、专业分公司、节能中心、企业、二级单位

（5）能评管理。能评管理需求说明见表9-5。

表9-5　能评管理需求说明

模块名称	二级模块	三级模块	功能需求说明	用　户
能评管理	能评过程管理	节能评估信息与评审意见管理	能评项目基本信息管理	总部、专业分公司、企业、二级单位
		能评项目新增能耗情况管理	节能评估报告中的相关节能措施信息： （1）初步设计方案中的体现落实情况； （2）施工过程监督检查情况； （3）竣工节能验收情况； （4）检查、验收过程中整改项目跟踪情况	企业、二级单位
	能评模板管理	能评模板管理	可研报告节能篇（章）模板； 节能评估报告书模板； 节能评估报告表模板； 节能登记表模板	总部、专业分公司、节能中心
	能评查询	能评项目查询	按项目名称、项目专业、项目类型、申报企业、项目投资、能评是否通过、能评单位等多条件组合查询，支持用户自定义的即席查询	总部、专业分公司、企业、二级单位

（6）能源审计管理。能源审计管理需求说明见表9-6。

表 9-6 能源审计管理需求说明

模块名称	二级模块	三级模块	功能需求说明	用户
能源审计管理	管理审计计划	维护审计计划	创建各层级审计计划（集团/专业公司/企业）并进行维护（修改、删除）	总部、专业分公司、企业
		查询审计计划	审计计划查询	总部、专业分公司、企业、二级单位
	管理审计活动	维护审计活动	被审计单位根据审计计划创建审计活动、审计活动完成后提交审计结果，审计计划发布方审核	企业、二级单位
		查询审计活动	审计活动查询	总部、专业分公司、企业、二级单位
	管理整改活动	维护整改活动	针对审计结果进行相关整改项信息管理（增加、修改、删除）	企业、二级单位
		查询整改活动	整改内容查询	企业、二级单位

（7）对标管理。对标管理需求说明见表 9-7。

表 9-7 对标管理需求说明

模块名称	二级模块	三级模块	功能需求说明	用户
对标管理	建立对标指标库	维护纵向标杆数据	收集和维护本企业的历史标杆数据	专业分公司、企业、二级单位、基层单位
		维护横向标杆数据	收集和维护国外企业、国内企业、中国石油内部其他企业的标杆数据	专业分公司、企业、二级单位
		维护理论标杆数据	针对企业典型系统/装置/设备，收集和维护相关指标的理论标杆数据	节能中心、二级单位、基层单位
		标杆数据查询	为不同层级指标提供标杆数据查询功能	总部、专业分公司、节能中心、企业、二级单位、基层单位
	管理对标活动	对标分析与改进	创建对标活动，分析企业当前的用能情况，选定对标指标和对标标杆，分析对标结果，并根据对标找出的差距，制定对标指标改进措施和实施方案，编制对标分析报告，实施对标改进	专业分公司、企业、二级单位、基层单位
		对标实践总结	评估能效对标活动成效，分析对标指标改进方案的科学性和有效性，编制对标总结报告	专业分公司、企业、二级单位、基层单位
		维护能效对标最佳实践库	总结对标实践过程中形成的行之有效的措施、手段等，更新维护能效对标最佳实践库	专业分公司、节能中心、企业、二级单位、基层单位

（8）节能队伍管理。节能队伍管理需求说明见表 9-8。

表 9-8 节能队伍管理需求说明

模块名称	二级模块	三级模块	功能需求说明	用 户
节能队伍管理	节能组织	组织机构管理	节能组织体系及相关人员维护	总部、专业分公司、节能中心、企业、二级单位
		节能机构管理	节能机构（监测机构、能评机构、审计机构）基本信息维护	总部、专业分公司、节能中心、企业、二级单位
		节能专家管理	节能专家信息维护（外部专家和内部专家，添加、修改、查看、删除）	总部、专业分公司、节能中心、企业、二级单位
	节能培训	培训计划	节能培训计划创建及维护	总部、专业分公司、节能中心、企业、二级单位
		培训记录	培训结果基本信息（培训名称、时间、地点、人员、内容、培训结果及相关证书等）维护	总部、专业分公司、企业、二级单位
	节能宣传	宣传管理	节能宣传活动信息维护	专业分公司、企业、二级单位
	节能荣誉	科研成果获奖	节能相科研成果获奖信息维护	专业分公司、企业、二级单位
		节能项目获奖	节能项目获奖信息维护	专业分公司、企业、二级单位
		节能论文专著	节能论文专著信息维护	专业分公司、企业、二级单位
		个人荣誉	节能相关个人荣誉信息维护	专业分公司、企业、二级单位
		单位荣誉	节能相关单位荣誉信息维护	专业分公司、企业、二级单位

（9）节能技术管理。节能技术管理需求说明见表 9-9。

表 9-9 节能技术管理需求说明

模块名称	二级模块	三级模块	功能需求说明	用 户
节能技术管理	节能技术共享管理	节能技术维护	节能技术信息添加（节能技术基本信息、适用范围及技术内容概要介绍、关联应用案例、技术评价等），节能技术信息维护（修改、删除）	总部、专业分公司、节能中心、企业、二级单位
		节能技术查询	节能技术查询	总部、专业分公司、节能中心、企业、二级单位
		节能案例维护	添加节能案例，维护节能案例（修改、删除）	总部、专业分公司、节能中心、企业、二级单位

续表

模块名称	二级模块	三级模块	功能需求说明	用户
节能技术管理	节能技术推广目录管理	节能技术推广目录维护	节能技术推广目录导入及信息维护（修改、删除）	总部、节能中心
		节能技术推广目录查询	节能技术推广目录查询	总部、专业分公司、节能中心、企业、二级单位
	节能产品准入证管理	节能产品准入证记录维护	节能产品准入证记录创建、续签及信息维护（修改、删除）	企业
		节能产品准入证记录查询	节能产品准入证记录查询	节能中心、企业、二级单位

（10）设备台账管理。设备台账管理需求说明见表 9-10。

表 9-10 设备台账管理需求说明

模块名称	二级模块	功能需求说明	用户
设备台账管理	设备信息维护	维护设备的组织机构信息及设备的基本信息，还包括特殊信息及链接监测信息	企业、二级单位、基层单位
	设备信息查询	按照设备的分类信息进行查询或综合所有设备的公共信息进行查询	总部、专业分公司、节能中心、企业、企业、二级单位、基层单位、监测中心、运维中心
	设备名称类型维护	重点耗能设备类型分为 8 大类，各类下的设备名称按照 MDM 标准由运维中心维护	运维中心

经过项目组 6 个多月的调研和需求分析，2012 年 7 月 11 日，集团公司安全环保与节能部和信息管理部组织专家在北京召开了"中国石油天然气集团公司节能节水管理信息系统需求分析"评审会。勘探与生产分公司、炼油与化工分公司、销售分公司、天然气与管道分公司、工程技术分公司、工程建设分公司、装备制造分公司、新疆油田分公司、冀东油田分公司、兰州石化分公司、克拉玛依石化分公司、西部管道分公司的有关专业人员及特邀专家、勘探开发研究院西北分院、规划总院以及 IBM 公司项目组成员参加了会议。会议中专家组就业务流程、功能需求、原型界面等内容进行了充分的讨论，肯定了需求分析的工作成果，评价集团公司建设的节能节水管理系统是一项创新的工作，对提升集团公司节能节水业务管理水平，满足国家的节能节水要求具有重要意义，需求分析工作较为详尽地描述了总部、专业分公司、企业节能节水管理业务的需求，内容详实，总体业务框架、关键业务内容基本符合集团公司节能节水管理的业务实际，满足集团公司节能节水管理业务要求，同时专家组提出了一些具体的建设性意见和对系统的期望。至此，需求分析工作圆满画上句号。

3. 概要设计与详细设计

针对需求评审建议，系统在设计时重点考虑功能全面性、扩展灵活性、美观易用性、管理方便性等方面。功能性方面系统设计围绕统计、考核、监测、项目、对标、审计、能评、技术、队伍、设备等 10 大业务模块进行，同时考虑门户和系统管理模块的设计，提供全面的业务和系统功能，并借助成熟的商业智能产品进行多维数据建模，在节能节水管理业务中多个领域提供多维分析以支持各级领导科学决策。灵活性方面针对不同组织机构在节能节水管理要求和粒度上存在的差异，系统从设计上考虑能够兼容这些差异，适应变化，针对部分企业的特殊需求，制订企业内部报表来满足需求；架构方面采取应用分层和组件化的设计思想支撑未来业务的发展和变化；开发方面实现配置最大化，减少硬编码，确保系统的灵活性和可维护性。易用性方面采用 Web2.0 技术满足用户对界面需求，确保页面简洁，操作简单，并采用专业的报表工具提供多维度的数据分析和丰富的展示功能。管理方面采用统一设计，统一部署，统一维护，通过搭建统一的节能节水数据库实现对数据的集中管理。

系统详细设计完成包括集成接口和系统管理的 14 个模块、65 个应用组件（其中基础组件 12 个、业务组件 53 个）的应用设计，完成 11 大数据主题域、123 个实体、134 张数据库表的数据模型设计，完成 6 个系统集成设计和 2 个系统替换迁移方案设计的系统集成设计，形成系统概要设计说明书、系统详细设计说明书、系统原型设计交付件，同时形成系统设计开发编码规范、系统数据模型、系统功能测试用例、系统指标维度字典工作件。文档内容共计 1000 多页，47 万多字。

系统设计总体应用架构如图 9-2 所示。

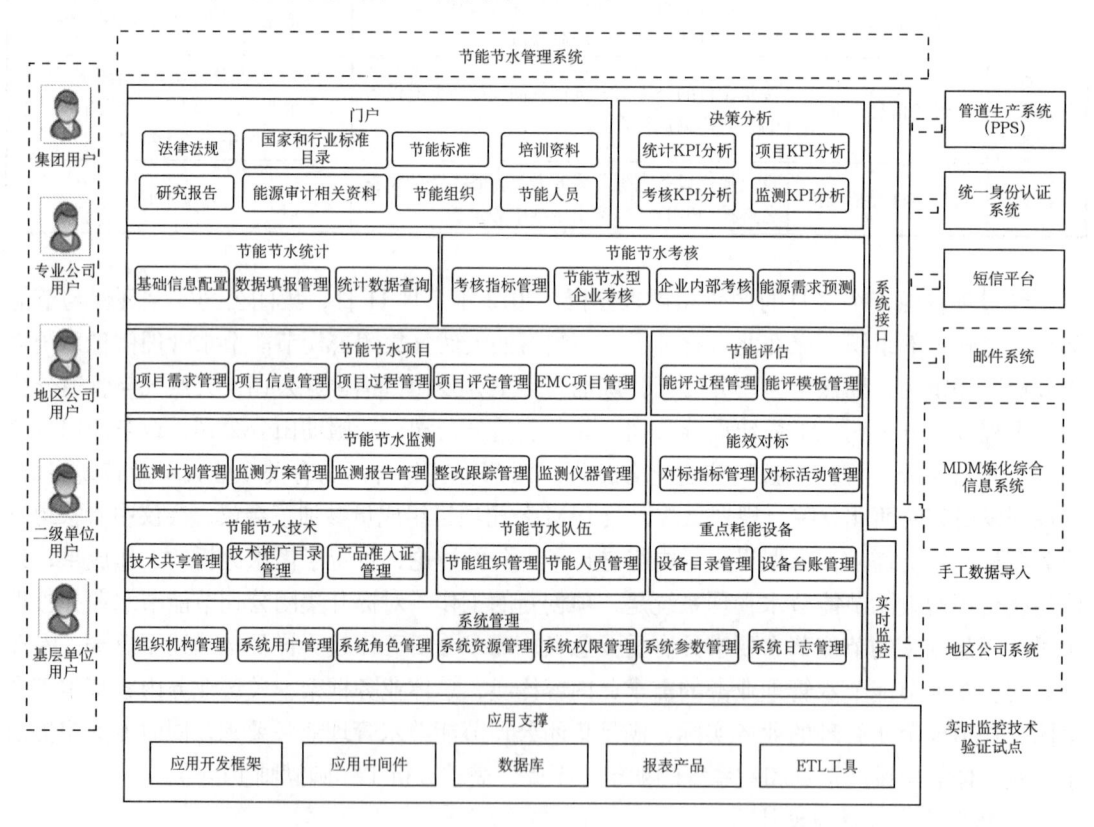

图 9-2　总体应用架构

系统应用功能部署架构图如图 9-3 所示。

经过近半年的分析、研讨、论证，系统详细设计方案最终落地。2012 年 11 月 1 日，由集团公司信息管理部组织召开了 E7 系统详细设计评审会。质量安全环保部、勘探与生产分公司、炼油与化工分公司、销售分公司、天然气与管道分公司、工程技术分公司、工程建设分公司、装备制造分公司、新疆油田分公司、克拉玛依石化分公司、西部管道分公司的有关专业人员及特邀专家、勘探开发研究院西北分院、规划总院以及IBM公司项目组成员参加了会议。在听取项目组汇报后，与会专家对设计成果给予了"技术架构先进、功能布局合理、展现内容丰富，充分考虑到了业务与信息技术相结合的优势，能够满足集团公司节能节水管理业务利用信息系统强化管理的迫切需求，对提升集团公司节能节水业务管理水平将起到重要的推进作用"的高度评价。至此，详细设计工作顺利完成。

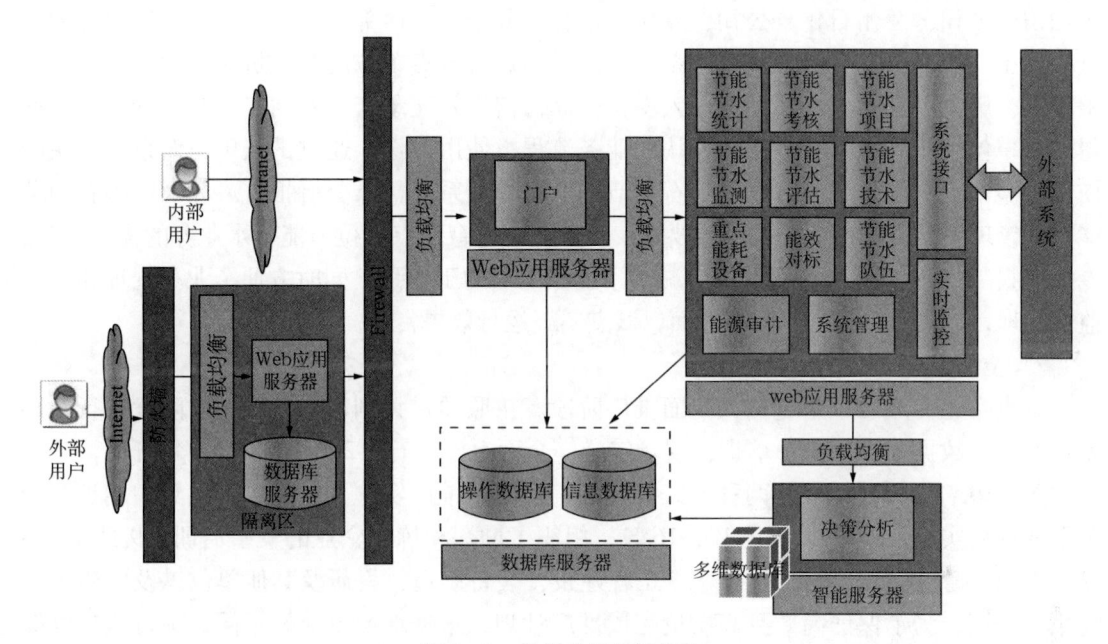

图 9-3 应用功能部署架构

4. 开发和测试

随着软硬件系统的成功搭建，系统的开发、测试工作随即紧张展开。需求分析人员通过对系统模块、功能、应用操作、角色、权限等细致划分，出具需求规格说明书；系统开发人员确定技术路线、设计系统架构、数据库架构、功能模块进行研发部署；测试经历了开发人员自测试、测试人员功能测试、系统集成测试、系统性能测试、专家测试和用户接受测试等几个阶段。截至2013年6月底，项目组已经完成节能节水管理系统所有功能模块的开发和测试工作。主要包括：

（1）完成涉及24个专业数据采集、550个指标、81个维度、753张报表和支持多维图表分析的KPI组合展现开发工作。

（2）根据项目开发进展和测试进度的需求，由质量安全环保部组织大庆油田、西南油气田分公司、塔里木油田分公司、吉林石化分公司、长庆石化分公司、独山子石化分公司、管道分公司、川庆钻探和专业分公司业务主管等进行了项目阶段成果专家评测会议，与会专家通过系统的演示性讲解和操作体验对系统有了直观的感受、提出了中肯的改进意见，项目组根据改进意见进行了系统功能的进一步完善。

(3)项目组召集组织新疆油田分公司、冀东油田分公司、兰州石化分公司、克拉玛依石化分公司、西部管道分公司5家试点单位共计9名业务专家进行了系统的UAT测试和数据初始化加载工作，由此标志着系统开发告一段落、试点工作正式展开，工作重心向系统的进一步完善、性能调优和推广筹备进行战略转移。

5. 试点实施和全面推广

1）试点实施

2013年6月17日至7月12日，项目组分3个实施团队顺利开展新疆油田分公司、冀东油田分公司、兰州石化分公司、克拉玛依石化分公司、西部管道分公司等5家单位的试点实施工作。通过在节能节水管理系统生产环境进行试点单位的组织机构构建、用户及权限设置、历史数据迁移、当期值录入操作、综合信息补充录入等系列实施和培训工作，使得试点单位逐步熟悉系统各功能模块的业务流程、使用方法。通过试点单位对系统模块的使用和验证，证实系统符合《中国石油节能节水管理系统需求分析报告》和《中国石油节能节水管理系统详细设计》的总体要求，业务模型符合试点单位节能节水业务的需求，"按专业填报""KPI指标分析"的设计减少了业务人员的工作量，同时方便了业务处理和业务监督管理，建设思路先进，应用全面，试点实施运行效果良好。

2）全面推广

试点实施完成后，系统进入全面推广阶段。按照项目计划，推广分5个阶段进行，即系统完善、数据准备、集中培训、现场实施、全面上线运行。2013年8月中旬开始，项目组按照集中培训和现场实施两种方式展开推广实施。推广实施共进行了3次集中培训，32家企业现场实施。2013年8月12—16日，组织了勘探和炼化企业的集中培训；9月9—18日，组织了管道、销售、工程技术、工程建设、装备制造、科研及其他单位以及监测中心的集中培训。为了保证高效且高质量完成推广计划，根据地域及业务不同，项目组分勘探1组、勘探2组、炼化1组、炼化2组、销售组等5个小组分别组织32家企业的现场实施工作实施。由勘探1组负责东北地区以油气田为主的企业的现场实施，炼化1组负责东北地区以炼化企业为主的企业的现场实施，勘探2组负责西北地区以油气田为主的企业的现场实施，炼化2组负责西北地区以炼化企业为主的企业的现场实施。销售组负责销售、工程技术、工程建设、装备制造、科研及其他事业单位的现场实施工作。

在整个推广过程中，共1000多个用户使用了新系统，共编制、生成业务单据99460单。共提报企业报表、二级单位报表、三级单位报表22999张。项目管理、设备管理等模块业务单据量76461单，具体每个模块的数据规模统计见表9–11。

表9–11 数据规模统计

模块	说明	数量（报表张数/数据量）
统计模块	企业报表、二级单位报表、三级单位上报报表	22999
考核模块	包括企业内部考核、节能节水型企业考核、考核计划、评分模板、先进基层单位、先进个人信息	872
项目模块	专项资金项目、自筹资金项目、EMC项目及分解的项目	946
对标模块	包括油气田对标、炼油对标、化工对标	103

续表

模块	说明	数量（报表张数/数据量）
重点能耗设备	包括炉、泵、抽油机、压缩机组等设备	72149
监测模块	包括监测数据、监测报告和监测资质等信息	366
技术模块	包括节能技术和节水技术	70
队伍模块	包括节能部门、节能机构、节能人员、节能专家、培训资料等信息	1874
能评模块	包括能评报告等信息	14
审计模块	包括审计报告、不符合项和改正信息	67

通过 E7 系统的全面推广应用，超过预期规划，完成了 133 家企事业单位和 7 家监测中心的推广任务，实现了 E7 在中国石油节能节水管理业务的全面应用，对统计管理、项目管理、考核管理、监测管理、队伍管理、辅助决策等各层次管理需求提供了有效支持；通过宣贯、培训建立科学、规范、合理的管理流程，规范了各企业节能节水相关业务的制度及业务流程。

6. 系统上线及运维

2014 年 4 月 1 日，系统正式上线并投入全面应用，成为集团公司"十二五"信息建设期间首个按时完成并投入运营的项目。各企事业单位在系统上线以来，积极使用系统，已完成 2013 年度、2014 年度、2015 年度和 2016 年度的集团公司节能节水统计年报送审、节能节水型企业考核、先进个人评选、先进基层单位评选、集团公司节能节水项目等业务的一系列工作。系统平稳运行后，炼化新标准发布，业务部门和项目组快速反应，调整了系统内的算法，及时跟进了行业发展的新步伐。对于不同企事业单位的不同管理模式，项目组也积极与各企业沟通，力图探索一条在适应集团整体用户的需求下，满足部分企业的自定义需求的道路。通过不断的沟通，不断的技术攻关、方案研讨，企业的自定义报表也陆续进行了开发、验证。运维期间其他的工作陆续展开并逐步落实：

（1）在不影响业务正常运行的前提下，精心组织顺利完成同城灾备环境的搬迁和联调、应急演练工作。

（2）完成总部 ERP、矿区服务系统、信息化应用考核平台的应用集成工作。

（3）随着系统的不断完善变化，进行了有针对性的系列培训。2014 年 8 月完成了勘探专业分公司的能耗对标的开发、实施、培训工作；2014 年 9 月在江苏省宜兴市完成了系统培训和管理员权限下放培训；2015 年 7 月在涿州物探培训中心完成了系统培训和"十三五"建设内容研讨。

（4）建立了 E7 系统应用回访机制。通过实地走访、集中座谈、电话回访等方式积极展开用户系统应用的情况摸底，先后以大庆油田、长庆油田分公司、新疆油田分公司、西气东输管道分公司、上海销售分公司、西南油气田分公司、川庆钻探、四川石化分公司、四川销售分公司等企业及下属基层单位作为系统应用回访对象，在东北、西北、华东、西南地区进行了大量的现场访谈交流工作，推动了系统的认知和完善改进工作的开展，及时解决了用户使用系统过程中的问题。

（5）持续解决系统应用过程中的各类问题，不断完善系统。

(6) 根据企业需求，协助企业内部培训。

运维过程中，项目组内部密切配合，及时与用户沟通，保证了系统稳定运行，用户使用情况良好，数据采集、汇总及时率、正确率、完整性等得到了显著提高。

二、节能节水管理系统建设成果

1. 门户

1) 主要目的

E7 系统门户为登录系统提供统一入口，主要用于宣贯国家有关节能节水政策法规、标准，展示集团内部和行业节能节水相关新闻动态，及时发布通知公告、展示系统应用情况、公告项目进展，并提供系统内部的资料及相关表格下载，并方便用户查看集团内部节能组织机构和节能人员信息，同时也为用户访问其他相关系统提供便利入口。

2) 功能描述

E7 门户划分为页眉、页脚、菜单栏、新闻动态、通知公告、政策法规、节能标准、应用动态、项目进展、用户登录、通用模板下载、技术支持及友情链接等 13 个区域。页面展示内容由运维组统一维护，用户可在未登录状态下查看所有页面展示内容，对于页面提供的下载内容，需认证后下载。

（1）新闻动态。包括图片新闻、集团新闻、行业新闻和企业新闻。图片新闻动态展示集团公司节能节水相关的重大事件；集团新闻、行业新闻和企业新闻通过人工搜集和爬虫方式动态更新。

（2）通知公告。用于发布集团公司各时间节点的节能节水相关工作通知和项目组重大事件公告。

（3）政策法规。宣贯国家节能节水相关政策法规文件，供用户查看和下载。

（4）节能标准。宣贯国家节能节水相关标准文件，供用户查看和下载。

（5）应用动态。应用动态区域展示的数据来自于系统内各企业填报统计模块数据的实际情况，此数据同时作为集团公司信息管理部考核各企业系统应用情况的唯一数据源。

（6）项目进展。用于展示项目组工作开展及进展情况。

（7）用户登录。门户提供 U-Key 用户登录和非 U-Key 用户登录。两种登录方式灵活解决了不同用户的登录需求，也为系统走向单一认证方式提供了过渡期。

（8）通用模板下载。对于认证用户，提供系统内各类表单和模板下载，同时提供培训材料等内容下载。此功能的设置规范了系统应用流程，也为用户便捷获取资料提供了渠道。

（9）技术支持。发布常见问题解决办法，减少了运维支持量，同时也提高了解决问题的效率。

（10）友情链接。提供节能相关常用网站的链接地址，为用户访问其他系统提供了快速导航。

门户页面截图如图 9-4 所示。

2. 节能节水统计

1) 主要目的

集团公司、专业公司以及企业通过节能统计管理模块，可以了解和掌握有关用能用水情况，并对节能节水数据进行统计、审核、汇总和分析，最终将统计分析结果输出。节能统计分析结果是集团公司生产经营分析会材料和公开对外披露年报的重要组成部分，是集团公司管理层和总部机关必备的决策参考资料，是集团公司节能节水考核评价工作的重要依据，是各项研究工作的重要基础，也为系统中其他模块的运行提供基础。

2）功能描述

节能统计模块下设统计数据分析、能耗趋势跟踪、统计配置管理和统计数据报表 4 项子功能。

图 9-4　门户页面截图

(1) 统计数据分析。

①应用部门：集团公司、专业公司、企业。

②时限和频率：月度、年度。

③主要功能：统计数据分析以 E7 系统统计、考核、项目模块填报数据、原能效管理系统和原炼化评价系统迁移历史数据作为基础数据，采用业界领先数据仓库 ETL 工具 Datastage 进行基础数据整合计算，挖掘逐级汇总的各类节能节水业务数据，每天更新系统服务端最终汇总数据文件，具有较高时效性和数据安全特性；采用先进商用报表工具 Cognos 进行业务逻辑建模及核心指标数据展现，系统性能稳定，易于适应多变业务。统计数据分析包括 KPI 综合分析、炼油能耗分析和化工能耗分析（统称炼化能耗分析），是在原能效管理系统和原炼化评价分析系统 KPI 指标体系的基础上，把核心指标拓展至 45 个，目前纳入综合 KPI 管理的指标包括总量指标即能耗、水耗及主要生产指标，单耗指标即油气田、炼化、长输管道、成品油销售、工程技术及综合业务单耗指标，考核指标即节能量、节水量、节能价值量和节水价值量，项目指标即节能节水专项资金项目、EMC 项目相关指标；炼化能耗分析包括能耗比例分析、能耗对比分析、能耗同比分析、装置能耗分析、指标对比分析。各层级用户可根据时间维度（年、月）、指标类型等分别查看所属层级及以下层级的各类指标，指标通过折线图、柱状图和饼图展示，方便企业对比分析。同时，提供报表和图表导出功能，方便企业灵活应用。KPI 综合分析及炼化能耗分析以图形及数据曲线的直观特性揭示蕴含于众多亿条记录级单表空间中的数据规律，解决了在海量汇总数据中对节能节水业务态势的宏观管控，挖掘出节能节水核心指标数据规律，为各级企业节能节水决策分析提供辅助支持。

(2) 能耗趋势跟踪。

①应用部门：集团公司、专业公司、企业。

②时限和频率：实时。

③主要功能：能耗趋势跟踪是以冀东油田分公司和克拉玛依石化分公司为试点，主要用于探索重点耗能企业的能耗实时监控。该模块通过对冀东油田分公司油井用电单耗趋势、产量趋势和电耗趋势进行数据采集和展示；对克拉玛依石化分公司的装备、设备进行主要参数的实时数据采集、监控，并根据设定的阈值显示警告信息。通过对两个企业的试点，创新研制了重点耗能设备工艺参数自动采集、能耗基线预报警和实时监测技术，解决了复杂视图的综合展现难题。对冀东油田分公司 1400 口油井的产液量、电耗等 KPI 指标和克拉玛依石化分公司 40 多台加热炉的热效率、排烟温度等 KPI 指标进行了实时监控。解决了复杂工艺参数实时数据同一页面综合展示的难题，为企业能耗管控提供了直观、及时有效的可视化支持，为下一步构建集团公司"能源管控中心"奠定了良好基础。

(3) 统计配置管理。

①应用部门：企业、运维中心。

②时限和频率：无。

③主要功能：统计配置管理包括基础信息管理和报表信息管理。基础信息管理提供了系统内部的各项参数的自定义配置，包括统计人员信息管理、标煤系数设定、设备能耗项

管理、能源消耗项管理、温度修正系数管理、炼油基础数据设定、企业供入供出管理、装置类型管理、企业生产单元管理、化工产品信息管理、单元与产品关联管理、管线管理、储备库管理、换算系数维护、企业装置汇总来源设定等。统计人员信息管理由企业填写本单位基本信息，方便上级部门联络和邮寄相关材料；标煤系数设定由运维中心统一维护，定义了系统内所有实物折标系数，为报表提供底层数据支持；设备能耗项管理、能源消耗项管理、温度修正系数管理、炼油基础数据设定、企业供入供出管理、装置类型管理、企业生产单元管理、化工产品信息管理、单元与产品关联管理、换算系数维护、企业装置汇总来源设定专为炼化企业定制，炼化企业可根据企业自身情况，灵活配置相关信息；管线信息管理、储备库信息管理提供天然气与管道专业企业的管线和储备库信息配置，根据企业生产情况及时调整报表信息。报表信息管理包括统计维度、统计指标、报表信息和报表权限的管理。统计维度、统计指标、报表信息由运维中心统一维护，是构成报表的基础信息。统计维度管理对统计模块所需要的维度信息进行增、删、改操作，例如能源种类，资产类型，工业类型等；统计指标管理对统计模块所需要的指标信息进行增、删、改操作，例如实物消耗量、单价、总值等；报表信息管理对统计报表信息进行增、删、改操作，涉及报表名称、编号、报表类型、报表按钮配置以及构成报表的指标维度配置信息。报表权限管理方便运维中心对所属企业以及企业对下属单位需填报和查询报表的个性化设置和维护，包括增、删、查报表，设置填报人和审核人等。

（4）统计数据报表。

①应用部门：集团公司、专业公司、企业、企业下属单位。

②时限和频率：月报、季报、年报。

③主要功能：统计数据报表是实现本系统中其他功能的基础，企业的二级单位（三级单位）可通过本模块上报节能节水数据，各企业可逐层进行汇总，审核后上报，或者直接通过本模块填报数据。经节能技术机构审批合格后，汇总生成集团公司节能节水统计报表。各层级用户可根据权限查询、导出、打印报表等。统计模块的功能设置根据用户层级不同而略有区别。

集团公司用户登录系统后，可看到报表统计、报表审核及报表查询。报表统计可按照年月查询集团范围的所有企业的报表填报情况，包括已上报、补报、已通过、驳回、应报、上报率、上报及时率和上报准确率，此功能方便集团公司领导和节能中心审核人员直观查看各企业的报表填报情况，同时此数据也作为集团公司信息管理部考核各企业E7系统应用情况的唯一数据源。报表审核可选择报告期分专业对所属企业进行审核操作，并能直观查看企业的完成状态。在审核页面，报表状态分为未填、提交、通过和未通过4个状态，审核人员可对企业提交报表进行单选、多选和全选，逐个或批量审核报表，未通过报表，可录入审核意见。报表查询页面可根据报表类型查看企业上报表和集团汇总表。企业上报表根据业务不同分为综合报表、炼化专业报表、矿服专业报表和管道专业报表。综合报表按指标类型分为生产数据报表、进销存报表、能源消耗报表、能耗指标报表、设备能耗报表、装置能耗报表、用户状况报表、用水指标报表、节能节水措施报表、上报政府报表、综合报表和月报表。用户可根据报表类型准确定位需要查找的报表，报表查询可选择年份和起止月份查询当期值和累计值，并提供导出功能。集团汇总表报表类型与企业上报表相同，集团公司用户可选择所有企事业单位或分专业分公司根据时间段查询和导出汇总数据，并能根据报表状态查看企业的数据填报情况。

专业公司用户登录系统后可看到报表查询。报表查询可查看企业上报表和集团汇总表，功能与集团公司用户报表查询相同，数据限于本专业内所属企业数据。

企业用户登录系统后可看到报表填报、报表审核、报表查询、报表统计、数据输出和报表配置情况等功能项。在报表填报页面，报表根据报表数据类型分成生产数据、进销存等11类报表，系统对于报告期内的应填报表以"(必填)"进行标示，用户可根据报表状态清晰了解未填、草稿、提交、通过、未通过的报表数据，执行相关操作。报表操作页面可实现报表数据填报、修改、保存、上报、重填数据、汇总、导入、导出、打印、报表查询等操作。报表审核页面，企业可对下属单位进行报表审核。报表查询页面，企业可根据起止时间查看企业上报表和下级一览表，功能与集团公司报表查询相同，数据仅限于本企业及下属单位数据。报表统计页面可查看所属二级单位报表上报情况，功能与集团公司用户报表统计页面相同。数据输出提供了企业上报表的单独和批量打印、导出功能，满足存档需求。报表配置情况方便企业根据单位或专业查询某一类报表在各所属单位的配置情况，为数据审核时核对下属单位数据填报情况提供帮助。

节能节水统计模块创建了集团公司自下而上的能源数据采集、汇总、报表和KPI指标分析展示的能源数据应用体系，实现了从基层到集团各个用能单元能源数据的统一规范、统一管理、统一应用。节能节水统计模块的设计根据7大板块的不同业务将能源数据采集划分为25个业务专业，通过业务专业的细分，能够从多维度满足不同企业和不同专业类别的数据采集、汇总、统计和分析、上报及存档的需求，提升了数据填报效率，节约了线下填报成本，规范了数据定义及填报规则，为集团公司、专业分公司和下属企事业单位各层级提供了有力的数据支撑，为集团公司各层级节能节水精细化管理提供了重要的数据保障，同时也为系统内各模块和系统外的其他应用系统提供节能节水管理的权威数据。

3. 节能节水考核管理

1）主要目的

随着国家对节能减排工作的日益重视，国资委对中央企业负责人的任期提出了明确的节能减排目标，并在任期结束进行考核。集团公司也已经建立了层层的考核管理体制，并在每年度开展节能考核工作。因此，本模块设置的目的是通过对企业生产能耗、专业公司总体能耗进行预测，为企业能源供给规划、管理计划的制订、节能节水考核指标的制定提供决策参考，并建立相应节能指标的制定与考核，以及节能节水型企业的创建和评价、先进基层、先进个人申报及审核等信息系统，为提升集团公司节能考核管理工作水平打下坚实的基础。

2）功能描述

节能节水考核管理模块下设指标库管理、指标考核管理、节能节水型企业考核、先进基层单位管理、先进个人管理、企业内部考核、考核过程管理、考核汇总查询等8项子功能。

(1) 指标库管理。

①应用部门：集团公司、企业。

②时限和频率：无。

③主要功能：指标库管理可以根据不同专业、不同企业的需求增加、编辑、查看和修改考核指标项，考核指标项分定量指标和定性指标，并可设定是否从其他模块抓取数据以及适用范围。集团公司范围内制订的指标项可供企业查看和使用，企业自定义指标只供企业内部使用。通过对指标库的管理可以方便各层级用户灵活制定考核评分模板。

(2) 指标考核管理。

①应用部门：集团公司、专业公司。

②时限和频率：年。

③主要功能：指标考核管理下设置指标管理、万家企业节能指标管理和上市托管指标管理3个子模块。3个子模块功能基本一致，主要区别在于用户对象不同，指标管理针对集团范围内所有下达节能指标的企业；上市托管指标管理是针对勘探与生产分公司的特殊情况而专门设定的，方便专业分公司对各企业的上市与托管部分的指标分解和考核；万家企业节能指标管理方便企业上报地方政府数据，以保证上报集团与上报地方政府数据的一致性。指标考核管理实现了集团公司5年计划及专业公司年度指标计划的分解，企业配置及发布，企业配置功能的设置灵活解决了因机构组合与变更引起的指标分解难题，可灵活设置每年度指标下达的企业及不同的考核类型。各企业可以通过系统概览页面查看各自的指标分解情况和完成情况，指标完成情况数据来源于系统中统计模块填报的基础数据。

(3) 节能节水型企业考核。

①应用部门：集团公司、专业公司、企业。

②时限和频率：年。

③主要功能：节能节水型企业考核是根据集团公司一年一度的节能节水型企业考核管理流程而设计的。系统从考核计划下发、评分模板制订、评分专家管理与设定、企业自评、专业公司评分、专业公司专家评分、节能量节水量完成情况打分、现场考核报告、先进企业评定及最终的考核评分查询等不同环节提供节能节水考核管理的各项工作。考核计划由集团公司统一发布，目标单位可选为下达考核指标的企业，下达考核计划的同时规定年度考核所使用的考核模板，针对所有企业采用同一考核模板，企业可通过考核计划查看历年下达的考核计划。评分模板可以根据每年度考核内容的不同灵活定制，可新增或复制以前模板再修改，评分模板也可供企业内部考核时使用。评分专家管理用于每年度参与现场考核的专家管理，可新增用户和设置系统内用户为专家。节能节水型企业自评由企业上传自评报告并根据系统内设定的考核模板完成量化打分。专业公司评分由专业公司对所属企业进行评分操作，可针对现场考核单位设置评分专家，查看企业自评情况，下载企业自评报告，查看专家评分等，同时对于经常出现的企业自评后需要修改的情况设置企业自评回滚，方便企业修改。页面上提供的自助查询区域可灵活查找和统计企业的评分情况。专业公司专家评分提供了两种评分方式：一种由专家组组长一次性评分并上传现场考核报告；另一种由所有专家成员各自评分计算平均分，由组长上传现场考核报告，两种方式解决了不同专业公司的现场考核评分需求。专业公司评分界面可提供专家查看企业自评报告和自评打分情况。节能量节水量完成情况打分由系统自动抓取指标考核的计划值和统计模块企业填

报的完成值，根据计划值和完成值情况，依据系统打分公式自动计算出企业得分情况。考核评分查询可根据年度、考核计划、被评分组织等关键字段查询企业的得分情况。专业公司现场考核综合报告是现场考核完成后专业公司编写的总结类报告，由专业公司上传和编辑。先进企业评定由集团公司对年度节能节水型先进企业进行维护和存档。

(4) 企业内部考核。

①应用部门：企业、企业下属单位。

②时限和频率：年度、季度、月度。

③主要功能：企业内部考核的主要目的是从定性考核和定量考核两个方面满足企业及其基层单位对下级单位节能考核管理的需要。定性考核主要是通过评分模板为载体，考核发起单位下达考核计划为起点，被考核单位企业自评为过程、考核发起单位评分为最终结果实现的。定性考核中，发起单位通过增加功能、复制功能、模板导入功能方式制订评分模板，通过新增功能、复制功能下达单个企业或者批量企业的考核计划。被考核单位根据考核单位发起的考核计划中的评分模板完成企业自评并提交结果，考核单位针对被考核单位提交的企业自评以及实际情况再次打分，作为本次考核计划的定性部分的最终打分。定量考核主要是通过指标为标尺，考核发起单位下达考核计划设定指标目标值为起点，被考核单位指标完成值填报或者抓取为过程，考核发起单位考核指标目标值与完成值的差异为最终结果实现的。定量考核中，发起单位通过指标库中的新增功能定义指标，通过指标数据来源配置中的新增功能定义指标与统计报表数据项的关系，通过新增功能、复制功能下达单个企业或者批量企业的考核计划。被考核单位根据考核单位下达的考核指标属性的不同，填报指标完成值或系统通过统计模块自动抓取指标完成值。考核发起单位最终根据考核计划下达支出定义的目标值与被考核单位填报的完成值及系统自动抓取的指标完成值最终评估本次指标考核的最终结果。

(5) 先进基层单位管理。

①应用部门：集团公司、专业公司、企业。

②时限和频率：年。

③主要功能：先进基层单位管理包括了先进基层单位申请、审核、撤回和查询等子功能。先进基层单位申请由企业提交先进基层单位基本信息，并进行编辑、查看、删除、提报、撤销、审批日志等信息的查看和维护。企业可在表格中单个数据录入，也提供了模板下载，供用户批量数据导入，并提供数据批量导出功能。先进基层单位审核由专业公司和集团公司进行二级审核，审核过程可查看企业提交基本材料和盖章文件，并可对盖章文件下载存档，审核数据可单条记录审核和批量审核。先进基层单位撤回可对企业提交的有误数据执行还原或者删除操作，还原后的数据可回到先进基层单位申请页面，重新编辑提交；删除的数据将从数据库中清除。先进基层单位查询可通过年份、被推荐单位、推荐组织等字段查看通过审核的先进基层单位信息。

(6) 先进个人管理。

①应用部门：集团公司、专业公司、企业。

②时限和频率：年。

③主要功能：先进个人管理包括了先进基层单位申请、审核、撤回和查询等子功能。先进个人申请由企业提交先进个人基本信息，并进行编辑、查看、删除、提报、撤销、审批日志等信息的查看和维护。企业可在表格中单个数据录入，也提供了模板下载，供用户批量数据导入，并提供数据批量导出功能。先进个人审核由专业公司和集团公司进行二级审核，审核过程可查看企业提交基本材料和盖章文件，并可对盖章文件下载存档，审核数据可单条记录审核和批量审核。先进个人撤回可对企业提交的有误数据执行还原或者删除操作，还原后的数据可回到先进个人申请页面，重新编辑提交；删除的数据将从数据库中清除。先进个人查询可通过年份、被推荐单位、推荐组织等字段查看通过审核的先进基层单位信息。

(7) 考核汇总查询。
①应用部门：集团、专业公司。
②时限和频率：年。
③主要功能：考核汇总查询方便用户快速查询年度先进个人，先进基层单位、节能量节水量打分情况，先进企业打分汇总情况，并可方便导出、打印及存档。考核综合信息查询可图形化展示专业分公司和企业某年某月的节能量和节水量累计完成值，方便监控节能节水量指标完成情况，并提供图表导出功能方便用户使用数据。

(8) 能源需求预测。
①应用部门：集团、专业公司、企业。
②时限和频率：年。
③主要功能：能源需求预测统筹考虑能耗历史数据库中的能耗量及单耗指标历史数据、生产产量预测、生产产量实际变化、能源市场价格影响等多种因素，形成按能耗指标和生产产量、按主要耗能环节、按重点耗能系统和设备等多方面的计算预测模型，最终得到较为准确的能源需求预测。预测结果综合考虑不同层次的需求，在预测时能够建立特定的模型，综合考虑各种影响因素；支持多维度的预测，如产品、耗能环节、耗能系统/设备、部门、时间（按月度或季度）、不同算法；支持自上而下、自下而上的预测方法；支持多层次（不同等级）的预测，供多等级计划人员共享；支持存量和新增生产的能耗预测；能够根据能源价格，预测能源需求价值量；具备自我完善能力，将已发生的能耗及能耗指标及其影响收集到数据库中，不断补充和完善历史数据基础，并对预测分析模型进行不断修正和改进。

节能节水考核模块实现了集团公司一年一度的节能节水型企业考核、先进基层单位、先进个人上报的无纸化办公流程，解放了各层级相关报批文件层层审核、盖章、邮寄的烦琐工作程序，提升了工作效率、减少了现场工作和集中办公，节约了大量的人力、物力成本。

4. 节能监测
1) 主要目的
节能监测模块主要目的是为集团公司、专业公司、节能监测机构、企业用户能够了解每年的监测计划，查看具体实施方案和监测报告，掌握每年的重要监测数据，实现节能监测工作的信息化管理，为集团公司、专业公司对新建产能或节能改造项目评价提供参考数据，作为企业开展整改的依据。

2）功能描述

集团公司节能节水监测管理模块实现了节能节水监测的全过程管理，下设监测计划管理、监测方案管理、监测数据管理、整改跟踪管理、监测资质管理以及监测配置管理等子模块。

(1) 监测计划管理。

①应用部门：集团公司、专业公司、企业、监测部门。

②时限和频率：无。

③主要功能：监测计划管理实现了集团公司计划内监测需求的上报、汇总、查询，监测计划下发、查询，委托测试计划下发、查询，复测推荐设备的批量导出和查看等功能。监测需求采用了自下而上的上报汇总模式，由基层单位增加监测需求，选择监测单位，上级单位可查看和汇总下级单位监测需求并上报。监测计划由上级下发，计划中的设备数量自动从监测需求中获取并可修改，下级单位可查看上级下达的监测计划。委托测试主要针对集团公司计划外的监测工作，企业可对能源项目、能源评价和能源设备展开委托测试。复测推荐实现了系统自动筛选监测不合格设备，供企业查看和导出，为复测提供参考。

(2) 监测方案管理。

①应用部门：集团公司、专业公司、企业、监测部门。

②时限和频率：无。

③主要功能：由监测部门针对监测计划、被监测单位、监测项目制定监测方案，供企业、专业公司和集团公司人员查看，企业根据监测方案配合监测工作实施。监测方案管理是对文档的存档管理。

(3) 监测数据管理。

①应用部门：集团公司、专业公司、企业、监测部门。

②时限和频率：无。

③主要功能：监测数据管理是针对监测计划中所涉及的被监测设备在监测过程中的数据管理和记录。此功能可自动关联重点耗能设备管理中的设备信息，避免信息的多次录入。对于不能现场录入的信息，系统提供各类型设备模板实现数据批量导入功能，方便用户的数据录入。监测结果汇总页面可图形化展示监测项目的合格率及详细数据信息，为整改跟踪提供数据依据。

(4) 监测报告管理。

①应用部门：集团公司、专业公司、企业、监测部门。

②时限和频率：无。

③主要功能：监测报告是监测机构根据所属监测计划、被监测单位、监测项目等出具监测总结报告，系统中提供对报告的增、删、改、查等操作，是对监测报告文档的存档管理，方便企业、专业公司、集团公司和监测中心查看。

(5) 整改跟踪管理。

①应用部门：企业、基层单位。

②时限和频率：无。

③主要功能：整改跟踪管理包括对整改方案，整改报告以及整改记录的增、删、改、查等管理。整改记录可针对单台设备的整改状态、整改建议及整改措施进行维护。同时提供下载模板供批量导入整改记录。

(6) 监测资质管理。

①应用部门：集团公司、专业公司、企业、监测部门。

②时限和频率：无。

③主要功能：提供监测机构对本单位获取的资质信息数据维护，包括国家资质认定、国家计量认证和节能监测员证书的增、删、改、查操作，是监测中心资质的存档管理。

(7) 监测配置管理。

①应用部门：企业、监测部门。

②时限和频率：无。

③主要功能：监测配置管理包括对监测机构、监测人员、监测仪器和监测内容的管理。通过系统的配置信息，可方便企业对监测机构的信息查询和资质审定，选择更符合自身需求的监测机构。

5. 节能节水项目管理

1) 主要目的

节能节水项目管理是集团公司对专项投资项目，企业对自筹资金项目和EMC合同能源管理项目的动态管理，便于各管理部门及时掌握项目的进展情况和实施效果，便于集团公司、专业公司和企业对节能节水项目的实施进展情况及实施效果进行分析评价。

2) 功能描述

节能节水项目管理模块对节能节水相关项目进行项目基本信息维护和项目过程管理，下设项目需求管理、专项资金项目管理、自筹资金项目管理、EMC项目管理、项目评分管理和项目查询汇总等子模块。

(1) 项目需求管理。

①应用部门：企业、企业下属单位。

②时限和频率：无。

③主要功能：项目需求管理用于企业及下属单位对企业内部计划申报的项目需求管理，包括项目需求的增、删、改及已立项和未立项状态管理，通过对上报需求的状态管理，可方便查询已立项和未立项项目。对于已立项项目可以在专项资金项目管理或自筹资金项目管理中进行过程填报。对于未立项项目，可根据单位实际情况，继续申报立项。

(2) 专项资金项目管理。

①应用部门：集团公司、企业、企业下属单位。

②时限和频率：根据节能专项投资项目下达计划，动态进行有关数据的填报和维护。

③主要功能：专项资金项目管理包括项目基本信息和项目过程信息维护。项目基本信息由集团公司维护，包括增、删、改、查、项目分解、审核、审核修改、查看审批日志等功能。项目基本信息维护包括对所属专业、所属企业、项目名称、项目类型、计划投资、已支付款项等的维护。项目可根据实施单位或者项目大小不同分解成子项目，项目实施单

位负责对项目的过程信息进行填报。当项目状态为提交时，可执行审核操作；已经审核通过的项目遇到填报信息有误时，提供审核修改功能，供企业修订数据。项目过程信息由具体实施项目的单位负责填报，包括可研与初设阶段、施工阶段、试运行阶段、验收完成、后评价以及终止实施等各阶段的基本情况填报，若项目有子项目，还可对子项目信息进行汇总。上级主管部门负责对项目过程信息进行监管和审核，及时发现问题及时纠正。对于已经审核通过的项目需要修改的情况，系统中提供申请修改功能，上级审批同意后，可执行修改阶段操作，对项目过程信息重新填报。系统中设置了项目延期和是否暂停状态提醒，方便上级及时发现有问题项目。

(3) 自筹资金项目管理。

①应用部门：企业、企业下属单位。

②时限和频率：根据企业自筹项目下达计划，动态进行有关数据的填报和维护。

③主要功能：自筹资金项目管理功能设置与专项资金项目管理相同（见专项资金项目管理主要功能），只是用户层级和项目资金来源不同。项目基本信息由企业维护，项目过程信息由企业下属单位填报。

(4) EMC 项目管理。

①应用部门：企业、企业下属单位。

②时限和频率：根据企业 EMC 项目下达计划，动态进行有关数据的填报和维护。

③主要功能：EMC 项目管理与专项资金项目管理和自筹资金项目管理功能基本相同，项目基本信息增加了合作方式和合作单位两个字段，项目过程信息与专项资金项目和自筹资金项目相同，填报内容一致。

(5) 项目评分管理。

①应用部门：集团公司。

②时限和频率：根据集团公司评分管理规定，定期维护。

③主要功能：项目评分管理是在节能节水项目信息完成上报后，通过系统已建立的项目效果评价标准，自动分析得到集团公司已实施完成的节能节水项目效果评价结果，并将评价优秀的项目纳入最佳实践数据库，为企业开展节能改造和技术推广提供参考。项目评分管理下设评分标准维护、项目评分查询和优秀项目评定等子模块。评分标准维护是在系统中对投资回收期、节能（节水）量、技术风险、推广前景等指标的分值标准及权重进行维护；项目评分查询是根据项目基本信息及过程信息自动计算出每个项目的多因素权重值；优秀项目评定是集团公司根据系统预先设定的权重值评级标准，对各项目进行评级，可对项目设置优秀项目和取消优秀操作，最后评优项目列入节能（节水）最佳实践数据库。

(6) 项目查询汇总。

①应用部门：集团公司、专业公司、企业、企业下属单位。

②时限和频率：无。

③主要功能：项目查询汇总主要用于查询和展示录入系统的项目详细信息，并提供导出功能，下设项目查询、项目汇总和项目综合信息查询等子模块。项目查询根据不同维度

进行（如按所属专业、所属企业、项目名称、项目性质、项目类型、业务类型、是否延期、验收完成时间段、项目阶段、审核状态、是否暂停、预计完成时间段、十大节能工程、计划投资范围、实际效益范围、投资下达年份范围等），可以单条件和多条件查询，根据不同用户的需求提供自定义列，满足用户多元化查询需求，对查询结果可进行批量导出。项目汇总页面可通过表格和图形直观展示不同组织层级的全部项目、已完成项目和企业项目的关键指标信息，包括项目性质、实际项目总数、实际项目投资、预计节能量、预计节水量、预计经济效益、实际节能量、实际节水量、实际经济效益等指标。项目综合信息查询可根据板块、项目周期或年份查询项目数量、投资、节能量节水量等集团重点关注指标，并提供图形化展示和 Excel 导出。

通过节能节水项目管理功能设置，可逐年跟踪集团公司所属各企业的"十二五"节能专项投资项目，对其实施进度、完成情况、节能效果等进行评价；对已实施完成项目，总结实施经验，从节能效果、经济效益、可持续性、创新性、技术成熟度等方面进行综合评价；进一步，整理总结节能效果明显的典型项目，评价其可推广性。为今后节能节水专项投资项目的计划和实施提供指导和借鉴，为"十三五"节能节水规划、"十二五"节能示范研究等项目提供有力支撑。

6. 能效对标

1）主要目的

能效对标模块功能可以为集团公司各级用户提供相关能效对标指标的查询、比对和分析，为企业提供潜在标杆企业、能效指标目标值和最佳节能实践信息，逐步壮大并完善中国石油能效指标数据库和最佳节能实践库。

2）功能描述

能效对标模块下设了对标体系维护、对标数据录入、标杆查询、指标对比和档案管理功能 5 项子功能模块。

（1）对标体系维护。

①应用部门：集团公司。

②时限和频率：根据用户实际需求，动态应用。

③主要功能：对标体系维护将油气田能效对标划分为机采系统、注蒸汽系统、集油系统、注水系统、原油脱水系统、原油稳定系统、污水回注系统、集气系统、气处理系统和煤层气系统 10 个对标子系统，将炼化业务划分为炼油厂、常减压装置、催化裂化装置、催化重整装置、加氢精制装置、加氢劣化装置、延迟焦化装置、乙烯装置和合成氨装置等 9 个对标子系统。随着对标体系的深入研究，其他如天然气与管道、工程技术、工程建设、装备制造、销售的对标体系也将陆续纳入系统建设。

（2）对标数据录入。

①应用部门：企业、企业下属单位。

②时限和频率：根据用户实际需求，动态应用。

③主要功能：对标数据录入可由不同层级用户录入，录入数据需经上级组织机构审核批准后，方能被其他组织机构看到。

(3) 标杆查询。
①应用部门：集团公司、专业公司、企业、企业下属单位。
②时限和频率：根据用户实际需求，动态应用。
③主要功能：标杆查询可根据对标子系统类别、年份、组织单位、油气田分类以及一些关键查询指标进行自定义查询。
(4) 指标对比。
①应用部门：集团公司、专业公司、企业、企业下属单位、监测中心、监测站。
②时限和频率：根据用户实际需求，动态应用。
③主要功能：指标对比分为横向对标、纵向对标和全域对标。横向对标可实现不同单位之间的综合指标对比，纵向对标可实现同意单位不同时间的综合指标对比，全域对标可实现对标单位与数据库中的局部最优、全局最优之间的对标。
(5) 档案管理。
①应用部门：集团公司、专业公司、企业、企业下属单位。
②时限和频率：根据用户实际需求，动态应用。
③主要功能：档案管理可对对标形成的文档资料进行存档管理。
能效对标模块的建立，将逐步壮大并完善中国石油能效指标数据库和最佳节能实践库；提供相关能效对标指标的查询、比对和分析，为企业提供潜在标杆企业、能效指标目标值和最佳节能实践信息。

7. 节能技术
1) 主要目的
节能技术模块的主要目的是为集团公司各级用户提供节能技术搜集、整理、筛选、应用、跟踪、入库等流程的统一录入模板，提供国内外先进节能技术、维护国家公布的最新淘汰产品目录，同时为集团及各企业用户提供自助式信息查询功能，实现对节能技术管理的实际指导借鉴作用。

2) 功能描述
节能节水技术管理模块下设了节能技术库、节水技术库、节能节水技术案例库、节能技术推广目录、高耗能设备淘汰目录和节能产品准入证管理物理6项子功能模块。
(1) 节能、节水技术库。
①应用部门：集团公司、专业公司、企业、企业下属单位。
②时限和频率：根据用户实际需求，动态应用。
③主要功能：节能、节水技术库可按技术名称、技术类型、应用对象、技术背景、技术原理、适用条件、节能节水效果等分项查看，同时对于技术的应用附有相应的案例以供参考。
(2) 节能节水技术案例库。
①应用部门：集团公司、专业公司、企业、企业下属单位。
②时限和频率：根据用户实际需求，动态应用。
③主要功能：节能节水技术案例库是对集团公司内部应用成熟的案例进行归档记录。

(3) 节能技术推广目录和高耗能设备淘汰目录。

①应用部门：集团公司、专业公司、企业、企业下属单位。

②时限和频率：根据用户实际需求，动态应用。

③主要功能：节能技术推广目录和高耗能设备淘汰目录是将国家和集团历年发布的目录导入系统，以供各级系统用户查看，企业根据国家和集团公司要求对照目录使用技术和淘汰高耗能设备。

(4) 节能产品准入证。

①应用部门：企业。

②时限和频率：根据用户实际需求，动态应用。

③主要功能：节能产品准入证功能是供企业对内部采购的节能设备的产品准入资质的管理，企业采购的节能设备必须具有节能产品准入证，节能产品准入证有相应时效性并要接受集团公司的不定期检查。合格的节能产品可与企业继续续签节能产品准入证。

节能节水技术管理在系统中的设置规范了各级职能部门对节能技术搜集、整理、筛选、应用、跟踪、入库等流程，优化了节能产品信息管理，国内外先进节能技术和国家公布的淘汰产品的搜集和维护对集团及各企业提供了自助式信息推介，对节能技术应用提供了指导。

8. 重点能耗设备

1) 主要目的

重点能耗设备是按照集团公司发布的低效高耗设备淘汰目录，及时更新完善系统的重点耗能设备目录，形成庞大的重点耗能设备基础数据，对于企业及集团公司范围全面掌控能耗水平，节能潜力等具有重要意义。

2) 功能描述

重点能耗设备管理下设设备目录管理、设备台账管理和配电变压器能效提升计划 3 项子功能模块。

(1) 设备目录管理。

①应用部门：集团公司。

②时限和频率：根据用户实际需求，动态应用。

③主要功能：设备目录管理是集团公司根据企业所用的重点能耗设备的类型进行分类，包括炉、泵、抽油机、压缩机组、变压器、风机、钻机和其他设备类型，基本囊括了集团公司所属生产部门的所有重点能耗设备。系统内将每类设备进行了更为详细的分类，集团公司对设备目录进行维护，企业根据设备目录进行设备台账管理。

(2) 设备台账管理。

①应用部门：企业、企业下属单位。

②时限和频率：根据用户实际需求，动态应用。

③主要功能：设备台账管理功能中，企业可以根据设备类型选择单台或者批量导入设备台账。台账的设定可方便企业维护和查看企业内部设备情况，并为节能节水监测提供基础设备数据。

（3）配电变压器能效提升计划。

①应用部门：企业、企业下属单位。

②时限和频率：根据用户实际需求，动态应用。

③主要功能：配电变压器能效提升计划可以直观展现企业及集团内部变压器的应用情况。系统中根据《配电变压器能效提升计划》通知，督促企业在系统中完善变压器的设备录入。

随着重点耗能设备在系统中的逐步完善及数据的不断录入，系统中将形成庞大的重点耗能设备基础数据，对于企业及集团公司范围全面掌控能耗水平，节能潜力等具有重要意义。

9. 节能评估

1）主要目的

节能评估模块主要目的是为实现集团公司、专业分公司、企业各级用户开展节能评估工作的信息化管理，规范工作流程，记录项目评估、实施、验收及整改跟踪阶段的节能相关信息，掌握用能系统状况的价值评定，帮助用户做出准确及时的判断和提出对策，为企业能评提供政策依据。

2）功能描述

节能评估模块下设了能评项目信息管理、节能节水篇（章）管理和能评项目工作指南3项子功能模块。

（1）能评项目信息管理。

①应用部门：集团公司、专业公司、企业、企业下属单位。

②时限和频率：根据用户实际需求，动态应用。

③主要功能：能评项目信息管理包括能评项目信息录入和能评项目措施落实2项子功能。能评项目信息录入中，各层级用户将能评信息、项目年综合能源消费量、项目能效指标比较及评审信息录入并进行维护，同时可根据自定义条件查询已录入能评项目信息；能评项目措施落实可对项目阶段信息进行维护，包括初步设计及竣工验收阶段信息。

（2）节能节水篇（章）管理。

①应用部门：集团公司、专业公司、企业、企业下属单位。

②时限和频率：根据用户实际需求，动态应用。

③主要功能：节能节水篇（章）管理对项目基本信息、会议评审和资料复审等相关信息的信息进行维护。

（3）能评项目工作指南。

①应用部门：集团公司、专业公司、企业、企业下属单位。

②时限和频率：根据用户实际需求，动态应用。

③主要功能：能评项目工作指南为能评工作指南提供存档、启用及废止状态功能。

10. 节能审计

1）主要目的

节能审计模块主要目的是为集团公司、专业分公司、企业用户在开展能源审计工作过程中规范审计工作流程，根据集团公司节能审计的业务流程和业务开展情况，记录集团公司发布的审计计划，开展由节能技术机构或节能监测机构组织专家对报告开展审核工作，同时记录审核过程的相关信息，专家组提出的整改意见，为企业修改审计报告提供重要依据，实现审核信息的可追溯性，最终达到审计报告顺利上报地方政府的目的。

2）功能描述

节能审计模块下设了审计计划管理、审计合同管理、审计活动管理、审计报告、项目整改管理和综合查询6项子功能模块。

(1) 审计计划管理。

①应用部门：集团公司、专业公司、企业。

②时限和频率：根据用户实际需求，动态应用。

③主要功能：审计计划管理可定义被审计单位、审计类型、审计时间，下发审计通知。

(2) 审计合同管理。

①应用部门：集团公司、专业公司、企业、二级单位。

②时限和频率：根据用户实际需求，动态应用。

③主要功能：审计合同管理主要用于与审计计划配套签订的审计合同的归档管理。

(3) 审计活动管理。

①应用部门：集团公司、专业公司、企业、二级单位。

②时限和频率：根据用户实际需求，动态应用。

③主要功能：升级活动管理主要用于记录审计过程中的相关文档资料以及审计范围、内容、结论等其他基本审计信息。

(4) 审计报告。

①应用部门：集团公司、专业公司、企业、二级单位。

②时限和频率：根据用户实际需求，动态应用。

③主要功能：审计报告主要用于审计结束后的最终文档归档管理。

(5) 项目整改管理。

①应用部门：集团公司、专业公司、企业、二级单位。

②时限和频率：根据用户实际需求，动态应用。

③主要功能：项目整改管理中，用户可以添加整改过程中的相关文档资料、整改内容和整改结论等整改基本信息。

(6) 综合查询。

①应用部门：集团公司、专业公司、企业、二级单位。

②时限和频率：根据用户实际需求，动态应用。

③主要功能：综合查询中用户可根据自定义条件筛选并查看相应审计内容和文件。

11. 节能队伍

1）主要目的

节能队伍模块的主要目的是使系统各级用户更加有效便利地管理好节能队伍，减少由于集团公司下属企事业组织层级众多、节能节水管理部门并不归相同部门管理、节能节水管理人员更替频繁等管理现状对节能节水管理工作带来的影响，方便节能相关机构和人员的信息维护和查询、统计,完善节能管理体系的建设。

2)功能描述

节能队伍模块下设节能部门管理、节能机构管理、节能人员管理、节能专家管理和培训资料管理 5 项子功能模块。

(1)节能部门管理。

①应用部门:集团公司、专业公司、企业、企业下属单位、监测中心、监测站。

②时限和频率:根据用户实际需求,动态应用。

③主要功能:节能部门管理维护集团公司—专业分公司—企业的节能组织体系,追踪管理各节能组织部门的具体行政职责,将集团公司、专业分公司及下属企事业单位各层级的节能节水管理部门信息进行搜集并录入系统,主要信息包括所属机构、处室名称是是否专职处室,此信息的录入对集团公司统计节能专职处室提供基础数据,同时也是节能人员信息录入的基础。

(2)节能机构管理。

①应用部门:集团公司、专业公司、企业、企业下属单位、监测中心、监测站。

②时限和频率:根据用户实际需求,动态应用。

③主要功能:节能机构管理维护集团公司范围外的具有能评或者能源审计资质的机构信息,可供需要进行能评和能源审计的单位提供外部机构信息。

(3)节能人员管理。

①应用部门:集团公司、专业公司、企业、企业下属单位、监测中心、监测站。

②时限和频率:根据用户实际需求,动态应用。

③主要功能:节能人员管理包括节能统计管理人员、节能技术人员和节能监测人员等,节能人员管理各单位节能节水业务人员基本信息、简历等进行录入和维护,极大地方便了对节能人员的查询和统计。

(4)节能专家管理。

①应用部门:集团公司、专业公司、企业、企业下属单位、监测中心、监测站。

②时限和频率:根据用户实际需求,动态应用。

③主要功能:节能专家管理维护专家基本信息、专长领域信息,并按照专家特长进行分类,为用户提供查询功能。

(5)培训资料管理。

①应用部门:集团公司、专业公司、企业、企业下属单位、监测中心、监测站。

②时限和频率:根据用户实际需求,动态应用。

③主要功能:培训资料管理提供历年培训数据和资料的归档管理。

节能队伍管理在系统中的应用,极大地方便了节能相关机构和人员的信息维护和查询、统计,完善了节能管理体系的建设。

12. 系统管理

1)主要目的

系统管理模块功能可分为两部分:一部分是为了满足从集团、板块、企业到基层单位各层级管理员的日常业务管理需求，包括企业用户信息管理、组织机构信息管理、角色管理、权限管理，文档上传管理；另一部分是为了方便系统管理员对系统相关公共的基础信息、资源和事务的可视化管理。

2）功能描述

系统管理模块下设用户管理、组织机构管理、资源管理、角色管理、权限管理、代码表管理、调度任务监控管理、爬虫管理、门户后台管理、催报管理、文档上传管理、系统数据量统计等子模块。

(1) 用户管理。

①应用部门：集团公司、专业公司、运维中心、企业管理员。

②时限和频率：根据各层级人员变动情况，不定期维护。

③主要功能：用户管理包括对用户增加、修改、删除、查看、启用和停用操作，用户信息包括用户名、登录名、邮箱、联系电话、用户状态、所属机构等基本信息维护，登录名是系统内用户唯一身份识别标识，为集团公司 AD 域用户，通过此用户登录实现系统的集成身份认证。用户状态的变更利于根据用户的变更情况及时做出调整。用户管理下设用户统计功能，可根据组织层级自动从后台数据库中统计出本级单位人数和本级及以下组织机构用户人数，方便系统管理员对用户数据量的统计。

(2) 组织机构管理。

①应用部门：运维中心、企业管理员。

②时限和频率：根据组织机构变化情况，不定期维护。

③主要功能：组织机构管理包括对组织机构增、改、删、查、启用、停用等操作。组织机构基本信息包括机构名称、机构简称、机构类型、资产类型、工业类型、机构性质、机构状态、万家企业、机构所属、机构编码、机构序号、父级机构名称、是否统计考核等信息。为保证历史数据完整性，启用后的组织机构不能删除，只能停用，可保留数据库内历史数据。通过设计是否万家企业，与节能节水考核管理中万家企业节能指标管理实现数据关联，设置为万家企业的组织机构可以分解万家企业节能指标。是否统计考核字段与考核填报率页面相关联，统计考核的单位将显示报表填报率等情况。

(3) 资源管理。

①应用部门：运维中心。

②时限和频率：根据开发需求，不定期维护。

③主要功能：资源管理提供了对系统内模块和功能菜单增、删、改、查、停用、启用等操作，为权限管理提供基础配置信息。

(4) 角色管理。

①应用部门：运维中心。

②时限和频率：根据用户权限需求，不定期维护。

③主要功能：角色管理提供了对角色的增、删、改、查等操作，通过设定角色，可以实现对相同权限的用户统一权限分配。角色管理是权限管理中角色功能权限的基础信息，可为角色设置用户和分配角色功能。

(5) 权限管理。

①应用部门：运维中心、企业管理员。

②时限和频率：根据用户人员变更，不定期维护。

③主要功能：权限管理是系统管理员对系统内用户授权和对权限的相关配置管理，包括用户功能权限、角色功能权限、资源功能权限和数据权限。用户功能权限通过选择单个用户进行权限设置，权限可通过角色层级筛选，批量配置权限。通过用户功能权限设置，用户登录系统后就能访问和操作相关资源。角色功能权限分为用户角色设置和角色功能设置，通过角色功能设置为角色设置访问资源，通过用户角色设置可为某一角色批量设置用户，有效解决了相同权限用户的授权问题；资源功能权限通过对站内资源配置访问角色。

(6) 代码表管理。

①应用部门：运维中心、企业管理员。

②时限和频率：根据组织机构变化情况，不定期维护。

③主要功能：系统管理员通过代码表维护设置各个模块所使用全局变量的编码和名称。

(7) 调度任务监控管理。

①应用部门：运维中心。

②时限和频率：根据应用需求，不定期维护。

③主要功能：系统管理员可通过调度任务模块创建定时调度任务，可设置调度任务的执行频率、开始结束时间、所使用的调度类等信息，及时同步维护可查看系统中存储过程的执行情况。

(8) 爬虫管理。

①应用部门：运维中心。

②时限和频率：根据信息搜集需求，不定期维护。

③主要功能：爬虫管理主要用于对系统内部分栏目的自动化信息搜集，通过设定目标爬虫链接和其他关键匹配项信息，对指定栏目进行自动化信息搜集。爬虫任务可通过调度任务执行和手工运行。

(9) 门户后台管理。

①应用部门：运维中心。

②时限和频率：根据信息发布需要，不定期维护。

③主要功能：门户后台管理主要对门户中需要进行动态更新的栏目，如新闻动态（包括集团公司新闻、行业新闻、企业新闻），通知公告，政策法规，节能标准，资料下载，项目进度，技术支持等，可设定发布信息的标题、副标题、审批状态、产生方式、新闻来源、来源网址、是否头条、发布日期、是否图片新闻、附件和正文等信息。

(10) 催报管理。

①应用部门：运维中心。

②时限和频率：根据报表填报情况，不定期维护。

③主要功能：催报管理用于对报表未填报和审核未通过的企业负责人发送提醒信息，功能包括手工催报、机构报表配置、定时催报配置管理。手工催报通过生成催报信息，以

邮件、短信的方式发送给企业负责人；机构报表配置实现对系统中企业每月必报报表数量默认抓取，也可实现对单个企业催报报表的个性化配置，可定义催报和取消催报的机构；定时催报配置管理根据每月的报表填报时间要求，设置催报时间，催报类型，通知方式和催报信息模板，通过调度任务定时执行。

（11）文档上传管理。

①应用部门：运维中心、集团公司、专业公司、企业。

②时限和频率：根据信息搜集需要，不定期维护。

③主要功能：文档上传管理主要是对节能节水业务工作中不定期的文档和资料搜集，包括上传任务发起和文件上传等功能。上传任务发起由需要搜集资料的上级部门发起，包括文件主题、相关通知等，搜集材料的企业范围、附件名称、是否上传图片等信息，可对发起任务进行增、删、改、查、发布和打包下载等操作。文件上传是上传任务发布后，被选定的企业用户可在上传文件窗口看到需要上传资料的记录信息，进行文件上传操作。

（12）系统数据量统计。

①应用部门：运维中心。

②时限和频率：半年。

③主要功能：系统数据量统计实现对系统中所有模块、用户和组织机构数量的增长情况通过表格和图形进行展示，通过此功能可快捷掌握系统的应用情况和发展趋势。

三、节能节水管理系统应用效果

随着系统的不断改进完善和企业强化基层单位的精细化管理和考核，应用层级在管理末端得到显著增长，系统各项功能和性能满足了集团公司总部、专业公司、企业各层级节能节水业务的管理需求，系统上线以来运行平稳。截至2017年6月，系统成果已全面应用于集团公司总部、7个专业分公司、134家地区公司，1656家二级单位，3297家三级单位，1887家四级单位和7家监测机构共计6991个组织机构，系统用户和数据逐年增长，见表9-12。

表9-12　节能节水管理系统用户和数据增长表

数据统计类型	细化分类	2014年8月	2015年8月	2015年较2014年同比增幅（%）	2016年8月	2016年较2015年同比增幅（%）	2017年8月	2017年较2016年同比增幅（%）
系统部署层级	地区公司	140	140	0	136	-2.86	134	-1.47
	二级单位	1568	1612	2.81	1646	2.11	1656	0.61
	三级单位	1987	2973	49.62	3054	2.72	3297	7.96
	四级单位	110	254	130.91	255	0.39	1887	640.00
用户数	注册用户	4732	5122	8.24	5447	6.35	5799	6.46
	活跃用户	4500	5026	11.69	5126	1.99	5399	5.33
节能项目	节能专项项目	971	1098	13.08	1219	11.02	1266	3.86
	节能自筹项目	61	79	29.51	90	13.92	113	25.56
	EMC项目	0	6		10	66.67	11	10.00

E7 系统的建设取得了可喜的科研成果。系统研发完成了 10 大功能模块，创新了 5 项核心技术，获得甘肃省科技进步二等奖、获得集团公司科技进步三等奖、获得国家授权专利 1 项；获得软件著作权登记 2 项；发布企业标准 1 项；发表代表性学术论文 15 篇。通过该课题研究成果的推广实施，有效提升了集团公司节能节水管理水平，取得了显著的经济和社会效益。

（1）创新建立了石化行业 25 个能耗管理细化业务模型，拓展了传统 9 个能耗管理业务模型，覆盖了石化行业油气生产上游、中游、下游节能节水业务流程，支撑了集团公司节能节水业务的精细化管理，满足了基层单位深化管理的需求。

（2）研发了一套涵盖石化行业节能节水各业务管理环节完整的能耗统计算法，推导出了炼油实际换算系数（新鲜水、循环水、电、蒸汽系数）、电热比、炼油分摊比、炼油能量系数、炼油能量因数计算、气温修正系数等关键指标计算方法，摆脱了第三方支持的依赖，为下一步执行国家最新能耗限额标准，系统的升级完善奠定了理论基础。

（3）创新研制了重点耗能设备工艺参数自动采集、能耗基线预报警和实时监测技术，解决了复杂视图的综合展现难题。对冀东油田 1400 口油井的产液量、电耗等 KPI 指标和克拉玛依石化分公司 40 多台加热炉的热效率、排烟温度等 KPI 指标进行了实时监控。解决了复杂工艺参数实时数据同一页面综合展示的难题，为企业能耗管控提供了直观、及时有效的可视化支持，为下一步构建集团公司"能源管控中心"奠定了良好基础。

（4）研发了合同能源管理—EMC、市场准入、能评等节能节水管理新兴业务的配套管理功能。优化了工程建设之初的能源消耗测评，从设计入手到验收后评价等阶段全程跟踪管理，实现了系统对新兴业务的支撑，拓展了业务管理范畴、提升了业务管理水平。

（5）创建研发了能效对标体系，建立了相应的指标库、技术库、实践库，开创了行业内首套具有实际指导意义的能效对标信息管理模式。在系统中实现了立标、对标、达标、超标、创标的立体化管理体系，使企业能耗水平得到不断改进。实现了集团公司科技部"中国石油能效对标指标体系研究"专题研究成果、勘探与生产专业分公司历时 4 年能效对标成果向信息系统的有形转化。

系统建设过程中研究形成的创新技术方法在集团公司范围内得到全面应用，为我国"节能减排、提高能效"的战略方针做出了贡献。研究的技术方法和流程符合我国石化行业的普遍国情和行业特色，创新了石化行业能耗管理方法的理论与技术，针对行业上游、中游、下游节能节水管理业务的巨大差异和组织层级、能耗统计算法、能耗实时监控及展现工艺等难题，在缺乏国内外有价值参考体系的基础上，对提高石化行业能源管理效率、节能减排的整体发展具有实际借鉴意义。在非石化行业能源管理领域尤其是集团级企业也具有借鉴指导作用。

集团公司业务主管领导对系统的应用给予了高度评价："通过这个项目，探索了一套方法，培养了一支队伍，建立了一个平台，其系统建设通过信息化手段推荐了集团公司节能节水管理水平的整体升级，实现了信息与业务、科学与管理、内部资源与外部资源、总部、专业分公司与企业的紧密结合，为其他项目起到了示范作用。"

随着国家节能工作的不断发展，随着国务院国有资产监督管理委员会和中华人民共和国工业和信息化部等部委相继出台的节能降耗管理措施及倡导，面对不断变化的业务需求，系统的下一步工作重点将侧重在：围绕"能源管控中心"建设展开的能源数据采集网络、能源集中监控平台、能源闭环管理平台、能源平衡与优化调度平台、高耗能装置或设备的节能优化控制系统等功能模块研究；中国石油"十三五"信息规划涉及的炼化先进控制与优化应用系统、流程模拟与仿真两个项目建设成果的功能性集成研究；能耗管理移动办公应用研究；企业及隶属基层单位个性化需求的拓展性开发这几个技术领域进行深入研究。

第二节　集团公司能效管理信息系统建设

一、能效管理信息系统概述

1. 前期系统简介

作为集团公司节能主管部门直属业务支持机构，节能中心自2000年起受总部相关部门委托，开展相关节能管理信息系统建设工作，先后建立了单机版节能统计报表系统、网络版节能节水管理系统、能效改进管理系统和能效管理信息系统。

1）节能统计系统建立

自集团公司2000年重组上市后，为规范节能节水统计工作，中国石油天然气股份有限公司质量安全环保部委托节能中心开展了节能节水统计管理软件的编制工作，节能中心2000年开发了《中国石油天然气股份有限公司节能统计报表系统》1.0版，系统主要包括了勘探与生产、炼油与销售、化工与销售、天然气与管道等4个专业公司的上市部分，报表主要包含能源消耗报表、单耗报表、主要耗能设备报表、节能技措报表以及炼化企业主要装置耗能报表等类型。

2）节能统计系统升级完善

2001年节能中心开发了《中国石油天然气股份有限公司节能节水统计报表系统》2.0版，按照业务对油气田节能统计报表进行细分，新增了节水统计报表。2002年，根据节能节水管理工作要求，开发了《节能节水统计信息系统2002版》，主要升级完善了节水统计报表、实现对企业二级单位的数据汇总功能，实现了对节能节水统计数据的分析功能。2003年报表系统升级过程中增加了节能量、节水量、节能价值量和节水价值量等指标。自2004年开始，中国石油天然气股份有限公司（以下简称股份公司）开展了节能节水型企业创建活动，现行的统计报表系统再次进行了升级，增补了节能节水型企业考核相关指标、进一步明确了统计指标的界定范围、同时对报表结构进一步进行了细化，业务领域划分更加科学合理，软件升级工作于2005年底完成，并于2006年初实现了网上填报。

3）能效改进管理系统

"十一五"期间，随着节能工作的不断加强，节能节水型企业建设的深入推进，特别是股份公司节能专项投资的设立，节能统计、企业用能诊断、节能专项项目的管理对信息化提出了更高的要求，需要多种功能的能效改进管理系统。2006年，科技管理部立项开展"中国石油天然气股份有限公司能效改进管理系统研究"项目研究工作，随着2007年集团公司开始进行专业化重组，根据集团公司重组后的组织结构，重点对统计系统进行修改，增加了销售、工程技术、装备制造、工程建设等业务及所属企业，增补并修改了部分节能节水统计指标，股份公司能效改进管理系统升级成为集团公司能效改进管理系统，系统主要设置节能统计、节能计划、节能项目和节能节水信息等4个功能模块，该系统于2007年底上线运行。

2. 项目立项

自2006年以来，国家出台了一系列强化节能工作的法规、制度：2006年，全国节能工作会议发布《国务院关于加强节能工作的决定》；2007年，国务院成立节能减排工作领导小组，节能减排纳入中央企业第二任期业绩考核，发布了新《中华人民共和国节约能源法》，发布节能减排统计、监测及考核的实施方案；2008年，发布2007年千家企业节能考核结果，国务院节能减排工作领导小组会议安排节能减排工作。集团公司提出了"节能减排走在中央企业前列"的目标，为了满足不断提高的节能管理需求，科技管理部立项开展"能效改进管理系统研究开发及示范应用"项目，旨在进一步提高集团公司节能节水管理业务信息化水平。项目研究目标是在2007年完成的"中国石油天然气股份有限公司能效改进管理系统研究"项目研究成果基础上，进一步开展节能监测和能源审计等模块功能的研究开发，形成较为完善的集团公司能效改进管理系统应用平台和功能体系。

3. 需求分析

1）系统功能需求

能效管理信息系统业务领域和应用层面包括：

(1) 业务领域。

①节能统计：能耗及用水统计，节能项目统计，节能监测统计。

②节能计划：能源需求，指标计划，监测计划，节能项目计划。

③节能考核：节能目标考核、节能节水型企业考核评价。

④节能监督：能评管理，能源审计管理，节能专项项目，节能信息。

⑤节能技术：技术筛选，技术评价，最佳实践数据库。

因此，根据上述业务需求，集团公司能效管理信息系统总体功能需求应满足节能统计、节能计划、节能考核、节能监督和节能技术这5个类别，应基本涵盖集团公司节能节水全部的业务管理流程。系统功能需求如图9-5所示。

(2) 应用层面。

①集团公司总部。集团公司通过能效管理信息系统实现节能计划、节能考核目标的下达，能耗及用水汇总数据的查询和重点节能指标的监控以及节能专项投资项目、节能技术、能源审计、节能节水篇（章）审查的管理等。

②专业公司。专业公司按照集团公司节能主管部门下达的计划和考核目标要求，对所属企业下达分解节能指标计划、节能监测计划等；根据集团公司节能专项资金项目计划和有关要求，通过组织专业审查，确定节能项目计划，组织投资项目节能节水评估审查和节能节水专项投资项目的评估审查等；开展能耗及用水数据分析，监控重点节能指标，组织开展重点耗能用水设备、装置、系统的节能节水监测等。

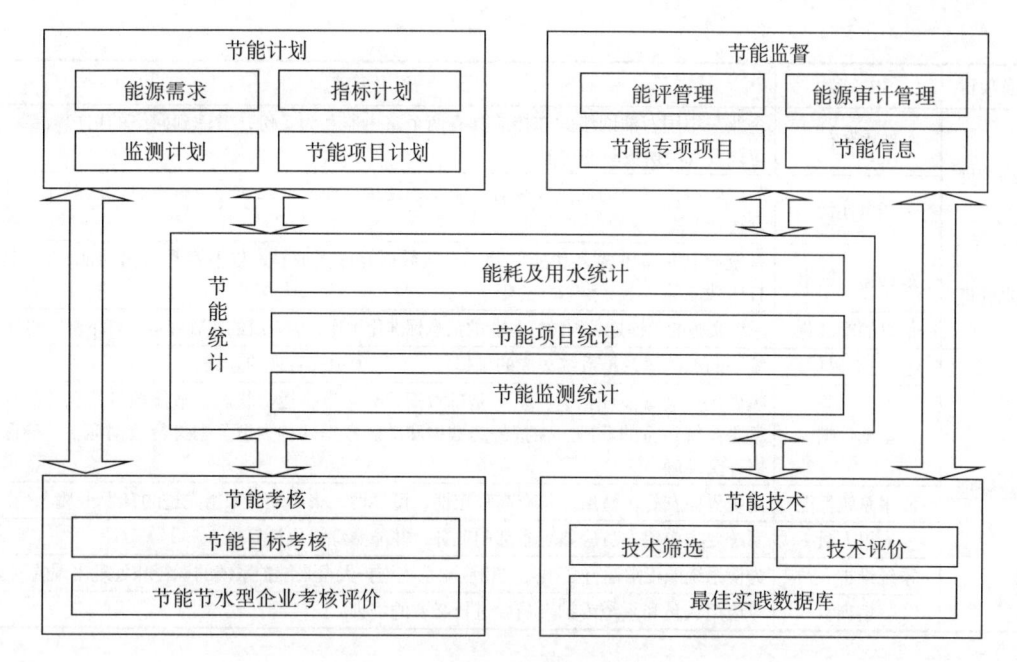

图 9-5　集团公司能效管理信息系统功能需求示意图

③企业。根据集团公司节能节水专项规划和专业分公司工作计划，制定企业各二级单位和三级单位的节能指标分解任务以及重点耗能系统或设备的能耗定额；将集团公司节能监测计划落实到具体耗能系统或设备，同时可根据企业自身的实际情况，安排除上级安排计划之外的监测任务，组织开展重点耗能用水设备、装置、系统的节能节水监测工作；按照集团公司和专业公司要求上报节能项目、实施计划下达的节能项目，同时可根据企业自身的实际情况，自筹资金安排除上级安排计划之外的节能项目。负责节能节水型企业的创建和对所属单位节能节水指标的分解和考核；负责企业节能节水统计、分析，并按照有关要求报送节能节水统计数据及相关节能节水资料等。

2）系统技术需求

能效管理信息系统的输入输出、数据管理、故障处理、网络管理、系统维护等方面是系统实施和稳定运行的前提条件，其信息技术需求见表 9-13。

表 9-13　能效管理信息系统信息技术需求一览表

信息项目	内容	应用需求
网络管理	网络建设	为保证系统的顺利实施，必须有健全的网络环境来保障。系统在总部、专业公司、企业及其二级单位运行，所以网络至少应该延伸到企业所属二级单位
	网络安全	系统数据包含集团公司各级生产和能耗指标数据，需要采取必要的措施来保障网络的安全和系统正常的运行，如加防火墙、用户登录限制等
	用户级别	系统中的数据，对不同层次的人，访问的权限应该是不同的。本部门的业务人员有权对其数据进行全权操作，而其他部门根据业务交叉和规定授予不同的权限，如查询、修改，或只对部分数据可以查询，没有修改权限等
	灾难恢复	系统配置应采用集群方式，并定期备份数据到磁带库中，磁带要定期异地保存，当意外情况发生时可以进行灾难恢复

续表

信息项目	内　容	应用需求
网络管理	路由备份	企业与中国石油网络的连接应具有两个路由器互为备份，考虑到网络的用户数量，还应该具有均衡负载的功能
网络管理	冗余连接	与中国石油网络的连接线路有一条主线连接，还应该冗余一条备用线，以保证系统正常运行
信息管理	数据输入输出	系统应具备多种输入功能如手工、从数据仓库提取等，以及多种输出功能，如图表、打印功能等
信息管理	信息的标准化	系统实施的前提是必须做好企业的信息标准化工作，为系统的实施和运行打下坚实的基础
信息管理	统一的编码体系	统一的编码体系是系统集成的前提，是实现集中式管理的基础
信息管理	基础数据	主要生产装置能耗信息、生产基础数据信息、设备运行状态、节能项目信息等基础信息是系统运行的基础。需按静态数据和动态数据两种类型分别进行数据准备，确保数据齐全准确
信息管理	应用系统性能	系统界面友好，易用，具有高稳定性，可靠性，集成性。采用先进的开发工具
信息管理	应用人员	系统要求应用人员应熟悉本部门业务，并能熟练操作计算机
信息管理	系统维护人员	为使系统能正常运行必须配置相应的系统维护人员来维护系统的运行和处理出现的问题
信息管理	培训	对应用人员和系统维护人员要进行必要的培训

4. 研发和测试

1) 系统主要研发历程

2008年7月至2009年6月，节能中心按照项目计划先后完成了项目策划启动、集团公司节能管理现状及需求调研、哈尔滨石化能源管理需求调研、节能统计和节能项目管理模块修改完善以及哈尔滨石化能源管理系统解决方案报告编制工作。

2009年7月，集团公司科技管理部和质量管理与节能部组织召开了"炼化能量系统优化研究"重大科技专项EMS研究开发讨论会，就"炼化能量系统优化研究"重大科技专项EMS总体工作思路和"能效改进管理系统研究开发及示范应用"项目衔接进行深入讨论，会议研究确定："炼化能量系统优化研究"重大科技专项集中力量进行示范企业EMS建设，"能效改进管理系统研究开发及示范应用"项目集中力量进行总部EMS构建，两者要紧密配合，充分考虑系统之间的数据接口。"能效改进管理系统研究开发及示范应用"项目要充分结合集团公司质量管理与节能部的需求进行研发，取消原设计中所包含的哈尔滨石化分公司EMS建设研究内容。

2009年9月，经过请示质量管理与节能部同意，"能效改进管理系统研究开发及示范应用"项目名称更改为"集团公司能效改进管理系统（总部）研究开发"，主要研究内容为：按照集团公司重组后节能管理业务的变化，进一步完善统计管理、节能项目管理模块，开展节能监测、能源审计、能评管理、考核管理、节能技术数据库5个模块功能的研究开发，最终建设形成较为完善的集团公司能效改进管理系统应用平台和功能体系。

2009年12月，集团公司科技管理部在北京组织召开了科技项目中期评估会议。会议最终决定调整本项目的研究内容：

(1) 项目名称改为"中国石油能效管理系统研究开发"；

(2) 终止"哈尔滨石化能源管理系统试点开发实施"的研究工作；

(3) 增加"能评管理、节能考核管理和节能技术数据库"3个模块的研究开发工作。

根据集团公司科技项目中期评估的评审意见,项目组于2010年3月召开项目二次策划和启动会,重新确定了项目组织机构、报告编制大纲、详细工作计划等工作内容。

2010年3月,在进行集团公司节能节水业务需求分析的基础上,完成了集团公司能效管理信息系统的功能需求分析和系统技术需求分析。2010年4—5月,完成了系统框架设计方案的编制工作,主要内容包括:系统功能架构方案、系统信息模型方案、系统体系模型方案以及模块功能框架设计方案。2010年6—7月,完成了系统开发设计工作,主要内容包括:系统总体结构设计、系统信息流设计、系统配置设计、运行环境设计以及模块功能详细设计等工作。2010年8—10月,根据系统详细设计内容,完成了相关系统建设工作,主要包括:需求的交接、系统编程、数据的准备和转换等工作。2010年11月,项目组组织开展了系统的测试、试运行等工作,根据测试和试运行结果进一步完善了系统功能。2010年12月在广州,项目组针对系统在集团公司范围内进行了培训,取得了良好的效果。根据项目研究的内容和进展,项目组编制完成了项目研究的总报告,并相应编制完成了集团公司能效管理信息系统用户手册。

2) 系统测试

根据项目的总体进度,项目组在2010年10月底完成了集团公司能效管理信息系统的软件开发工作。为了保证该系统应用效果和质量,项目组于2010年11月在北京组织了有关人员针对该系统进行了现场测试。本次测试模拟了系统实施后的所有操作进行测试,发现了一些系统存在的问题,并对这些问题进行了修正,进一步完善了系统的开发工作,为下一步系统的试运行工作顺利开展打下了基础。

(1) 测试准备。

为了做好集中测试工作,首先,项目组利用规划总院现有机房条件准备了硬件环境;其次,邀请了企业相关业务人员参加测试工作;再次,根据系统需求分析及详细设计方案等文档,完成了系统测试前的编程调试工作;最后,结合现有系统运行情况以及系统设计方案准备了大量的测试数据以及测试用例。

本次测试的用户角色按照行政所属关系分:集团公司、专业公司、企业。按照系统层次分:系统管理员和一般用户。其中,集团公司具有全部权限,包括浏览、增加、删除、修改、审核等;专业公司具有特定受限的权限,在本专业公司范围内具有浏览、增加等权限;企业具有特定受限的权限,在本企业范围内具有浏览、增加、删除、修改、审核等权限。按照不同的角色,准备相应的用例。准备的测试用例包括:企业历年的节能节水统计报表,节能投资专项项目资料等。

(2) 测试范围。

测试针对能效管理信息系统的8个模块:节能统计管理、节能专项管理、节能监测管理、能源审计管理、能评管理、节能考核管理、节能技术数据库及节能节水信息网进行了测试。包括系统界面、各模块单独实现的功能以及模块之间相互关联的功能。主要测试系统的需求分析以及概要设计中的要求是否满足、功能是否健全、性能是否优化及人机操作界面是否友好等环节。

测试是针对能效管理信息系统应用进行的测试，不包括支持系统运行所需的外部硬件设备测试。是能效管理信息系统软件开发阶段结束后全方位、多用户角度的系统性测试，不包括系统软件开发过程中系统的调试与测试。

能效管理信息系统内部的软件结构、数据结构、数据库结构、数据接口、软件接口、服务器软件配置等功能不在本次测试范围之内。

（3）测试人员及分工。

参加本次测试的单位有：大庆石油有限责任公司、新疆油田分公司、西南油气田分公司、玉门油田分公司、四川石化分公司、独山子石化分公司、西气东输管道公司、北京销售公司和节能中心共计16人，分别模拟集团公司、专业公司和企业层面用户对各模块进行了详细测试。

（4）测试计划。

①测试进度。项目组具体将系统测试分为3个阶段完成：第一阶段由项目组成员前期对各模块的功能设计进行确认；第二阶段由项目组组织相关人员在规划总院208会议室对系统开展集中测试；第三阶段主要由项目组成员根据集中测试提出的修改意见，对问题解决后的系统再次进行测试。

测试工作进度及内容的具体情况见表9-14。

表9-14 集团公司能效管理信息系统测试工作进度及内容表

时 间	内 容
2010年11月3日	节能中心项目组成员对各模块功能的开发设计进行确认
2010年11月10日	（1）召开项目组及测试人员测试准备会，测试数据准备与检验； （2）系统使用方法讲解； （3）部署测试任务及分工； （4）节能统计管理、节能专项管理功能测试； （5）存在问题讨论
2010年11月11日	（1）能源审计模块、节能监测模块、能评模块功能测试； （2）节能考核模块、节能技术数据库模块、节能节水信息网功能测试
2010年11月12日	（1）存在问题讨论； （2）对各模块测试进行总结，提出系统修改意见
2010年11月22日	节能中心项目组成员对修改的系统进行测试

②测试环境。本次测试的软件与硬件环境与系统实施后的运行环境一致。

软件环境：系统客户端采用PHP网页工具进行开发，后台服务器采用MySQL和APACHE数据库软件支持运行。客户端计算机通过网页直接进入系统进行操作，无须在安装任何软件或程序。

测试客户端计算机：IBM/R60笔记本电脑1台、IBM X60笔记本电脑1台、DELL/D600笔记本电脑2台、联想X200笔记本电脑2台、联想昭阳K43A笔记本电脑1台、索尼PCG-7H4P笔记本电脑1台，Lenovo开天M8000台式计算机8台。测试库护短计算机的操作系统均为WindowsXP。

测试服务器：IBM X346刀片式服务器1台。网络依托为中国石油规划总院局域网。

测试打印机：HP /LaserJet P1008。
③测试方法与步骤。
a. 测试方式。
输入方式：人工输入。
操作顺序：按屏幕提示和窗口菜单使用，结果通过屏幕和打印机输出。
输入数据：根据准备的测试数据输入到相应的各个内容。
输出数据：通过屏幕或打印机可输出各种查询结果和统计报表。
b. 测试步骤。
安装：系统无须安装，直接在网页浏览器上进行系统操作。
运行、测试：分别进入各个模块，对要测试的功能进行操作。
测试报告：根据测试的进展情况以及测试结果，最终完成系统测试报告的编制工作。
（5）测试结果。

通过对能效管理信息系统的综合测试，证实了该系统的功能较强，不仅实现了操作网络化，而且具有良好的用户界面，通过浏览节能节水信息网即可找到其他7个模块的登录链接，并且维护较为方便。该系统实现了多方位、多层次的查询功能，并且有着严格的权限管理，非法用户不能进行相应的操作，使数据的保密性得到了满足。该系统还具有广泛的适应性，集团公司、专业公司、企业及其所属的二级单位、三级单位均可使用该系统。

在系统的操作界面方面，采用了目前较为流行的 WINDOWS 资源管理器模式的窗口化界面，强化了各模块不同流程功能使用的分类，使广大用户更为容易接受和使用，极大地降低了系统应用难度。并且增强了人机对话功能，清晰的功能分类以及关键操作处的系统提示，都有效地帮助用户使用本系统。

在信息采集和审核方面，首先，本系统是通过网页录入，直接将信息采集到数据库，同时对信息准确性的审核工作也通过网络完成，极大地降低了数据传递过程中的人力、财力消耗，提高了工作效率。其次，增加了多个文件上传功能，符合实际审核过程中的资料性审查，节省了常规办公的开支，也有利于资料的保管和查阅。最后，完善系统对信息逻辑性的初判功能，有效减少填报中出现的简单错误。

在权限管理方面，既采取了较为严格的管理模式，又达到了部分信息资源共享的目的。系统设立了3种（或4种）用户的即集团公司（管理员）、专业公司、企业和检测机构（或专家），并赋予各自不同的权限级别，而且在各个模块之间也采取了各自独立和相互联系的开发设计，避免了信息的重复性，也提高了共享功能。

在系统的维护方面，各级用户可以根据自身需求，对相关的下级单位进行权限分配和管理，可以实现新用户的增加、删除、修改字段等操作，无须重新编程开发系统，具有较强的系统自身完善的功能，使系统具有良好的外延性和可扩展性。

通过测试，能效管理信息系统的开发基本上达到了预期的结果，功能覆盖率100%，满足了需求分析和设计方案的要求，可以交付进行系统的试运行工作。

5. 系统上线运行

在2010年11月中旬完成各模块功能的升级、开发和测试工作的基础上，系统于2010

年11月下旬开始进入试运行阶段。2010年12月6日至12月10日在广州石油培训中心，项目组组织了系统用户培训班。本次培训对象是集团公司所属各企业的节能节水管理人员及统计人员。共来自16家油气田、27家炼化企业、34家销售企业、8家管道企业、21家工程技术服务及其他企业的173名节能节水相关管理及统计人员参加了培训，并且取得了良好的培训效果。2010年12月，通过对用户进行培训后系统正式上线运行，一直到集团公司节能节水管理系统单轨运行位置停止使用。

二、能效管理信息系统建设成果

能效管理信息系统最后建设成为包含节能统计管理、节能专项项目管理、节能监测管理、能源审计管理、能评管理、节能考核管理、节能技术数据库及节能节水信息网等8个功能模块的信息系统，各模块建设成果介绍如下。

1. 节能统计管理

1）主要目的

集团公司、专业公司以及企业通过节能统计管理模块，可以了解和掌握有关用能用水情况，并对节能节水数据进行统计、审核、汇总和分析，最终将统计分析结果输出。节能统计分析结果是集团公司生产经营分析会材料和公开对外披露年报的重要组成部分，是集团公司管理层和总部机关必备的决策参考资料，是集团公司节能节水考核评价工作的重要依据，是各项研究工作重要基础，也是系统中其他模块的运行提供基础。

2）功能描述

节能统计模块功能的应用是实现本系统中其他功能的基础，企业的二级单位（三级单位）可通过该模块上报节能节水数据，各企业可自动进行汇总，审核后上报，或者直接通过该模块填报数据。经节能技术机构审批合格后，汇总生成集团公司节能节水统计报表。该模块应主要包含统计、汇总、分析和上报4个子模块。其中统计子模块提供完整的数据的输入、输出、修改、计算、存储和打印功能；汇总子模块可根据集团公司需求，提供相关数据的汇总输出、生成分项报表、储存和打印功能；分析子模块可对历年的汇总数据进行查阅、比较和计算，并提供重点指标图形分析模板、查询结果的输出、打印功能；上报子模块可实现新增的主要耗能用水数据的摘要功能，提供上报集团公司的数据模板。数据的传输、审核、汇总和分析功能均应在网络上实现。

（1）数据填报。

修订报表：对原有报表格式、内容等进行修订。①综合类：企业节能管理部门及人员的信息，生产数据表，能源购进、消费与库存统计表，统计分析报告。②节能类：能源消耗报表，能源转换报表，能源单耗报表（新增"企业万元工业产值综合能耗"指标），主要耗能设备报表，主要炼化装置能耗统计表（新增乙烯、合成氨装置能耗统计表），节能措施报表（新增项目相关材料的上传、存储功能）。③节水类：用水状况报表，用水水平指标报表，节水措施报表（新增项目相关材料的上传、存储功能）。

审核报表：实现报表的层层审核，上级用户可对下属单位报表进行审核，提出不合格项的审核意见。

修改报表：根据上级单位的审核意见，修改数据或编辑文字说明，并保存。

(2) 汇总报表。

集团公司用户汇总：根据企业上报的统计报表数据生成对应的集团公司汇总报表，优化汇总报表格式，并对汇总报表进行分类整理，实现清晰化输出。

专业公司用户汇总：根据专业公司业务需求，由集团公司用户自定义相关指标、企业名称等增加对其授权查看的汇总报表。

企业（二级单位）用户汇总：根据企业下属单位上报的统计报表数据生成对应的企业汇总表。

以上汇总功能，需要增加报表的历史数据固化保存，可使数据不受到企业重组兼并影响带来的变化。

(3) 数据分析。

数据查询：查询范围为汇总报表中的每个指标，用户可以通过选择企业、指标、报告期等多个维度形成对应自定义汇总报表，增加结果的输出。

指标分析：根据用户设定好的主要指标，选择相应报告期，形成固定的折线图、柱状图、饼分图等。

(4) 系统维护。

用户系统维护：集团公司、企业（二级和三级单位）可以填写企业节能节水人员信息、添加/管理下属单位、修改密码、向下属单位发送站内通知。

企业应填报表管理：集团公司根据业务设定关联报表，实现默认初始分配；企业可按照实际情况自行增减报表。

登录界面：简化登录中的用户选项，用户通过选择角色，输入密码，即可进入统计模块，默认为当前填报周期，并实现在系统内即可查询历史数据。

数据输出：在上报功能中，增加主要节能节水指标的摘要模板，数据来源于汇总报表，也可修改数据。

报表导出：优化各类统计报表的导出格式，增加批量导出功能。

在线打印：统一调整报表打印的大小，保持企业纸质报表格式的一致性。

以上功能的输入、输出需要实现各级用户的数据可以根据企业的不同属性，列出需要填报、打印、批量导出的报表以及数据的存储。

①关键输入及其来源：统计人员信息、节能节水统计指标、统计分析报告——企业。

②关键输出及其去向：节能节水统计汇总——集团公司、专业公司、企业；节能节水数据摘要——集团公司、专业公司。

2. 节能专项项目管理

1) 主要目的

节能专项投资项目信息管理系统有助于集团公司对专项投资项目进行动态管理，及时掌握项目的进展情况和实施效果，便于集团公司、专业公司和企业对节能专项投资项目的实施进展情况及实施效果进行分析评价。

2) 功能描述

节能专项投资项目信息管理模块主要功能包括用户系统建立、数据字典维护、项目信息上报系统、项目信息汇总查询系统、项目评分管理系统。通过网络上报和系统平台的后台分析，实现项目的过程控制、信息统计、分类查询和效果评价等功能。

（1）用户系统建立。

根据节能项目的分布情况，系统首先建立三级用户模式，为每类用户设定登录系统的账号和密码，同时系统设定每类用户的具体操作权限，包括录入权限、查询权限、统计权限以及评价权限等。

一级用户：集团公司；

二级用户：专业公司；

三级用户：企业。

系统设计完成后，将所有用户的数据导入数据库中。

（2）数据字典维护。

节能节水项目的统计内容包括项目名称、所属项目群、所属专业、实施单位（具体到企业二级单位）、项目主管机构、项目负责人和主要参加人员、项目实施时间、项目完成时间、项目实施目标、实施内容概述、主要节能措施/技术、主要技术供应商、技术应用条件（或适用范围）、主要节能设备描述、主要能耗指标变化、实际投资、经济效益、动态投资回收期、节能（节水）量、温室气体减排量等。

（3）项目信息上报系统。

节能（节水）专项资金类项目的统计信息输入主要来源于实施项目的企业和集团公司规划计划部门。

项目主管机构、项目负责人和主要参加人员、项目实施时间、项目完成时间、项目实施目标、实施内容概述、主要节能措施/技术、主要节能设备描述、主要能耗指标变化、实际投资、经济效益、节能（节水）量等信息由企业指定的上报人员网上填写。

（4）项目信息汇总查询系统。

节能（节水）项目信息查询应能按照不同维度进行（如按集团公司总部、按企业、按项目类型、按专业、按技术类型、按节能/节水项目、按项目群、按实施时间、按完成时间等），并应具有数据加和功能。例如，能够按照企业的维度查询得到某企业所有已完成的节能节水项目信息，也能够按照实施时间的维度查询得到所有企业已完成的节能节水项目信息，同时应能获得所查询项目的节能量总和、温室气体减排总量、总投资和经济效益总和等。

此外，系统应能根据用户需要进一步获得多维度（≤7个维度）的项目查询结果和统计加和数据。例如，能够按照集团公司总部、节能项目、实施时间等3个维度，查询得到集团公司指定时间实施的所有属于专项投资项目的节能项目信息和节能量等加和数据；也能够按照专业、节水项目、项目群等3个维度，查询得到某专业公司已实施完成的所有属于某项目群的节水专项投资项目信息和节水量等加和数据。

（5）项目评分管理系统。

项目效果评价是在节能节水项目信息完成上报后，通过系统已建立的项目效果评价标准，自动分析得到集团公司已实施完成的节能节水项目效果评价结果，并将评价优秀的项目纳入最佳实践数据库，为企业开展节能改造和技术推广提供参考。

对于具体项目群中各项目的实施效果，应基于投资回收期、节能（节水）量、投资额等指标进行综合评价。即：通过在系统中预先设定投资回收期、节能（节水）量、投资额等指标的分值标准及权重，自动计算出每个项目的多因素权重值；然后根据系统预先设定的权重值评级标准，对各项目进行评级，最后评优项目列入节能（节水）最佳实践数据库。

①关键输入及其来源：节能专项投资项目基础资料——规划计划部下达批文；节能专项投资项目实施进展信息——企业节能部门、规划部门；"十大工程"分类——节能技术机构。

②关键输出及其去向：集团公司节能专项投资项目实施进展及汇总分析——总部机关；各板块节能专项投资项目实施进展及汇总分析——专业公司；企业节能专项投资项目实施进展及汇总分析——企业；最佳实践库——总部机关、专业公司、企业。

3. 节能监测管理

1) 主要目的

节能监测模块主要目的是为集团公司、专业公司、节能监测机构、企业用户能够了解每年的监测计划，查看具体实施方案和监测报告，掌握每年的重要监测数据，实现节能监测工作的信息化管理，为集团公司、专业公司对新建产能或节能改造项目评价提供参考数据，作为企业开展整改的依据。

2) 功能描述

通过该模块可查询集团公司、专业公司全年监测工作计划以及节能监测机构工作方案，为对于企业自主开展的监测工作搭建系统平台。由节能监测机构填报主要耗能设备、装置、系统监测数据，实现重点监测指标进行汇总。由集团公司根据监测结果，向企业下达的整改意见，企业依据具体要求开展整改。主要包括报表填报和文档备案两个功能。

报表填报：根据主要监测内容，设计重点用能设备、装置、系统能源利用效率监测统计表，由节能监测机构填报相关监测数据，形成重点监测指标数据的汇总摘要。对于企业自主开展的监测工作，由企业填报相关监测数据，形成重点监测指标数据的汇总摘要。

文档备案：由集团公司、专业公司发布年度节能监测计划，由节能监测机构根据计划发布具体实施方案，提交节能监测报告。由企业发布计划外自主开展监测工作的计划、监测报告等相关信息的备案。由集团公司发布监测汇总结果的整改意见。

以上功能均需实现数据的保存、修改、关键字查询、导出。

(1) 关键输入及其来源：监测计划——集团公司、专业公司、企业；监测数据——节能监测机构；监测报告——节能监测机构；整改意见——集团公司。

(2) 关键输出及其去向：节能监测汇总数据——集团公司、专业公司、企业；节能监测报告——集团公司、专业公司；整改意见——企业。

4. 能源审计管理

1) 主要目的

能源审计模块应用重点是实现对报告审核流程的监管。主要目的是为企业在开展能源审计工作过程中，提供统一、规范的报告编制格式，由集团公司发布审计计划，由节能技术机构或节能监测机构组织专家对报告开展审核工作，记录提出的最终修改意见，并对整个审核过程的信息进行记录，同时也作为企业修改审计报告的重要依据，通过网络实现修改版本报告的存档备案，实现审核信息的可追溯性，最终达到审计报告顺利上报地方政府的目的。

2）功能描述

通过该模块，企业可查看集团公司每年下达的审计计划，下载能源审计报告模板，根据要求完成并提交本企业的能源审计报告；由节能技术机构或节能监测机构组织专家，通过系统实现初级审核，并记录发布专家意见作为企业修改的依据；企业查看一个或多个专家意见进行修改报告，再次提交报告并保存，直至报告修改完毕。集团公司可查阅企业的能源审计报告，查看审核阶段的专家意见。主要包括模板提纲下载和文档备案两个功能。

模板提纲下载：集团公司发布报告模板，企业下载后完成能源审计报告，节能技术机构、节能监测机构专家进行审核。

文档备案：实现审核流程监管的重要功能，包括发布集团公司年度能源审计计划和审计结果的通报，记录节能技术机构或节能监测机构专家对审计报告提出的修改意见，企业依据最终意见修改报告，并反馈修改过程中的简要说明以及完成情况，保存修改的各个报告版本。

以上功能均需实现数据的保存、修改、关键字查询、导出。

（1）关键输入及其来源：审计计划——集团公司；能源审计报告——企业；审核意见——节能技术机构、节能检测机构。

（2）关键输出及其去向：能源审计报告——集团公司、地方政府；审核意见——集团公司、企业。

5. 能评管理

1）主要目的

随着国家对能评工作的要求不断加强，集团公司固定资产投资项目节能审查工作势必将更加深入地开展，然而集团公司对于能评管理没有进行信息化，极大地影响了工作效率，带来了诸多不便，因此需要研究开发能评管理功能模块，提高节能工作管理水平。

2）功能描述

能评管理模块主要功能包括对项目审查各个阶段的评估意见、会议纪要、评估时间、参加人员等有关信息进行存档，并提供查询功能；建立能评管理专家团队数据库，并提供查询功能；对于节能项目中涉及的节能技术与节能技术数据库模块进行关联。

能够提供录入、查询以及汇总功能，显示项目节能审查信息；能够按照不同维度（如按企业、按专业、按时间、按项目类型、按参评人员等）进行统计分析；能够按用户要求，以不同格式导出项目节能审查相关信息；能够查询能评专家的有关信息。

（1）关键输入及其来源：集团公司固定资产投资项目节能审查评估意见、时间等——节能技术机构；能评专家信息——节能技术机构、企业节能主管部门。

（2）关键输出及其去向：评估意见、会议纪要、专家数据库等——节能主管部门；节能节水技术——节能技术数据库模块。

6. 节能考核管理

1）主要目的

随着国家对节能减排工作的日益重视，国务院国有资产监督管理委员会对中央企业的节能考核工作逐步细化，对中央企业负责人的任期提出了明确的节能减排目标，并在任期结束进行考核。集团公司也已经建立了层层的考核管理体制，并在每年度开展节能考核工作。因此，节能考核管理模块设置的目的是通过对企业生产能耗、专业公司总体能耗进行预测，为企业能源供给规划、管理计划的制订、节能节水考核指标的制订提供决策参考，并建立相应节能指标的制订与考核以及节能节水型企业的创建和评价等信息系统，为提升集团公司节能考核管理工作水平打下坚实的基础。

2）功能描述

节能考核管理模块主要功能包括能源需求预测、节能节水指标计划制订与下达、节能节水考核指标考核与评价、节能节水型企业创建和考核等。对于上述功能的实现，应该与节能统计管理模块进行紧密关联，实现数据之间的传递。应实现能源需求预测情况、节能指标计划制订与下达和完成情况、节能节水考核指标考核与评价以及节能节水型企业创建评价和考核情况等的查询、输出等功能。

（1）能源需求预测。

能源需求预测应统筹考虑能耗历史数据库中的能耗量及单耗指标历史数据、生产产量预测、生产产量实际变化、能源市场价格影响等多种因素，形成按能耗指标和生产产量、按主要耗能环节、按重点耗能系统和设备等多方面的计算预测模型，最终得到较为准确的能源需求预测。能源预测分析模型应能够分成多个等级，可以被不同等级的计划人员共享，为不同等级的管理人员提供决策支持。

预测结果综合考虑不同层次的需求；在预测时能够建立特定的模型，综合考虑各种影响因素；支持多维度的预测，如产品、耗能环节、耗能系统/设备、部门、时间（按月或季度）、不同算法；支持自上而下、自下而上的预测方法；支持多层次（不同等级）的预测，供多等级计划人员共享；支持存量和新增生产的能耗预测；能够根据能源价格，预测能源需求价值量；具备自我完善能力，将已发生的能耗及能耗指标及其影响收集到数据库中，不断补充和完善历史数据基础，并对预测分析模型进行不断修正和改进。

（2）节能节水指标计划制订与下达和完成情况。

集团公司总体节能计划根据集团公司总的节能目标、专业公司能源需求分析、能耗历史数据的分析以及生产计划，通过综合分析，制定集团公司总的节能指标计划，包括专业公司的节能指标，各个企业的节能指标等。专业公司的节能计划是按照集团公司节能主管部门的节能指标计划要求，对所属企业下达分解节能指标计划。企业的节能指标计划是在专业公司的指导下，按照专业公司节能指标计划要求，制定本企业各二级单位的节能指标分解任务以及重点耗能系统或设备的能耗定额等。

节能指标计划安排应综合考虑不同层次的需求；安排节能指标计划时能够综合考虑各种影响因素，建立多种计算分解模型，以满足国家、集团公司、专业公司和企业的需要；支持多维度的节能指标计划，如产品（生产量）、耗能环节、耗能系统/设备、时间（按月或季度）；支持自上而下、自下而上的节能指标计划；支持多层次（不同等级）的节能指标计划，供多等级计划人员共享；能够通过手工将节能指标分配给特定企业；能够通过手工设定计划的限制条件。

(3) 节能节水考核指标考核与评价。

根据节能统计管理模块采集来的数据，结合节能指标计划数据，分析得到集团公司、专业公司以及企业的节能节水考核指标完成情况，并给出这3个层次的评价结果。应根据节能指标计划数据，将当年度节能节水考核指标的计划值自动设定警戒值。该警戒值共分为3个层面：企业、专业公司和集团公司。根据节能统计管理模块中的有关数据，得出当期3个层面的节能节水考核指标值，分别与警戒值进行比较。如果小于警戒值，则应显示为报警状态；如果等于或者大于警戒值，则应显示为正常状态。同时，还应根据小于或者大于警戒值的幅度，在仪表盘上做出相应的显示。

(4) 节能节水型企业创建和考核。

节能节水型企业创建和考核功能分为3部分：企业自评、现场检查和考核评定。其中，企业自评和现场检查的工作内容包括制度体系、规划计划、统计管理、监测管理、定额管理、计量管理、项目管理、节能节水技术措施、合理用能用水、考核奖惩、能耗用水指标等。考核评定由集团公司质量管理与节能部负责组织专家组进行。评定工作主要依据企业自评以及现场检查的评分结果，对主要能耗用水指标和节能节水效益等指标，同时根据年度统计分析结果和节能节水监测结果进行核实和综合评定。

①关键输入及其来源：能耗及能耗指标历史数据——节能统计管理模块；节能考核指标计划值——节能技术机构；节能考核指标完成值——节能统计管理模块；重点能耗指标实际完成值——能耗统计模块；节能节水型企业自评报告——企业节能主管部门；节能节水型企业现场检查报告——专业公司节能主管部门；节能节水型企业评定结果——节能技术机构。

②关键输出及其去向：能耗需求预测——总部机关以及专业公司；节能指标计划下达——专业公司以及企业；节能指标计划完成情况——总部机关、专业公司以及企业；节能节水型企业创建考核评价情况——总部机关、专业公司以及企业、重点节能节水指标监控仪表盘。

7. 节能技术数据库

1) 主要目的

自"十一五"以来，国家一直强调要加快节能减排技术研发和推广，相继发布了三批重点节能技术推广目录。集团公司要实现"十一五""十二五"的节能目标，发展低碳经济，开展长期深入地节能工作，需要依靠节能技术的研发和推广，因此，开展节能技术的跟踪、评价与推广是非常必要的。本模块开发目的是通过对集团公司各企业应用节能技术的汇总，建立信息丰富、内容完善、实例广泛、易于共享和及时共享的节能技术数据库，为企业和集团公司各项节能技术改造和节能降耗提供支持。

2) 功能描述

节能技术数据库模块主要功能包括节能技术汇总、节能技术维护、节能技术应用案例维护、节能技术应用情况用户评价与反馈和用户管理等，实现节能技术的统一汇总、管理与交流，便于共享和推广。

(1) 节能技术汇总。

显示节能技术数据库总体信息，包括技术数目、适用于各业务的技术数目、各种技术类别的技术数目、成功应用案例数目等。

通过节能技术列表汇总各项节能技术，表中各列为序号、技术名称、技术类别、应用案例数目等。

点击表中各行可以进入技术明细表，查看各项技术的主要内容。

(2) 节能技术维护。

各项节能技术的主要内容包括技术名称、技术类别、适用范围、技术内容、应用情况及效果、应用案例、技术来源、存在问题和其他相关资料等。技术类别分为前沿技术、攻关技术和成熟推广技术。应用情况及效果应说明总体应用现状，应用后的实物节约量和单位节能量。技术内容包括技术背景、技术原理及特点、投资估算、实施周期和静态投资回收期。应用案例按条目列出案例名称、应用单位、应用时间、应用技术、主要工程内容、节能技改投资额、建设期、节能量节水量、经济效益、静态投资回收期以及其他相关资料（包括评价报告等）。技术来源按条目列出技术持有单位，包括单位名称、联系人及联系方式、技术鉴定报告和其他相关资料等。为方便管理，各项技术条目还应具有入库时间、最后访问时间、访问次数和总体评价得分等字段，总体评价的分数据来自用户对技术总体评价打分的平均。

支持集团公司用户对技术条目的添加、编辑和删除。

支持对于各项技术的多维度检索（如技术名称、技术类别、适用范围、应用情况及效果、投资估算、实施周期、静态投资回收期、技术应用单位等），根据检索条件按照用户自定义列汇总显示节能技术列表。

(3) 节能技术应用案例维护。

支持集团公司用户对技术应用案例的添加、编辑和删除。支持专业公司和企业用户添加技术应用案例，所添加案例在集团公司用户审核通过后方添加到技术应用案例库。技术案例可以来自各级用户录入或由集团公司用户通过节能专项项目管理模块自动获取。

(4) 节能技术应用情况用户评价与反馈。

支持用户查阅技术明细时根据对技术的了解情况和所在企业的应用情况，发表评价意见，并将其存入库中。评价意见应按条目存储，包括总体评价打分、评价意见、用户名称、用户IP地址、发表时间等。评价意见由集团公司用户审阅，必要时可删除。

(5) 用户管理。

建立独立的用户管理系统，采用三级用户模式，为每级用户设定登录系统的账号和密码，同时系统设定每类用户的具体操作权限，包括技术管理权限（含添加、编辑、删除）、案例管理权限（含编辑和删除）、案例添加权限、内部信息访问权限等。实现用户在授权方式下登录节能技术数据库，查阅节能技术信息、上传技术内容、进行技术应用评价和反馈等。

一级用户：集团公司，主要为总部机关有关用户；

二级用户：专业公司；

三级用户：企业。

①关键输入及其来源：节能技术——节能技术机构；节能技术应用案例——节能技术机构、集团公司、专业公司、企业和节能专项项目管理模块；节能技术应用情况用户评价

与反馈意见——集团公司、专业公司和企业。

②关键输出及其去向：节能技术内容（含应用案例）——集团公司、专业公司、节能技术机构和企业；节能技术应用情况用户评价与反馈意见——集团公司、专业公司、节能技术机构和企业。

8. 节能节水信息网

1) 主要目的

节能节水信息网模块设置的目的主要是加快集团公司节能节水工作信息化进程，通过网络途径加强节能节水工作的宣传力度，扩大节能节水工作的影响；更加及时、准确地反映节能节水工作的相关信息，同时也能够给予集团公司所属各专业公司和企业的节能节水工作提供大力支持和帮助，更好地起到集团公司、专业公司和企业之间节能节水工作桥梁和纽带的作用。

2) 功能描述

该模块应具有动态更新节能节水信息，自动链接筛选集团公司内部以及国内外节能节水信息，传达领导讲话及重要文件，定期更新国内外有关节能节水的政策和法规，提供节能节水相关标准链接，提供先进节能技术信息等功能。该模块应提供链接到能效管理系统其他模块的便捷接口，节能论坛版面设置应细化，并设定管理维护人员；同时，还应提供节能节水技术知识，加大节能技术的宣传工作，提供相关信息咨询，收集反馈信息，及时解决集团公司节能工作者在工作中遇到的问题，做到自集团公司到企业的上下互动式交流，从而推动集团公司节能工作的进一步开展。

(1) 国内外、石油石化行业以及集团公司节能节水信息。

国内外、石油石化行业以及集团公司节能节水信息动态更新，应具有从相关网站自动抓取信息功能，经网站管理人员审核后进行发布。发布集团公司节能节水相关制度、文件、通知、大型活动等信息。

(2) 用户权限设定。

普通用户只能浏览国内外节能信息，用户提交注册申请，通过中国石油邮箱的自动验证之后方能登录信息网查看、下载中国石油企业节能节水信息、法规标准、节能技术、交流论坛等子模块中节能节水工作人员专享资料。

(3) 节能节水信息网模块置于能效管理系统首页。

将节能节水信息网置于集团公司能效管理系统首页位置，统计管理、项目管理等其他7大模块在首页显著位置提供链接，提高节能工作宣传和受关注程度。

(4) 新增热点关注子模块。

在节能节水信息网模块新增热点关注子模块，根据节能节水工作不同时期关注热点，设置不同专题，如合同能源管理、清洁发展机制、低碳经济等。

(5) 政策法规和节能标准。

介绍国内外、石油石化行业以及集团公司有关节能节水的政策法规，实现定期更新，全文检索。介绍国内外、石油石化行业以及集团公司相关节能节水标准，提供标准链接。

(6) 节能技术。

根据节能技术数据库生成节能技术目录，了解详情需登录节能技术数据库查看。

(7) 下载中心。

介绍国内外节能方面优秀的论文以及相关论著，实现标题检索。发布节能基础知识、集团公司培训材料、管理知识及统计知识等相关信息，实现标题检索（注册登录用户才能查看，下载资料）。

(8) 友情链接。

提供国家节能管理部门、集团公司节能主管部门及国内外节能节水信息网的链接。

① 关键输入及其来源：关键输入为相关的节能动态信息，法规、政策、相关培训材料、论文、著作等；来源为集团公司内部网和相关节能节水信息网站（如中华人民共和国发展和改革委员会能源研究所、中国气候变化信息网、中国节能服务网、中国节能产品网、全球节能环保网、上海节能信息网等节能相关网站）。

② 关键输出及其去向：关键输出为各种静态或者动态信息。

三、能效管理信息系统应用效果

能效管理信息系统通过一个平台三个层次和五大业务领域功能设计，实现了集团公司能效管理、决策支持和能效相关统计报表的应用，从而持续提高集团公司节能节水业务管理水平和能源效率利用水平。一个平台即中国石油能效管理系统信息平台；三个层次系统分别是面向集团公司总部（质量管理与节能部）的能效管理系统应用、面向8个专业公司的能效管理系统应用、面向企业层面的能效管理系统应用；五大业务领域功能，其功能设计主要涵盖节能统计、节能计划、节能考核、节能监督和节能技术五大业务领域。系统实现的8个主要功能：节能统计管理、节能专项项目管理、节能监测管理、能源审计管理、能评管理、节能考核管理、节能技术数据库和节能节水信息网基本上满足了目前集团公司节能节水管理的需要。

系统建立了能评管理、考核管理和节能技术数据库三个新模块，实现了对固定资产投资工程项目项目节能节水篇审查、节能评估有关内容进行信息化管理，并建立能评管理专家团队数据库，为集团公司深入开展能评工作提供了坚实的基本保证；实现了节能指标的计划制定、下达和考核以及节能节水企业创建和评价的信息化管理，为集团公司节能节水考核指标的制订提供决策参考，为集团公司强化节能监督工作的开展提供了必要的支持；实现了集团公司各企业应用节能技术的汇总，建立了节能技术共享数据库，为企业和集团公司开展各项节能技术改造、节能降耗工作以及节能项目的推广应用提供了基础支持工具。

集团公司能效管理信息系统获得国家计算机软件著作权1项，并获得集团公司"十一五"节能节水优秀项目奖。能效管理信息系统自2010年底上线运行以来，应用于集团公司及其全资子公司、直属企事业单位。系统应用的企业有：16家油气田企业、31家炼化企业、37家销售企业、13家天然气与管道储运企业、7家工程技术服务企业、6家工程建设企业、5家装备制造企业、30家科研及其他直属企业，共计145家。集团公司节能节水业务管理的节能统计、节能计划、节能考核、节能监督和节能技术五大业务领域可以通过能效管理系统的8个功能模块来实施应用，集团公司能效管理系统的建设运行有力地满足了集团公司节能工作需要。

第十章 经 验 交 流

　　为促进企业提高能源管理水平，加大节能技术推广应用，加强各企业之间沟通交流，集团公司定期组织召开相关会议，就企业能源管理和节能技术应用情况进行交流。本章包含了2016年集团公司安全环保节能工作会和2017年集团公司质量安全环保节能工作会的17份交流材料，在油气田、炼油化工、管道、工程技术和装备制造等业务领域，从提高能源管理水平和推进节能技术进步两个方面进行介绍。

第一节　提高能源管理水平

一、强化管理创新　推进技术进步　实现油田低耗高效节约型增长方式 ❶

　　2016年，大庆油田有限责任公司强化管理创新，推进技术进步，进一步挖掘节能潜力，狠抓"精细管理、系统优化、技术推广"，合理应用各项节能技术，主要生产单耗指标均呈现下降趋势，整体用能水平不断提高。

　　1. 以管理创新为抓手，完善节能管控体系

　　公司高度重视节能节水工作，加强组织领导和机构建设，完善制度措施，夯实管理基础，健全完善了5个体系、3个机制。

　　1) 五个体系

　　一是组织体系。建立了从公司到厂、矿、站（小队）的节能管理网络，建立完善了各级节能节水管理制度，做到分工明确、职责到人。

　　二是统计分析体系。公司实行节能指标月度统计分析报告制度，加强对重点耗能单位节能指标变化原因分析及节能指标跟踪考核，强化节能工作的过程监控。

　　三是监测评价体系。公司每年下达节能监测计划，对油田高耗能设备和节能技术产品的监测评价实现了全覆盖。2016年对6799台重点耗能设备进行了节能监测评价。

　　四是节能文化体系。以开展创建"节能节水型企业"和"节能示范站队"活动为契机，引导员工树立"产能更要节能，节能就是增效"的理念，着力培育以"节约一度电、一方气、一滴水、一滴油，建设绿色油田"为主题的企业文化，鼓励和引导广大员工立足岗位革新创新，搞好群众性节能节水工作。

　　五是考核奖惩体系。公司根据各二级单位生产和能耗的实际情况分类进行考核，将节能节水指标逐级分解，作为各级领导业绩的一项重要指标纳入绩效考核，指标完成情况与领导绩效、单位工资总额挂钩。

　　2) 三个机制

　　一是投入保障机制。在油田投资资金缺口较大、生产成本日趋紧张的情况下，通过多种渠道筹集节能资金，保证各项节能重点工程的推进实施。2016年公司共安排节能改造和

---

❶ 大庆油田有限责任公司2017年集团公司质量安全环保节能工作会交流材料。

节能专项工程资金4.1亿元。

二是评价审查机制。重点把好"三关",即立项审查关、设计审查关、竣工验收关。对节能指标和措施审查通不过的不予立项、验收。

三是激励约束机制。公司对各单位节电节水和成本结余实行专项奖励,每年对节能节水先进单位和先进个人进行表彰奖励,充分调动基层员工做好节能节水工作的积极性和主动性。

2. 以发展规划为统领,全面把握总体布局

坚持从战略和全局出发,把节能纳入油田总体发展战略规划,妥善把握当前与长远、产量与效益、产能与节能的关系,科学组织5年节能规划和年度节能滚动规划的制定,将油藏、采油、地面、工程技术服务等系统整体优化,同步设计、同步实施、同步管理。做到4个优先:

一是在总体规划上优先。树立"靠精细水驱挖潜而不是靠多打井建产能保稳产"的节能思想,合理调整产量结构,遏制规模扩大能耗总量同步增长的趋势。

二是在投资安排上优先。专门安排节能专项资金,优先安排节能新技术推广应用和节能改造项目。

三是在生产管理上优先。从油藏探查、井位设计、地面建设到油气集输各个环节,都把节能放在重要位置,坚持油田开发到哪里,节能降耗到哪里。

四是在产能建设上优先。实行产能建设节能指标一票否决制,始终坚持杜绝采用高耗能的工艺和设备。

3. 以技术进步为支撑,深入挖掘节能潜力

坚持"应用一代、研发一代、储备一代"的思路,强化自主研发和创新,加快节能技术改造步伐,扩大规模效益,巩固节能效果。

一是发挥科研先导作用,强化自主研发和技术创新,开展"壳程长效相变加热炉和高效盘管式相变加热炉研制"等8个节能科研项目。通过18台壳程长效相变加热炉的现场试验测试,运行负荷率大于50%时,平均热效率在85%以上。

二是大规模推广实施成熟节能技术。2016年,在全油田推广实施节能技术措施37462井次(台套),节电1.92×10^8千瓦·时,节气2852万立方米。

三是积极推广应用节能新技术、新设备。公司始终注重新工艺、新技术、新设备的试验开发,推广应用效果显著、经济效益好的新技术和新设备,为油田节能工作可持续发展提供技术保障。

(1) 抽油机不停机间抽技术。2016年采油九厂齐家北油田50口井现场试验,节电率46.8%,单井年可节电0.55×10^4千瓦·时。

(2) 长冲程柱塞泵间抽技术。2016年在采油八厂83口油井现场试验,泵效提高18.5个百分点,系统效率提高7.8个百分点,单井日节电87.8千瓦·时,节电率69.6%。

(3) 电潜柱塞泵采油技术。采油八厂103队78口井的电动潜油柱塞泵高效举升示范区,与抽油机举升相比,单耗下降45.7%,年可节电173×10^4千瓦·时。

4. 以创建节能示范站队为契机,推动节能创效向基层延伸

公司不断强化基层站队的节能管理,开展节能示范站队达标创建工作,推动基层站队挖潜增效。目前,采油生产单位有559个基层站队达到油田公司节能示范站队标准,占基层站队总数的85.87%。有23个站队获得集团公司节能节水先进基层单位称号。通过开展节能示范站队达标创建工作，将节能措施细化并落实到生产的每一个环节、每一个岗位和每一名员工，节能创效达标不断向基层延伸，节能工作已变为基层员工的自觉行动。

5. 以建设能源管控体系为平台，提高节能精细化管理水平

大庆庆新油田开展油田数字化建设，实现了油田的整装数字化。全油田671口油水井、127个集油环、1座联合站、2座转油站实现了数据自动采集和远程操控，生产经营管理及能源管控全面数字化，数字化电量计量到单井，数字化掺水自动调节。2016年与2010年数字化改造前对比，吨液综合能耗降低7.06千克标准煤，下降了17%。

今后，大庆油田有限责任公司将继续从构建节约型企业出发，深化"节能节水型企业"创建工作，努力实现大庆油田"能耗少、排放低、可持续"的节约发展之路。

二、推进油气田能源管控系统建设 ❶

油气田能源管控技术研究是长庆油田分公司承担的股份公司科技部设立的重大科技项目"节能节水关键技术研究与推广"下设的课题二"油气田能源管控技术研究与示范应用"，通过多次的技术交流和现场调研，结合油气田生产实际和工艺流程，提出"四个清楚、三个实时、分级管控"油气田能源管控模式，研制了智能化多功能电能监测与计量装置，开发了油气田能源管控软件，在靖安油田、靖边气田搭建了能源管控两个示范区，实现了能耗与设备效率在线监测、远传和综合利用。为油气田企业建立能源管控系统探索了经验。

1. 主要做法

（1）充分的技术交流和调研，掌握国内外能源管控技术现状。

完成了13次技术交流、12次现场调研，调研国内外能源管控技术文献45篇，标准、规范20篇，以及16家油气田企业SCADA等数据库，分别对SCADA、A2、A11和E7等系统从数据来源、业务需求、技术需求、管理需求等方面进行分析，理清油气田能源管控需求，编制了3项技术方案，结合油气田生产现状和国内典型模式，编制并发布《油气田能源管控系统功能设计导则》（Q/SYCQ 3659—2016），为指导油气田建立能源管控中心提供标准。标准从建设能源管控系统总体原则、建设基础要求、总体框架结构、数据来源、功能模块、数据展示与应用等方面进行规范。

（2）结合油气田生产现状和国内典型模式，分系统、按照生产工艺流程对生产能耗实时进行采集、传输、综合分析利用，提出了"四个清楚、三个实时、分级管控"油气田能源管控模式。

针对油气田企业涉及的能源介质种类多，6大系统涉及计算能耗指标达90多项，能耗设备十几万件的现状，提炼归纳总结，提出了适合油气田企业特点"四个清楚、三个实时、分级管控"的能源管控模式。四个清楚：能耗总量计量清楚、关键技术指标清楚、重点设备耗能清楚、控制重点清楚；三个实时：实时监测、实时预警、实时调整；分级管控：作业区、厂（矿）、地区公司三级管理。

（3）开发专用的油气田能源管控软件，实现了能耗数据实时采集传输、综合分析利用。

针对采油厂和采气厂不同管理方式，设计了不同的数据流接口，对数据流进行整

---

❶ 长庆油田分公司2017年集团公司质量安全环保节能工作会交流材料。

合，建立统一、规范的数据库；分别从安全策略、数据录入安全、数据存储安全、用户身份验证以及应用程序的安全来确保系统的安全。新建系统数据来源有实时采集以及原SCADA，A2和A5等系统数据，后期需要推送E7系统，采用多种大数据技术处理数据库管理等相关问题。从数据来源、分析处理、成果应用展示等方面开发油气田能源管控系统软件，包含了计划统计管理、系统用能评价、指标预警管理、能耗设备管理、综合查询分析、数据录入维护等主要功能，实现能源供应、生产、消耗全过程的管理，提高能耗预警能力，完善能耗评价及考核体系。获软件著作权登记1件"油气田能源管控系统"（2016SR254198）。

2. 取得的成果

1）探索了油气田企业建立能源管控的经验

从一般规定、总体架构、功能架构、应用架构及建设基本要求等编制了《油气田企业能源管控系统功能设计导则》标准并发布实施，编制了《油气田企业能源管理中心建设实施方案》技术方案，为指导长庆油田分公司采油厂、采气厂和输油处等单位建设能源管控系统建立了标杆，同时为其他油气田建设能源管控系统提供经验。

2）初步形成了油气田企业能源管控模式

结合国内能源管控典型模式和油气田生产工艺流程，提出了"四个清楚、三个实时、分级管控"的油气田能源管控模式，攻克了油气田能耗涉及介质、能耗指标、监控设备多的难题，统一规范油气田建立能源管控的模式。

3）开展了能源管控示范区的先导试验

针对现有油气田重点设备的能耗计量器具配备不全或不具备远程传输功能的情况，对示范区能耗计量器具进行了3次调研，编制了《油气田能源管理系统示范区能耗计量改造方案》，将对示范区373块能耗计量器具进行技术升级，实现能耗数据数字化采集和重点设备能耗监测的功能。2016年在长庆靖安油田、靖边气田开展先导试验，实现能耗与设备效率在线监测。调整后泵平均机组效率提升了5%，输液单耗下降了0.12千瓦·时/立方米，按年输液量352万立方米计算，年可节电42.24×10^4千瓦·时，节约了成本。若在全油田推广应用，预计油田综合能耗可下降0.5%~1%，按0.5%折合节电36120×10^4千瓦·时，经济效益和社会效益显著。

三、以能源管理体系建设为抓手　　持续推进油田节能降耗工作[1]

塔里木油田分公司通过强化节能评估、能源审计、能效对标管理，探索合同能源管理、新能源利用等活动，管理技术水平不断提升，技术措施成效显著，形成了具有塔里木特色的能源管理模式，有效促进了油田的节约、高效、可持续发展。塔里木油田分公司在能源管理体系建设方面的主要做法总结如下。

1. 注重顶层设计，构建节能工作长效机制

结合业务和能耗特点，探索建立能源管理体系架构。制定了节能工作推进模式，并在此基础上根据GB/T 23331《能源管理体系要求》，对相关标准进行解码，开发了12个相应

---

[1] 塔里木油田分公司2016年集团公司安全环保节能工作会交流材料。

的管理要素，初步形成了具有塔里木特色的能源管理体系架构，通过有效运行体系使能源消耗全过程受控，使节能工作成系统、可量化、易操作。

与QHSE管理体系深度融合，持续推进能源管理体系。建立安全、环保、职业健康、节能、质量一体化的审核评估系统。把审核评估作为实现过程管理和持续改进的重要抓手，全面检验并优化体系的运行效果。针对各单位的业务特点和管理现状开发了个性化的节能审核评估清单，每年组织一次全覆盖式的第三方审核。

不断完善激励约束机制，促成全员参与的节约文化氛围。加大正向激励效应，设立了节能节水技措项目效益奖励基金，每年评选节能节水先进单位和个人，自2011年来，各基层单位先后组织实施了"牙哈磨合气回收""优化3S处理工艺，提高液化气产量""克拉空压机系统节能优化"等技术创新型项目72个，相关贡献单位和个人获奖150万元，实现节能4.6万吨标准煤，节约新鲜水85万立方米，创效1980万元，奖励基金的"杠杆撬动作用"得到充分发挥，全员参与节能节水挖潜活动的积极性和创造性进一步增强。

2. 突出源头管控，严格落实项目能源评审机制

大力开展设计审查，不断优化设计方案。在项目的设计阶段严格落实节能指标，分析查摆项目前期设计中存在的缺陷，不断优化方案设计，降低设计能耗，打造精品工程。迪那作业区在新建之初通过反复论证，打破常规，针对中央处理厂提出了多项热源优化方案，使导热油炉负荷由最初设计的12000千瓦降低至7200千瓦，减少设备投入费用800万元，每年节约燃料气200万立方米，减少二氧化碳气体排放4000多吨。"十二五"期间，塔里木油田分公司以年均8.6万吨标准煤的能耗增长速度，支撑了年均百万吨的油气产量增长速度，保持低消耗增长，能源消耗总量得到有效控制。

组织研究能评体系，全力推进节能评估。严把设计能耗关，并不断总结经验并转化为制度标准，相继发布了《节能评估通则》《节能评估导则》等多项企业技术标准，建立并完善了类比指标体系。迄今，已组织完成南疆天然气利民工程、克拉苏气田大北区块地面工程、塔里木油田凝析气轻烃深度回收工程等21个重点项目节能评估，提出稠油稳定、导热油炉余热利用、原料气与产品换热、防止水合物工艺优化等节能措施70余项，实现节能4.8万吨标准煤。

3. 强化过程管理，形成能源绩效持续改进机制

全面开展用能审计，提高油田整体能源利用水平。通过能源审计的方式，对油田的集输系统、处理系统、储运系统、试采工程以及工程技术服务等主要耗能用水工艺系统进行深入分析，挖掘节能潜力，提高油田整体能源利用水平。先后组织10个生产单位对12个区块及系统开展能源审计，提出节能技改措施21项，形成节能潜力约3.2万吨标准煤。并结合四新技术与专项投入，形成节约挖潜，提质增效的长效机制。

实施能效对标管理，不断改进能效水平。在化工业务方面，借鉴先进的管理手段和技术措施，不断优化提升各项指标，通过实施对标管理，2015年合成氨综合能耗降到1023.77千克标准煤/吨，较2011年下降了11.28%，达到国际先进水平，获得中国石油和化学工业联合会授予的重点能耗产品能效领跑者标杆企业称号，各项能耗指标位于集团公

司化肥企业前列。针对油气田生产业务，建立多层级指标体系，优化运行指标，开展最佳节能实践，减少能源消耗，不断提高油气田生产过程的能效水平。

通过近几年的探索实践和总结创新，塔里木油田分公司在节能降耗工作方面取得了一些收获，但距离全面建成资源节约型企业的目标还有一定差距。下一步我们将为持续推进能源管理体系建设做出更多更有益的探索。

四、明确目标　落实责任　严格管理　创新驱动全面做好节能降耗挖潜增效 ❶

2016年，抚顺石化分公司认真贯彻落实省、市、集团公司的各项节能工作要求和部署，上下紧紧围绕节能降耗、挖潜增效工作，以安全生产为基础，开展了一系列节能降耗、挖潜增效活动，节能降耗、挖潜增效工作取得一定成效。炼油单位能量因数耗能7.36千克标准油/（吨·因数），乙烯裂解能耗570.89千克标准油/吨，均位于炼化企业前列，开展了指标分解、考核工作，狠抓了装置达标、挖潜增效工作，优化装置运行保证了能耗指标持续降低，严格能源管理，杜绝了效益流失。

1. 节能节水指标层层分解，严考核、硬兑现

面对节能工作的新形势、新要求，完善了节能、节水业绩考核体系，建立了长效机制。年初，组织修订节能、节水KPI指标考核办法，将集团公司下达的节能节水任务分解给所属11个直属企业，把节能节水关键指标作为约束性指标纳入各级领导班子的年度绩效考核中。

直属企业将公司下达的能耗指标、节能节水指标分解到车间、班组，积极开展"日核算"工作，每日统计、分析，严格控制各种能源消耗，层层把关，确保全年任务完成。

从公司层面建立并完善了耗能用水统计报表体系，统一指标和分析方法。本着制订计划要合理、消耗统计要真实、指标考核要严格的指导思想，按照公司的排产计划、各生产装置实物量单耗，结合股份公司下达的指标，生产运行处每月制订节能节水计划，每月根据计划完成情况进行奖惩。实行节奖超罚，严考核，硬兑现。

2. 深入开展装置综合达标、挖潜增效

深入推进装置达标，取得了显著成效，达标装置和提升指标的数量均呈上升趋势。与行业内先进企业进行对标，逐个装置、逐项指标进行对比，逐条制定改进措施。制订详细的目标、整改措施和网络计划，责任落实到人。通过持续不断的工作，装置综合达标率显著提升，达标装置数量逐年增加。炼油综合损失率、单因耗能、新鲜水单耗，乙烯加工损失率、综合能耗等关键控制指标均有较大幅度提升。全公司146项技术经济指标80%同比提升。

深入开展挖潜增效工作，注重项目前期论证，精细审查，确保项目"短、平、快"，力争当年投入，当年见效。建立挖潜增效项目周报表、月例会制度，针对项目实施中存在的各类问题进行统一协调解决，加快实施进度。公司2016年挖潜创效9266万元。

3. 优化生产装置运行，能耗指标持续降低

根据全年计划排产，关停部分高耗能装置，实现开工装置满负荷生产，优化装置生

---

❶ 抚顺石化分公司2017年集团公司质量安全环保节能工作会交流材料。

产运行，炼油能耗完成64.85千克标准油/吨，单位能量因数耗能完成7.36千克标准油/（吨·因数），同比降低0.08个单位，炼油水单耗0.29吨/吨，同比降低0.04个单位，乙烯裂解装置能耗570.89千克标准油/吨，在24家炼化企业中位居前列。

通过改造，实现蒸馏装置常三线、减二线热供加氢裂化，同时改造装置原料换热流程，大蒸馏减六线热供重油催化，增加蒸馏装置热输出。中压加氢装置执行精制生产流程，反应系统停用R102反应器，降低了装置燃动消耗。重整装置因物料平衡不能完全达到满负荷生产，催化剂积炭速度下降。经过分析研究优化调整了生产方案，实施再生单元间歇运转，降低了动力消耗。

长期以来，抚顺石化分公司一直把强化加热炉管理作为重点节能工作来抓，持续开展红旗炉竞赛和行业对标，每月对重点加热炉排烟温度、氧含量、热效率实施监测，通过采取加强加热炉吹灰管理、查漏堵漏、增加对流段取热、维修投用加热炉空预器、实施降低空燃比优化加热炉操作等措施，平均热效率显著提高。对烯烃厂乙烯联合装置乙烯裂解炉增设空气预热器进行节能改造。使裂解炉在正常负荷条件下，综合能耗显著下降。

4. 严格能源管理、杜绝效益流失

严格煤炭采购管理，对抽样煤种的选定、卸车、煤质采样、数据分析进行多方监督，以确保煤质分析数据的准确性，减少入厂与入炉煤的差值。热值差由400大卡下降到13大卡，年降低成本1亿元。定期对燃料皮带秤、锅炉称重式给煤机进行标定，保证入炉煤计量的准确性。加强日常锅炉运行管理，加强日常运行参数的管理，保持锅炉运行参数在合理范围；根据炉水分析结果及时调整锅炉排污量，减少排污热损失；加强高压加热器日常运行及消缺管理，提高高压加热器投入率。

大力优化电力管理，在保证企业内部电力系统安全平稳运行的前提下，积极开展降本增效工作。年初开展电力系统经济分析，通过对网架结构、运行方式、操作调整、调度管理和用电设备等发电、供电、用电环节的分析，找出不合理的电能损失和增加电费问题，制定解决方案，通过"削峰填谷"、调节受网电功率因数、降低接网变压器基本电费取费容量等措施，实现降本降耗，挖潜增效。

开展地下水管网测漏，从源头杜绝水资源浪费。抓好水资源重复利用、梯级利用，污水回用率、蒸汽凝结水回收率等指标明显提高。

此外，还开展了强化高温管线保温、熄灭火炬、规范外供能管理等工作。全年恢复高温裸露部位7500点，节约2300万元；熄灭5座火炬，年节约7000万元；清理规范外供能156点、用户51家，节约7200万元。

五、能效对标与优化装置运行[1]

为提升节能管理，独山子石化分公司自2015年开始试运行能源管理体系，发布公司《能源管理程序》《能源评审管理规定》及《能源基准、标杆及绩效参数管理规定》三个能源管理类文件，以国标促规范，以规范提水平。在能效对标和优化装置运行上主要做了以下工作。

---

[1] 独山子石化分公司2016年集团公司安全环保节能工作会交流材料。

1. 强化能效指标对标分析，提高能效水平

收集能效指标先进企业数据，开展能效对标分析活动。通过对 2014 年全国乙烯装置相关资料的收集，选出能耗水平高的茂名石化乙烯装置、中沙天津乙烯装置、镇海炼化乙烯装置等进行对标。

对比发现，独山子石化分公司百万吨乙烯装置的燃动能耗比茂名石化乙烯装置高 0.09 吉焦 / 吨、比中沙天津乙烯装置高 0.14 吉焦 / 吨，燃料单耗比茂名石化乙烯装置高 0.01 吨 / 吨、比镇海炼化乙烯装置高 0.02 吨 / 吨，水单耗比茂名石化乙烯装置高 14.83 吨 / 吨、比中沙天津乙烯装置高 84.89 吨 / 吨、比镇海炼化乙烯装置高 44.29 吨 / 吨。

通过能效对标看到，百万吨乙烯的差距及潜力，独山子石化分公司专业管理部门和分厂、车间组织专题会进行分析、讨论，制定有效措施组织落实、实施。裂解炉增加空气预热器回收凝液余热，减少裂解炉燃料气耗量，8 台裂解炉减少装置能耗 10 千克标准油 / 吨乙烯。裂解炉对流段吹灰，提高了超高压蒸汽品质，由 485℃提高到 505℃，8 台裂解炉减少装置能耗 7 千克标准油 / 吨乙烯。由于超高压蒸汽品质的提高，减少了装置界区外补入高压蒸汽量 35 吨 / 时，降低能耗 24.5 千克标准油 / 吨乙烯。

2. 优化装置运行，降本增效

优化轻烃炉运行周期。一是优化 COT（裂解炉出口温度）工艺操作；二是加强维护烧嘴运行状态，优化炉膛热场分布；三是适量提高稀释比；四是优化投退炉操作；五是按设计要求控制横跨段温度、排烟温度；六是根据实际生产运行及时调整靠近设计负压和氧含量。

优化急冷单元运行。维持 10-E-3011 换热器进水量 350 吨 / 时，保持较大的进水量，防止因工艺水过度汽化对换热器造成冲刷腐蚀，延长换热器管束的使用寿命；10-E-3012 换热器定期进行冲洗油浸泡冲洗。定期对 10-E-3012 换热器进行浸泡，降低换热器的结焦速度，提高 10-E-3012 换热器的发汽量，目前先利用现有流程对每组换热器用 PGO 进行冲洗浸泡，2015 年大修技术措施实施后，后期可使用碳十洗油进行浸泡，提高浸泡效果。

优化分离单元运行。热火炬罐 10-V-9031 罐的火炬气凝液送至界区污油罐，改为火炬废油送至急冷油塔 10-C-2701 塔回收，降低物耗损失。延长分离装置凝液提升泵运行周期，从排气阀结构入手，从线密封改造为面密封，从而延长排气阀的运行寿命，并适度进行自制备件试用，保证凝液泵长周期运行。

优化检修停开工措施降低物耗和能耗。停工期间，裂解炉增加蒸汽放空管线，停工时从 6 台炉逐步退到 4 台炉运行，充分回收物料，减少火炬排放约 186 吨。增加 10-K-4401 气相回收线，将气相乙烯回收至燃料气系统，回收量 42.7 吨左右。增加 C5501 液相和气相碳三回收技措，先通过正常丙烯外送流程回收液相碳三，再通过开工丙烯线将气相碳三引到解析气管线上，回收液相 500 吨、气相碳三 40 吨。

开工时投 4 台炉低负荷运行，连续投料 2 小时内投料至 54 吨 / 时（单台），与 2011 年相比减少 2 台裂解炉投料，减少物料损失 300 吨。4 台高备炉升温至 820℃增产超高压蒸汽约 390 吨 / 时。压缩机升速使用 10-K-3101 防喘振控制压缩机出口压力，升速时间较 2011

年减少 6 小时，减少物料损失 1600 吨。不合格碳二经脱甲烷塔塔釜 6″ 线→ 8″ 线→ 10-E-4419 回收至不合格乙烯球罐，回收 1080 吨碳二。C4301 碳中甲烷稳定量在 15 吨 / 时以上、C4101 塔顶温度在 -80℃时，甲烷提前 4 小时并入燃料气，回收甲烷 120 吨。热分系统进料后，脱丁烷塔顶不合格碳四回收到罐区不合格罐，与 2011 年相比可减少 C5701 塔顶碳四排放 260 吨。

建设"资源节约型和环境友好型企业"，是我公司不断追求的目标。我们将学习和借鉴兄弟单位先进经验，在抓好装置安全平稳运行的同时，大力实施低碳循环经济，深入推进节能减排工作，努力创建生产安全、资源节约、环境友好、社会和谐的新型石化企业，为集团公司及当地经济社会发展做出应有贡献。

六、加强能源管控信息化建设　推动节能节水精细化管理 [1]

2016 年，锦州石化分公司在"炼油厂能量系统优化一期"的基础上，进一步开展了"锦州石化能源管控中心"建设，为今后开展节能节水精细化管理，提供了有力的技术支持。2016 年，公司炼油综合能耗为 60.35 千克标准油 / 吨，同比降幅 3.22%；单位能量因数耗能为 7.35 千克标准油 /（吨·因数），同比降幅 6.59%；加工吨原油新鲜水为 0.47 吨 / 吨，同比降幅 6.38%。全年累计实现节能量 3.1 万吨标准煤，节水量 30.5 万立方米。

1. 以能源管控信息化建设为推手，持续优化节能节水管理工作

锦州石化分公司在能量优化一期的基础上，为了巩固取得的成果，又联合国内外相关技术团队，利用 Visual Mesa 流程模拟软件，建立了一套具有能耗在线监测、公用工程系统在线优化指导功能的能源管控系统，真正达到对能源消耗"看得见、算得清、控得优"。

1）利用公用工程模型，实现在线监控

通过开发模拟软件与数据库接口，实现对加热炉的氧含量、排烟温度、热效率，催化烟机的电流，热电厂锅炉的运行效率等影响能耗的关键指标，以及透平的进出口蒸汽压力、缸内压力和效率进行实时监测，提高了设备运行的平稳性和工艺参数控制精度，促进了节能增效。同时通过对蒸汽消耗、电力消耗、燃料消耗、氢气消耗等主要能源指标实时展示，并计算出实时能耗数据，实现对能源消耗"看得见"。

2）实现重点 KPI 能耗指标目标化管理

利用公用工程模拟软件，实现对公司、装置、设备三级能源 KPI 参数目标化管理。对每一个 KPI 指标，通过设定基准值、目标值，并对重点 KPI 能耗指标进行实时计算，可以及时发现存在的问题和差距。在此基础上，通过优化调整，使其无限向目标值接近。同时，该系统具有 KPI 指标的报警和追溯功能，即当 KPI 实时数据超过基准值时，系统发出报警信号，并回溯相应装置和具体设备出现的问题，实现对能源消耗"算得清"。

3）实现公用工程在线优化

建立的公用工程在线优化系统，可以实现水、电、蒸汽、燃料、氢气等多能源介质协同优化，实时提供准确的公用工程系统优化调度方案。通过建立的优化模型，可以对能源介质的生产和消耗进行需求预测，掌握主要能源介质（电、蒸汽、燃料气等）未来生产和

---

[1] 锦州石化分公司 2017 年集团公司质量安全环保节能工作会交流材料。

消耗平衡变化趋势，为调度提供预测数据。目前共提出优化机会8项，实施4项，主要包括优化气电平衡，降低外购电量，调节三催化减温减压器开度，新制氢装置原料组合优化，低压瓦斯气柜压缩机透平切换等。以上优化措施可实现年经济效益2000万元。从而实现了对能源消耗"控得优"。

2. 以先进模拟软件为工具，为节能节水项目建设提供理论依据

为了利用好2016年全厂大修的机会，在大修前期，锦州石化分公司利用Petro-Sim和Visual Mesa等先进的优化模拟软件，找到了一系列节能效果好、成本回收期短的节能措施，并在大修中实施。节能措施主要包括，各装置循环水的梯级利用和全厂低温热系统的换热流程优化，实现节约蒸汽30吨/时、循环水500吨/时。同时通过技术改造，三催二再余热锅炉实现了多发中压蒸汽2.5吨/时，发汽温度由380℃提高到450℃，排烟温度降到160℃；重整四合一、五合一炉水热媒多发中压蒸汽4吨/时，少消耗瓦斯2000立方米/时。此外，"航煤热进料和柴油热进料技术改造"和"常减压装置水热媒技术改造"等项目的实施都取得了较好的节能效果。

3. 以建设智能化炼厂为目标，推动节能节水工作迈上新台阶

为了进一步向智能化炼厂迈进，锦州石化分公司以"炼化能量系统优化研究"和"能源管控中心建设"取得成果为契机，继续开展炼厂优化项目的研究。其中"重油催化裂化闭环实时优化"利用在线模拟及优化模型，对提升管出口温度、原料预热温度等关键操作变量进行实时优化，最后达到由开环优化向闭环优化过渡。"计划—调度—操作一体化优化"分别建立计划模型、调度模型和模拟模型，并将三者相结合，形成计划模型、调度模型和模拟模型的集成技术方案和协同优化。上述项目的成功实施，将会推动锦州石化分公司节能管理工作更上一个台阶。

七、科学优化油气管网运行 持续节能降耗挖潜增效[1]

北京油气调控中心（以下简称调控中心）作为集团公司长输油气管网的运行控制中枢，始终遵循集团公司"提质增效"和"稳健发展"的方针，牢固树立"点点滴滴降成本、分分秒秒增效益"的节能意识，发挥油气管网集中调控的优势，在各管道地区公司配合支持下，持续抓好油气管网优化运行，为实现油气运输与销售综合效益最大化做出自己的贡献。

2014年，在管网油气输送量增加情况下，首次实现了能源消耗总量的下降，改变了输送量和能源消耗量逐年递增的双增态势；2015年，在油气输送量、周转量同比增加的情况下，能源消耗总量与2014年相比减少约30万吨标准煤，同比降低13%，其中：原油消耗量降低25.4%、天然气消耗量降低16.3%，成品油管网生产耗能总量下降20%，油气管网优化运行成果明显。主要做法如下。

1. 天然气管网最低耗能优化和经济性优化相结合

调控中心在运行方案优化方面，实施了"六项控制"和"三级管理"优化模式，具体以"气源优化、销售优化、流向优化、机组优化、管存优化和压力优化"等6个关键环节

---

[1] 北京油气调控中心2016年集团公司安全环保节能工作会交流材料。

作为管网优化控制点，以"月方案优化、周预测控制及日平衡调整"三级管理作为对运行方案实施过程的优化与跟踪调整；同时，调控中心针对天然气管网大型化、区域化、联合运行、多气源、多用户的特点，按照管网总体优化与区域优化结合的思路，专项开展了西部管廊、华北管网和长三角地区等主要耗能管道区域方案优化，解决了管路联运工况多变、节点增多转输复杂等问题；充分发挥西二三线系统大管径、联合运行的优势，将轮南来气经轮土线增压转供至西二三线系统运行，减少了西一线两个至四个压气站的启运，降低了西部管网的整体能耗水平。通过以上方案优化，2015年，西气东输、陕京、涩兰长（涩宁兰、兰银、长宁线）等系统主要耗能管线在输量同比增加5.7%的基础上，能耗率降至1.7%，管网最低耗能运行优化成效明显。

调控中心在实现最低耗能目标的同时，积极兼顾最低运行成本目标的优化，如针对西二线东段潼关、灵台、高陵等站电驱机组可能因启运时间不足造成用电量过少，导致现场功率因数低而承担较高罚款额度的实际，调控中心一方面按照最优方案开启西二线机组，另一方面优化调整压缩机组开机方案，定时足额启用电驱机组、停运部分燃驱机组，既保证了用电协议要求的最低用电负荷，也通过电驱机组代替燃驱机组降低了燃驱自耗气，全年为西气东输公司节约压缩机组电费支出约1400万元。

2. 原油管网调配流向优化与输送工艺优化并举

调控中心积极发挥联网运行优势，做好哈国油、新疆油、长庆油的管输平衡与流向优化，在常温输送哈油的兰成线上实现了掺混高凝点的长庆油至四川石化分公司；组织惠银线、长呼线大排量测试，确保管网增输提效的落实；组织阿独线减阻剂测试，为管道优化、增输进行了技术储备。

在输送工艺优化方面，通过调整原油掺混比例，改进热油输送工艺，优化油品加剂配比，持续优化输送温度及加热炉启停时间、配泵方案，大大提升了原油管道优化运行水平。西部原油管道在投产初期，冬季运行为站启加热炉，2015年冬季，在前期已经优化为全线仅两站启加热炉运行的基础上，实现了全线不启加热炉常温输送的目标；2015年夏季，实现了惠银线提前15天停加热炉、兰石线提前13天停加热炉的优化成效，长庆原油管网全年能耗同比下降10%以上。

3. 成品油管道做好"批次优化、增输上量、质量控制"三篇文章

一是开展批次优化，在确保市场平稳供应和输油安全的前提下，统筹考虑成品油管网运行，优化批次安排，尽量提高单品种油品批次输送量，达到减少混油总量的目的。

二是积极推进增输上量，提高管输效益。为适应市场对不同品种油品需求，积极开展小品种成品油输送和油品升级后输送技术研究。2015年，港枣线实现了国Ⅴ汽油的输送，国Ⅳ柴油和普通柴油顺序输送也实现了常态化运行；积极配合兰郑长管道郑州库区改造、兰成渝管道成渝段350万吨/年增输改造进程，破解了成品油管道增输瓶颈。

三是加强输送油品质量控制，保障油品质量。根据各管道的特性，分析研究了实现低混油量和输油批次量最小值之间的平衡点，为科学确定批次输送量明确了标准；从混油切割控制技术上进行研究，实现了单批次混油量最小化的目标。2015年，兰成渝、西部管道、港枣线的每批次混油量分别控制在426.2立方米/批次、1018.5立方米/批次和189.2立方米/批次以内。

4. 科技创新，不断提升优化运行手段

调控中心针对天然气管网运行优化难度增大的实际，搭建了"大型天然气管网运行优化应用平台"，从管网整体运行层面，重点研究管网输气能力、运行方案、机组效率、优化评估、实时监测以及实时优化决策过程中涉及的相关技术，为实现全网优化、区域优化、单线优化、机组优化的目标提供了技术手段，为运行方案制定、调度监控、设备运行效率预警反馈、优化调整等调控运行提供了技术支撑。调控中心充分利用在线、离线仿真系统等技术手段，对原油、成品油管道运行方案编排优化。调控中心在能耗过程管控上，形成了机组耗能、辅助耗能等指标监控方法及评价考核体系，积极推进能耗在线监测，为运行优化奠定了坚实基础。

八、以体系为抓手　以项目为载体　持续提高节能节水管理水平 ❶

2015年是完成"十二五"节能工作目标收官之年，长城钻探工程公司以能源管理体系为抓手，以合同能源管理项目为载体，不断提高节能节水管理水平和能力，完成了国家考核任务的276%、北京市考核任务的104%、集团公司节能任务的113%和节水任务的108%。

1. 能源管理体系建设是提高管理水平的抓手

1）贯彻落实能源管理体系推进工作

长城钻探工程公司（以下简称公司）于2014年11月开始组建能源管理体系编写委员会，2015年1月9日正式发布了《长城钻探工程公司能源管理体系文件》，确立了"节约优先，绿色钻探，持续发展"的能源管理方针。

2）持续改进能源管理体系有效运行

能源管理体系明确钻井等5大业务服务及活动的体系范围，覆盖19个机关部门和国内23个用能单位的体系边界；组织具有专业审核资质的审核员开展体系审核工作，发现164项内审问题，针对问题制定了纠正和预防措施；组织了体系管理评审工作，提出了12个方面的改进建议，形成了7个方面改进决议。经过6个月的试运行，2015年8月DNV公司进行现场审核，9月28日长城钻探工程公司获得DNV公司颁发的能源管理体系认证证书。

2. 依靠合同能源管理推进节能项目的有效实施

1）实施过程中按照"三个不"方式运行

"三个不"即"前期不投入一分钱、不形成固定资产、不需要外部协调和减少了设备维护保养费用"，按照市场运作模式实现了合作三方的互惠共赢。实施动力外包模式，节省了钻机动力装备的购置费用及日常管理维护成本，通过专业化服务模式将钻井动力服务与井队钻井作业"分离"，使井队实现了资产轻量化，减少了2台常用柴油机，缩减了2名柴油机工，降本增效成效明显。

一是"气代油"动力总包模式。自2015年5月起，经过充分的调研分析，公司选择合格承包商负责为钻机提供钻机动力设备系统及人员技术服务，包括2台具备预混+微电喷复合供气技术的TP12V190ZLO-3型天然气发动机、1台天然气减压装置、1套燃气机控制装置、6名动力技术人员的现场服务以及设备的日常维护保养、配件的更换维修。确定中

---

❶ 长城钻探工程公司2016年集团公司安全环保节能工作会交流材料。

石油昆仑燃气有限责任公司苏里格分公司负责为每部钻机供应CNG压缩天然气以及CNG的运输及管束车的现场存放。公司负责对该项目全面日常监管。

二是"电代油"动力总包模式。公司改变原有电代油运行模式,由自购电代油设备改变为电代油服务商运行模式,电代油服务商提供设备、架线和当地协调等,所有的费用由服务商提供,公司按电费的形式进行结算。

2)将安全生产的理念贯穿于项目管理的全过程

"气代油"钻机动力外包项目严格按照行业标准《钻井用天然气发动机及供气站安全规程》的要求进行管理,公司编制下发了《气代油项目设备操作规程》《天然气钻井现场使用管理规定》《天然气泄漏、爆炸事故应急预案》等现场管理规定。承包商制定了钻井用天然气发动机操作规程、应急预案、巡回检查等管理制度。公司按照属地管理要求与承包商签订HSE协议,明确各方责任,确保项目安全平稳运行。全过程多方位的安全管理,深化了安全意识,杜绝了安全隐患。

3)管理创新挖潜力,精打细算出效益

一是对"气代油"钻井动力外包模式的效益进行了详细的分析测算,向管理创新要效益。2015年,公司在苏里格自营区块共投入3部"气代油"钻机,累计完成钻井进尺3.3万米,实现9开9完,天然气发动机运行8100小时,累计用气77.35万立方米,替代柴油584吨,节约费用115万元。

二是通过"电代油"服务商模式共实施7部钻机,完井17口,消耗网电1493×10^4千瓦·时,占"电代油"钻机施工工作量的14.4%,节约柴油1660吨,节约费用1328万元。

第二节 推进节能技术进步

一、以强化管理为手段 以技术进步为支撑 降低油田开发综合能耗 [1]

辽河油田分公司各类稠油年产量621.7万吨,占原油总产量的60%。公司围绕稠油开发节能降耗工作从降耗、减损、回收三条途径入手,以节能增效为目标、以强化管理为手段、以技术进步为支撑,实施了一系列卓有成效的管理和技术措施,为保证油田持续降低综合能耗奠定了基础。

1.强化目标责任机制,夯实节能节水工作基础

一是进一步明确了"以耗定节、层层分解"的节能节水指标分配机制,层层签订节能节水业绩合同,严考核,硬兑现,确保指标落到实处。

二是进一步完善了"规范分类,精确统计"节能节水措施统计方法,将《辽河油田节能量计算方法》转化成企业标准,促进了节能节水工作的规范化、标准化。

三是进一步坚持了"定期审核,保证了节能量的真实准确和油田总体任务指标的顺利完成。

四是进一步强化了"严格考核,奖惩兑现"节能节水措施审核程序,将节能管理工作作为"增储稳产降成本,安全优质提效益"主题劳动竞赛重要考核内容,奖优罚劣。

---

[1] 辽河油田分公司2016年集团公司安全环保节能工作会交流材料。

2. 转变节能投资结构，实施区块节能综合治理

"十二五"以来，辽河油田分公司调整节能专项资金投资方向，着手对油田整装生产区块进行节能综合治理改造。重点实施了5项区块节能综合治理改造工程。通过对区块内资源、设备的统筹优化，生产工艺方式的全面调整，低效设备设施的整体更换，工艺流程的重新设计，实现节能投资的结构化、集约化、规模化。累计投入资金1.6亿元，实现节能量3.69万吨标准煤，年创效5353.2万元。

3. 开展能效水平对标，实现注汽系统能效提升

2015年，在注汽生产系统开展了能效水平对标工作。完成了7个采油厂、46个中心站、290台注汽锅炉基础数据资料收集工作；开展了注汽系统能效先进单位、能效标杆站队、能效明星设备的评选工作；组织二级单位积极开展指标对比、差距分析，实施了一系列增效降耗措施，实现了稠油开发注汽系统节能管理和能效水平的双提升。据统计，2015年辽河油田分公司注汽锅炉平均热效率比上年度提升0.56个百分点，平均吨汽耗天然气比上年度降低了0.45立方米/吨汽。

4. 立足节能技术进步，提升生产系统能效水平

一是开展了联合站低温预脱水技术研究。在曙光采油厂曙五联实施了管式预脱水工艺，在保证原油外输达标情况下，日处理液量8700立方米左右，日脱水3700立方米，预脱水率达到40%。加热炉加热液量由原来的8700立方米降至5000立方米，加热负荷降低42.5%。据测算，年可实现节约天然气313万立方米，减少加药费150万元，节电206×10^4千瓦·时，折合年节能4850吨标准煤。

二是推广应用了新型管线保温技术。采用二氧化硅气凝胶+复合硅酸盐+彩钢板保温结构对老旧输汽管线进行改造，使输汽管线千米热损失由7.39%降到2.4%以下，管线热流密度比原来降低301.7瓦/平方米，且有效使用寿命可达8年以上。2015年，辽河油田共实施输汽管线保温结构改造40千米，年减少输汽管线热损失2.50×10^8兆焦，折合8538吨标准煤。

三是实施了空心杆内连续管热水循环采油工艺。针对稠油、高凝油井井筒电加热设备耗能巨大的问题，开展了"空心杆内连续油管热水循环采油技术"研究，制定了空心杆循环水质标准，研制开发了井下测温短节和空心杆防偏磨装置等配套技术。2015年，在59口高凝油井实施了该技术，年节电1286.7×10^4千瓦·时，折合4297.6吨标准煤。

此外，辽河油田分公司还在采油系统实施了变频调速装置应用、碳纤维电缆应用；在集输系统实施了真空相变加热炉应用、加热炉自动控制系统节能改造、节能型燃烧器应用；在热注系统实施了锅炉烟气余热回收利用、注汽锅炉自动控制系统节能改造、锅炉激波吹灰装置应用等多项节能技术措施，均达到了预期效果。通过实施上述措施，"十二五"期间，辽河油田分公司共实现节能量30.4万吨标准煤，圆满完成了集团公司、地方政府下达的节能任务指标。

展望"十三五"，辽河油田已初步确定了"12863"发展思路，即完善一套"企业能源管理"体系，实现"从重视日常管理向突出现场监察""从关注节能量完成向实现节能量与耗能强度双控"这两个工作转变，推进"用能监察"和"科技节能"等8项重点工作，实施"区块综合治理"和"生产系统提效"等6项节能工程，最终实现"节能量21万吨标准

煤""节水量 235 万立方米""生产单耗稳中有降"这 3 个核心目标。

二、油气集输高效加热技术实践 [1]

加热炉是油气集输领域的重要设备，也是油气田开发生产中的主要耗能设备。提高加热炉效率、减少有害气体排放，既是油田自身发展的需要，也是国家法律法规的要求。冀东油田分公司长期致力于油气集输加热技术的创新，把安全、高效、环保、智能、长寿命和一体化集成作为加热炉技术进步的方向，把加热炉的整体优化作为提高加热炉效率的关键抓手，把系统参数优化调整作为主要的管理手段，全面提高了加热炉效率。

1. 技术创新改变油气集输加热历史

1997 年，冀东油田分公司下属机械公司积极寻找适合自身发展的产品开发方向，经过认真分析，决定在油气集输加热领域开展技术创新，改变原有加热炉高能耗、高风险、低效率的现状。经过两年的潜心钻研，在 1999 年顺利通过集团公司专家组的鉴定，并被定义为加热炉的换代产品，从此冀东油田分公司与高效加热技术结缘，成为孕育该技术不断成熟的沃土。二十几年来，冀东油田分公司始终致力于不断推动该技术发展，并积极在生产、储运过程中实践。通过先进设备采用、运行经验摸索与积累，一步步使其真正成为冀东油田分公司节能降耗的主体技术，也为兄弟油田提供了广泛的技术支持。

2. 结合实际持续改进使高效加热炉保持旺盛的生命力

高效加热技术的持续发展，离不开与用户使用条件的深入结合；离不开对各种工况的深刻认识；更离不开对发现问题的持续改进。正是有了兄弟单位的支持与帮助，有了对各应用领域需求的积累，才使得冀东油田分公司高效加热炉应用技术得到快速成熟与发展，也使得 20 年后的今天该技术成为油气集输加热领域主体技术之一。获得专利成果 30 余项，真空加热炉、分体相变加热装置、自动燃烧器被认定为集团公司自主创新产品。先后为国内外近 20 个油气田设计制造了 2000 余台加热炉，产品覆盖了单井加热炉、盘管可抽出式单井（多井）天然气加热炉、场站采暖加热炉、集装箱框架结构试油加热炉和长输管道加热炉。开发的油气集输加热炉具有安全、高效、环保、智能、长寿命和一体化的特点。迄今，冀东油田分公司在用的 149 台加热炉全部为高效节能真空（相变）加热炉，84 台加热炉提效改造，热效率提高到了 86.17%，设计开发的 3000 千瓦、2500 千瓦和 2100 千瓦三台高效冷凝式加热炉应用在公司油气调向工程的首末站，经节能测试，热效率达到了 95%。

3. 节能改造系统化真正见实效

依靠油田先进的加热炉和燃烧器设计、制造能力，制定切实可行的方案，对加热炉系统进行整体优化和技术改造，实现加热炉的高效经济运行。

一是调整、更换燃烧器，提升加热炉运行监控能力。主要采用高效、大调节比燃烧技术、燃气联动调节技术，使之与生产实际负荷相适应，同时加强监控措施，增加燃烧状态监控手段，如烟气氧监测和烟气的定期巡检。

二是提升控制系统集中监控能力，实现了加热炉运行参数全部上传。

三是加热炉本体改造，根据计算校核，采用可拆卸封堵部分烟管，调整加热炉本体部

---

[1] 冀东油田分公司 2017 年集团公司质量安全环保节能工作会交流材料。

分结构。如改造煨口、燃烧器连接法兰、燃气管路、更换盘管等。

四是根据现场实际，对满足一定条件的加热炉实施冷凝式加热炉改造，即增加尾部冷凝受热面，吸收排烟中的气化潜热。

五是针对特殊易结垢区域设备，采用了可抽式抑垢换热管束。

六是严格落实多年积累下来的高效炉管理使用经验，向管理要效益。通过上述手段的综合实施，经监测，冀东油田分公司2016年加热炉热效率比2012年提高了14.58%，负荷率增加了17.13%，能源消耗下降幅度13.95%。

4. 创新无止境积极推动高效炉再次换代升级

安全：真空加热炉锅壳内的压力不高于外界大气压，保证了加热炉的本质安全，全自动燃烧器在严密的程序监控下进行，确保运行安全。

高效：采用两级烟气冷凝换热技术，使加热炉在各种工况、各种地区、各种条件下，都能高效运行，炉效可达到95%以上，高出普通加热炉5～10个百分点。烟气冷凝式加热炉将成为油气集输加热炉的换代产品，用于矿区供热的两台1.4×10^4千瓦烟气冷凝式加热炉测试热效率达到96.63%。与投用前相比，一个采暖周期节约燃气40多万立方米，不论是投资更新的冷凝式加热炉，还是利用该技术对在用加热炉实施节能改造，都可获得良好的投资回报。

环保：通过使用烟气回燃技术，将加热炉的氮氧化物排放量降至100毫克/立方米以下，低于国家规定的150～200毫克/立方米；采用烟气冷凝技术，能使碳化物的排放量降低20%～30%。

智能：实现了加热炉的过程自动控制，建立了远程服务中心，通过智能控制系统，对加热炉实施运行状态监控、故障诊断、问题预警、运行参数调整、运行保养提示、控制程序升级、智能设备APP服务等全生命周期服务。

长寿命：18年来，为用户提供的2000多台加热炉绝大多数仍在可靠运行。

近年来，在加热炉关键技术上又取得新成果。

一是先进的换热器技术显著提高了单位体积的换热面积，实现了焊接接头100%无损检测，具有优异的耐高压特性，解决了大型换热器的设计与制造问题，显著提升加热炉性价比。

二是将燃烧器与加热炉技术共同开发，为加热炉持续创新提供有力支持。

三是掌握了加热炉防垢、阻垢技术，使用功能合金阻垢装置，能大大延缓换热管壁面的结垢速度，乃至阻止水垢在受热面的附着，持续保持加热炉出力不降低。

四是对在用加热炉实施提效改造，取得了很好的节能效果，对运行负荷远低于额定负荷造成热效率低的加热炉，通过更换与运行负荷相匹配的燃烧器措施，将炉效由71.59%提高至86.17%；对于出力较大、炉效较低的加热炉，利用烟气冷凝节能橇块可将炉效推升至95%以上。

全新冷凝式高效加热炉的上述特点注定将使其成为原有真空加热炉的继任者，再次完成将加热炉更新换代的使命。

创新驱动在冀东油田分公司高效加热炉开发与应用的历史上彰显出强大的推动力，相信也将成为未来油气田集输加热技术全面提升的助推器。

三、深挖精细化管理潜力　推进合同能源管理　助力节能工作[1]

1. 精细化管理

一是优化低温热系统运行方式。公司低温热供暖系统设计为生活区 185 万平方米用户供暖，在供暖初末期，热量均过剩。为此组织将低温热热源接引至另一以蒸汽为热源的热力站，增供面积 73 万平方米，供暖期减少蒸汽消耗 12 万吨。采暖停运后，又及时组织将低温热供给环氧乙烷装置制冷机组做热源，节约蒸汽 13 吨/时。

二是优化蒸汽管网运行，根据生产负荷和环境温度变化，采取了"停、断、并"措施，停运了 3 条总长度 8 千米的蒸汽干线，断掉了报废及长期停产装置区域的蒸汽管线，夏季负荷较低时，将两条管线沿线各用户就近并入一条管线运行。上述措施减少蒸汽疏水损失超过 20 吨/时。

三是优化空分系统运行，针对原设计为环氧乙烷装置配套建设的空分装置有 10000 立方米/时的氮气放空的问题，新增一台 10000 立方米/时的氮压机组，改以往 3、4 套空分运行方式为 2 套空分运行，全年节电 2000 多万千瓦·时。

四是优化供风系统运行，充分发挥供风系统大空压机组能耗低的优势，停运热电厂脱硫系统的小空压机组，改由大管网供给，全年节电 1040×10^4 千瓦·时。

五是优化循环冷却水系统运行，针对因公司总体优化停产装置较多而导致的部分循环水场低负荷运行的问题，采取供水负荷重新整合优化的措施，停运一座 16000 吨/时的循环水场，全年节电 560 多万千瓦·时。

六是优化发供电系统运行，充分利用电网公司"峰谷平"电价差较大的政策，通过峰期多发电、谷期多受电的调节，全年降低购电成本 450 万元，通过上述措施，每年可降低运行成本超过 6000 万元。

在做好优化运行工作的同时，公司还设立了能源监察小组，在公司范围内对违章用能、浪费能源及不合理用能现象进行检查，检查结果每周通报，并对责任单位进行处罚。各分厂也相应设立了能源监察机制，加大了自检自查的力度，每周进行网上通报、考核，形成了"浪费能源、人人喊打"的良好氛围。

2. 合同能源管理

在国家、集团公司相关政策的支持和保障下，辽阳石化分公司积极探索合同能源管理模式，"烯烃厂冷凝水回收系统改造"项目作为集团公司以合同能源管理模式运行的试点项目，2014 年 6 月进行项目中交；2014 年 8 月正式进入节能效益分享期，总结该项目的管理经验，主要有以下几个方面：

（1）适时成立项目领导小组，保障项目规范运行。

该项目获得炼油与化工分公司批复后，公司立即成立了以总经理为组长、以主管规划、生产、工程建设、法律的副总经理及总会计师为副组长的合同能源管理项目领导小组，下设合同能源管理项目办公室，专门负责合同能源管理项目与相关各方的沟通与协调，并下发了《辽阳石化公司合同能源管理项目管理办法》，明确相关部门的职责。

---

[1] 辽阳石化分公司 2016 年集团公司安全环保节能工作会交流材料。

（2）签署严谨的节能服务合同，为项目的运行保驾护航。

节能服务合同是合同能源管理项目能否顺利运行的关键。合同能源管理项目办公室组织生产运行处、财务处、企管法规处等相关部门与节能服务公司就项目节能服务合同开展了多次谈判，最大程度地降低了我方所承担的法律风险。合同还按照"上要封顶、下不保底"的原则，约定了节能量分享的上限指标，避免了节能效益出现"暴利"的可能。而其他由于生产运行调整，如装置减负荷、停车、拆迁、报废等原因造成的节能量下降，我方不予任何保障。

（3）严格的数据采集系统，为项目的运行提供主要数据来源。

该项目创新研发了有针对性的在线计量方式，有效避免了人为干扰因素，计量结果保证了客观、公正。其回收系统集中监视仪表选用技术先进、成熟可靠的数据采集系统，现场仪表选型遵循"实用性、可靠性、经济性、安全性和易于维护性"的原则。该系统研发过程中还委托清华大学化学工程系热力计算实验室专家到公司现场对该系统的数据准确性进行了论证，并按照论证结果对该系统进行了完善，该系统以"质量守恒"和"能量守恒"为核心思想，对各种运行工况进行了全面考虑，能够准确计量蒸汽疏水阀的泄漏量。

（4）强化细节管理，确保项目安全平稳顺利运行。

为了确保项目进入节能效益分享期之后能够规范运行，做到辽阳石化分公司与节能服务公司之间职责清晰、明确，不留管理死角，在进行项目验收时，辽阳石化分公司与节能服务公司依据已经签署的项目节能服务合同，共同制定了项目进入节能效益期后的运行管理流程，作为该项目《验收报告》的附件，以资双方共同遵守。

另外，在项目节能服务合同中，要求节能服务公司加强现场管理及现场巡检，并且在铭牌上做好标识，遇到蒸汽疏水阀故障，双方及时沟通，定期召开项目协调会议等细节内容。在实际的管理中，双方严格遵照合同执行，项目运行状态良好。

（5）严格财务事项处理，保障双方效益共赢。

在项目的最初立项阶段，关于项目的节能效益测算及节能效益分享比例、蒸汽价格等问题，项目管理部门一直与公司财务部门沟通，征求财务部门的意见。项目正式实施后，公司财务处严格按照集团公司2010年11月下发的《关于明确合同能源管理项目会计核算事项的通知》要求进行该项目财务处理相关事宜，确保项目节能效益顺利分享，实现双赢。

项目实施两年来，累计实现节约蒸汽18万吨，超出合同定的节能量分享的上限指标2余万吨，全面实现了预期目标。

四、完善技术措施　优化低温热利用　促进公司降本增效 [1]

2015年，大连石化分公司通过最小投资改造、持续开展技术创新、优化系统运行等措施，深挖节能潜力，以低温余热利用、节汽降耗为主攻方向，实现了冬季节汽100吨/时目标，完成综合能耗60.98千克标准油/吨，同比降低2.9个单位，年节约蒸汽80万吨，增效1.4亿元，节能效果显著，具体开展如下工作。

---

[1] 大连石化分公司2016年集团公司安全环保节能工作会交流材料。

1. 积小成大，整合低温热管网，实现系统热量集成

一是利用原电厂除盐水管线，局部改造，最小化投资，采用热媒水回收450万吨/年蒸馏装置蒸、常顶油气热量，供电厂生水和海水淡化原料水加热，节约蒸汽10吨/时。

二是利用200万吨/年柴油加氢装置建设契机，利用闲置管线，增上3台隔离阀，将柴油加氢装置产品柴油和三催化热媒水系统有效整合，热水供三气分丙烯塔底重沸器加热，替代蒸汽消耗10吨/时。

三是解决夏季低温余热过剩问题。完善工艺流程，增上4000米管线，将三水站热媒水输送到气分、MTBE等装置，作为塔底重沸器热源，节约蒸汽25吨/时，使夏季过剩的余热资源得到充分利用。

2. 千方百计，挖掘装置潜能，提高能源利用率

一是增上三台换热器，利用热媒水替代空冷器，回收渣油加氢装置产品渣油的废弃余热，该部分余热作为电厂除盐水加热热源，节约蒸汽15吨/时。

二是梯级利用蒸汽，提高能效水平。随着200万吨/年柴油加氢装置的建成，利用催化装置外送的3.5兆帕蒸汽，驱动循环氢压缩机的背压透平，做功后并入1.0兆帕蒸汽管网，既回收了压力能，又满足了工艺加热蒸汽的需求，使能源利用效率得到提高。

三是通过"红旗炉"竞赛、评比、奖励活动，激励操作员精心操作，勤调节，控制好"三门一板"。全厂加热炉平均热效率90.3%，部分加热炉达到93%。

3. 开展技术攻关，解决装置运行的节能瓶颈，使节汽、节电措施有效实施

一是采用水热媒换热技术，改造350万吨/年催化装置余热锅炉省煤器和过热器，解决了烟气露点腐蚀问题，同时回收烟气余热，改造后，排烟温度降低80℃，提高锅炉发汽量15吨/时。

二是针对140万吨/年催化装置再生烟气中CO含量高达10000毫升/立方米的情况，进行再生系统热负荷优化改造，回收化学能，多发蒸汽20吨/时。

三是加氢裂化、渣油加氢装置运行在0~50%负荷时，多余氢气返回到新氢机入口，造成电能大量浪费。为了回收电能，在保证机组平稳运行的同时，采用无级能量调节系统，随氢气量变化调整机组负荷，解决了传统梯级能量调节电能浪费问题，年节电$3000×10^4$千瓦·时，年增效1500万元。

4. 精心组织，细致施工，降低动力管网热损

针对蒸汽、热媒水等系统管网保温效果差，散热损失大等问题，采用普通硅酸盐保温材料，进行2~3层绝热叠加缠绕，对全厂2万米热力管网逐条整改，细致安装，经过3个多月的现场施工，管网运行后，通过测试，在环境温度0℃的情况下，外壁温度从改前的平均50℃，降低到了改后的5℃，节汽约15吨/时。

5. 在节能管理方面，设立增效奖励基金，激励员工献计献策

为激励广大员工积极努力为节能增效出力献策，公司设立了节能增效奖励机制。按照节能增效的效益，由财务处核算，提取奖金，当月兑现。奖励为节能增效提出方案和措施的技术人员，奖励实施过程和运行操作中的各级管理人员及一线员工。此举提升了员工的节能意识、信心和成就感，为节能工作的持续、有效开展奠定了坚实基础。

总之，在集团公司的指导下，尤其节能专项资金的大力支持下，大连石化分公司通过不断深挖潜力，落实精细化管理措施，完善激励机制，节能降耗工作取得了显著成效，为大幅度减亏做出了应有的贡献。

五、节能技改落实处　降本增效出成绩 ❶

中石油燃料油有限责任公司坚持业绩导向原则，注重向生产经营、内部挖掘要效益，扎实做好节能降耗、降本增效工作，在石油系列产品价格单边下行震荡剧烈的环境下，公司保持了较好的盈利水平，2015年炼油综合能耗下降0.33千克标准油/吨，实现节能量1600吨标准煤。成绩的取得主要得益于加大节能挖潜技改的力度，通过对生产运营各环节功能、输能、用能三个环节的分析、挖潜，采用"四新技术"对旧有装置、设备、工艺进行节能技改。

1. 推广应用机械抽真空技术，实现沥青生产装置能耗下降

佛山高富公司对第三套沥青生产装置的减压单元采用机械抽真空技术对原有的蒸汽喷射抽真空系统进行节能改造，用"水环真空泵+罗茨真空泵"取代原有的蒸汽喷射泵，节省蒸汽平均1.42吨/时，扣除增加的电耗，炼油综合能耗降低0.82千克标准油/吨，年节能量为538吨标准煤。

在此基础上，通过总结优化，在第二套沥青生产装置上推广应用此技术，2015年6月安装投用，平均节省蒸汽1.48吨/时，扣除增加的电耗，炼油综合能耗降低0.61千克标准油/吨，年节能量为486吨标准煤。两套装置年节能量达到1024吨标准煤。本项目通过第三方节能技术服务机构评审，获得佛山市节能专项资金支持。结合公司加热炉采用油浆后出现的积灰现象，在温州公司加热炉对流段及空气预热器处安装激波吹灰器一套，有效清除常压炉烧油浆后对流段及空气预热器的积灰，吹灰后排烟温度可降低5～8℃。

2. 采用新型板式空气预热器，对沥青生产装置加热炉烟气余热进行回收

佛山高富公司通过对重点关键耗能设备进行分析对标，挖掘出节能空间和降低能耗方向，通过节能改造检修，对两套沥青生产装置进行全面节能改造大修，重点对常压炉、减压炉的余热利用，采用新型炉体衬里更新两台加热炉的保温材料，炉体表面温度由改造前的平均65℃，降为50℃以下；对原来4台加热炉能效较低的钉头管式空气预热器进行改造，采用新型高效的板式空气预热器进行更新，4台加热炉的烟气集中进行高效余热回收，烟气余热利用率明显提高，排烟温度由原来的220℃降至160℃左右；通过实际标定，在额定负荷情况下，炼油综合能耗下降0.36千克标准油/吨，2015年实现节能量936吨标准煤。

3. 加强装置间联合用热，对沥青生产装置低温余热进行回收

佛山高富公司采用锅炉软化水回收沥青生产装置减二线余热，实现节能310吨标准煤/年。沥青生产装置各侧线油品出口温度较高需要降温，需循环冷却水和空冷器用冷却风机降温，利用第二套装置减二线出装置余热对原有渣油余热升温锅炉软水进行节能改造，将原有渣油余热调整为直接输储运油罐用于维温、加热，优化了装置间的热联合，使装置的

---

❶ 中石油燃料油有限责任公司2016年集团公司安全环保节能工作会交流材料。

余热更为充分利用。利用沥青生产装置减二线的高温油余热，对锅炉给水进行预热，将其由平均温度45℃的水加热到90℃以上，明显节省锅炉的燃料消耗。改造后吨汽燃料消耗降低4.5千克标准油/吨，年节能量290吨标准煤。本项目通过第三方节能技术服务机构评审，获得佛山市节能专项资金支持。

温州公司利用装置侧线产品及常压塔顶高温油气余热，建立一套热水循环系统，供给储运系统原油罐加温及低温油管线伴热，降低蒸汽需求。通过改造，温州公司蒸气使用量降低至4.0吨/时，投用后年节约燃料油约300吨。

温州公司合理优化蒸气使用量，将沥青发船线由原来的电伴热改为蒸汽伴热，每月节约用电140小时，累计减少用电量10.08×10^4千瓦·时。

4. 推广应用变频等节能技术，实现电耗降低

佛山高富公司结合实际生产工艺要求积极推广变频等节能技术，通过流程优化先后增加了中间罐沥青直接发车功能，减少沥青中转26万吨/年。先后对生产装置的24台大功率机泵进行变频节能改造；对50盏高杆路灯和246盏照明灯进行LED节能改造；完成采用符合国家标准二级能效的节能型电动机更新淘汰高耗能型三相异步电动机共268台，电耗由原来的10.86千瓦·时/吨下降至9.56千瓦·时/吨，下降了11.97%。温州公司将生产装置沥青泵进行改造，机泵电动机由110千瓦更换为75千瓦，按每年开工运行8000小时计，年节电量达16×10^4千瓦·时，成效明显。

5. 新鲜水增加一体化净水器

结合各厂用水实际情况，在温州公司增设一体化净水器，减少机械过滤器反冲洗次数，减少新鲜水的浪费。经统计，全年累计节约新鲜水用量3600吨。

通过以上节能技改措施的实施，温州公司炼油综合能耗由18.51千克标准油/吨降至15.07千克标准油/吨，其中燃料单耗由14.71千克标准油/吨降至12.41千克标准油/吨，电单耗由16.15千瓦·时/吨降至11.16千瓦·时/吨，节能降耗效果显著。

作为生产型企业还有很多降本增效的工作要做，节能降耗降本增效这一课题没有完成时，需要我们持续努力。目前，公司正在推进原油分储在线调和供应技术，沥青产品在线调和技术，下一步还将开展沥青生产装置低温余热综合利用技术、冷凝水回收综合利用技术、循环水系统变频改造技术、空压机变频改造技术、电脱盐高效脱盐脱水技术的推广应用，为不断持续深入挖潜增效提供源泉和动力。

六、开源节流实施节能技措[1]

2016年在集团公司、专业公司的正确领导下，在北京油气调控中心的大力支持下，为全力应对复杂严峻的经营形势，努力完成2016年度效益奋斗目标，按照天然气与管道分公司的统一部署，西气东输管道公司从结合部门业务和单位实际出发，制定了《开源节流降本增效工作具体实施方案》，重点在优化管网运行、降低外购电成本、推广应用节能技改项目等方面做出努力，实现节能价值量1984万元，节约各类费用支出共计3340万元左右，采取的主要措施总结如下。

---

[1] 西气东输管道公司2017年集团公司质量安全环保节能工作会交流材料。

1. 制订科学合理的运行方案，从源头降低能耗支出

与北京油气调控中心研究长三角优化方案，每年、每月及重大生产调整过程中讨论分析优化方案，在输销计划满足的情况下，尽量将西一线运行在经济输量范围以内，西二线合理匹配各电驱机组运行台数，综合考虑运行调整对成本支出的影响，从根本和源头上优化管道运行，降低能耗支出。2016 年专业公司下达节能量指标 0.44 万吨标准煤，通过不懈努力公司实现节能量 0.96 万吨标准煤，节能价值量 1984 万元。

2. 持续推进直供电交易工作，努力降低外购电费成本

电力改革以来，公司积极组织各二级单位接洽和落实当地供用电政策，联系直供电厂，2016 年已开展直供电交易的站场共 4 座，为西一线郑州站、西二线潼关、高陵和鲁山站，申请获得审批的直供电量 22240×10^4 千瓦·时，共节省电费 510.6 万元。

为避免力调电费罚款，积极协调执行潼关、高陵、灵台 3 站优化匹配方案，3 站共节约电费开支 230 万元左右。同时抓紧推进 SVG 项目实施进展，海原站 SVG 已于 7 月投用，当月实现力调电费为零；灵台和潼关 SVG 于 9 月投用，已大幅减低力调电费，由原来每月每站 150 万～200 万元减少到 10 万元左右，共节约力调电费 1520 万元。

通过改进供电方式为每月初倒闸一次，南昌压气站合理规避力调电费，共节省力调电费 70.22 万元。上述举措 2016 年共节省电费支出 2330.22 万元。

3. 在节约动力电消耗及基础容量费支出方面下功夫

公司主要压气站均可通过远程监视系统掌握机组负荷情况，日常加强监视运行期间机组负荷的跟踪，及时向北京油气调控中心提出优化建议。

完成基本电费计费模式变更，即由原"受电变压器容量"计取基本电费，变更为"最大需量"计取基本电费，例如蒲县压气站从 6 月 25 日抄表日起每月净降低电力成本 60.48 万元，彭阳站自 7 月 15 日变更后根据负荷不同最多每月能节省基础容量费 50 万元左右，上述举措 2016 年共可节约电费支出 557.44 万元。

4. 有序开展余热利用项目，提升综合效益水平

自 2010 年以来，公司采用合同能源管理的模式与节能公司开展压气站余热利用项目的合作，2016 年继续确保定远站机组余热项目的平稳运行，全年收益 130 万元左右（其中增加管理费用收入 65 万元左右）。公司配合节能公司积极推进各余热项目进展，洛宁、中卫余热项目已开始设备调试，预计 2017 年年初陆续投入运营。

5. 加强自用气管理，有效控制管输损耗

制订并落实《2016 年度西气东输管道公司输气损耗控制管理方案》，加强培训和检查考核，提升管控意识，号召公司各管理处主动参与输损管控；加强关键进出站场及转供点计量设备设施的管控、监督检查和考核；通过计量远程诊断系统和集中监视计量系统监控、巡查和处理机制，提前或及时有效发现和处理计量系统异常情况。各管线和公司整体输气损耗率均控制在指标范围内，与去年同期相比，今年输气损耗管控较好。目前公司输损为 -11444 万立方米，年输损率为 -0.18%。

6. 继续推广实施节能改造项目

在公司所有站场推广在线排污改造、阀室供电方式及加热器温度取样点改造项目，以达到进一步减少放空气和燃料的长远节能效果。2016年已完成119座站场在线排污改造，剩余28座站场待改造。2016年可节省天然气放空损耗12.3万立方米，预计2017年可节省天然气放空量52.91万立方米。开展加热炉出炉温度控制改为出站温度控制改造，经测算在同等开炉时间下，实施该改造后全线加热设备每年可节约32万立方米天然气和约$80×10^4$千瓦·时电力消耗，合计节约支出80万元。针对放空气及温室气体排放优化方面，公司已开展《长输管道放空天然气回收研究》科研项目，并于2016年12月24日镇江改线施工中首次采用此技术，回收放空天然气16.6万立方米。

通过节能改造，增加干气密封一级放空回收装置（作用是对压缩机干气密封系统一级放空泄漏的天然气进行四级往复式压缩机增压，重新注入压缩机组入口汇管中进行回收），2016年7月19日高陵站试点国产压缩机组干气密封一级放空回收系统连续平稳无故障运行7天，标志着由我公司主持研发试验的管道压缩机干气密封一级放空回收系统完成工业性试验，正式投入生产运行，不仅减少工艺气损耗，降低管输成本，同时降低压气站排放，符合公司绿色场站的管理理念。

针对节能改造前，盐池压气站压缩机组无论单机还是双机运行，机组都处于低效率、高能耗的运行状态，通过增大机芯流量改造，单机运行效率可由73%以下提高到80%以上，效率可提高10%以上，同时也提高燃机负荷率。可在西一线、二线和三线所有双燃驱压缩机组站进行推广。通过节能改造前后应用效果对比，在冬季运行高峰期单月节约燃料气37.74万立方米，同时缩短了双机运行时间，延长了燃气发生器的维修周期，整机的运行效率得到了提高，降低了机组维护成本。

七、钻机"燃料替代"合同能源管理助推绿色发展[1]

西部钻探工程公司以持续完善能源管理体系为抓手，以强化节能增效为目标，以创新管理为手段，大力推行清洁生产、低碳生产，倡导绿色消费模式，积极推广合同能源管理，不断提高用能效率、减少温室气体排放，推动了公司节约、高效、可持续发展。

1. 推行合同能源管理模式钻机"电代油"，夯实节能增效基础

西部钻探工程公司于2001年开始组织机械钻机"电代油"和"双燃料"技术研究和动力改造，拥有7项技术专利，金融危机以来，公司节能增效工作另辟蹊径，实施合同能源管理。2012年，在克拉玛依钻井公司50592钻井队承钻的呼图壁储气库HUKJ2井进行合同能源管理模式钻机"电代油"试运行，试验历时33天，经专业测试供电质量完全符合规范和设备要求。为摸清成本节约情况，采取了两种方法进行成本分析：一是定额值分析，通过用该区域钻机柴油定额与月用电费用差额进行比较；二是同区块、同井型的同井段分析，该钻井队在同区块施工的HUKJ2（用电）和HUK-23（用油）两口井相同井段进行对比分析。两种方法对比发现：钻井队节约的燃料成本基本一致，节能量均为160吨标准煤/月。

2. 总结管理经验，全面推广应用

（1）精心组织现场观摩。组织各钻井公司和井下作业公司召开了现场经验交流会，克拉玛依钻井公司认真总结了合同能源管理"电代油"节能示范项目的经验，50592钻井队

---

[1] 西部钻探工程公司2017年集团公司质量安全环保节能工作会交流材料。

作了"电代油"现场运行能耗对比及成本分析报告；与会人员进行了广泛的交流和现场观摩，大家一致认为这种管理模式有很多优点：责任明确、操作便捷、规避风险、成效显著；同时，做到了清洁环保、减少耗材、降低噪声、降低劳动强度、节能增效等，对提高公司发展质量具有非常重要的现实意义。

（2）结合实际全面推广。本着"先易后难""先电动、后机械"的原则推进"电代油"示范项目，制定了《关于加快合同能源管理"电代油"节能示范项目推广应用的通知》，通过对各油田供电现状进行全面分析，首先完成呼图壁储气库所有钻机的"电代油"工作，此后，在西北5个油田全面展开，尤其是在青海油田应用钻机"电代油"，相当于将柴油机的机械效率提高到80%。2016年，钻机"电代油"累计替代柴油2.395万吨，实现节能量2.524万吨标准煤，减少排放温室气体2.303万吨、减排有毒有害气体2178.09吨。

（3）充分利用现有资源，多途径实现节能增效。在一些供电容量无法满足全井场供电的区域，仍充分利用网电资源为钻井辅助设备设施供电。2016年井场辅助设备设施利用网电105井次，累计替代柴油0.238万吨、实现节能0.225万吨标准煤。在一些网电无法覆盖的地方，采用了"气代油"，以燃气发动机和燃气发电机作为补充。2016年三家承包商通过燃气发电为我公司的电动钻机提供动力，供电价格与网电承包商接轨，至此，钻机"气代油"进入了一个新的运行模式，全年共使用"气代油"全井供电8井次，单井节约燃料成本16万元。

3. 超前谋划"电代油"布局，实现网电与钻井施工同步运行

为了实现钻机"电代油"的合理布局，公司提前半年开展有关区块意向性合作协议的签订。多家承包商主动要求与我有关钻井公司合作，提前完成了相关准备工作，2016年上钻伊始，各钻井公司在相关区块施工的钻井队开钻即可使用网电。目前，在玉门油田和吐哈油田继续发挥自有设备"电代油"作用的基础上，又在新疆、青海等4家油田的8个区块不断扩大合同能源管理模式钻机"电代油"规模，可以满足52部钻机同时实施"电代油"，通过超前谋划，为持续推进钻机"电代油"创造了条件。

4. 密切关注油价动态，实现合同价格与油价波动并轨

为了摸清低油价形势下钻机"燃料替代"成本支出情况，公司机关计划、设备、生产协调和企管法规等部门开展钻机"燃料替代"项目研讨，分析低油价对钻机"电代油"节能增效能力的影响，依据柴油机燃油效率、柴油价格、柴油机维保费用和燃油返税4大因素，深度分析柴油机运行成本，精准测算出各个区域钻机"电代油"盈亏平衡点，及时发布了钻机"燃料替代"成本分析报告，指导各单位平稳推进节能减排示范项目。2016年各钻井公司约定合同价款与市场油价变化接轨，价格实行浮动制，以减少油价波动风险，各单位合同能源管理供电价格同比下降了15%～30%，公司生产经营总成本中能源消耗成本同比下降了1.58个百分点。

5. 强化钻机"电代油"过程管理，实现安全平稳增效

制定钻机"燃料替代"现场安全管理实施细则，定期对"电代油"钻井队现场的安全用电、承包商管理及HSE体系运行情况进行巡回检查，及时对现场不符合项提出整改要求，督促限期整改，规范了"电代油"钻井队的"两书一表"及HSE协议的签订，完善了

钻机突然失电的应急预案，落实了属地管理职责，规范了承包商的现场安全行为，强化了合同能源管理的合规管理，保障了"电代油"钻机平稳创效。

6. 实施钻井动力总承包，践行钻探施工合同能源管理升级版

2016年，公司在50286钻井队承钻的新疆油田玛中2井实施钻井动力总承包，将钻井动力（含供电）部分切分出来对外总包，合同约定由承包商提供柴油发电机组，负责提供钻井施工所有动力及供电，承担设备的运移吊装和现场管理。承包商安排3人驻井服务，负责维修保养和日常运行等工作，确保设备设施的平稳、连续运转。玛中2井设计工期2.87台月、井深4570米，实际使用钻井周期86天，节约燃料成本及柴油机维保费用21.402万元。

7. 应关注的几个重要问题

（1）推广钻机"燃料替代"的关键是合同电价（气价）。通过测算柴油机运行成本，根据柴油机燃油（燃气）效率、当前油价和柴油机维保费用等因素精准测算电价（气价），找到燃料替代的等价平衡点。

（2）合同内容合规完善，消除有关风险。签署合同必须明确供电质量及容量参数；HSE合同（钻井队HSE协议）内容必须要体现属地管理；失电应急必须纳入钻井队的统一演练之中。

（3）钻井动力总承包将是钻探施工合同能源管理的新趋势。消除高耗低效设备设施是节能增效的主要途径，是钻探施工用能服务的新起点，稳妥推进钻井动力总承包，将会给其他专业的管理带来新思路。

八、强化节能管理　推进技术应用　全面提升公司节能减排能力 [1]

川庆钻探工程有限公司以"万家企业节能低碳行动"为重点，以创建"节能节水先进企业"为抓手，以完善工作体系为着力点，加大节能减排技术推广应用，以技术创新带动管理创新，在节能管理、节能技术推广等方面取得了较好的成效。

1. 坚持管理创新，推进节能能力提升

公司在"十二五"期间持续开展能源审计工作，对年能耗量在3000吨标准煤以上的15个二级单位进行了能源审计。通过分析各单位能源利用状况，查找存在的问题和漏洞，在节能基础管理、技术应用等方面提出111条措施和建议，以指导各单位提高能源管理水平，挖掘节能潜力，为"十三五"节能管理和投资方向提供决策依据。

在川渝地区钻井队开展钻井能效对标试点工作，分析钻井队柴油消耗情况，找出各钻井队在能源管理和利用方面的问题和差距，以建立钻井能效对标指标数据库和钻井作业最佳节能实践库，全面提升公司基层队伍节能管理水平。

结合节能管理需求，公司在"十二五"期间制定了《钻井能源计量器具配备及管理规范》《钻井用柴油机节能监测方法》和《钻机油改电节能效果测试》等企业标准，促进了节能技术的合理利用及推广，为公司的节能管理和技术改造提供了科学的理论支撑。

积极开展固定资产投资项目节能评估，对长庆井下技术作业公司CO_2压裂增产研究室

---

[1] 川庆钻探工程有限公司2016年集团公司安全环保节能工作会交流材料。

项目和安检院检验检测实验室项目、重庆渝北技术研发与生产基地建设项目进行节能评估，对山地钻机节能技术改造、柴油机余热回收利用、钻井队照明改造、燃煤炉改电磁炉等节能投资项目进行后评价工作。

2. 坚持技术先行，推进节能技术应用

公司始终坚持技术创新发展战略，不断提升节能科研技术水平，"十二五"期间，先后完成"钻机'电代油、气代油'动力机组技术集成应用""钻井队主要耗能设备监测技术及监测设备研究""钻井队动力设备集中监控管理系统""钻井队柴油自动计量系统""柴油机输出功率检测技术"等科研项目16项，获国家授权发明专利5项。

公司积极推进钻机"电代油""气代油"、柴油机余热利用、钻井队照明改造、节油装置、不动管柱分层压裂、节能发电机、电磁炉、物探山地钻机节能改造、新能源利用及柴油机在线监测系统等节能技术的应用。

在推进钻机"电代油""气代油"工作中坚持重点推进、以点带面，将长庆、塔里木地区作为"气代油"突破口，川渝、新疆、长庆地区作为"电代油"持续发展主战场，实现了钻机"电代油""气代油"在国内钻井区域的全面应用。在"十二五"期间，实施钻机"电代油"491井次，用电3.49×10^8千瓦·时，替代柴油7余万吨。实施钻机"气代油"91井次，消耗天然气1467万立方米，替代柴油1.1余万吨。

柴油机在线监测系统实现了钻井队柴油机远程集中运行监控，形成了较为完整、系统的钻井柴油机在线监测技术，以技术创新带动了管理创新。目前，公司已完成142支钻井队集中监控系统应用，缩减钻井队柴油机工445人，每年可节约人工成本约6700万元。

2012年开始对长庆地区各单位燃煤炉进行电磁炉改造。公司原煤消耗从2012年的1.44万吨减少到2015年的5382吨，原煤消耗减少9000余吨，取得了显著的节能减排效果。

积极推广应用LED节能灯、柴油机节油装置、节能发电机、太阳能、柴油机余热利用及柴油远程计量监控装置等节能技术，累计节约柴油5800余吨。

目前，LED节能灯具、电动机软启动装置、高效传动装置及无功补偿已作为钻机标准配置，直接配备在新钻机上。

建设节能减排示范队。以"三标"（标准化现场、标准化操作、标准化管理）为抓手，结合节能节水技术措施应用成果，以钻井节能示范队建设科研项目为载体，对节能技术现状和用能情况进行调查分析，在钻井队集成运用节能减排技术，建立节能减排示范队，引导和推动基层队伍实施精细化节能，实现节能减排措施应用规模化。

"十三五"期间，公司将继续加强节能管理和技术应用，通过能效对标、节能科研、标准制定、监测评价、能源审计、能源管控、技术推广及示范队建设等手段，夯实节能减排管理基础，持续推进节能节水型企业建设，实现节约发展、可持续发展。

九、节能减排技术应用现状及效果[❶]

随着石油钻采装备制造技术、部件质量和研发能力的提高，宝鸡石油机械有限责任公司研制的产品从单一满足作业使用要求到在设计开发、生产、流通环节中充分考虑降低制

[❶] 宝鸡石油机械有限责任公司2016年集团公司安全环保节能工作会交流材料。

造成本、提高产品运行效率、降低运行费用、减少环境污染。通过多年的有效实施，节能减排技术在石油钻采装备中的应用取得了长足的进步，主要技术体现在以下方面。

1. "轻量化"钻机技术及其应用效果

"轻量化"钻机技术是在产品结构优化设计中，通过选用高强度钢、改变传动方案等措施，达到减轻重量、降低原材料消耗的目的。这些技术既可以整合用于新制钻机，也可以单独用于老钻机改进，其主要采取的节能减排措施包括：

（1）井架、底座轻量化。

应用大型结构仿真分析软件，提高钢结构分析计算精度，优化钢结构性能，井架、底座产品重量平均减轻15%～30%。大幅减少钢材消耗，有效降低使用和运行成本，节能减排绩效显著。

（2）轻型钻井泵（F1–800/1600/2200H）。

轻型钻井泵的研发，使F1–800/1600/2200H钻井泵分别减重22.1%，23.4%和25.3%。同时采用了高精度的磨削硬齿面齿轮副和低摩擦系数材料等措施，泵效较原来提高了3.42%。

（3）电动机直驱和一体化绞车。

绞车采用低速大扭矩电动机直接驱动滚筒轴，通过优化传动链和外形尺寸，采用电动机直接驱动滚筒轴提高绞车的整体传动效率；将原直流驱动的分体式组合绞车改为将传动部分与动力机组合理布置在一个运输单元模块上的一体化绞车，减小了绞车的体积和重量，提高了绞车装配的作业效率，机械传动效率提高了4%以上。

2. 钻机移运技术及其应用效果

钻机移运技术是目前降低钻井综合成本的重要方式，通过采用钻机模块化设计，优化钻机布局等技术达到快速移运、降低运输成本的目的。主要节能减排措施包括：

（1）拖挂钻机。

将钻机划分几个模块，采用轮式拖挂技术保证钻机整体运输，减少钻机搬家运输时间和吊装过程中能源消耗。优化钻机平面布置，减少钻机搬家二次吊装，节省重复安装的时间，实现了降耗增效。

（2）轨道移动式模块化钻机。

采用大模块化整体移动设计技术，在一次组装后不用拆卸钻机，通过轨道钻机移动技术，可以进行批量化、快速连续钻井，大大提高钻井效率；移动通过油缸、轨道来实现，可以做到即搬即钻，缩短搬家时间，降低搬家运输能耗成本。

3. 高效低耗自动化钻机技术及其应用效果

1）自动化管柱处理系统

自动化管柱处理系统采用自动井架工、动力猫道、铁钻工等机械化处理工具及远程集中控制台，实现钻机管柱输送、建立根、管柱排放等作业的自动化及二层台无人值守，可提高管柱作业效率15%～20%，有效解决了长期以来陆地钻机管柱处理作业低效高耗的瓶颈问题。

2）深井钻机井架底座液压起升系统

采用液压油缸模式起升井架、底座，并在钻机设计中应用模块化设计，解决了传统拆装工作量大、穿起升大绳耗时费力、搬家车次多等问题。可提高钻机搬、安时效15%~25%，有效缩短钻机建井周期。

3）钻机新型游动系统

自动化钻机采用液压油缸或齿轮齿条结构的新型游动系统设计来实现游动功能。较常规钻机节省了绞车、游车、钢丝绳等配置，有效地降低原材料消耗，并可减少油田现场搬家车次。游动系统传动效率提高10%以上，实现了钻井作业低耗高效。

4）9000米四单根立柱钻机

9000米四单根立柱钻机是采用四单根立柱（28.5米立根）进行钻井作业的新型交流变频电驱动钻机，与传统采用三单根立柱钻机相比，能使钻机起下钻频次、接钻杆时间、钻井泵的停泵时间均减少1/4，全井起下钻综合提速15%左右，降低复杂井的井下事故。

4. 数字化电控传动控制技术及其应用效果

变频钻机由原来的单传动改为直流母线多传动方式，将下钻过程由电动机发电状态产生的电能回馈到直流母线上，供母线上转盘、钻井泵、顶驱电动机的使用，无法消耗的多余能量再通过制动电阻消耗。

网电改造：取消柴油发电机组发电方式，直接由工（农）业电网取电，减少燃油消耗量。

无功补偿装置应用：钻机上的各种设备的电动机均为感性负载，因而会有一定的无功功率产生，通过采用无功补偿装置进行无功功率补偿，提高系统的效率。

第十一章 技术机构建设

目前，集团公司直属的节能机构为集团公司节能技术研究中心、集团公司节能技术监测评价中心、集团公司东北油田节能监测中心、集团公司西北油田节能监测中心、集团公司石油化工节能技术监测中心、集团公司西北石化节能监测中心、集团公司管道节能监测中心和集团公司工程技术节能监测中心，主要工作范围涉及节能规划、节能科研、节能标准、节能技术、节能节水统计及信息系统、能源审计、节能评估与审查、节能监测和节能咨询等方面，为集团公司节能节水业务工作的顺利开展供了有力支持与保障。

第一节 集团公司节能技术研究中心

一、机构简介

2000年7月，根据中国石油天然气股份有限公司人事部下发的油人字〔2000〕第180号文件，成立了中国石油天然气股份有限公司节能技术研究中心。2010年被集团公司加冠为中国石油天然气集团公司节能技术研究中心。节能中心是集团公司的直属技术机构，业务上受集团公司质量安全环保部的指导，行政隶属于集团公司规划总院。近年来不断加强团队建设，在决策支持、科研开发、技术推广等方面开展工作，为集团公司节能减排工作提供决策支持。

主要工作内容和范围包括：
(1) 集团公司节能规划、节能科研、节能标准、节能技术规定的研究；
(2) 集团公司重点节能技术的研究、开发与应用，组织推广应用节能新技术；
(3) 集团公司节能节水统计及信息管理系统的开发和维护；
(4) 集团公司能源审计、节能评估和节能审查；
(5) 集团公司所属单位节能技术的咨询、服务；
(6) 集团公司有关节能管理的其他工作。

同时，还承担了集团公司节能节水专业标准化技术委员会秘书处、石油工程建设专标委设计分委会、石油工程建设专标委防腐工作组、集团公司石油石化工程建设专标委、中国工程建设标准化协会石油天然气分会、石油学会石油工程专业委员会地面工作部、NACE中国分会、规划总院标准化技术委员会秘书处等机构的工作。

二、主要业绩

"十二五"以来，节能中心在战略规划、科技攻关、技术研究及推广、节能评估与审查、后评价、能源审计、能效对标、能源管控、标准化、信息化以及其他决策支持研究等领域取得了丰富的研究成果，为集团公司节能节水管理起到了重要支持作用。

1. 节能节水统计

自 2000 年以来，节能中心负责股份公司（2007 年起为集团公司）的节能节水统计工作，创立了集团公司能耗和用水统计指标体系及计算方法、KPI 考核指标体系及综合评价方法，并不断进行完善。目前，节能中心每月对 120 余家企事业单位的能耗用水数据进行审核、汇总和分析，并定期发布统计分析结果。主要有以下几方面工作内容：

（1）节能节水统计体系的建立和维护；

（2）集团公司月度、季度和年度能耗和用水统计、KPI 考核指标数据的审核、汇总、分析和对外报送（国资委、统计局等）；

（3）集团公司管理层领导、总部部门（质量安全环保部、规划计划部、矿区服务工作部等）以及专业公司相关节能节水统计材料的编制工作；

（4）制定节能节水统计行业标准和集团公司企业标准；

（5）承办集团公司节能节水统计培训班，以及企业节能节水统计培训工作等。

2. 战略规划

开展了集团公司、专业公司和地区公司的节能节水战略规划的研究工作，主要有：

（1）集团公司"十二五"节能发展规划；

（2）集团公司"十三五"节能节水规划；

（3）集团公司"十一五"后三年及"十二五"科技规划（节能节水部分）；

（4）集团公司"十三五"科技发展规划研究与编制（节能节水部分）；

（5）中国石油绿色发展行动计划；

（6）勘探与生产分公司"十二五"节能规划；

（7）天然气与管道分公司"十二五"节能规划；

（8）天然气与管道分公司输油管道气代油项目发展规划；

（9）天然气与管道分公司节能滚动规划；

（10）西气东输公司 2014—2020 年节能规划；

（11）西气东输管道公司"十三五"节能规划；

（12）西部管道公司"十二五"节能规划；

（13）西部管道公司"十三五"节能节水规划；

（14）西部管道公司节能节水滚动规划。

3. 科技攻关

承担了集团公司、专业公司一系列重大科研项目的攻关工作，主要有：

（1）集团公司科技重大专项和重大项目。

①炼化能量系统优化研究（重大专项）；

②炼化能量系统优化技术升级与推广应用（重大专项）；

③油气田加热炉及热力系统提效研究与应用（重大专项）；

④中国石油节能减排评价指标体系研究（低碳一期重大专项）；

⑤炼化节水关键技术评价（低碳一期重大专项）；

⑥油田地面工程能量系统优化关键技术研究及应用（低碳二期重大专项）；

⑦中国石油节能评价指标应用研究（低碳二期重大专项）；

⑧节能节水关键技术研究与推广（一期）；

⑨节能节水关键技术研究与推广（二期）；

⑩中国石油能效管理系统研究开发；

⑪中国石油主体技术分析（节能部分）；

⑫集团公司炼油业务节能实施方案研究；

⑬集团公司炼油业务节水实施方案研究。

（2）其他重点科研项目。

①西部能源通道节能技术集成研究顶层设计；

②油气田节水量计算方法研究；

③管道运行对农作物产量影响及对策研究；

④气田生产用能评价技术研究与应用；

⑤油气田能源管控技术研究与示范应用；

⑥公司上游业务节能关键技术优化与应用研究；

⑦集团公司炼油化工业务"十三五"节能节水潜力和实施方案研究制订；

⑧中国石油炼油重点装置能耗定额研究；

⑨油气管道运行能耗数据分析与应用研究；

⑩大炼油、大芳烃、大乙烯实现国际先进能效水平方案研究；

⑪稠油油田余能综合利用技术研究与应用；

⑫压差发电及整体式压缩机组提效技术研究与应用；

⑬油气田及管道节水技术研究与应用。

4. 节能评估和后评价

开展了一系列节能评估和审查、后评价等项目，主要有：

①西气东输五线输气管道工程西段节能评价；

②新疆油田节能改造项目独立后评价；

③吉林油田新民红岗机采系统节能优化改造工程独立后评价；

④西气东输五线输气管道工程西段节能评价；

⑤金秋气田地面工程节能评估报告；

⑥铁山坡气田飞仙关气藏总体开发方案工程节能评估报告；

⑦大庆石化裂解老区裂解炉对流段改造项目独立后评价；

⑧吉林石化15万吨/年乙烯装置新建10#裂解炉项目独立后评价；

⑨中国石油玉门油田公司70万吨/年柴油加氢精制装置及外围配套工程节能评估；

⑩大庆炼化柴油产品质量升级项目节能评估；

⑪辽河石化100万吨/年全委油延迟焦化适应性改造及系统配套工程节能评估；

⑫中国石油四川石化炼化一体化工程汽油质量升级项目节能评估；

⑬管道项目节能评价管理体系研究；

⑭阿赛线安全扩能改造工程节能评估；

⑮大庆炼化磺酸盐项目节能评估；

⑯中亚天然气管道 D 线工程（国内段）节能评估；

⑰呼和浩特石化 280 万吨 / 年催化烟气脱硫脱硝节能评估；

⑱中国石油北京润滑油厂（华北物流中心）配套完善二期工程节能评估。

5. 标准编制

先后主编 2 项国家标准、4 项行业标准和 6 项集团公司企业标准，作为主要完成单位参编 4 项国家标准、4 项行业标准和 10 项集团公司企业标准，为集团公司节能节水标准体系的不断完善、为实现节能节水工作的科学管理、为保障节能节水业务的有序发展提供重要技术支撑。

1）主编标准

(1) GB/T 31343—2014《炼油生产过程能量系统优化实施指南》；

(2) GB 35578—2017《油田企业节能量计算方法》；

(3) SY/T 6472—2010《油田生产主要能耗定额编制方法》；

(4) SY/T 6838—2011《油气田企业节能量与节水量计算方法》；

(5) SY/T 0087.2—2012《钢质管道及储罐腐蚀评价标准 埋地钢质管道内腐蚀直接评价》；

(6) SY/T 6722—2016《石油企业耗能用水统计指标与计算方法》；

(7) Q/SY 1207—2009《炼油化工企业能源审计规范》；

(8) Q/SY 1208—2009《油气田企业能源审计规范》；

(9) Q/SY 61—2011《节能节水统计指标及计算方法》；

(10) Q/SY 1468—2012《炼化能量系统优化技术导则》；

(11) Q/SY 1822—2015《油田固定资产投资项目节能评估文件编写规范》；

(12) Q/SY 09002—2016《气田固定资产投资项目节能评估文件编写规范》。

2）参编标准

(1) GB 30250—2013《乙烯装置单位产品能源消耗限额》；

(2) GB 30251—2013《炼油单位产品能源消耗限额》；

(3) GB/T 32040—2015《石化企业节能量计算方法》；

(4) GB/T 33653—2017《油田生产系统能耗测试和计算方法》；

(5) SY/T 6269—2010《石油企业常用节能节水词汇》；

(6) NB/SH/T 5001.1—2013《石化行业能源消耗统计指标及计算方法—炼油》；

(7) NB/SH/T 5001.2—2013《石化行业能源消耗统计指标及计算方法—乙烯》；

(8) SY/T 7066—2016《气田节能量计算方法》；

(9) Q/SY 1209—2009《油气管道能耗测算方法》；

(10) Q/SY 1210—2009《合成氨单位产品综合能耗计算方法》；

(11) Q/SY 1347—2010《石油化工蒸汽透平式压缩机组节能监测方法》；

(12) Q/SY 1466—2012《油气管道固定资产投资项目节能评估报告编写规范》；

(13) Q/SY 1577—2013《炼油固定资产投资项目节能评估报告编写规范》；

(14) Q/SY 1185—2014《油田地面工程项目初步设计节能节水篇（章）编写规范》；

(15) Q/SY 1820—2015《炼油化工水系统优化技术导则》；

(16) Q/SY 1823—2015《炼油固定资产投资项目能量平衡方法》；

(17) Q/SY 09001—2016《燃煤电站锅炉节能监测方法》；

(18) Q/SY 09062—2016《炼油化工装置节能监测方法》。

6. 信息化建设

随着集团公司信息化建设业务的快速发展，为提升集团公司节能节水信息化水平，节能中心先后开发了一系列软件和系统，主要有：

(1)《中国石油天然气股份有限公司节能统计报表系统》1.0 版；

(2)《中国石油天然气股份有限公司节能统计报表系统》2.0 版；

(3)《中国石油天然气股份有限公司节能节水统计信息系统》2002 版；

(4)《中国石油天然气股份有限公司能效改进管理系统》；

(5)《中国石油天然气集团公司能效改进管理系统》；

(6)《中国石油天然气集团公司能效管理系统》；

(7)《中国石油天然气集团公司节能节水管理系统》（业务支持）。

7. 其他决策支持

"十二五"以来，节能中心作为集团公司节能节水管理工作的重要决策支持机构，还开展了以下决策支持研究项目：

(1) 集团公司"十一五"节能专项投资项目实施效果评价；

(2) 集团公司"十二五"节能示范研究；

(3) 合同能源管理项目实施对策研究；

(4) 集团公司能源消费总量预测方法与对策研究；

(5) 央企石化行业能效对标最佳实践报告编制；

(6) 集团公司用能现状分析及对策；

(7) 集团公司节能节水统计现状调研及措施建议；

(8) 集团公司加强大气污染防治工作方案——能源消费控制（2014—2017 年）；

(9) 中国石油"十二五"节能目标完成情况分析；

(10) 集团公司能源管控模式与方法研究；

(11) 关于推进集团公司能源管控工作的意见；

(12) 集团公司"十二五"节能专项投资项目实施效果评价；

(13) 集团公司节能投资项目后评价报告编制细则。

三、获得荣誉

近几年以来，节能中心 7 人入选国家节能中心专家库，2 人被评为集团公司节能技术专家；科研成果先后获得省部级及局级以上奖励 30 余项；获得集团公司先进单位 8 次，集团公司先进个人 20 余人次。节能中心经过不断努力，现已经成为集团公司节能节水管理工作的重要决策支持机构。近几年，节能中心获得省部级及局级一等奖以上研究成果见表11-1，获得的集体荣誉见表11-2。

表11-1 近几年节能中心获得省部级及局级一等奖以上研究成果一览表

序号	成果名称	获奖等级	获奖年份
1	炼化能量系统优化技术研究与应用	集团公司科技进步一等奖	2014年
2	油气田企业能源审计规范	集团公司优秀标准二等奖	2013年
3	炼油化工企业能源审计规范	集团公司优秀标准二等奖	2013年
4	炼化能量系统优化技术开发与推广应用	中国石油和化学联合会科技进步二等奖	2015年
5	油气田企业节能量与节水量计算方法	集团公司优秀标准二等奖	2015年
6	炼化能量系统优化技术导则	集团公司优秀标准二等奖	2017年
7	集团公司节能节水管理系统研发及应用	集团公司科技进步三等奖	2015年
8	中国石油节能"十二五"发展规划	集团公司规划优秀成果奖	2010年
9	中国石油绿色发展行动计划	集团公司规划优秀成果奖	2010年
10	新疆油田煤代油煤代气可行性研究	集团公司规划优秀成果奖	2010年
11	能效改进系统及节能项目评价	集团公司节能节水优秀项目	2011年
12	炼化能量系统优化研究重大科技专项	规划总院科技进步一等奖	2013年
13	集团公司节能节水管理信息系统	勘探开发研究院科技成果一等奖	2013年
14	基于业务建模的石油石化行业智能能源管理研究与应用	勘探开发研究院科技成果一等奖	2014年
15	节能节水政策及关键技术研究与应用	规划总院科技进步一等奖	2015年

表11-2 近几年节能中心获得的集体荣誉一览表

序号	获奖名称	授予单位	获奖年份
1	铁人先锋号	集团公司	2011年
2	"十一五"节能节水先进基层单位	集团公司	2011年
3	节能节水先进基层单位	集团公司	2013年
4	节能节水先进基层单位	集团公司	2014年
5	节能节水先进基层单位	集团公司	2015年
6	优秀质量计量标准化技术机构	集团公司	2016年
7	科技工作创新团队	集团公司	2016年
8	节能节水先进基层单位	集团公司	2016年
9	"十二五"全国石油和化工行业节能优秀服务单位	中国石油和化学工业联合会	2016年
10	2014年度先进集体	规划总院	2015年
11	2015年度先进集体	规划总院	2016年

第二节 集团公司节能技术监测评价中心

一、机构简介

集团公司节能技术监测评价中心是经国家资质认定、全国节能监测管理中心资质审定的节能监测评价机构,主要从事油田企业的节能监测和测试、节能技术服务和评价工作,主要工作范围和内容包括:重点用能设备、装置、系统的能源利用状况的监督、检测;固定资产投资项目能耗指标的测定、评价;重大节能科研、节能技措项目实施效果的测试、评价;节能产品能耗指标的测试、验证;供能质量的测试、评价,以及企业能源审计、固定资产投资项目节能评估和温室气体排放核算工作。

集团公司节能技术监测评价中心前身为始建于1981年的大庆节能技术服务中心,1989年7月根据中国石油天然气总公司〔89〕中油劳字第390号文件,组建了中国石油天然气总公司大庆节能监测中心,在全国行业节能监测机构中率先通过了国家计量认证和节能监测职能审定。1993年更名为中国石油天然气总公司油田节能监测中心,2010年更名为中国石油天然气集团公司节能技术监测评价中心(以下简称节能技术监测评价中心)。现有职工51人,其中高级工程师5人、工程师23人,技术人员占职工总数的90%以上。该中心下设热工室、机电室、节水室、节能评价室、能效检测研究(理化)室和综合管理室。可开展用能设备节能监测与测试、燃料测试检验、建筑节能检验、用能设备测试检验(电动机、变压器、变频器)四大类27种设备及系统120项参数的测试、分析、评价工作。

节能技术监测评价中心拥有各类监测仪器设备(系统)110台套,资产原值1832万元,现值1332万元,新度系数为0.60。测试能力涵盖电能、流量、烟气分析、温度、压力、风速、燃料组分系统及设备的测试、分析、评价需求。按照中国石油天然气集团(股份)公司要加强节能评价能力的要求,节能技术监测评价中心在2011—2012年投入900多万元进行抽油机节能测试标准装置、油田用电动机和变压器检测装置的建设,并配套具有国际水平的仪器设备,完成了电动机、变压器、变频器测试资质认定扩项,这些装置的建成填补了国内空白,使中心的技术能力达到国内先进水平。

二、主要业绩

在"十二五"期间,集团公司节能技术监测评价中心紧紧围绕集团公司和大庆油田节能节水各项工作部署,以提高企业资源利用效率为宗旨,以"建设国内一流节能监测机构,为节约型企业建设提供优质服务"为总体目标,在节能节水监测、节能项目评价、节能技术改造、节能新技术推广应用、供能质量检测、节能行业标准制、修订等方面做了大量的工作,取得了明显的成效。

1. 集团(股份)公司节能监测工作

在"十二五"期间,集团公司节能技术监测评价中心依据集团(股份)公司节能监测工作计划,对辽河油田等11个企业累计监测加热炉、抽油机、输油泵等重点用能设备共计5100台(次)。

2011年，对长庆油田、辽河油田、冀东油田和华北油田进行抽油机抽测，共监测评价各类抽油机2500多台。

2012年，对大港油田、辽河油田、吉林油田、冀东油田和华北油田进行抽测，共监测评价输油泵600多台。

2013年，对大港油田、辽河油田、吉林油田、冀东油田和华北油田注水系统进行抽测，共监测评价注水泵400多台，注水系统75个。

2014年，对长庆油田、辽河油田、冀东油田、华北油田和大港油田进行抽油机抽测，共监测评价各类抽油机3500多台。

2015年，对长庆油田、辽河油田、冀东油田、华北油田和大港油田进行加热炉抽测，共监测评价各类加热炉500多台。

2. 油气田节能监测站职能审定工作

根据股份公司勘探与生产分公司节能工作安排，集团公司节能技术监测评价中心编制了《中国石油天然气股份公司油气田企业节能监测站节能监测职能审定考核技术要求》，并牵头对全部11家油气田企业节能监测进行了节能监测职能审定，对各监测站在机构设置、人员资质、环境条件、质量管理、管理水平和业务能力等5个方面的内容进行了评审，并提出了整改建议，各监测站进行了有效整改。通过开展节能监测机构职能审定工作，各监测站的管理水平和业务能力都有进一步提高，各监测站的上级主管单位对节能监测工作的重视程度进一步加强，在人员和仪器等方面对监测站加大了投入和支持，各监测站的业务范围都有所扩展，有力促进了节能监测工作的开展。

3. 大庆油田节能监测工作

在"十二五"期间，集团公司节能技术监测评价中心按照大庆油田有限责任公司的有关要求，共对该公司锅炉、加热炉、变压器、抽油机、注水泵、输油泵等重点耗能设备（系统）进行了节能监测，累计监测重点用能设备38192台（套）。对集团公司下达的大庆油田机泵节电改造项目、机械采油节能项目、原油及天然气系统节能改造工程等项目的节能效果、经济效益及减排成效进行了综合测试评价，共测试设备6530台。同时，还按照要求严把锅炉燃煤、燃油和用能设备质量关，5年共抽检煤样320组、油样800组、电动机5组、变压器10组，对抽检中出现的不合格样品，积极配合质量主管部门对相关厂家按批次数量进行了处罚，为企业挽回了经济损失。

2011年，监测机采井4669口、机泵727台、加热炉368台、锅炉146台、变压器1103台、线路43条、供热管网2条、电焊机120台、钻井泵13台、风机2台、水平衡1个、钻机18台、电阻炉4台，压缩机1台、机床6台，合计7222台，完成计划的122.1%。

2012年，监测机采井4451口、机泵890台、加热炉511台、锅炉147台、变压器1815台、线路41条、注水系统16套、风机9台、钻机20台、压缩机9台，合计7909台，完成计划的131.1%。

2013年，监测机采井3941口、机泵939台、加热炉602台、锅炉160台、变压器1957台、线路33条、注水泵247台、钻机8台、压缩机22台、风机4台、电平衡3个、机床5台、建筑节能检测9栋，合计7854台，完成计划的137%。

2014年，监测机采井5914口、机泵700台、加热炉324台、锅炉143台、变压器1191台、线路33条、注水泵178台、钻机8台、压缩机58台、风机3台、电平衡32个、水平衡1个、机床5台、修井机1台、建筑节能检测16栋、供热管网4条、空调机组1套，合计8606台，完成计划的109.7%。

2015年，监测机采井4388口、机泵704台、加热炉728台、锅炉158台、变压器235台、线路39条、注水泵246台、钻机8台、压缩机36台、风机4台、水平衡3个、机床5台、修井机2台、建筑节能检测12栋、发电机8台、电焊机25台，合计6601台，完成计划的104.1%。

4. 大庆油田节能综合测试评价工作

在"十二五"期间，集团公司节能技术监测评价中心根据大庆油田生产单位需求，利用设备和装置优势，进行了综合项目测试评价工作，主要有：

(1) 2013年大庆油田采油九厂杏西能源利用测试评价；
(2) 2013年采油六厂喇嘛甸北东块能源利用测试评价；
(3) 2013年大庆油田采油七厂加热炉提效测试评价；
(4) 大庆油田"降低机械采油系统能耗工艺技术现场试验效果"测试与评价；
(5) 大庆油田矿区"创业区及庆新区域供热系统综合节能改造"节能评价；
(6) 大庆油田采油研究院等壁厚定子螺杆泵节能效果测试评价；
(7) 大庆油田采油三厂抽油机直驱改造测试评价；
(8) 大庆油田采油六厂加热炉提效测试评价；
(9) 采油三厂大扭矩电机替代减速箱测试评价。

5. 节能科研工作

在"十二五"期间，集团公司节能技术监测评价中心发挥自身优势，紧紧围绕集团公司、部分油田公司和节能监测机构在节能管理、节能技术、节能测试、节能标准制定等方面的工作和技术难题，培育特色技术，深入开展"特色、应用、储备"三个层次的技术创新和科研攻关。一是开展特色技术研究。充分利用标准装置的优势，开展节能技术测试和研究，开展变频器质量检验研究；二是开展应用技术研究。针对现有测试和评价业务，开展测试方法、评价方法、标准规范的研究，将现有业务做精做深；三是开展服务研究工作。针对用户的节能技术需求和在使用节能产品中出现的问题，开展相关研究工作。

"十二五"期间主要完成的节能科研项目如下：

(1) 抽油机及配套节能产品标准测试评价装置研究；
(2) 油田加热炉能效对比测试评价研究；
(3) 大庆油田碳排放报告编写指南；
(4) 煤层气用抽油机节能监测规范研究；
(5) 节能监测现场检查项目规范研究；
(6) 大庆油田用水分析及节水潜力研究；

(7)节能监测数字化现场数据采集研究；

(8)抽油机用变频器测试评价研究；

(9)大庆油田节能评估方法研究；

(10)大庆油田碳排放趋势分析研究；

(11)抽油机用电动机、变压器测试检验研究；

(12)电压偏差对油田常用电机效率影响的研究；

(13)油田常用变频器的测试检验研究。

其中"抽油机及配套节能产品标准测试评价装置研究"项目获大庆油田技术创新二等奖、集团公司科技进步三等奖。

6. 标准制修订工作

在"十二五"期间，集团公司节能技术监测评价中心先后主持或参加起草了国家、行业及企业节能监测标准13项，为石油系统节能降耗、提高经济效益做出了重要贡献。

主持制修订标准7项，具体如下：

(1)GB/T 31453—2015《油田生产系统节能监测规范》；

(2)SY/T 6275—2012《油田生产系统节能监测规范》；

(3)SY/T 6422—2016《石油企业用节能产品节能效果测定》；

(4)SY/T 6381—2016《石油工业用加热炉热工测定》；

(5)Q/SY 1125—2014《供用水管网漏损评定》；

(6)Q/SY DQ 1688—2015《节能量测量与验证技术要求 机械采油系统》；

(7)Q/SY DQ 0655—2016《节能节水统计计算方法》。

参加制修订标准6项，具体如下：

(1)GB/T 31457—2015《油气田生产系统水平衡测试和计算方法》；

(2)SY/T 5264—2012《油田生产系统能耗测试和计算方法》；

(3)SY/T 5268—2012《油气田电网线损率测试和计算方法》；

(4)SY/T 6373—2016《油气田电网经济运行规范》；

(5)SY/T 6374—2016《机械采油系统经济运行规范》；

(6)SY/T 6767—2016《石油企业余热资源量测试与计算规范》。

7. 对外提供的节能服务工作

在完成集团公司和大庆油田公司下达的节能监测任务外，节能技术监测评价中心发挥自身优势，在"十二五"期间积极拓展外部市场，及时和相关企业进行联系，帮助他们解决节能节水工作中遇到的技术难题，先后为冀东油田和塔里木油田等中国石油企业提供节能技术服务，为他们进行节能潜力分析、评价，优化调整设备运行方式，先后测试耗能设备3500多台。

(1)青海油田能源利用现状综合评价；

(2)煤层气公司抽油机井能耗测试评价；

(3)冀东油田耗能设备测试评价项目（2011年、2012年、2013年）；

(4)股份公司规划总院大庆油田站场加热炉示范工程加热炉能耗检测评价项目；

（5）长庆油田机采系统、集输系统、注水系统等现场数据采集评价项目。

8. 能源审计工作

对大庆油田和吉林油田等企业以及大庆油田 16 个二级单位进行了能源审计。通过企业能源审计对企业及二级单位的能源消耗状况、能源构成、能源流向、能源成本、设备运行及节能潜力进行全面了解和分析，达到挖掘节能潜力的目的。

（1）大庆油田能源审计（包括整体审计和 16 个二级单位审计）；
（2）吉林油田能源审计；
（3）青海油田能源审计；
（4）大庆油田注水系统能源审计；
（5）大庆油田天然气系统能源审计；
（6）中海油湛江油田能源审计。

9. 节能评估工作

固定资产投资项目节能评估业务在集团公司开始在各油田逐步推行以来，节能技术监测评价中心紧紧抓住机遇，进一步提升资质能力，为各油气田企业提供优质的评估服务，"十二五"期间，完成的节能评估项目主要有：

（1）大庆油田化工有限公司天然气制氢综合改造工程节能评估；
（2）大庆油田化工有限公司 6 万吨 / 年重烷基苯磺酸盐二期工程节能评估；
（3）塔里木油田南疆天然气利民工程节能评估；
（4）塔里木英迈力区块节能评估；
（5）塔里木油田天然处理厂节能评估；
（6）塔里木油田哈拉哈塘 II 期改扩建节能评估；
（7）塔里木油田塔西南大宛齐节能评估；
（8）塔西南勘探分公司南疆天然气利民工程节能评估；
（9）塔里木油田东河 1 区块注气压缩工程节能评估；
（10）塔里木油田塔中 I 号凝析气田中古 8—中古 43 区块地面建设工程节能评估；
（11）塔里木油田英买力凝析气田 YD1 区块节能评估；
（12）塔里木油田克拉苏气田克深 II 区块开发概念设计地面工程节能评估；
（13）塔西南勘探分公司柯克亚凝析气田新增循环注气压缩机工程节能评估；
（14）塔西南勘探分公司大宛齐油田整体开发节能评估。

10. 节能量测量与验证工作

节能量审核是节能技术监测评价中心未来业务发展重要趋势，随着国家和集团（股份）公司对节能工作管理水平的提高，企业节能量审核将纳入日程，同时合同能源管理（EMC）的进一步推广，都要求有第三方对相关节能量进行审核验证，机构应发挥现有的技术优势，积极开展节能量审核业务。节能技术监测评价中心编制了《智能型提捞式抽油机项目节能降耗技术评价指南》，主持编制了大庆油田企业标准《节能量测量与验证技术要求 机械采油系统》，同时，根据用户需求完成了大庆油田矿区服务事业部供热系统改造合同能源管理的节能量验证工作。

11. 温室气体排放核算工作

随着国内七省市碳交易试点的持续深入和《碳排放权交易管理暂行办法》等相关文件的颁布，国内碳交易市场建设将稳步提速并将在2017年正式启动建设国家统一碳交易市场。作为节能减排领域发展的一项重要课题，中心从2014年开始了温室气体排放核算与核查研究，组织人员进行了比较系统的碳核算方法学习，对油田生产企业温室气体排放核算方法进行了系统研究，完成了大庆油田温室气体排放核算报告的编制工作，同时为长庆油田温室气体排放核算提供技术咨询工作。

三、获得荣誉

集团公司节能技术监测评价中心在"十二五"期间获得的主要荣誉有：

（1）先进单位。

2011年获中国石油天然气集团公司"十一五"节能节水先进单位。

2011年获大庆油田有限责任公司先进集体。

2011—2015年获得大庆油田先进党组织。

2016年获"十二五"全国石油和化工行业节能优秀服务单位。

（2）先进个人。

2011—2015年15人次获大庆油田有限责任公司质量节能先进个人。

2016年1人获"十二五"全国石油和化工行业节能先进个人。

2016年3人获中国石油天然气股份公司"十二五"节能节水先进个人。

第三节　集团公司东北油田节能监测中心

一、机构简介

集团公司东北油田节能监测中心（以下简称东北油田节能监测中心）是集团公司、勘探与生产分公司直属的节能监测机构之一，业务上接受集团公司质量安全环保部指导，行政上归辽河油田公司质量节能管理部领导。东北油田节能监测中心于1989年成立，2004年被股份公司冠名为股份公司油田节能监测中心，2010年被集团公司加冠为集团公司东北油田节能监测中心。中心主要承担着集团公司、股份公司及油田公司耗能设备的节能监测，提供设备节能降耗监测数据，分析耗能原因，提出整改建议，并向股份公司汇报工作；负责汇总各油田分公司节能监测数据，编写集团公司、股份公司节能节水系统监测报告；负责集团公司、股份公司节能节水专项投资项目及示范项目的测试与评价工作；负责进入油田公司范围内各种节能产品、节能技术的检测、评价，并参与项目论证；负责油田公司工程项目节能篇（章）投资项目能耗指标的测试与评价验收；负责油田公司能源审计工作，参与协助集团公司、股份公司有关单位进行能源审计工作；负责集团公司、股份公司及油田公司节能监测工作的技术指导、培训、技术比对服务工作；负责集团公司、股份公司及油田公司相关行业、企业标准的编制、修订和审核；参与集团公司、股份公司及油田公司节能节水型企业考核工作。

东北油田节能监测中心现有员工15人、主任1名、副主任2名。高级工程师3人，占20.0%；工程师7人，占46.7%；其他技术人员2人，占13.3%；工人3人，占20.0%。技术人员占职工总数的80.0%。内设监测一科、监测二科、综合科3个科室。拥有办公室、实验室、仪器室、资料室、库房435米^2，各类仪器设备161台（套），固定资产净值570万元。

东北油田节能监测中心拥有的证书和资质：

(1) 国家认证认可监督委员会颁发的资质认定计量认证证书；
(2) 全国节能监测管理中心颁发的节能监测证书；
(3) 国家质检总局颁发的工业锅炉能效检测资质；
(4) 辽宁省经济和信息化委员会以及集团公司颁发的能评和能源审计甲级机构资质。

东北油田节能监测中心可开展工业锅炉热工测试等7项供热设备节能监测；工业电热设备节能监测等5项用电设备节能监测；企业供配电系统节能监测等7项油田生产系统节能监测；企业水平衡测试等4项节能综合评价；煤的工业分析等12项理化分析工作。

二、主要业绩

总体工作是：实现四大目标，细化四项管理，达到三个满意。

1. 实现四大目标

一是对内监测完成百分之百。"十二五"完成油田公司15家单位的耗能设备测试，完成管理部门下达的各项测试工作。确保监测完成情况100%。

二是外部测试完成百分之百。全年完成股份公司下达的监测指标，确保监测无死角，完成情况100%。

三是确保党风廉政建设常态化。确保"理想重于功利、价值重于利益、规则重于感情、共识重于同意、责任重于恩惠"这"五个重于"理念常态化、长效化、知识化。

四是确保加热炉提效工作开展稳中有升；真实评价设备运行状况，诊断各环节工况，发现问题，指导设备运行。编写加热炉统一测试标准，建立完善的系统体系。

2. 细化四项管理

(1) 安全管理要细致。安全工作成败，重点在细节，在安排工作之前想得细，在操作过程之中做得细。在管理上，不分彼此，全员参与，强化隐患控制，要将油田加热炉、抽油机等耗能设备，按照危险系数测试前制订测试方案，进行风险识别，确保各类危险点源在任何时候都处于安全状态；其次，加大培训力度，提高安全意识，要使"安全分秒不放松"的管理理念，在全中心生根、开花、结果，确保员工在任何情况下都不违章操作。

(2) 测试管理要细化。围绕一个中心，突出一个主题，实现两个转变，达到三个最佳。

围绕一个中心：就是要围绕以"加热炉及热力系统提效"为中心，进行加热设备节能改造、系统整体优化运行的基础上，从现场管理层面通过加大对加热设备的能效测试力度，发现运行中存在的问题，减少各环节能量损失，有效提高设备热效率；另外，加强加热炉等用能设备的现场的运行管理，确保单台设备经济高效运行，实现降耗减排。

突出一个主题：就是要突出"精细管理"这个主题。一是建立有序工作环境，做到工作有标准，业务有流程，落实有制度，考核有结果，问责有依据，打造高效管理平台；二是建立健全基础资料，要对油田耗能设备数量、能耗数据、能耗现状等建立数据库，形成档案，建立起能耗分析曲线图，为实时分析提供准确无误的数据；三是细化报告基础管理，数据录入填写要规范，版面格式设计要统一。

实现两个转变：实现测试员岗位由基础测试向分析挖潜转变，由浅层次测试向深层次管理转变。因此，测试员要转变观念，自我充电，尽快进入新的角色，做到人人会搞能效分析，个个会提挖潜措施。

达到三个最佳：一是加热炉提效工作达到最佳效果，通过对已有测试数据大量分析，形成6大分析报告；二是在线测试仪器达到最佳状态，建立测试方法评价模型，优选测试仪器和方法，进行注汽锅炉在线热效率监测技术研究，开展新型在线蒸汽干度测试技术研究，建立注汽锅炉热效率分析的数学模型，注汽锅炉在线热效率监测系统的集成模式和调试方法都要达到最佳状态，提高系统效率；三是基础管理达到最佳境界。要围绕项目测试，坚持"项目检测严格审查不放松，节能效果公正评价不偏私"的管理理念。严格按照标准进行审核，杜绝残次产品流入辽河市场。

(3) 经营管理要细算。2017年的经营形势相当严峻，成本压力仍然很大，所以，把控制成本增长，挖掘管理潜力作为提高经营工作的有效途径，重点做细做实两项工作。首先，开源节流。要通过管理方法创新，提高测试效率，通过集中测试等方法优化资源配置，降低成本费用。其次，节约挖潜。要大力开展三项活动：一是"修旧利废"活动；二是"点滴节约"活动；三是"挖潜创效"活动。要在全中心树立起一种勤俭节约的良好风气，培养员工从点滴做起，精打细算，过紧日子的思想。

(4) 队伍管理要细腻。实现队伍的和谐与稳定，要以文化为纽带，以活动为载体，从员工入手，从干部抓起，使"传递正能量，提升软实力"的理念入心入脑，更细更实。

一是提升"三种能力"。要采用自己学、相互学、走出去、请进来以及双向考核的方法，切切实实提升员工的"执行能力、学习能力和管理能力"。

二是提高"两个素质"。做到教育与培训相结合，提高思想道德素质和业务技术素质，通过思想道德教育，增强员工的责任心和道德修养，通过专业培训，提升员工的业务能力，使自己的本职工作做得更细更实更好。

三是"熔炼一流团队，构建和谐中心"。现在的东北油田节能监测中心是一个崭新的团队。有没有战斗力，就要看有没有凝聚力。凝聚力从哪来？从活动中来。因此，要结合工作实际，在股份公司节能监测系统开展职能审定、能力比对、节能培训等一系列评优创建活动，陶冶员工的情操，磨炼员工的意志，增进员工的情感，锻炼员工的体魄。增强员工队伍的凝聚力和战斗力。

3. 达到三个满意

第一，指标要兑现，让组织满意。虽然任务繁重，困难重重，但我们有信心，有能力全面完成股份公司、油田公司下达的业绩指标，交上一份合格的答卷，让领导放心，让组织满意。

第二，工作要做细，让自己满意。我们所有员工都要树立大局意识，弘扬团队精神，在各自的岗位上把每个过程做细，每项工作做好，让同事放心，让自己满意。

第三，好事要办实，让员工满意。节能监测中心是一个大家庭，所有员工都是其中一员，我们要让这个大家庭到处充满和谐、欢乐和温馨，让爱心情系员工，让温馨洒遍中心，要把公司惠及每名员工的好事办实，让亲人放心，让员工满意。

4. 具体工作

紧紧围绕集团公司节能节水各项工作部署，在集团公司、股份公司节能主管部门的正确指导下，全面落实东北石油节能监测中心确定的总体工作目标，坚持以科学发展观为指导，按照年度计划，结合油田实际，大力开展节能节水监测和测试技术培训工作，确保完成节能工作目标。具体工作见表11–3。

表11–3　东北油田节能监测中心具体工作一览表

序号	项目	任务情况
1	股份公司耗能设备监测分析	94154台（套）
2	股份公司节能专项的测试评价	11项
3	辽河油田公司耗能设备监测	6082台次/5年
4	辽河油田节能专项的测试验收评价	472台次/5年
5	工业锅炉能效测试工作	已获得测试资质
6	辽河油田公司能源审计及审查二级单位能源审计	1次/年
7	标准制修订工作	制订3~5项/年
8	监测机构能力比对工作	15家机构/年
9	承办股份公司节能监测工作会	2次/年

1）完成股份公司耗能设备监测分析

完成股份公司耗能设备监测分析。完成股份公司94154台（套）加热炉、输油泵、抽油机、注汽炉、注水系统的监测，汇总分析各系统普测情况。将汇总结果以公司文件的形式进行通报，限期整改，有效提高股份公司各耗能设备的运行效率，为"十二五"节能量完成起到支撑作用。

2）完成股份公司节能专项的测试评价

完成冀东油田5台直线型抽油机、10台节能电动机、10台直驱式螺杆泵、3台注水泵变频控制柜改造，西南油气田2台节能电动机改造、2套变频调速系统安装、3台变压器更换、1套水能装置替换冷却塔风机电动机、1条10千伏电力线路设无功补偿，新疆油田50千米注气管线保温，南方勘探公司大罐保冷项目的验收评价测试。

3）完成辽河油田耗能设备监测、节能专项的测试验收评价

近5年共进行抽油机、输油泵、注水泵和注汽锅炉、加热炉、采暖锅炉等主要设备监测6082台次。其中：抽油机3702台、输油泵760台、注水泵196台、注汽锅炉638台、加热炉706台、采暖锅炉38台。完成节能专项投资项目监督抽检472台次，有效保证了投资项目的节能效果。

4）开展工业锅炉能效测试工作

2012年，通过积极的申请、细致的审查、认真的培训、严格的考试、东北油田节能监测中心通过国家质检总局认定的工业锅炉能效测试资质，开展工业锅炉新建、改建与扩建项目的评价测试。此资质的取得，既可较好地保护油田利益不流失，也可受地方政府的委托实施监督测试工作。

5）完成辽河油田能源审计，审查二级单位能源审计

按照年度节能工作安排，完成了辽河油田能源审计报告，并组织有关专家和相关部门，对年综合能耗5000吨标准煤以上（含5000吨）的31家用能单位能源审计报告进行专家审核和评比，评选出优秀能源审计报告编制单位。通过审核重点用能单位的能源审计情况，对能源消耗量、构成、定额单耗、节能专项资金项目情况、本单位投入节能资金技措项目情况、节能潜力、节能技术改造方案和建议等方面进行确认，为油公司节能目标的完成奠定基础。

6）按计划完成标准制修订工作

按照统一部署安排和标准自修订计划，东北油田节能监测中心完成石油天然气行业标准《稠油热采蒸汽发生器节能监测方法》、辽宁省地方标《准原油（液）生产综合能耗标准》、辽河油田公司企业标准《能源审计技术规定》的编制工作；参与修订多项石油系统节能监测行业标准。

7）积极开展培训交流工作，提高全员业务能力

通过员工培训、能力比对、智能审定等工作的开展，加强节能检测机构之间的业务交流，提高节能监测人员业务水平。从2009年开始，每年组织对各地区公司节能监测机构的培训工作，按照每三年为一个周期，完成对16家油气田企业的节能监测人员的培训，6年共举办了7期培训班，培训节能监测人员500多人次，培训合格率达95%，集团公司节能主管部门颁发集团公司节能监测员证；从2011年开始参与每年按照一定比例对股份公司节能监测机构进行职能审定，3年共对12家检测机构进行了职能审定，并出具相关的审定证书；从2012年开始每年组织对股份公司15家节能监测机构进行能力比对。2012年，在吉林油田举办了注水系统现场比对工作、2013年在大港油田举办输油系统监测能力比对工作、2014年在大庆油田举办机采系统监测能力比对工作、2015年在辽河油田举办加热炉系统监测能力比对工作。

8）承担股份公司节能监测工作会

按照股份公司年度计划，受勘探与生产分公司装备处的委托，承办节能监测工作会。一是年初组织各地区公司主管节能监测的科长、节能监测机构的主任参加的监测工作协调会，安排部署当年的监测工作，统一监测标准、报告格式；二是年底召开节能监测总结会，通报各地区公司监测情况，安排对不合格设备的整改，对节能监测工作的顺利开展，节能监测数据的有效利用，起到了促进作用。

9）承担股份公司节能课题研究

针对加热炉、注汽锅炉分级测试与评价方法及相关标准部分缺失、加热炉和注汽锅炉运行工况变化大等问题，积极承担股份公司科技研发，开展加热炉、注汽锅炉测试评价方

法研究及注汽锅炉在线监测技术研究，编制加热炉、注汽锅炉经济运行操作规程，指导加热炉、注汽锅炉经济运行，提高加热炉及注汽锅炉的运行效率，降低能源消耗。最终形成一项专利技术，一项计算机软件著作权，为完善测试计算方法和评价标准起到积极的作用。

三、获得荣誉

东北油田节能监测中心通过努力，连续多次获得股份公司先进集体称号，涌现了一批先进个人和技术骨干，获得"十二五"全国石油和化工行业节能先进集体、股份公司先进集体、5人次获得集团公司先进个人、15人次获得股份公司先进个人称号；获得5项国家专利；编写《油气田节能监测手册》和《油气田节能监测作业指导书》；发表30余篇专业论文；编制10余项国家、行业和地方标准。

第四节 集团公司西北油田节能监测中心

一、机构简介

集团公司西北油田节能监测中心位于新疆克拉玛依市准噶尔路29号，业务主管部门为集团公司质量安全环保部，行政关系隶属于新疆油田公司（新疆石油管理局）。

西北油田节能监测中心的前身为"新疆石油管理局能量平衡测试中心"，组建于1984年。1991年6月经新疆石油管理局批准扩大编制并更名为"新疆石油管理局节能监测站"。根据中国石油天然气集团公司〔98〕中油劳字第119号文件《关于组建总公司西北节能监测中心的通知》精神，于1998年3月在"新疆石油管理局节能监测站"的基础上组建了"中国石油天然气集团公司西北节能监测中心"。2010年9月，根据中国石油天然气集团公司人事〔2010〕581号文件《关于部分节能监测机构加冠集团公司名称或更名等有关问题的通知》，更名为中国石油天然气集团公司西北油田节能监测中心。

西北油田节能监测中心于1998年8月通过了国家计量认证，同年11月通过了国家职能审定。2003年、2005年、2008年、2010年、2011年和2014年分别通过了国家计量认证节能监测评审组的计量认证复查（监督）评审。2015年所有检测项目通过了中国国家认证认可监督管理委员会对实验检测研究院的整体认可评审。2011年和2013年经新疆维吾尔自治区经贸委备案以及工信委考核颁发了节能服务机构备案证书，授权西北油田节能监测中心在自治区范围内开展工业企业、石油石化行业节能评估和能源审计等节能技术服务。

根据集团公司〔98〕中油劳字119号文件要求，西北油田节能监测中心主要职责为参与中国石油行业节能标准的制定、修订与实施；负责西部地区石油企业重大新建、扩建及改造工程项目节能指标的测试与评价；负责对西部地区石油企业节能监测站的技术指导和监督、西部地区石油企业节能测试；集团公司下达的西部地区节能情况调查与测试工作；处理西部地区石油企业节能测试数据纠纷的仲裁工作；同时，履行新疆油田公司节能监测站的职能。

西北油田节能监测中心现有员工15人，其中高级职称5人、中级职称7人、助理工程师3人。全部具有本科以上学历，硕士研究生2人，专业涵盖热工、电力、石油工程、采油工程、仪器仪表等。下设机电测试室、热工测试室、理化综合室、技术质量室。拥有监测仪器设备90余台套，具有（涵盖）电能、流量、烟气分析、燃料组分等40余项参数的测试能力。全员持有国家节能管理中心（集团公司）颁发的节能监测员证书，13人持有低压电工特种作业操作证书，3人持有实验室资质认定内审员证书，1人持有实验室认可内审员证书，3人持有质量体系内审员证书，7人持有中国人力资源和社会保障部颁发的节能评估师、能源审计师、能源管理师证书，4人入选国家节能专家库成员，1人为国家标准化管理委员会石油行业节能节水专标委委员。

二、主要业绩

1. 科研项目

"提升综合实力，建设业务领域广泛、具有较强综合研究和检测能力的中国石油西部节能技术服务中心"是西北油田节能监测中心的长远发展目标，并始终围绕这一目标，积极开展节能技术研究和队伍能力建设，坚持以技术创新来推动服务能力提升和工作质量的进步。

"十二五"期间，紧密结合生产需要，逐步加大科研投入，开展了节能测试方法、节能产品评价方法、节能技术、节能评价检测平台建设、节能监测管理技术研究，使服务能力和技术水平有了显著的提升，为油田节能管理工作提供了有力的支撑。"十二五"期间，共承担科研项目27项，其中：油田公司级以上科研项目9项，获三等奖以上科技进步成果奖6项、管理创新成果三等奖1项；厂处级科研项目14项，获各类奖项7项；参与集团（股份）公司科研项目2项（集团公司《低碳二期：稠油热采余热综合利用研究》、股份公司《油气田加热炉及热力系统提效技术研究应用》），油田公司科研项目2项（《新疆油田能耗指标体系建立及预测方法研究》《天然气压缩机烟气余热回收利用技术研究》）。"十二五"承担科研项目见表11-4。

表11-4　西北油田节能监测中心"十二五"承担科研项目汇总表

序号	时间	项目名称	获奖级别	获奖等级
一、科研成果（主持）				
1	2011年	低效高耗设备更新淘汰监测评价	集团公司	"十一五"节能节水优秀项目奖
2	2011年	机械采油系统节能潜力预测技术研究	油田公司	三等奖
3	2012年	变频调速拖动装置测试与评价方法研究	油田公司	三等奖
4	2013年	新疆油田储罐油气损耗测试方法研究	油田公司	三等奖
5	2014年	油气田生产系统水平衡测试和计算方法研究	油田公司	二等奖
6	2015年	抽油机节能监测现场测试数字智能化采集处理系统	油田公司	三等奖
7	2013年	新疆油田储罐油气损耗测试方法研究	院级	三等奖
8	2014年	油气田生产系统水平衡测试和计算方法研究	院级	二等奖
9	2015年	机械采油系统能耗统计分析研究	院级	三等奖
10	2015年	新疆油田注汽管线保温现状分析研究	院级	三等奖

续表

序号	时间	项目名称	获奖级别	获奖等级
11	2013年	新疆油田机采类节能产品适应性研究	院级	—
12	2013年	保温技术试验与评价平台研究	院级	—
13	2013年	锅炉经济运行、废气排放检测中烟气测试分析方法研究	院级	—
14	2014年	节能监测现场测试智能化数字采集处理系统——抽油机	院级	—
15	2014年	机械采油井系统节能产品测试与评价方法研究	院级	—
16	2015年	供配电系统（10千伏及以下）节能产品测试与评价平台建设可行性研究	院级	—
17	2015年	节能监测数据管理系统研发	油田公司	跨年项目
18	2015年	稠油热采保温管线散热损失测试方法研究	油田公司	跨年项目
19	2015年	泵机组节能监测数据采集处理系统	院级	跨年项目
二、其他成果（主持）				
20	2014年	新疆油田节能检测管理实践	油田公司	管理创新三等奖
21	2015年	五小成果——改进抽油机光杆卡子，优化抽油机测试流程	院级	一等奖
22	2015年	五小成果——保温管线散热损失测试装置设计	院级	二等奖
23	2015年	QC成果——提高红外测温仪测试的准确度QC	院级	三等奖

2. 标准编制

节能标准是国家节能制度的基础，是提升经济质量效益、推动绿色低碳循环发展、建设生态文明的重要手段，是化解产能过剩、加强节能减排工作的有效支撑。充分发挥节能标准标杆引领、准入倒逼作用，坚持创新驱动，以科技创新提高节能标准水平，促进节能科技成果的转化应用。

"十二五"期间，西北油田节能监测中心紧密围绕国家、行业及新疆油田节能工作的需要，积极开展标准化研究，将节能监测新技术、评价新方法转换成节能技术标准，转化为知识成果加以推广应用。积极承担和参与节能检测方法、经济运行、能耗定额等类标准的制修订工作，开展行业、油田、企业及地方政府的节能标准宣贯工作，为普及节能标准化知识、提升经济运行水平履行应尽职责。

"十二五"期间，西北油田节能监测中心每年承担各级标准5~6项制修订任务，按发布日期统计，主持制定国家标准1项、参与制定1项；主持制定行业标准1项、参与制定2项；参与集团企业标准制定1项；主持油田公司企业标准制定1项。同时，为提升标准制定水平，同期开展了《油气田生产系统水平衡测试和计算方法研究》和《变频调速拖动装置测试与评价方法研究》等科研项目研究。在"十二五"期间主持和参与编制的标准见表11-5。

表 11-5　西北油田节能监测中心"十二五"期间主持和参与编制的标准汇总表

序号	标准名称	备注
1	GB/T 31457—2015《油气田生产系统水平衡测试和计算方法》	主持
2	GB/T 31453—2015《油田生产系统节能监测规范》	参与
3	SY/T 6835—2011《稠油热采蒸汽发生器节能监测规范》	参与
4	SY/T 6834—2011《变频调速拖动装置节能测试方法与评价指标》	主持
5	SY/T 5268—2012《油气田电网线损率测试和计算方法》	参与
6	Q/SY 1578—2012《节能监测报告编写规范》	参与
7	Q/SY XJ 0028—2011《热力采油蒸汽发生器出口蒸汽干度的测定方法》	主持

3. 论文和著作

西北油田节能监测中心积极创造有利条件，鼓励职工多渠道成才。通过师徒传帮带形式，加快专业技术和业务技能的传承步伐。鼓励职工积极开展节能科学研究，充分发挥年轻职工勇于创新的先天优势，组织技术攻关。开展五小成果、QC 活动，鼓励和支持年轻人的创新实践活动，养成创新、成才的良好风气。

"十二五"期间，结合科研、生产、标准制修订项目的开展，对研究心得加以总结，先后在核心期刊等发表论文、专著13篇（部），参加各类学术会议交流论文10余篇。西北油田节能监测中心"十二五"期间发表论著见表11-6。

表 11-6　西北油田节能监测中心"十二五"期间论著汇总表

序号	名　称	类别	发表或出版地	时间
1	《基于形态学方法的工件表面缺陷红外热像检测技术》	论文	《中国石油大学学报》	2012 年 2 月
2	《钻探企业节能减排措施综述》	论文	《石油石化节能》	2012 年 9 月
3	《变频调速拖动装置测试方法研究》	论文	《石油石化节能》	2013 年 2 月
4	《油气田节能专项投资项目后评价方法初探》	论文	《节能》	2013 年 8 月
5	《用于系统能效动态评估的异步电机参数辨识》	论文	《华北电力大学学报》	2014 年 5 月
6	《油气田生产系统水平衡指标体系研究》	论文	《石油石化节能》	2014 年 9 月
7	《天然气集输系统水平衡模型及指标计算研究》	论文	《石油石化节能》	2014 年 10 月
8	《红外热成像技术发展现状及在石油化工行业的应用》	论文	Advances in Energy Science and Equipment Engineering	2015 年 5 月
9	《石油企业节能工作存在的主要问题及对策》	论文	《中国化工贸易》	2015 年 7 月
10	《我国石油化工系统节能分析及节能潜力分析》	论文	《石化技术》	2015 年 9 月
11	《油气田节能监测工作手册》	专著	石油工业出版社	2013 年 8 月
12	《机械采油系统节能监测与评价方法》	专著	石油工业出版社	2014 年 5 月
13	《油气田节能监测技术问答》	专著	石油工业出版社	2014 年 5 月

4. 监测内容

节能监测始终是西北油田节能监测中心的主要生产任务之一，也是助力企业加强节能管理，实施节能减排、降本增效的重要技术手段，是开展能源审计、节能评估、节能量核查、节能技术及产品评价的重要基础。"十二五"期间，该中心严格按照集团（股份）公司监测指令、地区企业监测计划、社会用户的监测需求积极开展节能监测工作。

"十二五"期间，西北油田节能监测中心累计测试各类耗能系统（设备）22328台套，其中：完成集团（股份）公司监测指令计划3527台套，占任务总量的15.8%；完成新疆油田节能监测任务10224台套，占任务总量的45.8%；接受外部委托测试8577台套，占任务总量的38.4%。历年完成任务情况见表11-7。

表11-7 西北油田节能监测中心"十二五"测试工作量汇总表　　　　单位：台套

时间	集团（股份）公司任务	新疆油田任务	外部委托任务	合计
2011年度	464	1237	2590	4291
2012年度	39	1539	1523	3101
2013年度	236	1675	1904	3815
2014年度	2630	2802	1248	6680
2015年度	158	2971	1312	4441
"十二五"	3527	10224	8577	22328

1）全面完成集团（股份）公司下达的监测任务

"十二五"期间，根据集团（股份）公司监测计划，累计测试测试各类耗能系统（设备）3527台套，完成任务计划3501台套的100.7%。

2011年，为配合股份公司加热炉提效计划，对塔里木油田等5家地区公司开展了加热炉测试，任务计划467台次，由于吐哈油田和玉门油田实际点炉数量低于计划数量，实际完成加热炉测试464台次，完成计划的99.4%。

2012年，对大庆油田等4家地区公司开展了注水系统测试，任务计划35套，实际完成注水系统测试39套，完成计划的111.4%，测试各类泵机组213台套。

2013年，对大庆油田等4家地区公司开展了输油泵、压缩机组、抽油机、锅炉测试，任务计划211台套，实际完成测试236台套，完成计划的111.8%。

2014年，对大庆油田等4家地区公司开展了抽油机测试，任务计划2630台次，实际完成测试2630台次，完成计划的100.0%。

2015年，为配合股份公司加热炉提效计划，对辽河油田等5家地区公司开展了加热炉测试，任务计划158，实际完成测试158，完成计划的100.0%。

根据股份公司工作安排，2011年对青海油田2010年节能专项投资项目进行了核查。

参加了历年对地区公司节能监测机构的职能审定工作。

2）全面完成新疆油田监测计划

"十二五"期间，根据新疆油田节能监测计划，在生产任务逐年增长的前提下，统筹布局，合理利用监测队伍资源，强化监测管理。同时，根据生产形势的变化，积极转变工作模式，实施节能监测工作的源头管理、过程管控、事后监督、闭环管理，全面助力新疆油田的节能管理和降本增效工作。

"十二五"期间，累计完成新疆油田计划任务10224台套。2011年，进行注水系统、加热炉、节能专项、产品准入等测试共计1237台套。2012年进行加热炉提效、注水系统、蒸汽干度、保温材料、产品准入、节能专项等测试共计1539台套。2013年进行输油泵、压缩机、加热炉、节能专项、蒸汽干度和保温材料、产品准入等测试共计1675台套。2014年进行抽油机、节能专项、蒸汽干度、保温材料、产品准入、先导实验、电动机适应性等测试2802台套。2015年进行加热炉、蒸汽干度、抽油机、注汽锅炉、加热炉、飞行监督等测试共计2971台套。

3）服务西部油田及地方企业

"十二五"期间，西北油田节能监测中心恪守集团（股份）公司赋予的各项职能，在集团（股份）公司和新疆油田安排的任务已经超负荷的局面下，优化监测资源，积极接受周边油田及石油企业委托的节能测试，取得了良好的经济和社会效益。

"十二五"期间，累计完成外部委托测试任务8577台套。其中，2011年完成新疆油田二级厂处注水系统改造测试、克拉玛依石化主要耗能设备、塔里木润滑油添加剂燃气压缩机组塔里木油田公司注水输油加热炉等的测试共计2590台套。2012年完成塔里木油田、新疆油田二级厂处主要耗能设备、浙江油田抽油机等的测试共计1523台套。2013年完成新疆油田二级厂处、西部管道、塔河油田等单位的主要耗能设备测试共计1904台套。2014年完成新疆油田二级厂处、塔里木油田、塔西南勘探开发公司等单位主要耗能设备测试1248台套。2015年完成塔里木油田加热炉、塔河油田等单位主要耗能设备的测试共计1312台套。

5. 节能评估与审计

"十二五"期间，积极承担新疆油田改扩建工程及其他企业委托的节能评估工作，为用户提高改扩建工程用能水平包好源头关。先后完成新疆油田"石南21井区地面注水系统扩建工程可行性研究节能评估报告"等10余项节能评估工作，完成塔西南油气田及煤层气公司等单位"塔西南公司30万吨/年柴油加氢装置""供热公司城西区老旧锅炉房改造工程"等项目的节能评估工作近10项。同时，强化工程竣工验收的节能评价工作，监督节能评估报告中要求的节能设计及节能技措的有效落实，合理评估工程用能水平，为后续改扩建工程进一步提高设计水平提供技术支持。

能源审计是审计单位根据国家有关的节能法律法规、技术标准、消耗定额等，对企业能源利用的物理过程和财务过程进行的监督检查和综合分析评价，是改进企业能源管理的有效的措施、提高用能效率和效益有效办法，是政府进行用能单位节能监督管理的途径。根据地方政府和企业要求，西北油田节能监测中心在"十二五"期间先后开展了新疆油田、塔里木油田、吐哈油田及其二级单位能源审计共编制能源审计报告9份，通过了相关企业及地方政府的审核。

节能量核查是企业完成地方政府、集团（股份）公司节能任务的重要考核依据，也是节能专项投资效益评价的主要手段，是能源合同管理进行节能效果和经济效益分配核算的主要技术指标，是评价节能技措经济性能的基础工作。"十二五"期间，中心开展了新疆油田所有节能专项及部分企业投入节能项目的节能量核查工作,承担了塔里木油田等企业委托的节能项目节能量核查任务,为企业完成政府及上级考核指标提供了数据支撑。

6. 节能培训

节能培训是提升员工业务水平和技术能力的重要保障。西北油田节能监测中心根据员工发展需求,采取师徒结对子、邀请专家上门授课、外送培训、参加技术交流等多种形式,促进年轻员工早日成才。"十二五"期间,组织内部培训约200小时、240人次,培训内容涉及《质量管理手册》宣贯、标准宣贯以及仪器结构组成、分析原理、操作过程、数据处理、结果分析、注意事项等方面的讲解培训等内容;全员参加"节能监测员证"取证培训、"节能监测员低压电工取证培训班(维修电工特种作业操作证)"取证培训;关键岗位人员参加"内审员""不确定度分析"等技能培训,确保了工作质量。

"十二五"期间,积极承担节能知识培训、标准宣贯等任务,多年来主持举办了股份公司、克拉玛依市、新疆油田、塔里木油田、青海油田、煤层气公司、西部管道以及中国石化西北油田等单位的节能培训工作,培训节能管理及节能监测人员1000余人,取得了良好的社会效益。

三、获得荣誉

1. 先进单位

"十二五"期间,获集体荣誉2项:集团公司2015年度节能节水先进基层单位;"十二五"全国石油和化工行业节能优秀服务单位。

2. 先进个人

"十二五"期间,获地区公司以上级荣誉14项、16人(表11-8),获厂处级奖励约30项、40人。

表11-8 西北油田节能监测中心职工获地区公司以上级荣誉汇总表

时间	获奖名称	获奖者
2014年度	克拉玛依市劳动模范	帕尔哈提
2015年度	新疆维吾尔自治区劳动模范	帕尔哈提
2011年度	集团公司"十一五"节能节水先进个人	赵立新
2012年度	勘探与生产分公司2012年度节能节水先进工作者	葛苏鞍
2013年度	勘探与生产分公司2013年度节能节水先进工作者	高锦雯
2014年度	勘探与生产分公司能效标兵名单	帕尔哈提
2015年度	勘探与生产分公司"十二五"能效标兵	葛苏鞍 赵立新
2015年度	"十二五"全国石油和化工行业节能先进个人	葛苏鞍
2015年度	第三届石油天然气行业节能节水专标委优秀委员	葛苏鞍
2012年度	新疆油田节能节水先进个人	葛苏鞍
2014年度	新疆油田节能节水先进个人	葛永广
2015年度	新疆油田节能节水先进个人	帕尔哈提 唐满红

第五节　集团公司石油化工节能技术监测中心

一、机构简介

集团公司石油化工节能技术监测中心／中国石油天然气股份有限公司石化节能监测中心，是集团公司下设的一个技术机构，行政上挂靠在辽阳石化分公司生产监测部，业务上接受集团公司质量安全环保部领导，经国家认监委评审许可，取得了"检验检测机构资质认定证书"，属于非独立法人实验室。

1988年，根据中石化生计字〔1988〕83号文文件通知精神，在中国石油化工总公司辽阳石油化纤公司（以下简称辽阳石化）成立"中国石油化工总公司石油化工节能技术监测中心"。1999年，根据国务院机构重组方案，该中心随辽阳石油化纤公司划转到中国石油天然气集团公司，机构改称为"中国石油天然气集团公司石油化工节能技术监测中心"。2003年，根据中国石油天然气股份有限公司人字〔2003〕209号文件，机构又冠名为："中国石油天然气股份有限公司石化节能监测中心"。2007年，中国石油企业内部重组，集团公司与股份公司业务整合，本机构的名称确定为："中国石油天然气集团公司石油化工节能技术监测中心／中国石油天然气股份有限公司石化节能监测中心"（以下简称石油化工节能监测中心）。

石油化工节能监测中心下设监测室、管理室两个业务科室。现有员工18人。其中高级工程师6人、工程师9人、助理工程师3人。现有主要节能监测仪器设备50台（套），可以开展国家认证认可监督管理委员会授权的用电设备、用热设备和理化分析三大类15个项目的检验检测工作。

石油化工节能监测中心的主要工作内容是：

(1) 在股份公司炼油化工企业开展耗能装置或设备节能监测工作和节能投资改造项目后评价工作。

(2) 组织或参与集团公司节能节水标准制修订工作。

(3) 在辽阳石化内部开展耗能设备监督检查、入炉煤质分析和节能改造项目评价工作。

(4) 在资质认定授权范围内开展社会服务工作。

二、主要业绩

1. 节能监测工作

在"十二五"期间，石油化工节能监测中心根据集团公司质量安全环保部和股份公司炼油与化工分公司年度节能节水监测工作计划，在股份公司13个炼化企业开展了对工艺加热炉、压缩机、机泵、蒸汽疏水阀和保温管线的用能水平监测工作。监测工作量见表11–9。

"十二五"期间，石油化工节能监测中心还根据股份公司炼油与化工分公司工作安排，完成了6项节能技措项目潜力分析或效益测试评价任务，并编写了评价报告。

具体分析评价项目是：

(1) 大庆石化公司炼油厂高耗低效设备淘汰节能潜力分析；

(2) 华北石化二催化换热流程优化改造节能潜力分析；

(3) 华北石化高耗低效设备淘汰节能潜力分析；
(4) 华北石化加热炉节能改造节能潜力分析；
(5) 吉林石化焦化加热炉空气预热器更换节能潜力分析；
(6) 华北石化常减压装置换热流程优化改造效益评价。

表11-9 石油化工节能监测中心"十二五"测试工作量汇总表

时间	工艺加热炉（台）	压缩机（台）	泵机组（台）	疏水阀（只）	保温管线（条）
2011 年度	68	23	44	2526	13
2012 年度	108	23	51	2399	22
2013 年度	73	19	37	3333	14
2014 年度	69	19	36	1360	21
2015 年度	71	12	11	283	10
合计	389	96	179	9901	80

2. 标准编制

在"十二五"期间，石油化工节能监测中心作为主编单位，组织编制修订了集团公司企业标准编5个，具体是：

(1) Q/SY 193—2013《石油化工绝热工程节能监测与评价》；
(2) Q/SY 09001—2016《燃煤电站锅炉节能监测方法》；
(3) Q/SY 09062—2016《炼油化工装置节能监测方法》；
(4) Q/SY 09120—2017《蒸汽疏水阀节能监测方法》；
(5) Q/SY 09578—2017《节能监测报告编写规范》。

3. 辽阳石化监测工作

作为设置在辽阳石油化纤公司的一个技术机构，"十二五"期间，中心秉承"依托辽化，服务辽化"的工作宗旨，充分发挥机构的技术优势，围绕辽阳石化的节能降耗工作做了大量节能监测工作，主要有：

(1) 根据年度监测计划，每季度对辽阳石化所有在运工艺加热炉进行节能监测，共监测900台次。
(2) 受辽阳石化委托，作为第三方检验机构，对热电厂入炉煤进行煤质分析，共分析煤样120个。
(3) 对辽阳石化6个保温及冷凝水节能改造项目进行测试与评价。

三、获得荣誉

"十二五"期间，中心获得的主要荣誉有：
(1) 集团公司优秀标准三等奖，1个。
(2) 辽宁省自然科学学术成果三等奖，1个。
(3) 辽阳市自然科学学术成果二等奖，1个。
(4) 中国石油化工协会科技创新人物，1人。

第六节 集团公司西北石化节能监测中心

一、机构简介

以兰州石化分公司计量部节能监测站为主体的西北石化节能监测中心（站）组建于1990年，2003年7月被中国石油天然气股份有限公司冠名为"中国石油天然气股份有限公司西北石化节能监测站"；2010年9月被中国石油天然气集团公司加冠名为"中国石油天然气集团公司西北石化节能监测中心"（以下简称西北石化节能监测中心）。该中心接受集团公司质量安全环保部、炼油与化工分公司和兰州石化公司的业务管理和技术指导，执行其指令和工作计划，承担对西部地区石化企业能源利用状况的评价分析以及节能节水监测技术服务。

西北石化节能监测中心现有员工12名，其中高工3名、工程师4名、监测员5名，全部取得全国节能监测管理中心颁发的"节能监测员证书"；2人取得由中国合格评定国家认可委员会颁发的"实验室认可内审员培训证书"；1人取得集团公司"节能节水型企业考核评审员证书"，员工的基础理论知识扎实，业务技能精湛。

西北石化节能监测中心成立的20多年来，得到了集团公司、股份公司和兰州石化分公司等上级主管部门的大力支持和帮助，并陆续投资数百万元不断充实和完善基本建设和监测设备，目前拥有具有国内外先进水平的监测仪器设备45台（套），固定资产300万元，保证了节能监测工作的效率和监测数据的准确可靠。目前有固定办公面积153平方米，能够独立承担对石油化工等生产装置的能量平衡测试、节能节水专项技术改造项目的后评估测试。目前可开展两大类14项（包括大型机组、用电设备、工艺加热炉、蒸汽管网供热系统等石油化工主要耗能设备）监测项目，这些项目基本上满足了石油化工系统及通用设备的节能监测和节能技术评价工作的需要。

2005年9月，西北石化节能监测站顺利通过了国家认证认可监督管理委员会节能评审组的首次资质认定评审，并通过了全国节能监测管理中心的监测资格认证。2009年、2012年和2015年分别通过了资质认定复审，同时通过监测资格复证，保证了西北石化节能监测中心开展节能监测工作的权威性。

二、主要业绩

1. 监测内容

在"十二五"期间，西北石化节能监测中心为了适应集团公司的生产发展需要，通过夯实基础工作、完善监测手段、提升技术水平等措施，把监测中心建设成为技术硬、服务好、装备齐全的一流的监测技术机构。

1）监测计划完成情况

从2011年开始，按照集团公司安全环保与节能部的监测计划安排，累计完成12个地区公司的工艺加热炉监测282台次；大型机组168套；热力输送系统蒸汽管网56条（55629米）；蒸汽疏水阀2396台；进行"节能节水专项投资项目技术改造"后评估测试13项，监测计划完成率100%。为西部地区各炼化公司的生产管理、节能降耗、装置达标等工作起到了促进和帮助作用。

为了适应兰州石化分公司的发展需要，西北石化节能监测中心一直把节能监测工作立足于企业服务上。"十二五"期间共完成兰州石化分公司工艺加热炉监测检查1860台次、蒸汽疏水阀监测4275个。同时，克服监测任务重，积极配合装置达标、优化工艺操作、能源计量、比对校验等开展监测工作，为该公司节能节水管理提供了大量准确的监测数据。

2）服务企业节能减排工作

西北石化节能监测中心始终把为生产装置查找能源浪费问题、促进节能技术改造放在开展节能监测工作的重要位置，"十二五"期间，在监测诊断工作方面大有收获。

兰州石化分公司45万吨乙烯装置5台SC-1型裂解炉自2007年投入运行以来，一直存在排烟氧含量偏高、炉外表面温度高等问题，造成排烟损失和散热损失加大，使裂解炉热效率达不到93.0%的设计水平。西北石化节能监测中心加大监测频次，及时反馈监测情况，并提出了封堵炉体缝隙、改善炉膛配风等节能改造建议。乙烯厂积极根据监测数据调整工艺操作，并采取改造燃烧器、加强炉体保温和堵漏、派专人随时调整炉内燃烧状况等节能措施，取得了很好的节能效果。改造后，排烟氧含量比2007年平均下降2.0%；炉外表面平均温度从平均83.7℃降至68.8℃；平均热效率达93.3%，取得了明显的节能效果。

为了配合兰州石化分公司解决影响关键加热炉热效率的"瓶颈"问题，西北石化节能监测中心参与该公司"炼化一体化公用工程能量系统优化示范工程"，与英国KBC公司技术专家一起对该公司加热炉整体运行情况进行了一次全面调研、诊断测试和调整。针对加热炉存在的"短板"，兰州石化分公司积极开展新一轮加热炉专题攻关工作，逐项落实整改措施，使加热炉平均热效率提高为90.46%，比"十一五"期间提高0.71%。

通过对兰州石化分公司电厂至化肥厂1.0兆帕蒸汽管线进行监测，发现该管线保温状况较差，由于保温材料填充不实、管线表面水泥抹面存在严重裂缝现象，有的部分外表面脱落、保温层破损严重、多数阀门和法兰以及个别部位的管道没有进行保温等问题，使这条管线在运行中的散热损失超过国家标准，造成能源浪费。通过及时向有关部门反映情况并提出相应的整改建议，为节约能源发挥了监督作用。

3）服务企业生产经营

西北石化节能监测中心在做好计划内监测工作的同时，积极配合完成临时性的装置标定、能源计量、比对测试工作。"十二五"期间，先后配合对生产厂液体流量等进行了约160余点次的测试。2014年，配合兰州石化分公司停车大检修，对相关单位的29台在线流量表进行比对校验测试。为公司优化生产工艺操作、能源计量、比对校验以及查找生产问题提供了大量准确的监测数据，不断提高节能监测服务能力和技术水平。

4）开展"节能专项投资项目技术改造"后评估

"十二五"期间，西北石化节能监测中心注重配合技术改造及生产优化开展"节能技术改造项目"的后评估测试工作。从2011年开始，共进行了13个节能技术改造项目的后评估测试。分别是：兰州石化分公司"动力厂热力系统管线保温改造项目""化肥厂放空蒸汽回收利用及蒸汽系统优化项目""500万吨/年常减压装置加热炉系统改造""以HS裂解炉替代毫秒炉节能技术改造项目""炼油厂干气浓缩乙烯、乙烷装置压缩机增加备机及真空泵更新改造""300万吨/年重油催化裂化装置能量优化改造"共6个项目后评估测试；长庆石化分公司"催化装置节能改造""富气压缩机系统改造"和"500万吨/年常减压装置换热系统改造"共3个项目后评估测试；乌鲁木齐石化分公司"化肥厂尿素装置解析水解系统节能改造"2个项目、"热电厂3#锅炉变频调速改造项目"和"汽机装置节能节水改造"共4个项目后评估测试。

对专项技措项目进行节能效益评价测试，是西北石化节能监测中心的一项重要工作和任务。13项"节能专项投资项目技术改造"后评估测试，评估节能效益约8956.89万元/年，为节能改造提供技术支持，也充分肯定了改造取得的成绩，激发了相关部门做好节能工作的积极性。

2. 创新内容

1）标准编制

"十二五"期间，西北石化节能监测中心紧密围绕集团公司节能工作的需要，积极开展标准化研究，将监测工作中的经验方法积极进行总结提炼，参与了《蒸汽疏水阀节能监测方法》等5项集团公司企业标准的制修订工作。

2）发表论文

西北石化节能监测中心鼓励员工总结提炼工作中的技术经验心得，提供给新员工用以学习实践，先后在《石油石化节能》《中国计量》等核心期刊等发表论文、参加各类学术会议交流论文10余篇。

3）科技创新

西北石化节能监测中心作为节能监测技术服务单位不断加强专业技术学习、提高整体技术水平，积极服务公司生产经营、技术创新、节能改造等工作，该中心员工参与的兰州石化分公司"24万吨/年乙烯装置节能技术改造""在线能量管理系统开发与应用"等多项课题研究工作，分别获得兰州石化分公司科技进步二等奖、技术创新二等奖。该中心员工注册的QC小组课题"提高蒸汽疏水阀完好率"获得2014年甘肃省质量管理协会一等奖。

3. 其他工作

1）开展工艺加热炉专项节能监测

将加热炉和裂解炉作为监测重点，通过监测发现问题和解决问题，针对各公司都涉及的常减压装置、重整装置、汽油加氢装置、柴油加氢装置、延迟焦化装置的工艺加热炉及乙烯装置裂解炉进行节能监测检查，通过对同类加热炉的在线仪表配备、现场管理、生产管控、热效率等方面进行检查和监测，并对以往加热炉测试中存在的问题整改情况进行监督检查，监督有关节能法规的贯彻落实情况，分析影响加热炉热效率的诸多因素；针对加热炉实际运行状况，提出提高工艺加热炉热效率的节能措施和建议，促进节能降耗，提高经济效益。将对各公司的检查监测结果进行统计计算、比对分析，提出存在的问题，同时对先进的管理经验进行介绍、分享、推广，便于各公司的借鉴，有利于加热炉管理提升。

2）对节能监测仪器设备进行更新改造

在"十二五"期间，共更新改造9套（台）仪器设备，包括烟气分析仪、便携式超声波流量计、便携式烟气酸露点仪、便携式疏水阀检测仪等设备。项目实施后，有效地提高了节能节水监测工作的速度及水平，为工艺加热炉、大型机组、热力管网、蒸汽疏水阀等生产设备的优化运行提供必要的监测数据；为炼化生产装置的用能分析、技术评价、能量平衡提供基础保证。

3）开展实验室之间的能力比对测试

根据实验室资质认证评审管理要求，西北石化节能监测中心分别与集团公司石化节能监测中心、吉林石化分公司能源监测站一起，在长庆石化分公司、四川石化分公司等地进行了实验室之间能力比对测试。通过对工艺加热炉、泵机组、蒸汽管网、蒸汽疏水阀等多个项目的比对测试，对实验室整体能力、人员测试能力和仪器设备准确性进行了比对验证。通过能力验证测试，证明西北石化节能监测中心的人员、设备、工作能力均满足实验室资质认证评审准则要求，满足节能监测相关标准要求和工作要求。同时，通过比对测试，加强了节能监测机构之间的技术交流和团结协作，学习到其他监测中心的先进经验和技术，对该中心的综合能力提高起到了促进作用。

4）培训和技术交流

随着节能监测工作的不断深入和监测业务的不断拓宽，按照集团公司不断完善和规范所属技术机构的要求，西北石化节能监测中心积极开展理论和操作实践培训，提高员工的技能水平。同时，积极协助其他公司培训节能管理技术人员，该中心技术人员受聘为集团公司举办的"炼化加热炉节能技术学习班"讲课，重点讲解了"炼化工艺加热炉节能监测及问题分析"和"工艺加热炉节能监测标准和方法"两部分内容，为各公司做好技术服务培训工作。在甘肃省工信委举办的对省属中小型企业进行能源审计中，该中心技术人员受聘为评审专家参与审计工作，并在审计工作中不断学习提高、提升了自身的业务能力。

三、获得荣誉

1. 先进单位

"十二五"期间，获集体荣誉1项。

获集团公司"十二五"节能节水先进单位。

2. 先进个人

"十二五"期间，西北石化节能监测中心职工获地区公司以上级荣誉9项（表11-10）。

表11-10　西北石化节能监测中心职工获地区公司以上级荣誉汇总表

序号	时间	获奖名称	获奖者
1	2014年度	兰州石化分公司劳动模范	卓争辉
2	2012年度	兰州石化分公司先进个人	卓争辉
3	2011年度	兰州石化分公司模范共产党员	张玫
4	2013年度	兰州石化分公司模范共产党员	陈战
5	2011年度	集团公司"十一五"节能节水先进个人	张玫
6	2014年度	集团公司2014年度节能节水先进个人	张玫
7	2011年度	"十一五"全国石油和化工行业节能先进个人	卓争辉
8	2015年度	"十二五"全国石油和化工行业节能先进个人	卓争辉
9	2015年度	兰州石化分公司第六届优秀青年	卓争辉

第七节　集团公司管道节能监测中心

一、机构简介

集团公司管道节能监测中心（以下简称管道节能监测中心）成立于1985年3月，1990年9月取得国家级计量认证合格证书，具有国家级CMA计量认证资质。单位地址在河北省廊坊市金光道51号，实验室总面积260米^2，其中检测室面积160米^2；仪器设备总数32台（套），固定资产原值335万元。认证范围包括2类监测对象（企业节能监测、原油物性分析）、25项监测项目。

现有节能监测技术人员9人，其中硕士研究生学历4人、大学本科学历3人；高级工程师3人、工程师4人。以上人员均拥有国家节能监测员、电工证、国家人力资源和社会保障部颁发的能源管理师、能源审计师、节能评估师证等资质证书。

二、主要业绩

在"十二五"期间，完成638台输油泵、238台加热炉、97台锅炉、432台压缩机组，共1405台耗能设备的节能监测任务。负责制修订节能标准11项，其中国家标准1项、石油天然气行业标准4项、中国石油天然气集团公司等企业标准5项。负责编写的行业标准SY/T 6837—2011《油气输送管道系统节能监测规范》于2015年荣获"中国石油天然气集团公司第二届优秀标准奖三等奖"。在正式刊物发表论文23篇，获得国家专利授权9项、受理2项。负责天然气与管道分公司3项节能项目研究，负责专业公司重大专项课题中的一项专题研究。具体内容见表11-11至表11-13。

表11-11　"十二五"期间主持的节能相关标准制修订情况

序号	标准名称	制订/修订	备注
1	GB/T 34165—2017《油气输送管道系统节能监测规范》	制订	
2	ST/Y 6837—2011《油气输送管道系统节能监测规范》	制订	
3	ST/Y 6066—2012《原油输送管道系统能耗测试与计算》	修订	
4	ST/Y 6637—2012《天然气输送管道系统能耗测试与计算》	修订	
5	Q/SY 197—2012《油气管道输送损耗计算方法》	修订	
6	Q/SY GD 0016—2012《热媒间接加热装置热工测定》	修订	
7	Q/SYGD 0018—2013《储油罐及工艺管网伴热系统能源利用率测试方法》	修订	
8	Q/SYGD 1062—2014《主要耗能设备能耗测试评价手册》	制订	
9	Q/SYGD 0080—2014《烟气酸露点的测定》	修订	
10	Q/SYGD 1065—2014《天然气物性测试手册》	修订	
11	SY/T 6899—2012《天然气水露点的测定　电容法》	修订	

表 11-12 "十二五"期间发表论文信息

序号	论文名称	发表期刊名称	发表时间
1	《输油泵大修后节能效果测试与分析》	《石油石化节能》	2011 年
2	《基于神经网络的泵机组运行效率研究》	《石油石化节能》	2011 年
3	《枣庄输油站的热负荷问题》	《油气储运》	2011 年
4	《长吉管道首站储油罐油温下降的原因》	《油气储运》	2011 年
5	《变频技术在长输管道输油泵上的应用》	《油气储运》	2012 年
6	《输气管道燃气轮机天然气压缩机组效率测定与分析》	《石油石化节能》	2012 年
7	《地源热泵系统在输油站场内的应用及节能分析》	《油气储运》	2012 年
8	《管道输油泵更换小叶轮前后的节能测试与评价》	《石油石化节能》	2012 年
9	《国内外管道输送系统节能监测技术现状与发展趋势》	《石油石化节能》	2013 年
10	《长输原油管道主要耗能设备节能测试与分析》	《石油石化节能》	2013 年
11	《高能辐射罩在管道加热炉上的试用分析》	《石油石化节能》	2013 年
12	《加装烟气旁通管路提高加热炉排烟温度的效果分析》	《石油石化节能》	2013 年
13	《"十一五"油气输送管道系统能耗设备节能监测情况分析》	《油气储运》	2013 年
14	《国产输油泵现场试应用性能测试与分析》	《石油石化节能》	2014 年
15	《CNG 加气站电驱往复式压缩机组节能监测分析》	《石油石化节能》	2014 年
16	《纳米气凝胶与常用管道保温材料的性能对比研究》	《油气储运》	2015 年
17	《天然气管道压缩机 GE 普通型与 DLE 型对比分析》	《油气储运》	2015 年
18	《输油管道站场电伴热带能耗测试与分析》	《石油石化节能》	2015 年
19	《输气站场燃气发电机组的能耗测试与分析》	《石油石化节能》	2015 年
20	《余热发电对天然气压缩机组效率影响的研究》	《石油石化节能》	2015 年
21	《一种改进的压缩机反吹除霜系统的研究》	《油气储运》	2015 年
22	《液流热能发生器在成品油管道站场的应用情况分析》	《石油石化节能》	2015 年
23	《加气站节能技术综述》	全国石油工业节能技术交流会	2015 年

表 11-13 "十二五"期间获得国家专利信息

序号	专利名称	申请/授权号	专利种类	申请/授权时间
1	一种压缩机进气滤芯除霜系统的控制方法及装置	申请号：20140772888.0	发明专利受理	2014 年 12 月
2	一种管道用超声波流量计外夹式传感器安装快速定位装置	授权号：201420600729.8	实用新型专利授权	2015 年 1 月
3	直压式管道涂层耐划伤测试仪	申请号：ZL 2013 10088435.1	发明专利受理	2013 年 3 月
4	3PE 防腐层剥离强度测试机	申请号：ZL 2012 10590993.3	发明专利受理	2013 年 1 月

续表

序号	专利名称	申请/授权号	专利种类	申请/授权时间
5	钢质管道防腐层耐阴极剥离性能自动化测试系统	授权号：ZL 2011 20430705.9	实用新型专利授权	2012年7月
6	直压式管道涂层耐划伤测试仪	授权号：ZL 2013 20124721.4	实用新型专利授权	2013年10月
7	杠杆式管道涂层耐划伤性能测试仪	授权号：ZL 2012 10150620.4	实用新型专利授权	2012年12月
8	3PE防腐层剥离强度测试机	授权号：ZL 2012 20740378.1	实用新型专利授权	2013年9月
9	一种利用发泡材料防治多年冻土区管体融沉的方法及装置	授权号：ZL 2012 10585124.1	发明专利授权	2015年12月
10	一种利用发泡材料防治多年冻土区管体融沉的方法及装置	授权号：ZL 2012 20740823.4	实用新型专利授权	2013年7月
11	一种利用柔性限位带装置防治多年冻土区管体融沉的方法及装置	授权号：ZL 2012 20739286.1	实用新型专利授权	2013年7月
12	一种利用浮船装置防治多年冻土区管体融沉的方法和装置	授权号：ZL 2012 20740760.2	实用新型专利授权	2013年7月

此外，管道节能监测中心还承担了以下工作任务：

(1) 多次为中国石油管道分公司、西南管道分公司、昆仑燃气有限公司、中亚天然气管道公司等企业举办的各类能源管理培训班授课，讲述节能基础知识、节能监测技术、节能技术经验交流，提高能源管理人员的节能意识和技术水平，促进了企业节能降耗工作；参加了西气东输管道分公司、管道分公司等企业的节能规划编制与审核工作，提出了相关修改建议，促进了节能规划的完善。

(2) 负责2013—2014年西部管道分公司阿拉山口原油站国产阿波罗泵、凯泉泵的现场验收性能测试的技术审核，完成了测试和报告编制，代表监测机构出席了中国机械工业联合会召开的验收会，验收结论有力地支持了西部管道国产泵设备选型和验收，为国产设备在长输管道站场的应用提供了技术保证。

(3) 负责三项合同能源管理项目在长输管道企业应用情况的验收测试，具体为：负责西部管道分公司霍尔果斯首站、西气东输定远站、北京天然气管道有限公司榆林站三线压缩机组的余热发电项目对压缩机组效率影响、耗气量影响的测试与分析工作，对合同能源管理项目在长输管道企业应用存在的技术问题进行了总结，为余热发电项目在输气站场应用的适用性提供了准确的数据支持。

(4) 负责中国石油天然气与管道分公司节能项目"油气管道节能指标考核方法研究"，项目围绕在业务发展新形势下能源管理中存在的实际问题，开展5方面的研究内容：主要耗能设备能耗定额和部分典型管道的辅助能耗定额研究；新增业务LNG和昆仑燃气考核指标和评价方法研究，分季节、分地域、分输量完成了LNG接收站的能耗定额，完成了主要业务CNG、LPG的主要能耗定额，给出了CNG加气母站、子站、标准站的电耗定额；制订节能检查和评分考核办法；研究管道系统节能技措经济效益评价方法。

以课题形式首次在国内提出了 LNG 接收站分地域（南北方）、分季节、分输量（不同日气化能力）的阶梯型能耗定额与考核方式；依据现场实际测试和历年能耗数据统计分析，首次制定了城市燃气 CNG 业务、LPG 业务的能耗定额指标和考核办法，分别给出了 CNG 加气母站、子站、标准站的电单耗。首次在国内提出了原油、成品油、天然气长输管道系统主要耗能设备（包括输油泵机组、加热炉、锅炉、混油处理装置、天然气压缩机组）实际能耗定额，规范地区分公司能耗设备节能运行，减少耗能。验收专家组一直认为 LNG 接收站、城市燃气业务能耗定额指标与考核方法填补了国内空白，研究成果总体达到国内领先水平。

该项目研究成果在多家地区分公司试应用一年，成果得到天然气与管道分公司业务用户的认可。长输管道定额指标应用在北京油气调控中心能耗预测软件中提供技术支持。三类长输管道系统主要耗能设备能耗定额指标与考核办法已经应用到专业公司能耗考核计算和能耗预测计算中；专业公司节能管理与评分考核评分细则已经应用到专业公司年度节能节水优秀企业评审文件中；LNG 接收站和昆仑燃气节能考核指标和考核办法已参与并应用到 2015 年度能耗与节能量指标下达文件中；管道系统节能技措节能量计算与评价方法已经应用到专业公司相关节能技措考核评价中。

（5）承担中国石油天然气与管道分公司节能项目"管道压缩机组和输油泵机组能效测试方法国际接轨研究"，通过开展管道压缩机组和泵机组的国内外标准对比研究，编制国内外耗能设备性能测试方法对比报告，消化使用国外标准，完善并补充国内管道压缩机组和输油泵机组性能测试方法；研发能效计算系统，实现测试数据的现场录入和设备能效的实时计算，为快速绘制设备性能曲线和综合效率分析提供分析计算平台，也为顺利开展国内新投产设备性能测试，进一步分析国内外管道压缩机和输油泵机组能效差异，为耗能设备增效和管网节能优化运行提供数据支持。

（6）承担北京油气调控中心节能项目"天然气管道典型离心压缩机现场性能曲线及综合效率测试和分析"，测试中卫和阳曲等国内典型压缩机站场的 5 台离心压缩机的现场运行性能，绘制实际运行条件下的流量—转速—多变能量头曲线，校正了出厂性能曲线的偏差范围，使压缩机组模型更加准确，为全国天然气管网的优化运行提供了技术支持。

（7）承担中国石油天然气与管道分公司环保科研课题"油气管道站场污染物排放控制技术适用性研究"，通过对油气管道站场污染物相关指标的监测与整理及控制技术的调查研究，对相应污染物的控制技术进行集成，为管道站场污染物排放达到新环保法的要求提供技术支持。为输油站场实施站场污染物管理提供相关管理条例及标准的支持。

（8）负责的中国石油中俄原油管道二线工程节能评估项目通过国家发改委审查。承担中俄原油管道二线工程中俄东线天然气（黑河—长岭）新建管道节能评估工作。

（9）开拓国外节能测试市场，负责中国石油海外中亚天然气管道有限公司 2013 年夏季、2014 年夏季、2014 年冬季和 2015 年夏季共 4 次的乌兹别克斯坦和哈萨克斯坦各类耗能设备节能测试工作，绘制的压缩机性能曲线优化了仿真模型，提高了优化准确度。提出的针对燃气锅炉、燃气发电动机、余热锅炉的节能建议也提高了设备的运行水平，降低了耗气量，提高了能效。2015 年初被中亚管道公司管道运行部确定为中亚管道公司节能监测领域技术专家，目前已经负责并编制了中亚管道海外主要耗能设备节能测试技术手册。对乌兹别克斯坦和哈萨克斯坦各站做视频技术交流，讲解天然气管道节能与监测技术，提高了海外技术人员的节能管理水平。

（10）负责2013—2015年中国石油西部管道分公司、管道分公司原油国产泵的现场性能测试验收鉴定的技术审核，完成了测试和报告编制，代表第三方监测机构出席了中国机械工业联合会召开的国产泵项目验收会，现场验收报告有力支持了中国石油长输管道系统国产泵设备制造、改进和验收工作。

三、获得荣誉

管道节能监测中心获"十二五"全国石油和化工联合会办法的行业节能优秀技术服务单位，1人（刘国豪）获"十二五"全国石油和化工行业节能先进个人；2人（刘国豪、张鑫）荣获中国节能协会特聘节能咨询专家荣誉称号；负责编写的行业标准SY/T 6837—2011《油气输送管道系统节能监测规范》于2015年荣获"中国石油天然气集团公司第二届优秀标准奖三等奖"一项。

第八节 集团公司工程技术节能监测中心

一、机构简介

1. 发展历程

2005年4月，在四川石油管理局技术检测中心成立计量节能监测站，从事计量检测、节能监测和油化分析业务。

2005年7月，计量节能监测站更名为计量节能检测所，从事计量检测、节能监测和油化分析业务。

2010年9月，由集团公司冠名为中国石油天然气集团公司工程技术节能监测中心，同时在川庆钻探工程有限公司内部更名为节能监测中心，从事计量检测、节能监测和油化分析业务。

2011年11月，油化分析业务和人员从节能监测中心剥离，节能监测中心主要从事计量检测和节能监测业务。

2. 资质能力

2007年4月，通过中国合格评定国家认可委员会、中国国家认证认可监督管理委员会的"三合一"评审，具有节能监测与测试、供能质量理化分析、综合评价测试等三大类37项监测评价能力。

2008年7月，通过了全国节能监测管理中心的职能审定。

2013年1月，四川省经济和信息化委员会授权为省级能源审计机构。

3. 工作职责

（1）贯彻执行国家、集团公司有关资源节能的方针政策、法令法规和规章、标准。

（2）承担市场开拓、技术服务、经营管理、生产运行组织、安全质量管理、企业文化建设等任务，全面完成院下达的业绩考核、安全考核、质量考核、维稳考核和党风廉洁考核等指标。

（3）参与制定集团公司、工程技术分公司及所属企业节能的发展规划和年度计划；负责制定本单位中长期发展规划，并组织实施。

（4）协助上级节能管理部门编制年度节能监测计划，并组织实施；承担其他企业耗能用水设备、装置、系统资源利用状况的监测和评价。

（5）负责开展节能新工艺、新技术、新产品的研发和推广应用；制定工程技术服务领域节能监测的标准和方法。

（6）负责开展节能评估和能源审计；对重大节能科研项目和技术改造项目的实施效果进行监测、评价和验收；对节能产品能耗指标进行监测和验证。

（7）负责制订设备更新改造和人员教育培训计划，并组织实施；对外开展节能技术的宣传、培训和信息传播。

（8）负责班子建设、队伍建设和内部组织机构建设，建立完善的内部管理制度。

（9）完成上级管理部门交办的其他工作。

4.人员队伍

目前，主要从事节能监测、能源审计和节能评估等工作的各类专业技术人员8人，其中研究生学历1人、本科学历7人，高级工程师1人、工程师3人、助理工程师4人，平均年龄34.3岁。

5.设备状况

先后购置了电学、热学、力学、长度、时间、理化分析、水（气）管线定位及泄漏检测等设备等共计82件套，建有柴油机台架试验装置和照明灯具检测评价装置。其中，进口设备数量占设备总数的48.8%，原值占设备资产总值的49.5%。

二、主要业绩

1.研究项目

"十二五"期间，先后完成了中国石油工程技术科研项目1项，川庆钻探科研项目4项，对外科研项目4项，院级科研项目7项。获得中国石油节能节水优秀项目奖1项，川庆钻探科技进步三等奖2项，安全环保质量监督检测研究院科技进步奖3项，国家实用新型专利3项，具体内容见表11-14。

表11-14 工程技术节能监测中心"十二五"科技项目完成情况

序号	项目名称	级别	研究时间
1	钻井队柴油计量系统推广应用研究	工程技术	2011—2012年
2	井场柴油机尾气排放后处理装置研制	局级	2010—2011年
3	钻井队主要耗能设备监测技术及监测设备研究	局级	2011—2012年
4	钻机能耗指标体系研究	局级	2011—2012年
5	钻机能耗指标体系研究	局级	2012—2013年
6	钻井作业能效对标体系及评价方法研究	局级	2014—2015年

续表

序号	项目名称	级别	研究时间
7	钻井节能减排示范队建设及评价方法研究	局级	2014—2015 年
8	钻井井场照明设计及节能评价研究	处级	2011—2012 年
9	CNG 加气站节能潜力及措施研究	处级	2011 年
10	天然气压缩机相控调压技术研究	处级	2011 年
11	井场柴油机尾气处理装置推广应用可行性研究	处级	2011—2012 年
12	钻井生产合理利用网电技术可行性评价研究	处级	2013 年
13	钻井队便携式太阳能照明装备研究	处级	2013—2014 年
14	能源管理体系建设及与相关体系的融合研究	处级	2014 年
15	场站余压利用技术可行性研究	处级	2014 年
16	钻井用泥浆泵能效测试方法研究	处级	2015—2016 年

2. 标准编制

"十二五"期间，先后负责编制了中国石油企业标准 1 项，参与编制行业标准 1 项，负责编制企业标准 4 项，具体内容详见表 11-15。

表 11-15　工程技术节能监测中心"十二五"标准编制情况

序号	标准名称	级别	编制时间
1	石油钻井节能技术措施测试与计算方法	集团公司企业标准	2012—2013 年
2	钻井生产合理利用网电节能技术导则	石油行业标准	2015—2016 年
3	钻井工艺节能效果综合评价导则	企业标准	2013 年
4	钻井柴油机节能监测方法	企业标准	2014 年
5	钻井能源计量器具配备和管理规范	企业标准	2014 年
6	钻机油改电节能效果测试	企业标准	2015 年

3. 监测内容

1）监测评价

（1）先后对川庆钻探、西南油气田、长城钻探、西部钻探、渤海钻探、东方物探、海洋工程、塔里木油田等中国石油内部企业以及地方企业的耗能设备（主要为柴油发动机、柴油发电机、钻井泵、物探钻机、锅炉、变压器、水泵、CNG 压缩机、电焊机等）和小区供水管网、电网等进行了监测评价，对存在的问题进行了分析，并提出了相应的改进措施。

（2）对进入钻探企业的节能技术和产品（主要为钻机油改电技术、发动机油改气技术、钻机专用无功补偿及谐波抑制装置、太阳能装置、柴油机节油装置、照明装置、润滑油添加剂、电磁灶、柴油机烟气余热利用装置等）进行了监测评价，对实施后的实际节能效果和经济效益进行了评价验收。

2）审计评估

（1）能源审计："十二五"期间，先后对西南油气田、东方物探、川庆钻探和塔里木油田等企业20余个二级主要耗能单位进行了能源审计。

（2）节能评估："十二五"期间，先后对西南油气田、川庆钻探、宝鸡石油机械有限责任公司、塔里木油田等企业的固定资产投资项目进行了评估，具体内容详见表11-16。

表11-16 工程技术节能监测中心"十二五"节能评估项目

序号	项目名称	评估时间
1	西南油气田重庆气矿中卫—贵阳联络线配套相国寺储气库工程	2011年
2	西南油气田分公司蜀南气矿安岳区块油气处理厂工程	2012年
3	中国石油天然气集团公司CO_2压裂增产研究室项目	2013年
4	宝石机械成都装备制造分公司压裂机组、LNG运输车技术改造项目	2013年
5	安全环保质量监督检测研究院检验检测实验室项目	2013年
6	川东钻探渝北技术研发与生产基地建设项目	2014年
7	塔里木油田牙哈凝析气田开发调整方案	2015年

三、获得荣誉

1. 单位荣誉

"十二五"期间获得的单位荣誉如下：

（1）2011年川庆公司质量先进单位；

（2）2012年川庆公司环境保护先进单位；

（3）2013年行业计量诚信建设先进单位、川庆钻探安检院先进工会、院先进集体、院科研先进单位；

（4）2014年川庆公司节能节水先进集体；

（5）2015年院先进集体、院先进工会。

2. 个人荣誉

"十二五"期间获得的局级及以上个人荣誉如下：

（1）2011年集团公司"十一五"节能节水先进个人；

（2）2013年川庆公司优秀共产党员；

（3）2014年集团公司节能节水先进个人、石油工业节能节水专业标准化技术委员会优秀委员、川庆公司廉洁从业模范干部、川庆公司优秀党务工作者、川庆公司节能节水先进个人、川庆公司重点勘探区域提速提效劳动竞赛先进个人；

（4）2015年川庆公司劳动模范。

大 事 记

2011 年

1月17日　集团公司印发《中国石油天然气集团公司关于加快推进合同能源管理的意见》（中油质〔2011〕16号）。

1月31日　集团公司以"中油质〔2011〕32号"文件，授予大庆油田有限责任公司、大连石化分公司等22家单位"中国石油天然气集团公司2010年度节能节水型先进企业"称号，授予华北油田分公司、抚顺石化分公司等43家单位"中国石油天然气集团公司2010年度节能节水型企业"称号。

3月17日　集团公司以"中油质〔2011〕86号"文件，授予大庆油田有限责任公司等17家企业"中国石油天然气集团公司'十一五'节能节水先进企业"称号，授予大庆油田有限责任公司第一采油厂第七油矿南八采油队等100个基层单位"中国石油天然气集团公司'十一五'节能节水先进基层单位"称号，授予孙英杰等200名同志"中国石油天然气集团公司'十一五'节能节水先进个人"称号，授予机采系统节能降耗工程等20个项目"中国石油天然气集团公司'十一五'节能节水优秀项目"称号。

3月23—24日　集团公司在北京召开节能工作会议，全面总结"十一五"节能节水工作，安排部署"十二五"期间节能节水任务。

3月30日　集团公司发布Q/SY 61—2011《节能节水统计指标及计算方法》、Q/SY 101—2011《抽油机及辅助配套设备节能测试与评价方法》、Q/SY 120—2011《蒸汽疏水阀节能监测方法》、Q/SY 1372—2011《油气管道固定资产投资项目初步设计节能篇（章）编写规范》、Q/SY 1373—2011《炼油化工固定资产投资项目初步设计节能篇（章）编写规范》五项节能节水标准，自2011年5月1日起实施。

5月6日　集团公司整合节能减排业务职能，将质量管理与节能部节能节水业务职能、机构和相关人员划转安全环保部，并将部门名称分别更名为安全环保与节能部、质量与标准管理部。

5月31日　中国石油荣获国务院国资委授予的"'十一五'中央企业节能减排优秀企业"称号。

6月11—17日　集团公司组织开展主题为"节能我行动　低碳新生活"节能宣传周活动。

7月1日　国家能源局发布SY/T 6833—2011《CNG加气站经济运行规范》、SY/T 6834—2011《变频调速拖动装置节能测试方法与评价指标》、SY/T 6835—2011《稠油热采蒸汽发生器节能监测规范》、SY/T 6836—2011《天然气净化装置经济运行规范》、SY/T 6837—2011《油气输送管道系统节能监测规范》、SY/T 6838—2011《油气田企业节能量与节水量计算方法》6项石油天然气行业节能节水标准，自2011年10月1日起实施。

8月1日　中国石油和化学工业联合会以"中石化联产发〔2011〕272号"文件，表彰"十一五"全国石油和化工行业节能减排先进单位和先进个人，中国石油天然气集团公司所属5家油气田企业、7家炼化企业被授予先进单位称号，4家单位被授予优秀服务单位称号，1人被授予突出贡献者称号，80人被授予先进个人称号。

8月12日　在北京召开了由信息管理部、安全环保与节能部、7家专业公司、5家试点单位和项目承建单位共同参与的集团公司节能节水管理系统项目启动会，标志着节能节水管理系统项目正式开始项目建设工作。

8月31日　国务院印发《"十二五"节能减排综合性工作方案》（国发〔2011〕26号）。

9月26—30日　集团公司在北京石油管理干部学院举办节能节水管理处长培训班，所属企业的130多名节能主管处长参加了培训学习。

12月2日　国家发展和改革委员会发布31号公告，截至2010年底，集团公司纳入千家企业节能行动的34家企业全部完成了国家下达的"十一五"节能任务，累计实现节能量941.25万吨标准煤，为国家下达给这34家企业考核指标的163%。

12月7日　国家发展改革委等部门印发《万家企业节能低碳行动实施方案》（发改环资〔2011〕2873号）。

12月31日　集团公司全年实现节能量122万吨标准煤，节水量2353万立方米，分别完成年度计划目标的122%和118%。

2012年

1月31日　国家发展和改革委员会等17部门印发《"十二五"节能减排全民行动实施方案》（发改环资〔2012〕194号）。

3月22日　集团公司以"中油安〔2012〕130号"文件，授予大庆油田有限责任公司、大庆石化分公司等50家单位"中国石油天然气集团公司2011年度节能节水型先进企业"称号。

3月27—28日　集团公司在北京召开节能减排工作会议，总结2011年工作，分析面临的形势，安排2012年节能减排的重点任务，动员广大干部员工进一步统一思想，明确任务，落实责任，毫不松懈地推进节能减排工作再上新水平。

4月28日　集团公司发布Q/SY 1461—2012《油田注水地面系统能效测试与计算》、Q/SY 1466—2012《油气管道固定资产投资项目节能评估报告编写规范》、Q/SY 1467—2012《天然气处理固定资产投资项目初步设计节能节水篇（章）编写规范》、Q/SY 1468—2012《炼化能量系统优化技术导则》四项节能节水标准，自2012年7月1日起实施。

5月12日　国家发展和改革委员会发布第10号公告，公布"万家企业节能低碳行动"企业名单及节能量目标。集团公司所属62家企业被确定为万家企业。

6月10—16日　集团公司组织开展主题为"节能低碳，绿色发展"节能宣传周活动。

7月11日　国家发展和改革委员会办公厅印发《万家企业节能目标责任考核实施方案》（发改办环〔2012〕1923号）。

8月6日　国务院印发《节能减排"十二五"规划》（国发〔2012〕40号）。

8月14日　国家发展和改革委员会办公厅印发《关于进一步加强万家企业能源利用状况报告工作的通知》(发改办环资〔2012〕2251号)。

8月23日　国家能源局发布SY/T 5264—2012《油田生产系统能耗测试和计算方法》、SY/T 5268—2012《油气田电网线损率测试和计算方法》、SY/T 6066—2012《原油输送管道系统能耗测试和计算方法》、SY/T 6637—2012《天然气输送管道系统能耗测试和计算方法》、SY/T 6638—2012《天然气输送管道和地下储气库工程设计节能技术规范》5项石油天然气行业节能节水标准,自2012年12月1日起实施。

10月10日　集团公司以"安全〔2012〕482号"文件,授予大庆油田有限责任公司王钦胜等30人"2011—2012年度集团公司节能节水统计先进工作者"称号。

10月22—26日　集团公司在大连培训中心举办节能节水统计培训班,所属103家企业的157名节能节水管理人员及统计人员参加了培训学习。

10月30日　石油和化学工业联合会在北京召开"石油和化工行业节水和水处理技术交流会"。大庆油田有限责任公司、辽河油田分公司、长庆油田分公司、新疆油田分公司、大庆石化分公司、独山子石化分公司、大连石化分公司、哈尔滨石化分公司、大港石化分公司、长庆石化分公司、克拉玛依石化分公司等11家企业荣获"石油和化工行业节水先进单位"荣誉称号,大连石化城市中水回用于工业用水技术开发与应用、辽河油田稠油污水循环技术与应用项目、大港石化300吨/时中水除盐回收装置、克拉玛依石化超低B/C比稠油废水深度处理回用技术的研发与应用等4个项目荣获"石油和化工行业水处理优秀项目"荣誉称号。

11月23日　人力资源和社会保障部、国家发展和改革委员会、环境保护部、财政部四部门联合发文表彰"十一五"时期全国节能减排先进集体和先进个人,大庆油田采油三厂、大庆油田采油四厂、吉林油田分公司获得"全国节能先进集体"称号。

12月31日　集团公司全年实现节能量131万吨标准煤,节水量2435万立方米,分别完成年度计划目标的146%和122%。

2013年

1月22日　集团公司印发《中国石油天然气集团公司节能节水先进评选办法》(中油安〔2013〕21号),自印发之日起施行,《中国石油天然气集团公司节能节水型企业考核评比办法》(中油质字〔2007〕690号)同时废止。

1月30日　集团公司印发《中国石油天然气集团公司固定资产投资项目节能评估和审查管理办法(试行)》(安全〔2013〕63号),自发布之日起施行。

2月17日　集团公司以"中油安〔2013〕50号"文件,授予大庆油田有限责任公司等45家企业"中国石油天然气集团公司2012年度节能节水先进企业"称号;授予孙英杰等100名同志"中国石油天然气集团公司2012年度节能节水先进个人"称号;授予大庆油田有限责任公司第一采油厂第四油矿北十一采油队等100个基层单位"中国石油天然气集团公司2012年度节能节水先进基层单位"称号。

2月25—26日　集团公司在北京召开安全环保节能工作会议,总结2012年的工作,安排部署 2013 年的各项工作任务。

4 月 15 日　集团公司发布 Q/SY 193—2013《石油化工绝热工程节能监测与评价》、Q/SY 1577—2013《炼油固定资产投资项目节能评估报告编写规范》、Q/SY 1578—2013《节能监测报告编写规范》、Q/SY 1579—2013《炼油化工固定资产投资项目初步设计节水篇（章）编写规范》、Q/SY 1580—2013《石油钻井设备节能技术措施效果测试与计算方法》5 项节能节水标准，自 2013 年 6 月 1 日起实施。

6 月 15—21 日　集团公司组织开展主题为"践行节能低碳，建设美丽家园"节能宣传周和低碳日活动。

7 月　集团公司获得国务院国资委 2009—2012 年任期"节能减排优秀企业奖"。

11 月 28 日　国家能源局发布 SY/T 6331—2013《气田地面工程设计节能技术规范》、SY/T 6953—2013《海上油气田节能监测规范》两项石油天然气行业节能节水标准，自 2014 年 4 月 1 日起实施。

12 月 18 日　国家质量监督检验检疫总局、国家标准化管理委员会发布 GB 30250—2013《乙烯装置单位产品能源消耗限额》、GB 30251—2013《炼油单位产品能源消耗限额》两项节能标准，自 2014 年 9 月 1 日起实施。

12 月 25 日　国家发展和改革委员会发布第 44 号公告，公布 2012 年万家企业节能目标责任考核结果。集团公司所属 62 家万家企业，除了 1 家企业"为保障民用气供应，停运一套化肥装置，设备低负荷运行，造成能耗上升"，未完成年度任务外，其他企业均完成了年度考核指标。

12 月 30 日　《国家标准委办公室关于成立全国石油天然气标准化技术委员会地球物理勘探分技术委员会等 10 个分技术委员会的批复》（标委办综合〔2013〕181 号），同意成立全国石油天然气标准化技术委员会油气田节能节水分技术委员会。该委员会由 45 名委员组成，黄飞担任主任委员，石兴春、董伟良、吴照云担任副主任委员，吴照云兼任秘书长，李武斌、陈玲、邢公担任副秘书长。

12 月 31 日　集团公司全年实现节能量 118 万吨标准煤，节水量 2440 万立方米，分别完成年度计划目标的 124% 和 122%。

2014 年

3 月 17 日　集团公司以"中油安〔2014〕86 号"文件，授予辽河油田分公司等 45 家企业"中国石油天然气集团公司 2013 年度节能节水先进企业"称号；授予毛国成等 110 名同志"中国石油天然气集团公司 2013 年度节能节水先进个人"称号；授予独山子石化分公司乙烯厂乙烯联合车间等 105 个基层单位"中国石油天然气集团公司 2013 年度节能节水先进基层单位"称号。

3 月 26—27 日　集团公司在北京召开安全环保节能工作会议，总结 2013 年的工作，安排部署 2014 年的各项重点工作任务。

4 月 1 日　集团公司节能节水管理系统经过和集团公司能效管理系统 3 个月的并轨运行，达到了项目计划目标，正式上线单轨运行，集团公司能效管理系统、炼化节能节水管理及分析评价系统以及部分地区公司自建系统停止运行。

5月15日 国务院办公厅印发《2014—2015年节能减排低碳发展行动方案》（国办发〔2014〕23号）。

6月8—14日 集团公司组织开展主题为"携手节能低碳，共建碧水蓝天"节能宣传周和低碳日活动。

6月17日 集团公司节能节水管理系统顺利通过信息管理部组织的上线验收。

8月22日 集团公司发布Q/SY 1125—2014《供用水管网漏损评定》、Q/SY 1126—2014《炼油化工生产装置工程设计节水技术规范》、Q/SY 1185—2014《油田地面工程项目初步设计节能节水篇（章）编写规范》三项节能节水标准，自2014年10月1日起实施。

9月15日 集团公司以"安全〔2014〕296号"文件，授予大庆油田有限责任公司王钦胜等31人"2013—2014年度集团公司节能节水统计先进工作者"称号。

9月22—25日 集团公司在江苏省宜兴市举办节能节水统计培训班，所属110余家企业共计171名节能节水统计及管理人员参加了培训学习。

10月15日 国家能源局发布2014年第11号公告，发布SY/T 5226—2014《抽油机节能拖动装置》、SY/T 6375—2014《油气田与油气输送管道企业能源综合利用技术导则》、SY/T 6723—2014《输油管道系统经济运行规范》3项石油天然气行业节能节水标准，自2015年3月1日起实施。

10月20日 石油工业标准化技术委员会《关于石油工业节能节水专业标准化技术委员会换届请示报告的批复》（油标委字〔2014〕30号）同意，第四届石油工业节能节水专业标准化技术委员会由57名委员组成，黄飞担任主任委员，石兴春、刘喜传担任副主任委员，李武斌担任秘书长，徐秀芬、黄金山、杨勇担任副秘书长，秘书处设在东北石油大学。

12月3日 国家发展和改革委员会发布第20号公告，公布2013年万家企业节能目标责任考核结果。集团公司所属62家万家企业全部完成了考核指标。

12月31日 国家发展和改革委员会等7部门印发《能效"领跑者"制度实施方案》（发改环资〔2014〕3001号）。

12月31日 国家质量监督检验检疫总局 中国国家标准化管理委员会发布GB/T 31343—2014《炼油生产过程能量系统优化实施指南》，自2015年7月1日起实施。

12月31日 集团公司全年实现节能量126万吨标准煤，节水量2462万立方米，分别完成年度计划目标的132.6%和132.0%。

2015年

4月9日 集团公司安全环保与节能部印发《集团公司2015年节能减排降本增效实施方案》（安全〔2015〕125号），对重点节能减排任务进行了分解细化，共计6个方面16项措施。

4月15日 集团公司"中油安〔2015〕144号"文件，授予大庆油田有限责任公司等50家企业"中国石油天然气集团公司2014年度节能节水先进企业"称号，授予大庆油田有限责任公司储运分公司南三油库集输队等115个基层单位"中国石油天然气集团公司

2014年度节能节水先进基层单位"称号,授予杨永华等120名同志"中国石油天然气集团公司2014年度节能节水先进个人"称号。

5月15日 国家质量监督检验检疫总局 中国国家标准化管理委员会发布GB/T 31453—2015《油田生产系统节能监测规范》、GB/T 31457—2015《油田生产系统水平衡测试和计算方法》两项节能节水标准,自2015年8月1日起实施。

6月13—19日 集团公司组织开展主题为"节能有道 节俭有德"节能宣传周活动和主题为"低碳城市 宜居可持续"低碳日活动。

8月4日 集团公司发布Q/SY 1820—2015《炼油化工水系统优化技术导则》、Q/SY 1821—2015《油气田用天然气压缩机组节能监测方法》、Q/SY 1822—2015《油田固定资产投资项目节能评估文件编写规范》、Q/SY 1823—2015《炼油固定资产投资项目能量平衡方法》、Q/SY 1841—2015《节能节水管理系统数据及填报规范》5项节能节水标准,自2015年11月1日起实施。

12月29日 集团公司安全环保与节能部组织在锦州石化公司召开能源管控工作现场推进会。

12月30日 国家发展改革委发布第34号公告,公布2014年万家企业节能目标责任考核结果。集团公司所属62家万家企业全部完成了节能量考核指标。

12月31日 集团公司全年实现节能量116万吨标准煤,节水2061万立方米,分别完成年度计划目标的145%和121.6%。

2016年

1月6日 国家能源局发布SY/T 6373—2016《油气田电网经济运行规范》、SY/T 6374—2016《机械采油系统经济运行规范》、SY/T 6381—2016《石油工业用加热炉热工测定》、SY/T 6393—2016《输油管道工程设计节能技术规范》、SY/T 6420—2016《油田地面工程设计节能技术规范》、SY/T 6422—2016《石油企业用节能产品节能效果测定》、SY/T 6722—2016《石油企业耗能用水统计指标与计算方法》、SY/T 6767—2016《石油企业余热资源量测试与计算规范》、SY/T 7066—2016《气田节能量计算方法》9项石油天然气行业节能节水标准,自2016年6月1日起实施。

1月15日 国家发展和改革委员会发布《节能监察办法》(中华人民共和国国家发展和改革委员会令第33号),自2016年3月1日起施行。

2月3日 集团公司以"中油安〔2016〕37号"文件,授予大庆油田有限责任公司等50家企业"中国石油天然气集团公司2015年度节能节水先进企业"称号,授予大庆油田有限责任公司第九采油厂龙虎泡采油作业区龙一联合站等115个基层单位"中国石油天然气集团公司2015年度节能节水先进基层单位"称号,授予宋吉水等125名同志"中国石油天然气集团公司2015年度节能节水先进个人"称号。

2月25—26日 集团公司在北京召开安全环保节能工作会议,深入贯彻落实习近平总书记关于安全环保工作的系列讲话精神和集团公司工作会议精神,强调保持清醒头脑,认清严峻形势,倡导"严细实"工作作风,克服麻痹松懈思想,大力提升风险管控水平,推动安全环保节能工作上新台阶。

3月28日　集团公司安全环保与节能部印发《集团公司2016年节能降耗降本增效实施方案》（安全〔2016〕113号）。

6月1日　集团公司印发《中国石油天然气集团公司关于推进能源管控工作的意见》（中油安〔2016〕210号）。

6月12—18日　集团公司组织开展主题为"节能领跑　绿色发展"节能宣传周活动和主题为"绿色发展　低碳创新"低碳日活动。

7月1日　中国石油和化学工业联合会以"中石化联产发（2016）224号"文件，表彰"十二五"全国石油和化工行业节能先进单位和先进个人，中国石油天然气集团公司所属15家企业被授予节能先进单位称号，5个节能技术机构被授予优秀服务单位称号，1人被授予突出贡献者称号，99人被授予先进个人称号。

10月9日　集团公司以"安全〔2016〕337号"文件，授予大庆油田有限责任公司王钦胜等39人"2015—2016年度集团公司节能节水统计先进工作者"称号。

10月24—27日　集团公司在新疆举办节能节水统计业务培训班，所属企业170名从事节能节水统计和节能节水管理工作的人员参加了培训学习。

10月27日　集团公司发布Q/SY 09001—2016《燃煤电站锅炉节能监测方法》、Q/SY 09002—2016《气田固定资产投资项目节能评估文件编写规范》、Q/SY 09062—2016《炼油化工装置节能监测方法》、Q/SY 09064—2016《固定资产投资工程项目可行性研究及初步设计节能节水篇（章）编写通则》、Q/SY 09065—2016《天然气凝液回收装置能源消耗指标计算方法》五项节能节水标准，自2017年1月1日起实施。

10月28日　国家发展和改革委员会等9部门印发《全民节水行动计划》（发改环资〔2016〕2259号）。

10月31日　集团公司印发《中国石油天然气集团公司关于加强合同能源管理的意见》（中油安〔2016〕442号）。原《中国石油天然气集团公司关于加快推进合同能源管理的意见》（中油质〔2011〕16号）同时废止。

11月27日　国家发展和改革委员会发布《固定资产投资项目节能审查办法》（中华人民共和国国家发展和改革委员会令第44号），自2017年1月1日起施行。2010年9月17日颁布的《固定资产投资项目节能评估和审查暂行办法》（国家发展和改革委员会令第6号）同时废止。

12月7日　集团公司下发《关于印发〈总部机关职能优化与机构改革方案〉的通知》（中油人事〔2016〕498号），整合质量与标准管理部、安全环保与节能部，设立质量安全环保部，强化质量计量与安全环保工作协同，形成统一、配套管控的质量、计量、安全、环保、节能管理体系。

12月20日　国务院印发《"十三五"节能减排综合工作方案》（国发〔2016〕74号）。

12月23日　国家发展和改革委员会等13部门印发《"十三五"全民节能行动计划》（发改环资〔2016〕2705号）。

12月31日　集团公司全年实现节能量95万吨标准煤，节水1339万立方米，分别完成年度计划目标的125%和123%。

参 考 文 献

曹睿，杨勇，房江红，2010. 扰流子空气预热器与水热媒空气预热器的组合应用 [J]. 节能与环保，28（4）：31-33.

方子来，2016.SVQS 旋流快分——MSCS 高效汽提组合工艺在催化裂化装置上的应用 [J]. 石化技术与应用，34（5）：387-390.

Ian C Kenp, 2010. 能量的有效利用——夹点分析与过程集成 [M].2 版．项曙光，贾小平，夏力，译．北京：化学工业出版社．

林复兴，2017. 陶瓷纳米纤维棉在化工企业的应用 [J]. 能源研究与利用，29（3）：53-55.

刘凯祥，李浩，孙丽丽，等，2012. 连续液相加氢技术工艺计算验证 [J]. 石油炼制与化工，43（7）：67-70.

路韬，莫云辉，2012. 一种无接触的传动和调速技术——磁调速 [J]. 机械制造，50（12）：72-74.

梁涌，2007. 往复压缩机气量无级调节系统的原理及应用 [J]. 压缩机技术，45（3）：13-17.

李耀彩，谷喜研，周美娣，等，2013. 芳烃装置低温热回收工艺分析与系统集成 [J]. 化学工程，41（4）：1-5.

秦孝良，王宝有，顾岩松，2006. 膜分离技术在炼油厂氢气膜回收装置中的应用 [J]. 现代化工，26（12）：46-49.

田爱兰，2016. 乏汽回收新技术推广应用 [J]. 石油石化节能，32（4）：26-27.

王超，付伟，尹志刚，等，2011. 螺杆膨胀动力机在炼油厂的应用 [J]. 炼油技术与工程，41（1）：23-25.

王东，2016. 连续液相循环加氢技术（SLHT）的工业应用 [J]. 中国石油和化工标准与质量，36（10）：65-66.

王萌，金月昶，王铁刚，等，2013. 液相加氢技术现状及发展前景 [J]. 当代化工，42(4)：436-438.

王金龙，2015. 理论配比燃烧控制方案在 PX 装置加热炉上的应用 [J]. 炼油技术与工程，45（10）：35-39.

许庆本，高健康，2008. 变压吸附提纯氢气及其影响因素 [J]. 甘肃科技，24（12）：32-34.

杨友麒，段伟，2014. 炼油化工生产过程能量系统优化技术概论 [M]. 北京：石油工业出版社．

杨友麒，庄芹仙，2008. 节水减排的过程系统工程的方法 [J]. 现代化工，28(1)：8-13.

张爱红，张兆涛，马从照，2012.CRC 技术在大港石化公司催化裂化装置的工业应用 [J]. 石油化工应用，31（12）：78-81.

周海波，熊巍，等，2015. 交流电机调速及变频器技术 [M]. 北京：中国电力出版社．

赵小珍，王荆，邓小涛，2013. 水轮机在循环冷却水系统的节能改造应用 [J]. 节能，33（12）：65-67.